普通高等教育规划教材

材料成形原理

主　编　胡礼木　崔令江　李慕勤

参　编　王　华　徐纪平　谭险峰

张元好

主　审　刘书华　侯英玮

机 械 工 业 出 版 社

本教材系统阐述了材料成形的基本原理，即成形过程中的能流、物流和信息流规律及其物理本质，涵盖了铸造原理、塑性成形原理和熔焊原理的基本内容，并对它们之间的共性部分进行了有机的整合，对个性部分也作了有选择性的重点论述。

全书共分七章，主要内容包括：材料成形的基本问题及发展概况；材料成形热过程；金属的凝固；材料成形过程中的化学冶金；金属塑性变形的物理基础；塑性变形力学基础；成形缺陷与质量控制等。

本书注重理论分析，更注重其实际应用；既有一定的理论深度，又注意深浅适度。本书适合作为材料成形与控制工程专业应用型本、专科学生学习教材，也可作为相关专业学生和工程技术人员的参考用书。

图书在版编目（CIP）数据

材料成形原理/胡礼木等主编 .—北京：机械工业出版社，2005.5（2024.1 重印）
普通高等教育规划教材
ISBN 978-7-111-16416-6

Ⅰ. 材…　Ⅱ. 胡…　Ⅲ. 工程材料—成型—高等学校—教材　Ⅳ. TB3

中国版本图书馆 CIP 数据核字（2005）第 028525 号

机械工业出版社（北京市百万庄大街 22 号　邮政编码 100037）
策划编辑：张祖凤　冯春生
责任编辑：董连仁　版式设计：冉晓华　责任校对：申春香
封面设计：陈　沛　责任印制：郜　敏
北京富资园科技发展有限公司印刷

2024 年 1 月第 1 版 · 第 9 次印刷
169mm×239mm · 22.75 印张 · 442 千字
标准书号：ISBN 978-7-111-16416-6
定价：49.00 元

电话服务　　网络服务
客服电话：010-88361066　机　工　官　网：www.cmpbook.com
010-88379833　机　工　官　博：weibo.com/cmp1952
010-68326294　金　书　网：www.golden-book.com
机工教育服务网：www.cmpedu.com

普通高等教育应用型人才培养规划教材
编审委员会名单

材料成形及控制工程专业教材编委会

序

工程科学技术在推动人类文明的进步中一直起着发动机的作用。随着知识经济时代的到来，科学技术突飞猛进，国际竞争日趋激烈。特别是随着经济全球化发展和我国加入WTO，世界制造业将逐步向我国转移。有人认为，我国将成为世界的“制造中心”。有鉴于此，工程教育的发展也因此面临着新的机遇和挑战。

迄今为止，我国高等工程教育已为经济战线培养了数百万专门人才，为经济的发展作出了巨大的贡献。但据IMD1998年的调查，我国“人才市场上是否有充足的合格工程师”指标排名世界第36位，与我国科技人员总数排名世界第一形成很大的反差。这说明符合企业需要的工程技术人员，特别是工程应用型技术人才市场供给不足。在此形势下，国家教育部近年来批准组建了一批以培养工程应用型本科人才为主的高等院校，并于2001年、2002年两次举办了“应用型本科人才培养模式研讨会”，对工程应用型本科教育的办学思想和发展定位作了初步探讨。本系列教材就是在这种形势下组织编写的，以适应经济、社会发展对工程教育的新要求，满足高素质、强能力的工程应用型本科人才培养的需要。

航天工程的先驱、美国加州理工学院的马·卡门教授有句名言：“科学家研究已有的世界，工程师创造未有的世界。”科学在于探索客观世界中存在的客观规律，所以科学强调分析，强调结论的惟一性。工程是人们综合应用科学（包括自然科学、技术科学和社会科学）理论和技术手段去改造客观世界的实践活动，所以它强调综合，强调方案优缺点的比较并做出论证和判断。这就是科学与工程的主要不同之处。这也就要求我们对工程应用型人才的培养和对科学研究型人才的培养应实施不同的培养方案，采用不同的培养模式，采用具有不同特点的教材。然而，我国目前的工程教育没有注意到这一点，而是：①过分侧重工程科学（分析）方面，轻视了工程实际训练方面，重理论，轻实践，没有足够的工程实践训练，工程教育的“学术化”倾向造成了“课题训练”的偏软现象，导致学生动手能力差。②人才培养模式、规格比较单一，课程结构不合理，知识面过窄，导致知识结构单一，所学知识中有一些内容已陈旧，交叉学科、信息学科的内容知之甚少，人文社会科学知识薄弱，学生创新能力不强。③教材单一，注重工程的科学分析，轻视工程实践能力的培养；注重理论知识的传授，轻视学生个性特别是创新精神的培养；注重教材的系统性和完整性，造成课程方面的相互重复、脱节等现象；缺乏工程应用背景，存在内容陈旧的现象。④老师缺乏工程实践经验，自身缺乏

“工程训练”。⑤工程教育在实践中与经济、产业的联系不密切。要使我国工程教育适应经济、社会的发展，培养更多优秀的工程技术人才，我们必须努力改革。

组织编写本套系列教材，目的在于改革传统的高等工程教育教材，建设一套富有特色、有利于应用型人才培养的本科教材，满足工程应用型人才培养的要求。

本套系列教材的建设原则是：

1. 保证基础，确保后劲

科技的发展，要求工程技术人员必须具备终生学习的能力。为此，从内容安排上，保证学生有较厚实的基础，满足本科教学的基本要求，使学生日后具有较强的发展后劲。

2. 突出特色，强化应用

围绕培养目标，以工程应用为背景，通过理论与工程实际相结合，构建工程应用型本科教育系列教材特色。本套系列教材的内容、结构遵循如下9字方针：知识新、结构新、重应用。教材内容的要求概括为：“精”、“新”、“广”、“用”。“精”指在融会贯通教学内容的基础上，挑选出最基本的内容、方法及典型应用；“新”指在将本学科前沿的新进展和有关的技术进步新成果、新应用等纳入教学内容，以适应科学技术发展的需要，妥善处理好传统内容的继承与现代内容的引进，用现代的思想、观点和方法重新认识基础内容和引入现代科技的新内容，并将这些按新的教学系统重新组织；“广”指在保持本学科基本体系下，处理好与其相邻以及交叉学科的关系；“用”指注重理论与实际融会贯通，特别是注入工程意识，包括经济、质量、环境等诸多因素对工程的影响。

3. 抓住重点、合理配套

工程应用型本科教育系列教材的重点是专业课（专业基础课、专业课）教材的建设，并做好与理论课教材建设同步的实践教材的建设，并力争做好与之配套的电子教材的建设。

4. 精选编者，确保质量

遴选一批既具有丰富的工程实践经验，又具有丰富的教学实践经验的教师担任编写任务，以确保教材质量。

我们相信，本套系列教材的出版，对我国工程应用型人才培养质量的提高必将产生积极作用，会为我国经济建设和社会发展作出一定的贡献。

机械工业出版社颇具魄力和眼光，高瞻远瞩，及时提出并组织编写这套系列教材，他们为编好这套系列教材做了认真细致的工作，并为该套系列教材的出版提供了许多有利的条件，在此深表衷心感谢！

编委会主任
湖南工程学院院长　**刘国荣教授**

前　言

材料成形与控制工程专业是按照国家教育部新颁布的专业目录，由原铸造、锻压（模具）、焊接等专业合并改造而成的，到目前为止还处于摸索与建设阶段。尽管在专业改造大方向、专业内涵等原则问题上，大多数高校的观点已趋于大同，但在专业课程设置和课程内容选择等方面，各校的做法却大不一样。尤其是专业课程教材，目前已经公开出版的虽寥寥无几，但在编写风格上却截然不同。

作为地方工科院校中的应用型本科，其培养目标是基础知识扎实、专业口径宽、实践能力强的面向基层、面向生产第一线的工程技术人才。由此决定了它在培养模式和课程设置上应有自己的特色，在教材内容选择与编写风格方面也应体现这一点。

材料成形原理是材料成形与控制工程专业的基础理论课。它的目的在于阐明液态成形（铸造）、塑性成形（锻压）和连接成形（焊接）过程中的能流、物流和信息流规律及其物理本质。本教材包括了铸造原理、塑性成形原理和熔焊原理的基本内容，对其中共性的部分进行了有机的整合，对个性部分也作了有选择性的重点阐述。本书既注重理论分析，更注重实际应用；既有一定的理论深度，又注意深浅适度，以后续课程够用、学生已有知识基础能够接受、便于学生自学为限。学生学完本课程后，将对材料成形过程及其基本原理有实质性的、深入的理解，为他们日后从事材料成形技术工作、提高材质、控制成形产品质量、开发新材料，以及探索新材料成形技术奠定坚实的理论基础。

本教材是在高等学校材料成形及控制工程专业应用型本科全国协作组的组织及指导下编写的，其编写大纲是该协作组在2003年8月于湖北省十堰市举行的全体协作组成员会议上讨论通过的。2004年8月，教材书稿在山东省威海市召开的教材审稿会上通过了评审，并根据评审意见进行了修改。

本书共分七章。第1章对整个材料加工过程中的物流、能流和信息流本质进行了综合性的论述，进而引出了材料成形中的一些基本问题，并简要介绍了材料成形技术的发展现状；第2章描述了材料成形中的热过程，其中主要介绍了焊接温度场和焊接热循环，同时介绍了液态成形中的温度场；第3章主要论述了金属的凝固热力学与动力学、凝固过程中的传质、单相合金和多相合金的凝固以及焊接熔池的凝固等；第 4 章讲述了材料成形过程中的化学冶金原理，主要内容包括气体对金属的作用、熔渣与金属的反应、液态金属与铸型界面的反应以及固态金属在加热过程中的物理、化学变化等；第 5 章介绍了金属塑性变形的物理基础，如金属塑性变形的机理、塑性加工中金属的塑性行为及其组织与性能的变化规律、金属的超塑性以及塑性成形中的外摩擦与润滑；第 6 章阐述了塑性成形的力学基础，如应力分析、应变分析、屈服准则、应力应变关系、真实应力-应变曲线，并重点介绍了几种求解塑性成形问题的方法；第 7 章分析了材料成形中一些常见缺陷（如变形、裂纹、气孔、夹杂、缩孔、缩松、偏析、起皱和折叠等）的产生机理及其影响因素，进而提出了预防和控制这些缺陷的方法与措施。

本书由陕西理工学院的胡礼木教授、哈尔滨工业大学威海分校的崔令江教授和佳木斯大学的李慕勤教授主编。胡礼木负责全书的统稿工作并撰写前言，编写了第 1 章、第 2 章、第 3 章的 3.8 节、第 4 章的 4.6 节、第 7 章的 7.1、7.2 节和 7.5.3 小节；崔令江编写了第 6 章的 6.1~6.4 节；李慕勤编写了第 4 章的 4.1~4.5 节；陕西理工学院的王华编写了第 3 章的 3.1~3.5 节；上海工程技术大学的徐纪平编写了第 6 章的 6.5~6.9 节和第 7 章的 7.6 节；南昌航空工业学院的谭险峰编写了第 5 章；湖北汽车工业学院的张元好编写了第 3 章的 3.6、3.7、3.9 节和第 7 章的 7.3~7.5 节。

全书由大连交通大学的刘书华教授和侯英玮教授主审。他们对书稿进行了认真的审阅并提出了许多宝贵的修改意见，仅此深表谢意。

本书在编写过程中还得到机械工业出版社及有关兄弟院校领导和老师的支持与帮助，在此一并感谢。

由于编者的水平和经验有限，书中缺点和错误在所难免，敬请读者批评指正。

编　者

2004 年 12 月

目 录

第 1 章　材料成形基本问题及发展概况

1.1　机器制造的一般过程

任何机器或设备，大至船舶、飞机、机床、车辆，小至仪器、仪表、工具、量具，都是由相应的零件装配而成。这些零件又是由金属材料或非金属材料经过加工而成。零件或材料的加工方法多种多样，归纳起来有以下几类：

（1）成形加工。这种加工主要用来改变材料的形状和尺寸，有时还兼有改变材料性能的作用。成形加工方法主要有液态成形（铸造）、塑性成形（锻压）、连接成形（焊接）、塑料成形和粉末压制等。

（2）切削加工。这种加工是用来进一步改变材料的形状和尺寸，使之达到一定的精度和表面粗糙度。它包括车削、铣削、刨削、磨削、钻削、镗削等传统的切削加工方法以及特种加工方法，如电火花加工、超声波加工、激光加工、电解加工等。

（3）热处理加工。用来改变材料或零件的组织和性能。常用的热处理加工方法有退火、正火、淬火、回火等。

（4）表面加工。用来改变零件的表面状况和性能，它包括表面形变和淬火强化、化学热处理、表面喷涂、气相沉积镀膜等。

零件制成以后，再经过检验、装配、调试等过程，最后形成机器或设备。图1-1 是机器或设备的一般制造过程示意图。

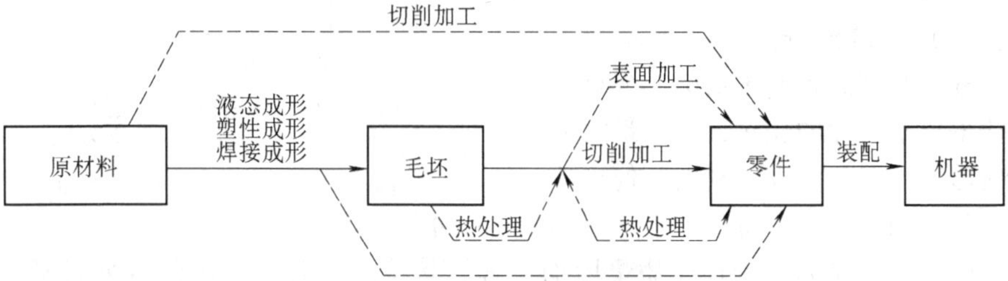

图 1-1　机器制造一般过程示意图

由图 1-1 可见，成形加工主要用来生产毛坯，也可以直接生产零件，它在机器制造中占有十分重要的地位。

零件或材料加工方法的选择，需要综合考虑零件的形状和尺寸特征、材质及其初始状况、零件的工作条件及性能要求、生产批量及制造成本等多种因素，以求技术上可行和经济上合理。有关这方面的知识将在后续课程中涉及。

1.2　材料加工的基本要素和流程

材料变成零件的过程就是材料的加工过程，实质上是材料的形状、尺寸和性能的变化过程。为了产生这种变化，必须具备三个基本要素，即材料、能量和信息。因而，材料的加工过程可以用相关的材料流程、能量流程和信息流程来描述。图 1-2 是材料加工过程的一般模式。

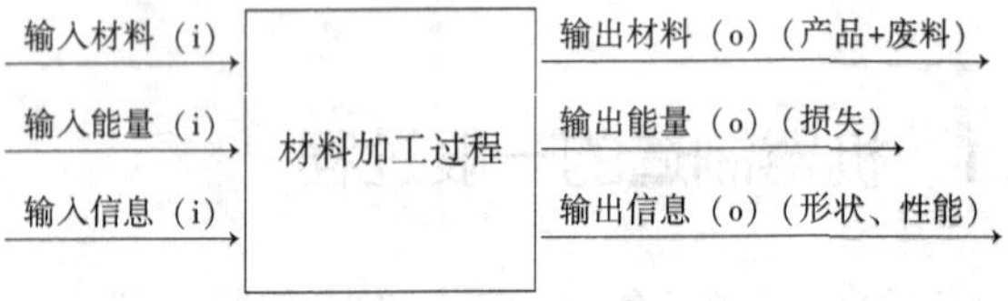

图 1-2　材料加工过程的一般模式

1.2.1　材料流程（物流）

1. 材料流程类型　材料流程可以分为三种类型：直通流程、发散流程和汇合流程，如图 1-3 所示。不同类型的材料流程表示不同的加工过程特征。

（1）直通流程。对应于质量不变过程。其特点是加工后材料的最终质量等于或近似等于加工前材料的初始质量。各种液态成形、塑性成形、粉末压制、塑料成形、热处理等都属于这类流程。

（2）发散流程。对应于质量减少过程。其特点是通过切除部分材料而获得形状尺寸的变化，工件最终的几何形状局限在输入材料的几何形体内。各种切削加工、特种加工、热切割、冷冲裁等都属于这类流程。

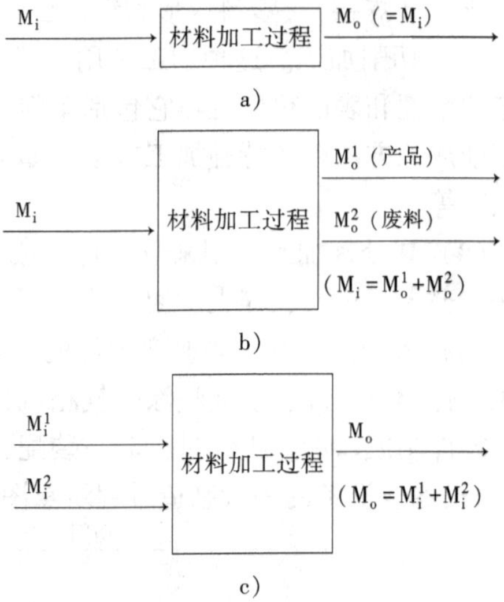

图 1-3　材料流程的三种类型

a）直通流程　b）发散流程　c）汇合流程

M—材料　下角 i—输入　下角 o—输出

（3）汇合流程。对应于质量增加过程。其特点是若干个零件或元件通过装配或连接加工，组合成一个新的工件或组件，其质量基本上等于各零件（组件）

的质量之和。

2. 材料流程中的基本过程　在材料流程中，用来产生材料的形状、尺寸和（或）性能变化的过程称为基本过程。材料流程中的基本过程包含三个典型阶段：

（1）第一阶段。由一些使材料的形状、尺寸和（或）性能发生初步变化而处于适当状态的基本过程所组成，如下料、加热、熔化等。

（2）第二阶段。由一些使材料产生所要求的形状、尺寸和（或）性能变化的基本过程所组成，如浇铸、锻打、焊接等。这种基本过程又称为主要基本过程。

（3）第三阶段。由一些使工件达到指定的最终状态的基本过程所组成，如凝固、冷却、清砂、打磨、切除飞边、矫形等。

3. 基本过程的类型　根据基本过程对材料作用性质的不同，基本过程又可以分为三种类型：

（1）机械过程。即在力的作用下发生的过程，如弹性变形、塑性变形、断裂、液体或粉末的流动、混合等。

（2）热过程。即在热的作用下伴随有温度变化的过程，如加热、冷却、熔化、凝固、汽化等。

（3）化学过程。伴随化学反应产生物质变化的过程，如溶解、燃烧、沉积、相变、扩散等。

材料流程通常由一系列的基本过程所组成，如模锻，其材料流程包括下料（机械过程）、加热（热过程）、模锻成形（机械过程）、锻后冷却（热过程）和切除飞边（机械过程）等。

需要强调的是，在材料流程中的任何一个基本过程都与加工产品的最终结果有着密切的关系。例如在液态成形加工中，从原料的配比到熔炼、浇注、凝固，一直到最后开型清理，这每一个基本过程对获得一个完满优质的铸件都是至关重要的。

1.2.2　能量流程

为了实现上述材料流程中的那些基本过程，必须通过传递介质向材料或工件提供能量。下面仅以机械基本过程和热基本过程为例来介绍能量流程。

1. 机械基本过程的能量流程　提供机械基本过程所需要的能量可以通过下面三种方法来实现：

（1）传递介质与加工材料之间的相对运动。传递介质的状态可以是刚性的、颗粒状的或液态的。切削加工中的刀具和塑性成形中的工模具即为刚性介质，能量（力）通过它们与工件之间的相对运动而传递给工件，从而实现材料的切除或塑性变形。在超声波加工中，传递介质为颗粒状的磨粒，它们在超声波的作用下向被加工材料产生高频冲击，将材料一点点敲下来而完成加工，如图 1-4 所示。在静液挤压加工中，则是通过液体介质传递高压能量而使金属挤压成形的，如图 1-5 所示。

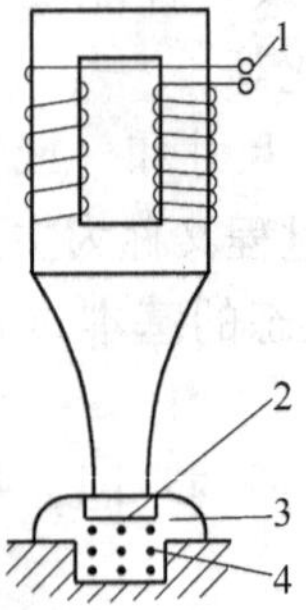

图 1-4　超声波加工
1—高频交流电源接头　2—工具
3—悬浮液　4—刚性介质（磨粒）

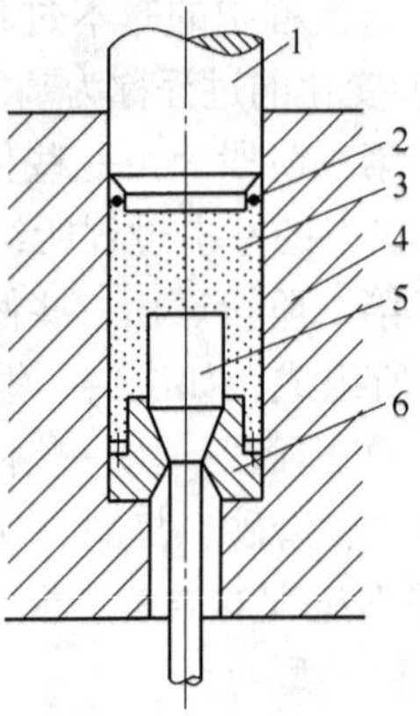

图 1-5　静液挤压
1—冲头　2—密封圈　3—高压液体
4—挤压筒　5—坯料　6—凹模

（2）作用在被加工材料上的压力差。板料成形中的气压胀形、液压胀形、橡胶胀形，塑料的吹塑成形和真空成形等，都是借助压力差来实现的，其传递介质可以是弹性体、液体或气体（包括真空状态）等。

（3）直接产生于被加工材料中的质量力。质量力可以在重力或磁场力的作用下产生，在这种情况下不需要传递介质。在重力浇注过程中，金属液在铸型中的流动就是靠质量力完成的。在磁力成形过程中，金属板料的变形也是靠质量力完成的，如图 1-6 所示。

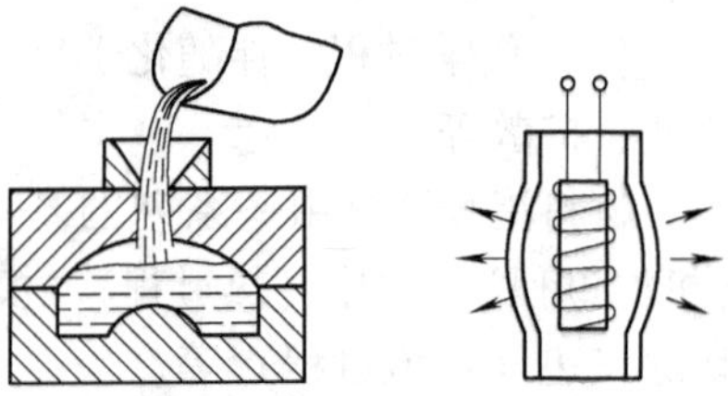

图 1-6　由质量力产生的机械基本过程
a）重力浇注　b）磁力成形

2. 热基本过程的能量流程　热基本过程所需热量通常由电能、机械能或化学能转化而来。热量可在被加工材料内部直接产生，如材料自身电阻产热（电阻焊）、电磁感应产热（感应钎焊、模锻毛坯加热）等；热量也可以在材料外部产生，然后以一定的方式（如传导、对流、辐射）间接地传递给被加工材料，如电阻元件加热（电阻炉）、电弧加热（电弧焊）、火花放电（电火花加工）等。此外，通过电子束和激光也可使电能产生高能量密度的热能，瞬间将被加工材料熔化或汽化，如电子束焊、激光焊、激光切割等。

化学热源可以通过可燃物质的燃烧转化为热能，如气焊、气割就是利用可燃性气体乙炔与氧混合后燃烧产生的热量来实现加工的。

机械能可以通过被加工材料之间的相对摩擦运动而转化成热能，如摩擦对焊、搅拌摩擦焊等。

1.2.3　信息流程

在材料加工中，信息流程就是借助能量流程把相关的信息及其变化赋予材料的过程。信息流程所传递的信息内容包括形状、尺寸、表面状况和性能等。

加工终了，材料所获得的最终信息就是材料的初始信息与加工过程各阶段所施加的信息之和，即

$$I_0 = I_i + \Delta I_{p1} + \Delta I_{p2} + \cdots + \Delta I_{pn}$$

式中，I_0 为最终信息；I_i 为材料初始信息；ΔI_{pn} 为各个加工阶段所赋予的信息及其变化。

信息流程的介质及信息传递方式有如下几种：

(1) 眼—脑—手—工具。这是最原始的人工（手工）操作的材料加工过程中的信息传递方式。在这个过程中，人通过眼睛把看到的信息传给大脑，通过分析、比较、运算得出结果后，再通过介质——手或手中的工具把信息施加到材料上，如手工自由锻造等。

(2) 图样—工艺设计—刀具、工模具、模型。这是传统材料加工过程中的信息流程方式。技术人员从图样上获取信息，通过工艺设计制造出刀具、工模具、模型，并将各种信息赋予其上，再通过刀具、工模具、模型或通过刀具、工模具与材料之间的相对运动把相应的信息施加到材料上。在这个过程中，传递信息的介质就是刀具、工模具或模型。

在一般情况下，刀具或工模具所包含的信息量越少，则它们与被加工材料之间的相对运动在传递信息的过程中所起的作用就越大；反之亦然。例如在自由锻过程中，由于所使用的工模具形状简单，包含的信息量少，要求工模具与锻件之间的相对运动就越多，工艺过程就越复杂；相反，在模锻过程中，传递介质锻模已包含了所要求的全部形状信息，因而传递介质与被加工材料之间的相对运动就很简单。

(3) 图样—工艺分析—编程—刀具、工模具、模型。这是近代比较先进的材料加工过程中的信息流程。与上面不同的是通过编程这个环节把加工信息编成程序，驱动数控机床加工出相应的刀具、工模具、模型或通过数控机床控制刀具或工模具与被加工材料之间的相对运动而将信息施加到材料上。

(4) CAD/CAM。这是近代更先进的材料加工过程中的信息流程。CAD 是通过计算机辅助设计把各种加工信息编成程序，然后用计算机绘制成图样，作为后续加工的依据。在 CAD/CAM 一体化中，CAD 系统编制的程序可直接输入 CAM 系统，驱动数控机床完成后续加工，把信息施加到材料上。在这个过程中作为传递信息的传统介质——图样给省掉了，使产品设计、制造的周期大大缩短，显著

提高产品的产量和质量。快速样件成形就是CAD/CAM技术成功应用的典型例子。

性能信息主要是通过热处理加工来赋予被加工材料的。塑性成形除能改变材料的形状尺寸外，也能改变材料的性能，因而也能起到传递性能信息的作用。

1.3 液态成形的基本问题和发展概况

液态成形是将液化的金属或合金在重力或其他力的作用下注入铸型的型腔中，待其冷却凝固后获得与型腔形状相似的铸件的一种成形方法，这种成形方法通常又称为铸造。它是一个质量不变过程。其基本过程是熔炼、浇注和凝固。熔炼和凝固是两个相反的热过程。前者将固态物质（包括金属及合金）熔化成液态，并使其获得一定的化学成分；而后者却将液态金属变为固态，使之成为具有一定形状和尺寸的铸件。铸件的形状和尺寸信息是由铸型提供的，而其性能信息是由熔炼过程所获得的化学成分及冷却过程的快慢确定的。浇注过程是一个机械过程，它是靠金属液的重力或其他力将金属液引入型腔，因此，它也是一个传质过程。

液态成形方法有几千年的发展历史。它之所以经久不衰，是因为它有着突出的适应性强的特点。它能铸出轻至几克，重达几吨；薄至0.2mm，厚达1m；小至几毫米，大到十几米；形状从简单到任意复杂；金属种类从黑色到有色，以至难熔合金的铸件。这样广泛的适应性是其他任何金属成形方法所无可比拟的。

1.3.1 基本问题

1. 凝固组织的形成与控制　铸件的凝固组织是在凝固过程中形成的。凝固组织包括相结构、晶粒的大小和形态等。它们对铸件的物理性能和力学性能有着重大的影响。控制铸件的凝固组织是凝固成形中的一个基本问题，能得心应手地获得所要求的凝固组织是人们长期以来追求的目标之一。由于铸件组织的形成受到许多因素的影响和制约，要想有效地控制铸件的凝固组织，就必须对其形成机制和形成过程有深层次的认识和掌握。到目前为止，关于凝固组织的形成机理及其影响因素，人们已经进行了广泛深入的研究，且找到了许多有效的控制方法，如孕育处理、动态结晶、定向凝固等。但这还远远不够，要彻底解决这方面的问题，还有许多工作要做。

2. 铸造缺陷的防止与控制　铸造缺陷五花八门，种类繁多，既有内在缺陷与外观缺陷之分，又有宏观缺陷与微观缺陷之分。它们对铸件质量是一个严重的威胁，是造成废品、加大生产成本的主要原因。铸造缺陷的种类、存在形态和存在部位，受合金种类、凝固成形条件、成形工艺等众多因素的影响。如凝固收缩会形成缩孔、缩松；结晶期间，由于溶质原子的再分配会造成偏析；冷却过程中形成的热应力会引起铸件的变形，甚至开裂。此外，还有气孔、夹杂、冷隔、夹砂等缺陷，它们的形成原因十分复杂。在这方面人们也做了许多深入细致的研究工作，建立了比较完善的理论，掌握了许多宝贵的经验。但在各种成形方法中，如何有效地控制铸造缺陷仍是一个重要的基本问题。

3. 铸件尺寸精度和表面粗糙度的控制　随着科学技术的发展，许多制造领域对铸件尺寸精度和外观质量的要求越来越高。也正是这种要求促进了精密铸造技术的迅猛发展，改变着铸造只能提供毛坯的传统观念，使毋需机加工的净成品或只需很少机加工的近净成品铸件应运而生。然而，铸件尺寸精度和表面粗糙度要受到液态成形方法和工艺中诸多因素的影响，其控制难度很大，这又阻碍着精密铸造技术的发展。这一基本问题涉及到各种成形方法和许多工艺措施，而且随着合金种类、成形方法及铸型材料等的不同而异，也许在某种成形方法中很奏效的工艺措施而在另一种成形方法中却毫无效果。

1.3.2　发展概况

科学技术的发展不断促进液态成形技术的发展，液态成形技术的发展又不断推动着传统产业的技术进步，为高科技产业的发展奠定了基础。

液态成形技术的发展主要表现在以下三个方面：

1. 凝固理论的发展　凝固是铸件成形过程的核心，它决定着凝固组织和铸造缺陷的形成，因而也决定了铸件的性能和质量。近 30 年来，借助于物理化学、金属学、非平衡热力学和动力学、高等数学和计算数学，从传热、传质和固液界面等三个方面进行了研究，使金属凝固理论有了很大的发展。这不仅使人们对在许多条件下的凝固现象和组织特征有了更深入的认识，而且促进了许多凝固技术和液态成形方法的建立、使用和发展。凝固理论已经确立了铸件的冷却速度与枝晶壁间距以及枝晶壁间距与力学性能之间的关系，从而为正确选择铸造工艺参数以控制铸件质量创造了条件。

2. 凝固技术的发展　所谓凝固技术就是控制凝固过程按照预定方向进行的技术，它是开发新材料和提高铸件质量的重要途径。凝固技术发展的典型例子是定向凝固技术、快速凝固技术和自生复合材料的制取。

（1）定向凝固技术。它是控制液态金属沿热流相反方向凝固的一种工艺方法。它经历了从功率降低法→快速凝固法→液态金属冷却法的发展过程。由于冷却方式的不断改进，固液界面前沿液相中的温度梯度就不断提高，这不仅使无横向晶界的柱状晶细密挺直，而且延长了定向凝固区。定向凝固技术典型的应用就是铸造高温合金燃气轮机的叶片。由于沿定向生长方向的力学性能优异，使叶片的工作温度得以大幅度提高，从而使航空发动机的性能及飞机的速度上了一个台阶。定向凝固技术的最新发展是制取单晶体铸件，最突出的应用就是生产单晶涡轮机叶片。这种单晶涡轮机叶片比一般定向凝固的柱状晶叶片具有更高的工作温度、抗热疲劳强度，抗蠕变强度和抗热腐蚀性能。它的问世进一步有效地提高了航空发动机的推力和效率，使飞机的速度又上了一个台阶。

（2）快速凝固技术。它是在比常规工艺条件下的冷却速度大得多的冷却速度下，使液态合金转变成固态的工艺方法。它所采用的冷却速度常高达10^4～10^9℃/s。这样的冷却条件可使材料具有很细的晶粒（<0.1μm甚至达到纳米级）避免偏析缺陷和高分散度的超细析出相，从而表现出高强度和高韧性。快速凝固技术可使液态金属超越通常的形核与长大的结晶过程而直接形成非晶结构的固体，即所谓金属玻璃。这种非晶结构的金属具有特殊的电学性能、磁学性能、电化学性能和力学性能并已得到广泛应用，如用做变压器铁心、计算机磁头及钎焊材料等。

（3）自生复合材料制取。复合材料就是在金属或非金属基体中引入增强相或特殊成分而具有良好综合性能或特殊性能的一种新材料。这是一种很有发展前途的新型材料，也是目前研究的热点之一。复合材料按制取方法不同可分为人工复合材料和自生复合材料两大类。人工复合材料中的增强相是靠人工用机械混合的方法引入基体的；而自生复合材料是用控制凝固过程（如定向凝固）的方法而获得的一种共晶合金或偏晶合金，其中的增强相与基体相均匀相间，定向排列，因而具有许多重要特性，如高强度、良好的高温性能和抗疲劳性能等。用这种方法人们已经制取了Nb-NbC，Ta-TaC共晶体自生复合材料，它们的强度高于Nb合金和Ta合金，抗蠕变性能更好。还制取了以Ni、Ta、Co、Nb为基体，与其碳化物构成的共晶体自生复合材料。它们的高温性能超过常用高温合金，故而称之为“共晶高温合金”。

3. 计算机的应用和发展　计算机在凝固成形领域中日益广泛的应用正在从几个方面推动着这个领域的发展与变革。它使过去许多不可能实现的事情变成了现实，促使新技术和新工艺的不断出现，大幅度提高生产率，降低生产成本。概括起来，计算机主要在以下4个方面发挥着无可替代的作用：

（1）凝固过程数值模拟技术。简而言之，凝固过程数值模拟技术就是利用数值计算方法求解描述凝固成形物理过程的数学离散方程，且用计算机显示其计算结果的技术。这项技术是目前被大家公认的可以提高铸造业竞争能力的关键技术之一。它诞生于20世纪60年代，近10年来发展迅速，在许多方面已经达到了实用化的程度。它可以模拟液态金属充填型腔的过程，形象地显示液态金属在铸型型腔中的凝固进程和铸件中热应力的扩展过程，预测可能产生的缺陷。利用这项技术，人们可以在生产计划实施前进行模拟，以优化工艺方案，取代或减少现场试制。这对于大型、形状复杂或贵重材料铸件的生产尤其具有重要意义。此外，凝固过程数值模拟还可以揭示过程的物理本质，促进凝固理论的发展。近几年发展起来的微观组织模拟研究，已能预测结晶组织的晶粒尺寸及其力学性能，这项成果可望在不久的将来用于实际生产中。

（2）快速样件制造技术。这是近几年发展起来的一项高新技术，又称之为快速成形技术。它集成了 CAD/CAM 技术、现代数控技术、激光技术及新型材料技术，无需图样，无需进行传统的模具设计和加工，直接用 CAD 设计数据信号驱动激光头层层扫描光敏材料成形或层层切割纸张叠加成形，这样可以极大地缩短生产准备时间，提高生产率。目前这项技术已在砂型铸造、熔模铸造、实型铸造中得到应用，可快速制出形状复杂的模样。尤其在熔模铸造中可直接制出精细复杂的熔模，取代了压制熔模的过程，也可直接制出熔模压型，甚至型壳。

（3）过程和设备运行中的计算机控制。与其他行业一样，计算机作为一种控制手段在凝固成形和铸造生产过程中也得到了广泛的应用。对于铸造这样一个工序繁多、劳动强度较大、影响因素复杂的行业，用计算机控制生产过程及设备所带来的好处尤为突出。目前，新一代造型生产线已基本上采用计算机控制，以计算机为基础的自控系统已用于熔化、浇注、砂处理、质量检验等工序和压铸机和定向凝固设备中。毫无疑问，它能大幅度提高生产率，降低劳动强度和生产成本，获得质量良好且均一稳定的铸件。

（4）集成制造技术。这种技术已在凝固成形加工中进行了尝试，表现出很好的应用前景。典型的应用是将计算机层析射线摄影法（CT 技术）、凝固过程模拟技术和快速成形技术集成起来，制造高质量的铸造模具。其过程是用工业 CT 系统对铸件或铸型进行扫描，将获得的断面两维图像数据处理成扫描对象的外轮廓（三维立体形态），以产生铸件三维点云和相应的三维 CAD 曲面模型。这样获得的 CAD 模型数据可直接用于铸件凝固过程数值模拟，根据模拟结果确定模具设计、浇注系统、冷铁、冷却通道等。当最终的模具设计方案确定后，再将 CAD 模型数据输入到快速成形设备上制造出原型。这种集成技术将在近代许多近净成品的液态成形方法中得到迅速推广。

1.4　塑性成形的基本问题及发展概况

塑性成形属于质量不变过程，材料一般为固态，主要的基本过程为机械过程——塑性变形，能量传递介质和信息传递介质一般皆为工模具。加工信息由工模具或工模具与加工材料之间的相对运动产生。尽管塑性成形方法多种多样，所要生产的零件或零件毛坯种类繁多，其中仍存在以下一些共同的基本问题。

1.4.1　基本问题

1. 材料对塑形变形的适应能力——塑性　材料的塑性是材料塑性成形的前提条件，没有塑性或塑性不好的材料，塑性变形就无从谈起或难于进行。材料的塑性除与材料的种类、成分、内部组织结构有关以外，还与外部变形条件——变形温度、变形速度和应力状态密切相关。在这方面人们已经做了很多的研究工作，基本掌握了塑性变形的物理本质和机理、塑性变形所引起的材料组织和性能变化以及在不同条件下材料的塑性行为；但还有很多问题仍未解决，需要继续研究和探索。

2. 塑性变形体内应力场、应变场的确定　塑性成形需要输入能量，即对材料施加外力和做功。只有知道所需成形力和功的大小才能正确选用成形设备和设计成形模具，并且通过对成形力影响因素的分析，为减小成形力和节约能耗提供依据。求解所需的成形力，从根本上说就是确定工件内部的应力场，因为应力场的确定自然包括与工模具接触表面处应力分布的确定，进而才能求得成形力及模壁的压力分布。此外，材料在应力场作用下发生塑性变形时，内部还存在着位移场和应变场，这些物理场变量的确定，一方面可以用来分析材料的瞬时流动状态和形状尺寸的变化规律，为合理选择原毛坯、设计中间毛坯及模具模膛的形状提供依据；另一方面可以预计成形件内部的组织和性能，如硬度分布、锻造流线的形成、碳化物的形态和再结晶晶粒度的变化等。将应变场和应力场结合起来，再利用必要的判据则可进一步预测工件内部产生缺陷的倾向和空洞愈合的可能性。然而，由于成形件形状的复杂性和多样性，真正准确的确定变形体内的应力场和应变场仍然还是一个尚未解决的基本问题。

3. 塑性成形件的精度　塑性成形信息的输入主要是通过工模具或工模具与被加工材料之间的相对运动共同完成的。因而工模具的制造精度以及工模具与被加工材料之间的相对运动精度对成形件的精度起着至关重要的作用。此外，材料在塑性变形时还伴有弹性变形和热胀冷缩，这些都会影响成形件的最终精度。这些问题不仅涉及到工模具的制造工艺技术和模具材料、成形设备的质量和控制精度，还涉及到被加工材料的力学性能和热物理性能。因此，如何提高塑性成形件的精度也是一个重要的基本问题。

1.4.2　发展概况

1.4.2.1　板料成形

1. 在大批量生产中向高速化、自动化方向发展　主要表现在以下几个方面：

(1) 发展高速自动压力机。普通压力机的行程次数一般为每分钟几十次或上百次，而目前出现的高速压力机，小型的行程次数已高达 2000~3000 次/min，中型的也有 600~800 次/min。这样一台高速压力机的生产率相当于 5~10 台普通压力机。为了实现高速化，还要解决一系列配套问题，如送料、出料、废料处理、模具寿命及检测保护、减振降噪等。

(2) 发展多工位压力机。一个板料成形件的成形往往包含多道工序，如落料、拉深、冲孔、翻边、切边等。这些工序一般是由几台压力机和几套模具分别完成的。而多工位压力机可将这些工序在一个压力机的各个工位上用滑块的一次行程同时完成，各工位之间用送料夹钳或机械手传递坯件。多工位压力机一个行程就可以生产一个板料成形件，一台这样的压力机就可代替几台甚至几十台普通压力机。据有关资料介绍，美国某汽车厂采用 14 台 25～30MN 的多工位压力机代替了原来的 88 台普通压力机，生产各种汽车冲压件。目前多工位压力机的吨位已高达 62MN，它每分钟可生产 14 个汽车车身件。

(3) 发展冲压自动线。由多台压力机配上自动装料、送料、出件、传递翻转、检测、保护等辅助装置组成的冲压自动线已在汽车工业中得到了广泛应用。例如日本某株式会社的一条由 6 台压力机组成的汽车车门冲压自动线，只一人管理，每小时可生产汽车车门内板近 800 件。在电机行业中，也广泛采用冲压自动线生产定子片和转子片，使生产率成倍提高。

2. 在小批量生产中向简易化、通用化和万能化方向发展　在这方面有两种基本途径：一是提高设备系统的功能，做到一机多能，如多自由度加工机床，快换模系统和数控系统；一是从成形方法和模具着手，做到一模多用，如采用单模、点模、自适应软模甚至无模成形等。如日本某公司研制的冲压柔性加工单元，是由 1500kN 开式双柱宽台面压力机、机器人、模具自动仓库、供料装置、堆垛起重机、成品工件传送带、废料传送带、操纵台等组成，可加工 150 种左右的电器控制元件，最小批量 20 件，最大批量 4000 件，可加工工件的厚度为 0.5～8mm，长度为 30～200mm，宽度为 10～200mm，可完成落料、冲孔、拉深、弯曲等工序，生产率相当于 7 台小型机械压力机。

图 1-7 为一种多轴数控弯曲机非在线控制示意图。弯曲机有两个模具，一个

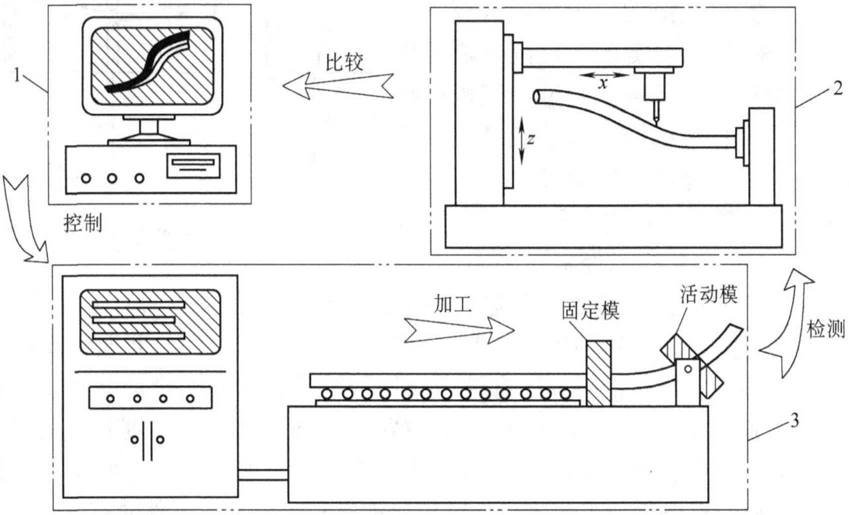

图 1-7　多轴数控弯曲机非在线控制示意图

1—CAD 系统　2—测量仪　3—多轴数控弯曲机

固定模，一个活动模。活动模有五个自由度（沿垂直和水平方向的移动和绕 x、y、z 轴的转动），如图 1-8 所示。型材经固定模弯曲后穿入活动模的封闭模孔内，借助活动模的各种运动使型材弯曲和（或）扭转，以形成所需的形状。型材的最终形状是由计算机控制活动模的运动决定的，而不是由模具本身决定的，因此只用一套模具就能获得具有相同断面的各种弯曲件。成形后的弯曲件通过三坐标测量仪来检测，将检测值与 CAD 系统提供的数据比较，得出其形状误差并反馈到计算机用以修正活动模的运动，使后面生产的弯曲件的形状达到所要求的精度。

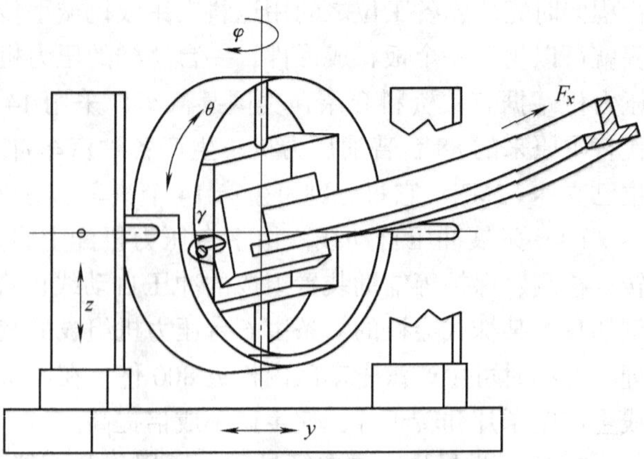

图 1-8 活动模工作原理示意图

图 1-9 为一种多点模成形示意图。由图可见，当加工板料的曲面形状需要变化时，只须调整上下点模的位置即可。

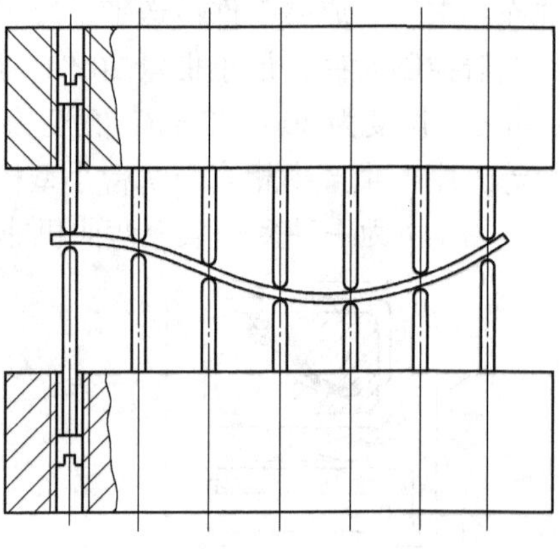
图 1-9 多点模成形示意图

3. 工艺过程的模拟化和模具的 CAD/CAM 采用有限应变弹塑性有限元法进行板料成形计算机模拟的一个突出成就，是在 20 世纪 80 年代末实现了对汽车覆盖件成形过程的计算机模拟。通过计算机模拟可以求出成形板坯的应力场、位移场、应变场、成形力、合理的原毛坯，预测成形缺陷和成形质量等。目前模具 CAD 已经普及，模具 CAD/CAM 也已经实现。

4. 成形件向精密化发展 普通冲裁工艺得到的冲裁件，其尺寸精确较低，断面粗糙度较大。改用精冲工艺，其尺寸精度可达 IT8 ~ IT6，断面粗糙度可达 R_a0. 8 ~ 0. 2μm。常用的精冲方法有带齿圈压板精冲、对向凹模冲裁等。板坯的超塑性气压成形可以生产形状复杂、尺寸精确的壳形零件。如与扩散连接工艺相结合，还可以生产形状复杂的板材结构件，用于航空航天器上，使器件质量减轻。工艺过程的模拟化和工艺装备的数控化都有利于提高成形件的精度。如飞机上的弯管件，其总长超过 1000m，为了保证装配时没有安装应力，要求每个弯管件的角度公差小于 0. 1°。用一般的试凑法调整弯管机，费时费料，如应用图 1-7

所示的原理，及时自动补偿回弹，就可达到精密弯曲的目的。

1.4.2.2　体积成形

1. 自由锻方面　这方面的发展重点主要集中在提高大型锻件的质量上。所采用的技术措施有：

1）改进冶炼和浇注技术，提高钢锭的冶金质量，如采用真空精炼、电渣重熔、真空浇注、循环除气等。

2）改进锻造工艺，如采用“中心压实法”。

3）发展探伤技术，并用断裂力学理论计算允许的锻件裂纹尺寸或已知裂纹尺寸的安全服役期。

4）发展锻焊联合工艺，把大锻件分成几部分，分开锻造，然后拼焊起来，或将几个钢锭用电渣焊焊成一体，再锻打成形。

5）采用程控联动快锻法，使水压机和操作机的动作按预先规定的程序相互配合，协调行动，以改善劳动条件，提高生产率和减小锻件的加工余量。

此外，还发展了精密锻轴工艺和相应的具有较高自动化水平的径向锻轴机。

2. 模锻方面

1）锤上模锻越来越多地被压力机（曲柄压力机和螺旋压力机）取代，以适应工艺精化及实现机械化、自动化连线生产的要求。

2）发展精密模锻，使模锻件的精度不断提高。

3）模锻生产自动化程度日益提高，除了在热模锻压力机上配备机械手实现不同程度的自动化外，还发展了模锻生产自动线。如德国某公司制造的一条以120MN楔式压力机为主机的大型热模锻生产自动线，全线长约53m，由微机控制运行，生产的曲轴锻件重140kg，前梁重120kg，生产率大约为90件/h。安装于瑞典的模锻自动生产线，主机是160MN的热模锻压力机，这是当今世界上吨位最大的热模锻压力机，用于模锻重型柴油机的曲轴和载货汽车的前梁。全线有8台机器人股役，由微机分别单独控制，由一台微机与各终端站进行联系并对全部设备进行监控。这条自动线生产曲轴的节拍是一台/30s，生产前梁的节拍是一台/38s。

4）模锻过程的计算机模拟和工艺模具的CAD/CAM。模锻过程的计算机模拟主要采用刚塑性有限元法和粘塑性有限元法。对于变形—传热的耦合问题还同时采用热传导有限元法或有限差分法。通过数值模拟确定变形体内的各种物理变量场（温度场、应力场、位移场、应变场等），以便为工艺优化和质量控制提供依据。模锻CAD是用计算机语言描述零件的几何形状，利用储存的设计原则和材料文件设计锻件，然后自动选择工艺方案，完成一系列工艺设计和计算，最后设计出锻模。CAM则是以计算机为中心，对锻模加工过程自动进行监控和管理。CAD和CAM的紧密结合即为CAD/CAM系统。目前工业发达国家已研究开发了多种 CAD/CAM 系统，应用于辊锻、模锻、挤压成形等加工中。

3. 特种成形技术方面　传统的塑性加工，大都是用形状简单的固体材料经过大塑性变形而逐步形成所需的零件或零件毛坯的。固态金属的成形性是比较差的，加之影响金属流动的因素复杂，不易控制，因此形状复杂精细的零件就很难锻出；另外，固态金属的塑性变形也是比较困难的，为使变形得以发生必须施加较大的外力。这一方面导致设备吨位的不断增大，另一方面由于变形力大，模具的工作条件变得苛刻，导致对模具的性能要求越来越高。这些都是传统塑性加工发展的障碍。近几十年发展起来的特种塑性成形技术冲破了这种障碍，显示出明显的优越性。它们包括：

（1）超塑性成形。有些金属在特定条件下（如稳定的超细晶粒组织，低应变速率）会表现出异乎寻常的高塑性，其伸长率可达百分之几百，甚至百分之几千，而变形抗力却很低，只有常规变形的几分之一，甚至几十分之一。有人把超塑性状态下的金属形象地比喻为“金属软糖”。利用金属的超塑性可以生产用常规塑性加工方法无法生产的具有薄壁、高肋和细微凸出的精密复杂件。图 1-10 是超塑性模锻的 TC4 钛合金整体涡轮盘，其形状十分复杂，叶片薄而长。图 1-11 是用超塑性气压成形与扩散连接复合工艺生产的几种板材结构件。

图 1-10　超塑性模锻的 TC4 钛合金整体涡轮盘

（2）粉末冶金锻造。与固态整体金属相比，粉末态的金属不仅具有很好的充填性和成形性，还便于合金化而无偏析。因而，利用粉末冶金方法可以生产形状复杂、尺寸精确、质量优良的零件。但是，粉末冶金件密度低，力学性能较差，实际用途受到限制。将粉末冶金与锻造相结合，即粉末冶金锻造，简称粉锻。通过这种成形方法可使粉末冶金件的相对密度提高到 0.98 以上，性能指标也可接近普通锻件水平。粉锻的一个新发展是喷雾锻造，它是由熔炼、氮气雾化、喷射充模、补充加热、模锻和切边等工序组成

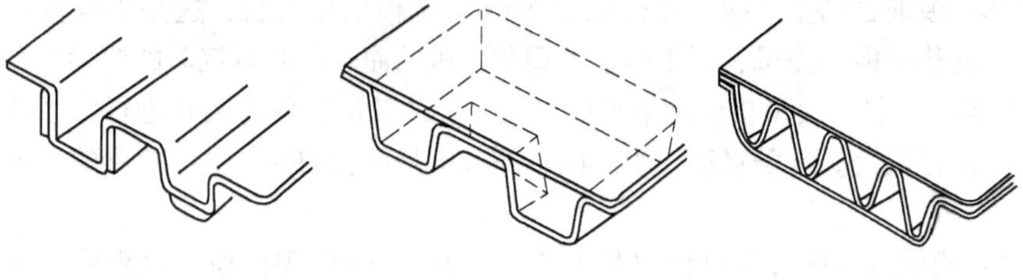

图 1-11　用超塑性气压成形与扩散连接复合工艺生产的板材结构件

的，可以进行连续生产，如图 1-12 所示。

(3) 省力成形。降低金属塑性变形抗力的方法除前面提到的液态挤压和超塑性成形外，还有液态模锻。这是一种铸锻结合的成形方法。它是将熔融金属注入金属模腔内，在压力作用下使液态金属充型、凝固，并发生少量塑性变形。由于液态金属流动性好，充型能力强，在近熔点高温下金属的流动应力又低，因此液态模锻可以生产形状复杂、轮廓清晰或带有薄壁的锻件，而成形力仅为普通模锻的 1/5～1/8。此外，旋压、辊锻、楔形横轧、摆动辗压等都是省力成形工艺的例子。图 1-13 是摆动辗压的示意图，这种加工方法的成形力仅为普通整体成形的 1/5～1/20，适于加工各种饼盘类、环类及带法兰的轴类零件。

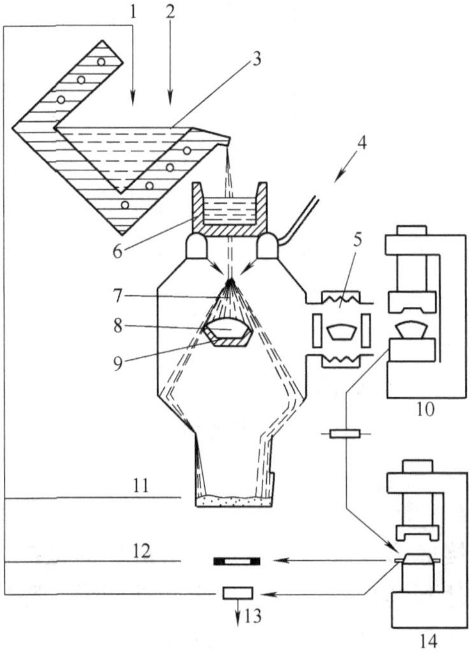

图 1-12　喷雾锻造工艺流程

1—返回料　2—料块　3—熔融金属　4—氮气　5—调温炉　6—坩埚　7—喷雾粉　8—预制坯　9—模具　10—锻压机　11—溢出粉　12—飞边　13—成品　14—落料压力机

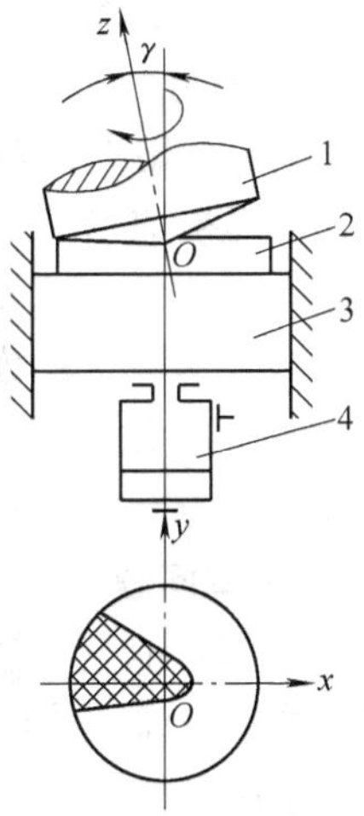

图 1-13　摆动辗压工作原理示意图

1—摆头（上模）　2—毛坯　3—滑块　4—进给液压缸

(4) 材料—工艺—产品的一体化。传统的塑性加工都是对现成材料进行加工。随着复合材料的不断开发利用，一种新的“材料—工艺—产品的一体化”技术应运而生。人们利用复合材料的可设计性和可控制性，根据产品的服役条件和性能要求，自己设计配制材料，直接成形加工所需的零件。在这方面已开发了粉末体的热等静压及粉末冶金与二次塑形加工相结合等多种制造工艺。

1.5 焊接成形的基本问题和发展概况

焊接成形是连接成形中的主要方法，它是利用各种形式的能量使被连接材料在连接处产生原子或分子间的结合而成为一体的成形加工方法。其过程由热过程、物理化学冶金过程及应力变形的机械过程所组成，这三者几乎是同时发生而又互相影响的。利用焊接成形方法可以将金属与金属、金属与非金属、非金属与非金属牢固地连接起来。

焊接成形方法多种多样，目前已有数十种，如图 1-14 所示。按照焊接成形过程特点，焊接成形可以分为三大类，即熔焊（被焊材料表面熔化）、压焊（被焊材料表面不熔化）、钎焊（被焊材料表面不熔化，填入其间的低熔点钎料熔化）。

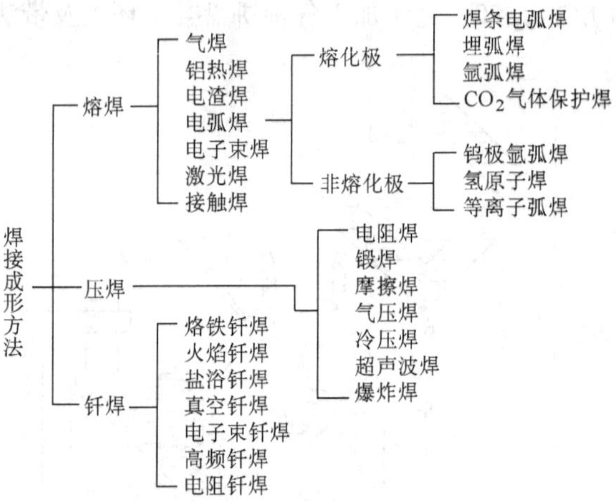

图 1-14 焊接成形方法及其分类

各种焊接成形方法都是为了适应生产的需要而发展起来的。随着科学技术的发展，新的焊接方法还会不断出现，现有的方法也会不断改进。

1.5.1 基本问题

（1）焊接能量的输入。对于焊接成形，最重要的是要给被焊部位提供某种形式的能量，如加热使其熔化，或达到焊接温度，或发生塑性变形。除钎焊以外，几乎所有的焊接成形方法都是局部加热的。特别是熔焊，它是以集中的移动热源来加热和熔化焊件的，其热过程具有局部性、瞬时性、极高的温度梯度等特点，因此焊件上的温度分布是不均匀的，不稳定的。正因为如此，使得焊接过程分析变得相当复杂，伴随着不平衡的热过程，产生了一系列焊接所独有的问题，如不平衡的物理化学冶金过程、焊接应力与变形等。

（2）污染的清除和防止。两个被焊接的表面只有在不存在氧化物和其他污染的情况下才能形成满意的焊接接头。被焊材料表面在焊接之前往往存在着有机薄膜、氧化物和吸附的气体；在焊接高温下，被焊材料容易氧化或烧损。焊前如何彻底清除被焊材料表面的污染，在焊接过程中如何有效地保护被焊材料不被氧化或烧损，这是各种焊接成形方法所面临的共同问题。

（3）焊接接头组织性能的不均匀性。在熔焊过程中，由于熔池体积小，冷却快，其中的各种冶金反应极不平衡，原子扩散也极不充分，使形成的焊缝金属的化学成分和组织性能极不均匀；同时，在焊接热作用下，焊缝两侧不同位置的金属经历着不同的热循环，这就相当于进行了不同规范的热处理，使整个热影响区的组织和性能产生极不均匀的变化。这种成分、组织和性能的不均匀性，会对整个结构的强度和断裂行为产生显著的影响。

（4）焊接残余应力和变形。如前所述，焊接过程是一个局部的加热过程，因此焊件上的温度分布极不均匀，各部分的热胀冷缩不协调而互相妨碍，使焊接件内部在焊后存在很大的残余应力，引起结构变形，甚至开裂。影响焊接残余应力和变形的因素十分复杂，主要与焊接热输入、焊接工艺参数、焊接结构的形状和尺寸以及拘束状态等有关。

（5）焊接缺陷及检验。在焊接成形过程中常会产生诸如裂纹、气孔、夹渣及未焊透等缺陷，这些缺陷往往是焊接结构产生破坏的根源。因此对焊接缺陷的形成原因及检测方法的研究也一直是焊接成形中的基本问题之一。所有重要的焊接结构在制造及使用过程中都必须进行无损检测以确定缺陷的性质及形貌。目前，有一些无损检测技术已广泛应用于实际生产中，如 X 射线探伤、超声波探伤、磁力探伤等，有的甚至用上了微机控制系统，但是准确可靠而又操作方便的无损检测技术还有待于进一步研究开发。

（6）焊接结构的制造问题。焊接结构是指以焊接为主要成形手段生产的金属结构，如桥梁、船舶、储罐、压力容器等。在焊接结构的设计和制造过程中，为了保证焊接结构的质量，既满足使用要求且安全可靠，又要降低成本，提高生产率，追求经济效益，有许多问题需要考虑，其中的影响因素非常复杂。如结构材料和焊接材料的选择、焊接方法和接头形式的确定、焊接工艺参数和焊接顺序的制定、施工人员和质检人员的技术水平以及环境保护等。

1.5.2　发展概况

1. 焊接结构的发展　现代焊接结构的承载能力要求越来越大，工作条件越来越苛刻，要求越来越严格。它们正向着大型化和高参数方向发展，图 1-15 和图 1-16 所示的核压力容器和 6100m 深海探测器就是典型的现代焊接结构的例子。核压力容器的壁厚已达 200mm 左右，深海探测器要承受巨大的海水压力。

又如 50 万 t 级的全焊接油轮长 382m，宽 168m，高 27m，最大钢板厚度达 140mm；现代高层建筑的钢焊接屋架，所用材料的强度级别达 490MPa，厚度达 100～150mm。

现代焊接结构除尺寸越来越大以外，其工作环境也越来越恶劣，如高温、高压、低温、深冷等，有的还是在动载或冲击载荷条件下工作的。如单机功率高达 1.2GW 的核电站汽轮机及其配套锅炉，其工作压力达到 32.4MPa，蒸汽温度达到 650℃。

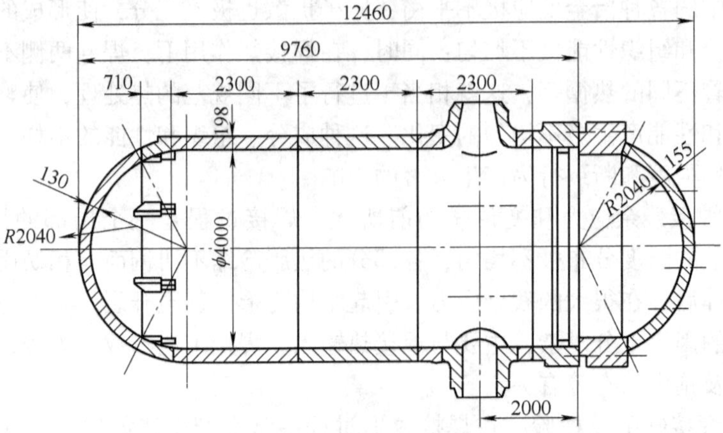

图 1-15　原子能电站核容器

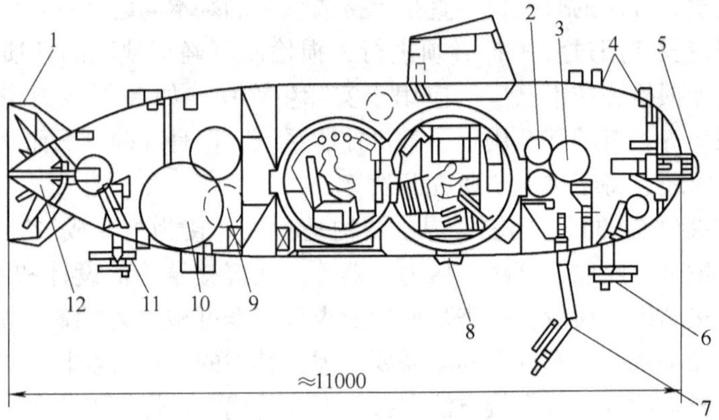

图 1-16　6100m 深海探测器示意图

1—倾斜罩　2—液压系统　3—压力舱　4—声纳　5、12—螺旋桨系统　6—支承和摄影装置
7—操纵器　8—多普勒声纳　9—压水舱　10—燃料舱　11—支承和摄影装置

2. 焊接结构材料的发展　焊接结构通常采用焊接性好的低碳钢或低合金结构钢制造。随着科学技术的发展和焊接技术的不断完善，高强钢在现代焊接结构中的应用越来越广泛。图 1-17 为日本统计的部分大型焊接结构所用钢材强度等级与板厚规格。用于桥梁、高压水管、重型电机、海洋工程等焊接结构的高强钢（HT80），其抗拉强度已经达到 784MPa；超高强度钢在航天、航海及机器制造业中的应用也很广泛。用于制造固体燃料火箭发动机壳的美国 4340 钢（相当国产 40CrNiMo），经过合适的淬火与回火处理后，其抗拉强度可达 1765MPa。另一种超高强度钢——18Ni 钢是不含碳的马氏体时效钢。它便于热处理，也有良好的焊接性能。焊后经过时效处理，强度可以达到 1373 ~ 2059MPa，同时还具有很高的抗脆性断裂及抗应力腐蚀的能力，适合于制造飞机零件、固体燃料火箭外壳、

冷冻机及船体结构。近年来又有抗拉强度高达 2353～2451MPa 的马氏体时效钢在焊接结构中应用。

为了满足日益复杂和荷刻的工作环境要求，各种耐腐蚀、耐高温及抗深冷脆断的合金钢，如含镍量 w_{Ni} 为 9.0%、5.5% 和 3.5%的镍系低温钢、双相不锈钢、超级双相不锈钢、耐热钢、铝及铝合金、钛及钛合金等都已用于焊接结构。

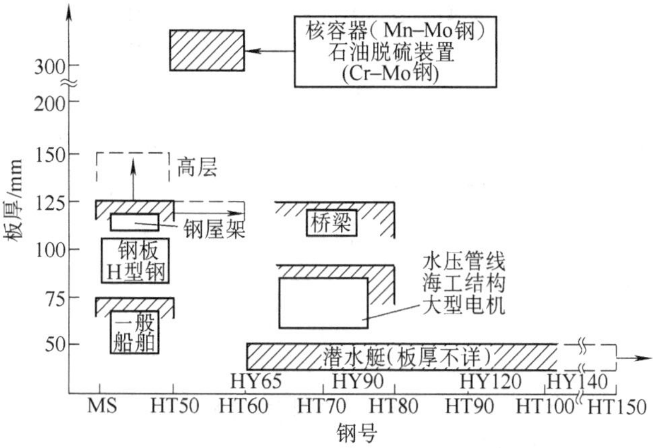

图 1-17　日本大型焊接结构所用钢材强度级别及板厚范围

3. 焊接技术的发展

近年来，焊接技术和其他科学技术一样得到了迅猛发展。它的发展主要表现在焊接工艺方法和焊接机械化及自动化两个方面。

（1）焊接工艺方法方面。英国焊接研究所于 20 世纪 90 年代开发的搅拌摩擦焊技术已成功用于航天器低温燃料箱、油箱，轮船甲板、隔板等铝、镁、钛合金结构件的焊接。这种方法焊接速度快，焊接质量好，15mm 厚的铝合金板对接，可不开坡口一次焊成。前苏联巴顿焊接研究所研制开发的钨极氩弧焊（TIG）活性焊剂可使熔深增大 2～3 倍，12mm 厚的不锈钢板对接，可不开坡口一道焊成。瑞典开发的快速熔化焊技术采用较高的电弧电压、非常大的焊接电流和较高的送丝速度，使熔敷速度高达 10～20kg/h。

（2）焊接机械化、自动化方面。在各种焊接技术及系统中，以电子技术、信息技术和计算机技术的综合应用为标志的焊接机械化、自动化系统，乃至焊接柔性制造系统（单元）是信息时代焊接技术的重要特点。

在焊接机械化、自动化系统中，采用的焊接电源均具有良好的动特性。它们是以先进电子元器件和电子技术开发生产的焊接设备，如逆变式晶闸管焊接电源、IGBT 逆变式焊接电源等。采用的焊接方法都是焊接质量好、生产率高的自动化方法，如 CO_2 气体保护焊、MIG/MAG 焊及埋弧焊等。激光焊和电子束焊等高能束焊接方法的应用也越来越广泛，设备的功率越来越大，设备的数量也越来越多。

焊接柔性制造系统由焊接机器人、先进焊接电源、离线编程 CAD 系统、工装机械系统等组成。焊接机器人具有比其他机器人更高超的能力，除了能正常行走和搬运物体外，还能排除电弧和烟尘的干扰，自动跟踪焊接电弧轨迹。离线编程 CAD 系统使焊接过程编程能自主进行，并能对整个焊接过程的大部分动作进行模拟试验而不依赖于整个柔性系统。很多用来分析计算焊接过程众多变量的软件在离线编程 CAD 系统中得到了广泛应用。工装机械系统主要用来实现焊件的装配、定位、夹紧、移动、翻转、变位、运输等功能，如焊接变位器、焊接操作机、滚轮支架、回转台及翻转机等。为了扩大焊接机器人的工作范围，瑞典 MOTOMAN ROBOTICS 公司开发了一种标准重型台架系统，用于重型载货车辆和军用快装桥梁的焊接。它包括三维台架安装轨道和多轴定位器，能翻转、移动重达 10t 的工件。焊接机器人在该系统中的活动范围是：X 方向 24m，Y 方向 1.2m，Z 方向 0.8m。

思考与练习

1. 材料和零件的加工方法有哪几大类？成形加工方法又分哪几种？它们在机器制造业中的作用和地位如何？
2. 材料加工的基本要素是什么？
3. 材料流程可分为哪三种类型？什么是材料流程中的基本过程和主要基本过程？
4. 机械过程所需要的能量可以通过哪几种方法来提供？试各举几例说明。
5. 热基本过程中的能量通常是怎样获得的？试举几个实际生产中的例子加以说明。
6. 材料加工中的形状变化信息是如何施加到材料上去的？性能信息又是如何施加的？
7. 液态成形的基本问题是什么？它们对液态成形生产有什么重大影响？
8. 塑性成形的基本问题是什么？它们对塑性成形生产有什么重大影响？
9. 焊接成形的基本问题是什么？它们对焊接成形生产有什么重大影响？

参考文献

1 陈金德．材料成形工程．西安：西安交通大学出版社，2000
2 （丹麦）阿尔亭·辽著．现代制造工程学．马自天，刘玉文译．北京：国防工业出版社，1988
3 王祖成．机械制造工程学．北京：北京航空学院出版社，1988
4 安各英．铸件形成理论．北京：机械工业出版社，1990
5 王寿彭．铸件形成理论及工艺基础．西安：西北工业大学出版社，1994
6 傅恒志．铸钢和铸造高温合金及其熔炼．西安：西北工业大学出版社，1995
7 张承甫等．凝固理论与凝固技术．武汉：华中工学院出版社，1985
8 程天等．快速凝固技术与新型合金．北京：宇航出版社，1990
9 王祖唐等．金属塑性成形理论．北京：机械工业出版社，1989
10 王仲仁等．特种塑性成形．北京：机械工业出版社，1995
11 顾海澄等．节约金属材料手册．北京：机械工业出版社，1995
12 李培武等．塑性成形设备．北京：机械工业出版社，1995
13 Klas Weman. Successful MIG Welding Units from ESAB. Sweden：Svetsen Special Issue,

June 1995
14 Bent Strand. Heavy Gantry Mounted Robot Welding System. Sweden：Svetsen Special Issue，June 1995
15 胡礼木．活性焊剂 TIG 焊不锈钢接头的性能研究．陕西工学院学报，1997，13（2）
16 孟广喆等．焊接结构强度和断裂．北京：机械工业出版社，1986
17 J Norrish，D Gray. Computer Simulation and Off-Line Programming in Integrated Welding System. Welding & Metal Fabrication，April，1992

第 2 章　材料成形热过程

液态成形、连接成形和大多数塑性成形都有热基本过程，它对成形过程及最终的成形质量都会产生重大的影响。

各种成形方法的热过程有着共同的本质和规律，但又各有特点。焊接成形，尤其是熔焊中的电弧焊，其热过程最具代表性，因此本章拟重点介绍电弧焊的热过程。

2.1　焊接热过程的基本特点

熔焊的热过程是被焊金属在热源作用下熔化成熔池，待热源离开后熔池冷却凝固成焊缝的过程。它贯穿整个焊接过程的始终，是影响焊接区的物理化学冶金反应及焊接接头的固相相变和应力变形，决定焊接质量和生产率的重要因素。

早在 20 世纪 30 年代，就开始系统研究焊接热过程方面的问题，并在 40～50 年代得到很大的发展。然而到目前为止，焊接热过程问题仍然是焊接领域中一个尚未彻底解决的问题，这是因为焊接热过程十分复杂，有其显著的特点：

（1）热源的局部集中性。焊接热源的加热范围相对于焊件来说非常小，其功率密度一般又很大（见表 2-1）。因此，焊接加热是局部集中和极不均匀的，焊接区的温度梯度大，熔池温度高（平均 1700～1800℃），与热处理条件下工件整体加热的情况完全不同。

（2）焊接热过程的瞬时性。在高度集中的热源作用下，加热速度极快（在电弧焊条件下可达 1500℃/s），能在瞬间将热源下面的金属熔化。也就是说，大量的热量在很短的时间内便由热源传给了工件。

（3）热源的运动性。焊接过程就是焊接热源（或焊件）不断连续移动，热源下的金属不断被加热熔化而后冷却凝固的过程，热源与焊件是相对运动的，被加热的区域在不断变化，因此焊接热过程是不稳定的或准稳定的。

焊接热过程的上述特点决定了焊接传热问题的复杂性，到目前为止还难以控制焊接传热的多变因素，对于某些传热过程的数学计算还缺少简便可靠的方法。

为此，常常在解决复杂的焊接传热问题时不得不提出一些假设来进行推导，再根据实验结果来进行修正。

表 2-1 各种焊接热源的主要特性

热源种类	最小加热面积/cm^2	最大功率密度/$W \cdot cm^{-2}$	正常焊接温度/K
乙炔火焰	10^{-2}	2×10^3	3400~3500
金属极电弧	10^{-3}	10^4	6000
钨极氩弧（TIG）	10^{-3}	1.5×10^4	8000
埋弧焊	10^{-3}	2×10^4	6400
电渣焊	10^{-2}	10^4	2300
熔化极氩弧（MIG）	10^{-4}	$10^4\sim10^5$	—
CO_2 气体保护焊	10^{-4}	$10^4\sim10^5$	—
等离子弧	10^{-5}	1.5×10^5	18000~24000
电子束	10^{-7}	$10^7\sim10^9$	—
激光	10^{-8}	$10^7\sim10^9$	—

2.2 焊接过程的热效率和焊件上加热区的热能分布

2.2.1 焊接过程的热效率

在焊接过程中，热源产生的热量并不是全部被利用，而是有一部分热量散失于周围介质和被飞溅带走，这里就存在一个热效率的问题。

1. 电弧焊时的热效率　电弧的功率可由下式表示：

$$P_0 = UI$$

式中，U 为电弧电压（V）；I 为焊接电流（A）；P_0 为电弧功率，即电弧在单位时间内所发出的能量（$J \cdot s^{-1}$）。

由于电弧能量不是全部用在加热焊件上，则真正用于加热焊件的有效功率为

$$P = \eta P_0 = \eta UI$$

式中，η 为加热功率有效系数（根据实验测出）或称热效率。

在一定的条件下 η 是常数，它的值主要取决于焊接方法、焊接规范和焊接材料的种类（焊条、焊剂、保护气体等），一般情况下 η 值的大小见表 2-2。

表 2-2 不同焊接方法的 η 值

焊接方法	碳弧焊	厚皮焊条电弧焊	埋弧焊	钨极氩弧焊		熔化极氩弧焊	
				交流	直流	钢	铝
η	0.5~0.65	0.77~0.87	0.77~0.99	0.68~0.85	0.78~0.85	0.66~0.69	0.70~0.85

同样的焊条电弧焊或埋弧焊，若焊条药皮或焊剂的成分不同，焊接电流的变化会对 η 值产生一定的影响，这是由药皮中的稳弧剂、电弧气氛的电离度、焊剂的熔点、导热性、热焓以及熔化数量等引起的。

此外，电流种类、极性、焊接速度及焊接位置等对电弧的热效率都有一定的影响，但并不显著，一般情况下可以忽略不计。

厚皮焊条电弧焊和埋弧焊热源的热量分配如图 2-1 所示。

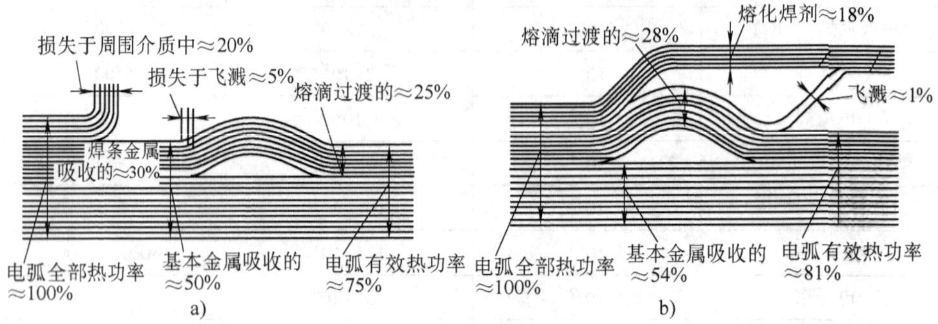

图 2-1　电弧热源的热量分配

a）厚皮焊条电弧焊（I=150~250A，U=35V）　b）埋弧焊（I=1000A，U=36V，v=36m/h）

应当指出，这里所说的热效率 η，还只是考虑到焊件所能吸收到的热能。实际上焊件所吸收到的这部分热能一部分用于熔化金属而形成焊缝，另一部分则流失于热源附近的焊件中形成热影响区。热效率 η 并没有反映这两部分的比例，因而它也不能反映热能利用的合理性。

2. 电渣焊的热效率　电渣焊是靠液态焊剂（熔渣）的电阻产生热量的。一般情况下，渣池处于两厚大焊件的中间，热能的散失量较小，其主要损失是强迫成形的冷却滑块带走的热量。实践证明，焊件越厚，冷却滑块带走的热量相对越少，热效率越高。

以电渣焊 90mm 厚的钢板为例，其热能分配如图 2-2 所示。从图中可以看出，用于熔化焊丝、母材及向母材传导的热量占总发热量的 80%，即 $\eta=0.8$，这样的热效率是比较高的。

但是，由于电渣焊的焊接速度一般都比较慢，所以在熔化金属的同时有大量的热能向附近的固态金属传导。这不仅会降低热能的合理利用率，还会导致焊接热影响区过宽，晶粒粗大，使焊接接头的性能降低。

3. 电子束焊及激光焊的热效率　电子束焊和激光焊属高能束焊接方法。它们的共同特点是能量极为集中，密度大，可以在瞬间实现焊接，且加热面积极小，可以焊接极其微小的接头。

电子束焊一般是在真空中进行的。它的能量损失很小，热效率一般可达

90%以上，电子的动能绝大部分都转化成热能用于加热焊件。

激光焊时，光能照射在焊件上，一部分被吸收，用于加热焊件；一部分被焊件表面反射，散失于周围介质中。其热效率一般较低，并与被焊材料的种类及表面状况有很大的关系。焊件表面越光洁，反射能力越强，其热效率越低。

2.2.2 焊件上的热能分布

热源把热能传给工件是通过一定的作用面积进行的。对于焊接电弧来讲，这个面积称为加热斑点。加热斑点又可分为两个不同的区域，如图 2-3 所示。

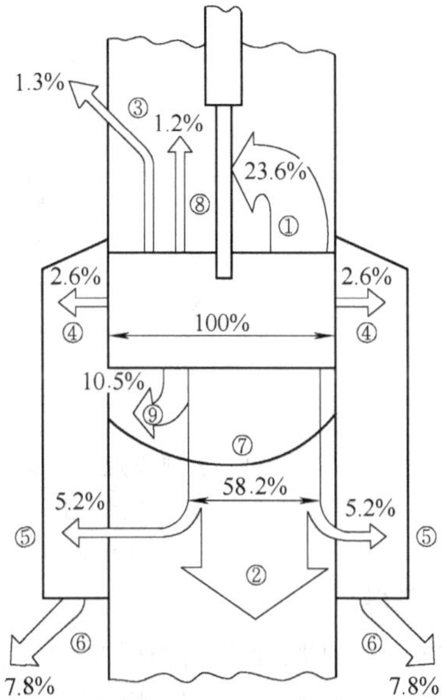

图 2-2 电渣焊的热能分配（板厚 90mm）

①—用于熔化焊丝的热能 ②—向母材传导的热能
③—辐射于焊件边缘的热能 ④—渣池损失于滑块的热能
⑤—熔池损失于滑块的热能 ⑥—冷却水带走的热能
⑦—用于熔化母材的热能 ⑧—辐射损失于周围介质的热能
⑨—用于熔池过热的热能

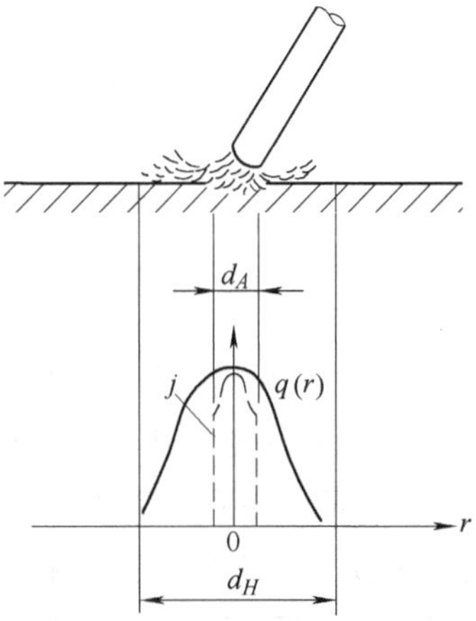

图 2-3 电弧作用下的加热斑点

（1）活性斑点区。这个斑点区的直径为 d_A，带电质点集中轰击这个区域，把电能转化为热能。电流密度 j 的变化如图 2-3 中的虚线所示。

（2）加热斑点区。加热斑点区的直径为 d_H，区内金属受热是通过弧柱的辐射和电弧周围介质的对流而进行的。由图 2-3 可见，焊接时加热斑点区的热量分布是不均匀的，中心多而边缘少。在电流密度不变的情况下，电弧电压越大，则分布在斑点中心与边缘的热量差别就越小。如电弧电压不变，当电流密度越大时，则中心与边缘的热量差别就越大。

研究证明，加热斑点上的比热流 q（单位时间内通过单位面积进入焊件的热能）的分布可以近似地用高斯数学模型来描述，如图 2-4 所示。

距斑点中心任意点 A 的比热流可用下式计算：

$$q(r) = q_m e^{-kr^2} \quad (2\text{-}1)$$

式中，$q(r)$ 为 A 点的比热流（$W \cdot cm^{-2}$）；q_m 为加热斑点中心的最大比热流（$W \cdot cm^{-2}$）；k 为热能集中系数（$1 \cdot cm^{-2}$）；r 为 A 点距加热斑点中心的距离（cm）。

由式（2-1）可以看出，如果知道 q_m 和 k 值就可以求出任意点的比热流。

高斯曲线下面的全部热能为：

$$Q = \int_F q(r)\mathrm{d}F = \int_0^{\infty} q_m e^{-kr^2} 2\pi r \mathrm{d}r$$

积分之后得

$$Q = \frac{\pi}{k} q_m$$

故

$$q_m = \frac{k}{\pi} Q \quad (2\text{-}2)$$

式中，$Q = P = \eta IU$，等于电弧的有效功率。

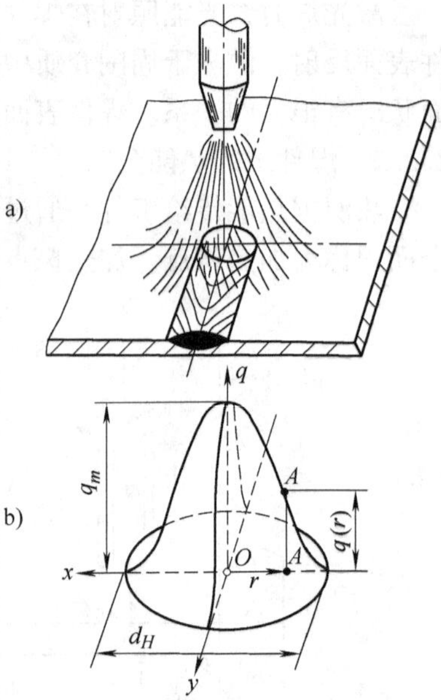

图 2-4　加热斑点上的比热流分布
a）热源在焊件上的作用
b）比热流分布模型

k 值表示热流集中的程度，可由实验求得。该值主要取决于焊接方法和焊接工艺参数。在电弧焊中，埋弧焊时的 k 值约为 $6.01cm^{-2}$；厚皮焊条电弧焊接时为 $1.2 \sim 1.4cm^{-2}$；气焊时只有 $0.17 \sim 0.39cm^{-2}$。

2.3　焊接温度场

2.3.1　焊接传热的基本形式

热能总是不断地由高温处流向低温处，只要有温差存在，就会有热能的流动。焊接时，焊件局部受热，在焊件上存在着很大的温度差，焊件与周围介质之间也存在着很大的温度差。因此，在焊件内部以及焊件与周围介质之间都会发生热能的流动（传递）。众所周知，根据物理过程不同，热传递可分为热传导、热对流和热辐射等三种基本形式。

对于焊接过程来说，热传递的上述三种基本形式都存在，至于以何种方式为主，就要取决于具体的焊接工艺方法。在电弧焊情况下，电弧所产生的热能主要是以热辐射和热对流的方式传给焊件的。焊件获得热能后，热能主要以热传导的方式在焊件内部扩散。

焊接热过程研究的主要对象是焊件上的温度分布及其随时间的变化情况，也就是研究焊接温度场及其变化规律，因此主要考虑的传热形式是热传导，适当考虑热辐射和热对流的作用。

2.3.2 热传导基本方程

根据热传导规律，焊接温度场可用数学方法来描述，这是焊接热过程研究的重要内容。热传导服从于傅里叶（Fourier）定律。

1. 傅里叶定律　假设热流的方向为 n，在与 n 垂直的单位面积的截面上，单位时间内流出或流入的热量 q_n（比热流）与热流方向的温度梯度 $d\theta/dn$ 成正比（图 2-5）。这就是傅里叶定律，其表达式为

$$q_n = -\lambda \frac{d\theta}{dn} \tag{2-3}$$

式中，λ 为表示某一物体导热能力的热导率 $[J \cdot (cm \cdot s \cdot ℃)^{-1}]$。

式中“-”表示热流方向与温度梯度的增长方向相反。傅里叶定律揭示了物体中某点的温度梯度与热量之间的关系。

2. 热传导微分方程式　根据傅里叶定律和能量守恒定律可以建立热传导微分方程。

假设在一无限大的物体内取一微元体，如图 2-6 所示，其体积 $dv = dxdydz$。在 x，y，z 三个方向，流入的比热流分别为 q_x，q_y，q_z，流出的比热流分别为 q_x+dq_x，q_y+dq_y，q_z+dq_z。

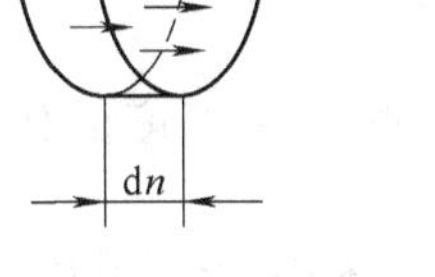

图 2-5 傅里叶定律的热流图

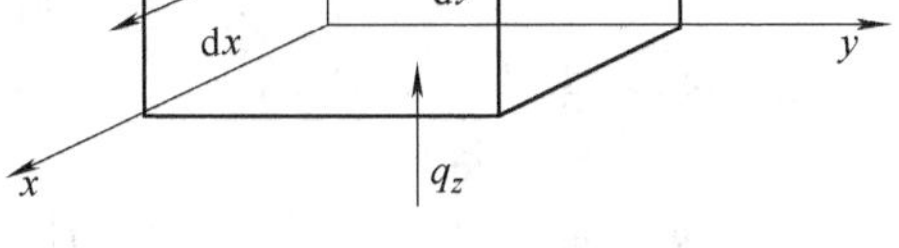

图 2-6 微元体中热能的变化

现以 x 方向为例，在 dt 时间内流入微元体的热量应为 $q_x dydzdt$，而流出的热量应为 $(q_x+dq_x)\ dydzdt$，则在此方向流入与流出的热量之差应为

$$dQ_x = q_x dydzdt - (q_x+dq_x)\ dydzdt = -dq_x dydzdt \tag{2-4}$$

这里应该指出的是：比热流 q 是自变量 x，y，z 的函数，即 $q = q(x, y, z)$；

热流量 Q 是自变量 x，y，z，t 的函数，即 $Q=Q(x, y, z, t)$。

根据偏微分的定义可知，$dq_x=\frac{\partial q_x}{\partial x}dx$，代入式（2-4），则有

$$dQ_x=-\frac{\partial q_x}{\partial x}dxdydzdt$$

同理有

$$dQ_y=-\frac{\partial q_y}{\partial y}dxdydzdt$$

$$dQ_z=-\frac{\partial q_z}{\partial z}dxdydzdt$$

则总的热量变化 dQ 为

$$dQ=dQ_x+dQ_y+dQ_z=-\left(\frac{\partial q}{\partial x}+\frac{\partial q}{\partial y}+\frac{\partial q}{\partial z}\right)dxdydzdt \tag{2-5}$$

由于 dQ 的变化，在 dt 时间内微元体的温度将发生相应的变化，其变化量为 $d\theta=(\partial\theta/\partial t)\cdot dt$，其中 $\partial\theta/\partial t$ 为温度变化的瞬时速度。

则微元体因温度变化吸引的热量为

$$dQ=c\rho\frac{\partial\theta}{\partial t}dxdydzdt \tag{2-6}$$

式中，c 为比热容（$J\cdot(g\cdot℃)^{-1}$）；ρ 为密度（$g\cdot cm^{-3}$）。

显然式（2-5）与式（2-6）相等，得

$$c\rho\frac{\partial\theta}{\partial t}=-\left(\frac{\partial q_x}{\partial x}+\frac{\partial q_y}{\partial y}+\frac{\partial q_z}{\partial z}\right) \tag{2-7}$$

引入傅里叶定律

$$q_x=-\lambda\frac{\partial\theta}{\partial x};\ q_y=-\lambda\frac{\partial\theta}{\partial y};\ q_z=-\lambda\frac{\partial\theta}{\partial z}$$

将以上三式代入式（2-7），则有

$$\frac{\partial\theta}{\partial t}=\frac{\lambda}{c\rho}\left(\frac{\partial^2\theta}{\partial x^2}+\frac{\partial^2\theta}{\partial y^2}+\frac{\partial^2\theta}{\partial z^2}\right)=a\nabla^2\theta \tag{2-8}$$

式中，a 为热扩散率（$cm^2\cdot s^{-1}$），$a=\lambda/(c\rho)$，表示物体中温度的传播速度；∇^2 为拉普拉斯运算符号。

式（2-8）即为焊接传热最基本的计算公式，又称热传导微分方程式（或拉氏方程式）。它的物理意义是：

1）某时刻 t，物体内某点 $P(x, y, z)$ 的温度变化率与该物体的热物理性质 c、λ 和 a 有关。

2）式$\left(\frac{\partial^2\theta}{\partial x^2}+\frac{\partial^2\theta}{\partial y^2}+\frac{\partial^2\theta}{\partial z^2}\right)$表示物体内的温度分布情况及温度变化情况，其值越大，温度分布越不均匀，P 点的温度变化就越快。

热扩散的结果是物体内的温度逐渐趋于均匀，温度的变化速度也逐渐降低。

2.3.3　焊接温度场数学解析的假定条件

焊接温度场即焊件上（包括内部）各点在某时刻 t 的温度分布，其数学表达式为

$$\theta = f(x, y, z, t)$$

此方程可以作为前述热传导微分方程式（2-8）的一个定解。通常求解热传导微分方程的方法有两类：一是数学分析求解法；一是数值求解法。

数学分析求解法是一种精确解法。它的优点是，求解过程中物理概念与逻辑推理清晰，解的结果能清楚地表示各因素（边界条件、物理条件、时间条件等），对温度分布的影响；缺点是只能求解比较简单的方程，对于不规则的物体及材料的热物理性质不为常数的复杂情况往往无能为力。

数值求解法是一种近似解法。它是将方程离散化后得到代数方程组，再利用计算机求解。这种解法对实际问题有很强的适应性，如复杂的几何形状、变化的热物理参量等情况，用这种解法都能得到较好的解决，所采用的离散化方法主要是差分法和有限元法。

本课程只介绍数学分析求解法。由于这种方法的局限性，须作如下假定：

（1）焊件尺寸形状。对焊件尺寸形状的假设，可概括为三种模型：

1）半无限大物体。如图 2-7a 所示，物体在 x，y，z 三个方向都传热，即空间传热。在厚板表面堆焊可视为这种情况。

2）无限大薄板。如图 2-7b 所示，物体只在 x、y 两个方向传热，即平面传热，如薄板对接焊则属于这种情况。

3）无限长细杆。如图 2-7c 所示，物体只在 x 一个方向传热，即线性传热，如钢筋和棒类的端部对接焊即属此种情况。

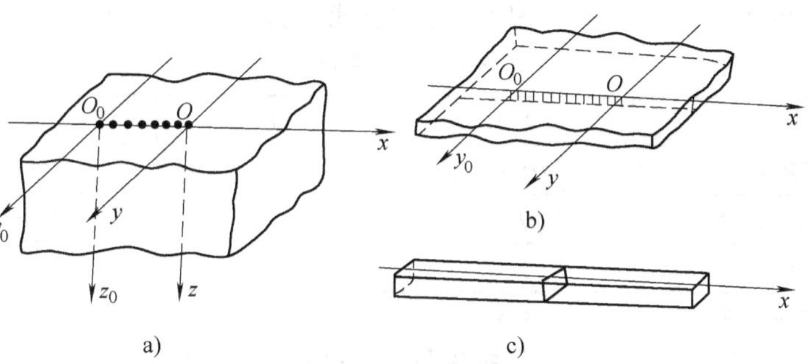

图 2-7　焊件及热源形式

a）半无限大物体，点状热源　b）无限大薄板，线状热源　c）无限长细杆，面状热源

（2）焊接热源。将焊接热源一律视为瞬时作用在焊件中微元体上的集中热源，对应于焊件形式假定有三种典型热源：

1）点状热源。作用在无限大物体中的三维传热热源（图 2-7a）。在点状热源作用下，物体中的温度分布表达式为 $\theta=f(x, y, z, t)$；

2）线状热源。在无限大薄板中的二维传热热源（图 2-7b），$\theta=f(x, y, t)$；

3）面状热源。在无限长细杆中的一维传热热源（图 2-7c），$\theta=f(x, t)$。

（3）边界条件。假定半无限大物体的上表面为绝热面，即热源的热量全部向物体内部传导；无限大薄板的上下表面及无限长细杆的周围与介质不发生热交换，即表面不散热。

（4）相变潜热。假定在相变时无潜热发生，物体中除焊接热源外，再无其他任何热的来源。

（5）热源能量。假定焊接热源在单位时间内放出的能量 $q/\mathrm{J\cdot s^{-1}}$ 在整个焊接过程中保持恒定；除固定位置的补焊或点焊外，热源应保持等速直线运动。

（6）热源作用效果。假定热源在运动过程中所产生的热作用效果是相继瞬时作用于各不同点的无数集中热源连续作用的总和，而多个瞬时热源相互之间不发生影响。瞬时热源是指热源的作用时间 Δt 与热的传播时间 t 相比为极其微小的情况，即 $\Delta t/t\to 0$。

（7）材料的热物理参量。假定金属材料的热物理参量如 λ、c 等为常数，与温度无关。

2.3.4 瞬时热源的热传导方程

根据上述假设，以最简单的情况——瞬时集中热源为例，求得热传导微分方程的特解，其一般数学表达式为

$$\theta(r, t)=\frac{Q}{c\rho(4\pi at)^{n/2}}\exp\left(-\frac{r^2}{4at}\right) \tag{2-9}$$

式中，r 为所研究的给定点 P 距热源作用点 O 的距离（cm）；n 为特征值，$n=1$，2，3，（见表 2-3）；Q 为焊件瞬时获得的热能（J）。

表 2-3　式（2-9）中的 r、n 和 Q

热源	Q/J	n	r/cm
点热源	$Q=q\Delta t$	3	$(x^2+y^2+z^2)^{1/2}$
线热源	Q/h	2	$(x^2+y^2)^{1/2}$
面热源	Q/A	1	x

注：h—薄板厚度；A—细长杆横截面积。

下面就常见的瞬时点热源及线热源的温度场进行讨论：

1. 瞬时点热源　设在无限大物体内部某一点 O 作用有一点热源，在 $t=0$ 的瞬时提供的有限热能为 $Q=q\Delta t$。显然，热能将以热源作用点为中心，均等地向周围传导。在距离中心任意半径 $r=(x^2+y^2+z^2)^{1/2}$ 的球面上，各点的温度应该相等，而且不同球面上某一瞬时的温度与 r 有关。

围绕 O 点取一微元体，各边之长分别为 $\mathrm{d}x$、$\mathrm{d}y$、$\mathrm{d}z$。设在 $t=0$ 时，物体的初始温度 $\theta_0=0$，在瞬时热源的作用下，体积为 $\mathrm{d}x\mathrm{d}y\mathrm{d}z$ 的微元体的温度升高到 θ，则

$$\theta=\frac{Q}{c\rho\mathrm{d}x\mathrm{d}y\mathrm{d}z} \tag{2-10}$$

在这种初始条件下，可以得到热传导微分方程式（2-8）的特解如下

$$\theta(r,t)=\frac{Q}{c\rho(4\pi at)^{3/2}}\exp\left(-\frac{r^2}{4at}\right) \tag{2-11}$$

如果热源瞬时作用在如图 2-8 所示的半无限大物体上，作用点在 $abcd$ 表面上的 O 点。假定此表面为绝热面，则该点受到热源作用后的温度应是无限大物体内部热源作用时的 2 倍，式（2-11）应该写成

$$\theta(r,t)=\frac{2Q}{c\rho(4\pi at)^{3/2}}\exp\left(-\frac{r^2}{4at}\right) \tag{2-12}$$

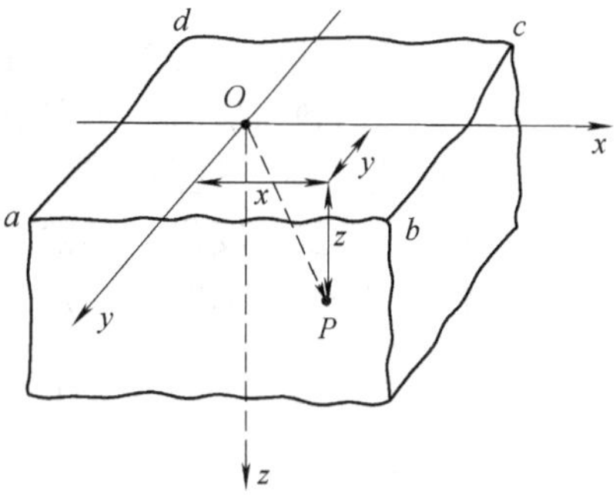

图 2-8　瞬时热源作用在半无限大物体上

根据式（2-12）的计算结果，得出点状热源的温度场及其变化如图 2-9 所示。可见，在 $r=0$ 的原点处，当 $t=0$ 时，$\theta\to\infty$；$t\neq0$ 时，θ 按 $t^{-3/2}$ 的规律降低，开始时降低极快，以后逐步变慢。在 $r\neq0$ 的各点处，当 $t=0$ 时，温度 θ 均为 0，在随后的热传导过程中，先升温，温度达到峰值后又

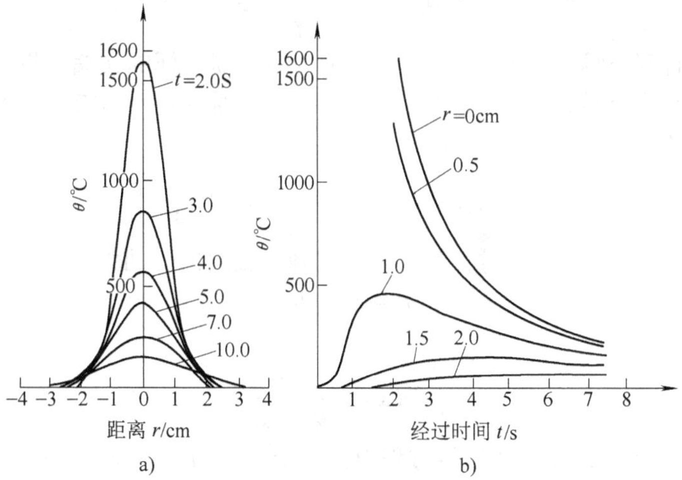

图 2-9　半无限大物体上瞬时点状热源作用的温度变化

a）不同时刻各点的温度变化　b）距热源中心各点温度随时间的变化

下降。

在 $r\neq0$ 时，各点处的峰值温度 θ_{max} 及达到峰值温度的时间 t_m 可以通过对式（2-12）求时间 t 的一阶偏导数并令其为零来求得，即 $\partial\theta/\partial t=0$，先求出

$$t_m=\frac{r^2}{6a} \tag{2-13}$$

将 t_m 带回式（2-12），即可求出

$$\theta_{max}(r)=\frac{2Q}{c\rho\left(\frac{2}{3}\pi e\right)^{3/2}r^3} \tag{2-14}$$

由式（2-14）和式（2-13）可知，离热源中心越近，即 r 越小处，达到的峰值温度越高，达到峰值温度所需要的时间越短。

2. 瞬时线热源　设薄板厚度为 h，初始温度 $\theta_0=0$，热源供给的热量为 Q，则沿板厚方向单位长度供给的热量为 Q/h。线热源时，$n=2$，由式（2-9）及表 2-3 得热传导微分方程式（2-8）的特解为

$$\theta(r,t)=\frac{Q/h}{c\rho(4\pi at)}\exp\left(-\frac{r^2}{4at}\right) \tag{2-15}$$

式中，$r=\sqrt{x^2+y^2}$。

同样，令 $\partial\theta/\partial t=0$，即可求得当 $r\neq0$ 时各点处达到峰值温度的时间

$$t_m=\frac{r^2}{4a} \tag{2-16}$$

及峰值温度

$$\theta_{max}(r)=\frac{Q/h}{c\rho\pi er^2} \tag{2-17}$$

3. 瞬时面状热源　设热源供给的热量为 Q，细长杆的初始温度 $\theta_0=0$，断面积为 A，则杆上单位面积输入的热量为 Q/A。此时 $n=1$，由式（2-9）及表 2-3 得热传导微分方程式（2-8）的特解为

$$\theta(x,t)=\frac{Q/A}{c\rho(4\pi at)^{1/2}}\exp\left(-\frac{x}{4at}\right) \tag{2-18}$$

同样可以求得当 $x\neq0$ 时，各点处达到峰值温度的时间为

$$t_m=x/(2a)$$

峰值温度为

$$\theta_{max}(x)=\frac{Q/A}{2c\rho\pi xe^{1/2}} \tag{2-19}$$

需要说明的是，在上述推导过程中，均未考虑物体表面的散热问题。实验证明，忽略散热问题，产生的误差并不大。

2.3.5 电弧焊时的温度场及其数学模型

前面分析的温度场，热源是瞬时的且固定不动的。而实际上，在电弧焊过程

中，热源都是以一定的速度连续移动的，其移动速度对温度场会产生较大的影响。下面按热源以正常速度匀速移动和快速匀速移动两种情况进行讨论。

1. 厚板（半无限大物体）堆焊的温度场

（1）热源以正常速度匀速移动的情况。见图 2-10，假定热源移动的方向与 x 轴的正方向一致，匀速移动速度为 v（cm/s），热源能量为 q（J/s），焊件初始温度为 $\theta_0=0$，O_0 为热源开始作用点，亦为定坐标的原点。当热源经 t 时间后运动到 O 点（动坐标的原点）时，焊件上任一点 P（x，y，z）的温度应为 θ（x_0，y_0，z_0，t）。根据前面的假设（6），我们可以把运动热源当作许多瞬时点热源相继作用的情况来研究。

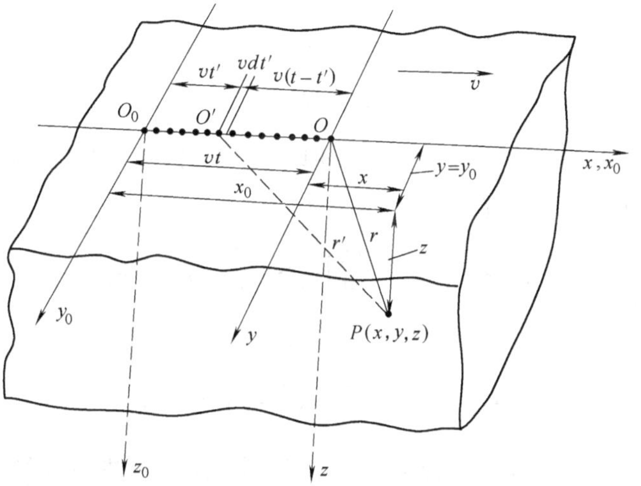

图 2-10　厚板（半无限大物体）上运动点热源的坐标系

设热源经时间 t' 后到达 O'，行程为 vt'。在 $\mathrm{d}t'$ 瞬时，物体获得的热量应为 $\mathrm{d}Q=2q\mathrm{d}t'$。经过 $t-t'$ 后，P 点的温度应升高 $\mathrm{d}\theta$，于是有

$$\mathrm{d}\theta(x_0,\ y_0,\ z_0,\ t-t')=\frac{2q\mathrm{d}t'}{c\rho\left[4\pi a(t-t')\right]^{3/2}}\exp\left[-\frac{r'^2}{4a(t-t')}\right] \tag{2-20}$$

若令 $t''=t-t'$，且由图 2-10 可知

$$r'^2=r^2+2xvt''+(vt'')^2$$

将上式代入式（2-20），则式（2-20）变为

$$\mathrm{d}\theta(x_0,\ y_0,\ z_0,\ t'')=\frac{2q\mathrm{d}t'}{c\rho(4\pi at'')^{3/2}}\exp\left(-\frac{2vx}{4a}\right)\exp\left[-\frac{r^2+(vt'')^2}{4at''}\right] \tag{2-21}$$

显然，从 $t'=0$ 到 $t'=t$ 这段时间内，P 点的温度变化应为

$$\Delta\theta = \theta - \theta_0 = \theta = \int_{t'=0}^{t'=t} d\theta(x_0, y_0, z_0, t'')$$

因为 $t''=t-t'$，则当 $t'=0$ 时，$t''=t$；$t'=t$ 时，$t''=0$。且 $dt'=-dt''$，于是

$$\theta = \frac{2q}{c\rho(4\pi a)^{3/2}}\exp\left(-\frac{vx}{2a}\right)\int_t^0 \frac{-dt''}{t''^{3/2}}\exp\left(-\frac{r^2}{4at''}-\frac{v^2t''}{4a}\right) \tag{2-22}$$

设 $t''=\frac{r^2}{4a\xi^2}$，则 $\xi=\frac{r}{\sqrt{4at''}}$，$dt''=-\frac{4\sqrt{a}}{r}t''^{3/2}d\xi$；又有 $a=\frac{\lambda}{c\rho}$，

经过数学变换得

$$\theta = \frac{q}{\lambda\pi^{3/2}r}\exp\left(-\frac{vx}{2a}\right)\int_{r/\sqrt{4at}}^{\infty}\exp\left[-\xi^2-\left(\frac{vr}{4a}\right)^2\frac{1}{\xi^2}\right]d\xi \tag{2-23}$$

令 $vr/(4a)=k$，则上式中的积分部分可以改写为

$$\int_{r/\sqrt{4at}}^{\infty}\exp\left(-\xi^2-\frac{k^2}{\xi^2}\right)d\xi$$

这是一个超越函数，当 $t\to\infty$ 时，即焊件上的传热过程已达到极限饱和状态时，则 $r/\sqrt{4at}\to 0$，于是有

$$\int_0^{\infty}\exp\left(-\xi^2-\frac{k^2}{\xi^2}\right)d\xi = \frac{\sqrt{2}}{2}\exp(-2k)$$

将上面结果代入式（2-23）得

$$\theta(r) = \frac{\sqrt{2}q}{2\pi^{3/2}\lambda r}\exp\left[-\frac{v}{2a}(x+r)\right] \tag{2-24}$$

式（2-24）是一个比较实用的公式，利用这个公式进行计算可以得到如图 2-11 所示的相当于厚板焊条电弧焊堆焊的温度场情况。图 a 的上部是沿热源运动方向，即 x 方向，距热源中心不同点处（y 坐标不同）温度随时间的变化曲线；下部图是上部图的俯视图，上面一圈一圈的曲线为围绕热源中心的等温线（曲线上各点处的温度相等）。图中虚线为在 $z=0$ 的表面上，各等温线上平行于 x 轴的切线的切点的连线，实际上也是热源运动到 O 点瞬间，处在加热峰值温度的各点的连线。可见，在虚线的右方区域正处在迅速升温阶段，而在虚线的左方区域已处于降温阶段；热源中心温度最高，随着与中心距离的增大，温度逐渐降低；热源运动前方，温度梯度很大（等温线密集），热源后面的温度梯度较小；热源运动方向（x 轴）两侧的温度分布是均匀的。

从图 2-11 还可以看到，当焊件上的传热过程已达到极限饱和状态时，即 $t\to\infty$ 时，等温线的形状、尺寸及其相对于热源的位置将保持恒定，并随热源一起移动，这种状态即称为准稳态。而实际情况是，不可能有 $t\to\infty$。但当热源对焊件加热一段时间后，焊件上导入的热量可能与导出的热量相等，即达到热平衡状态，这时，等温线的形状和尺寸就不会发生变化，即达到所谓的准稳态。

（2）热源高速运动时的近似解。从式（2-24）可知，焊接速度 v 对温度场

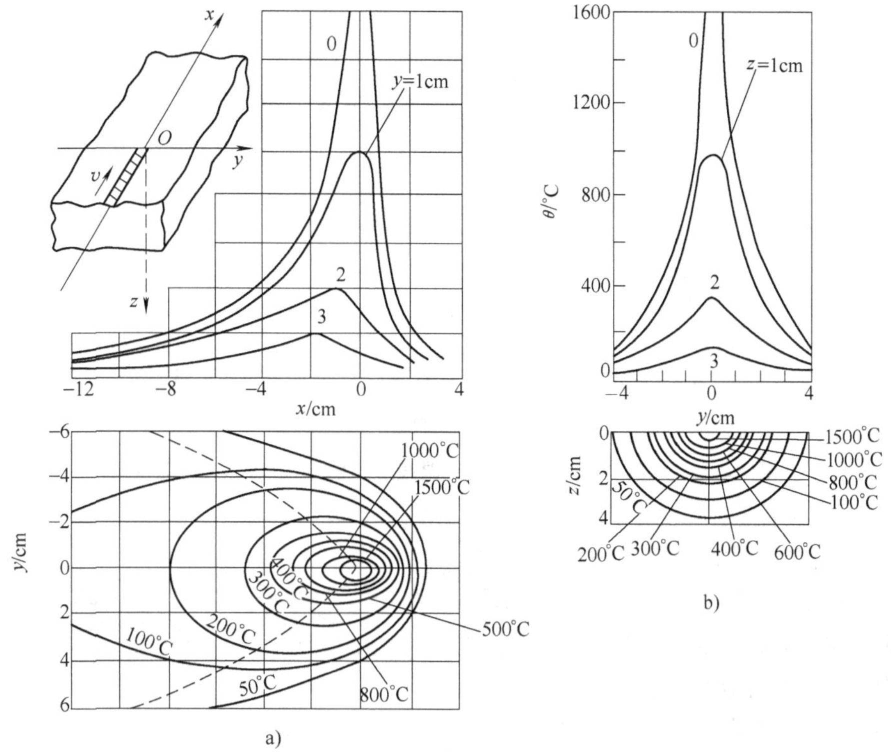

图 2-11　半无限大物体上运动点热源的温度场

$q=4200\text{J/s}$，$v=0.1\text{cm/s}$，$\alpha=0.1\text{cm}^2/\text{s}$，$\lambda=0.42\text{J/(cm}\cdot\text{s}\cdot℃)$

a）xoy 平面内的温度场　b）yoz 平面内的温度场

有很大影响。如图 2-12 所示。在保持热源 q 不变的前提下增大 v，在 xoy 平面内 1500℃等温线会发生明显的变化：横向变窄，热源前方的长度缩短，后方的长度则不变。由此可见，焊接速度增大时，处于 1500℃等温线以上的熔化区宽度会急剧减小，成为短而窄的条形状。

若在提高焊速 v 的同时，为保持单位长度焊缝所获得的热量 E（热输入）不变，则必须同时提高热源的能量 q。由于有 $E=q/v$，在 E 不变的前提下，同时增大 q 和 v，熔化区的宽度几乎保持不变，但热源后方等温线的长度显著增大，而热源前方等温线的长度却明显缩短，如图 2-13 所示。

可想而知，当 v 足够大时，热源前方的等温线长度会趋近于 0。这就意味着焊件上的热能只能向横向传播，因为沿着热源运动方向（x 方向），温度梯度趋近于∞，即热源的运动速度已经大于或等于热能的传播速度。于是，如图 2-14 所示，只有当热源运动到 P 点所在截面 $M'K'L'N'$ 上的 O' 点时，才会有热能传给 P 点而使 P 点的温度发生变化。一旦热源离开 O' 向 O 点运动，P 点就不可能从

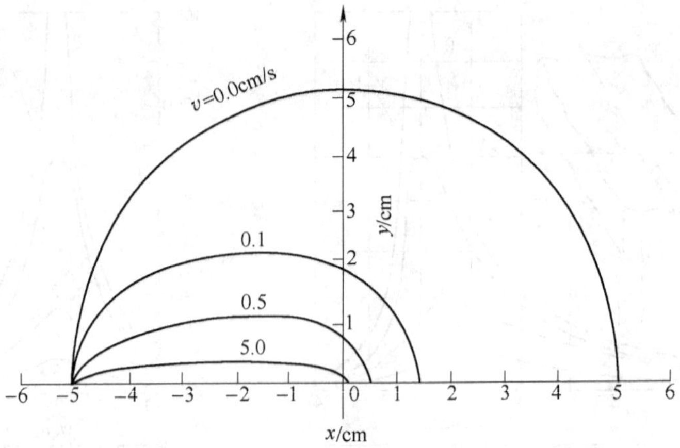

图 2-12　焊接速度 v 对 1500℃等温线形状的影响（$q=20000\text{J/s}$）

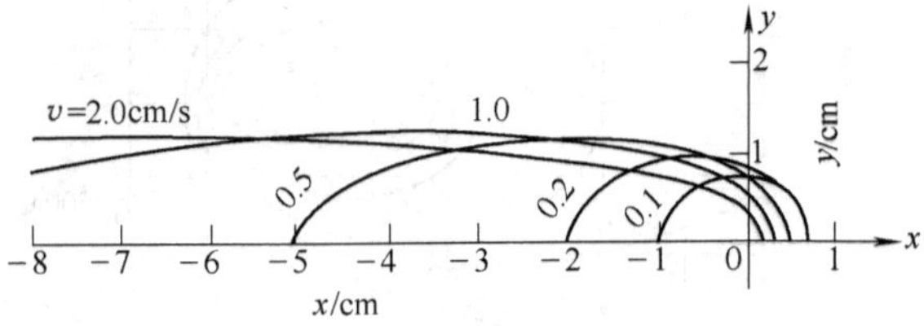

图 2-13　热输入一定（$E=20000\text{J/cm}$）时，焊接速度对 1500℃等温线形状的影响

热源获得热能。因此，可以把这种情况看作是在厚度为 $dx=v\text{d}t$ 的无限大薄板中作用于板边的瞬时线热源的传热过程。瞬时热源的热能应为 $\text{d}Q=2q\text{d}t$。当热源离开 O' 点经 t 秒后到达 O 点时，点 P 的温度变化可以利用式（2-15）求得。以动点 O' 点为动坐标的原点，因 $\text{d}Q/\text{d}x=2q/v$，即得

$$\theta=\frac{q/v}{2\pi\lambda t}\exp\left(-\frac{r^2}{4at}\right)=\frac{E}{2\pi\lambda t}\exp\left(-\frac{r^2}{4at}\right) \tag{2-25}$$

式中，$r=\sqrt{y^2+z^2}$；$t=x/v$。

式（2-25）对于焊缝附近温度场的计算是适用的。

2. 薄板熔透对接时的温度场　其解析过程完全同点热源的情况一样。从实用的角度出发，这里仅介绍高速

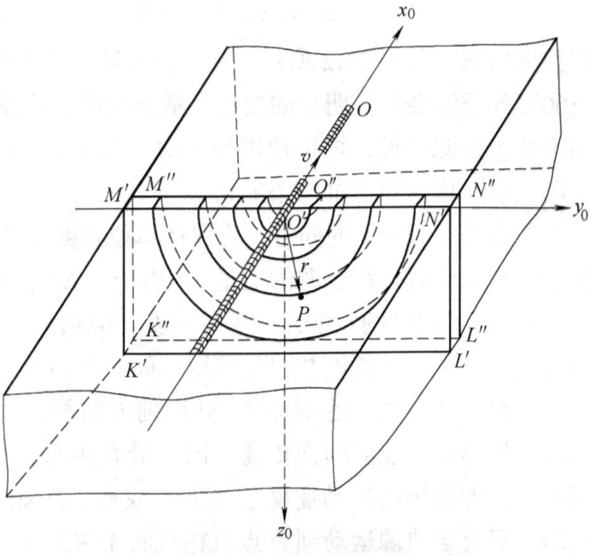

图 2-14　高速运动点热源的传热模型

运动热源的近似解。

设线状热源的热能为 q，焊速为 v，在厚度为 h 的薄板上进行焊接，如图 2-15 所示。当焊速相当大时，由于热能只能横向传播，因而可以把线状热源看成是面状热源在矩形杆件，$M'K'L'N'M''K''L''N''$中的瞬时作用，其近似解为

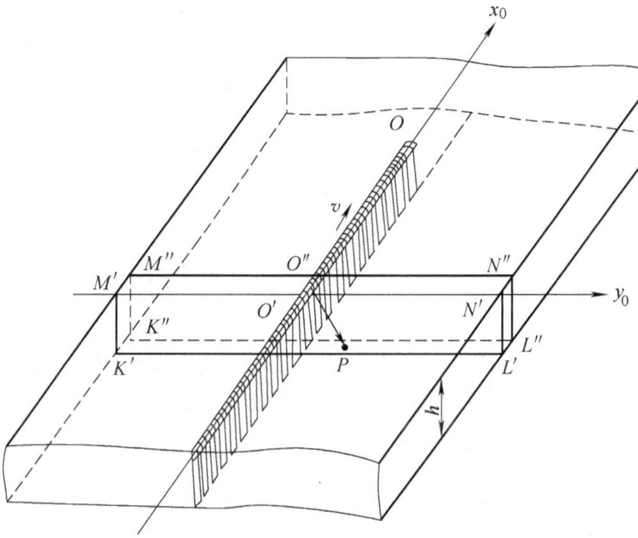

图 2-15　薄板上的传热模型

$$\theta=\frac{q/(vh)}{2(c\rho\pi\lambda t)^{1/2}}\exp\left(-\frac{y^2}{4at}\right)=\frac{E/h}{2(c\rho\pi\lambda t)^{1/2}}\exp\left(-\frac{y^2}{4at}\right) \quad (2\text{-}26)$$

同式（2-25）一样，式中的 t 也是从热源到达所求点 P 所在截面时才开始算起的时间。

2.3.6　影响焊接温度场的因素

影响焊接温度场的因素很多，其中主要有以下几个方面：

1. 热源的性质　焊接热源有许多种，如电能热源、机械能热源、化学能热源、光能热源等。热源的性质不同，焊接时温度场的分布也不同。气焊时，热源的作用面积较大，热能较分散，因此温度场的范围也较大；电子束焊时，热能极其集中，所以温度场的范围很小；电弧焊有自由电弧和压缩电弧之分，热能的集中情况不一样，焊接温度场的形状尺寸也不一样。在电弧焊条件下，焊接 25mm 以上的钢板，可以认为是点热源；而大厚度（100mm 以上）焊件的电渣焊，只能认为是线状热源。

2. 焊接工艺参数　同样的焊接热源，焊接工艺参数不同，温度场的分布也不同。

（1）焊接速度 v 的影响。如图 2-16a 所示，当 q = 常数时，随着焊接速度 v

的增加，同一温度的等温线所包围的范围显著缩小，即温度场的宽度和长度都变小，温度场的形状变得细长。

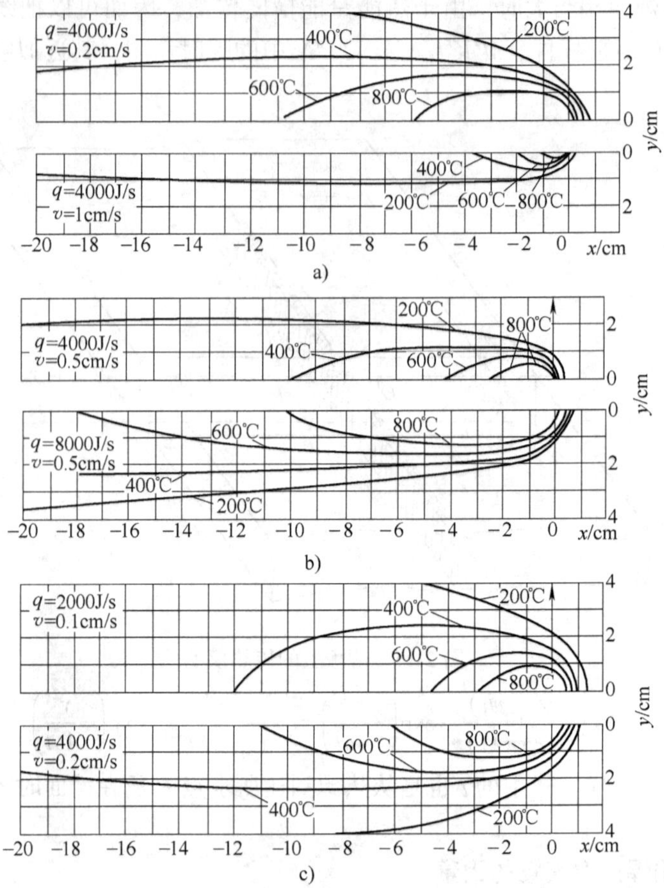

图 2-16　焊接参数对温度场的影响

（2）热源能量 q 的影响。如图 2-16b 所示，当 v = 常数时，随着 q 的增大，同一温度的等温线所包围的范围也增大。

（3）当热输入 E 不变，同时增大 q 和 v，则会使等温线明显拉长，而宽度几乎没有变化，如图 2-16c 所示。

3. 被焊金属的热物理性质　表示金属热物理性质的参量主要有以下几个：

（1）热导率 λ。λ 表示金属的导热能力，不同金属材料在相同温度下的 λ 是不同的；同种金属材料，当化学成分、组织或所处的温度不同，其 λ 值也不同。对于纯铁、碳钢和低合金钢而言，随着温度的升高，λ 是下降的；而高合金钢，如不锈钢、耐热钢等，随着温度的升高，λ 是增大的，如图 2-17 所示。在室温下，各种钢的 λ 值相差很大，但是随温度的上升，它们的差值逐渐缩小。当温度在 800℃以上时，各种钢的 λ 值趋向一致，约为 0.25~0.34W/（cm·℃）。

（2）比热容 c。不同材料具有不同的 c 值，而同样的材料当温度变化时，c 也随之发生变化。特别是钢，在磁性变态点附近（纯铁为 768℃）变化很大，因为相变时钢的晶格类型也在发生变化。c 的平均值为 0.67~0.76J/（g·℃）。当然，这样处理会带来一定的误差。

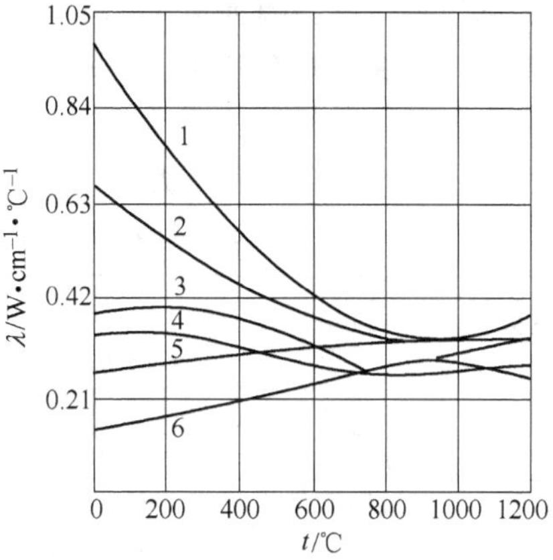

图 2-17　各种钢的热导率与温度的关系

1—纯铁　2—低碳钢（w_c=0.1%）
3—中碳钢（w_c=0.45%）　4—低合金钢（w_{Me}=4.98%）
5—高铬钢（1Cr13）　6—不锈钢（18—8 型）

（3）容积比热容 $c\rho$。它表示单位体积的物质温度升高 1℃所需要的热量，其单位为 J/（cm^3·℃）。同样，$c\rho$ 也是温度的函数，$c\rho$ 值大的金属，温度上升缓慢。一般钢铁材料的 $c\rho$ 值为 4.62~5.46J/（cm^3·℃）。

（4）热扩散率 a。它表示温度传播的速度，$a=\lambda/(c\rho)$，单位为（cm^2/s）。a 也是随温度变化的，不同材料的 a 值也不同。低碳钢在焊接条件下，a 的平均值为 0.07~0.10cm^2/s。

（5）比热焓 h。单位质量的物质所具有的全部热能称为比热焓 h。它也与温度有关。低碳钢加热到熔化温度时的 h 约为 1331.4J/g。

（6）表面传热系数 α。它表示金属材料表面的散热能力，其定义是传热体表面与周围介质每相差 1℃时，在单位时间内单位面积所传递的热量，单位为 J/（cm^2·s·℃）。

由于传热而损失的热能，不但随温度升高而增大，而且温度越高时，表面传热系数 α 的值也越大。因此，当焊件的传热面积较大时，如薄板的焊接，就应该考虑由于表面散热对温度场带来的影响。

从以上的介绍可知，各种热物理参量都是温度的函数。焊接时的温度变化很大，温度分布极不均匀，因此给焊接温度场的精确计算带来了一定的困难。为了使问题简化，在计算焊接温度场时，各物理参量一般采用在一定温度范围内的平均值。焊接工程中常见金属材料的热物理参量的平均值可参阅表 2-4。

综上所述，由于各种材料的热物理性质不同，特别是 λ、$c\rho$ 等会使温度场发生很大的变化。以 10mm 厚的钢件为例，在焊接热输入（E=21kJ/cm）不变的条件下，由于金属材料不同，焊接温度场的分布有着很大的差别，如图 2-18 所示。由图可见，焊接镍铬奥氏体不锈钢时，相同温度（如600℃）等温线的范围要比低碳钢的大，这是因为奥氏体不锈钢的导热性比低碳钢的差所致（见表2-4）。因此焊接不锈钢和耐热钢时，所选用的焊接热输入 E 应比焊接低碳钢时的小；相反，由于纯铜和铝的导热性较好，相同温度等温线的范围很小，因此，焊接时应选用比焊接低碳钢时更大的热输入。

表2-4　某些金属材料热物理参量的平均值

热物理参量	单位	焊接条件下选取的平均值			
		低碳钢低合金钢	不锈钢	铝	纯铜
λ	W/（cm·℃）	0.378~0.504	0.168~0.336	2.65	3.78
c	J/（g·℃）	0.625~0.756	0.42~0.50	1.0	1.32
$c\rho$	J/（cm³·℃）	4.83~5.46	3.36~4.2	2.63	3.99
a	cm²/s	0.07~0.10	0.05~0.07	1.00	0.95
h	J/g	（0~1500℃）1331.4	—	—	
α	J/（cm²·s·℃）	（0~1500℃）（0.63~37.8）$\times10^{-3}$	—	—	—

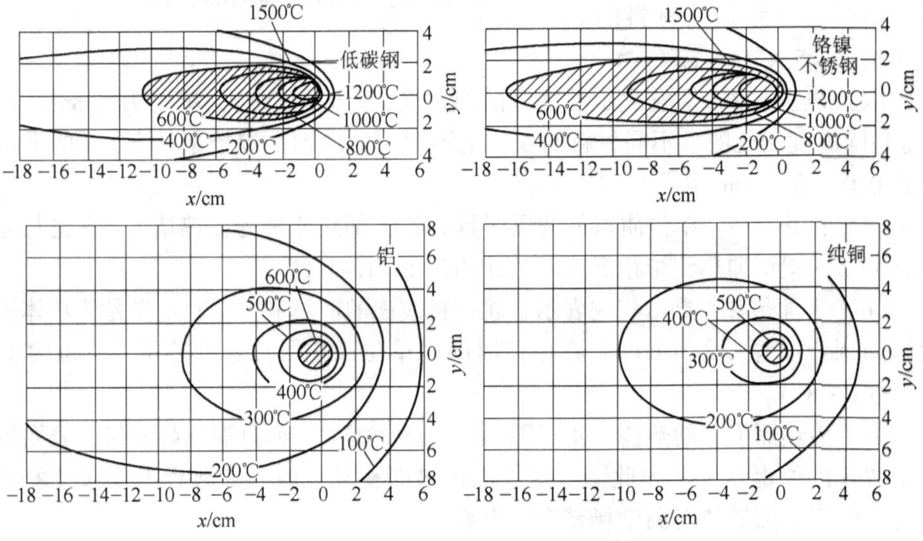

图2-18　金属的热物理性质对温度场的影响

（$E=21$kJ/cm，$q=4200$J/s，$v=0.2$cm/s）

4. 焊件的板厚及形状　焊件的几何形状、尺寸及所处的环境状态，如温度、湿度、预热及后热等，对焊接温度场的分布也有很大的影响。

（1）厚板焊接结构。如图2-8所示，厚板焊接时，热源作用在 $z=0$ 的表面上，传热方向为 x，y，z 三维传热。从前面的分析可知，这种情况相当于点热源，热的传播为半球形。大量实验表明，25mm以上厚度的低碳钢焊件或20mm

以上厚度的不锈钢焊件，在焊条电弧焊的条件下，都可视为厚板结构，各个坐标平面的温度场分布如图 2-11 所示。

（2）薄板焊接结构。薄板焊接时，热源为线状，传热方向为 x、y 二维传热。在焊条电弧焊的条件下，厚度在 8mm 以下的低碳钢板或厚度在 5mm 以下的不锈钢板，均可视为薄板结构，其温度场分布如图 2-19 所示。

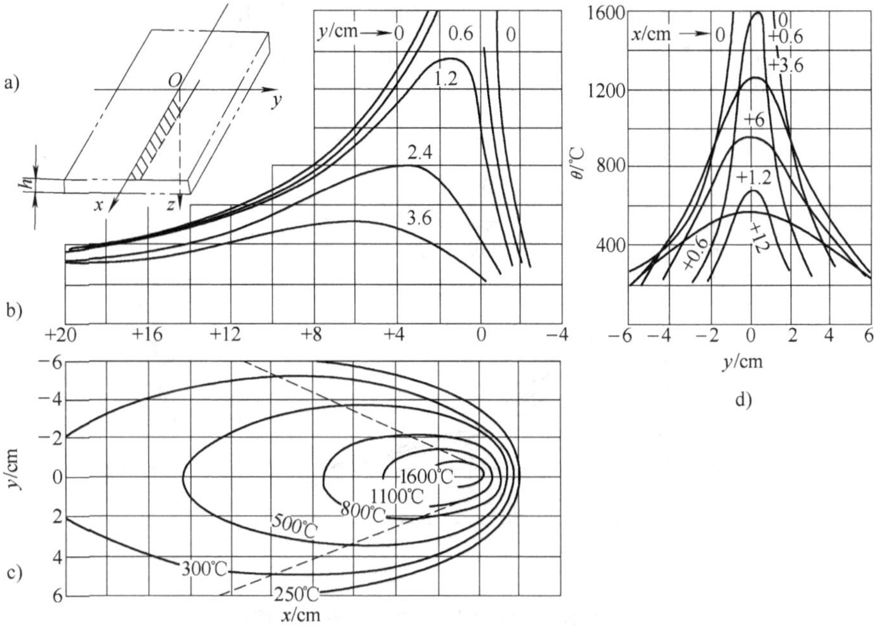

图 2-19　薄板焊接时的温度场分布

（$q=4200J/s$，$v=0.1cm/s$，$\lambda=0.42J/(cm\cdot s\cdot ℃)$）

a）焊件上的坐标系　b）与热源中心不同距离（y 方向）各点的温度变化

c）xoy 平面内的温度场　d）yoz 平面内的温度场

（3）接头形式。接头形式不同，温度场的分布特点也不一样，如图 2-20 所示。

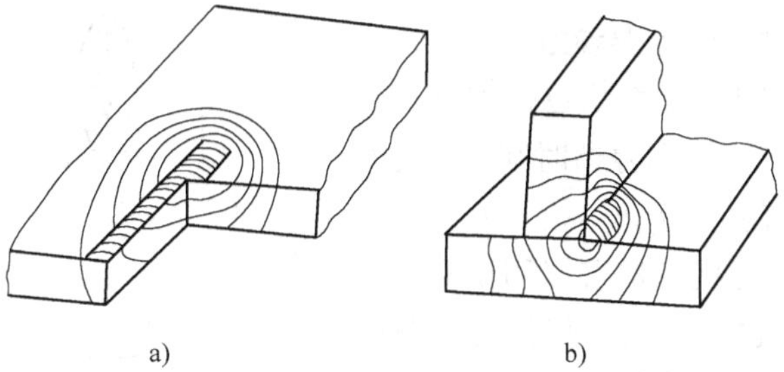

图 2-20　温度场

a）表面堆焊（对接焊）　b）T 形接头的温度场

2.4 焊接热循环

2.4.1 焊接热循环的概念

在焊接过程中热源沿焊件的某一方向移动，焊件上热源热量所及的任一点的温度都要经历由低到高的升温阶段，达到峰值后又经历由高到低的降温阶段，这个过程就称为焊接热循环（weld thermal cycle）。与焊缝距离不同的各点所经历的这种热循环是不同的，如图 2-21 所示。

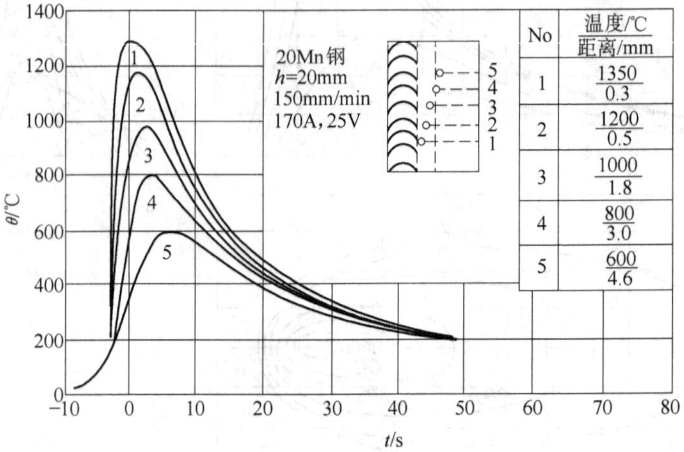

图 2-21 与焊缝中心不同距离的各点的焊接热循环

从图中可以看出，离焊缝越近的点，其温度上升得越快，达到的峰值温度越高，温度下降得也越快，并且温度上升速度比下降速度要大得多。可见，焊接是一个不均匀的加热和冷却过程，也可以说是一种特殊的热处理过程。与一般热处理相比，焊接时的加热速度非常快，在峰值温度停留的时间（保温时间）极短，冷却速度也十分快。这就是造成焊接接头组织和性能都不均匀的重要原因。

2.4.2 焊接热循环的主要参数

焊接热循环的主要参数包括加热速度 v_h、峰值温度 θ_{max}、高温停留时间 t_H、冷却速度 v_c、冷却时间 t_c（$t_{8/5}$、$t_{8/3}$及 t_{100}）等，如图 2-22 所示。这些参数可以用试验和实测的方法求得，也可以根据焊接传热学理论建立数学模型，进行理论计算。

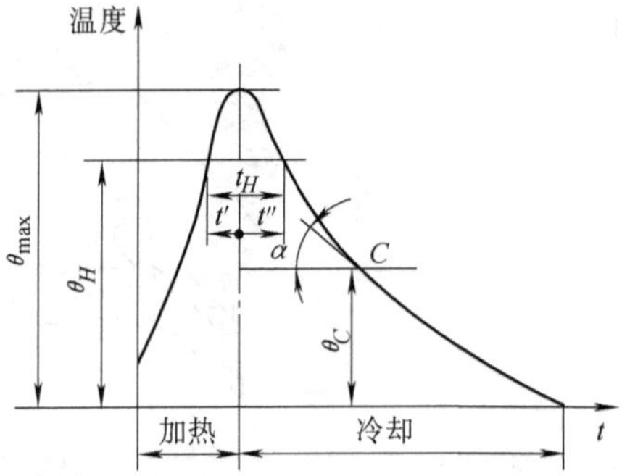

图 2-22 焊接热循环主要参数

1. 加热速度 v_h 焊接条件下的加热速

度是很快的，比一般热处理的加热速度要快得多。根据前面所推导的焊接温度场的理论公式，如式（2-25）和式（2-26），将其对时间 t 求一阶偏导数即可求得 v_h。但是，计算的结果为 $v_h \to \infty$，这实际上是没有意义的。

实际焊接时，加热速度 v_h 与热源的种类（焊接方法）、母材的性质、板厚及焊接热输入等因素有关。表 2-5 为采用不同的焊接方法和不同的焊接热输入，焊接不同厚度的低碳钢或低合金钢时测得的焊接热循环参数。

加热速度 v_h 将影响到材料的相变点，因为随着加热速度的提高，相变温度也会提高；同时还会影响到奥氏体的均质化和碳化物的分解重溶，因而必然会影响到焊后热影响区的组织和性能。

表 2-5　单层电弧焊和电渣焊低合金结构钢时近缝区的热循环参数

焊接方法	板厚 h/mm	焊接热输入 E/J·cm^{-1}	900℃时的加热速度 v_h/℃·s^{-1}	900℃以上停留时间 t_H/s		冷却速度 v_c/℃·s^{-1}		备注
				加热 t'	冷却 t''	900℃	550℃	
钨极氩弧焊	1	840	1700	0.4	1.2	240	60	不开坡口对接
	2	1680	1200	0.6	1.8	120	30	
埋弧焊	3	3780	700	2.0	5.5	54	12	不开坡口对接有焊剂垫
	5	7140	400	2.5	7.0	40	9	
	10	19320	200	4.0	13.0	22	5	V 形坡口对接，有焊剂垫
	15	42000	100	9.0	22.0	9	2	
	25	105000	60	25.0	75.0	5	1	
电渣焊	50	504000	4	162.0	335.0	1.0	0.3	双丝
	100	672000	7	36.0	168.0	2.3	0.7	三丝
	100	1176000	3.5	125.0	312.0	0.83	0.28	板极
	220	966000	3.0	144.0	395.0	0.80	0.25	双丝

2. 峰值温度 θ_{max}　根据式（2-25）和式（2-26）可以计算 θ_{max}。

设焊件的初始温度（或预热温度）为 θ_0，则

对于点热源有

$$\theta-\theta_0=\frac{E}{2\pi\lambda t}\exp\left(-\frac{r^2}{4at}\right) \tag{2-27}$$

对于线热源有

$$\theta-\theta_0=\frac{E/h}{2\ (c\rho\pi\lambda t)^{1/2}}\exp\left(-\frac{y^2}{4at}\right) \tag{2-28}$$

令 $\partial\theta/\partial t=0$，经过运算可求得 θ_{max}，

对于点热源有

$$\theta_{max}=\theta_0+\frac{2E}{c\rho\pi e r^2}=\theta_0+\frac{0.234E}{c\rho r^2} \tag{2-29}$$

对于线热源有

$$\theta_{max}=\theta_0+\frac{E/h}{\sqrt{2\pi e}\cdot c\rho y}=\theta_0+\frac{0.242E/h}{c\rho y} \tag{2-30}$$

从上式可以看出，峰值温度 θ_{max} 与焊件的初始温度 θ_0、焊接热输入 E、母材的热物理性质 $c\rho$、板厚以及离热源中心的距离 r 或 y 等因素有关。

峰值温度会直接影响到焊接接头热影响区的组织和性能。如峰值温度过高会使晶粒急剧长大，造成接头的粗晶脆化；同时还会影响到焊接接头的应力应变，形成较大的残余应力。

3. 高温停留时间 t_H　t_H 指在相变温度以上的停留时间，如图 2-22 所示，它包括加热过程中的高温停留时间 t'和冷却过程中的高温停留时间 t''，即

$$t_H=t'+t''$$

直接理论推导高温停留时间还有一定困难，但根据焊接温度场的计算公式和实验结果可以求得高温停留时间 t_H 的计算公式为：

点热源

$$t_H=f_3\frac{E}{\lambda(\theta_{max}-\theta_0)} \tag{2-31}$$

线热源

$$t_H=f_2\frac{(E/h)^2}{c\rho\lambda(\theta_{max}-\theta_0)^2} \tag{2-32}$$

式中　f_3、f_2——点热源和线热源的修正系数。它们是温度的无因次系数 $\theta_p=(\theta-\theta_0)/(\theta_{max}-\theta_0)$ 的函数（式中 θ 为停留温度），θ_p 可以从图 2-23 中查得。

从式（2-31）和式（2-32）可见，高温停留时间 t_H 与焊接热输入 E、被焊金属材料的热物理性质 λ 和 $c\rho$、板厚 h、焊件的初始温度 θ_0 及加热过程中所能达到的最高温度 θ_{max} 等因素有关。

高温停留时间 t_H 对奥氏体的均质化及晶粒度都有很大的影响。一般地说，t_H 越长，越有利于奥氏体的均质化，但若温度太高，如 1100℃以上，停留时间过长，会使奥氏体晶粒剧烈长大而造成粗晶脆化。

4. 冷却速度 v_c　为了简便起见，对于点热源，设 $r=0$；对于线热源，设 $y=0$，则式（2-27）和式（2-28）分别成为

$$\theta-\theta_0=\frac{E}{2\pi\lambda t}\quad（点热源） \tag{2-33}$$

$$\theta-\theta_0=\frac{E/h}{2(\pi c\rho\lambda t)^{1/2}}\quad（线热源） \tag{2-34}$$

如果要求在某一温度 θ_c 时的冷却速度 v_c，可先由式（2-33）和式（2-34）分别求得该点的冷却时间，即

$$t_c = \frac{E}{2\pi\lambda(\theta_c - \theta_0)} \quad （点热源） \tag{2-35}$$

和

$$t_c = \frac{(E/h)^2}{4\pi c\rho\lambda(\theta_c - \theta_0)^2} \quad （线热源） \tag{2-36}$$

然后对式（2-33）和式（2-34）求 t 的一阶偏导数，即 $v_c = \partial\theta/\partial t$，并将式（2-35）和式（2-36）代入得：

点热源

$$v_c = -\frac{2\pi\lambda(\theta_c - \theta_0)^2}{E} \tag{2-37}$$

线热源

$$v_c = -\frac{2\pi c\rho\lambda(\theta_c - \theta_0)^3}{(E/h)^2} \tag{2-38}$$

从以上两式可见，瞬时冷却速度 v_c 与焊接热输入 E、被焊材料的热物理性质 λ 和 $c\rho$、焊件的初始温度 θ_0 及板厚 h 等因素有关。

应当指出，由于诸多影响因素的复杂性，利用上述冷却速度的计算公式计算出来的结果与实际情况将有较大的误差。为此，焊接工作者根据大量的试验结果建立了许多特定情况下计算冷却速度的经验公式。

冷却速度是焊接热循环中比较重要的参量，它将决定焊接接头的组织、性能和接头质量，特别是在固态相变温度范围内，如 800～500℃和 800～300℃时的冷却速度尤为重要。

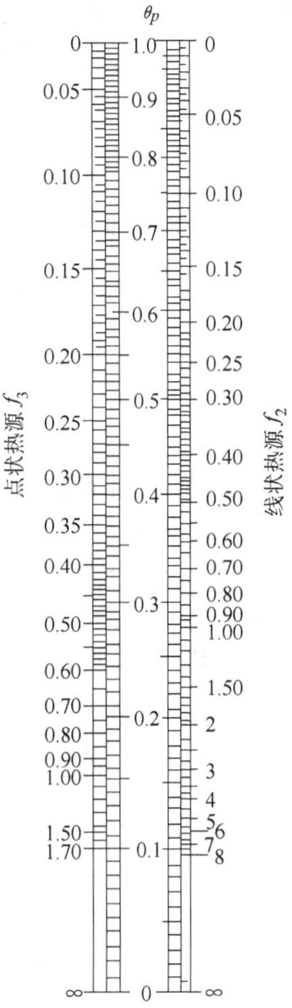

图 2-23　θ_p 值与 f_3 和 f_2 的关系

5. 冷却时间 t_c（$t_{8/5}$、$t_{8/3}$ 及 t_{100}）　在实际生产与研究工作中，准确地测量瞬时冷却速度是有一定困难的，因此，目前多采用一定温度范围内的冷却时间来代替冷却速度，作为研究焊接接头的组织、性能及抗裂能力的重要参数。

对于一般碳钢和低合金结构钢，常采用固态相变温度范围内的冷却时间，即从 800℃冷却到 500℃的冷却时间 $t_{8/5}$；而对于淬火倾向比较大的钢种，有时采用从 800℃冷却到 300℃的冷却时间 $t_{8/3}$ 或从峰值温度冷至 100℃时的冷却时间 t_{100}。

根据冷至某一温度 θ_c 时，在 $r=0$ 或 $y=0$ 处的冷却时间 t_c 的计算公式（2-

35）和式（2-36），并考虑到当 $r\neq 0$ 或 $y\neq 0$ 时在数学解析上带来的误差，可得：焊缝冷至某一温度 θ_c 所需时间

点热源情况下

$$t_c=\frac{m_1 E}{2\pi\lambda\ (\theta_c-\theta_0)} \tag{2-39}$$

线热源情况下

$$t_c=\frac{m_2\ (E/h)^2}{4\pi c\rho\lambda\ (\theta_c-\theta_0)^2} \tag{2-40}$$

式中，m_1，m_2 为修正系数。对于结构钢，如果 $\lambda=0.5\text{J}/(\text{cm}\cdot\text{s}\cdot{}^\circ\text{C})$，$c\rho=5\text{J}/(\text{cm}^3\cdot{}^\circ\text{C})$，则 $m_1\approx 1.5$，$m_2\approx 1.0$。

对于低合金高强钢，最有意义的冷却时间是从奥氏体开始分解的温度 Ar_3 到奥氏体最不稳定的温度或马氏体开始转变的温度 Ms 点这个温度区间的冷却时间，即 $t_{8/5}$、$t_{8/3}$。

将 $\theta_c=800^\circ\text{C}$、$\theta_c=500^\circ\text{C}$，和 $\theta_c=300^\circ\text{C}$ 分别代入公式（2-39）和式（2-40），可求得 t_{800}、t_{500} 和 t_{300}，再将 $t_{500}-t_{800}$ 和 $t_{300}-t_{800}$，则得：

点热源

$$t_{8/5}=\frac{m_1 E}{2\pi\lambda}\left(\frac{1}{500-\theta_0}-\frac{1}{800-\theta_0}\right) \tag{2-41}$$

$$t_{8/3}=\frac{m_1 E}{2\pi\lambda}\left(\frac{1}{300-\theta_0}-\frac{1}{800-\theta_0}\right) \tag{2-42}$$

线热源

$$t_{8/5}=\frac{m_2\ (E/h)^2}{4\pi c\rho\lambda}\left[\frac{1}{(500-\theta_0)^2}-\frac{1}{(800-\theta_0)^2}\right] \tag{2-43}$$

$$t_{8/3}=\frac{m_2\ (E/h)^2}{4\pi c\rho\lambda}\left[\frac{1}{(300-\theta_0)^2}-\frac{1}{(800-\theta_0)^2}\right] \tag{2-44}$$

日本稻田道夫等学者根据焊接传热学理论和大量的实验，建立了在不同焊接方法情况下计算 $t_{8/5}$ 和 $t_{8/3}$ 的经验公式，即

$$t_c=\frac{KE^n}{\beta\ (\theta-\theta_0)^2\left[1+\dfrac{2}{\pi}\arctan\left(\dfrac{h-h_0}{a'}\right)\right]} \tag{2-45}$$

式中，t_c 为 $t_{8/5}$（$t_{8/3}$）(s)；n 为焊接热输入指数（由实验确定）；h 为板厚(mm)；a' 为板厚修正系数；E 为焊接热输入，$E=60UI/v$ （$\text{J}\cdot\text{cm}^{-1}$）；$K$ 为焊接热输入系数（由实验确定）；θ 为冷却区间的温度特征值（℃）；h_0 为板厚补偿项；β 为系数。

利用式（2-45）和表 2-6 中的有关数据，可以计算出不同条件下的 $t_{8/5}$ 和

$t_{8/3}$。

表 2-6 不同焊接方法条件下计算 $t_{8/5}$ 和 $t_{8/3}$ 的各系数数值

焊接方法	焊接线能量指数 n	800~500℃冷却时间					800~300℃冷却时间				
		K	h_0	a'	θ	β	K	h_0	a'	θ	β
焊条电弧焊	1.5	1.35	14.6	6	600	对焊 1 角焊 2					对焊 1 角焊 1.25
CO_2 气体保护焊	1.7	0.345	13	3.5	600	—	0.4	14	5	400	—
埋弧焊	(h<32mm) (2.5~0.05) h	$\frac{95}{10^{(5-0.22)h}}$	12	3	600	—	$\frac{7.3}{10^{(5-0.22)h}}$	20	7	400	—
	(h>32mm) 9.5	950					730				

但是上述公式计算起来十分繁琐，为了方便起见，在上述公式的基础上建立了不同条件下的图解法线算图。对于焊条电弧焊时 $t_{8/5}$ 和 $t_{8/3}$ 的线算图如图 2-24 所示。

线算图的用法如下：

图 2-24a 为焊条电弧焊 $t_{8/5}$ 的线算图。在不预热的情况下，可根据板厚（如 $h=10$mm）和所选用的焊接热输入（如 $E=18000$J/cm）连一直线（1），在（A）点即可直接得出 $t_{8/5}$；如果预热（如 $\theta_0=200$℃），可再由（A）点与预热温度线上的 200℃点连一直线（2），交预热线于（B）点，此点所示时间即为预热 200℃时的 $t_{8/5}$。

图 2-24b 为焊条电弧焊 $t_{8/3}$ 的线算图。先根据板的初始温度（如 $\theta_0=20$℃）和板厚（如 $h=20$mm）作（1）线得（A）点，再根据焊接热输入（如 $E=16400$J/cm）与（A）点作直线（2）交冷却时间线于（B）点，该点左边数值即为板上堆焊时（不开坡口对接焊）的 $t_{8/3}$，右边数值为 T 形接头的 $t_{8/3}$。

焊接高强钢时，从峰值温度冷却到 100℃的冷却时间对焊接接头的冷裂倾向有重要影响。为此，常以 t_{100} 作为评判高强钢焊接冷裂纹倾向的参数之一。由于影响因素比较复杂，到目前为止尚未建立起可靠的 t_{100} 计算公式，主要还是通过实验的方法求得。根据实验结果，由图 2-25 可以查出不同焊接热输入、不同板厚和不同预热温度时的 t_{100}。

焊缝附近热影响区的冷却时间不同，将得到不同的组织和性能。根据不同条件下的 $t_{8/5}$、$t_{8/3}$ 和 t_{100}，配合不同钢种在焊接条件下的连续冷却组织转变图（SHCCT 图），可以比较准确地判断热影响区的组织、性能和抗裂性。因此，预先求得不同焊接条件下的 $t_{8/5}$、$t_{8/3}$ 和 t_{100} 具有十分重要的意义。

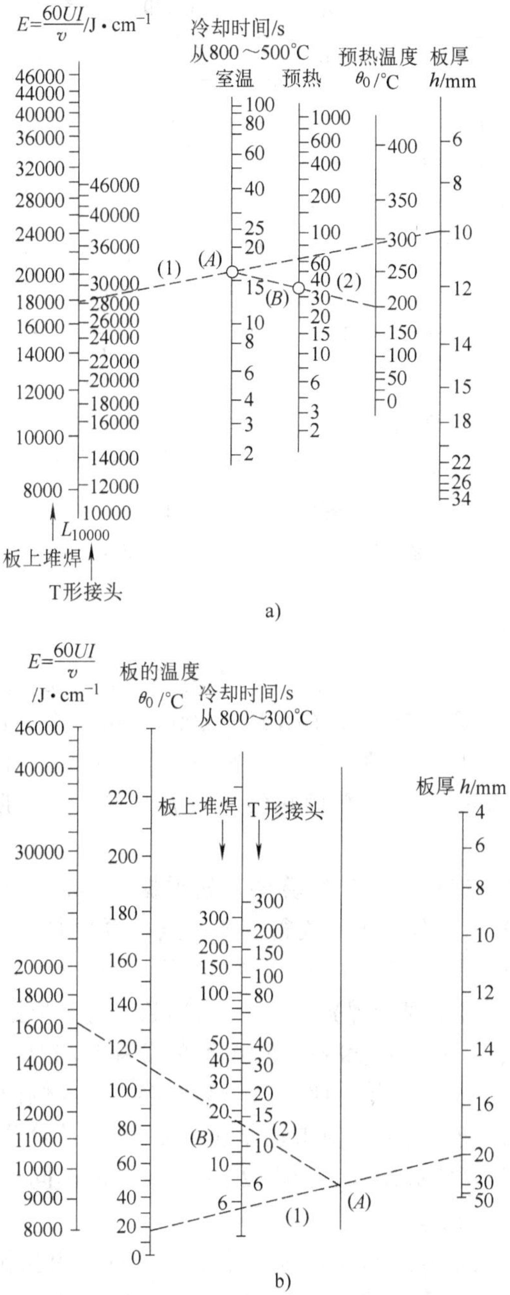

图 2-24　焊条电弧焊 $t_{8/5}$ 和 $t_{8/3}$ 的线算图

a）$t_{8/5}$　b）$t_{8/3}$

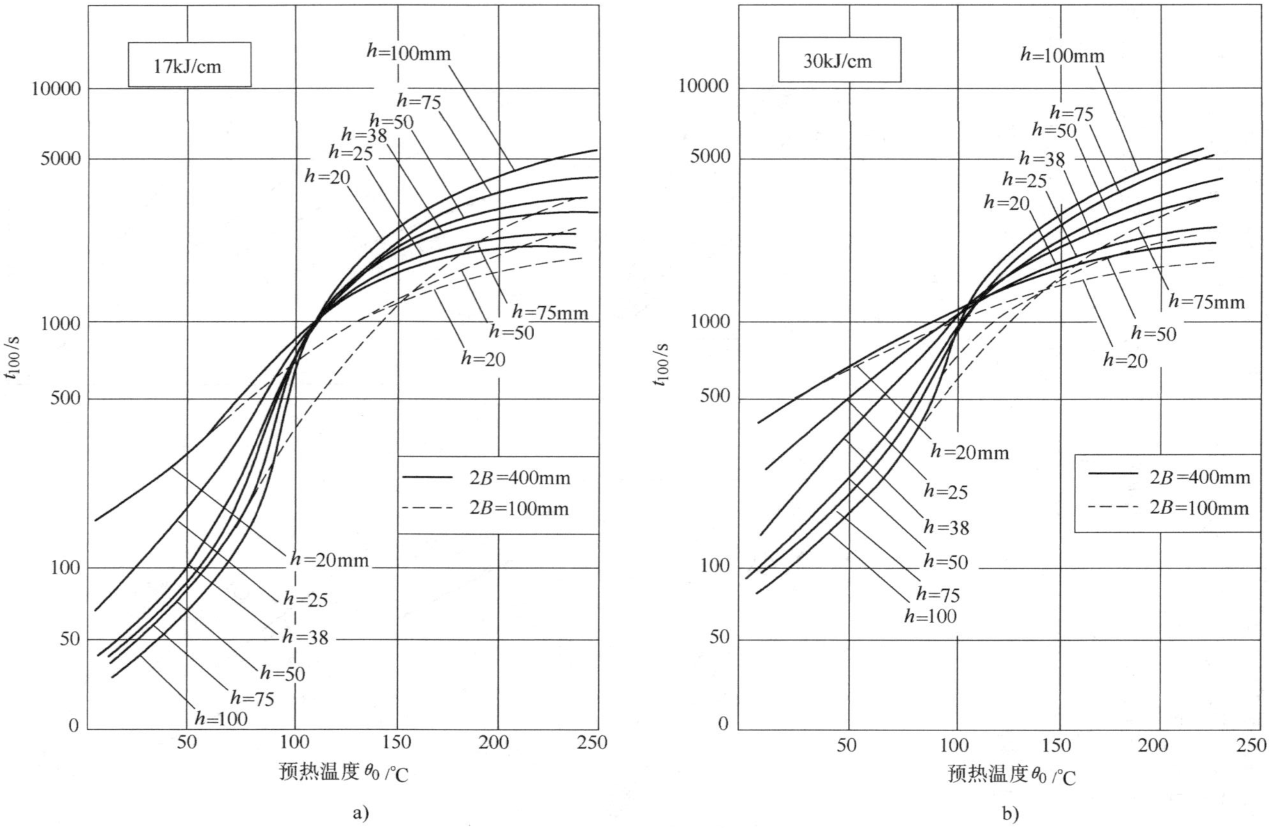

图 2-25 冷却时间 t_{100} 与 E、h 和 θ_0 的关系

a) $E=17$kJ/cm b) $E=30$kJ/cm

B—预热宽度

2.4.3 影响焊接热循环的因素

从以上介绍的焊接热循环主要参数的数学表达式可以看出，影响焊接热循环的因素很多，除了被焊金属材料的热物理性能外，焊接时的主要工艺参数 E 和 θ_0，焊件的板厚及形状尺寸、接头形式、焊道长度以及焊后冷却条件等，对焊接热循环参数都有着重要影响。

1. 焊接热输入的影响　从焊接热循环主要参数的数学表达式已经知道，随着焊接热输入 E 的增加，加热的最高温度 θ_{max}、高温停留时间 t_H 及冷却时间 t_c 等也增大。图 2-26 为厚板焊接时，在不同预热温度下，E 对 t_H 的影响。从图中可以明显看出，随着 E 的增加，t_H 延长，而且预热温度 θ_0 越高，t_H 越长。

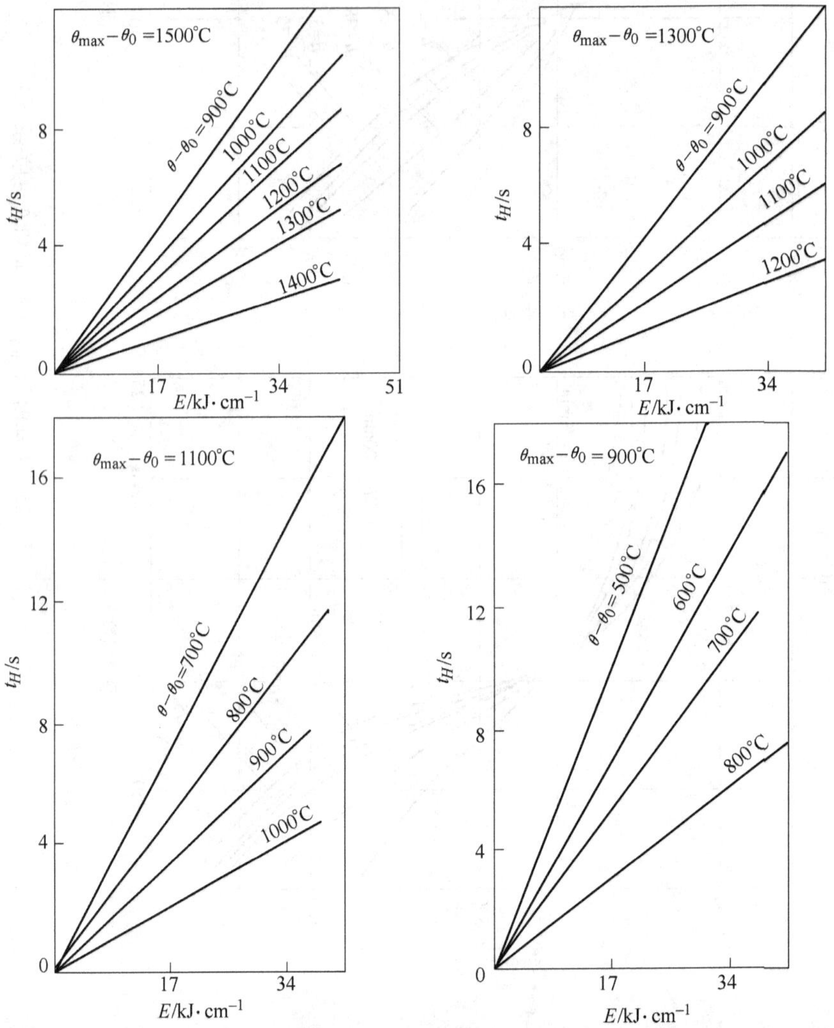

图 2-26　厚板焊接时，在不同预热温度下 E 对 t_H 的影响

图 2-27 为薄板焊接时，在不同的预热温度下，焊接热输入对高温停留时间的影响。

增大 E 还可以降低冷却速度 v_c，延长冷却时间 t_c，如图 2-28 所示。但是，焊接方法不同，其影响程度也不一样。在同样热输入的情况下，埋弧焊时的冷却速度最慢，焊条电弧焊时最快，而氩弧焊和 CO_2+O_2 保护焊时，两者的冷却速度基本相同，均比埋弧焊时的要快一些。这是因为尽管焊接线能量相同，但不同焊接方法所选定的焊接电流和焊接速度数值可能相差很大，使焊缝的形状尺寸和熔深明显不同，从而影响到焊件上的热传播过程。在同样热输入的情况下，即使焊接方法相同，但电源种类和极性不同时，冷却速度也会有一定的差别，如直流反接比交流时的冷却速度就要小一些。

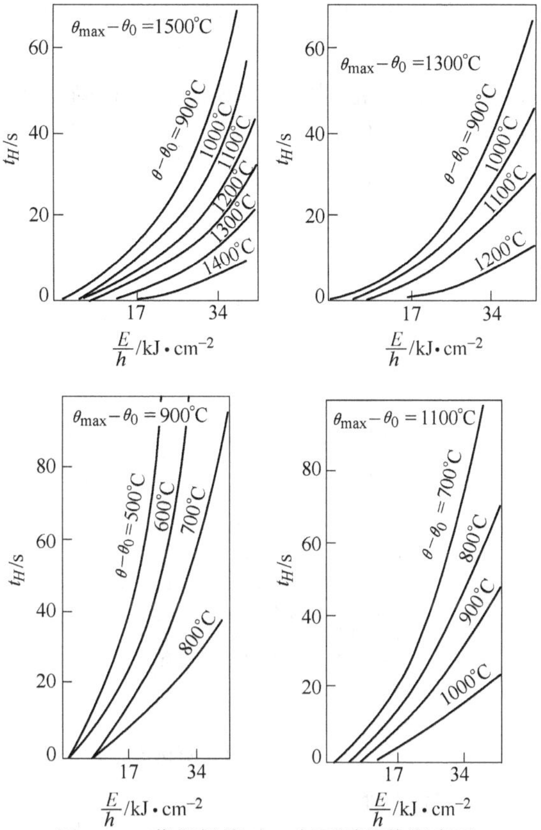

图 2-27　薄板焊接时，在不同预热温度下 $\frac{E}{h}$ 对 t_H 的影响

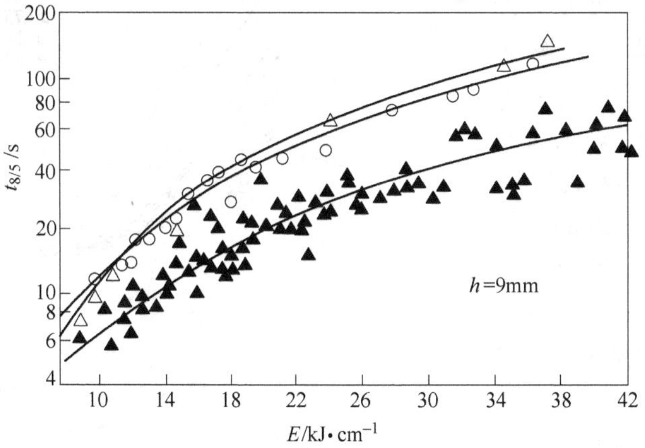

图 2-28　焊缝边界的 $t_{8/5}$ 与热输入 E 的关系（h=9mm）

○—CO_2+O_2 保护焊　△—埋弧焊　▲—焊条电弧焊

2. 预热温度的影响　预热温度 θ_0 的提高可以增长高温停留时间，同时降低冷却速度或延长冷却时间，如图 2-29 所示。即使低温预热，也有利于降低大约 600℃以下温度范围的冷却速度。但在高温阶段，冷却速度的降低和高温停留时间的延长并不十分显著。

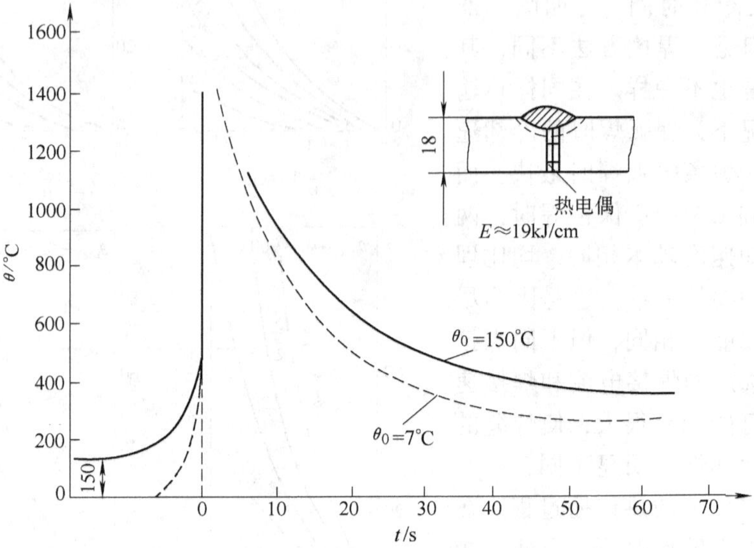

图 2-29　预热温度对焊接热循环参数的影响

3. 焊件形状尺寸的影响　在焊接热输入和焊件长度不变的条件下，改变焊件宽度 b 和厚度 h 对冷却时间 t_c 的影响见图 2-30。试验条件为：$\theta_0 = 0$，焊条电弧堆焊，焊条直径 $d = 4\text{mm}$，$I = 140\text{A}$，$U = 30\text{V}$，$v = 14.5\text{cm/min}$，焊道长度等于焊件长度。由图可见，当板厚 h 较小时，b 对 t_c 的影响很大；h 较大时，b 对 t_c 的影响不明显；当 b>150mm 时，h 和 b 都对 t_c 几乎没有影响。

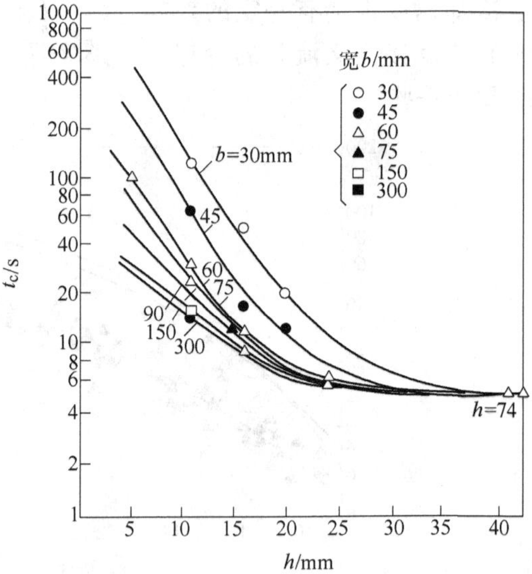

图 2-30　焊件宽度 b 和厚度 h 对冷却时间 t_c 的影响

（焊件长度为 110mm，$E = 17.5\text{J/cm}$）

板厚 h 对冷却速度 v_c 也有一定的影响。图 2-31 为低合金结构钢不同板厚对熔合区 v_c 的影响。从图可见，h 越小，对 v_c 的影响越大。

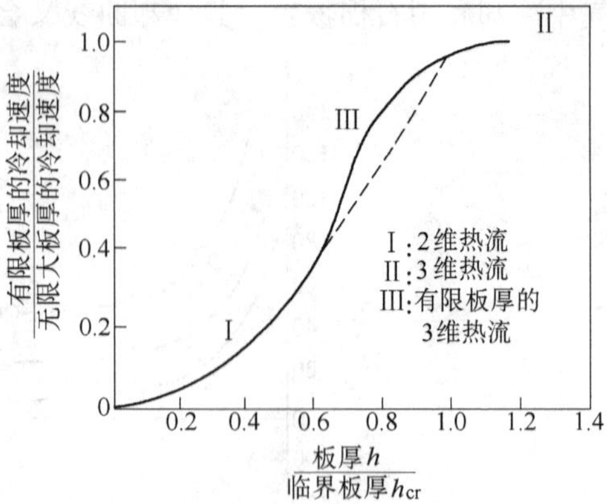

图 2-31 熔合区冷速与板厚的关系

4. 接头形式的影响　接头形式不同导热情况就有差异，因而对焊接热循环特性也有影响。图 2-32 为不同接头形式对冷却速度的影响。图中可见，在相同板厚的情况下角接头的冷却速度要比 V 形坡口对接接头的冷却速度大 1.5 倍。

5. 焊道长度的影响　在接头形式和焊接条件都相同的情况下，焊道越短，其冷却速度越大，如图 2-33 所示。从图可见，当焊道长度短于 40mm 时，随着焊道长度变短，其冷却速度急剧增大，并且弧坑的冷却速度最大，约为焊缝中部的两倍，甚至比引弧端还要大 20%左右。

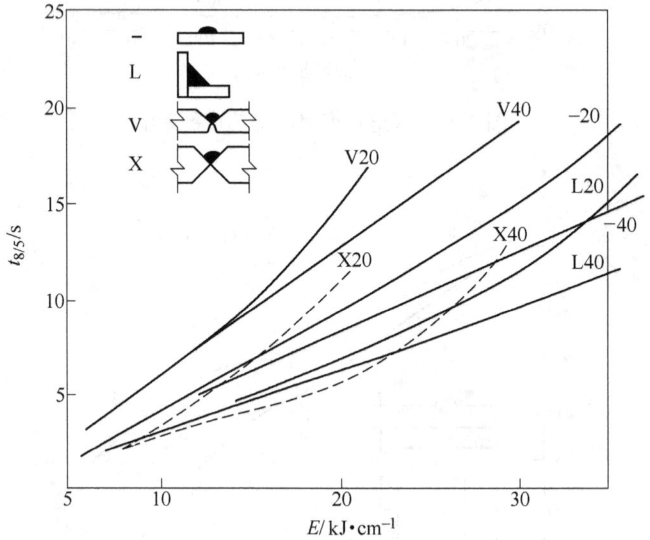

图 2-32 接头形式与冷却速度的关系

6. 冷却条件的影响　焊接时，周围环境和冷却条件对焊接热循环也有很大影响。如冬季和夏季在野外施工，环境温度相差几十度，这不仅会影响到焊件的初始温度 θ_0，还会影响到焊接过程中的传热条件；又如焊接时，试板放在钢板上和放在石棉板上进行，其冷却速度就有明显差异，如图 2-34 所示；焊后在空

气中冷却和用石棉覆盖，其冷却曲线又会发生很大变化（图 2-34）。

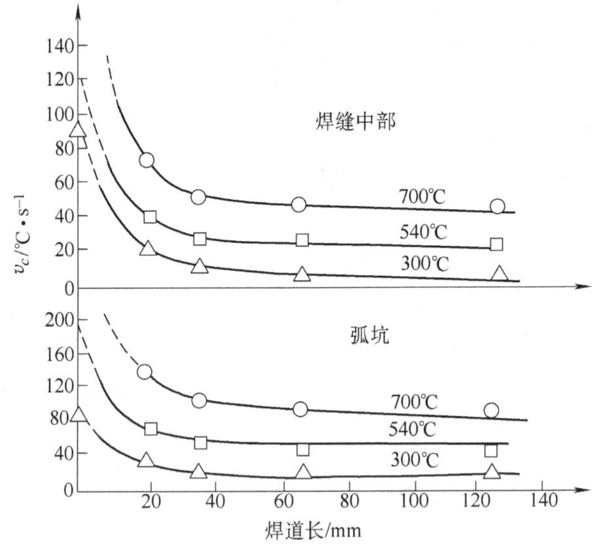

图 2-33　焊道长度对冷却速度的影响

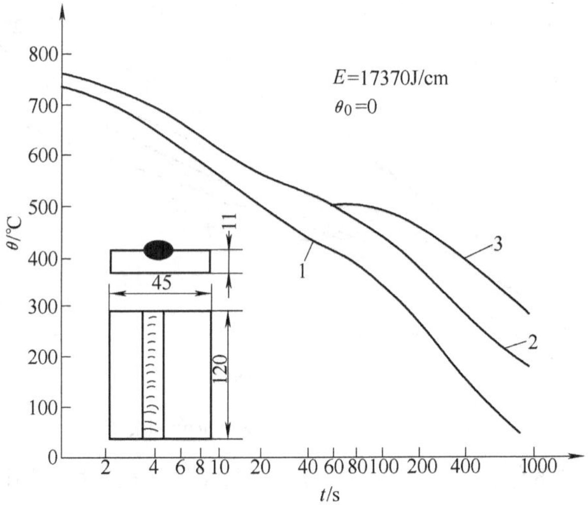

图 2-34　冷却条件对冷却过程的影响

1—钢板垫板　2—石棉垫板　3—石棉覆盖

2.4.4　多层焊的热循环

在实际生产中，在很多情况下，特别是焊接厚度较大的构件时，要采用多道多层焊。多道焊的热循环实际上是单层焊热循环的交替综合作用。多道焊时，前道焊缝的余温，或称层间温度对后道焊缝而言，相当于焊前预热温度；而后道焊缝输入的热量对前道焊缝又相当于进行了焊后热处理。

多道多层焊有长段多层焊和短段多层焊两种情况。

1. 长段多层焊的焊接热循环　所谓长段多层焊是指每道焊缝的长度较长，一般在1m以上。这样，前一层焊完再焊后一层时，焊件已冷却到较低的温度，一般都在100～200℃以下或Ms点以下。长段多层焊的热循环曲线如图2-35所示，从图中可见，后道焊缝对前道焊缝有退火或回火的热处理作用。

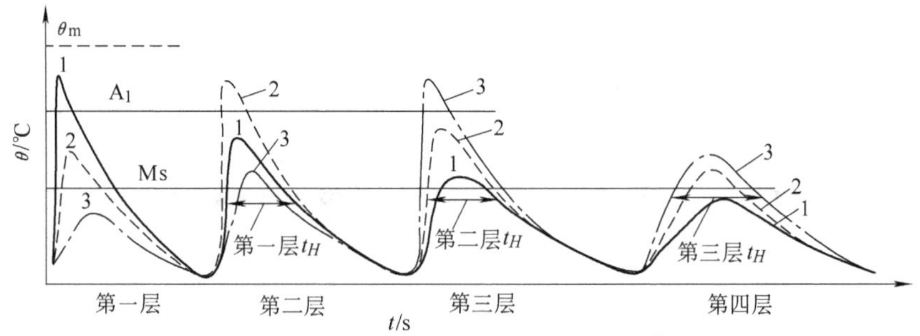

a)

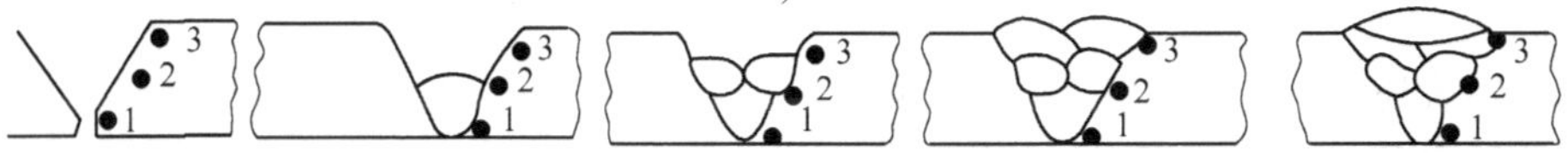

b)

图2-35　长段多层焊的焊接热循环

a）焊接各点时，近缝区1，2，3点的热循环　b）各层焊缝断面示意图

应当注意的是，对于一些淬硬倾向较大的钢种，在长段多层焊时，由于层间温度较低，在焊缝及近缝区容易出现淬硬组织而产生裂纹。因此，必须采取相应的工艺措施，如焊前预热、控制层间温度、焊后缓冷等来加以预防。

2. 短段多层焊的焊接热循环　所谓短段多层焊是指每层焊道的长度较短，为40～400mm。在这种情况下，前道焊缝还未冷却到较低温度时，后道焊缝就开始焊接了。因此，层间温度较高，可保持在Ms点以上。短段多层焊的热循环曲线如图2-36所示。可见，近缝区1点和4点所经历的焊接热循环是比较理想的。对于1点来说，一方面在Ac_3以上的停留时间较短，避免了晶粒长大；另一方面减缓了Ac_3以下的冷却速度，从而可以防止淬硬组织的产生。对于4点来说，它是在预热的基础上开始焊接的，如果焊缝长度控制合适，在Ac_3以上停留的时间仍可很短，使晶粒不易长大。为了防止最后一道焊缝产生淬硬组织，生产上常采用多焊一道称为退火焊道，以延长奥氏体的分解时间，如图2-36b所示，由t_B延长至t_B'。可见，短段多层焊对焊缝和热影响区的组织都有一定的改善作用。

多层焊热循环也可以通过数学解析法进行计算，但由于不得不忽略一些影响因素，因而计算结果有一定误差。然而，从现有的实测数据和计算结果对比来

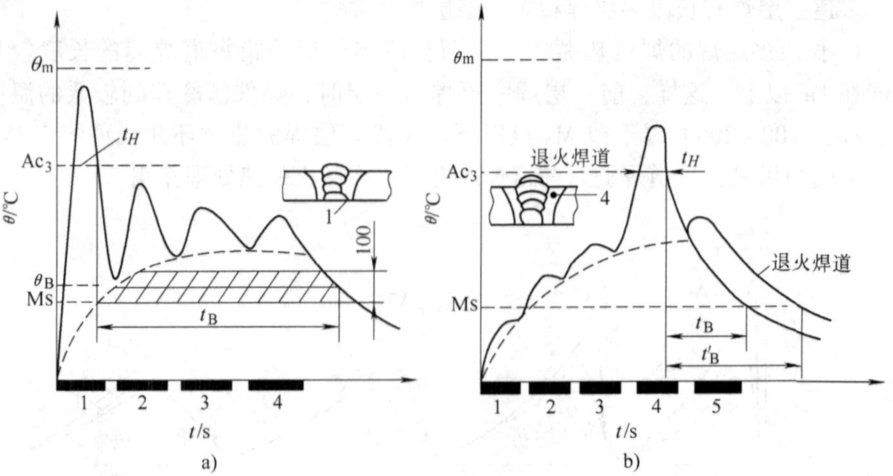

图 2-36　短段多层焊的焊接热循环

a) 1 点的热循环　b) 4 点的热循环

看，两者还是比较吻合的（这些理论计算采用的均为有效热输入，即 $E'=\eta E$，其中 η 为热效率），如图 2-37 和图 2-38 所示。从图中可以看出，特别是在 800～500℃之间，无论是冷却速度还是冷却时间，其理论计算值和实测值大体上是一致的。可见，焊接传热数学解析的基本假设条件是可行的。从图 2-38 还可看出，在薄板焊接时（线热源），略去表面散热的影响也是可行的。由此看来，焊接传热学理论对于研究近缝区的组织变化和应力变形等问题有一定的实用价值。

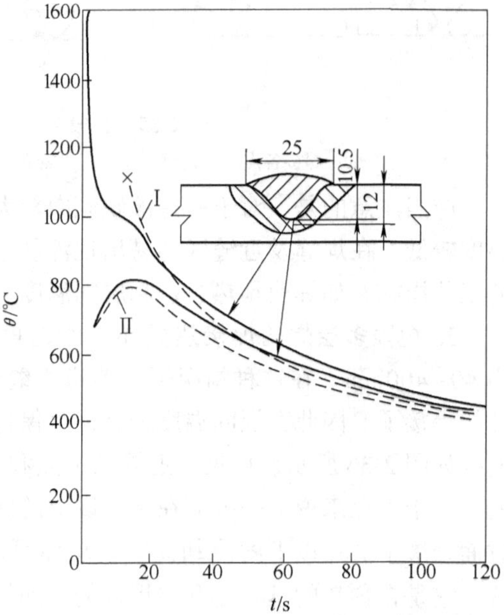

图 2-37　低碳钢埋弧焊焊接热循环

实测值（实线）与计算值（虚线）的比较

Ⅰ—焊缝边界　Ⅱ—焊缝边界外 1.5mm

近几年来，为了使焊接传热的理论计算结果能更真实地反映焊接过程的实际情况，焊接工作者们在这方面做了很多工作。随着计算机在焊接领域的应用和发展，数学解析法的许多假设条件得到了不断的松弛，向更接近实际的方向逼近。现在已经有可能免去数学解析法中的许多假设条件，把更加符合实际的条件加入到求解过程

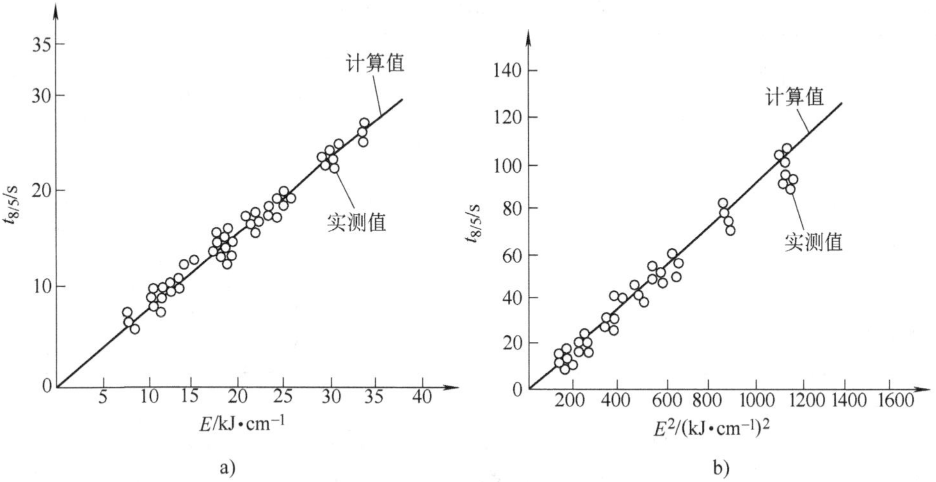

图 2-38 低合金钢埋弧焊 $t_{8/5}$ 实测值与计算值的对比

a）点热源 b）线热源

中，如有限边界、复杂边界、变物性、分布热源等。

2.5 焊接热影响区的组织与性能变化

在焊接热循环作用下，焊缝两侧母材中发生了组织与性能变化的区域称为“焊接热影响区”或称“近缝区”。

熔化焊的焊接接头是由焊缝区和热影响区（这里包括半熔化的熔合区）组成的，焊接接头的质量主要取决于这两部分的质量。对于高强钢和高合金钢而言，焊接热影响区对焊接接头的影响甚至比焊缝区还要严重。因此焊接热影响区的问题曾一度成为世界各国焊接工作者们关注的焦点。

焊接条件下的相变与热处理条件下的相变在基本原理上是一致的，即新相的形成都要经过成核与核长大两个过程，相变过程进行的动力也是取决于系统的热力学条件。但是，由于焊接热循环具有加热速度快、局部加热温度高、高温停留时间短等特点，使其组织转变有着与热处理不同的规律。

2.5.1 热影响区在焊接加热时的组织转变特点

（1）相变温度大大提高。由于焊接加热的速度快，各种金属的相变温度都要发生很大的变化。一般情况下，加热速度越快，被焊金属的相变点越高。表 2-7 所示为加热速度对几种钢材相变点的影响。由表可见，如果钢中含有较多的碳化物形成元素时（如 18Cr2WV），随加热速度的提高，相变点 Ac_1 和 Ac_3 的提高更为显著。

表 2-7　加热速度对相变温度的影响

钢种	相变点	平衡相变温度/℃	不同加热速度（℃·s^{-1}）下相变点			
			3	30	300	1400
45 号钢	Ac_1	725	780	790	800	840
	Ac_3	770	820	830	860	935
23Mn	Ac_1	735	750	770	795	840
	Ac_3	806	810	850	890	920
18Cr2WV	Ac_1	710	800	870	920	1000①
	Ac_3	810	860	930	1000	1150

①加热速度为 1570℃·s^{-1}。

（2）成分均质化过程不充分。由于焊接加热速度快，在高温停留时间短，所以相变以后形成的新相中的合金元素往往来不及充分扩散就已冷却下来，造成成分不均匀。而且随加热速度的提高和高温停留时间的缩短，这种成分不均匀的情况越严重。

图 2-39 所示为 45 钢在焊接热模拟试验中高温奥氏体的显微硬度变化。由图可见，当加热速度为 300℃/s，加热过程中在 900℃ 以上停留的时间 t' 为 3s 时，显微硬度的数值很分散，差值可达 450HV 之多（a 图）；如果加热速度降到 7℃/s，t' 为 100s 时，显微硬度的分散程度就大为减小，差值只有 200HV（b 图）。

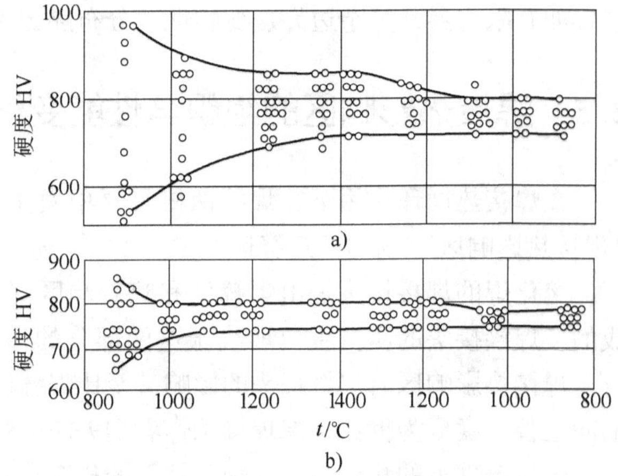

图 2-39　45 钢热模拟试验显微硬度的变化

（3）高温区晶粒急剧长大。对于绝大部分钢种，紧靠焊缝的那部分金属由于在焊接热循环中经受的峰值温度高达 1100℃ 以上，晶粒会发生严重的长大现象。粗大晶粒的遗传作用不仅使冷却转变后的组织塑性变差，同时还会增大产生热裂纹和冷裂纹的倾向。

2.5.2　焊后冷却时的组织转变

1. 焊接条件下连续冷却的组织转变特点　为了便于比较，今以 45 钢和 40Cr 钢为例，说明在焊接条件和热处理条件下组织转变的差异。

焊接及热处理的加热和冷却过程如图 2-40 所示。其中，两种情况的冷却曲线 1、2、3 具有彼此相同的冷却速度。

根据上述实验条件，利用专用的焊接热模拟试验机和快速相变仪（如热膨胀仪或热分析仪）得出了两种钢在不同条件下连续冷却的组织转变图（CCT 图），如图 2-41 和图 2-42 所示。表 2-8 列出了两种钢的组织成分比例。

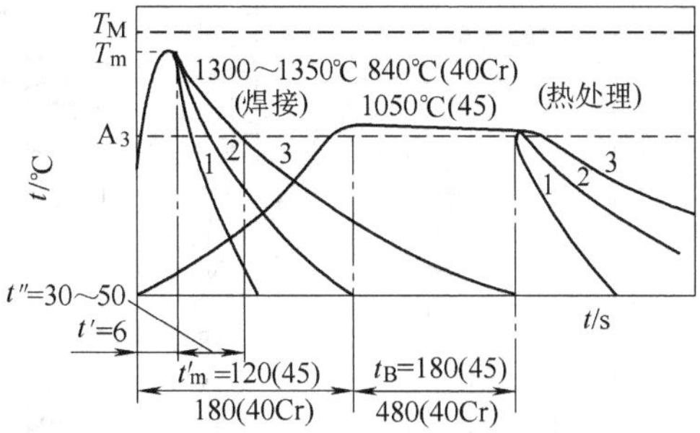

图 2-40 焊接及热处理加热和冷却过程示意图

t'_m—热处理加热时间 t_B—热处理保温时间

表 2-8 焊接和热处理条件下的组织成分

钢种	冷却速度/℃ · s^{-1}	组织（%）		
		铁素体	球光体及中间组织	马氏体
45 钢	4	5（10）	95（90）	0（0）
	18	1（3）	9（70）	90（27）
	30	1（1）	7（30）	92（69）
	60	0（0）	2（2）	98（98）
40Cr 钢	4	1（0）	24（5）	75（95）
	14	0（0）	10（2）	90（98）
	22	0（0）	5（0）	95（100）
	36	0（0）	0（0）	100（100）

注：1. 带（ ）者为热处理条件下的组织百分数。

2. 中间组织包括索氏体、托氏体和贝氏体。

由图 2-41、图 2-42 和表 2-8 可见，45 钢在焊接条件下的“C”曲线相对于热处理条件下的“C”曲线向右移动，这表明在同样冷却速度下，焊接时比热处理时的淬硬倾向大。如冷速为 300℃/s 时，焊接条件下可得到 92%的马氏体，而热处理条件下只能得到 69%的马氏体。相反，40Cr 钢在焊接条件下的“C”曲线相对于热处理条件下的“C”曲线向左移动，即在同样冷却速度下，焊接比热处理时的淬硬倾向小。如要得到 100%的马氏体，前者冷速必须为 36℃/s，而后者的冷速只需 22℃/s。

为什么会有两种相反的结果呢？这是因为 40Cr 钢中含有碳化物形成元素 Cr，而 45 钢中不含碳化物形成元素。由金属学的知识可知，形成碳化物的元素只有充分溶入奥氏体内部才会增加奥氏体的稳定性和淬硬倾向。在热处理条件

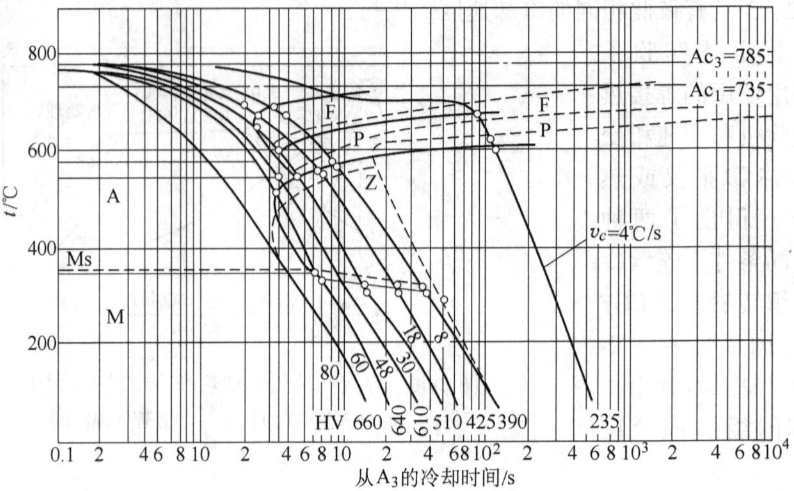

图 2-41 45 钢连续冷却的“CCT”图

F—铁素体 P—珠光体 Z—中间组织 A—奥氏体 M—马氏体

实线—焊接 虚线—热处理

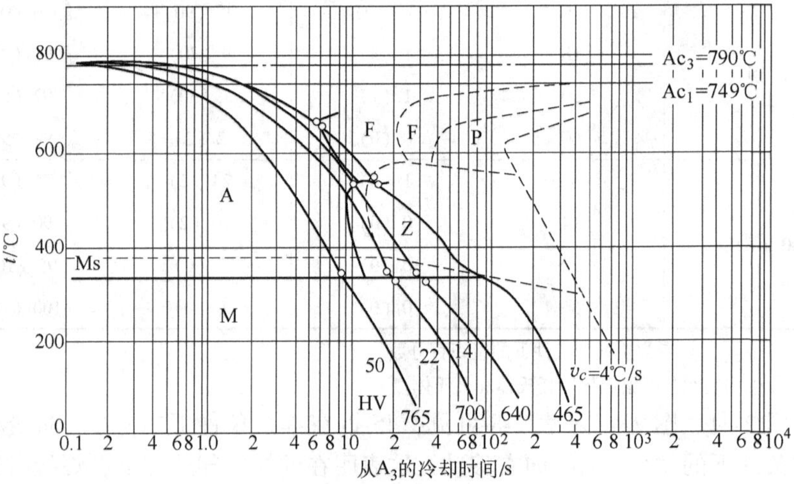

图 2-42 40Cr 钢连续冷却的“CCT”图

实线—焊接 虚线—热处理

下，可以有充足的时间使碳化物形成元素溶入奥氏体，而在焊接条件下，由于加热速度快，高温停留时间短，碳化物形成元素来不及充分溶入奥氏体，因此降低了淬硬倾向。

不含碳化物形成元素的钢种，如 45 钢，一方面没有碳化物的溶解过程，另一方面在焊接条件下紧靠焊缝区的母材晶粒严重长大，增加了奥氏体的稳定性，故其淬硬倾向比热处理条件下的要大些。

2. 焊接热影响区的组织及性能变化　在热影响区中，与焊缝距离不同的点所经历的热循环是不同的（图2-21），其组织变化情况自然也不同。对于常用的低碳钢和某些不易淬硬的低合金钢，根据它们在加热过程中所达到的峰值温度及组织转变特点，焊接热影响区可划分为以下几个小区（图2-43）：

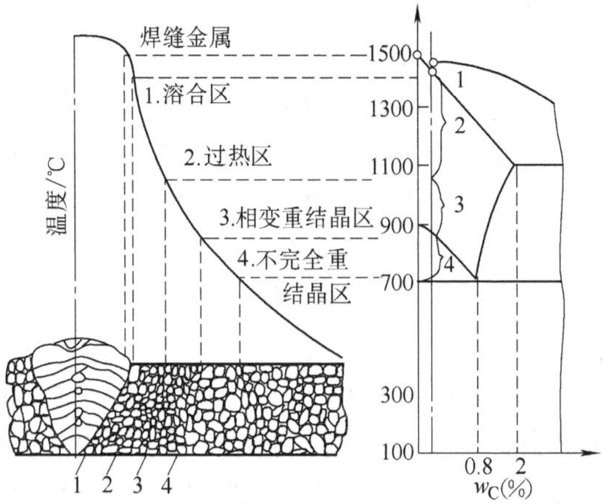

图2-43　低碳钢焊接接头的组织变化

（1）熔合区。即母材与焊缝金属相邻的熔合线附近的区域。此区的峰值温度处于固相线与液相线之间，又称半熔化区，所以，严谨一点说该区不应属于热影响区。该区组织中包含未熔化而受热长大的粗晶粒和新结晶的柱状晶粒。这一区域虽然很窄，一般约为0.1~1mm，但由于该区在化学成分和组织性能上有较大的不均匀性，对焊接接头的强度、塑性都有很大的不利影响，在许多情况下，它是产生裂纹，局部脆性破坏的发源地。

（2）过热区。此区的峰值温度处在固相线以下到1100℃之间，金属处于过热状态。对于低碳钢和低合金钢来说，此处形成的奥氏体晶粒有严重的长大现象（晶粒度一般为1~2级），冷却以后获得晶粒粗大的所谓过热组织（边界铁素体和侧板条铁素体），故该区又称为粗晶区。在大热输入的电弧焊、气焊和电渣焊的条件下，常常出现魏氏组织（见图2-44）。因此，这个区域的塑性很差，尤其是冲击韧度，通常要降低20%~30%。与熔合区一样，此区也是焊接接头的薄弱环节，容易诱发裂纹和脆断。

图2-44　低碳钢过热区中的魏氏组织

（3）相变重结晶区。此区的峰值温度范围是1100℃以下，Ac_3以上。处于这个温度范围的低碳钢和低合金钢，其原始组织铁素体和珠光体都会转变成奥氏体。在随后的冷却过程中，奥氏体又会转变成细小均匀的铁素体和珠光体，相当于进行了一次正火热处理，故此区又称为正火区或细晶区。不言而喻，由于该区晶粒细小均匀，故力学性能优良，甚至可超过母材。

（4）不完全重结晶区。此区的温度处于 Ac_1 与 Ac_3 之间。在这个温度范围，原始珠光体已经转变成为奥氏体，而铁素体只有部分溶入奥氏体，所处的温度越高，溶入奥氏体的铁素体越多。在冷却过程中，从奥氏体中首先析出细小的铁素体，使未曾溶入奥氏体的铁素体长大，成为较粗大的铁素体组织。冷至 Ar_3 温度，剩余的奥氏体便发生共析反应，转变成细小均匀的珠光体。由此可见，在这个温度范围，只有部分组织发生了重结晶，得到的组织粗细不均匀。因此力学性能也不均匀。

应该指出，以上 4 个小区是指低碳钢和某些淬硬倾向不大的低合金钢热影响区的主要区段。因为热影响区内距离焊缝不同各点的峰值温度是连续变化的，所以这 4 个小区的组织也是连续变化的，在显微镜下观察并无明显界限。

还应指出，如果母材焊前经历过冷加工变形，焊接时在离焊缝较远，峰值温度达到 500℃～Ac_1 的区域，将发生再结晶，其金相组织也有明显变化。

更应强调指出的是，对于淬硬倾向较大的钢种，包括中碳钢、低合金高强钢等，如果焊前是正火或退火状态，焊接时，凡是峰值温度超过 Ac_3 的区域都会出现淬火组织（马氏体），因此这个区域称为完全淬火区；峰值温度处于 Ac_1 与 Ac_3 之间的区域，因为只有部分组织转变成马氏体，故此称为部分淬火区。

焊接热影响区，尤其是晶粒较粗大的区域，如果出现淬硬组织马氏体，将大大降低焊接接头的塑性，增加裂纹和脆断的倾向，应该引起高度重视。

2.6 液态成形过程中的传热

2.6.1 液态成形中的温度场

铸件在凝固过程中，许多现象都与温度有关。因此，研究凝固过程传热所要解决的主要问题就是在不同时刻铸件和铸型中温度场的变化。

根据铸件温度场随时间的变化，可以预计铸件断面上在凝固过程中各时刻的凝固区域的大小及变化、凝固前沿向中心推进的速率、缩孔和缩松的位置、凝固时间等重要问题，可为正确设计浇注系统、设置冒口和冷铁，或采取其他工艺措施控制凝固过程提供可靠的依据，这对于消除铸造缺陷，改善铸件组织和性能，提高铸件质量是非常重要的。

2.6.1.1 液态成形温度场的数学解析

铸件在铸型中的凝固和冷却过程是十分复杂的，这是因为：它是一个不稳定的传热过程，铸件上各点的温度随时间而下降，而铸型温度在铸件凝固初期却随时间而上升；铸件的形状各种各样，其中大多数为三维传热问题；铸件在凝固过程中不断地释放凝固潜热；铸件断面上有时会同时存在着已完全凝固的固态外壳区、液固态共存的凝固区和液态区，在金属型中凝固时还可能出现中间层，可见铸件和铸型的传热是通过若干个区域进行的；此外，铸件和铸型的热物理参量都不是固定不变的，而是随温度变化而变化的。所有这些因素如果都考虑进去，要建立一个符合实际情况的热传导微分方程式是非常困难的。因此，用数学解析法研究铸件的凝固过程时，必须对过程进行合理的简化。

在液态成形过程中，高温的液态金属一旦进入铸型型腔，就开始了金属液与铸型间的热作用。金属液在型腔中的流动特点对热交换会产生实质性的影响。经计算表明，金属液在型腔中流动时，一般情况下呈紊流状态（雷诺数 $Re \geqslant 2300$），这既有利于金属液充型，又有利于型腔中金属液的温度均匀化。因此，可以认为，在金属液充满型腔的时刻，整个型腔中金属液的温度是均匀一致的。

型腔中高温液态金属的热量会通过型壁向铸型传递，使自身温度逐渐下降，而铸型的温度逐渐上升。到某一时刻，金属液与铸型的接触界面处的温度会降至凝固温度以下，这里的金属液就开始凝固，形成固态壳层。随着时间的推移，凝固壳层越来越厚，直至铸件中心，完成凝固过程，形成铸件。

1. 凝固过程中温度场的微分方程式　在凝固过程中，金属液（铸件）和型腔中的温度分布如图 2-45 所示。由图可见铸件中心温度最高，铸型外壁温度最低。图中 θ_1、θ_2 和 θ_i 分别为金属液（铸件）、铸型及铸件-铸型界面处的温度；a_1、λ_1、$c_1\rho_1$ 和 a_2、λ_2、$c_2\rho_2$ 分别为金属液（铸件）和铸型的热物理参量。

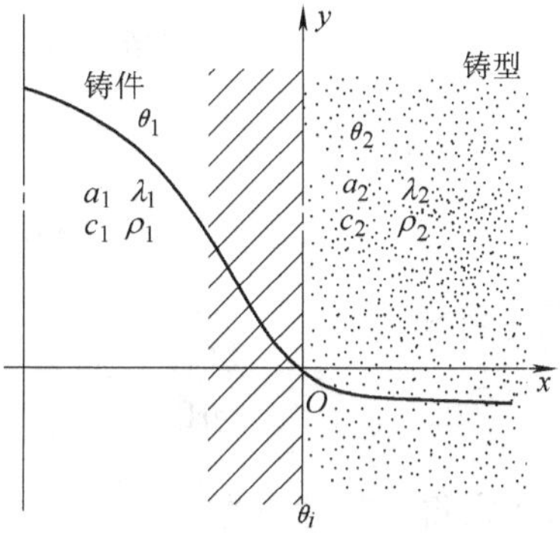

图 2-45　凝固过程中铸件与铸型中的温度分布

和一般传热问题的温度场一样，凝固过程中铸件及铸型中的温度场也是空间和时间的函数，即

$$\theta=f(x, y, z, t)$$

描述这个温度场的微分方程式为

$$\frac{\partial \theta}{\partial t}=\alpha\left(\frac{\partial^2 \theta}{\partial x^2}+\frac{\partial^2 \theta}{\partial y^2}+\frac{\partial^2 \theta}{\partial z^2}\right) \tag{2-46}$$

对于形状复杂的铸件，求解这个微分方程式是很困难的，甚至不可能求得精确的数学解析解。对于某些形状简单的铸件，如大平板、长圆柱体、球体等，由于它们的温度场是一维的，再附加一些假设条件，可能获得近似解。

2. 数学解析法假设条件

1）金属的结晶范围很小，可忽略不计，即视为恒温下结晶。

2）不考虑结晶潜热。

3）铸件和铸型的热物理参数 a_1、λ_1、c_1、ρ_1 和 a_2、λ_2、c_2、ρ_2 等都为常数。

4）铸件与铸型紧密接触，无间隙，传热方式为热传导。

3. 半无限大圆柱体铸件温度场的数学模型　假设一半无限大圆柱体铸件在砂型中凝固，铸件和铸型的材质是均匀的，合金液瞬间充满铸型并停止流动。设铸件和铸型的初始温度分别为 θ_{10} 和 θ_{20}，将坐标原点选在铸件-铸型的分界面上，y 轴和 z 轴在分界面内，x 轴的正向指向铸型，如图 2-45 所示。这样，铸件和铸型中的热传导只沿 x 方向进行，而与 y 方向和 z 方向无关，即

$$\frac{\partial^2\theta}{\partial y^2}=0;\ \frac{\partial^2\theta}{\partial z^2}=0$$

则热传导微分方程式为

$$\frac{\partial\theta}{\partial t}=a\frac{\partial^2\theta}{\partial x^2} \tag{2-47}$$

式（2-47）的通解为

$$\theta=C+D\mathrm{erf}\left(\frac{x}{2\sqrt{at}}\right) \tag{2-48}$$

式中

$$\mathrm{erf}\left(\frac{x}{2\sqrt{at}}\right)$$

为高斯误差函数

$$\mathrm{erf}\left(\frac{x}{2\sqrt{at}}\right)=\frac{2}{\sqrt{\pi}}\int_0^{x/2\sqrt{at}}e^{-\beta^2}\mathrm{d}\beta$$

其值可查表求得，其性质为

$$\text{当 } x=0 \text{ 时，} \mathrm{erf}(x/2\sqrt{at})=0$$

$$\text{当 } x=\infty \text{ 时，} \mathrm{erf}(x/2\sqrt{at})=1$$

$$\text{当 } x=-\infty \text{ 时，} \mathrm{erf}(x/2\sqrt{at})=-1$$

可见 $\mathrm{erf}(x/2\sqrt{at})$ 的值在 $-1\sim1$ 之间。

对于铸件，其通解为

$$\theta_1=C_1+D_1\mathrm{erf}\left(\frac{x}{2\sqrt{at}}\right) \tag{2-49}$$

根据边界条件　$x=0$，$t>0$，$\theta_1=\theta_2=\theta_i$，得 $C_1=\theta_i$；

根据初始条件　$t=0$，$\theta_1=\theta_{10}$，$x=-\infty$，则

$$\theta_{10}=\theta_i+D_1\mathrm{erf}(-\infty/2\sqrt{a_1t})$$

得

$$D_1=\theta_i-\theta_{10}$$

将 C_1、D_1 之值代入式（2-49）得

$$\theta_1=\theta_i+（\theta_i-\theta_{10}）\mathrm{erf}\left(\frac{x}{2\sqrt{a_1 t}}\right) \tag{2-50}$$

同理，对于铸型，其通解为

$$\theta_2=C_2+D_2\mathrm{erf}\left(\frac{x}{2\sqrt{a_2 t}}\right) \tag{2-51}$$

根据边界条件　$x=0$，$t>0$，$\theta_2=\theta_1=\theta_i$，得 $C_2=\theta_i$；

根据初始条件　$t=0$，$\theta_2=\theta_{20}$，$x=\infty$，则

$$\theta_{20}=\theta_i+D_2\mathrm{erf}（\infty/2\sqrt{a_2 t}）$$

得

$$D_2=\theta_{20}-\theta_i$$

将 C_2、D_2 之值代入式（2-51）得

$$\theta_2=\theta_i+（\theta_{20}-\theta_i）\mathrm{erf}\left(\frac{x}{2\sqrt{a_2 t}}\right) \tag{2-52}$$

以上各式中的 θ_i 为铸件-铸型的界面温度。根据热流的连续性可知，铸件通过界面传出的热流量应等于铸型吸收的热流量，于是，根据傅里叶定律，则有

$$\lambda_1\left(\frac{\partial\theta_1}{\partial x}\right)_{x=0}=\lambda_2\left(\frac{\partial\theta_2}{\partial x}\right)_{x=0} \tag{2-53}$$

分别对式（2-50）和式（2-52）求其在 $x=0$ 处的导数，得

$$\left(\frac{\partial\theta_1}{\partial x}\right)_{x=0}=\frac{\theta_i-\theta_{10}}{\sqrt{\pi a_1 t}}；\quad \left(\frac{\partial\theta_2}{\partial x}\right)_{x=0}=\frac{\theta_{20}-\theta_i}{\sqrt{\pi a_2 t}}；$$

将以上二式分别代入式（2-53），得

$$\lambda_1\frac{\theta_i-\theta_{10}}{\sqrt{\pi a_1 t}}=\lambda_2\frac{\theta_{20}-\theta_i}{\sqrt{\pi a_2 t}}$$

则

$$\theta_i=\frac{b_1\theta_{10}+b_2\theta_{20}}{b_1+b_2} \tag{2-54}$$

式中，$b_1=\sqrt{\lambda_1 c_1\rho_1}$ 为铸件的蓄热系数；$b_2=\sqrt{\lambda_2 c_2\rho_2}$ 为铸型的蓄热系数。

将式（2-54）代入式（2-50）和式（2-52），得铸件和铸型的温度场的数学表达式分别为

$$\theta_1=\frac{b_1\theta_{10}+b_2\theta_{20}}{b_1+b_2}+\frac{b_2\theta_{20}+b_2\theta_{10}}{b_1+b_2}\mathrm{erf}\left(\frac{x}{2\sqrt{a_1 t}}\right) \tag{2-55}$$

$$\theta_2=\frac{b_1\theta_{10}+b_2\theta_{20}}{b_1+b_2}-\frac{b_1\theta_{10}+b_1\theta_{20}}{b_1+b_2}\mathrm{erf}\left(\frac{x}{2\sqrt{a_2 t}}\right) \tag{2-56}$$

2.6.1.2　用测温法测定铸件中的温度场

（1）温度场的测定。用测温法测定温度场是通过在铸件中安放热电偶来实

现的，其主要技术是热电偶安放位置的选择和数据的处理。

以无限长圆柱体铸件为例，沿半径方向等间隔地放置一排热电偶，如图 2-46a 所示。其中 1 点为铸件边缘，6 点为铸件中心。图 b 为通过仪器直接记录的各点的冷却曲线，即 T-t 曲线。图 c 为根据 T-t 图作出的铸件横截面内的温度场，由此图可以确定铸件内任意位置在任意时刻的温度。

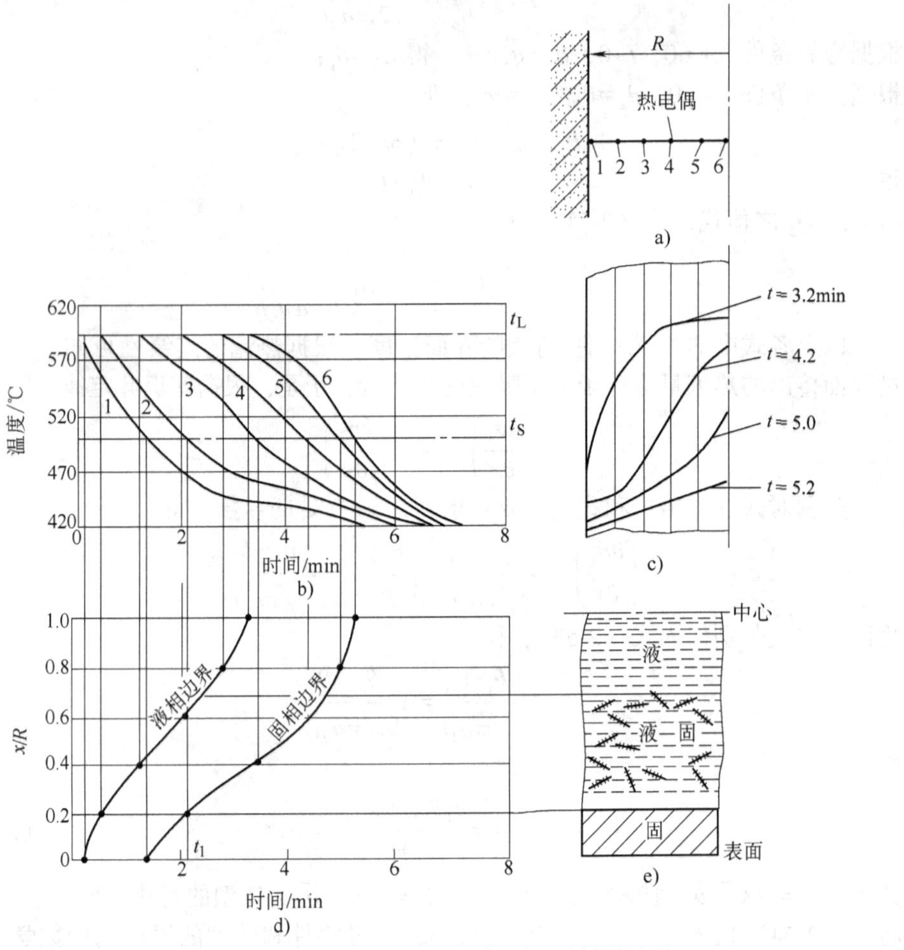

图 2-46　无限长圆棒试样温度场测量及结果处理

a）热电偶的位置　b）各点冷却曲线

c）铸件断面温度场　d）动态凝固曲线　e）断面凝固结构

（2）凝固动态曲线。将图 2-46b 中液相线温度线和固相线温度线与各条 T-t 曲线的交点标注在 x/R-t 坐标系中，再用光滑曲线分别将各液相线交点和各固相线交点连起来，即得液相边界曲线和固相边界曲线，二者构成凝固动态曲线，如图 2-46d 所示。图中 x 为凝固前沿到型腔边缘的距离，R 为圆柱体的半径。当 $x/$

$R=1$ 时，表示凝固前沿已到达中心，铸件完全凝固。图 e 是根据凝固曲线绘制的圆柱体铸件横断面在 t_1 时刻的凝固结构图。由图中可见，此时从型腔边缘到 $0.2R$ 间为固相区；$0.2R$ 至 $0.6R$ 间为液固共存的凝固区；$0.6R$ 至 $1.0R$ 间为液相区。图中的凝固区越宽，说明该铸件的凝固温度范围也越宽。

应该指出，上述的数学解析法只适宜处理形状简单规则的铸件，同时还有许多假设条件，所求得的温度场数学模型往往与实际情况有较大的差距；实测法测试铸件的温度场虽然直观，可靠性好，但很不方便，有些部位还无法放置热电偶。因此，对于复杂形状的铸件，上述两种方法都无法处理，只有采用数值模拟法可以解决这个问题。数值模拟法将在后续课程中介绍。

2.6.2 铸件凝固时间的计算

铸件的凝固时间是指从液态金属充满铸型的时刻至凝固完毕所需要的时间。单位时间内凝固层的增长厚度称为凝固速度。凝固时间是制定液态成形工艺的重要参数。

1. 理论计算法　以无限大平板铸件为例。已知铸型的温度场表达式为

$$\theta_2=\theta_i+(\theta_{20}-\theta_i)\ \mathrm{erf}\left(\frac{x}{2\sqrt{a_2 t}}\right) \tag{2-57}$$

求其在 $x=0$ 处的导数，得

$$\left(\frac{\partial\theta_2}{\partial x}\right)_{x=0}=(\theta_{20}-\theta_i)\ \frac{1}{\sqrt{\pi a_2 t}}$$

根据傅里叶定律，在 $x=0$ 处，传入铸型的比热流为

$$q_2=-\lambda_2\left(\frac{\partial\theta_2}{\partial x}\right)_{x=0}=\frac{\lambda_2\ (\theta_i-\theta_{20})}{\sqrt{\pi a_2 t}}=\frac{b_2\ (\theta_i-\theta_{20})}{\sqrt{\pi t}}$$

则单位面积铸型在 $0\sim t$ 时间内吸收的热量为

$$Q'_2=\int_0^t\frac{b_2(\theta_i-\theta_{20})}{\sqrt{\pi t}}\mathrm{d}t=\frac{2b_2(\theta_i-\theta_{20})}{\sqrt{\pi}}\sqrt{t}$$

铸型经表面积 A 在时间 t 内吸收的热量为

$$Q_2=Q'_2A=\frac{2Ab_2\ (\theta_i-\theta_{20})}{\sqrt{\pi}}\sqrt{t} \tag{2-58}$$

在同一时间内，铸件放出的热量（包括结晶潜热）为

$$Q_1=V_1\rho_1\ [H+c_1\ (\theta_{10}-\theta_s)\ ]$$

式中，V_1 为铸件的容积（cm^3）；H 为铸件材料的结晶潜热（$J\cdot g^{-1}$）；θ_{10}为浇注温度（℃）；θ_s 为铸件的固相线温度（℃）。

如果铸件的表面积为 A，显然有 $Q_1=Q_2$，则铸件的凝固时间

$$\sqrt{t}=\frac{\sqrt{\pi}V_1\rho_1}{2Ab_2}\left[\frac{H+c_1\ (\theta_{10}-\theta_s)}{\theta_i-\theta_{20}}\right] \tag{2-59}$$

如前所述，在计算凝固成形温度场时，为了便于数学处理，作了许多假设。因此，按照式（2-59）计算出来的凝固时间 t 只是近似的，可供参考。在实际工程中这种计算方法应用较少，而应用较多的是经验计算法。

2. 经验计算法——平方根定律　已知单位面积铸型在时间 t 内从铸件吸收的热量为

$$Q'_2=\frac{2b_2\ (\theta_i-\theta_{20})}{\sqrt{\pi}}\sqrt{t}$$

设在同一时间内半无限大平板铸件的凝固厚度为 ξ，则该铸件通过单位面积传出的热量为

$$Q'_1=\xi\rho_1\ [H+c_1\ (\theta_{10}-\theta_s)\ ]$$

因为 $Q'_1=Q'_2$，则

$$\xi=\frac{2b_2}{\sqrt{\pi}\rho_1}\frac{\theta_i-\theta_{20}}{[H+c_1\ (\theta_{10}-\theta_s)\ ]}\sqrt{t}$$

令

$$k=\frac{2b_2}{\sqrt{\pi}\rho_1}\frac{\theta_i-\theta_{20}}{[H+c_1\ (\theta_{10}-\theta_s)\ ]}$$

则

$$t=\frac{\xi^2}{k^2} \tag{2-60}$$

式（2-60）就是著名的“平方根定律”的数学表达式。它表明铸件的凝固时间与凝固厚度的平方成正比。式中 k 为凝固系数，可由实验确定。表 2-9 列出了几种合金的凝固系数。

平方根定律比较适合大平板铸件和结晶间隔小的合金铸件，其计算结果与实际很接近。这说明平方根定律虽然有其局限性，但它揭示了凝固过程的基本规律，它是计算铸件凝固时间的基本公式，其他计算方法都是在它的基础上发展起来的。

3. 折算厚度法则　设铸件的体积为 V_1，表面积为 A_1，其凝固时间为

$$\sqrt{t}=\frac{V_1\rho_1\sqrt{\pi}}{2A_1b_2}\left[\frac{H+c_1\ (\theta_{10}-\theta_s)}{\theta_i-\theta_{20}}\right]$$

引入凝固系数 k，并令 $R=V_1/A_1$，则有

$$t=\frac{R^2}{k^2} \tag{2-61}$$

式中，“R”称为折算厚度或铸件模数。式（2-61）即为计算铸件凝固时间的“折算厚度法则”，它也可以直接由平方根定律导出。由于折算厚度法则考虑了铸件的形状这个主要因素，所以它更接近实际，是对平方根定律的修正和发展。

表 2-9　几种合金的凝固系数

材质	铸型	k/cm · $min^{-1/2}$
灰铸铁	砂型	0.72
	金属型	2.2
可锻铸铁	砂型	1.1
	金属型	2.0
铸钢	砂型	1.3
	金属型	2.6
黄铜	砂型	1.8
	金属型	3.6
铸铝	砂型	—
	金属型	3.1

2.6.3　在几种典型铸型条件下的温度分布特点

1. 铸件在绝热铸型中凝固　由于砂型、石膏型、陶瓷型、熔模铸造等铸造方法所用铸型材料的热导率都远小于金属的热导率，可把它们归为绝热铸型。在绝热铸型条件下的凝固传热中，金属铸件的温度梯度很小，而铸型中的温度梯度要大得多，相对而言，金属铸件中的温度梯度可忽略不计。在这种情况下，铸件和铸型的温度分布如图 2-47 所示。可以认为，在整个传热过程中，铸件断面的温度分布是均匀的，铸型的内表面温度接近于铸件的温度。如果铸型足够厚，由于铸型的导热性很差，铸型的外表面温度仍然保持其初始温度 θ_{20}。所以，绝热铸型本身的热物理性质是决定整个系统传热过程的主要因素。

2. 铸件在金属-铸型界面热阻为主的金属型中凝固　较薄的铸件在内壁工作表面涂有涂料的金属型中凝固时，就属于这种情况。因为金属-铸型界面处的热阻较铸件和铸型的热阻大得多，铸件和铸型中的温度梯度可忽略不计，即认为铸件和铸型中的温度分布是均匀的，传热过程只取决于涂料层的热物理性质。若金属的浇注温度不过热，则界面处铸件的温度等于凝固温度，而铸型的温度仍保持为 θ_{20}，如图 2-48 所示。

3. 厚壁金属型中的凝固　当金属型的涂料层很薄时，厚壁金属型中的凝固金属和铸型的热阻都不可忽略，这时可认为两者中都存在着明显的温度梯度。由于金属-铸型界面的热阻相对很小，可忽略不计，此时可认为铸型的内表面和铸件表面的温度相同，整个系统的传热过程则取决于铸件和铸型的热物理性质，其温度分布如图 2-49 所示。

4. 水冷薄壁金属型中的凝固　在水冷薄壁金属型中，铸型的温度是通过控制冷却水的温度和流量来保持衡定的，在不考虑金属-铸型界面热阻的情况下，凝固金属表面的温度等于铸型的温度。在这种情况下，凝固传热的主要热阻是凝固金属的热阻，铸件中有较大温度梯度，其温度分布如图 2-50 所示。

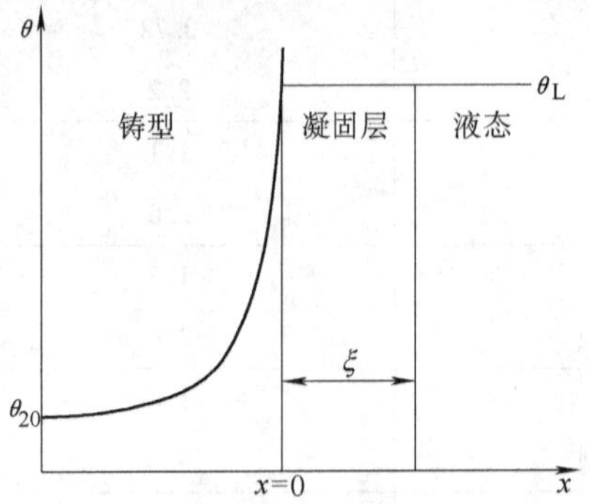

图 2-47　绝热铸型中凝固时的温度分布
θ_L—金属液相线温度　θ_{20}—铸型初始温度　ξ—凝固层厚度

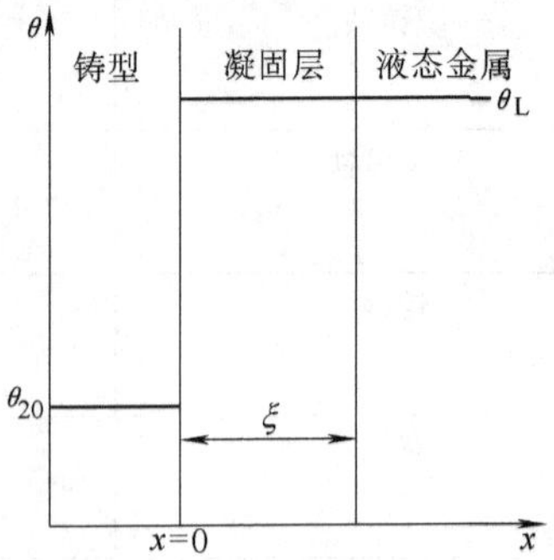

图 2-48　以界面热阻为主的铸型的温度分布
θ_L—金属液相线温度　θ_{20}—铸型初始温度　ξ—凝固层厚度

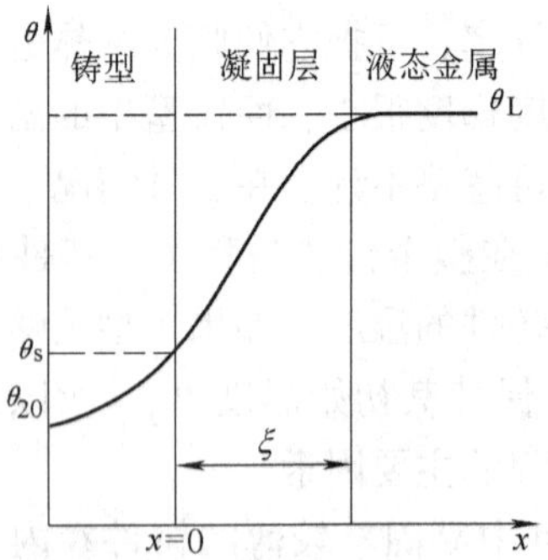

图 2-49　厚壁金属型中凝固的温度分布
θ_L—金属液相线温度　θ_{20}—铸型初始温度　ξ—凝固层厚度　θ_s—固相线温度

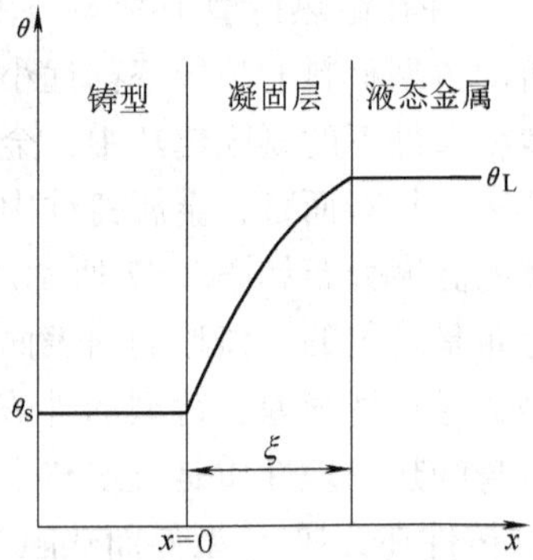

图 2-50　水冷薄壁金属型中凝固的温度分布
θ_L—金属液相线温度　ξ—凝固层厚度　θ_s—铸件固相线温度

图 2-51 为用解析法求得的铸件和铸型在浇注后不同时刻的温度场，所用的物理参量见表 2-10。

表 2-10　铸铁和铸型的热物理参量

材料	热导率 λ/W·(m·℃)$^{-1}$	比热容 c/J·(kg·℃)$^{-1}$	密度 ρ/kg·m^{-3}	热扩散率 a/m^2·s^{-1}
铸铁	46.5	753.6	7000	8.8×10^{-6}
砂型	0.314	963.0	1350	2.4×10^{-7}
金属型	61.64	544.3	7100	1.58×10^{-5}

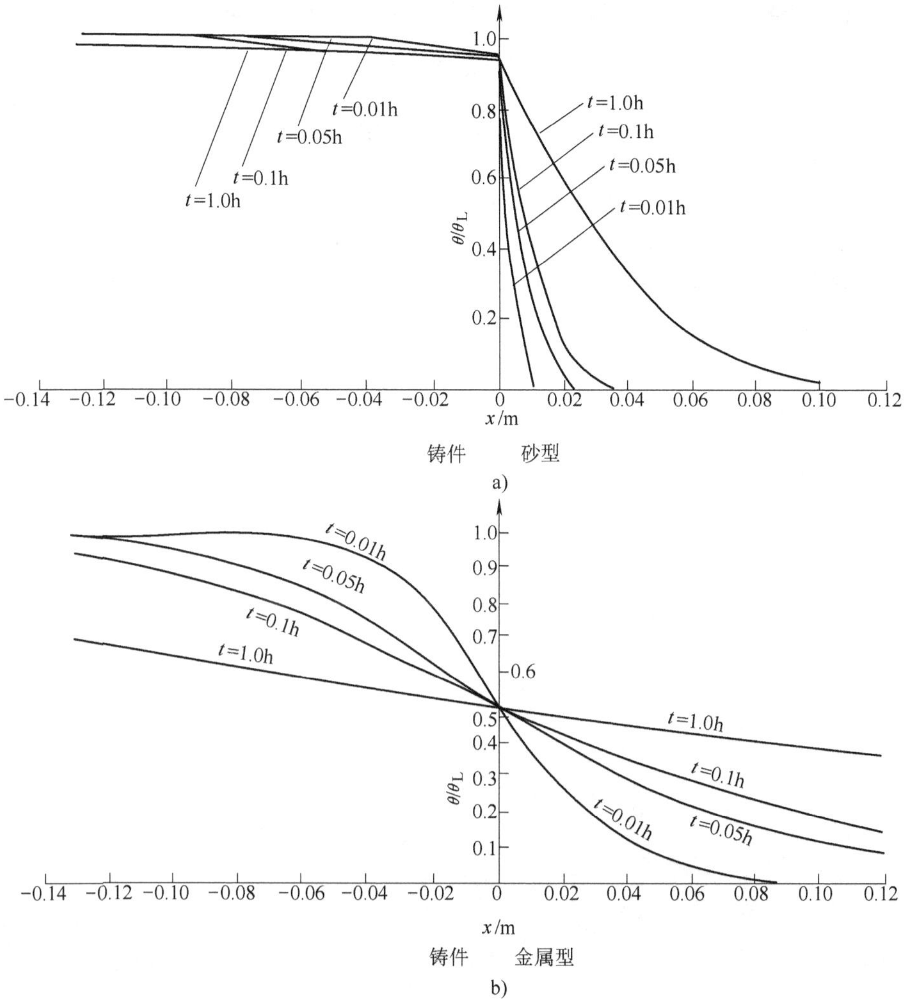

图 2-51　铸铁在砂型和金属型中的凝固温度场

a）砂型　b）金属型

θ/θ_L—金属实际温度与其液相线温度的比值

思考与练习

1. 与热处理相比，焊接热过程有哪些特点？
2. 影响焊接温度场的因素有哪些？试举例分别加以说明。
3. 焊接热循环的主要参数有哪些？它们对焊接质量有何影响？
4. $t_{8/5}$、$t_{8/3}$和 t_{100}的含义是什么？试述 $t_{8/5}$和 $t_{8/3}$的计算方法和图解法。
5. 影响焊接热循环的因素有哪些？试分别予以说明。
6. 低碳钢的焊接热影响区可分为哪几个区段？各自的组织和性能如何？

7. 从铸件凝固时间的计算公式简要分析影响铸件凝固时间的因素。

参 考 文 献

1 陈金德等．材料成形工程．西安：西安交通大学出版社，2000
2 周振丰，张文钺．焊接冶金与金属焊接性．北京：机械工业出版社，1992
3 陈伯蠡．金属焊接性基础．北京：机械工业出版社，1982
4 张文钺．焊接传热学．北京：机械工业出版社，1987
5 陈平昌，朱六妹，李赞等．材料成形原理．北京：机械工业出版社，2001

第 3 章　金属的凝固

凝固是液态金属转变成固态金属的过程。金属凝固成形所涉及的范围非常广泛，从上百吨的普通铸锭、连续铸锭、电渣熔铸到通常的各种异型铸件；从区熔提纯、自生复合材料及单晶的制取到超高速冷却金属玻璃的获得等，所有这些工艺过程无不伴随着凝固现象。因此，金属凝固的理论与实践已成为冶金材料学科共同关心的课题。

凝固过程是材料成形过程中的一个相当重要的步骤。除少数能制成粉状而应用的金属外，几乎所有金属在某一个阶段都要经历液固转变。在许多情况下，晶粒组织、成分及相分布等特征，都是在凝固过程中形成的。而这些特征，对金属的性能及随后的处理均有重大影响。本章主要介绍金属从液态到固态转变过程中的基本规律和内在联系，以及从液态到固态转变过程中影响金属的性能和质量的一些基本因数。

3.1　液态金属的结构和性质

在液态金属冷却时会产生体积的变化、固相的析出、固相生长过程中溶质的再分配、气体和非金属夹杂物的析出等。这些变化都与液态金属的结构和性质密切相关。因此，研究和了解液态金属的结构和性质，是分析和控制金属凝固过程的基础。但要完全了解液态金属的结构和性质，还必须从固态金属的加热与熔化开始。

用原子理论并结合经典液体统计力学的各种理论来研究液态金属，在一定范围和程度上能定量地描述液态金属的结构和性质。

3.1.1　固体金属的加热与熔化

1. 固体金属原子的热运动　金属原子的结合主要靠金属键，即带正电荷的离子（原子核及内层电子）与在正离子之间迅速运动着的公有电子（电子云）之间的库仑引力。由于同时存在着正离子之间和电子之间的库仑斥力，因而原子间存在着一定的作用力之间和能量之间的平衡关系，如图 3-1 所示。在一定的温度下，当 A、B 两个原子间的距离为 R_0 时，原子间的引力和斥力相等，势能 W

最低，处于平衡状态。当原子向左或向右运动时都会受到一个指向平衡位置的力的作用，于是原子在平衡位置附近做简谐振动，维持晶体的固定结构。显然，在一定温度下，原子在平衡位置时，能量最低，而两边能量较高，这称之为势垒。势垒的最大值为 Q，称之为激活能（也称结合能或键能）。势垒之间为势阱。当温度升高时，原子振动能量增加，振动频率和振幅增大。以双原子模型为例，假设左边的原子被固定不动而右边的原子是自由的，则随着温度的升高，能量从 $W_0 \to W_1 \to W_2 \to W_3 \to W_4$ 时，其间距（振幅中心位置）将由 $R_0 \to R_1 \to R_2 \to R_3 \to R_4$。原子间距离将随着温度的升高而增加，即产生热膨胀，如图 3-2 所示。原子受热时，若其获得的动能大于激活能 Q 时，就能越过原来的势垒进入另一个势阱。这样，原子就处于新的平衡位置，即从一个晶格常数变为另一个晶格常数。晶体比原先尺寸增大，即晶体受热而膨胀。

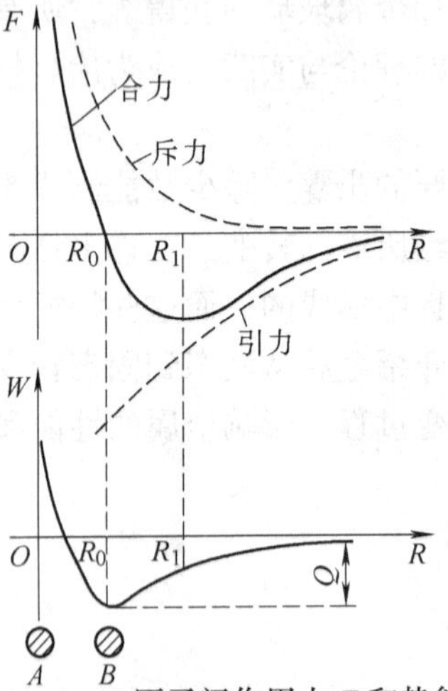

图 3-1　A、B 原子间作用力 F 和势能 W 与原子间距 R 的关系

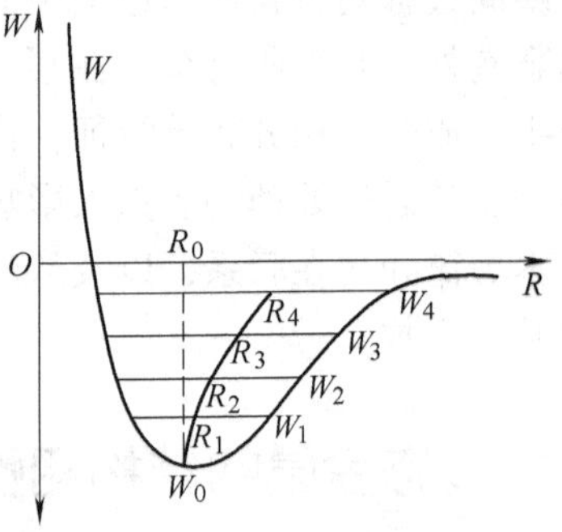

图 3-2　加热时原子间距和原子势能的变化

原子热运动的能量就是每时每刻它所具有的动能与势能的代数和。

由于每个原子在三维方向都有相邻的原子，彼此的振动方向杂乱无章，经常相互碰撞，相互传递能量，因此不仅每个原子的能量在经常变化，而且各原子的热运动能量不是均等的，而是相差悬殊的。在碰撞时，有的原子把一部分能量传递给别的原子，自己的能量降低了；有的原子得到能量后，能量增大了，造成各个原子在每时每刻具有的能量都不一样。结果有一些原子的能量大于或大大超过原子的平均能量，而有的原子的能量则小于或远远小于平均能量。这种能量的不均匀性称为能量起伏。

2. 金属的熔化　实验证明，金属的熔化是从晶界开始的。由于晶界上原子排列的相对不规则性，许多原子偏离平衡位置，具有较高的势能。把金属加热到熔点附近时，首先，在晶界处的原子跨越势垒而处于激活状态，以致能脱离晶粒的表面，向邻近的晶粒跳跃，导致原有晶粒失去固定的形状与尺寸。晶粒间可出现相对流动，称为晶界粘性流动。此时，金属处于熔化状态。金属进一步加热，其温度不会进一步升高，而是晶粒表面原子跳跃更频繁，晶粒被进一步瓦解为小的原子集团和游离原子，形成时而集中，时而分散的原子集团、游离原子和空穴。此时，金属从固态转变为液态。在这个过程中，金属的体积膨胀约3%～5%。而且，金属的其他性质，如电阻、粘性也会发生突变。在熔点温度的固态变为同温度的液态时，金属要吸收大量的热量，称为熔化潜热。

固态金属的加热熔化完全符合热力学条件。外界所供给的热量，除因原子间距增大体积膨胀而做功外，还增加体系的内能。在恒压下下式成立

$$E_q = \mathrm{d}U + p\mathrm{d}V = \Delta H \tag{3-1}$$

式中，E_q 为外界提供的热能；$\mathrm{d}U$ 为内能的变化；$p\mathrm{d}V$ 为膨胀功；ΔH 为热焓的变化，即熔化潜热。

在等温等压下由式（3-1）得熔化熵值的增量为

$$\mathrm{d}S = \frac{E_q}{T} = \frac{1}{T}(\mathrm{d}U + p\mathrm{d}V) \tag{3-2}$$

式中 T 为热力学温度，系统熵值增加表示原子排列发生紊乱。因此，熔化就是金属以规则的原子排列突变为紊乱的非晶结构的过程。

3.1.2　液态金属的结构

研究金属的液态结构，一般采用两种方法，一种是间接方法，就是通过固态→液态、固态→气态转变后一些物理性质的变化来判断液态的原子结合状况；另一种是较为直接的方法，即通过液态金属的X射线或中子线的结构分析来研究液态的原子情况。

1. 液态金属的热物理性质

（1）体积和熵值的变化。固态→气态时，其体积无限膨胀；固态→液态时，其体积仅增加3%～5%，即原子平均间距仅增加1%～1.5%。一些金属的熵值变化见表3-1。

熵值变化是系统结构紊乱性变化的量度。金属由固态变为液态熵值增加不大，说明原子固态时的规则排列在熔化后紊乱程度不大。由表3-1可见，金属由熔点温度的固态变为同温度的液态比其从室温加热至熔点的熵变要小。

表3-1　某些金属的熵值变化

金属名称	从25℃到熔点熵值的变化 $\Delta S/\mathrm{J\cdot K^{-1}}$	熔化时熵值变化 $\Delta S_m/\mathrm{J\cdot K^{-1}}$	$\Delta S_m/\Delta S$
Zn	5.45	2.55	0.47
Al	7.51	2.75	0.37
Mg	7.54	2.32	0.31
Cu	9.79	2.30	0.24
Fe	15.50	2.00	0.13

(2) 熔化潜热与汽化潜热。表 3-2 为一些金属的熔化潜热与汽化潜热。如果假定汽化潜热（固态→气态）是使原子间的结合键全部破坏所需的能量，则熔化潜热只有汽化潜热的 3%~7%，即固态→液态时，原子的结合键只破坏了百分之几。

表 3-2 几种金属的熔化潜热与汽化潜热的比较

金属	晶体结构	熔点/℃	熔化潜热 ΔH_m /kJ·mol^{-1}	沸点/℃	汽化潜热 ΔH_b /kJ·mol^{-1}	ΔH_m/ΔH_b (%)	熔化体积变化 (%)
Al	f. c. c	660. 2	10. 676	2450	284. 534	3. 75	6. 6
Au	f. c. c	1063	12. 686	2966	342. 522	3. 70	5. 19
Cu	f. c. c	1083	13. 021	2595	305. 636	4. 26	4. 2
Fe	f. c. c/b. c. c	1535	16. 161	3070	354. 287	4. 57	0. 4~4. 4
Zn	h. c. p	419. 5	6. 698	906	116. 727	5. 75	6. 9
Mg	h. c. p	651	9. 043	1103	131. 758	6. 90	4. 2

从以上两个表中几个热物理参数的变化情况，可间接地说明液态金属的结构接近固态金属而远离气态金属。

2. X 射线结构分析　将 X 射线衍射运用到液态金属的结构分析上，同研究固态金属的结构一样，可以找出液态金属的原子间距和配位数，从而确定液态金属同固态金属在结构上的差异。

图 3-3 是根据衍射资料绘制的 [$4\pi r^2\rho dr$] 与 r 的关系图，表示某一个选定的原子周围的原子密度分布状态。r 为以选定原子为中心的一系列球体的半径；$4\pi r^2\rho dr$ 表示围绕所选定原子的半径为 r，厚度为 dr 的一层球壳中的原子数；ρ 为球面上的原子密度。直线和曲线分别表示固态铝和 700℃的液态铝中原子的分布规律。固态铝中的原子位置是固定的，在平衡位置作热振动，故球壳中的原子数显示出是某一固定值，呈现一条条的直线。每一条直线都有明确的位置和峰值（原子数），如图中直线 3 所示。若 700℃液体铝是理想的均匀的非晶质液体，则其原子分布为抛物线，如曲线 2 所示。而图中曲线 1 为实际的 700℃液体铝的原子分布情况。曲线 1 为一条由窄变宽的条带，是连续非间断的。但条带的第一峰值和第二个峰值接近固态的峰值，此后就接近于理想液体的原子平均密度分布曲线 2 了。这说明原子已

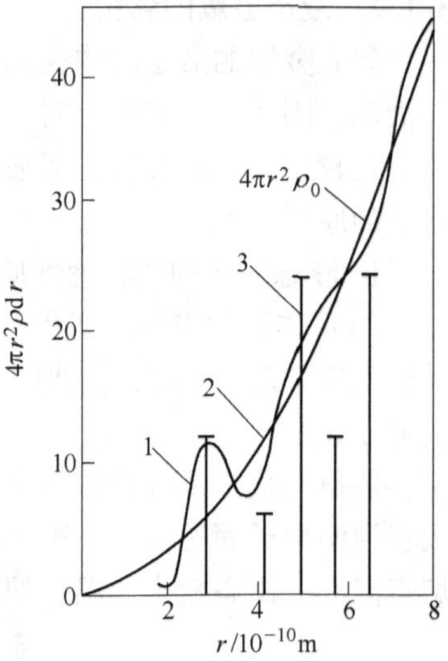

图 3-3　700℃时液态 Al 中原子分布曲线

1—实际 700℃液体铝

2—理想 700℃液体铝

3—700℃固态铝

无固定的位置，是瞬息万变的。液态铝中的原子的排列在几个原子间距的小范围内，与其固态铝原子的排列方式基本一致，而远离的原子就完全不同于固态了。这种结构称为“微晶”。液态铝的这种结构称为“近程有序”而“远程无序”的结构；而固态的原子结构为远程有序的结构。

表3-3为一些固态和液态金属原子的结构参数。固态金属铝和液态铝的原子配位数分别为12和10~11，而原子间距分别为0.286nm和0.298nm。气态铝的配位数可认为是零，原子间距为无穷大。

X线衍射所得到的有关参数有力地证明：在熔点和过热度不大时的液态金属的结构接近固态金属而远离气态金属。

3. 液态金属的结构　由上可见，金属熔化后以及在熔点以上不高的温度范围内，液体状态的结构有以下特点：

1）原子的排列在较小距离内仍具有一定规律性，即原子间仍保持较强的结合能，且其平均原子间距增加不大。

2）在熔化时，晶体的结构已受到部分破坏，故其排列的规律性仅保持在较小的范围内，这个范围是由十几个到几百个原子组成的集团。因此，固体是由晶粒组成，液体则是由许多原子集团所组成，在原子集团内保持固体的排列特征，而原子集团之间的结合则受到很大破坏。这种仅在原子集团内的有序排列称为“近程有序排列”。

表3-3　X射线衍射所得液态和固态金属的结构参数

金属	液态			固态	
	温度/℃	原子间距/nm	配位数	原子间距/nm	配位数
Li	400	0.324	10①	0.303	8
Na	100	0.383	8	0.372	8
Al	700	0.298	10~11	0.286	12
K	70	0.464	8	0.450	8
Zn	460	0.294	11	0.265、0.294	6+6②
Cd	350	0.306	8	0.297、0.330	6+6②
Sn	280	0.320	11	0.302、0.315	4+2②
Au	1100	0.286	11	0.288	12
Bi	340	0.332	7~8③	0.309、0.346	3+3②

① 其配位数虽增大，但密度仍减小。

② 这些原子的第一、二层近邻原子非常相近，两层原子都算作配位数，但以“+”号表示区别，在液态金属中两层合一。

③ 固态结构较松散，熔化后密度增大。

3）由于液态中原子热运动的能量较大，其能量起伏也大，每个原子集团内具有较大动能的原子则能克服临近原子的束缚（原子间结合所造成的势垒），除了在集团内产生很强的热运动（产生空位及扩散等）外，还能成簇地脱离原有集团而加入到别的原子集团中，或组成新的原子集团。因此，所有原子集团都处于瞬息万变状态，时而长大，时而变小，时而产生，时而消失，此起彼落，似乎在不停地游动。

4）原子集团之间距离较大，比较松散，犹如存在“空穴”。既然原子集团是在“游动”，同样“空穴”也在不停地“游动”。此处的原子集团和空穴在消失的同时，在另一地区又形成新的原子集团和新的空穴。空穴的存在使液体中公有电子的运动产生变化。在原子集团内，原子间的结合靠金属键，一些自由电子归此原子集团中所有原子所公有，故仍具有金属导电的特征。在原子集团之间，自由电子难以自己飞越空穴，只能伴随着集团间原子的交换而跟着一同运动，从某种意义上说，空穴间的导电具有离子导电的特征。所以大部分金属在熔化时，电阻率能突然增加约1~2倍（半导体金属则减少）。

5）原子集团的平均尺寸、“游动”速度都与温度有关。温度越高，则原子集团的平均尺寸越小，“游动”速度越快。由于能量起伏，各原子集团的尺寸也是不同的。

综上所述，纯金属的液态结构是由原子集团、游离原子、空穴或裂纹组成的。原子集团由数量不等的原子组成，其大小为10^{-10}m数量级，在此范围内仍具有一定的规律性，称为“近程有序”。原子集团间的空穴或裂纹内分布着排列无规则的游离原子。这样的结构不是静止的，而是处于瞬息万变的状态，即原子集团、空穴或裂纹的大小、形态及分布以及热运动的状态都处于无时无刻不在变化的状态。液态中存在着很大的能量起伏。

4. 实际金属的液态结构　以上是理想纯金属的液态结构。在实际金属中，即使是非常纯的金属也存在着大量杂质原子。例如，纯度为99.999999%的纯铁，其杂质原子含量为10^{-8}数量级，每摩尔体积（$7.1cm^3$）中总的原子数为6.023×10^{23}，则每$1cm^3$铁液中所含杂质原子数约相当于10^{15}个数量级。这些杂质原子往往不只是一种，而是多种多样的，它们在液体中不会很均匀地分布。它们的存在方式也不同，有的以溶质方式，有的与其他原子形成化合物（液态、固态或气态的夹杂物）。

下面先就一个最简单的模型作一分析：假定液体A原子中只存在一种杂质B原子。

由于同种元素及不同元素之间的原子间结合力是不同的，结合力较强的原子容易聚集在一起，把别的原子排挤到别处。因此，在游动集团中有的B种原子多，有的B种原子少，即游动集团之间存在着成分不均匀性，称为“浓度起伏”。因此，实际金属和合金的液体结构中存在着两种起伏：一种是能量起伏，表现为各个原子间能量的不同和各个原子集团间尺寸的不同；另一种是浓度起伏，表现为各个原子集团之间成分的不同。

如果 A-B 原子间的结合力较强，则足以在液体中形成新的化学键，在热运动的作用下，出现时而化合，时而分解的分子，也可称为临时的不稳定化合物，或者在低温时化合，在高温时分解。例如，S 在铁液中高温时可以完全溶解，而在较低温度下则可能析出 FeS。当 A-B 原子间或同类原子间结合力非常大时，则可以形成比较强而稳定的结合，在液体中就出现新的固相（如氧在铝中形成 Al_2O_3，氧与铁中的硅形成 SiO_2 等）或气相。一般来说，状态图上具有较稳定的化合物的合金，在一定的成分范围内熔化后，这种化合物不易分解，即在液态中容易保留相近成分的原子集团。

有些熔点较低而在金属中固溶能力也很低的元素，同类原子间（B-B）的结合力比金属（A-A）及其与金属的原子结合力（A-B）也较小时（不形成化合物），则 A-A 原子易聚集在一起，而把 B 原子排挤在原子集团外和液体的界面上，如同吸附在其表面一样。但当这种元素的加入量较大时，则也可以被排挤在一起形成 B-B 原子集团，甚至形成液体的分层。

实际金属比上述现象复杂得多，因为工业应用的金属主要是合金，而且是多元合金；原材料中存在多种多样的杂质，有些杂质的化学分析值虽然不高，甚至低于 10^{-4}数量级，但其原子数仍是惊人的；在熔化过程中，金属与炉气、熔剂、炉衬的相互作用还会吸收气体带进杂质，甚至带入许多固体、液体质点。

因此，实际金属合金液态结构非常复杂，它是由各种成分的原子集团、游离原子、空穴、裂纹、杂质及气泡组成的“混浊”液体。实际的液态合金除了存在能量起伏外，还存在浓度起伏和结构（或称相）起伏。

3.1.3 液态金属的性质

在液态金属的各种性质中，与材料成形过程关系密切的是粘滞性（粘度）和表面张力。

1. 液态金属的粘滞性（粘度）　液态金属的粘滞性对充填型腔时液态金属中的气体和非金属夹杂物的排除、金属的补缩、一次结晶的形态、偏析的形成等，都有直接或间接的作用。因此，液态金属的粘滞性对成形的质量有重要的影响。

(1) 粘滞性的本质。液态金属由于原子间的作用力大为削弱，且其中存在空穴、裂纹等，其活动比固态金属要大得多。当外力 $F(x)$ 作用于液态金属表面时，其速度分布如图 3-4 所示。由于质点间作用力引起内摩擦力，使得最表面的一层移动速度大于第二层，而第二层的移动速度大于第三层，…，依次减小，最后 v 等于零。根据牛顿液体粘滞定律可得

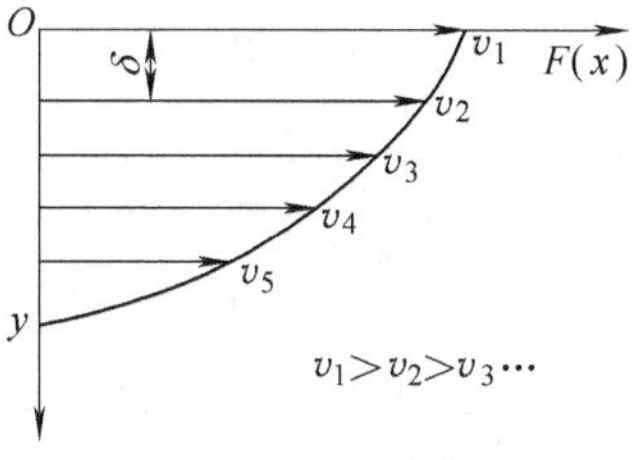

图 3-4　力作用于液面时各层液体的速度

$$\eta = F(x)/(A\frac{dv_x}{dy}) \quad (3\text{-}3)$$

式中，η 为动力粘度；A 为接触面积；dv_x/dy 为速度梯度。

根据富林克尔关于液态结构的理论，η 还可用下式表示：

$$\eta = \frac{2t_0 k_B T}{\delta^3} e^{\frac{U}{k_B T}} \quad (3\text{-}4)$$

式中，t_0 为原子在平衡位置的振动时间；k_B 为波尔兹蔓常数；U 为原子离位激活能；δ 为相邻原子平均位置间的平均距离；T 为热力学温度。

由式（3-4）可知，粘度与 δ^3 成反比，与激活能 U 成正比。激活能反映原子间结合力的强弱，而原子间距离也与结合力有关。故粘滞性的本质是质点间（原子间）结合力的大小。

粘滞性在流体力学中有两个概念：一是动力粘度 η，另一个是运动粘度 ν：

$$\nu = \frac{\eta}{\rho} \quad (3\text{-}5)$$

式中，ρ 表示液体的密度。可见，密度大者，运动粘度小，即惯性大，这意味着流体的紊流倾向性大。

（2）影响粘度的因素

1）温度。如式（3-4）所示，液体的粘度在温度不太高时，式中的指数项比乘数的影响大，即温度升高，η 值下降。在温度很高时，指数项趋近于 1，乘数项将起主要作用，即温度升高，η 值增大，但这已是接近气态的情况。图 3-5 和图 3-6 为动力粘度与温度的关系。

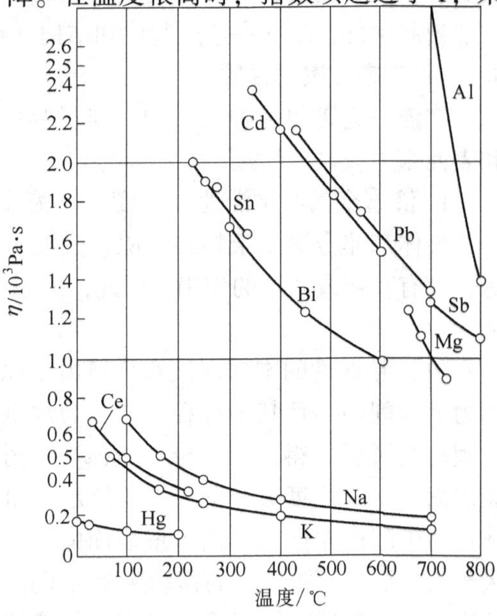

图 3-5 一些金属的 η 与温度的关系

2）化学成分。由于粘度反映原子间结合力的强弱，与熔点有共同性。因此，粘度与状态图有一定的联系，如图 3-7 所示。

可见，难熔化合物的粘度较高，而熔点低的共晶成分合金粘度低。这是由于难熔化合物的结合力强，在冷至熔点之前就及早地开始了原子集聚。对于共晶成分合金，异类原子间不发生结合，而同类原子聚合时，由异类原子的存在所造成的阻碍，使它们聚合缓慢，晶胚的形成拖后，故粘度较非共晶成分的低。从图 3-6 所示的 Fe-C 合金中也可看出碳对粘度的影响。碳量增加，溶液密度下降，在亚共晶成分前合金熔点也下降，因此粘度也下降。

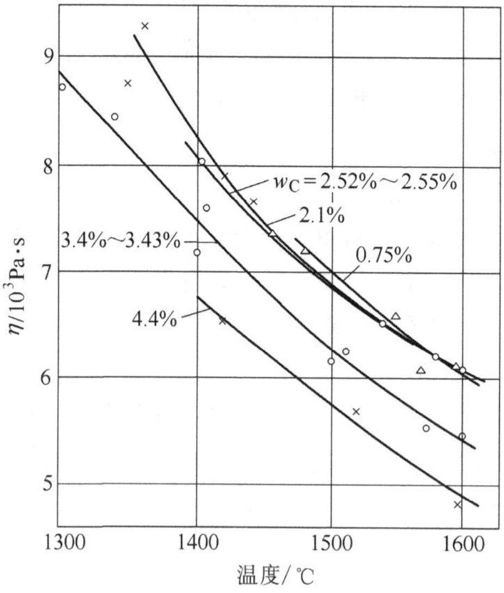

图 3-6 Fe-C 合金的 η 与温度的关系

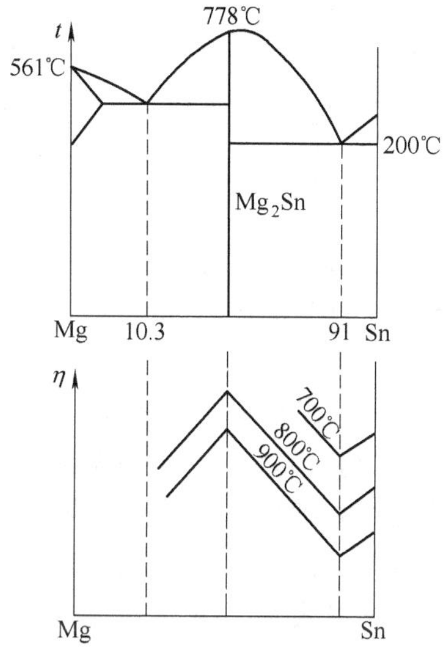

图 3-7 粘度与相图的关系

3）非金属夹杂物。液态合金中呈固态的非金属夹杂物使液态合金的粘度增加，如钢中的硫化锰、氧化铝、氧化硅等。这是因为，夹杂物的存在使液态合金成为不均匀的多相系统，液体流动时内摩擦力增加。夹杂物越多，对粘度的影响越大。夹杂物的形态对粘度也有影响。

（3）粘度在材料成形过程中的意义

1）对液态合金流动阻力的影响。流体属何种流态由雷诺数 Re 的大小来决定。根据流体力学，$Re>2300$ 为紊流，$Re<2300$ 为层流。Re 的数学式为

$$Re=\frac{Dv}{\nu}=\frac{Dv\rho}{\eta} \tag{3-6}$$

式中，D 为管道的水力直径；v 为流体流速；ν 为运动粘度；ρ 为流体密度；η 为动力粘度。

设 f 为流体流动时的阻力系数，则有

$$f_{层}=\frac{32}{Re}=\frac{32}{Dv\rho}\eta \tag{3-7}$$

$$f_{紊}=\frac{0.029}{Re^{0.2}}=\frac{0.029}{(Dv\rho)^{0.2}}\eta^{0.2} \tag{3-8}$$

显然，当液体以层流方式流动时，阻力系数大，流动阻力大；以紊流方式流动时，流动阻力小。因此，在材料成形过程中，为了使金属液体能顺利地充满型腔，金属液在浇注系统和型腔中的流动一般设计为紊流。但在充型的后期或狭窄

的枝晶间的补缩和细薄铸件中，则呈现为层流。总之，液体合金的粘度大其流动阻力也大。

2）对液体合金对流的影响。液态合金在冷却和凝固过程中，由于存在温度差和浓度差而产生浮力，它是液态合金对流的驱动力。当浮力大于或等于粘滞力时则产生对流，其对流强度由无量纲的格拉晓夫准则度量，即

$$G_T = g\beta_T I^3 v^2 \Delta T/\eta^2 \tag{3-9}$$

$$G_c = g\beta_c I^3 v^2 \Delta C/\eta^2 \tag{3-10}$$

式中，G_T 为温差引起的对流强度；G_c 为浓度差产生的对流强度；β_T、β_c 分别为温度和浓度引起的体膨胀系数；ΔT 为温差；ΔC 为浓度差；I 为水平方向上热端到冷端距离的一半。可见粘度 η 越大，对流强度越小。液体对流对结晶组织、溶质分布、偏析、杂质的聚合等产生重要影响。

3）对液态金属净化的影响。液态金属中存在各种夹杂物及气泡等，必须尽量除去。否则会影响材料或成形件的性能，甚至发生灾难性的后果。杂质及气泡的密度一般比金属液低，故总是力图离开液体，以上浮的方式分离。脱离的动力是二者密度之差，即

$$F_{动} = \frac{4}{3}\pi r^3(\rho_{液} - \rho_{杂})g \tag{3-11}$$

式中，r 为球形杂质的半径；$\rho_{液}$ 为液体的密度；$\rho_{杂}$ 为杂质的密度；g 为重力加速度。

杂质在 $F_{动}$ 的作用下产生运动，运动就会有阻力。试验指出，在最初很短的时间内，它作加速运动，往后便开始匀速运动。根据司托克斯原理，半径 0.1mm 以下的球形杂质的阻力 $F_{阻}$ 可由下式确定：

$$F_{阻} = 6\pi r v \eta \tag{3-12}$$

杂质匀速运动时，$F_{动}=F_{阻}$，由此可求出杂质上浮速度为

$$v = \frac{2}{9}\frac{r^3(\rho_{液} - \rho_{杂})g}{\eta} \tag{3-13}$$

可见，液体的粘度 η 越大，杂质留在铸件中的可能性就越大。

2. 液态金属的表面张力

（1）表面张力的实质。液体或固体同空气或真空接触的面叫表面。表面张力是表面能的一种物理表现，是由原子间的作用力及其在表面和内部的排列状态的差别而引起的。液体内部的分子或原子处于力的平衡状态，如图 3-8a 所示；而表面层上的分子或原子受力不均匀，结果产生指向液体内部的合力 F，如图 3-8b 所示，使液体表面

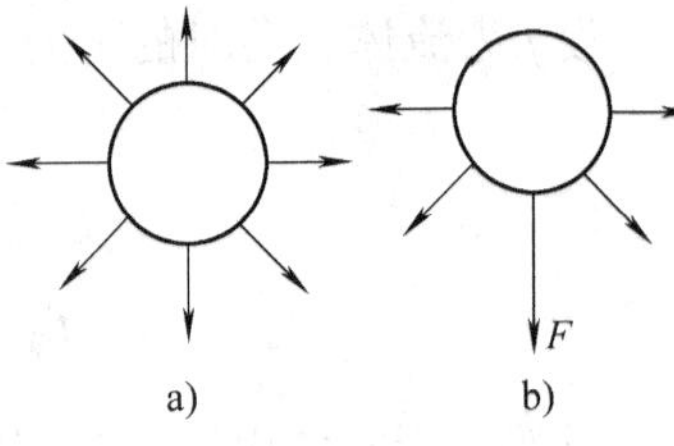

图 3-8　位置不同的分子或原子作用力模型

有自动缩小的趋势，犹如被一层弹性薄膜所包围，力求减小其表面，这就是表面张力。表面受力的不对称性越大，则表面张力越大。力场不对称性是由于物质本身质点间的作用力和表面质点与相接触相之质点间的作用力不同而引起的，所以表面张力的大小既与液体本身性质有关，又和与它相接触的相的性质有关。一般所说的表面张力，都是指液体与气相接触面上的表面张力。

从物理化学可知，表面自由能是产生新的单位面积表面时系统自由能的增量。设恒温、恒压下表面自由能的增量为 ΔE，单位面积上表面自由能为 σ。当表面增加 ΔS 时，外界对系统所做的功为 $\Delta W=\sigma\Delta S$。外界所做的功为仅用于抵抗表面张力而使系统表面积增大所消耗的能量，即

$$\Delta W = \sigma\Delta S = \Delta E$$

所以

$$\sigma = \Delta E/\Delta S \tag{3-14}$$

由此可见，表面自由能即单位面积上的自由能。由于表面自由能可表达为力与位移的乘积，因此

$$\sigma = \frac{J}{m^2} = \frac{N \cdot m}{m^2} = \frac{N}{m}$$

这样，σ 又可理解为物体表面单位长度上的作用力，即表面张力。表面自由能与表面张力在数值上是相同的，它们是从不同的角度描述了同一现象。显然，根据形成表面张力的原因可以推知，任意两相（固-固、固-液、固-气、液-气、液-液）的交界面称为界面，界面的存在，就出现了界面张力、界面自由能之说，而表面自由能或表面张力是界面自由能或界面张力的一个特例。界面自由能或界面张力的表达式为

$$\sigma_{AB} = \sigma_A + \sigma_B - W_{AB} \tag{3-15}$$

式中，σ_A、σ_B 分别是两物体的表面张力；W_{AB} 为两个单位面积界面系向外做的功，或是将两个单位面积结合或拆开时外界所做的功。因此当两个界面间的作用力越大时，W_{AB}越大，则界面张力越小。

润湿角是衡量界面张力的标志，图 3-9 中的 θ 即为润湿角。界面张力达到平衡时，存在下面的关系

$$\sigma_{SG} = \sigma_{LS} + \sigma_{LG}\cos\theta$$

$$\cos\theta = \frac{\sigma_{SG} - \sigma_{LS}}{\sigma_{LG}} \tag{3-16}$$

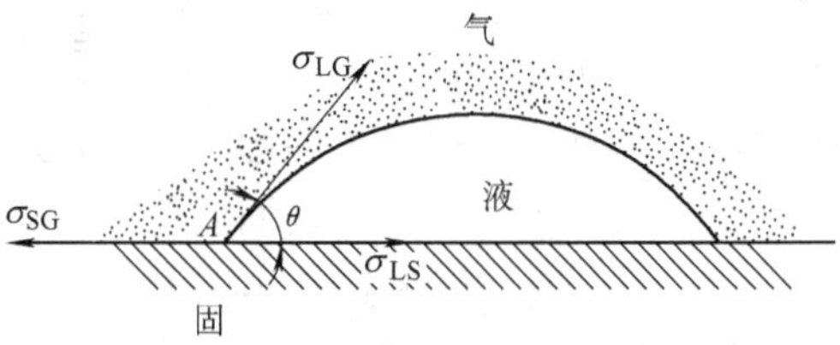

图 3-9　接触角与界面张力

式中，σ_{SG} 为固-气界面张力；σ_{LS} 为液-固界面张力；σ_{LG}为液-气界面张力。

可见 θ 角由界面张力 σ_{SG}、σ_{LS}和 σ_{LG}决定。当 $\sigma_{SG}>\sigma_{LS}$时，此时液体能润湿固体，$\theta=0°$时为绝对润湿；当 $\sigma_{SG}<\sigma_{LS}$时，$\theta>90°$，此时液体不能润湿固体，$\theta=$

180°时为绝对不润湿。润湿角是可测定的。

（2）影响界面张力的因素。影响液态金属界面张力的因素主要有熔点、温度和溶质元素。

1）熔点。界面张力的实质是质点间的作用力，故原子间结合力大的物质，其熔点、沸点高，则表面张力往往就大。表3-4为几种金属的熔点和表面张力。

表3-4 几种液态金属在熔点时的表面张力

金　属	Na	Mg	Al	Ti	V	Fe	Cu	Zn
熔点/℃	98	650	660	1680	1900	1537	1083	420
表面张力/10^{-3}N · m^{-1}	191	559	914	1650	1950	1872	1360	780

2）温度。大多数金属和合金，如Al、Mg、Zn等，其表面张力随着温度的升高而降低。这是因为温度升高而使液体质点间的结合力减弱所致。但对于铸铁、碳钢、铜及其合金则相反，即温度升高表面张力反而增加，其原因尚不清楚。

3）溶质元素。溶质元素对液态金属表面张力的影响分为两大类。使表面张力降低的溶质元素叫做表面活性元素。“活性”之意为表面浓度大于内部浓度，如在钢液和铸铁液中的S即为表面活性元素，也称正吸附元素。提高表面张力的元素叫做非表面活性元素，其表面的含量少于内部含量，也称负吸附元素。图3-10～图3-12为各溶质元素对Al、Mg和铸铁液表面张力的影响。

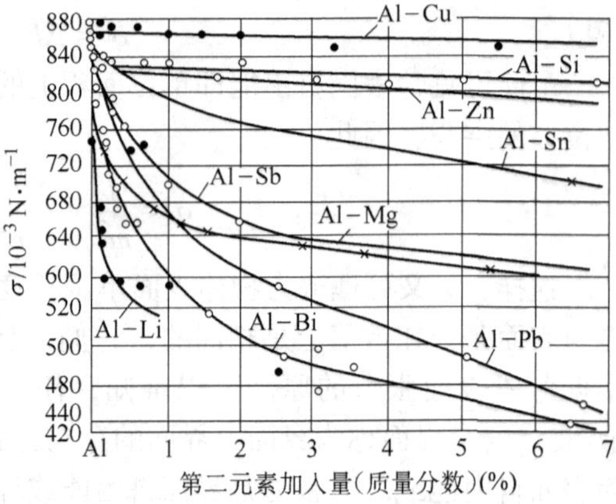

图3-10　Al中加入第二组元后表面张力的变化

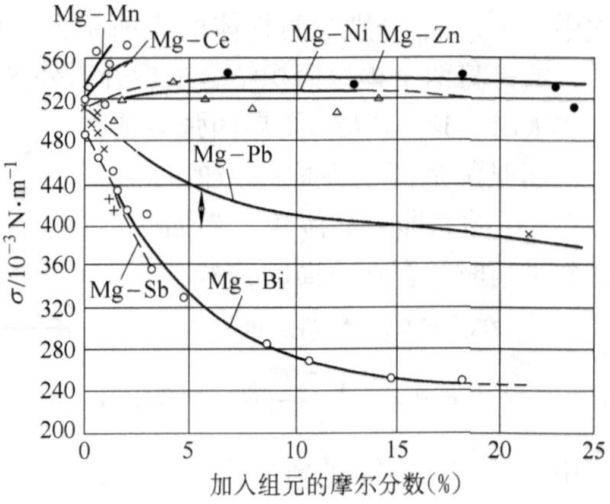

图3-11　Mg中加入第二组元后表面张力的变化

弗仑克尔提出了金属表面张力的双层电子理论，认为正负电子构成的双电层产生一个势垒，正负离子之间的作用力构成了对表面的压力，有缩小表面积的倾向。表面张力数学表达式为

$$\sigma = 4\pi e^2/R^3 \tag{3-17}$$

式中，e 为电子电荷；R 为原子间的距离；可见表面张力与电荷的平方成正比，与原子间距的立方成反比。

当溶质元素的原子体积大于溶剂原子时，晶格严重歪曲，势能增加。而体系总是自发地维持低能态，因此溶质原子将被排挤到表面，造成表面溶质元素的富集。体积比溶剂原子小的溶质原子容易扩散到晶体的间隙中去，也会造成同样的结果。

（3）表面和界面张力在材料成形过程中的意义。从物理化学可知，由于表面张力的作用，液体在细管中将产生如图 3-13 所表示的现象。

A 处液体的质点受到气体质点的作用力 f_1、液体内部质点的作用力 f_2 和管壁固体质点的作用力 f_3 的作用。显然 f_1 是比较小的。当 $f_3>f_2$ 时，产生指向固体内部且垂直于 A 点液面的合力 F，此液体对固体的亲和力大，此时产生的表面张力有利于液体向固体表面展开，使 $\theta<90°$，固-液是润湿的，如图 3-13a 所示。当 $f_3<f_2$ 时，产生指向液体内部且方向与液面垂直的合力 F'，表面张力的作用使液体脱离固体表面，固-液是不润湿的，如图 3-13b 所示。由于表面张力的作用产生了一个附加压力 p。当固-液相互润湿时，p 有利于液体的充填；否则反之。对于任意形状的弯曲液面，附加压力 p 的数学表达式为

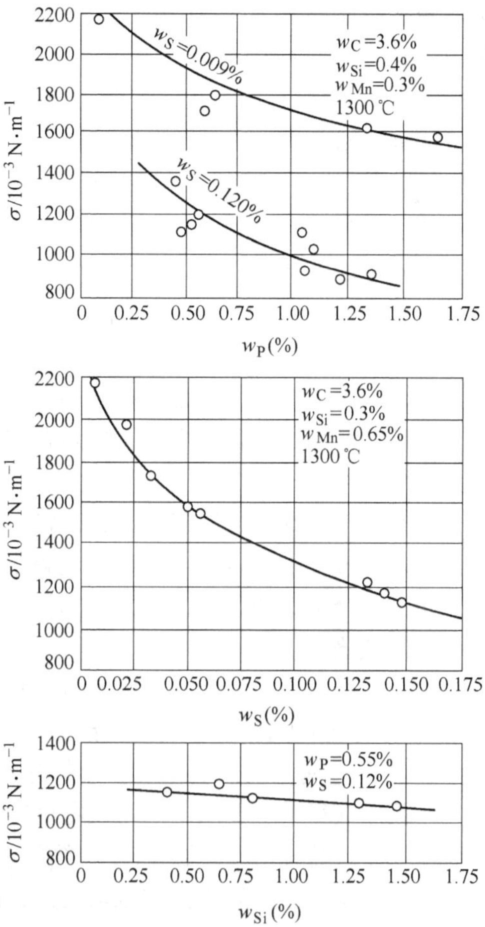

图 3-12　P、S、Si 对铸铁表面张力的影响

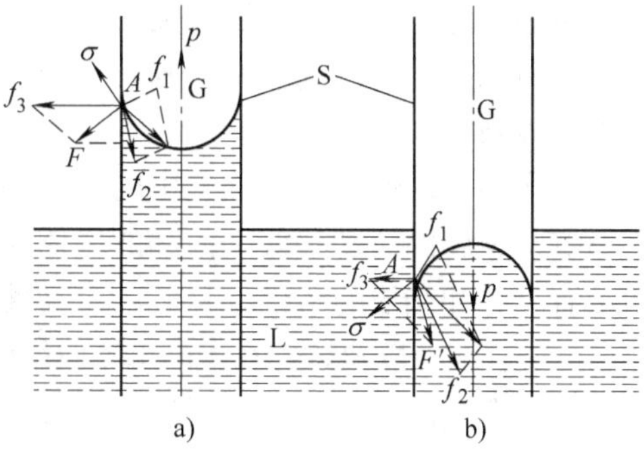

图 3-13　附加压力的形成过程

$$p=\sigma\left(\frac{1}{r_1}+\frac{1}{r_2}\right) \qquad (3\text{-}18)$$

式中，r_1 和 r_2 分别为液体曲面上两个相互垂直的弧线的曲率半径。此式称为拉普拉斯公式。由表面张力产生的附加压

力叫拉普拉斯压力。如果因表面张力而产生的曲面为球面时，即 $r_1=r_2=r$（r 为管道半径)，则附加压力 p 为

$$p=\frac{2\sigma}{r} \tag{3-19}$$

显然，附加压力与管道半径成反比。当 r 很小时将产生很大的附加压力，在液态成形（铸造）过程中，对铸件表面质量产生很大的影响。液态成形所用的铸型或涂料材料与液态合金应是不润湿的，如采用 SiO_2、Cr_2O_3 和石墨等材料，在这些细小砂粒之间的缝隙中，产生阻碍液态合金渗入的附加压力，从而使铸件表面得以光洁。而浇注薄小铸件时必须提高浇注温度和压力，以克服附加压力的阻碍。

金属凝固后期，枝晶之间存在的液膜小至 10^{-6}mm，表面张力对铸件凝固过程的补缩状况将对是否出现热裂缺陷有重大的影响。

总之，界面现象影响到液态成形的整个过程。晶体成核及生长、缩松、热裂、夹杂及气泡等铸造缺陷都与界面张力的关系密切。

在熔焊过程中，熔渣与合金液这两相的界面作用对焊接质量也产生重要影响。熔渣与合金液如果是润湿的，就不易将其从合金液中去除，可能导致焊缝内产生夹渣缺陷。

在近代新材料如复合材料等的研究和开发中，界面现象更加令人关注。

3.1.4 液态金属的流动性及充型能力

1. 液态金属流动性及充型能力的基本概念　液态成形是指液态金属充满型腔并凝固后获得符合要求的毛坯或零件的过程。液态金属的充型能力好，零件的形状就完整，轮廓清晰；否则就会产生“浇不足”的缺陷。液态金属的充型能力首先取决于液态金属本身的流动能力，同时又与外界条件，如铸型性质、浇注条件、铸件结构等因素密切相关，是各种因素的综合反应。

液态金属本身的流动能力，称为“流动性”，由液态金属的成分、温度、杂质含量等决定，而与外界因素无关。因此流动性也可认为是在确定条件下的充型能力。液态合金的流动性好，则其充型能力强；反之，其充型能力差，但可通过改善外界条件来提高充型能力。

金属的流动性对于排除其中的气体、杂质和补缩、防裂，获得优质铸件有一定影响。金属的流动性好，内部的气体和杂质易于上浮，使金属净化，有利于得到没有气孔和杂质的铸件。良好的流动性，能使铸件在凝固期间产生的缩孔得到金属液的补缩，以及铸件在凝固末期收缩受阻而出现的热裂得到液态金属的弥合。

液态合金的流动性一般用试验的方法，即浇注螺旋流动性试样或真空流动性试样来衡量。在实际中，是将试样的结构和铸型性质固定不变，在相同或相近的浇注条件下，例如在液相线以上相同的过热度等条件下，浇注不同合金的流动性试样，以试样的长度或试样某处的厚薄程度来表示该合金的流动性。

2. 液态金属充型能力的计算

（1）液态金属的停止流动机理。在液态金属的充型过程中，温度是沿程下降的，液流前端冷却最快，首先结晶。当晶体达到一定数量时，便结成了一个连续的网络，发生堵塞，停止流动。

图 3-14 为纯金属、共晶成分合金和结晶温度范围很窄的合金停止流动机理示意图。在金属过热量未散失尽以前为纯液态流动（图 3-14a），即第Ⅰ区。金属继续流动，冷的前端在型壁上凝固成壳（图 3-14b），此后的金属液是在被加热了的管道中流动，冷却速度下降。由于液流通过Ⅰ区终点时，尚具有一定的过热度，将已凝固的壳重新熔化，即第Ⅱ区。所以，该区是先形成凝固壳，又被完全熔化。第Ⅲ区是未被完全熔化而被保留下来的一部分固相区，在该区的终点金属液耗尽了过热热量。在第Ⅳ区里，液相和固相具有相同的温度——结晶温度。由于在该区的起点处结晶开始较早，断面上结晶完毕也较早，往往在它附近发生堵塞（图 3-14c）。这类金属的流动性与固体层内表面的粗糙度、毛细管阻力，以及在结晶温度下的流动能力有关。图 3-15 为结晶温度范围很宽的合金停止流动机理示意图。在过热热量未散失尽以前，金属液也以纯液态流动。温度下降到液相线以下时，液流中析出晶体，随流前进，并不断长大（图 3-15a）。液流前端不断与冷的型壁接触，冷却最快，晶粒数量最多，使金属液的粘度增加，流速减慢（图 3-15b）。当晶粒数量达到某一临界数量时，便结成一个连续的网络。当液流的压力不能克服此网络的阻力时，即发生堵塞而停止流动（图 3-15c）。

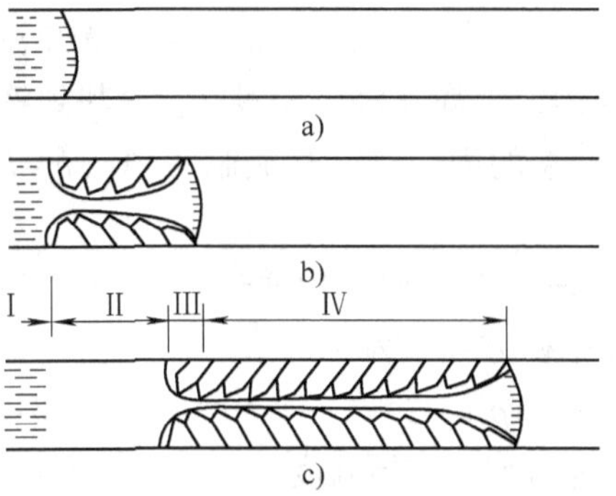

图 3-14　纯金属、共晶成分合金和结晶温度范围很窄的合金停止流动机理示意图

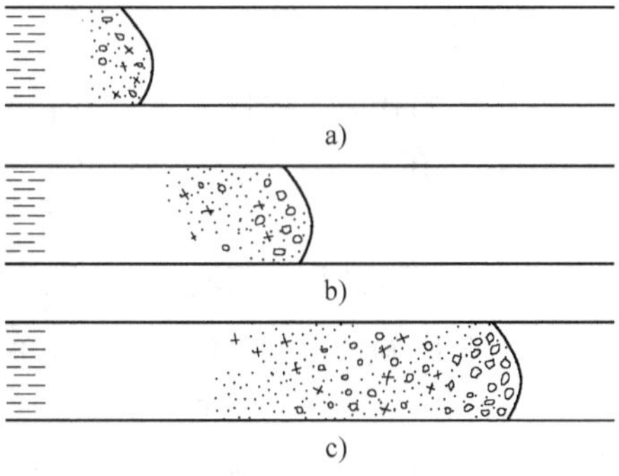

图 3-15　结晶温度范围很宽的合金停止流动机理示意图

合金的结晶温度范围越宽，枝晶就越发达，液流前端析出相对较多的固相，亦即在相对较短的时间内，液态金属便停止流动。试验表明，在液态金属的前端析出 15%～20%的固相量时，流动就停止。

（2）液态金属充型能力的计算。液态金属是在过热情况下充填铸型的，与铸型之间发生着强烈的热交换，是一个不稳定的传热过程，因此，液态金属对铸型的充填也是一个不稳定的流动过程。由于影响此过程的因素很多，因而从理论上对液态金属的充型能力进行计算很困难。下面所介绍的方法，仅是半定量地表述了液态合金的充型能力。

假设以某成分合金浇注一水平圆棒形试样，在一定的浇注条件下合金的充型能力以其能流过的长度 l 来表示（图 3-16）。其值为：

$$l = vt \tag{3-20}$$

式中，v 为在静压头 H 作用下液态金属在型腔中的水平流速；t 为液态金属自进入型腔到停止流动的时间。从水力学中可知

$$v = \mu\sqrt{2gH} \tag{3-21}$$

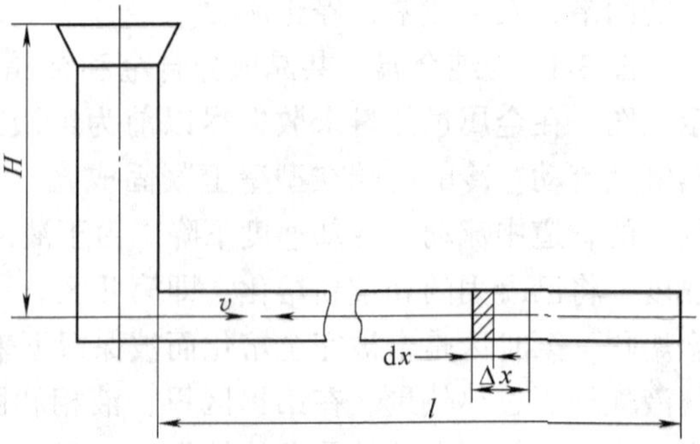

图 3-16　充型能力物理模型

式中，H 为液态金属的静压头；μ 为流量消耗系数。

根据液态金属不同的停止流动机理，流动时间 t 有不同的计算方法。宽结晶温度范围的合金，液流前端不断地与型壁冷的表面接触，当阻塞区 Δx 的固相量达到某一临界值时，流动停止。在这种情况下可利用牛顿定律建立热平衡方程式。为使问题简化，对过程作如下假设：①铸型与液态金属接触表面的温度在浇注过程中不变；②液态金属在型腔中以等速流动；③液流横断面上温度是均匀的；④热量按垂直于型腔的方向传导，液流表面无热辐射，沿液流方向无热流。

假定金属在流动时间 t'（$t_{浇} \sim t_L$）时间内，金属从浇注温度 $T_{浇}$ 冷却到液相线温度 T_L；在 t''（$t_L \sim t_{停}$）时间内，液流前端的固相量 n 达到临界值（$n=k$），流动停止。

第一阶段（t'内）距液流端部 Δx 的 dx 段，在 dt 时间内通过 dS 散出的热量等于该时间内温度下降 dT 放出的热量，热平衡方程式为

$$\alpha(T - T_{型})\mathrm{d}S\mathrm{d}t = -\mathrm{d}V\rho_1 c_1 \mathrm{d}T \tag{3-22}$$

式中，T 为 dx 元段的金属温度（℃）；$T_{型}$ 为铸型的初始温度（℃）；dS 为 dx 元段与铸型接触的表面积（m^2）；dV 为 dx 元段的体积（m^3）；t 为时间（s）；ρ_1 为液体金属的密度（kg/m^3）；c_1 为液态金属的比热容（J/kg·℃）；α 为传热系数（$W/m^3 \cdot ℃$）。

因为

$$\frac{\mathrm{d}V}{\mathrm{d}S} = \frac{A\mathrm{d}x}{P\mathrm{d}x} = \frac{A}{P}$$

式中，A 为试样的断面积；P 为断面周长，故式（3-22）可写成

$$dt = \frac{-A\rho_1 c_1}{P\alpha}\frac{dT}{(T - T_{型})} \tag{3-23}$$

当 $t=\Delta x/v$ 时，$T=T_{浇}$；$T=T_1$ 时，$t=t'$；将式（3-23）积分得

$$t' = \frac{A\rho_1 c_1}{P\alpha}\ln\frac{T_{浇} - T_{型}}{T_L - T_{型}} + \frac{\Delta x}{v} \tag{3-24}$$

第二阶段（流动时间 t''）　金属液继续向前流动时开始析出固相，此时热平衡方程为

$$\alpha(T - T_{型})dSdt = -dV\rho_1^* c_1^* dT \tag{3-25}$$

式中，ρ_1^* 为合金在 $T_1 \sim T_k$（停止流动温度）温度范围内的密度，近似地取 $\rho_1^* = \rho_1$；c_1^* 为合金在 T_L 到 T_k 温度范围内的当量比热容，近似地取

$$c_1^* = c_1 + \frac{k\Delta H}{T_L - T_k}$$

式中，k 为停止流动时液流前端的固相数量；ΔH 为合金的结晶潜热。

则式（3-23）变为

$$dt = -\frac{A\rho_1 c_1^*}{P\alpha}\frac{dT}{(T - T_{型})} \tag{3-26}$$

当 $t=t'$时，$T=T_L$；$t=t_{停}$ 时，$T=T_k$，将式（3-26）积分得

$$t'' = t_{停} - t' = \frac{A\rho_1 c_1^*}{P\alpha}\ln\frac{T_L - T_{型}}{T_k - T_{型}} \tag{3-27}$$

液态金属总的流动时间 $t=t'+t''$，即

$$t = \frac{A\rho_1}{P\alpha}\left(c_1^*\ln\frac{T_L - T_{型}}{T_k - T_{型}} + c_1\ln\frac{T_{浇} - T_{型}}{T_L - T_{型}}\right) + \frac{\Delta x}{v} \tag{3-28}$$

故液态金属的充型能力

$$l = vt = v\frac{A\rho_1}{P\alpha}\left(c_1^*\ln\frac{T_L - T_{型}}{T_k - T_{型}} + c_1\ln\frac{T_{浇} - T_{型}}{T_L - T_{型}}\right) + \Delta x \tag{3-29}$$

对式（3-29）进行下列近似处理：Δx 相对 l 而言很小，可以忽略，故认为 $\Delta x=0$；将 $\ln x$ 按级数展开，并略去高次无穷小项，即 $\ln x \approx x-1$，所以

$$\ln\frac{T_L - T_{型}}{T_k - T_{型}} \approx \frac{T_L - T_k}{T_k - T_{型}}$$

$$\ln\frac{T_{浇} - T_{型}}{T_L - T_{型}} \approx \frac{T_{浇} - T_L}{T_L - T_{型}}$$

并近似地以（$T_L-T_{型}$）代替（$T_k-T_{型}$），则

$$c_1^*\ln\frac{T_L - T_{型}}{T_k - T_{型}} + c_1\ln\frac{T_{浇} - T_{型}}{T_L - T_{型}} = \frac{k\Delta H + c_1(T_{浇} - T_k)}{T_L - T_{型}}$$

代入式（3-29）得

$$l = v\frac{A\rho_1}{P\alpha}\frac{k\Delta H + c_1(T_{浇} - T_k)}{T_L - T_{型}} = \mu\sqrt{2gH}\frac{A\rho_1}{P\alpha}\frac{k\Delta H + c_1(T_{浇} - T_k)}{T_L - T_{型}} \quad (3\text{-}30)$$

式（3-30）半定量地描述了液态金属的充型性能，可见它与液态金属和铸型的性质、浇注条件、型腔的结构形状等因素有关。

3.2 凝固热力学与动力学

凝固热力学和动力学的主要任务是研究液态金属（合金）由液态变成固态的热力学和动力学条件。凝固是体系自由能降低的过程，但是在凝固过程中各种相的平衡产生了高能态的界面，这样，凝固过程中体系自由能一方面降低，另一方面又增加，并阻碍凝固过程的进行。

3.2.1 液态金属（合金）凝固热力学

3.2.1.1 液态金属（合金）凝固热力学条件

液态金属（合金）的凝固是一个体系自由能降低而自发进行的过程。凝固能自发进行的热力学条件是什么呢？

Gibbs（吉布斯）最小自由能原理指出，在等温、等压下，体系物理化学过程自发地向着使 Gibbs 自由能 G 降低的方向进行，直至体系自由能降至最低值时体系达到平衡，即

$$(\Delta G)_{T,\,p} \leqslant 0$$

根据物理化学，有如下关系：

$$\mathrm{d}G = V\mathrm{d}p - S\mathrm{d}T$$

式中，S 为体系的熵值（正值）；V，p 及 T 为体系的体积、压力和温度。

若金属的凝固过程在一定压力下进行，那么

$$\left(\frac{\partial G}{\partial T}\right)_p = -S \quad (3\text{-}31)$$

因此，对金属来说，在等压条件下温度升高时，Gibbs 自由能 G 降低，其降低的速率取决于熵值的大小。由式（3-31）可求出纯金属液、固两相 Gibbs 自由能 G 与温度 T 的关系。

固相自由能与液相自由能在不同温度下的关系曲线如图 3-17 所示。图中 G_S 为固相自由能；G_L 为液相自由能。在熔点 T_m 温度以下，G_S 低于 G_L；故 $T<T_m$ 时液态金属进行凝固变成固态；$T>T_m$ 时固态金属的自由能高于液态金属，发生熔化，金属由固态变成液态；当 $T=T_m$ 时，$\Delta G_V=0$，即液、固态处于平衡状态。在熔点

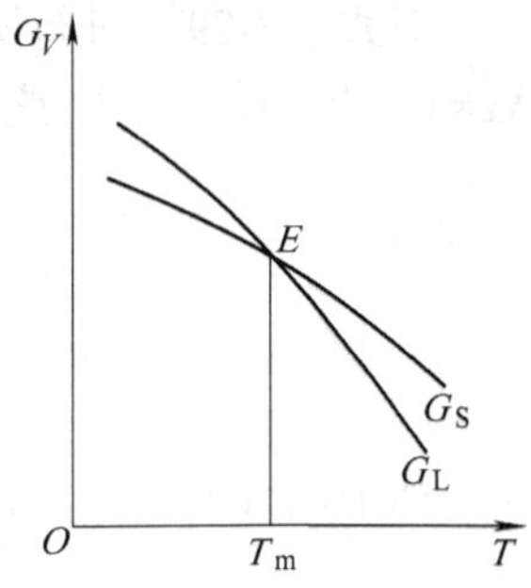

图 3-17 液-固两相自由能与温度的关系

（平衡状态）附近时，若忽略焓与熵值随温度变化的数值，近似的有：

$$\Delta G_V = \Delta H - T\Delta S \tag{3-32}$$

式中，ΔG_V 为金属熔化时的 Gibbs 自由能变化；ΔH 为金属的熔化焓；ΔS 为金属的熔化熵。

当 $T=T_{\mathrm{m}}$ 时，$\Delta S=\dfrac{\Delta H}{T_{\mathrm{m}}}$，代入式（3-32）得

$$\Delta G_V = \frac{\Delta H(T_{\mathrm{m}} - T)}{T_{\mathrm{m}}} = \frac{\Delta H\Delta T}{T_{\mathrm{m}}} \tag{3-33}$$

式中，ΔT 为过冷度，$\Delta T=T_{\mathrm{m}}-T$。对某一金属（合金）而言，熔化潜热 ΔH 和熔点 T_{m} 是定值，故 ΔG_V 只与 ΔT 有关。因此过冷度 ΔT 就是凝固的驱动力。过冷度越大，凝固驱动力也就越大；过冷度为零时，驱动力就不存在。液态金属不会在没有过冷度的情况下凝固。

3.2.1.2　液态金属（合金）凝固过程及能量的变化

液态金属在相变驱动力 ΔG_V 或 ΔT 的作用下开始凝固。首先产生结晶核心，然后是核心的长大直至相互接触为止。生核和晶核的长大不是截然分开的，而是同时进行的，即在晶核长大的同时又会产生新的晶核。新的晶核又同原有的晶核一起长大，直至凝固结束。

凝固过程总的来说是由于体系自由能降低而自发进行的。但在该过程中，自由能一方面增加，另一方面又降低。当能量降低起主要作用时凝固过程就进行；当能量以增加为主时，就发生熔化。

根据相变动力学理论，液态金属中原子在结晶过程中的能量变化如图 3-18 所示，高能态的液态原子变成低能态的固态原子，必须越过能态更高的高能态 ΔG_{A} 区，高能态区即为固态晶粒与液态之间的界面，界面具有界面能，它使体系的自由能增加。

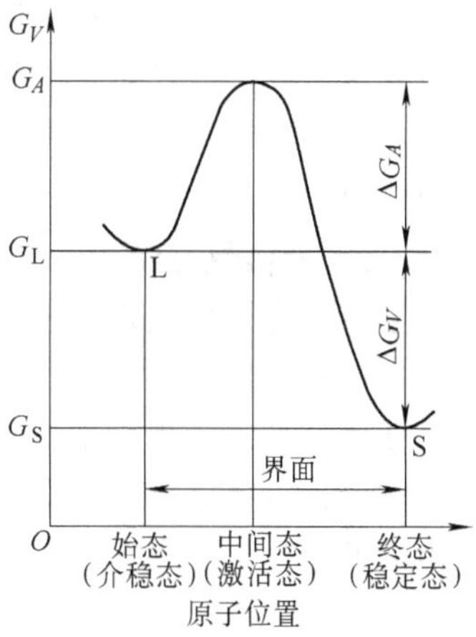

图 3-18　金属原子在结晶过程中的自由能变化

生核或晶体的长大，是液态中的原子不断地向固态晶粒堆积的过程，是固-液界面不断向前推进的过程。这样，只有液态金属中那些具有高能态的原子，或者说被“激活”的原子才能越过高能态的界面变成固体中的原子，从而完成凝固过程。ΔG_{A} 称为动力学障碍。因此，液态金属凝固过程中必须克服热力学和动力学两个能障。

液态金属在成分、温度、能量上是不均匀的，即存在成分、结构和能量三个起伏，也正是这三个起伏才能克服凝固过程中两种性质不同的能障。两者皆与界

面状态密切相关。一种是热力学能障，它由被迫处于高自由能过渡状态下的界面原子所产生，能直接影响到体系自由能的大小，界面自由能即属于这种情况；另一种是动力学能障，它是金属原子穿越界面过程所引起，原则上与驱动力的大小无关而仅取决于界面的结构与性质，激活自由能即属于这种情况。前者对生核过程影响颇大，后者在晶粒生长过程中则具有更重要的作用。而整个液态金属的结晶过程就是金属原子在相变驱动力的驱使下，不断借助于起伏作用来克服能量障碍，并通过生核和生长方式而实现转变的过程。

凝固过程中产生的固-液界面使体系自由能增加，导致凝固过程不可能瞬时完成，也不可能同时在很大的范围内进行，只能逐渐地形核生长，逐渐地克服两个能障，才能完成从液体到固体的转变。同时，截面的特征及形态又影响着晶体的形核和生长。也正是由于这个原因，使高能态的界面范围尽量缩小，至凝固结束时成为范围很小的晶界。

3.2.2　均质形核（自发形核）

介稳态的液态金属通过起伏作用在某些微观小区域内，形成稳定存在的晶态小质点的过程称为生核。生核的首要条件是体系必须处于介稳态以提供相变驱动力；其次，需要通过起伏作用克服能障才能形成稳定存在的晶核并确保其进一步生长。由于新相和界面相伴而生，因此界面自由能这一热力学能障就成为生核过程的主要阻力。根据构成能障的界面情况不同，液态金属（合金）凝固时的形核有两种方式：一种是依靠液态金属（合金）内部自身的结构自发形核，也称为均质形核；另一种是依靠外来夹杂物所提供的异质界面非自发地形核，又称为异质形核。

3.2.2.1　形核热力学

当液态金属中出现晶核时，体系自由能的变化由两部分组成：一部分是液相和固相体积自由能差 ΔG_V，它是相变的驱动力；另一方面是由于出现了固-液界面，使体系增加了界面能，它是相变的阻力。假设给定体积的液态金属（合金）在一定的过冷度 ΔT 下，其内部产生 n 个核心，并假设晶核为球形，则体系总的自由能的变化为

$$\Delta G_{均} = -\frac{4}{3}\pi r_{均}^3 \Delta G_V n + 4\pi r_{均}^2 \sigma_{LS} n \tag{3-34}$$

式中，r 为球形核心的半径；ΔG_V 为单位体积液态金属凝固时自由能的变化；n 为晶核数；σ_{LS} 为固-液相界面能。

由式（3-34）可以看出，当 r 很小时，第二项起支配作用，体系自由能总的倾向是增加的，此时形核过程不能发生；只有当 r 增大到一定值 r^* 后，第一项才能起主导作用，使体系自由能降低，形核过程才能发生，如图 3-19 所示。故 $r<r^*$ 的原子集团在液相中是不稳定的，还会溶解以至消失。只有 $r>r^*$ 时的原子集

团才是稳定的，可成为核心。r^* 称为晶核临界尺寸，也就是说，只有大于 r^* 的原子集团才能稳定地形核。r^* 可由式（3-34）求得，即对其求一阶导数并令其等于零，即 $d(\Delta G_{均})/dr=0$，则

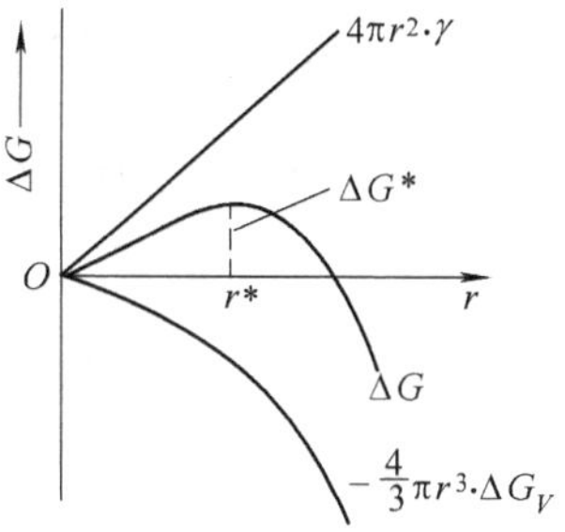

图 3-19　ΔG-r 曲线

$$-4\pi r_{均}^{*2}n\Delta G_V+8\pi r_{均}^{*}n\sigma_{LS}=0 \tag{3-35}$$

$$r_{均}^{*}=\frac{2\sigma_{LS}}{\Delta G_V}$$

将式（3-33）$\Delta G_V=\dfrac{\Delta H\Delta T}{T_m}$代入上式可得

$$r_{均}^{*}=\frac{2\sigma_{LS}}{\Delta H}\frac{T_m}{\Delta T} \tag{3-36}$$

将式（3-33）和式（3-36）代入式（3-34），得到对应于 $r_{均}^{*}$ 的临界形核功

$$\Delta G_{均}^{*}=\frac{16}{3}\pi n\frac{\sigma_{LS}^3T_m^2}{\Delta H^2\Delta T^2}=\frac{1}{3}\times4\pi r_{均}^{*2}n\sigma_{LS}=\frac{1}{3}A^*n\sigma_{LS} \tag{3-37}$$

式中，A^* 为形成临界晶核的表面积，即临界形核功相当于表面能的 1/3，这意味着固、液相之间自由能差只能供给形成晶核所需表面能的 2/3，其余 1/3 的能量是靠能量起伏来补足的。

液态金属在一定的过冷度下，临界核心由相起伏提供，临界形核功由能量起伏提供。

3.2.2.2　均质形核速率

形核率为单位体积液相金属在单位时间内生成固相核心的数目。临界尺寸 r^* 的晶核处于介稳定状态，既可溶解，也可长大。当 $r>r^*$ 时才能成为稳定核心，即在半径为 r^* 的原子集团上附加一个或一个以上的原子即成为稳定核心。其形核率 $I_{均}$ 为

$$I_{均}=f_0N^* \tag{3-38}$$

式中，N^* 为单位体积内液相中 $r=r^*$ 的原子集团数目；f_0 为单位时间转移到一个晶核上去的原子数目。

$$N^*=N_L\exp\left(-\frac{\Delta G_{均}^{*}}{k_BT}\right) \tag{3-39}$$

$$f_0=N_Sfp\exp\left(-\frac{\Delta G_A}{k_BT}\right) \tag{3-40}$$

式中，N_L 为单位体积液相中的原子数；N_S 为固-液界面紧邻固体核心的液体原子数；f 为液体原子振动频率；p 为被固相接受的几率；$\Delta G_{均}^{*}$ 为临界形核功；ΔG_A 为液体原子扩散激活能。将式（3-39）和式（3-40）代入式（3-38）得

$$I_{均}=fN_{S}pN_{L}\exp\left[-\left(\frac{\Delta G_{A}+\Delta G_{均}^{*}}{k_{B}T}\right)\right]=k_{1}\exp\left[-\left(\frac{\Delta G_{A}+\Delta G_{均}^{*}}{k_{B}T}\right)\right] \tag{3-41}$$

由式（3-37）和式（3-41）可知

$$I_{均}\propto e^{-\frac{1}{\Delta T^{2}}} \tag{3-42}$$

形核率实际上就是形成临界晶核所必须的能量起伏的几率与液态金属原子穿越固-液界面添加到临界晶核上以形成一个稳定晶核的几率的组合。前者主要取决于指数项 $e^{-\frac{\Delta G_{均}^{*}}{k_{B}T}}$，是相变的驱动力，由于 $\Delta G_{均}^{*}$ 与 ΔT^{2} 成反比，因此其影响随 ΔT 的增加而急速地上升。后者主要取决于指数项 $e^{\frac{-\Delta G_{A}}{k_{B}T}}$，是原子可动性的量度，其影响随 ΔT 的增加而下降。由于 ΔG_{A} 随温度而变化的情况不同，其下降速率也大不相同，这就影响到该项作用的大小，进而影响到形核率随 ΔT 而变化的特征。对金属结晶来说，ΔG_{A} 随 ΔT 的变化非常小，因此即使在低温下，指数项 $e^{\frac{-\Delta G_{A}}{k_{B}T}}$ 也很难起主要作用。其形核率主要受指数项 $e^{\frac{-\Delta G_{均}^{*}}{k_{B}T}}$ 的控制，所以形核率随 ΔT 而变化的曲线特征如图 3-20 所示。在生核临界过冷度范围内，由于生核功数值过大，生核率基本上保持为零；当过冷度到达临界过冷度时，晶核几乎以不连续的方式突然出现，然后曲线迅速上升，并且在看不到出现最大值处结晶即告结束，即在非常窄的温度范围内，形核率急剧增加，同时从图中可以看出，均质形核的过冷度很大，约为 $0.2T_{m}$。图中也标出了不同结晶条件下（润湿角 $\theta'>\theta''$）异质形核率 $I'_{非}$ 及 $I''_{非}$ 随 ΔT 而变化的曲线特征。也就是说，不管是均质形核还是异质形核，其形核特征完全相同，所不同的只是异质形核所需过冷度较小。

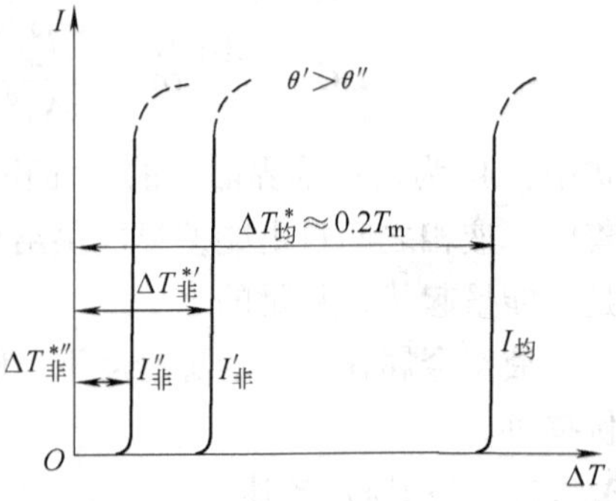

图 3-20　I-ΔT 曲线

3.2.2.3　均质形核的局限性

为克服均质生核过程中的高能障，所需的过冷度是很大的。由理论预计和实验测定表明，它约为金属熔点（热力学温度）的 0.18~0.2 倍。即使对熔点较低的纯铝来说，ΔT 亦可达 195℃左右。然而除快速凝固等特殊技术外，实际上金属结晶时的过冷度一般只有十几摄氏度到几分之一摄氏度，远小于均质形核所需过冷度的数值。这说明了均质形核的局限性。均质形核之所以比较难以实现，是因为在实际金属的结晶过程中一般很难完全排除外来界面的影响，从而无法避免异质形核过程的缘故。以纯度很高的液态金属为例，假定其中杂质含量只有 10^{-8} 数量级，则每立方厘米的液体中仍约有 10^{15} 个杂质原子。如果它们都以边长为1000个原子的立方体出现，则在每立方厘米液态金属中将有 10^6 个质点。即使以固态出现的杂质原子仅占总数的1%到1‰，则每立方厘米液态金属中仍将有 $10^3 \sim 10^4$ 个小质点。这些质点在生核所涉及的微观区域内将提供数量巨大的外来界面。它们程度不同地对形核过程起着“催化”作用，促使液态金属在更小的过冷度下进行异质形核，从而使得均质形核在一般情况下无法实现。

虽然在生产实践中大量遇到的是异质形核的问题，但均质形核理论是异质形核的发展基础。而均质形核过程的本身则可看作是异质形核过程的一个特例，因此有必要结合起来统一加以研究。

3.2.3 异质形核（非均质形核）

3.2.3.1 形核热力学

在实际的液态金属（合金）中存在的大量的高熔点的、既不熔化又不溶解的夹杂物（如氧化物、氮化物、碳化物等），可以作为形核的基底。晶核即依附于其中一些夹杂物的界面形成，其模型如图3-21所示。假设晶核在界面上形成球冠状，达到平衡时则存在以下关系

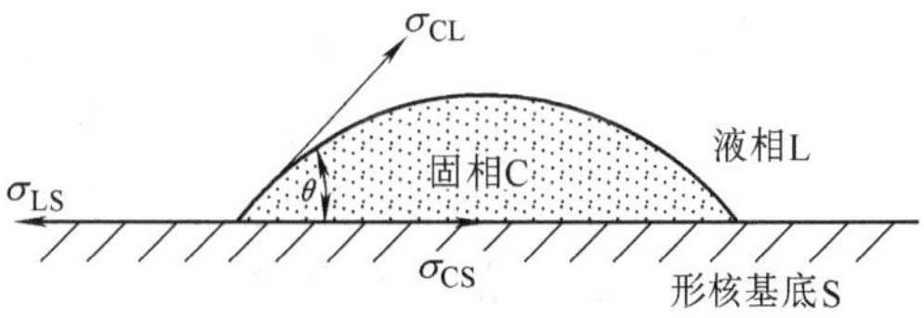

图3-21 异质形核模型

$$\sigma_{LS} = \sigma_{CS} + \sigma_{CL}\cos\theta \tag{3-43}$$

式中，σ_{LS}、σ_{CL}、σ_{CS}、分别为液相与界面、晶核与液相、晶核与界面间的界面张力；θ 为润湿角。又因为，晶核的体积 V_C 为

$$V_C = \int_0^\theta \pi(r\sin\theta)^2 d(r - r\cos\theta) = \frac{\pi r^3}{3}(2 - 3\cos\theta + \cos^3\theta) \tag{3-44}$$

晶核与液相的接触面积 A_{CL} 为

$$A_{CL} = \int_0^\theta 2\pi r\sin\theta(r d\theta) = 2\pi r^2(1 - \cos\theta) \tag{3-45}$$

晶核与夹杂物衬底的接触面积 A_{CS} 为

$$A_{CS} = \pi(r\sin\theta)^2 = \pi r^2\sin^2\theta \tag{3-46}$$

因此，形成了一个球形晶核的总自由能变化 $\Delta G_{异}$ 为

$$\begin{aligned}\Delta G_{异} &= -V_C\Delta G_V + \sigma_{LC}A_{LC} + (\sigma_{CS} - \sigma_{LS})A_{CS} \\ &= \left[-\frac{4}{3}\pi r^3\Delta G_V + 4\pi r^2\sigma_{CL}\right]\left[\frac{2 - 3\cos\theta + \cos^3\theta}{4}\right]\end{aligned} \tag{3-47}$$

有趣的是，右边第一项是均质形核临界功 $\Delta G_{均}^*$，第二项为润湿角 θ 的函数，令

$$f(\theta) = \frac{2 - 3\cos\theta + \cos^3\theta}{4} = \frac{(2 + \cos\theta)(1 - 2\cos\theta + \cos^2\theta)}{4}$$

$$\Delta G_{异} = \Delta G_{均}^{*} f(\theta)$$

对式（3-47）求导，并令$\frac{\mathrm{d}G_{异}}{\mathrm{d}r}=0$，可求得

$$r_{异}^{*} = \frac{2\sigma_{CL}}{\Delta G_V} = \frac{2\sigma_{CL}}{\Delta H \Delta T} T_m \tag{3-48}$$

$$\Delta G_{异}^{*} = \frac{16\pi\sigma_{CL}^{3}}{3\Delta G_V^{2}} f(\theta) = \Delta G_{均}^{*} f(\theta) = \frac{1}{3} A^{*} \sigma_{CL} f(\theta) \tag{3-49}$$

由式（3-36）和式（3-48）可知，均质形核和异质形核的临界晶核尺寸相同，但异质晶核的核心只是球体的一部分，它所包含的原子数比均质球体核心的少得多，所以异质形核的阻力小。异质形核的临界功与润湿角 θ 有关。当 $\theta=0°$ 时，$f(\theta)=0$，故 $\Delta G_{异}^{*}=0$，此时界面与晶核完全润湿，新相能在界面上形核；当 $\theta=180°$时，$f(\theta)=1$，故 $\Delta G_{异}{}^{*}=\Delta G_{均}{}^{*}$，此时界面与晶核完全不润湿，新相就不能依附界面形核。实际上晶核与界面的润湿角在 0～180°之间变化，晶核与界面为部分润湿，$0<f(\theta)<1$，$\Delta G_{异}{}^{*}$ 总是小于 $\Delta G_{均}{}^{*}$，即异质形核比均质形核更易进行，如图 3-22 所示。θ 越小，球冠的相对体积也越小，因而所需的原子数也就越小，生核功也越低（即 ΔT 越小，如图 3-20 所示），异质形核过程也就越易进行。

图 3-23 为过共晶 Al-Si 合金初生硅的形核及长大情况，中心深颜色为 AlP 异质核心，Si 从其两侧生长，慢慢从两侧包围核心。之所以 AlP 能成为 Si 的核心，是因为 AlP 为闪锌矿晶型，与硅的金刚石晶型相似。其晶格常数为 0.546nm，非常接近硅的晶格常数 0.543nm，且熔点高达 1060℃。

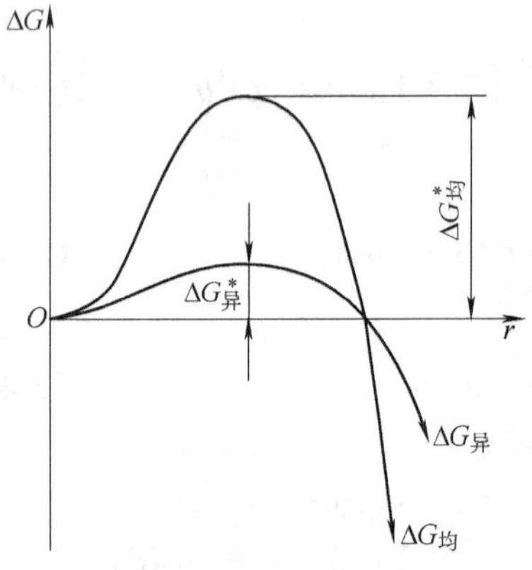

图 3-22　均质和异质形核功

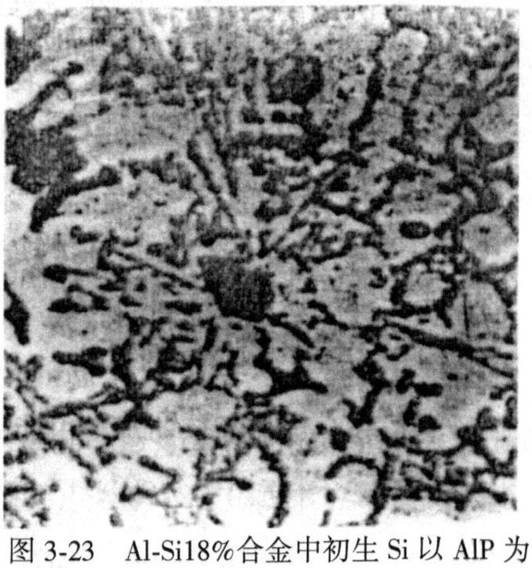

图 3-23　Al-Si18%合金中初生 Si 以 AlP 为核心生长（水淬试样）

如前所述，异质形核的临界晶核是依靠过冷熔体中的相起伏提供的，包含原子数目较少的球冠状临界晶核更易在小过冷度下形成。异质形核的临界生核功也

是由过冷熔体的能量起伏提供的。事实上这个能量起伏就等于形成临界球冠晶核的相起伏时所需的自由能增量。

3.2.3.2 异质形核率

如前所述，同均质形核规律相似，异质形核的形核率为

$$I_{异}=f_1N_1^* =f_1N_L^*\exp\left(-\frac{\Delta G_{异}^*}{k_BT}\right)=f_1N_L^*\exp\left(-\frac{\Delta G_{均}^*f(\theta)}{k_BT}\right) \tag{3-50}$$

$$=f_1N_L^*\exp\left[-\frac{Bf(\theta)}{\Delta T^2}\right]$$

式中，f_1 为单位时间自液相转移到晶核上的原子数；N_L^* 为单位体积中液相与异质核心部位接触的原子数；$B=\dfrac{16\pi\sigma_{CL}^3T_m^2}{3\Delta H^2k_BT}$。

由式（3-50）可知，异质形核率与下列因素有关：

（1）过冷度（ΔT）。过冷度越大形核率越大，如图3-24所示。

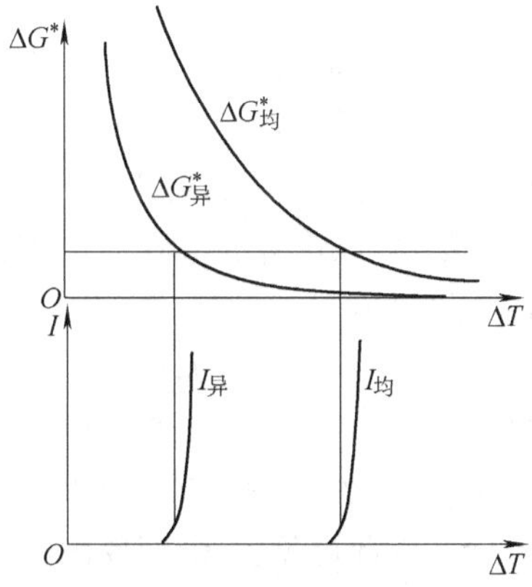

图3-24 异质形核与过冷度的关系曲线

（2）界面。界面由夹杂物的特性、形态和数量来决定。如夹杂物基底与晶核润湿，则形核率大。因影响因素多，润湿角难于测定，可根据夹杂物的晶体结构来确定。当界面两侧夹杂物和晶核的原子排列方式相似，原子间距相近，或在一定范围内成比例时，就可能实现界面共格对应。共格对应关系用点阵失配度 δ 来衡量，即

$$\delta=\frac{|a_s-a_c|}{a_c}\times100\% \tag{3-51}$$

式中，a_s 和 a_c 分别为夹杂物、晶核原子间的距离。$\delta\leqslant5\%$ 为完全共格，形核能力强；$5\%<\delta<25\%$ 为部分共格，夹杂物衬底有一定的形核能力；$\delta>25\%$ 时为不共格，夹杂物衬底无形核能力。这是选择形核剂的理论依据。如 Mg 和 α-Zr，Mg 的晶格常数中 $a=0.3209$nm，$c=0.5120$nm，$T_m=650$℃；α-Zr 的晶格常数 $a=0.3220$nm，$c=0.5133$nm，$T_m=1850$℃。α-Zr 和 Mg 完全共格，α-Zr 可作为 Mg 的强形核剂。

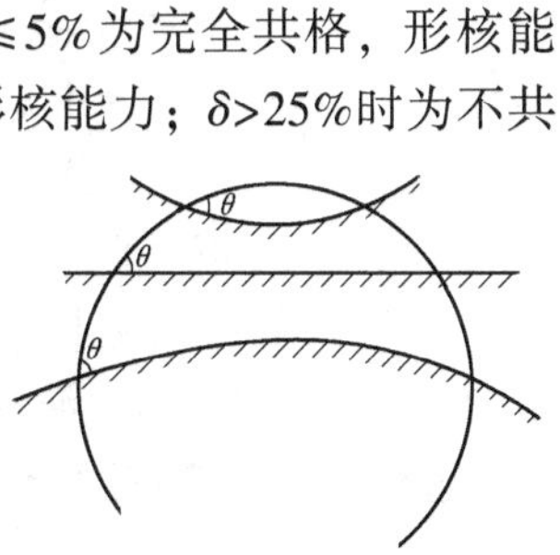

图3-25 异质核心基底形态与核心容积的关系模型

夹杂物基底形态影响临界晶核的体积。如图3-25所示，凹形基底的夹杂物形成的临界晶核的原子数量少，形核率大，因此夹杂物或外界提供的界面越多，

形核率越大。

(3) 液态金属（合金）的过热及持续时间的影响。异质核心的熔点比液态金属的熔点高。但当液态金属过热温度接近或超越异质核心的熔点时，异质核心将会熔化或使其表面活性消失，失去了夹杂物应有的特性，从而会减少活性夹杂物数量，形核率则降低。

3.2.4 纯金属晶体长大

形成稳定的晶核后，液相中的原子不断地向固相核心堆积，使固-液界面不断地向液相中推移，导致液态金属（合金）的凝固。液相原子堆积方式可从宏观和微观来分析。宏观方面是讨论固-液界面的形态，微观方面则讨论液相中原子向固-液界面堆积的方式。

3.2.4.1 晶体宏观长大方式

在晶核长大过程中，固-液界面的形态决定于界面前方液体中的温度分布。

1. 平面方式长大　固-液界面前方液体中的温度梯度 $G_L>0$，液相温度高于界面温度 T_i，这称为正温度分布，如图 3-26 所示。界面前方液相中某处（x）的温度 $T_L(x)$ 为

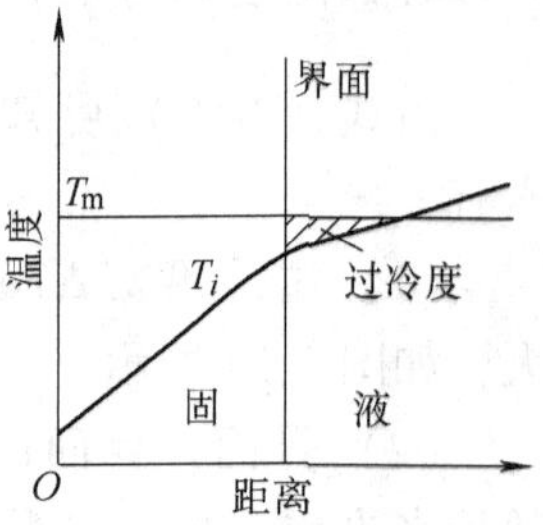

图 3-26　液体中正温度梯度分布

$$T_L(x) = T_i + G_L x \tag{3-52}$$

过冷度

$$\Delta T = \Delta T_k - G_L x \tag{3-53}$$

式中，x 为液相离开界面的距离；$\Delta T_k = T_m - T_i$，一般情况下，其值很小，可忽略不计。由此可见，固-液界面前方的过冷区域及过冷度极小。晶体生长时凝固潜热的析出方向同晶体生长方向相反。一旦某一晶体生长伸入液相区就会被重新熔化，导致晶体以平面方式生长，如图 3-27 所示。

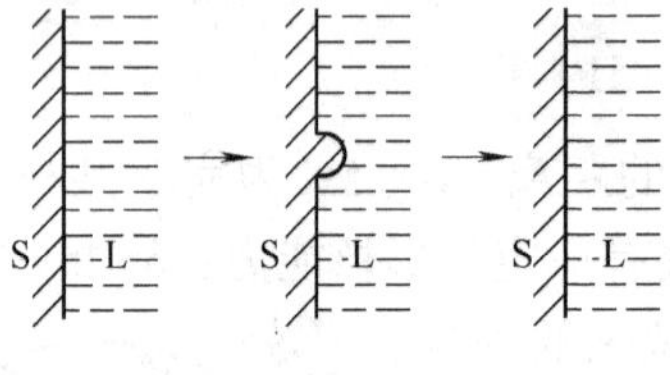

图 3-27　平面生长方式模型

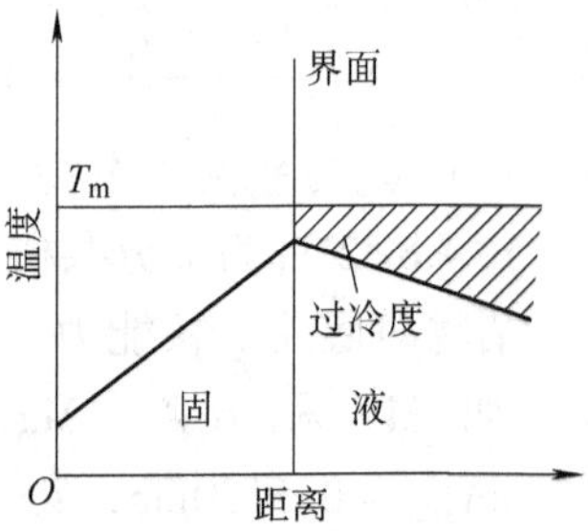

图 3-28　液体中负温度梯度分布

2. 树枝晶方式生长　液-固界面前方液体中的温度梯度 $G_L<0$，液体温度低于凝固温度 T_i，这称为负温度梯度分布，如图 3-28 所示。

界面前方液相中某处（x）的温度 $T_L(x)$ 为

$$T_L(x) = T_i - G_L x = T_m - (\Delta T_k + G_L x) \approx T_m - G_L x \tag{3-54}$$

$$\Delta T = \Delta T_K + G_L x \approx G_L x(\Delta T_k 很小，故可忽略) \quad (3\text{-}55)$$

可见固-液界面前液体过冷度区域较大，距界面越远的液体其过冷度越大。晶体生长时凝固潜热析出方向同晶体生长方向相同。晶体生长方式如图 3-29 所示，界面上凸起的晶体将快速伸入过冷液体中，成长为树枝晶。

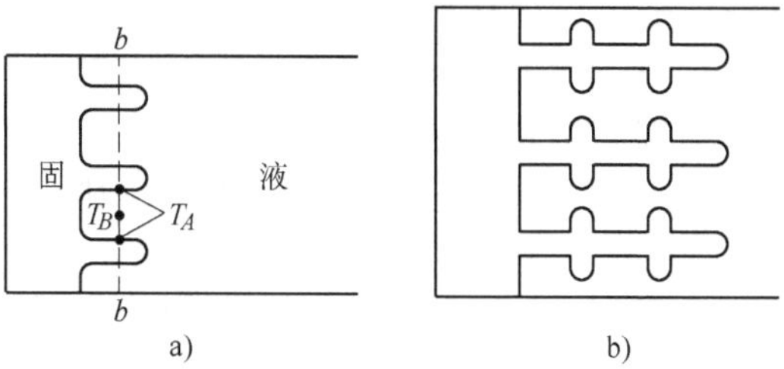

图 3-29　枝晶生长方式模型

a）界面上凸起的晶体　b）树枝晶

3.2.4.2　晶体微观长大方式

晶体的微观长大是液相原子向固-液界面不断堆积的过程，原子堆砌的方式取决于界面结构。而界面结构又是由界面热力学来决定的，稳定的界面结构具有最低的能量。

1. 液-固界面的自由能　晶核一旦形成后，为使其继续长大，液相原子必须向液-固界面上堆砌。因此，晶体的进一步长大，受原子向液-固界面堆砌的动力学条件的影响。晶体长大后的形貌，主要取决于固-液界面原子尺度的特殊结构，这种结构与固-液两相晶体结构及结合键力上的差别密切相关。通常，可以把材料按结晶形貌分成两大类：

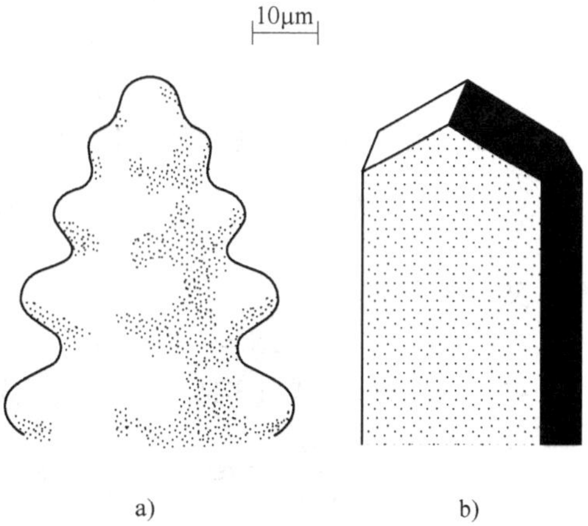

图 3-30　不同界面结构形成的晶体外形

a）小晶面　b）非小晶面晶体长大形貌

一类为小晶面形貌，又称光滑界面。类金属及金属间化合物、矿物、一些有机物晶体属于此类。它们的晶体具有宏观上锯齿状的固-液界面，并显示出结晶面的特征，图 3-30a 为这类晶体的外形。这种晶体的不同晶面长大的速度是不一样的，高指数的晶面，长大时向前（垂直于晶面方向）推进的速度快，最后晶体被低指数晶面包封，从而形成有棱角的外形。

另一类为非小晶面形貌，又称粗糙界面。金属和一些特殊的有机化合物属于此类。它们的晶体具有宏观上光滑的固-液界面，且显示不出任何晶面的特征，图 3-30b 为这类晶体的外形，原子在向固-液界面上堆砌时是各向同性的。原子的供给取决于热流与溶质原子的扩散场，哪个方向传热、传质快，哪个方向就长大得快。与此同时，由于界面能的各向异性，这类晶体在长大方向上有择优取向的倾向，表现在树枝晶的主干有一定的结晶取向。

究竟哪类物质属于非小晶面长大，哪类物质又是属于小晶面长大，这主要取决于它们的熔化熵值，为此，必须首先从固-液界面自由能方面进行讨论。

固-液界面处原子的能量高于固体内部原子的能量，这与失去的结合键成正比。这部分差值转变为表面能。

假定液体原子在界面上堆砌呈无规则，由于这些原子的堆砌，自由能变化为

$$\Delta G_S = \Delta H - T\Delta S = (\Delta U + p\Delta V) - T\Delta S \approx \Delta U - T\Delta S \tag{3-56}$$

若固-液界面上有 N 个位置供原子占据，每个原子与液态原子联系的配位数（仅限于表面这一层）为 n，表面原子与下层固体原子的配位数为 B。晶体内部的配位数为 m，ΔH_0 为单个原子的结晶潜热，一个结合键的能量为 $\Delta H_0/m$。则表面层原子的结合能为

$$\frac{\Delta H_0}{m}(n + B)$$

如果界面上 N 个原子位置只被 N_A 个原子所占据，界面原子实际占据率为 $x=N_A/N$，界面原子实际的结合能为

$$\frac{\Delta H_0}{m}(nx + B) \tag{3-57}$$

因此，由于界面上原子堆砌不满而产生的结合能之差为

$$N_A\left[\frac{\Delta H_0}{m}(n + B) - \frac{\Delta H_0}{m}(nx + B)\right] = \frac{\Delta H_0 N_A}{m}n(1 - x) = \Delta U \tag{3-58}$$

又由热力学得知

$$\Delta S = - Nk[x\ln x + (1 - x)\ln(1 - x)] \tag{3-59}$$

将式（3-58）、式（3-59）代入式（3-56），并整理得

$$\frac{\Delta G_S}{NkT_m} = \alpha x(1 - x) + x\ln x + (1 - x)\ln(1 - x) \tag{3-60}$$

式中

$$\alpha = \frac{\Delta H_0}{kT_m}\left(\frac{n}{m}\right) \tag{3-61}$$

式（3-60）就是固-液界面相对自由能变化与界面上堆砌原子几率的关系，如图3-31所示。固液界面的形态总是力图使其界面自由能最低，这样的状态才最稳定。为求出界面相对自由能变化的最小值，可以对上式进行微分并令之等于0。计算发现：

1）$\alpha<2$ 时，ΔG_S 在 $x=0.5$ 时有一最小值。

2）$\alpha>2$ 时，在 x 值接近于 0 和 1 时 ΔG_S 有最小值。

α 非常大时，ΔG_S 的最小值在 x 近于 1 和 0 时出现。

式（3-61）右边由两项组成：①$\Delta H_0/(kT_m)$，它取决于两相的热力学性质；②n/m，它与晶体结构及界面的晶面指数有关，其值最大为 0.5。

2. 固-液界面的微观结构

（1）粗糙界面。$\alpha \leqslant 2$，$x=0.5$ 时，界面为最稳定的结构。这时界面上有一半位置被原子占据。这些原子散乱地随机分布在界面上，形成一个坑坑洼洼、凹凸不平的界面层，其微观上是粗糙的，称为粗糙界面（也称非小晶面），如图3-32a所示。大多数的金属界面属于这种结构。

（2）光滑或平整界面。当 $\alpha > 2$，$x < 0.05$ 或 $x > 0.95$ 时，界面为最稳定的热力学结构，这时界面上的位置几乎被原子占满，或者说几乎全是空位，其微观上光滑平整，称为平整界面（也称小晶面），如图3-32b所示。大多数非金属及化合物属于这种结构。

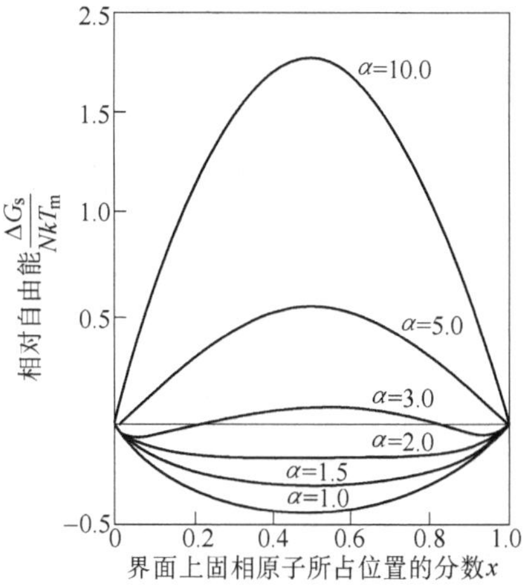

图 3-31　界面自由能变化与界面上原子所占分数的关系

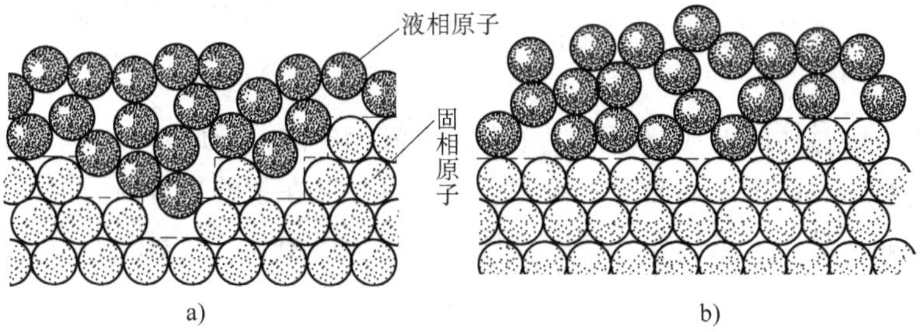

图 3-32　两种界面结构

a）粗糙界面模型　b）平整界面模型

3. 晶体微观长大方式和长大速率　如前所述，晶体的生长是液体中原子向固相界面陆续堆砌的过程，这里所指出的生长方式不是指较宏观的生长方式，如枝晶状生长、平面生长等，而是指原子的堆砌方式，它与固-液界面的结构密切相关。

（1）连续生长机理——粗糙界面的生长。在粗糙的界面上原子只占 50%左右的位置，存在许多空位可作为液体中原子往上堆砌的台阶，这种台阶不仅存在于一个原子层，而且存在于几个原子层内。原子堆砌时受到前方和侧面固相原子的作用，比较稳定，不易脱落或弹回。晶体在生长过程中界面上的台阶始终存在，因此液体中的原子可以在界面上各个地方均匀连续地生长。其特点是：

1）生长的动力学过冷度很小，$\Delta T_k \approx 0.01 \sim 0.05$K。

2）生长速度 R_1 很快，主要由原子的扩散和结晶潜热的导出速度所决定。前者决定了液体中原子向界面上集中并跳跃到界面上的速度，后者决定了界面前

沿总保持一个使界面得以生长的动力学过冷度 ΔT_k。过冷度增大时，生长速度也增大，即

$$R_1 = K_1 \Delta T_k \tag{3-62}$$

式中，K_1 为动力学常数。绝大多数金属以这种方式生长。因此也称其为正常生长方式。

3）连续生长的结果，晶体的棱角不那么分明，在金相观察时晶体的表面是光滑的。

（2）二维生长机理——平整界面的生长。平整的生长界面具有很强的晶体学特征，都是特定的密排晶面，因为这种晶面上原子的结合较强，原子不易脱落。不过，在这样的界面上，液体中原子难以往上堆砌，即使堆砌上以后也很不稳定，容易脱落，因此首先要求在界面上形成台阶，以便原子在其侧面堆砌。如同异质形核那样，在平整的界面上形成一个原子厚度的核心，叫二维晶核，如图 3-33 所示。

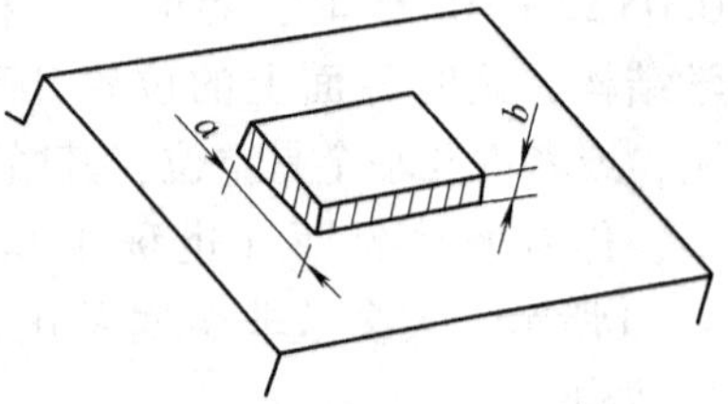

图 3-33 平整界面二维晶核长大模型

由于二维晶核的形成，便产生了台阶，液相中的原子即可源源不断地沿台阶堆砌，使晶体侧向生长。当台阶被完全填满后，又在新的平整界面上形成新的二维台阶，如此继续下去，完成凝固过程。其生长速率 R_2 可表达如下：

$$R_2 = K_2 e^{-B/\Delta T_k} \tag{3-63}$$

式中，K_2、B 为该种生长机理的动力学常数。

（3）从缺陷处生长机理——非完整界面的生长。二维生核生长机理是对理想的平整界面而言的。多数实验表明，即使在远低于上述的临界动力学过冷度的情况下，平整界面晶体仍能以可观的速度进行生长。这些结果并不表明二维生核理论的失败，而是意味着生长过程中存在着某种效应。这些效应能为界面不断提供生长的台阶，从而加速生长过程。晶体中的缺陷，例如位错和孪晶就能产生这些效应。由于它们在晶体生长中普遍存在，因而使得这种生长机理比二维生核生长更具有现实意义，在很多合金中的非金属相都是通过该机理进行生长的。

1）螺旋位错生长。当平整界面有螺旋位错出现时，界面就成为螺旋面，并且必然存在台阶，如图 3-34 所示，液相中的原子不断地向台阶处堆砌，于是一圈又一圈地堆砌直至完成凝固过程。其生长速率 R_3 与过冷度存在以下关系

$$R_3 = K_3 \Delta T_k^2 \tag{3-64}$$

式中，K_3 为动力学常数。

2）旋转孪晶生长。孪晶旋转一定角度后产生台阶，液相中的原子向台阶处

堆砌而侧向生长，如灰铸铁中的石墨，如图 3-35 所示。

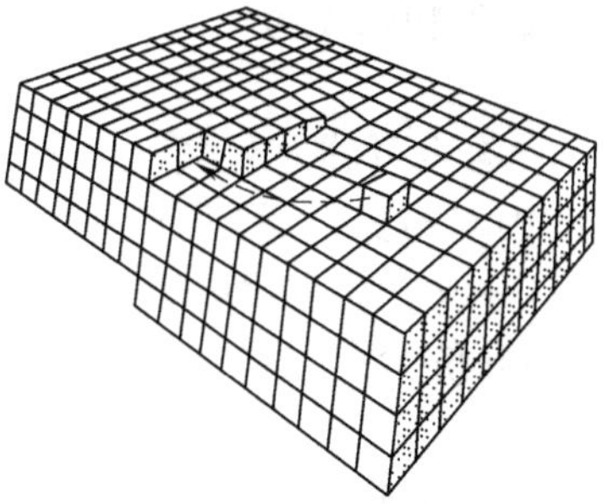

图 3-34　晶体螺旋位错生长模型

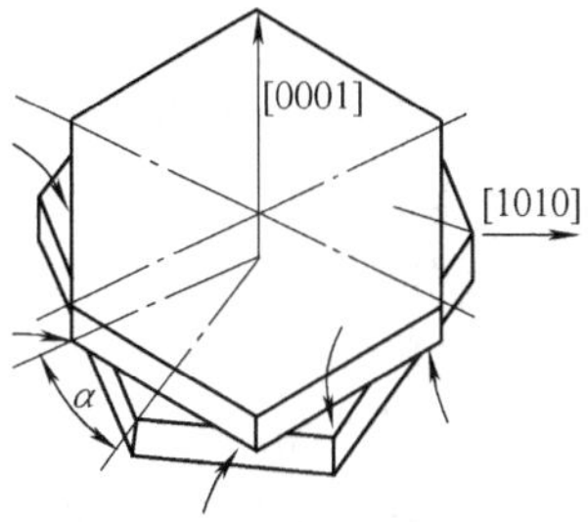

图 3-35　旋转孪晶台阶生长模型

3）反射孪晶生长。由反射孪晶构成的凹角即为台阶，液相中的原子向凹角处堆砌而生长，如 Ge、Si、Bi 晶体的生长属于这种方式，如图 3-36 所示。

4. 过冷度对晶面性质及动力学的影响　图 3-37 为前述三种主要生长机理的生长速率与过冷度之间的关系比较。生长速率最快的是粗糙界面的连续生长。因为其生长界面上分布有大量现成的台阶，液相原子可以在界面各处堆砌而连续生长；螺旋位错生长机理的速率小于前者。当 ΔT_K 增大时，界面上螺旋位错密度增加，生长加快。当过冷度达到 $\Delta T_K'$ 后，界面上螺旋位错大量增加，其密度很高，犹如粗糙界面一样。这时二者生长动力学规律相同，界面生长机理便从螺旋位错生长机理过渡到连续生长；通过二维生核生长需要很大的过冷度，因此只有当 ΔT_K 达到临界值 $\Delta T_K''$ 后，二维生核才大量增加，生长速率也迅速加快。当界面上二维晶核密度达到如此之高，以致与粗糙界面相似，则两者生长动力学规律趋于一致，于是生长机理便从二维生长过渡到连续生长。

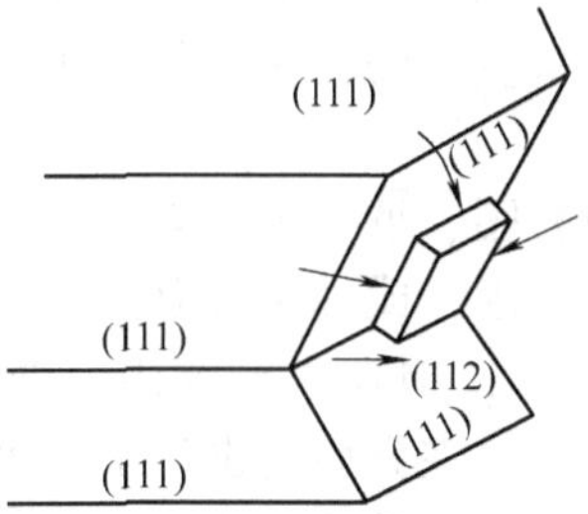

图 3-36　反射孪晶生长模型

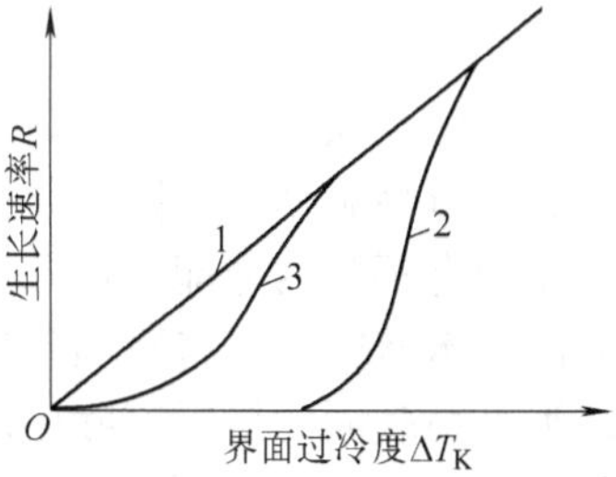

图 3-37　三种晶体生长机理的生长速率与过冷度的关系

1—连续生长　2—二维生长　3—螺旋生长

由此可见，晶体的界面结构、生长机理及其动力学规律不仅与前述的热力学参数 α 有关，而且还受到生长动力学因素 ΔT_K 的影响。

3.3 液态金属在凝固过程中的传质及液体流动

根据液态合金在结晶过程中晶体形成的特点，合金可分为两大类：凝固时只析出一个固相的合金（不考虑固相线温度以下的固态相变），称为单相合金，如固溶体、金属间化合物等（纯金属结晶时析出单一成分的金相组织，可视作单相合金结晶的特例）；凝固时同时析出两个以上新相的合金，称为多相合金，如具有共晶、包晶或偏晶转变的合金。

本节主要讨论单相合金凝固过程中溶质的再分配规律。

3.3.1 凝固过程中的传质

液态金属在凝固过程中各组元会按一定规律分配，它决定着凝固组织的成分分布和组织结构。液态合金凝固过程中溶质传输的结果，使溶质在固-液界面两侧的固相和液相中进行再分配。掌握凝固过程中溶质再分配的规律，是控制晶体生长行为的重要因素，也是在生产实践中控制各种凝固偏析的基础。

根据菲克第一定律和第二定律来描述固相和液相内溶质传输的基本规律，即：

菲克第一定律
$$J_c = -D\frac{\partial w_c}{\partial n} \tag{3-65}$$

菲克第二定律
$$\frac{\partial w_c}{\partial t} = D\nabla^2 w_c \tag{3-66}$$

式中，J_c 为溶质扩散通量；D 为溶质扩散系数；w_c 为溶质的质量分数；n 表示某点与固-液界面在法线方向上的距离；∇ 为拉普拉斯算子，$\nabla^2 w_c = \frac{\partial^2 w_c}{\partial^2 x^2} + \frac{\partial^2 w_c}{\partial y^2} + \frac{\partial^2 w_c}{\partial z^2}$。

合金的凝固一般在某一温度区间进行（除纯金属外）。凝固过程中溶质的再分配是合金热力学特性和动力学因素共同作用的结果。不同的凝固条件决定了溶质在固相和液相中有不同的分配规律。

在近代凝固技术研究中，将凝固条件分为平衡凝固、近平衡凝固和非平衡凝固三种方式。近平衡凝固为接近实际生产条件下的凝固，或称正常凝固。尽管这种凝固方式下的溶质分配一般不遵循热力学常数规律，但在小范围内，即固-液界面紧邻处仍接近平衡凝固条件。而非平衡凝固，即使在界面处也达不到平衡凝固条件。下面我们分别讨论在这三种条件下凝固过程中溶质的再分配规律。

3.3.1.1 平衡凝固条件下的溶质再分配

由于合金的凝固一般在某一温度内区间进行，假定长度为 L 的一维体缓慢地自左至右定向凝固，溶质在固相和液相中都充分均匀扩散，固-液界面保持为平面生长，凝固过程完全按平衡相图进行，溶质再分配的物理模型如图 3-38a、b、 c、d 所示。

图 3-38a 为平衡相图。若液态合金原始成分为 C_0。当温度下降到 T_L 时开始凝固，用 f_S 表示固相的体积百分含量，其中溶质含量为 k_0C_0，液相的体积百分数为 f_L；此时，液相中溶质浓度几乎不变，如图 3-38b。温度下降至 T^* 时固相和液相中溶质浓度分别为 C_S^* 和 C_L^*（见图 3-38c）。把两者之比定义为平衡分配系数 k_0，则

$$k_0 = \frac{C_S^*}{C_L^*} \tag{3-67}$$

因为

$$C_Sf_S + C_Lf_L = C_0$$

可得

$$C_S = \frac{C_0k_0}{1 - f_S(1 - k_0)} \tag{3-68}$$

$$C_L = \frac{C_0}{k_0 + f_L(1 - k_0)} \tag{3-69}$$

可见，在这样的假设条件下，平衡凝固时溶质的再分配仅决定于热力学参数 k_0，而与动力学无关。凝固开始时，$f_S \approx 0$，$f_L \approx 1$ 则 $C_s = C_0k_0$，$C_L = C_0$；凝固将结束后，$f_S \approx 1$，$f_L \approx 0$，则 $C_S = C_0$，就是说，凝固进行时虽然存在溶质的再分配，但凝固结束时，固相的成分为液相合金的原始成分 C_0（图 3-38d）。

3.3.1.2 近平衡凝固条件下的溶质再分配

在生产中通常的冷却条件下，溶质在液态合金中的扩散系数只有 $10^{-9}m^2/s$ 数量级，在固态中的扩散系数只有 $10^{-12}m^2/s$ 数量级。也就是说，溶质的扩散进程远远落后于凝固进程。因此，实现平衡凝固十分困难。由于近平衡凝固条件比较复杂，为了便于分析，我们不计溶质在固相中的扩散，根据不同的传质条件，将单相合金的溶质再分配规律归纳为以下三种情况：

1. 液相均匀混合　如前所述，溶质在固相中的扩散系数比在液相中的扩散系数小几个数量级，故认为溶质在固相中无扩散是比较接近实际情况的。溶质在液相中充分扩散、对流，特别是在外力的强烈搅拌下可以达到均匀混合（图 3-38a、b、e、f）。

与平衡凝固时一样，凝固开始，析出固体的溶质浓度为 k_0C_0，液相中溶质浓度接近于 C_0。当温度下降至 T^* 时，界面已推进到某一距离，此时界面液相一侧的溶质浓度为 C_L^*，固相一侧的浓度为 C_S^*，如图 3-38e 所示。凝固将结束时，固相中溶质含量为 C_{sm}，即相图中的溶质最大含量；而液相中的溶质为共晶成分 C_E，如图 3-38f 所示。

如图 3-38e 所示，设在温度 T^* 析出固相量的百分含量为 df_S，排出的溶质含量为（$C_L^* - C_S^*$）df_S。这部分溶质将均匀地扩散至整个液相中，使液相中溶质增加 dC_L^*，则

$$(C_L^* - C_S^*)df_S = (1 - f_S)dC_L^* \tag{3-70}$$

将 $C_L^* = \dfrac{C_S^*}{k_0}$ 代入上式，得

$$\frac{dC_S^*}{C_S^*} = \frac{(1-k_0)df_S}{1-f_S} \tag{3-71}$$

积分得 $$\ln C_S^* = (k_0-1)\ln(1-f_S) + \ln C$$

因 $f_S=0$ 时，$C_S^* = k_0C_0$，代入上式得积分常数 $C=k_0C_0$，可得近平衡杠杆定律：

$$C_S^* = k_0C_0(1-f_S)^{k_0-1} \tag{3-72}$$

同理 $$C_L^* = C_0f_L^{k_0-1} \tag{3-73}$$

此定律即为著名的 Scheil 方程。由于推导时采用了假设条件，故其表达式是近似的，特别是在接近凝固结束时是无效的。因为没有到达凝固结束时，液相中溶质含量就达到共晶成分而进行共晶凝固，这就违背了单相凝固的条件。可见单相凝固合金固相中的最高溶质含量为平衡相图中标出的溶质饱和度。同时，不管液态合金中的溶质含量如何低，其中总有部分液体最后进行共晶凝固而获得共晶组织。

2. 液相在有限扩散条件下的溶质再分配　溶质在液相中只有有限扩散而无对流是另一种极端情况。如图 3-38a、b、g、h、i 所示。凝固开始时与平衡凝固一样，析出固相的溶质浓度为 k_0C_0，液相中的溶质含量为 C_0。

凝固初期，固相成分沿固相线变化，液相成分沿液相线变化，在固-液界面处两相局部平衡，即 $C_S^*/C_L^* = k_0$，如图 3-38g 所示。远离界面的液相成分保持 C_0。此时的溶质再分配遵循下述规律：

$$C_S = C_0\left[1-(1-k_0)\exp\left(-\frac{k_0R}{D_L}x\right)\right] \tag{3-74}$$

随着凝固过程的继续，界面前沿溶质不断富集，C_L^* 与 C_S^* 都相应升高，如图 3-38h 所示。当 $C_L^* = \dfrac{C_0}{k_0}$，$C_S^* = C_0$，初期过渡阶段结束而进入稳态凝固阶段，此时固相中排出的溶质量等于界面处向液相中扩散的溶质量，界面处两相成分不变。

以界面为原点，在距界面 x' 处，液相的浓度 $C_L(x')$ 取决于两个因素的综合作用。

1）液相中有限的扩散作用，根据菲克第二定律得 $\dfrac{dC_L(x')}{dt} = -D_L\dfrac{d^2C_L(x')}{dx'^2}$。

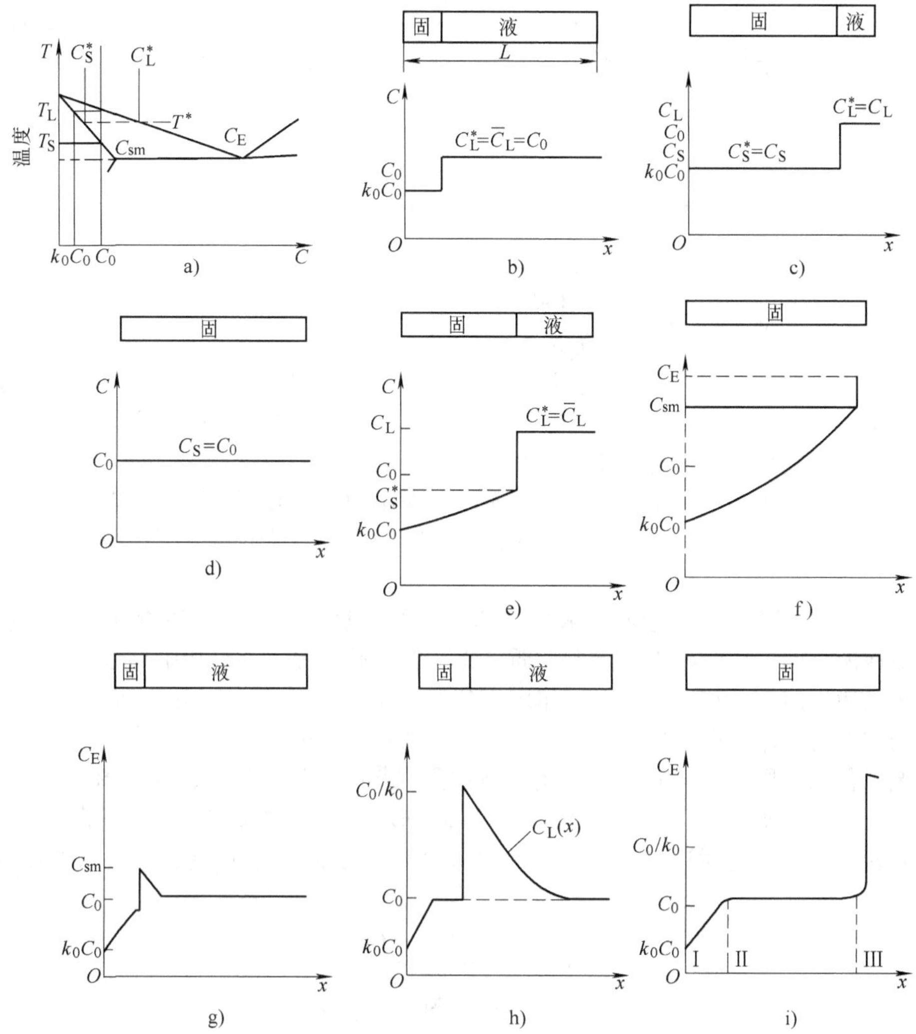

图 3-38　凝固过程中的溶质再分配物理模型

a）相图　b）凝固开始时溶质分布　c）、d）平衡凝固时的溶质分布

e）、f）液相均匀混合的溶质分布　g）、h）、i）液相为有限扩散时的溶质分布

2）凝固时固相排出溶质，它所引起的浓度变化为 $R\dfrac{\mathrm{d}C_L(x')}{\mathrm{d}x'}$。

$$R\frac{\mathrm{d}C_L(x')}{\mathrm{d}x'} = -D_L\frac{\mathrm{d}C_L^2(x')}{\mathrm{d}x'^2} \tag{3-75}$$

即

$$D_L\frac{\mathrm{d}C_L^2(x')}{\mathrm{d}x'^2} + R\frac{\mathrm{d}C_L(x')}{\mathrm{d}x'} = 0 \tag{3-76}$$

式（3-76）的通解为

$$C_L(x') = A + Be^{-\frac{Rx'}{D_L}} \tag{3-77}$$

根据边界条件，$x'=0$，$C_L(x') = C_0/k_0$；$x'=\infty$，$C_L(x') = C_0$，得 $A=C_0$，$B=\frac{1-k_0}{k_0}C_0$。

故
$$C_L(x') = C_0\left[1 + \frac{1-k_0}{k_0}\exp\left(-\frac{R}{D_L}x'\right)\right] \tag{3-78}$$

显然，$C_L(x')$ 随着 x'的增加迅速地下降至 C_0。

当 $x'=\frac{D_L}{R}$时，$C_L=C_0\left(\frac{k_0e+1-k_0}{k_0e}\right)$。

凝固后期，液相中的溶质扩散受到末端边界的阻碍而无法进行，如图 3-38i 所示Ⅲ区。由于终止瞬态区很窄，可认为整个液相区内溶质分布是均匀的。因此，其数学模型可近似地用式（3-73）表示。

在实际生产中，总是希望扩大稳态区而缩小初始期和凝固后期，以获得无偏析的材质或成形产品，这也是我们讨论分析凝固过程中溶质再分配规律的意义所在。

3. 液相既有对流，也有扩散的溶质再分配　这种情况是一种介于上述两种极端情况之间，比较接近实际的传质过程。在这种情况下，液相中靠近界面处有一扩散边界层，既存在一个对流作用不到的薄层，其厚度设为 δ；这层以外的液体因有对流作用得以保持均匀的成分。如果液相容积很大，它将不受已凝固层的影响，仍保持原始成分 C_0；而边界层 δ 内则只靠扩散进行传质，固相内 C_S^* 的值不再是 C_0，而是略小于 C_0 的值，如图 3-39 所示。达到稳态后，微分方程式（3-76）仍然有效。此时边界条件为：$x'=0$，$C_L=C_L^*$；$x'=\delta$，$C_L=C_0$。代入通解式（3-77）得

$$A = C_L^* - \frac{C_L^* - C_0}{1 - \exp\left(-\frac{R}{D_L}\delta\right)}$$

$$B = \frac{C_L^* - C_0}{1 - \exp\left(-\frac{R}{D_L}\delta\right)}$$

将 A、B 值代入式（3-77）得特解

$$\frac{C_L(x') - C_0}{C_L^* - C_0} = 1 - \frac{1 - \exp\left(-\frac{R}{D_L}x'\right)}{1 - \exp\left(-\frac{R}{D_L}\delta\right)} \tag{3-79}$$

在液体容积有限的情况下，在凝固过程中，溶质富集层 δ 外的液相成分将逐步提高，以其平均值$\overline{C_L}$表示，上式可写成

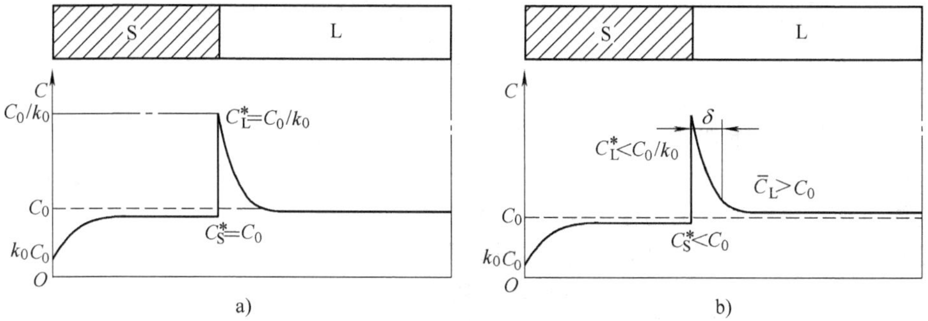

图 3-39 液相部分混合时溶质再分配模型

a) 液相容积足够大 b) 液相容积有限

$$\frac{C_L(x') - \overline{C_L}}{C_L^* - \overline{C_L}} = 1 - \frac{1 - \exp(-\frac{R}{D_L}x')}{1 - \exp(-\frac{R}{D_L}\delta)} \tag{3-80}$$

如液相中只有扩散，没有对流的情况下，$\delta\to\infty$，由式（3-79）可导出溶质再分配规律如式（3-78）所示。

当达到稳态时，固相排出的溶质等于扩散至液相中的溶质，即

$$-D_L\frac{dC_L(x')}{dx'}\bigg|_{x'=0}Adt = RAdt(C_L^* - C_S^*)$$

则

$$-D_L\frac{dC_L(x')}{dx'}\bigg|_{x'=0} = R(C_L^* - C_S^*) \tag{3-81}$$

求式（3-79）在 $x'=0$ 处的导数，得

$$D_L\frac{dC_L(x')}{dx'}\bigg|_{x'=0} = -R\frac{C_L^* - C_0}{1 - \exp(-\frac{R}{D_L}\delta)} \tag{3-82}$$

以上两式相等，即得

$$(C_L^* - C_S^*) = \frac{C_L^* - C_0}{1 - \exp(-\frac{R}{D_L}\delta)}$$

将 $C_S^* = k_0C_L^*$ 代入整理得

$$C_L^* = \frac{C_0}{k_0 + (1-k_0)\exp(-\frac{R}{D_L}\delta)} \tag{3-83}$$

$$C_S^* = \frac{k_0C_0}{k_0 + (1-k_0)\exp(-\frac{R}{D_L}\delta)} \tag{3-84}$$

可以看出，一定成分的合金在液相中存在部分对流的情况下，对流越强，δ 越小，则 C_S^* 越小。同时，凝固速率 R 越大，C_S^* 越趋近于 C_0；R 越小，C_S^* 值越远离 C_0。

现代凝固技术如快速凝固、激光重熔及合金雾化冷却凝固等，则是绝对意义上的非平衡凝固。此时已不遵循热力学规律，其 C_S^* 和 C_L^* 的比值趋近于 1。其传质过程主要取决于动力学因素，其分布规律尚未完全掌握。

3.3.2 凝固过程中的液体流动及其对凝固组织的影响

凝固过程中液体的流动有自然对流和强迫对流两种方式。

自然对流是由浮力和凝固收缩引起的流动。在凝固过程中，由溶质再分配引起液态合金密度不均匀，密度小的液相上浮，密度大的液相下沉，称为双扩散对流。凝固收缩引起的对流主要产生在枝晶之间。

强迫对流是指液体在压力头、机械搅拌、铸型振动及外加电磁场等作用的驱动下而产生的流动。

3.3.2.1 凝固过程中液相区的液体流动

1. 稳态温度场下的对流　在凝固过程的自然对流中，无外乎存在由温度差引起的温差对流和浓度差引起的浓度对流两种。我们先来研究温差对流。在一块温度为 T_2 的无限大热板和一块温度为 T_1 的无限大冷板之间，因温差的作用，液体将产生自然对流。

根据格拉肖夫数（Grashof number），因温度差引起的对流强度 G_T 为

$$G_T = \frac{\rho_0^2 \beta g l^3 \Delta T}{\eta^2} \tag{3-85}$$

式中，$\Delta T = T_2 - T_1$；ρ_0 为平均温度下的液体密度；β 为液体的膨胀系数；η 为动力粘度；l 为两个平板间距的 1/2。G_T 大的体系，其对流强度大，即对流速度大。同理，对因浓度差所引起的对流强度，格拉肖夫数可表示为

$$G_C = \frac{\rho_0^2 \beta g l^3 \Delta C}{\eta^2} \tag{3-86}$$

式中的 ΔC 为浓度差。格拉肖夫数的大小决定了自然对流的速度，因而它也是温差或浓度差引起的自然对流的驱动力。

在非稳态温度场下的温差对流和浓度差对流强度可用雷垒数（Rayleigh number）计算，其表达式如下：

$$R_a = \frac{\beta g l^3 \Delta T}{a \nu} \tag{3-87}$$

式中，a 为热扩散系数；ν 为运动粘度。R_a 值大时，液体的对流强烈。

2. 对流对凝固组织的影响　液相区液体的对流影响凝固组织的形态。以低熔点类透明有机物为例可观察到，较弱的对流，能使平行于凝固界面的定向凝固的枝晶间距增大；当对流强度较大时，原来的主轴晶甚至无法生长，而在背流处

形成新的主轴晶，并与原来的主轴晶竞相生长，获得一种特殊的凝固组织，即穗状晶；当对流方向与凝固界面垂直时，可能产生比较严重的宏观偏析。强烈的紊流可能冲刷新形成的枝晶臂，而造成晶粒繁殖，对细化等轴晶有一定的帮助。

3.3.2.2 枝晶间的液体流动

在凝固过程中，无论是由于凝固时的收缩还是由于液体成分变化引起的密度改变等，都会引起枝晶间的液体流动。枝晶间的距离很小，一般在 10μm 数量级，因此，枝晶间液体流动类似于多孔性介质中的流动，而且液体的流量随时间在减少；但由于固-液两相密度不同及散热降温的影响，液体在枝晶间的流动又比流体在多孔性介质中的流动复杂得多。

根据达西（Darcy）定理，流体通过多孔性介质的速度可表示为

$$v = -\frac{k}{\eta f_{\mathrm{L}}}\nabla p \tag{3-88}$$

式中，k 为介质的透气性；∇p 为压强梯度，其大小取决于大气压力 p_0 和液体金属的液压头 ρgy；f_{L} 为液体体积分数，它取决于枝晶间距大小。对于一维的圆柱试样，液体沿轴向枝晶间的流动速度为

$$\overline{v_x} = -\frac{k}{\eta f_{\mathrm{L}}}\frac{\partial p}{\partial x} \tag{3-89}$$

压强的表达式为

$$p = p_0 - \frac{\beta a \eta}{2(1-\beta) v f_{\mathrm{L}}^2}[L^2 - x^2] + \rho g y \tag{3-90}$$

式中，L 为圆柱体长度，x 为距冷端的距离。由式（3-90）可见，右边的第二项为枝晶造成的压头损失。当液体体积分数越小时，压头损失越大；若距冒口的距离越远（x 越小），压头损失也越大，如图 3-40 所示。

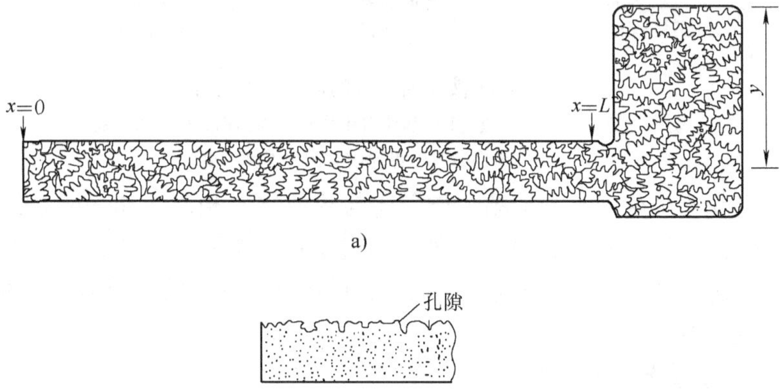

图 3-40 在一端加冒口的具有较宽凝固区间的合金薄片铸件中孔隙形成的示意图

a）薄片铸件凝固过程 b）薄片末端全部凝固后形成的表面孔隙

通过以上分析，我们可以看出，在金属凝固过程中，靠枝晶间的自然流动实现补缩是很困难的。采用增加压头 y 及压力条件下凝固，如压力铸造等技术，可大大减小缩松。材质凝固成形后，进行锻造加工也可减少或消除枝晶间的缩松。

3.4　凝固过程中成分过冷及其对晶体生长形态的影响

本节重点研究单相合金凝固过程中固-液界面前沿局部热流和成分变化对晶体生长形态的影响。

3.4.1　凝固过程中成分过冷的形成

3.4.1.1　固-液界面前沿的温度分布

控制晶体生长的重要因素就是固-液界面前沿的局部温度分布。固-液界面前沿有两种不同的温度分布方式：

（1）正温度梯度分布。如图 3-41a 所示。晶体的生长方向和热流方向（热量散失方向）相反。如铸件（锭）中柱状晶的生长过程或一般的单向凝固过程等。

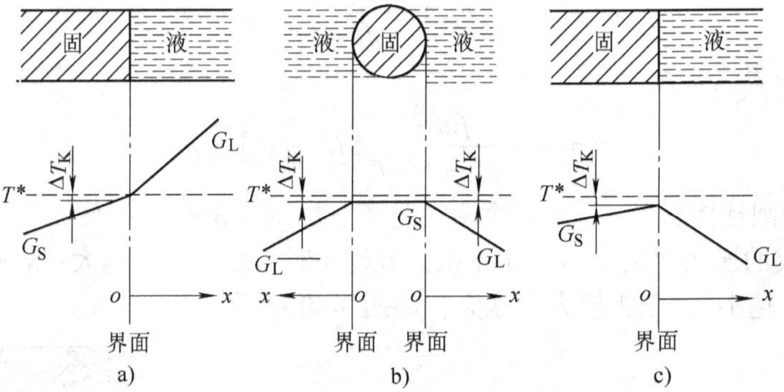

图 3-41　固-液界面前方的局部温度分布

a）界面前方的正温度梯度　b）晶体自由生长下界面前方的负温度梯度

c）晶体单向生长下界面前方的负温度梯度

（2）负温度梯度分布。结晶生长方向与热流方向相同。如一般熔体内部晶体的自由生长过程（图 3-41b）。此外，当整个熔体被强烈冷却，在型壁生核以前就使熔体处于很大过冷之下时，单向生长的晶体界面前沿也能形成这种温度分布形式（图 3-41c）。

3.4.1.2　成分过冷产生的条件

由于纯金属成分单一，凝固过程完全依赖于热扩散，这样的凝固条件下所产生的过冷称为热过冷。热过冷度 ΔT_k 为理论凝固温度 T_m 与实际温度 T_2 之差，即

$$\Delta T_k = T_m - T_2 \tag{3-91}$$

如前所述，合金在凝固过程中，在固-液界面前沿的液相侧中建立了一个溶质富集区。这种溶质的富集，将导致液相的理论凝固温度的变化。如图 3-42b 所示，这种固-液界面前沿溶质富集的结果，必然导致界面处溶质含量最高，离界面越远溶质含量越低。对照二元平衡相图 3-42a，不难看出在界面处（溶质富集处）平衡液相线温度 T_2 最低，离界面越远，溶质含量越低，液相线温度就越高，最后将接近于原始成分合金的温度 T_0。将界面前沿的实际温度分布 $T(x')$ 与因溶质富集造成的平衡液相线温度相对于界面距离变化的曲线 $T_L(x')$ 相叠加，可得如图 3-42c。图中阴影部分为成分过冷区。根据平衡相图 3-42a，假设液相线斜率为 m_L，稳态时固-液界面处温度 T_i 为

$$T_i = T_m - m_L C_0/k_0 \tag{3-92}$$

界面处的成分过冷度 ΔT_k 为

$$\Delta T_k = T_i - T_2 = T_m - m_L C_0/k_0 - T_2 \tag{3-93}$$

式中，T_2 为界面处的实际温度。

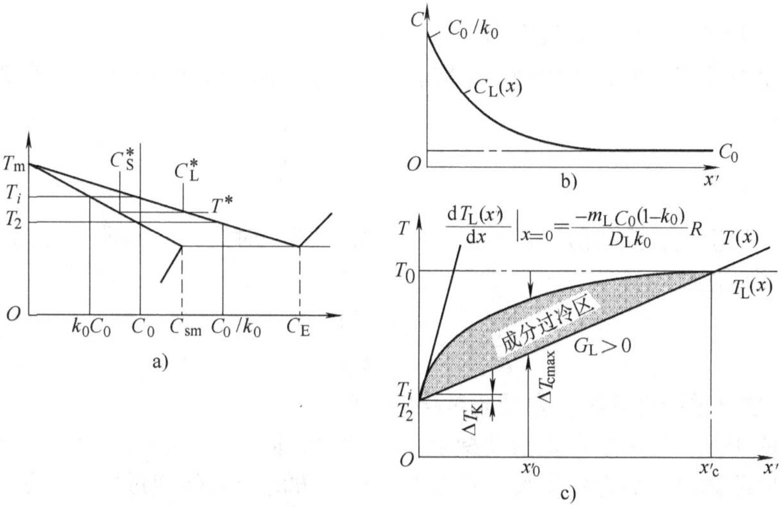

图 3-42 固-液界面前沿液相中形成成分过冷模型

同上，如图 3-42c，在固-液界面前沿任意一点 x'_0 处，平衡液相温度（即理论凝固温度）$T_L(x')$ 与实际温度 $T(x')$ 之差 ΔT_c，即

$$\Delta T_c = T_L(x') - T(x') \tag{3-94}$$

我们将这种由固-液界面前沿溶质的再分配引起的过冷命名为成分过冷。显然，产生成分过冷除了必须具备固-液界面前沿溶质富集的条件以外，固-液界面前沿液相的实际温度分布梯度 G_L 必须达到一定的值。

由图 3-42c 还可以看出，界面在生长过程中一旦出现扰动，向液相中凸出，

原来平面生长的稳定状态便会被打破，因为突出部位液相中的过冷度更大，从而发展成胞状或树枝状的生长界面。

下面我们来推导成分过冷的判据。

当固-液界面前沿液相的实际温度分布梯度 G_L 小于液相平衡温度梯度时，即

$$G_L \leqslant \left.\frac{dT_L(x')}{dx'}\right|_{x'=0} \tag{3-95}$$

而

$$\frac{dT_L(x')}{dx'} = -m_L \left.\frac{dC_L(x')}{dx'}\right|_{x'=0} \tag{3-96}$$

根据式（3-81），则有

$$\left.\frac{dC_L(x')}{dx'}\right|_{x'=0} = -\frac{R}{D_L}(C_L^* - C_S^*) \tag{3-97}$$

通过式（3-95）、式（3-96）、式（3-97）和 $C_S^* = k_0 C_L^*$ 联立整理，可得

$$\frac{G_L}{R} \leqslant -\frac{m_L C_S^*(1-k_0)}{k_0 D_L} \tag{3-98}$$

式（3-98）就是成分过冷判别式或判据。

如果不考虑对流，在达到稳态时，$C_s^* = C_0$，带入式（3-98），成分过冷判据便成为：

$$\frac{G_L}{R} \leqslant -\frac{m_L C_0(1-k_0)}{k_0 D_L} \tag{3-99}$$

当对流很强，液相溶质均匀混合时，如果任一时刻液相溶质成分为 C_∞，成分过冷判据便成为：

$$\frac{G_L}{R} \leqslant -\frac{m_L C_\infty(1-k_0)}{k_0 D_L} \tag{3-100}$$

3.4.2 成分过冷对单相合金凝固过程的影响

如前所述，纯金属在正温度梯度下凝固时，固-液界面只能以平面方式向前推进，即晶体以平面方式生长。只有在界面前方的液体强烈过冷（负温度梯度）的条件下，晶体才以树枝晶方式生长。

合金凝固除受热过冷的影响外，更重要的是还要受到成分过冷的影响。

对一般单相合金而言，虽然成分过冷对凝固过程的影响与热过冷对纯金属凝固过程的影响在本质上是相同的，但单相合金的凝固过程同时受溶质再分配的制约。同纯金属一样，在无成分过冷时，凝固界面为平面；在负温度梯度（$\frac{dT(x')}{dx'} < 0$）条件下，晶体生长呈树枝状形态。在正温度梯度（$\frac{dT(x')}{dx'} > 0$）时，晶体的生长方式呈多样性；成分过冷较小时为胞状生长，随着成分过冷的增大（即

温度梯度的减小），晶体由胞状晶变为柱状晶、柱状枝晶和自由树枝晶（等轴枝晶），如图 3-43 所示。

3.4.2.1　无成分过冷的平面生长

如果单相合金晶体生长不符合成分过冷条件，即

$$\frac{G_L}{R} \geqslant \frac{m_L C_0(1-k_0)}{D_L k_0} \tag{3-101}$$

如图 3-43a 所示，界面只能以平面生长方式生长（图 3-43b）。从而获得成分完全均匀的单相固溶体柱状晶甚至单晶体。

由于单相合金晶体生长同时受到传质过程的影响，只有在温度梯度很高，而且生长速度很低的条件下，才可能保持平界面生长方式；另外，合金的性质也会影响晶体生长方式。

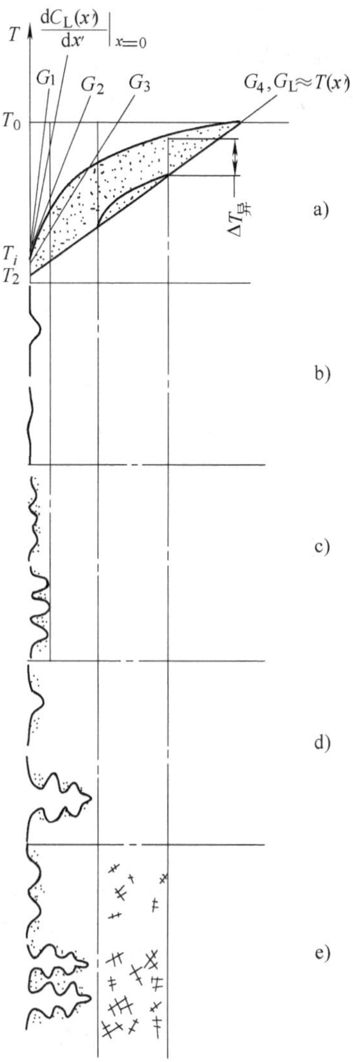

图 3-43　成分过冷对晶体生长方式的影响
a）成分过冷　b）平界面生长
c）胞状生长　d）柱状生长
e）等轴晶生长

3.4.2.2　窄成分过冷区的胞状生长

在固-液界面液相侧存在一个非常狭窄的成分过冷区时，如图 3-43a 中温度分布梯度 G_2 所示。界面出现的任何凝固扰动，对宏观平坦的界面产生的任何凸起，都将面临较大的过冷，而以较快的速度向前长大。同时，不断向周围的熔体中排出多余的溶质，相邻凸起部分之间的凹陷区域溶质浓度增加，而凹陷区域的溶质向溶体扩散比凸起部分更困难，从而导致凹陷部分溶质进一步富集（图 3-43c），降低了凹陷区域熔体的凝固温度，抑制了凸起晶体的横向生长，并形成一些由低熔点溶质汇集区所构成的网格状沟槽。凸起晶体前端的生长受成分过冷区宽度的限制，不能自由地向前伸展。这样，不稳定的宏观平坦界面就转变成一种稳定的、由许多近似于旋转抛物面的凸出圆胞和网络状凹陷的沟槽所构成新的界面形态，这种形态称为胞状晶。以胞状晶向前推进的生长方式，称为胞状晶生长方式。如图 3-44 所示就是 Fe-C-Ni-Cr 合金定向凝固时，界面出现许多的胞状晶的形态。

试验表明，形成胞状晶生长方式的成分过冷的宽度约在 0.01～0.1cm 之间。

当溶质浓度增大或冷却速度增加时，胞状晶则由不规则变成规则的正六边形，最后变成树枝晶，如图 3-45 所示。

3.4.2.3 较宽成分过冷区的柱状树枝晶生长

当液-固界面前沿液相中的温度梯度进一步减小时，如图 3-43a 中 G_3 所示，成分过冷区会进一步加宽，原来垂直于固-液界面的胞状凸起（胞状晶）的前端随着 G_L/R 比值的减小和溶质浓度的增加，将面临更大的成分过冷。

图 3-44 Fe-C-Ni-Cr 合金定向凝固胞状晶扫描电镜照片

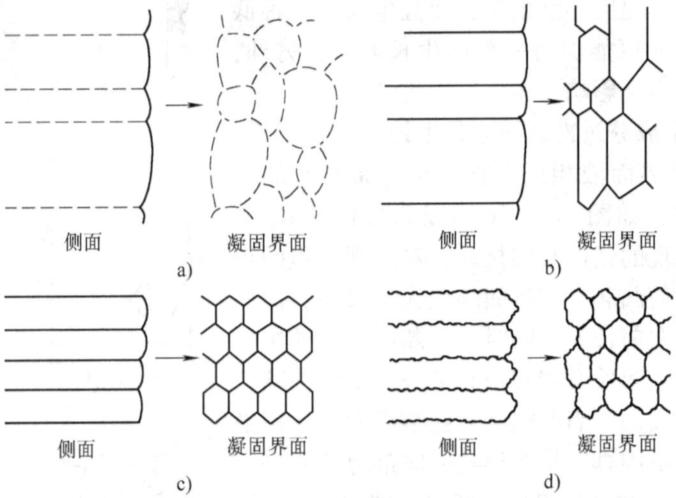

图 3-45 溶质浓度或冷却速度增大引起晶体生长形状的变化

此时凸起的胞晶将向熔体内伸展更远，原来胞晶的抛物状界面逐渐变得不稳定。晶胞生长方向开始转向优先的结晶生长方向，胞晶的横向也将受晶体学因素的影响而出现凸缘结构（图 3-46b）。当成分过冷加强时，凸缘上又会出现锯齿结构（图 3-46d），即二次枝晶。甚至二次枝晶在随后的生长中又会在其前端分裂出三次枝晶。这种出现二次枝晶以上的胞晶称为胞状树枝晶，或称柱状树枝晶。

随着分枝的不断产生，成分过冷区迅速形成树枝晶骨架（图 3-43d），使剩余液体中的溶质不断富集，熔点不断降低，致使分枝周围熔体的过冷很快消失，分枝便停止分裂和生长。于是，分枝侧面往往以平面生长方式完成其最后的凝固过程。

单相合金柱状树枝晶不同于热过冷条件下纯金属的柱状晶。单相合金柱状树枝晶的生长是一种热量通过固相散失的约束生长。生长过程中，单相合金柱状树枝晶主干彼此平行地向着热流相反的方向延伸，相邻主干的高次分枝往往相互连接起来，排列成网格状，构成了其特有的板状阵列，如图 3-47 所示。从而使材料的性能表现出较强的各向异性。

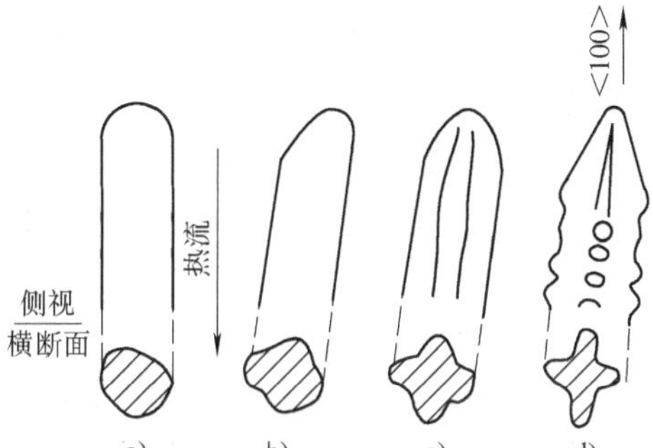

图 3-46　胞状生长向枝晶生长的转变模型

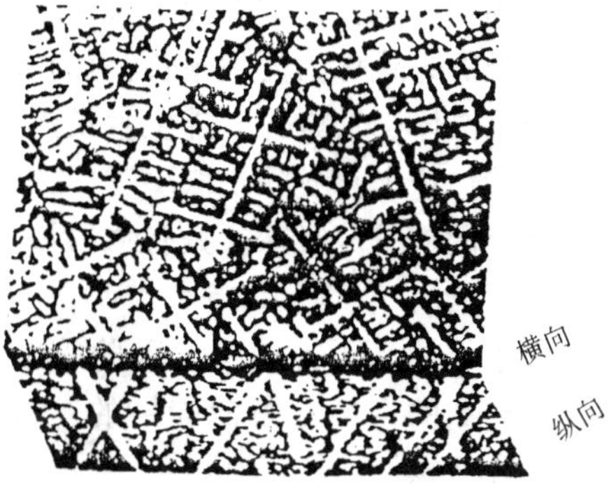

图 3-47　柱状树枝晶板状结构模型

3.4.2.4　宽成分过冷区的自由树枝晶生长

当液-固界面前沿液相中的温度梯度进一步减小时，如图 3-43a 中 G_4 所示，成分过冷范围则进一步加大。其最大值 ΔT_{Cmax} 大于液体中异质生核所需要的过冷度以后，在柱状树枝晶生长的同时，将发生新的形核过程，导致晶体在过冷的液体中自由成核生长，并长成树枝晶，这称为自由树枝晶，也称等轴晶，如图 3-43e 所示。这种等轴晶的生长，阻碍了柱状树枝晶的单向延伸，从而使凝固过程变成等轴晶不断向液体内推进的过程。

众所周知，相同体积的物体以球的表面积最小。从自由能最低的角度出发，液体内部自由形核生长的晶体应该是球体，但为什么又成为树枝晶的形态呢？这必然有个变化过程。

在稳定状态下，平衡的结晶形态是近于球形的多面体（图 3-48a、b）。晶体的界面总是由界面能较小的晶面所组成，所以一个多面体的晶体，那些宽而平的面是界面能小的晶面，而棱与角的狭面，为界面能大的晶面。非金属晶体界面具有强烈的晶体学特性，其平衡态的晶体形貌具有清晰的多面体结构，而

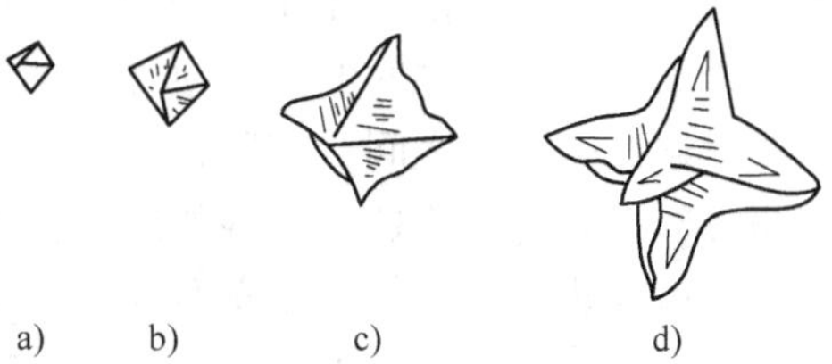

图 3-48　由八面体晶体发展成树枝晶的过程模型

金属晶体的方向性较弱，其平衡态的初生晶体近于球体。

在凝固过程中，多面体的棱角前沿液相中的溶质浓度梯度较大，其扩散速度较快；而大平面前沿液相中溶质浓度梯度较小，其扩散速度较慢。这样，棱角处晶体长大速度大，平面处较小，近于球形的多面体逐渐长成星形（图 3-48c），从星形再生出分枝而成树枝状（图 3-48d）。

在合金的结晶中，晶体自形壁生核，然后由外向内单向延伸生长。这种生长方式称为外生生长，如平面生长、胞状生长和柱状树枝晶生长等。而在液体内部自由生长的方式称为内生生长，如在液体内部自由生长的等轴晶。可见，成分过冷加强了晶体生长方式由外生生长向内生生长的转变。

当然，这个转变除了取决于成分过冷的大小外，还和外来质点的形核能力有关。宽范围的成分过冷及具有强形核能力的生核剂，都有利于内生生长和等轴晶的形成。

由于等轴晶无方向性，因此等轴晶材质或成形产品的性能是各向同性的，且等轴晶越细，性能越好。

因为枝晶的生长具有鲜明的晶体学特征，其主干和分枝的生长均与特定的晶向相平行。图 3-49 为立方系枝晶生长方向示意图。一般小平面生长的枝晶结构，其生长表面均被慢速生长的密排面（111）所包围，四个（111）面相交，构成锥体尖顶，其所指的方向<100>是枝晶生长的方向（图 3-49a）；枝晶的生长方向依赖于晶体结构特性，立方晶系为<100>晶向，密排六方晶系为<10$\bar{1}$0>晶向，体心正方为<110>晶向。而非小平面生长的粗糙界面的非晶体学特性与其枝晶生长中鲜明的晶体学特征尚无完善的理论解释。

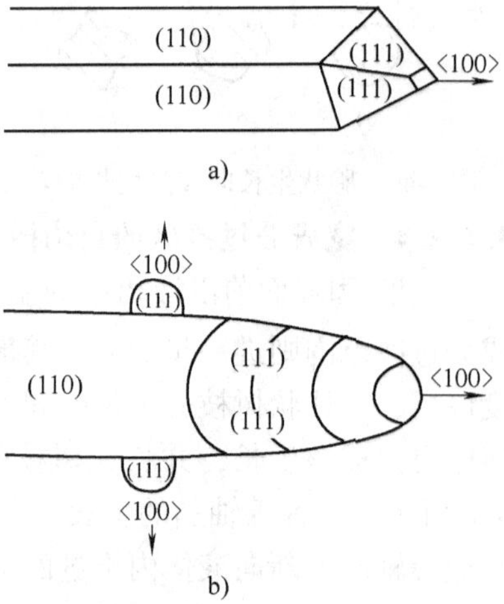

图 3-49　立方晶系柱状树枝晶的生长方向

a）小平面长大　b）非小平面长大

相邻同次枝晶之间的垂直距离，称为枝晶间距。枝晶间距最好是小一些。因为在树枝晶的分枝之间，溶质含量高，易形成溶质偏析，导致材质或成形产品的性能降低。要想消除这种微观的成分偏析，需要对材质和成形件进行较长时间的均匀化退火热处理。树枝晶间距越小，溶质越容易扩散，保温时间就越短；同时，显微缩松、枝晶间夹杂物等越细。这些都有利于提高材质和产品的性能。

综上所述，当合金的成分一定时，随着$\frac{G_L}{\sqrt{R}}$值减小，成分过冷区将加大，晶体形貌将由平面晶依次转变为胞状晶、胞状树枝晶、柱状树枝晶和等轴树枝晶。

3.5 多相合金的凝固

大多数合金在凝固过程中都会析出两个以上的固相，从而形成多相合金。如共晶合金、偏晶合金和包晶合金等。在工业应用中最为普遍的是共晶合金。偏晶合金和包晶合金的凝固相对较简单，而共晶合金的凝固较复杂而又具有多样性。

3.5.1 共晶合金的凝固

3.5.1.1 概述

由于共晶合金具有与纯金属相近的优良铸造性能，所以大部分铸造合金都采用共晶合金。尽管共晶结晶形成的两相混合物具有多种多样的组织形态，但就其宏观形态而言，共晶体的形状与分布的形成原因与单相合金相类似，并随着结晶条件的改变，同样也呈现出从平面生长、胞状生长到枝晶生长，从柱状晶到等轴晶的不同变化。

任意两种或两种以上的元素，都有可能组成共晶系，形成二元共晶、三元共晶、四元共晶等合金。工业上常用的共晶系合金大多数为二元共晶合金。

因凝固条件、化学组成、冷却速度、冶金处理等情况的不同，所形成的共晶合金的组织和组成相的特性呈现出多样性和复杂性。大体上可将共晶合金分为规则共晶和非规则共晶两大类。

规则共晶是指由金属—金属相或金属—金属间化合物相组成的共晶体，共晶两相均具有非小平面生长的粗糙界面，组成相的形态为规则的棒状或层片状，如图3-50所示。

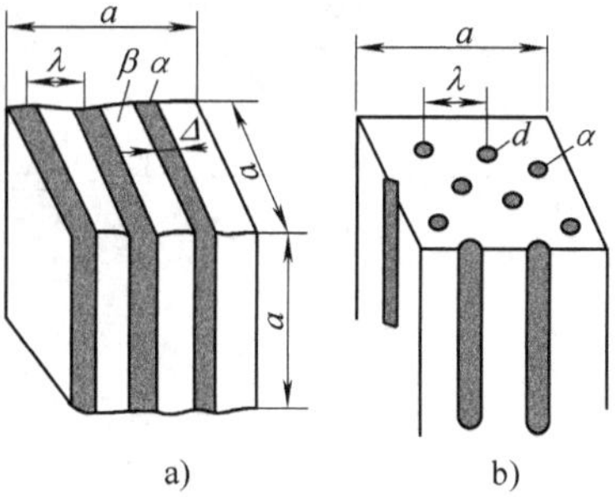

图3-50 规则共晶组织

a）层片状 b）棒状

规则共晶以棒状还是层片状生长，取决于两个组成相的界面能。如果两个组成相的界面能是各相同性的，则当某一相体积分数小于1/π时，容易出现棒状结构。因为在相间距λ一定的情况下，棒状的相间面积最小，其界面能最低；相反，当固-液界面的界面能呈现强烈的各向异性时，则形成层片状结构。两组元在液相中的扩散成为决定其长大的主要因素。当共晶结晶时，溶质在横向的扩散，使两相互通有无，互相依存，并排地长大，并使固-液界面保持宏观上的平界面。

非规则共晶是指由金属—非金属（非小平面—小平面）相或非金属—非金属（小平面—小平面）相组成的共晶体，如Fe-C，Al-Si共晶。

在不同的合金系中，由于共晶两相在析出过程中表现的相互关系不同，共晶合金凝固的方式可分为共生生长和离异生长两种方式。

共生生长是指凝固时，后析出的相依附于领先析出相的表面析出，形成具有两相共同生长界面的双相核心，然后依靠溶质原子在界面前沿两相间的横向扩散，互相不断地为相邻的另一相提供生长所需的组元，使两相协同生长。这种生长的方式，就称为共生生长。

共生生长需要具备两个基本条件：一是两相生长能力比较接近，并且后析出的相容易在先析出的相上形核和长大，先析出相称为领先相（领先相可能是初生相，也可能不是）；另一个条件是两组元在界面前沿的横向传输能保证两相等速生长的需要。若同时满足这两个条件，必须是处于一定成分范围内的合金过冷到一定的温度。图 3-51a 是一个典型的共晶合金平衡相图。当共晶成分的液态合金过冷到平衡共晶温度以下时，合金液就处于两条液相线围成的阴影线区域内，组元的过饱和状态为两相的同时析出提供了驱动力。在一定的过冷度下，两相中某一相先形核，而另一相则依附于先形核相形核，继而形成两相竞相析出和长大的情形。我们把两条液相线围成的阴影线区域称为共生区，凡处于该范围内的合金都有可能成为共晶组织（或伪共晶组织）。共生区规定了共晶凝固特定的温度和成分范围。

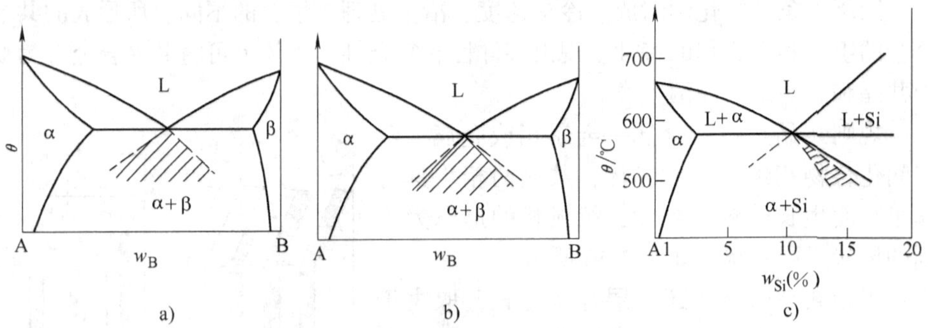

图 3-51　共生区（阴影线部分）示意图

a）热力学型　b）实际对称型　c）实际非对称型

根据相图，在平衡条件下，只有具有共晶成分的合金才能获得 100%的共晶组织。但在近平衡凝固条件下，即使非共晶成分的合金，当其较快地冷却到两条液相线的延长线所包围的阴影线区域时，两相具备了同时析出的条件，于是，某一相先析出，然后再在其表面上析出另一个相，从而开始两个竟相析出的共晶凝固过程，最后也能获得 100%的共晶组织，我们称这样的非共晶成分而形成的共晶组织为伪共晶组织。

在单一的热力学条件下，共晶共生区如图 3-51a 所示。但是共晶凝固在很大程度上还要受两相在动力学上差异的影响。将热力学和动力学因素综合考虑，实际的共晶共生区可分为对称型（图 3-51b）和非对称型（图 3-51c）。

当形成共晶的两个组元的熔点相近，且两条液相线彼此对称，两相性质也相近时，其在共晶成分附近析出的能力相当，就易于形成彼此依附的双相核心；同时两相在共晶成分附近的扩散能力也接近，因而也易于保持两相等速的协同生长。其共生区以共晶成分 C_E 为对称轴，成为对称型共晶共生区。同时，受动力学条件影响，其共生区略小一些，如图 3-51b 所示。非小平面—非小平面共晶合金的共生区属此类型。

反之，若组成共晶的两个组元熔点相差较大，两条液相线不对称，共晶点通常靠近低熔点组元一侧，共晶两相的性质相差很大。在非平衡结晶条件下，低熔点相往往易于析出，且其生长速度也较快，这样凝固时容易出现低熔点组元一侧的初生相。为了满足共生生长所需要的基本条件，就需要合金液在含有更多高熔点组元成分的条件下进行共晶转变，其共晶区往往偏向于高熔点组元一侧。这就是非对称共晶共生区（图 3-51c）。大多数非小平面—小平面共晶合金的共晶共生区属此类型，如 Al-Si、Fe-C 合金等。

实际上共晶共生区的形状并不都像图 3-51 那样简单，它的多样性还要受到液相温度梯度、初生相和共晶长大速度等诸多因数的影响。图 3-52 所示为一个呈铁砧式的对称型金属—金属（非小平面—非小平面）共晶共生区。可以看出，当晶体长大速度较小时（阴影区的上部），可以获得平直界面的共晶组织。随着长大速度或过冷度的增加，共晶组织将变为胞状、树枝状，最后成为粒状等轴晶。

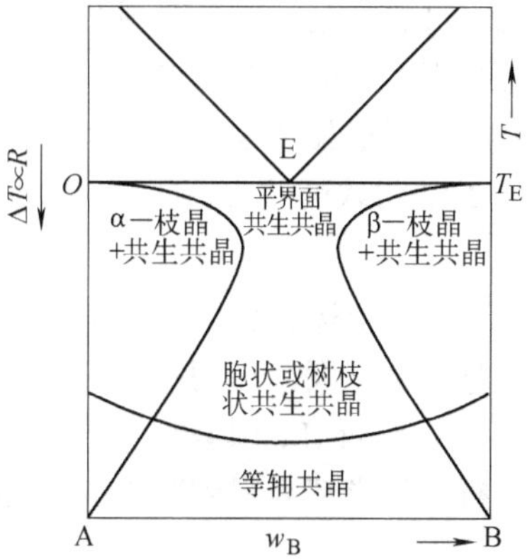

图 3-52　非小平面—非小平面共晶共生区

有的共晶合金两相生长时，并没有共同生长的界面，而是两相分离，并以不同的生长速率进行凝固，这就是所谓的离异生长方式。所得的组织称为离异共晶体。离异共晶体又可分为晶间偏析型和领先相成团球型两类。前者的合金成分偏离共晶点很远，在初生相长得很大，且数量又很多的条件下，才发生共晶反应，共晶反应时初生相继续长大，另一相在枝晶间析出。而后者因领先相往往是高熔点的非金属，且生长界面为各向异性，此时，领先相形成团球形态，金属相只能围绕其表面生长，形成封闭的、完整的“晕圈”，如球墨铸铁的共晶反应就属于这种情况。

3.5.1.2　规则共晶合金的凝固

规则共晶合金共生生长的正常组织形态往往呈片状或棒状的排列形式。

1. 片状共晶组织中共晶呈片状交迭生长　由于其生长速度在四周各个方向是一致的，因此具有球形的固-液界面前沿。凝固时，液相中先析出呈球状的 α

领先相（图 3-53a）。因两相性质相近，β 相以 α 相为衬底在其表面析出长大。β 相的析出又促进 α 相依附 β 相侧面长大（图 3-53b），如此交替地长成散射状球形共晶（图 3-53c）。

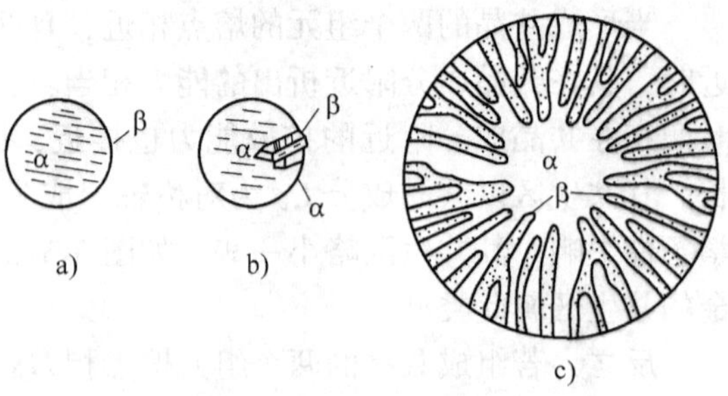

图 3-53　球形共晶的形核与长大

片状共晶组织的重要参数是共晶间距，即 α 相和 β 相的片间距。

如图 3-54b 所示，共生生长时，α 相生长排出的组元 B 为 β 相生长创造条件，而 β 相生长所排出的组元 A 又为 α 相生长创造了条件。在传质作用下，凝固界面液相侧横向的成分分布如图 3-54c 所示。尽管扩散在不断进行，但 α 相中央前 B 原子富集得较多，而靠近 α 相边缘，B 原子富集得较少，在两相交界处几乎没有富集，为共晶成分 C_E。同样，β 相中央前沿液相富集着较多的 A 原子，边缘则富集的 A 原子较少。这样，α 相和 β 相边缘的生长速度大于中央的生长速度，形成如图 3-54e 所示的界面。界面前溶质的再分配产生成分过冷，其过冷度 ΔT_C 与浓度差 $C_E - C_L^*$ 和液相线 $T_{L\infty}$ 的斜率 m_L 有关（图 3-54a）。其表达式为

$$\Delta T_C = m_L(C_E - C_L^*) \tag{3-102}$$

根据上述分析，ΔT_C 呈抛物线分布，如图 3-54d 所示，两相中央界面的液体成分过冷度大，而两相的交界处几乎不产生成分过冷。

Jackson-Hunt 模型将凝固归结为对凝固界面前液相扩散场的求解和过冷度的分析。经求解后得到凝固界面的过冷度为：

$$\Delta T = T_E - T_i = \Delta T_C + \Delta T_r = \frac{m_L(\varphi_\alpha - \varphi_\beta)}{\pi^2 D_L} R\lambda + \frac{\sigma}{\Delta S\lambda} \tag{3-103}$$

式中，ΔT_r 为因曲率半径作用而引起的过冷；σ 为固液相界面张力；ΔS 为熔化比熵；λ 为片间距；φ_α 和 φ_β 分别为 α 和 β 相的体积百分含量。

可以看出，当共晶相片间距 λ 很小时，ΔT_r 则很大，故 ΔT_r 的影响是主要的；反之，当共晶相片间距 λ 较大时，ΔT_C 的影响大于 ΔT_r 的影响，即成分过冷的影响是主要的。

根据最小过冷度原理，即当生长速度给定后，共晶相生长的实际间距应使生长过冷度获得最小值。将式（3-103）对 λ 求偏导并令 $\frac{\partial \Delta T}{\partial \lambda} = 0$，则可求出共晶相片间距为

$$\lambda^2 = \frac{D_L \sigma \pi^2}{m_L R \Delta S(\varphi_\alpha - \varphi_\beta)} \tag{3-104}$$

即 $\lambda = AR^{-\frac{1}{2}}$ (3-105)

式中 $A = \sqrt{\dfrac{D_L\sigma\pi^2}{m_L\Delta S(\varphi_\alpha - \varphi_\beta)}}$

由式（3-105）可见，共晶片间距 λ 与凝固速率 R 的平方根成反比，即凝固速率越大，片间距越小，这已被试验数据所证明。

2. 棒状共晶　这种共晶组织中，一个组成相是以棒状或纤维状形态沿着生长方向规则地分布在另一相的连续基体中，如图 3-55 所示。

如果设棒状相为 α 相，则 β 相的晶界为正六边形。

共晶组织究竟出现棒状还是层片状结构，首先取决于两相间界面能；其次，还取决于 α、β 两固相的相对体积分数及第三组元的影响。

在两相界面能相差较大的情况下，则趋向于以棒状结构生长。

在 α、β 两固相间界面能相近且两相体积含量也相近的情况下，则倾向于层片状生长；相反，当某一相的体积分数远小于另一相时，则该相以棒状方式生长。更确切地说，如果一相的体积分数小于总量的 1/π 时，该相将以棒状结构出现；如果体积分数在 1/π~1/2 之间时，两相则以片状结构出现。特殊情况下，由于片状共晶中两相的位向关系比棒状共晶中两相的位向关系更强。因此，在片状共晶中，相间界面更可能是低界面能的晶面。在这种情况下，虽然一相的体积分数小于 1/π，也会出现片状共晶而不是棒状共晶。

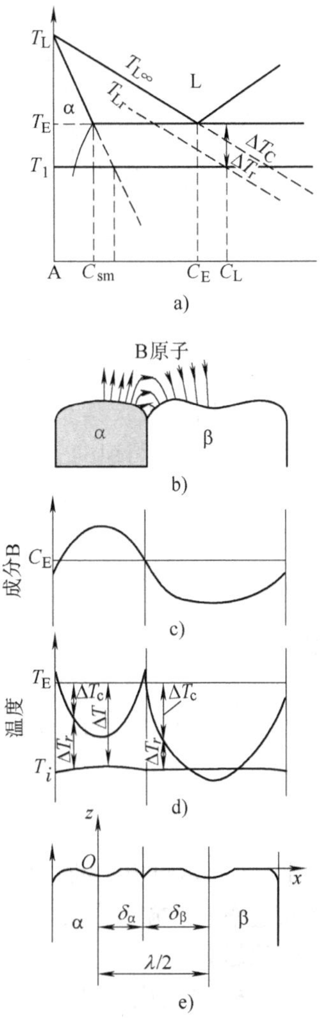

图 3-54　片状共晶生长的 J-H 模型

a）相图　b）α 和 β 耦合　c）界面前液相中 B 组元分布　d）界面前液相过冷度分布　e）两相的曲率半径

另外，当共晶体中存在第三组元，且第三组元在共晶两相中的分配数相差较大时，其在某一相的固-液界面前沿的富集，将阻碍该相的继续长大；而另一相的固-液界面前沿由于第三组元的富集较少，其长大速率较快。于是，由于搭桥作用，落后的一相将被长大快的一相隔成筛网状组织，继续发展则成棒状组织，如图 3-56 所示。通常，在层片状共晶的交界处看到棒状共晶组织就是这样形成的。

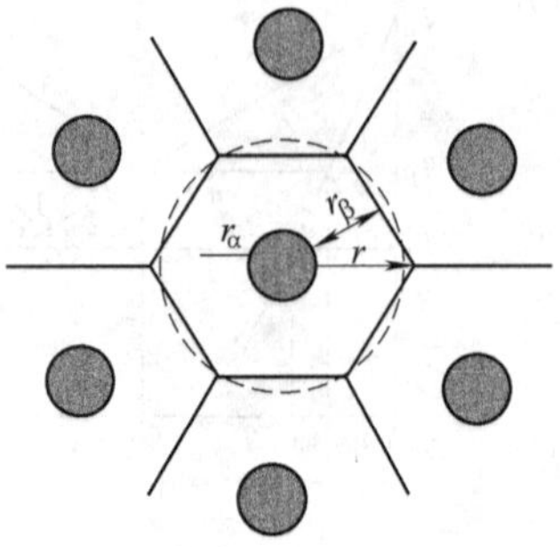

图 3-55　棒状共晶生长横截面示意图

图 3-56　层片状共晶转变为棒状共晶示意图

如果用与棒状共晶六边形等面积的圆的半径 r 取代层片状共晶中的片间距 λ，参照层片状组织的 Jackson-Hunt 生长模型，求解后最终获得过冷度 ΔT、凝固速率 R 与 r 之间的关系，

即令
$$A_b = \frac{m_L(\varphi_\alpha - \varphi_\beta)}{\pi^2 D_L},\quad B_b = \frac{\sigma}{\Delta S}$$

则
$$\Delta T = A_b R r + \frac{B_b}{r} \tag{3-106}$$

当 $\frac{\partial \Delta T}{\partial r}=0$ 时，可得 r 的极限值为

$$r^2 = kR^{-1}$$

$$r = \sqrt{k}R^{-\frac{1}{2}} \tag{3-107}$$

式中，k 是由组成相的物理性质决定的常数，$k = B_b/A_b$。和片状共晶相似，r 与凝固速率的平方根成反比，即生长速率越快，r 也越小，共晶组织越细，材质的性能就越好。

3.5.1.3　非规则共晶凝固

非规则共晶大多为金属—非金属共晶，两个组成相的性质差别很大。凝固时，其热力学和动力学原理与规则共晶的凝固一样，其主要差别在于共晶两相的生长机理不同。金属凝固时，固-液界面从原子尺度来看是粗糙的，以连续生长方式长大，界面各向同性，动态过冷度小，生长速率高；而非金属凝固时，固-液界面是光滑的，具有强烈的各向异性，因此其长大是有方向性的，即在某一方向上生长速度很快，而在另外的方向生长速度缓慢。故非规则共晶固-液界面不平直，呈参差不齐、多角形形貌。

如前所述，非规则共晶凝固时，共生区往往偏向于高熔点的非金属组元一侧，呈非对称型共晶共生区（图 3-51c）。这类共晶对凝固条件表现出高度的敏感性。表现在组织形态方面，则更具有复杂多变性。由于其复杂性，仍有许多问题没有彻底弄清楚。下面以 Fe-C 和 Al-Si 这两种合金的共晶凝固为例，讨论分析非规则共晶的凝固。

1. Fe-C 合金中共晶渗碳体的非规则生长　在共晶温度下，领先相在液相中独立地形核长大，随后第二相依附其上形核长大。一旦两固相同时存在时，即按共同“合作”的方式同时长大，这就是共生生长。但在非规则共晶生长中，共生生长的两相固-液界面是非等温的，呈各相异性生长；两相虽以合作的方式一起生长，但小平面相的快速长大总是优先伸入液体中，然后第二相依靠领先相生长时排出的溶质的横向扩散而获得生长组元，跟随着领先相长大。两相的生长有明确的先后秩序，即以离异共晶生长方式进行。领先相的形态决定着共生两相的结构形态。

在激冷条件下，Fe-C 合金遵循 Fe-Fe_3C 的介稳定系结晶，共晶凝固形成莱氏体组织，即奥氏体相和渗碳体相的两相结构。凝固时，首先析出板状 Fe_3C 并深入合金液中，并且在生长过程中发生分枝，奥氏体在 Fe_3C 板块上以树枝状方式生长（图 3-57a）。Fe_3C 由于奥氏体相的生长而变得不稳定，于是在 Fe_3C 板块生长方向上，形成层片状结构共晶体，而在垂直于 Fe_3C 板块的方向上形成杆状结构共晶体（图 3-57b）。垂直于板状的奥氏体和渗碳体协调生长的速度远大于共晶在该板块方向的生长速度。

上述为普通白口铸铁中渗碳体的形态。在高铬（$w_{Cr}>13\%$）铸铁中，碳化物为 M_7C_3 型，具有六方、斜方和菱形三种晶型，在扫描电镜下呈现相互连接的空心杆状和板条状。当 $w_{Cr}>20\%$ 时，领先相为奥氏体。当加入稀土变质剂时，碳化物明显细化。加入特殊的变质剂，还可使碳化物球团化，籍以提高白口铸铁的韧性。显然，其凝固机理有待于深入探讨。

在缓慢冷却条件下，同样成分的 Fe-C 合金，共晶转变时形成石墨和奥氏体

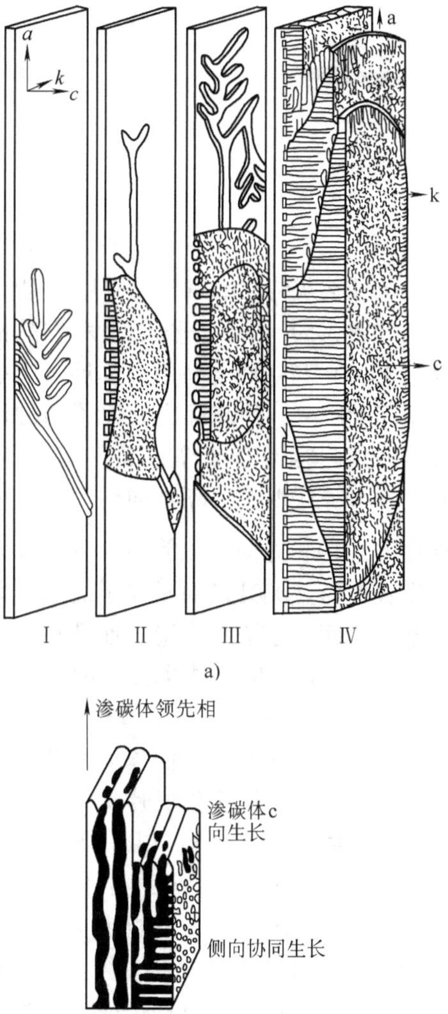

图 3-57　莱氏体共晶生长模型
a）层片状莱氏体生长模型　b）杆状莱氏体生长模型

共晶团组织。如图 3-58c 所示，片状石墨是互相连结的，奥氏体相充填其间。同时还可以看到，奥氏体相没有封闭片墨，片墨尖端总是与液体相接触，其生长速度快，奥氏体相尾随其后协同生长。石墨尖端表面是不平整的，呈现魏氏体组织形貌（图 3-58d）。

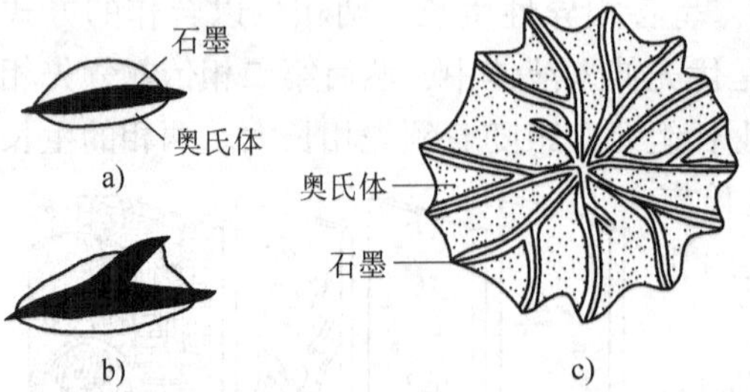

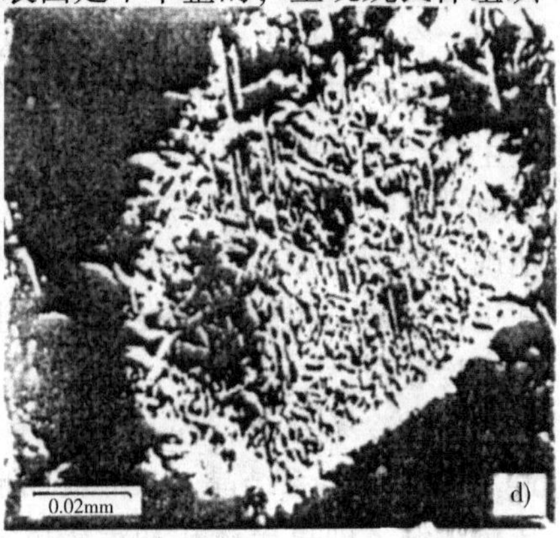

图 3-58　片墨铸铁共晶团的生长模型

为什么灰铸铁中石墨长成片状呢？

如图 3-59a 所示，石墨呈六方晶格，基面（0001）与基面之间距离远远大于基面内原子间的距离，即基面之间原子间的作用力较弱。因此容易产生孪晶旋转台阶（图 3-59b），碳原子源源不断地向台阶处堆积，石墨在 $[10\bar{1}0]$ 方向上以旋转台阶生长方式快速生长；而（0001）面是原子的密排面，是光滑小平面，原子极难稳定地堆积其上，只有产生螺旋位错时才能生长（图 3-59c）。同时，由于奥氏体依附于（0001）面形核生长，更使石墨（0001）面长大的动力学条件变差。因此石墨最后长成片状。片状石墨在成长过程中又产生分枝（图 3-60），结果共生生长成如图 3-58c 所示的共晶团。

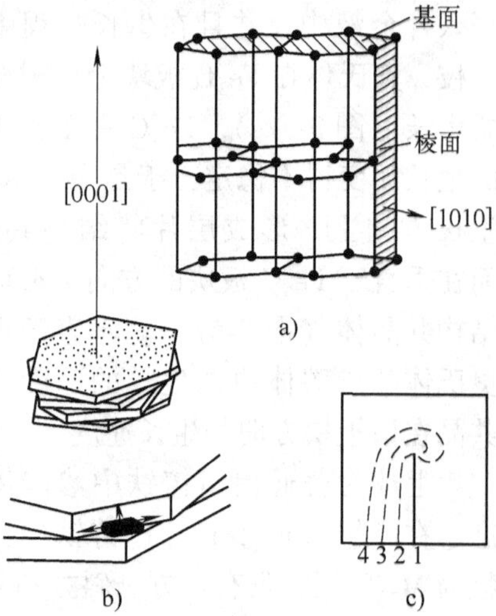

图 3-59　石墨生长示意图
a）石墨晶体结构
b）石墨在［1010］方向上以旋转孪晶台阶生长
c）［0001］方向以螺旋位错生长

不同的凝固条件下，能使片状石墨形成各种不同的形态，如片状（A 型）、菊花状（B 型）、厚片状（C 型）及过冷石墨（D 型、E 型），如图 3-61 所示。不同的石墨形态，决定了材料有不同的性能。

2. 第三组元的影响　一般的 Fe-C-Si 合金共晶凝固时，如前所述石墨长成片状。当对 Fe-C-Si 合金液进行球化处理时，即加入第三组元 Mg（w_{Mg}0. 03% ~

0.05%)，石墨最终就会生长成球状（图 3-62）。在扫描电镜下可以看出，球状石墨接近球形，呈多边形的轮廓，石墨球表面一般为不光滑的球面，且有许多胞状物。从球状石墨中心截面的透射电镜照片可以看出，石墨球内部结构具有像树干横断面的年轮状特征，而且在球墨的中心还可看到球墨的结晶核心。也就是说，球状石墨具有多晶结构，从核心向外辐射生长的许多晶体，每个放射角均垂直于球的径向，由呈相互平行的石墨基面堆积而成的。一个石墨大约由 20～30 个这样的锥体状的石墨单晶体组成，球的外表面都是由（0001）面覆盖，如图 3-63 所示。

a)

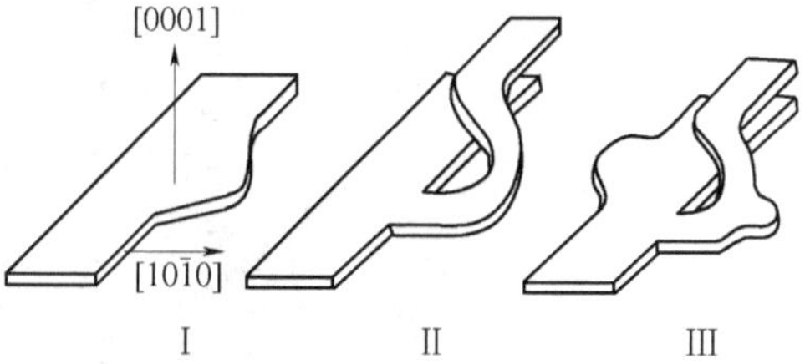

b)

图 3-60　片状石墨分枝模型

a）片状石墨　b）片状石墨分枝模型

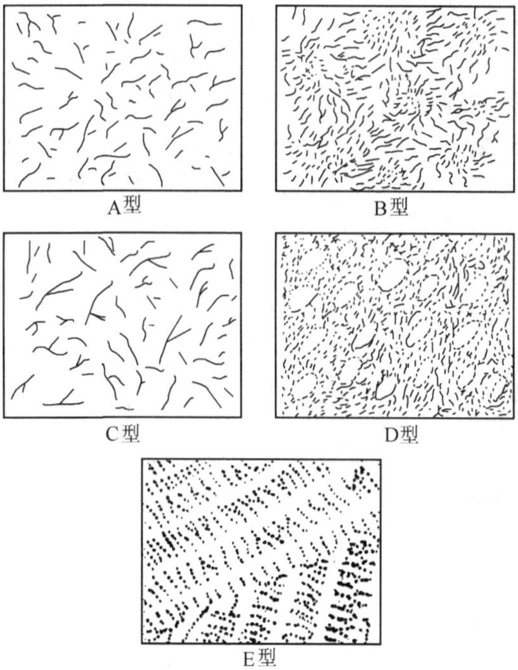

图 3-61　片墨类型

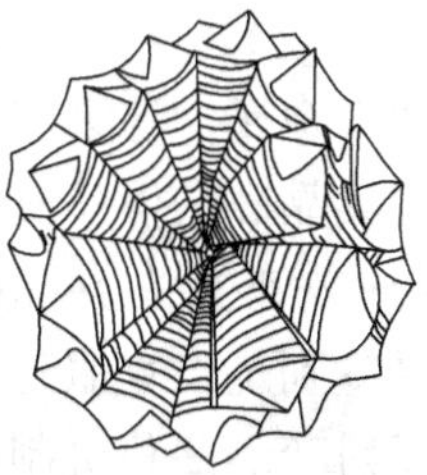

图 3-62　球状石墨 100×

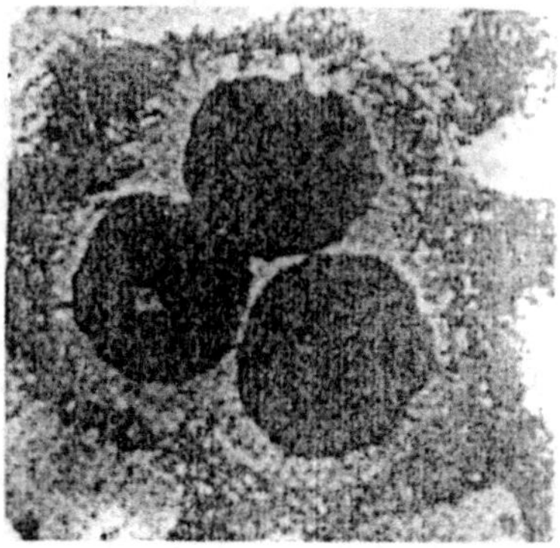

图 3-63　球状石墨长大机制模型

3. Al-Si 合金共晶凝固中硅的生长方式及形态　共晶硅呈板块状（图 3-64a）。变质前共晶硅上存在有台阶，硅原子沿着台阶堆积而长成片状。这类似于片状石墨的生长，如图 3-65 所示。

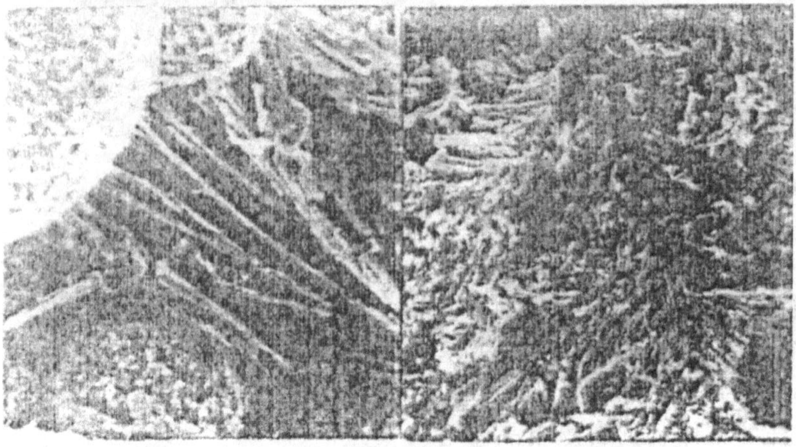

a)　　b)

图 3-64　共晶 Al-Si 合金中共晶硅电镜扫描照片

a）变质前　400×深蚀　b）变质后　400×深蚀

当加入金属钠等第三组元变质时，共晶硅变成分枝的水草状（图 3-64b）。变质前后共晶硅的生长机制，有不同的理论。其中一种理论认为，变质后，第三组元 Na 或 Sr 吸附在共晶硅固有的台阶上，当达到一定浓度时，台阶生长受阻，系统将过冷到足以克服这一障碍的温度，直至产生硅晶体生长的另一种有利机制，如反射孪晶凹角机制而高度分枝生长。

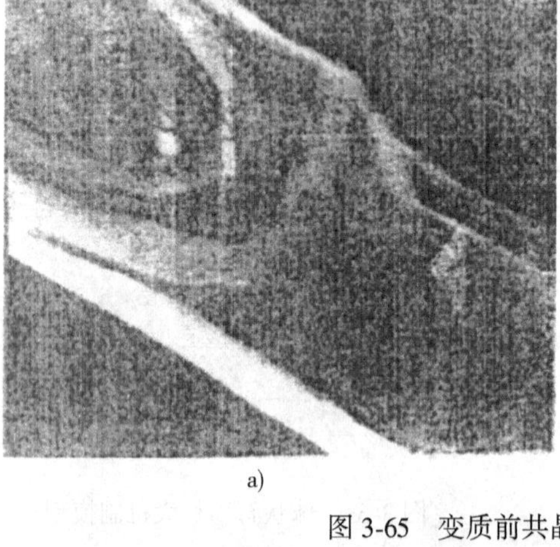

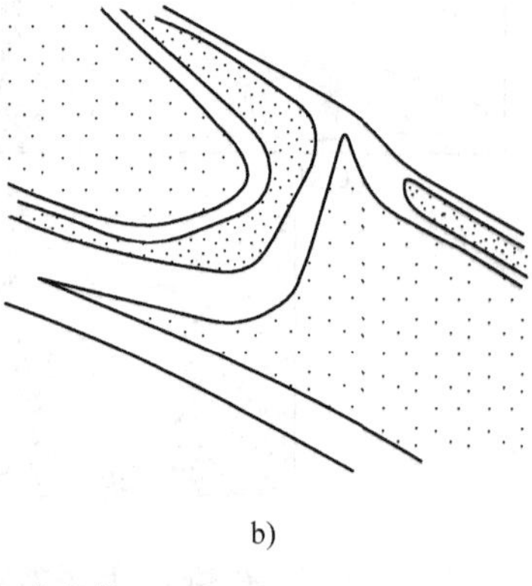

a)　　b)

图 3-65　变质前共晶硅以台阶方式生长

a）扫描照片　600×深蚀　b）示意图

3.5.2 偏晶合金和包晶合金的凝固

3.5.2.1 偏晶合金的凝固

如图 3-66 所示，冷却到偏晶反应温度 T_m 以下时，偏晶成分 C_m 的合金即发生偏晶反应 $L_1 \to \alpha + L_2$，即从液相 L_1 中分解出固相 α 和新的液相 L_2。L_2 包围着 α。偏晶合金的凝固过程主要取决于固相 α 与液相 L_1 的界面能 σ_{SL_1}、固相 α 与液相 L_2 的界面能 σ_{SL_2} 及液相 L_1、L_2 的界面能 $\sigma_{L_1L_2}$ 之间的相互关系。

当 $\sigma_{SL_2} > \sigma_{SL_1} + \sigma_{L_1L_2}$ 时，由于液相 L_2 不能润湿固相 α（图 3-67a），加之两种液体密度的不同，液体中就会出现对流现象。若 L_2 液滴上浮的速度大于固-液界面的推进速度 R，L_2 将上升到液相 L_1 的顶部，新析出的液相将不依赖于固相进行异质形核，而是在固-液界面的前沿液相中重新形核；如果是由下而上的定向凝固，结果下部全为 α 相，上部全为 β 相。半导体化合物 HgTe 单晶，就是利用这一原理由偏晶系 Hg-Te 制取的。

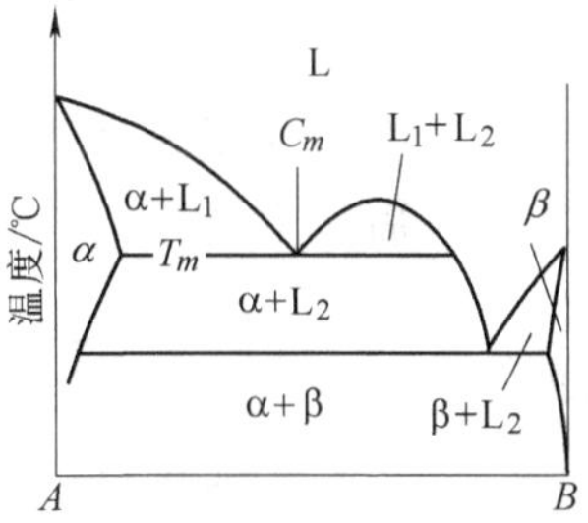

图 3-66 偏晶平衡相图

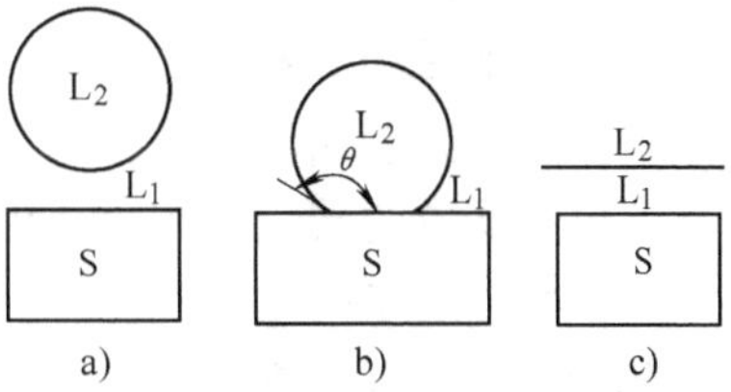

图 3-67 偏晶凝固方式

a) $\sigma_{SL_2} > \sigma_{SL_1} + \sigma_{L_1L_2}$ b) $\sigma_{SL_2} = \sigma_{SL_1} + \sigma_{L_1L_2}\cos\theta$ c) $\sigma_{SL_2} < \sigma_{SL_1} - \sigma_{L_1L_2}$

但是，当固-液界面的推进速度大于 L_2 液滴的上浮速度时，则液滴 L_2 将紧紧地与 α 相相结合且被 α 相包围，而 α 相排出的 B 组元原子继续供给 L_2 长大，使液滴在长度方向拉长，结果形成棒状结构。例如 Cu-Pb 偏晶合金定向凝固就能获得这样的组织结构。

当 $\sigma_{SL_2} = \sigma_{SL_1} + \sigma_{L_1L_2}\cos\theta$ 时，液滴 L_2 可部分润湿固相 α（图 3-67b），在凝固过程中液滴 L_2 随固相长大，形成棒状凝固组织。

当 $\sigma_{SL_2} < \sigma_{SL_1} - \sigma_{L_1L_2}$ 时，液滴 L_2 可完全润湿固相（图 3-67c），$\theta = 0$。固相 α 被液相 L_2 封闭，不可能继续生长，只能在 L_1–L_2 界面上重新形成，最终获得 α 相与 β 相交替的分层组织。这种情况在实际凝固过程中比较少见。

3.5.2.2 包晶合金的凝固

合金在凝固过程中，首先析出 α 枝晶。随着 α 枝晶的长大，组元 B 在液相中富集，导致液相成分沿相图中的液相线变化。当温度降至 T_P 时，则发生包晶反应 $L_P + \alpha = \beta$，如图 3-68 所示。β 相在 α 相表面发生异质形核，并很快沿表面生长，将α相包裹在中间。进一步的包晶反应通过β相内的扩散进行。组元B自β与L界面向α与β界面扩散，导致α与β界面向α相一侧扩展，而组元A则自α与β界面向β与L界面扩散并导致该界面向液相扩展，最后完成包晶反应。例如 w_C0.1%～0.5%的Fe-C合金、Cu-Zn合金、Sn-Sb合金等都具有包晶凝固过程。

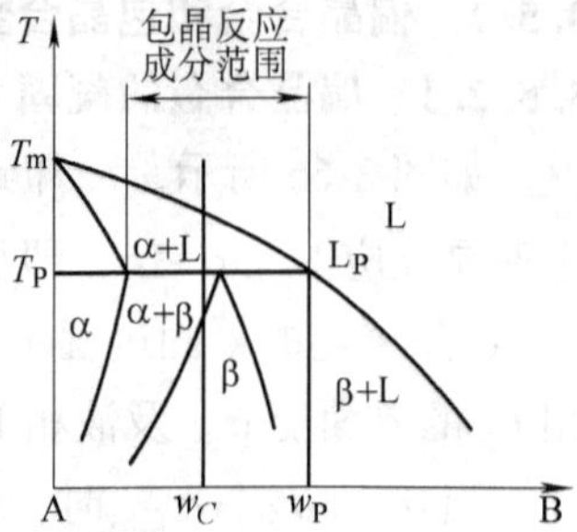

图3-68　包晶反应相图

缓慢的固相扩散速度，有利于α相的大量形核，从而有利于晶粒的细化。例如Al合金液中加入少量的Ti，可以形成 $TiAl_3$。当Ti的质量分数超过0.15%时，将发生包晶反应 $TiAl_3+L\rightarrow\alpha$。包晶反应产物α为Al合金的主体相，它作为一个包层包围着异质核心。由于包层对溶质元素扩散的屏障作用，使得包晶反应不易继续进行下去，也就是包晶反应产物α相不易继续长大，因而获得细小的α晶粒组织。在近平衡凝固条件下，凝固结束后的β相中心往往存在近平衡的α相。

但固相扩散系数较大的溶质组元，如钢中的碳元素，在包晶凝固时可以充分扩散。具有包晶反应的碳钢，初生δ相在冷却到奥氏体区后完全消失。

另外，在特定条件下，当包晶定向凝固时，β相依附α相形核并生长，在β相尖端发生组元B向α相扩散，将导致α相被“蚕食”（图3-69）。

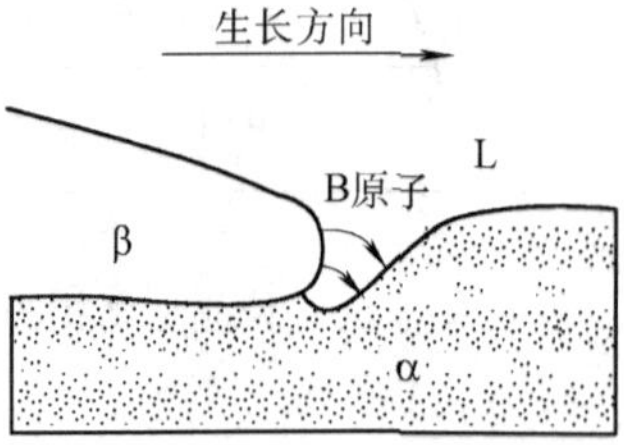

图3-69　定向包晶凝固

3.6　金属基复合材料的凝固

复合材料是由两种或多种性质不同的材料通过物理或化学复合，组成具有两个或两个以上相态结构的材料。该类材料不仅性能优于组成中的任意一个单组分材料，而且还可具有单组分材料不具有的独特性能。

复合材料按基体类型分为金属基复合材料和非金属基复合材料。非金属基复合材料包括树脂基复合材料（如玻璃钢）、橡胶基复合材料（如轮胎）、陶瓷基复合材料（如钢筋混凝土、纤维增强陶瓷）。若按增强材料的形态可分为纤维增强复合材料、颗粒增强复合材料、叠层复合材料、夹层结构复合材料。若按使用性能可分为结构复合材料、功能复合材料等。若按强化相的产生方式又可分为自生复合材料和人工复合材料。本节主要讨论金属基自生复合材料和人工复合材料。

金属基复合材料就是通过适当的制造方法，将不同形态的陶瓷增强材料复合到金属基体中而形成的复合材料。金属基复合材料，可以看成是一种用陶瓷增强的金属材料，它综合了陶瓷和金属的主要优点，既具有陶瓷的高硬度，又具有金属的高韧性。陶瓷增强相通常以三种形态使用，即颗粒、晶须和纤维。由于晶须和纤维制造成本较高，目前多采用颗粒增强。用作增强相的陶瓷颗粒有：Al_2O_3、SiC、B_4C、TiB_2、AlN、Si_3N_4、NbN、SiO_2、VC、WC、ZrC、ZrB_2、ZrO_2、MgO、$MoSi_2$、Mo_2C、石墨等。增强相的选择并不是随意的，选择一种合适的增强相需考虑应用条件、制备工艺和材料成本等因素。其中 Al_2O_3 和 SiC 由于其优异的物理性能而倍受青睐，目前已工业应用的 Al 基复合材料多数采用 TiC、SiC 和 Al_2O_3 颗粒增强。

根据复合材料制备过程中基体的温度，可将制备工艺分为液相工艺（铸造法、熔体浸渗法）、固相工艺（粉末冶金、机械合金化）和液-固两相工艺（流变铸造或液态模锻、喷射沉积技术）。

金属基复合材料的基本特点如下：

1）材料的技术性能指标，特别是综合性能指标高，它把金属和陶瓷的优良性能综合在一起，其主要力学性能明显优于金属基体材料。

2）材料的制造技术难度大，要制取高性能金属基复合材料，需要特殊的结构设计和制造技术。

3）材料的使用条件苛刻，要求耐环境温度，耐腐蚀，具有瞬时高温强度等特殊性能。

由于复合材料具有高的比强度、高弹性模量、耐高温、耐磨损以及热膨胀系数小、尺寸稳定性好等优异的物理性能和力学性能，20 多年来得到了令人瞩目的发展，已在航空航天、军事领域及汽车、电子仪表等行业中显示出了巨大的应用潜力。

3.6.1 金属基人工复合材料的凝固

1. 金属基纤维强化相复合材料　金属基纤维强化相复合材料的增强相主要有长纤维如硼纤维、碳化硅纤维、氧化铝纤维、碳纤维等和短纤维如 Saffil 氧化铝纤维。这些纤维具有很高的弹性模量和强度，是复合材料中的主要受力单元。

金属基纤维强化相复合材料多采用液态成形，因此涉及固液两相的相互作用，存在液相与固相的润湿问题。纤维表面与液相是否润湿是制造复合材料的关键。当合金与纤维完全润湿 时，纤维可以作为液相的结晶衬底，促进合金按非均质形核方式结晶。如果合金液有较大的过热度，则在浸入纤维块的过程中液相有一定的流动性，有利于填充纤维块中的空隙，获得致密的复合材料。如果纤维与合金液完全不润湿，则无法获得良好的复合材料。因此，在制备金属基纤维强化相复合材料时，一般对纤维进行表面涂层处理，或在合金液中加入某些元素来改善增强材料与基体的润湿性，以使基体与纤维之间达到最佳的界面结合状态。

2. 金属基颗粒增强相复合材料　金属基颗粒增强相复合材料的成形方法有多种，最常用的是液相工艺。它是将颗粒直接加入到合金液中或预制成坯后浸入合金液中成形。一般合金液具有一定的流动性，但当颗粒的体积分数较大时，直接加入合金液中将会降低合金的流动性而影响成形。因此颗粒的体积分数、颗粒粒度、形状等对复合材料的性能有重要影响。

合金液中的颗粒增强相影响合金的凝固过程。当颗粒与合金液润湿时，可以起到异质核心的作用，使合金液按非均质形核方式进行结晶；反之，随着凝固过程的进行，它们将被排斥到枝晶间或晶界上。如在镍基合金中加入 WC 颗粒，在合金结晶生长过程中颗粒被排斥在晶界上，如图 3-70 所示。

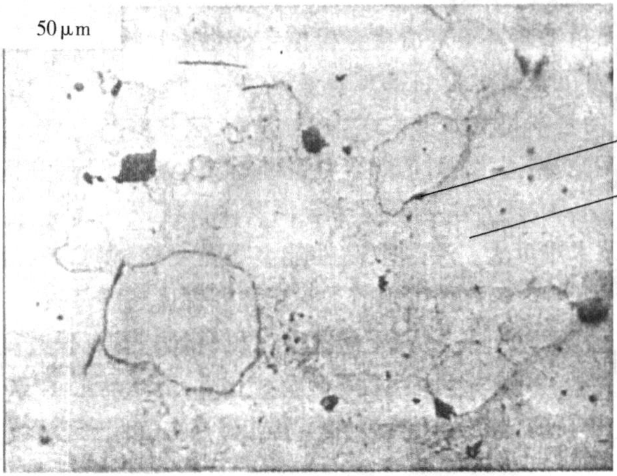

图 3-70　WC 增强镍基合金复合材料

3.6.2　自生复合材料的凝固

人工合成的金属基复合材料由于存在增强材料与基体之间的润湿性问题，无论液态法还是固态法成形，增强材料与基体合金之间在界面存在界面反应。与此相对应，若增强材料是从金属基体中直接生成，则增强材料与基体之间界面结合良好，生成相的热力学稳定性好，也不存在基体与增强相之间的润湿和界面反应等问题，这就是原位复合方法。目前开发的原位复合或原位增强方法主要有共晶合金定向凝固法、直接金属氧化法（DIMOX™）和反应生成法（XD™）。

1. 共晶合金定向凝固法　共晶合金定向凝固法是由单晶和定向凝固制备方法衍生而来的。20 世纪 60 年代初就开始把定向凝固技术应用于共晶合金的定向凝固过程。共晶合金定向凝固法要求合金成分为共晶或接近共晶成分。开始时仅限于二元合金，后扩展为三元合金以及包晶或偏晶反应的两相结合。参与共晶的两相同时从液相中生成，其中一相以棒状或层片状规则排列，如图 3-71 所示。

定向凝固共晶复合材料的原位生长必须满足三个条件：①有温度梯度的加热方式；②满足平面凝固条件；③两相的成核和生长要协调进行。二元共晶材料的凝固条件是：

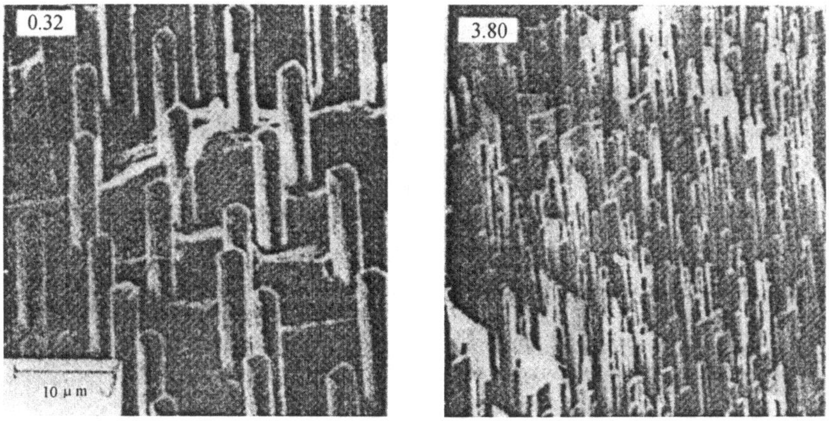

a)　　　　b)

图 3-71　TaC-Ni 共晶定向凝固组织

a）棒状　b）层片状

$$\frac{G_L}{R} \geqslant \frac{m_L}{D_L}(C_E - C_0) \tag{3-108}$$

式中，G_L 为液相温度梯度；R 为凝固速度；m_L 为液相线的斜率；C_E 为共晶成分；C_0 为合金成分；D_L 为溶质在液相中的扩散系数。

定向凝固共晶复合材料的凝固组织是层片状还是棒状，取决于共晶中含量较少的组元的体积分数，在二元共晶中当含量较少的组元的体积分数小于（1/π）时呈纤维状；大于（1/π）时为层片状。

在一定温度梯度下，层片间距 λ 与凝固速度 R 之间的关系可由式（3-105）确定，即

$$\lambda = AR^{-\frac{1}{2}} \tag{3-109}$$

因此在满足平面凝固生长的条件下，增加定向凝固时的温度梯度，可以加快定向凝固组织生长速度，同时可以降低层片（纤维）间距，有利于提高复合材料的性能。

2. 直接金属氧化法（DIMOX™）　直接金属氧化法是 20 世纪 80 年代末期开发出的一种制备复合材料的方法。DIMOX™法根据有无预制型体分为唯一基体法（Matrix-Only）和预制型体法，这两种方法的原理是相同的。

1）唯一基体法的特点是，制备金属基复合材料的原材料中没有增强材料的预制型体和增强相，只是通过基体金属的氧化或氮化来获得复合材料。如 Al_2O_3/Al 复合材料，就是通过铝液氧化获取 Al_2O_3 增强相。

2）预制型体法制备复合材料的工艺如图 3-72 所示。预制的增强体是透气的，金属基体合金可以通过渗透的氧或氮顺序氧（或氮）化形成基体。

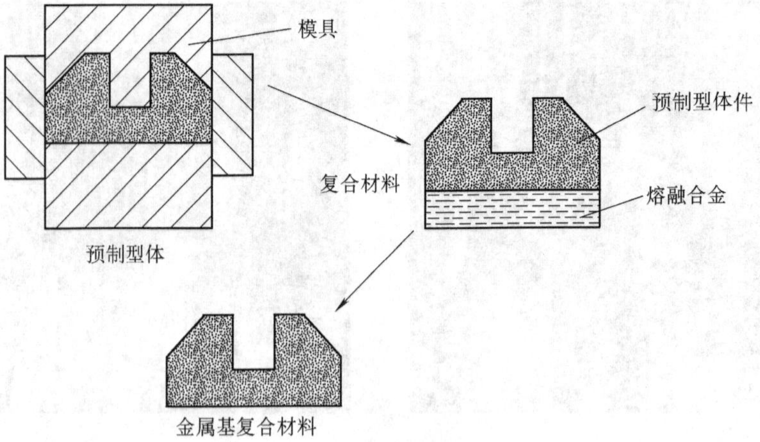

图 3-72　预制型体法制备复合材料工艺示意图

3. 反应生成法（XD^{TM}）　反应生成法是 1983 年美国 Martin Marietta 公司开发的制备金属基复合材料的工艺（图 3-73）。该工艺可以生成颗粒、晶须，单独或共同增强金属基体和金属间化合物基复合材料。

图 3-73　反应生成法（XD^{TM}）工艺示意图

在反应生成法工艺中，根据原位反应将要生成的增强相的种类和形态，将基体和增强相生成所需的材料（一定粒度）按一定的比例混合，预制成一定形状的预制型体，加热到熔点以上或自蔓燃反应的温度，使混合物的组元之间发生放热的化学反应形成弥散的增强相。

如

$$Al+Ti+2B \rightarrow TiB_2+Al$$

$$Al+Ti+C \rightarrow TiC+Al$$

反应生成法（XD^{TM}）有如下特点：①增强相是原位反应形成的，具有热稳定性；②增强相的类型、形态可以选择和设计；③各种金属或金属间化合物均可作为基体；④可采用传统材料加工方法进行二次加工。

3.7　铸件凝固组织的形成与控制

铸件的凝固组织在宏观上指的是铸态晶粒的形态、大小、取向和分布等情况，铸件的凝固组织是由合金的成分和铸造条件决定的。

3.7.1 铸件宏观凝固组织的特征及形成机理

1. 铸件宏观组织的特征 铸件的宏观组织一般包括三个晶区：表面的细晶粒区、柱状晶区和内部等轴晶区。表面细晶粒区是指紧靠铸型壁的激冷组织，由紊乱排列的细小等轴晶组成，该层比较薄，只有几个晶粒厚；柱状晶区是由垂直于铸型壁（沿热流方向）彼此平行的柱状晶组成；内部等轴晶区是由各向同性的等轴晶组成，晶粒较表面激冷区的等轴晶粗大，如图3-74a所示。

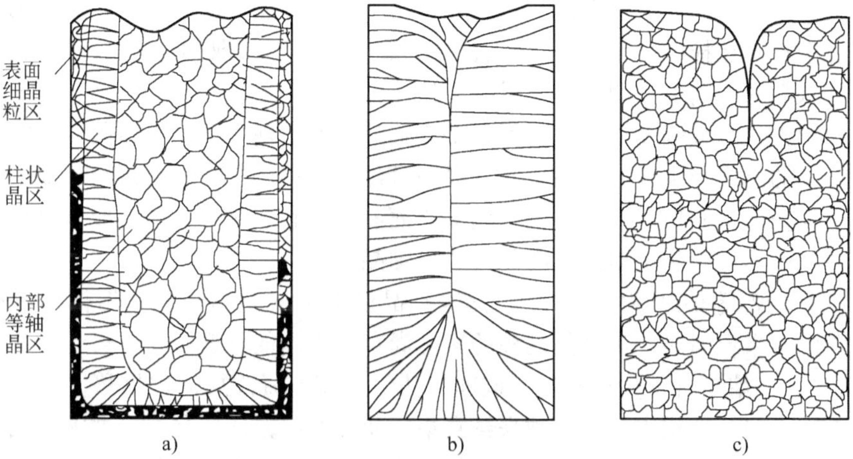

图3-74 铸件的宏观组织示意图

a）含有三个晶区的凝固组织 b）柱状晶形成穿晶组织

c）全部等轴晶的凝固组织

铸件的宏观组织中晶区的数目和相对厚度不是一成不变的，随合金的性质和铸造条件不同而变化。在一定条件下，可以获得完全柱状晶或完全等轴晶组成的宏观组织，如图3-74b、c所示。

2. 铸件宏观组织形成机理

（1）表面细晶粒区的形成。传统理论认为，当金属液浇入温度较低的铸型时，与铸型接触的一层金属液受到强烈激冷，产生很大的过冷而大量生核，这些晶核迅速长大并互相连接在一起，形成无方向性的表面细晶粒区。

后来的研究表明，形成表面细晶粒区的晶核，除了非均质形核的部分外，由各种原因引起的游离晶也是形成表面细晶粒的晶核来源。大野笃美的研究认为，游离晶的产生是由于溶质再分配时，在生长的枝晶根部产生“缩颈”，在流动金属液的作用下枝晶熔断或型壁晶粒脱落而游离。因此，存在溶质偏析和增加液态金属的流动有利于表面细晶粒区的形成。

表面细晶粒区的大小与浇注温度、铸型温度、铸型的导热能力、合金的生核能力及合金的成分有关。形成表面细晶粒区的关键是要造成大量生核的条件，增加游离晶数目，促进其快速生长形成凝固壳层。

（2）柱状晶区的形成。柱状晶区是从表面细晶粒区形成并发展而来的。但也可能直接从型壁处长出甚至在内部等轴晶区形成。稳定的凝固壳层一旦形成以后，处在凝固界面前沿的晶粒在垂直型壁的单向热流作用下，便以枝晶状单向延伸生长。由于各枝晶主干方向互不相同，那些主干与热流方向平行的枝晶比那些取向不利的邻近的枝晶生长更迅速，优先向内生长并抑制相邻枝晶的发展，从而发展成为柱状晶组织。这个互相竞争并淘汰不利取向晶体的生长过程，称为晶体的择优生长。在择优生长过程中，距离型壁越远，不利取向的晶体被淘汰得越多，柱状晶的方向性越明显，同时晶粒的尺寸越大。

控制柱状晶继续发展的关键因素是等轴晶区的出现。如果界面前方始终不利于等轴晶的形成与生长，则柱状晶可以一直延伸至铸件中心，直到与对面的柱状晶相遇为止，从而形成穿晶组织。如果界面前沿有利于等轴晶的形成与发展，则阻止柱状晶的进一步扩展而在内部形成等轴晶。

（3）内部等轴晶区的形成。内部等轴晶区的形成是由于剩余熔体内晶核自由生长的结果；但对于等轴晶晶核的来源尚存在不同的见解。

1）过冷熔体自发生核理论。该理论认为，随着凝固层向内推移，固相的热扩散能力削弱，液相中的溶质越来越富集，使界面前方的成分过冷增大，当成分过冷的过冷度大于非自发生核所需要的过冷度时，则产生晶核并长大，导致内部等轴晶的形成。

2）晶粒脱落、枝晶熔断和增殖理论。铸件在凝固过程中存在溶质再分配，依附型壁生核的晶粒或枝晶的生长引起固液界面前沿的溶质浓度变化，使界面前沿的液态金属凝固温度降低，从而使实际过冷度减小。溶质偏析程度越大，则实际过冷度越小，晶粒的生长速度越缓慢。由于靠近型壁的晶粒附近溶质扩散条件差，偏析严重，晶粒的根部生长受到强烈抑制，而远离型壁晶粒的其他部分周围溶质扩散较均匀而生长速度快，故在晶粒的根部产生“缩颈”现象，这样在液态金属的冲刷和热冲击作用下，晶粒在根部容易断开并从型壁脱落而形成游离晶。游离的晶粒一般具有树枝晶结构，在游离过程中不断受到液相中温度起伏和浓度起伏的冲击，从而使其表面处于反复局部熔化和反复生长状态之中，这样分枝的根部就可能断开而使一个晶粒破碎成几个部分，然后在低温下各自生长成为新的游离晶，这个过程称为晶粒的增殖，如图 3-75 所示。

3）激冷晶粒卷入理论。大野笃美等人认为，金属液在浇注过程中受到浇注系统和铸型的激冷作用，产生较大的过冷，从而在熔体中产生大量的激冷晶体，随金属液的流动进入铸型中。如果浇注温度不高，小晶体不会全部熔化而存留下来成为等轴晶的晶核。

4）“结晶雨”游离理论。在铸件凝固初期，液面处的过冷熔体中往往先产生大量的晶核并长大成小晶体，这些小晶体可能以“结晶雨”的方式从铸件顶部凝固层脱落。由于它们的密度比液态金属大而进入金属液中形成游离晶，成为等轴晶的晶核。不过，这种现象多发生在大型铸件凝固过程中。

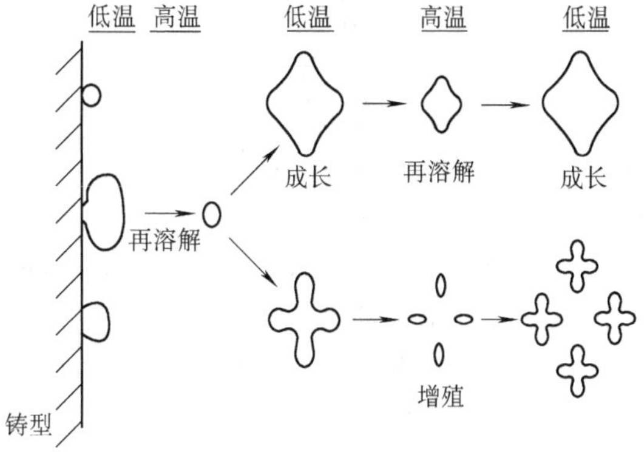

图3-75 晶粒的游离及增殖

3.7.2 铸件宏观凝固组织的控制

1. 铸件结晶组织对铸件质量的影响 铸件的质量和性能与结晶组织有密切关系。由于表面细晶粒区一般较薄，对铸件的质量和性能影响不大，而柱状晶和等轴晶区的宽度和晶粒大小是决定铸件组织和性能的主要因素。

柱状晶在生长过程中凝固区域较窄，横向生长受到相邻晶体的阻碍，树枝晶得不到充分的发展，分枝较少，因此结晶后显微缩松少，晶间杂质少，组织较致密；但柱状晶粗大，晶界面积小，位向一致，因而柱状晶的性能有明显的方向性，纵向好，横向差；另外，在凝固过程中大量的杂质元素、夹杂物、气体等被排斥在界面前沿，最后分布在柱状晶与等轴晶区的交界处，导致铸件热裂纹产生。特别是铸件中产生穿晶组织时，在两侧柱状晶交界处杂质的富集更严重，铸件产生热裂纹的倾向更大。

等轴晶的晶界面积大，杂质和缺陷分布较分散，晶粒之间的位向各不相同，故性能均匀，没有方向性。缺点是枝晶发达，显微缩松较多，凝固后组织不致密。一般来说，晶粒越细，其综合性能越好，生产上往往采用各种措施来细化等轴晶以获得性能良好的铸件。

2. 铸件宏观组织的控制 铸件宏观组织的控制主要是控制柱状晶区与等轴晶区的比例。一般铸件希望获得全部等轴晶组织，这需要抑制柱状晶的产生和生长。通过等轴晶的形成条件可以知道，所有有利于晶粒产生、游离、增殖的各种因素和措施，均有利于扩大等轴晶区，抑制柱状晶的发展，具体措施如下：

（1）合理控制热力学条件

1）降低浇注温度。采用低温浇注是减少柱状晶获得等轴晶的有效措施之一，但温度过低容易产生浇不足、夹杂等缺陷。因此，降低浇注温度应以不引起大量缺陷为前提。

2）合理浇注工艺。通过合理设计浇注系统和浇注方式，增加金属液对型壁的冲刷作用，强化铸型中金属液的对流，可以促进游离晶的产生和晶粒增殖，从而细化和扩大等轴晶区。

3）合理控制冷却条件。控制冷却条件的目的是为形成宽的凝固区和获得较大的过冷，从而促进熔体生核和晶粒游离。对薄壁铸件，提高铸型的激冷能力，使熔体产生较大的过冷，熔体的生核能力增强，有利于获得细小的等轴晶。对于厚壁铸件，等轴晶区的形成主要靠游离晶，若采用蓄热系数小的铸型，延缓铸件凝固层的形成，有利于激冷晶产生游离。同时使熔体中的温度梯度变小，凝固区域加宽，有利于等轴晶的形成；但另一方面，它减缓了熔体热量的散失，不利于游离晶的存留。在生产中一般采用蓄热系数小的铸型，辅助其他细化晶粒的措施，保证厚壁铸件获得等轴晶。

4）铸型性质。铸型表面粗糙度高，柱状晶尺寸小，等轴晶面积率高，铸型与金属液的润湿性好，则铸型表面易于形成稳定的外壳，有利于柱状晶的形成和发展；反之，则有利于等轴晶的形成。

（2）加入生核剂。等轴晶的获得需要在熔体中存留较多的晶核，加入生核剂的目的是为了强化非均质形核。根据生核剂的作用分为以下几类：

1）直接作为外加晶核的生核剂。这种生核剂与欲细化的晶粒之间有良好的界面共格关系，可以直接作为非均质形核的衬底促进生核。如铸铁中加入石墨粉，可以增加石墨的数量和减小石墨的尺寸。

2）通过与熔体相互作用而产生非均质晶核的生核剂。这类生核剂能与液相中的某些元素化合形成稳定的化合物，这些化合物与欲细化的晶粒之间有良好的界面共格关系而促进生核。如过共晶 Al-Si 合金中加入 P 生核剂，通过化合生成 AlP 化合物来细化初晶硅。

另外，该类生核剂在液相中可造成很大的微区富集而迫使结晶相提前弥散析出，增加欲细化晶粒的晶核数量。如把硅加入到铁液中瞬间形成富硅区，造成局部过共晶而迫使石墨提前析出。并且硅的氧化物及其他化合物可以作为石墨的非均质形核的衬底而促进生核。

应指出，该类生核剂形成的化合物除必须与欲细化的晶粒之间有良好的界面共格关系外，在熔体中还要能够稳定存在，并呈细小弥散状分布，不影响合金的性能。

3）加入含强成分过冷元素的生核剂。这类生核剂通过在固液生长界面前沿富集而使晶粒根部或树枝晶分枝根部产生颈缩，通过液态金属的流动和外界的作用产生晶粒游离。并且在固液界面产生成分过冷，促进熔体内的非均质形核。而生核剂元素的富集，也抑制了晶体的生长，促进晶粒细化，最终有利于等轴晶的获得和细化。

然而，该类生核剂（如孕育剂）的作用受到其在熔体中存留时间以及熔体温度的影响。通常随存留时间的延长而作用下降，称为孕育衰退；并且处理温度越高，衰退速度越快。

（3）动态晶粒细化。根据游离晶的产生机制可知，强化液相的流动可以促进游离晶的产生。大量实验也证明，铸件在凝固过程中采用振动、搅拌或旋转等方法可引起固液两相的相对运动，可以促进晶粒脱落、破碎、游离和增殖，在液相中形成大量晶核，能有效地缩小或消除柱状晶区，细化等轴晶。

3.8　熔池凝固及焊缝金属组织

在焊接过程中，在高温热源的作用下母材发生了局部熔化，有时还与熔化的填充材料混合形成熔池，同时还要进行短暂而复杂的冶金反应。当热源离开以后，熔池金属便开始凝固成为焊缝，如图 3-76 所示。焊缝的凝固过程对焊缝金属的组织和性能有重大影响，许多焊接缺陷可能在熔池的凝固过程中产生，如气孔、夹杂、偏析和结晶裂纹等。此外，熔池在结晶时还会产生大量的微观缺陷，如位错、空位等，它们有可能成为宏观缺陷的发源地。因此，讨论和研究熔池的凝固问题具有重要意义。

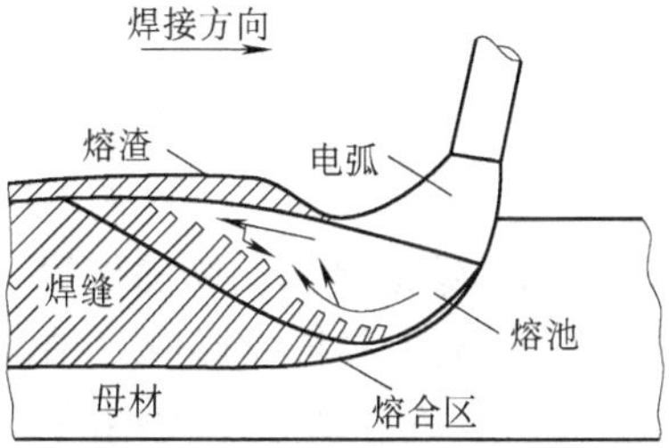

图 3-76　熔池金属的凝固

3.8.1　熔池结晶的特点和结晶形态

3.8.1.1　熔池结晶的特点

熔池的结晶规律与铸件的结晶规律是一样的，它们都要经过形核与核长大的过程。但熔池的结晶又有如下特殊之处：

（1）熔池的体积小，冷却速度大。在电弧焊的条件下，熔池的体积最大也只有 $30cm^3$，质量不超过 240g，冷却速度平均为 4～100℃/s，是一般铸件冷速的成千上万倍。因此，对于含碳量高、含合金元素较多的钢种，易产生淬硬组织。另外，由于熔池冷却快，温度梯度大，使柱状晶得到很大发展。因此，一般情况下焊缝中没有等轴晶，只有在大断面焊缝的上部和高速焊焊缝的中心才会出现等轴晶（电渣焊除外）。

（2）熔池中液态金属处于过热状态。在一般电弧焊条件下，对于低碳钢或低合金钢而言，熔池的平均温度可达 1700±100℃，熔滴温度更高，为 2300±200℃；而一般铸钢的浇注温度很少超过 1550℃。由于熔池的过热度大，合金元素的烧损比较严重，使熔池中能够作为非自发晶核的质点大为减少，这也是促使柱状晶发达的原因之一。

（3）熔池是在运动状态下结晶的。一般熔化焊时，熔池是不断随热源移动的，熔池中金属的熔化和结晶过程是同时进行的。如图 3-77 所示，在熔池的前半部 *abc* 进行熔化过程，而在熔池的后半部 *cda* 进行结晶过程。此外，电弧力的搅拌作用和熔池内部气体的外逸都有利于气体、夹杂的排除，有利于得到致密而性能良好的焊缝。

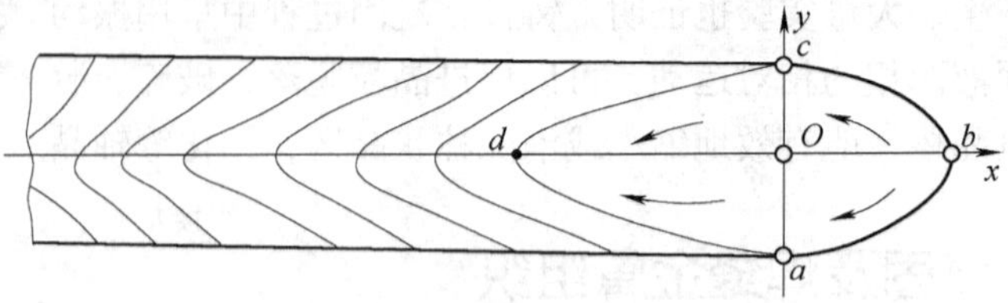

图 3-77 熔池在运动状态下凝固

3.8.1.2 熔池金属的结晶过程

1. 熔池中晶核的形成 结晶理论指出，形核方式有两种，即自发形核和非自发形核。对于焊接熔池结晶，非自发形核起着主要作用。

在焊接条件下，熔池中存在着两种现成界面供非自发形核：一是合金元素或杂质的悬浮质点，如焊接时常加入钼、钛、钒、铌等合金元素作为非自发形核的质点；二是熔合区内未完全熔化的晶粒表面，非自发晶核就可以依附在这个表面上，形成所谓交互结晶，或称联生结晶，如图 3-78 所示。

2. 熔池中的晶核长大 焊接熔池金属开始结晶时，多数情况下晶体是从熔合区的半熔化晶粒上以柱状晶形态联生结晶生长的，生长的主方向与最大散热方向是一致的，如图 3-79 所示。

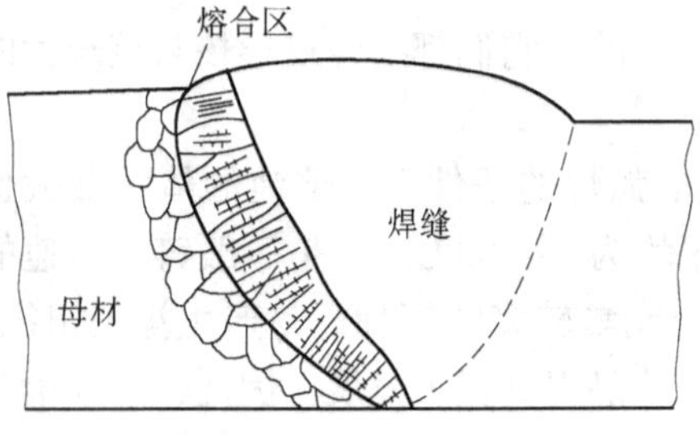

图 3-78 熔合区母材晶粒上成长起来的柱状晶

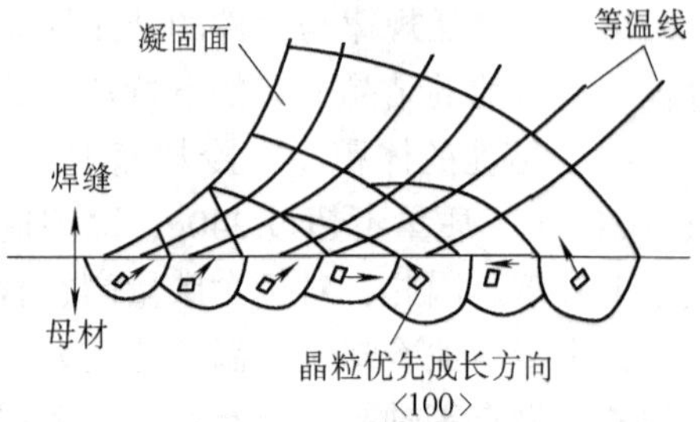

图 3-79 焊缝中柱状晶粒的选择长大

3. 熔池凝固的线速率 前已述及，焊接熔池结晶晶粒的成长主方向与最大散热方向是一致的，也就是说与熔池凝固等温面正交，并以弯曲的形状向焊缝中心生长，如图 3-80 所示。

从图可见，任一晶粒主轴在任一点 A 的生长方向是 A 点的切线（S—S 线）。此方向与 x 轴之间的夹角为 θ。如果凝固等温面在 $\mathrm{d}t$ 时间内沿 x 方向移动 $\mathrm{d}x$，则凝固前沿（即液——固界面）从 A 移到 B，同时晶粒主轴由 A 生长到 C'。当 $\mathrm{d}x$ 很小时，可把弧 AC' 看成直线 AC，同时还可以认为 $\triangle ABC$ 是直角三角形。令 $AC=\mathrm{d}s$，则

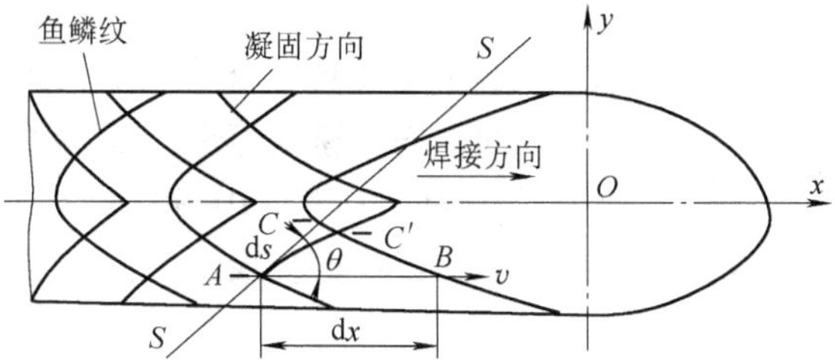

图 3-80 晶粒成长线速率分析图

$$ds = dx\cos\theta$$

将上式两端同除以 dt，即

$$\frac{ds}{dt} = \frac{dx}{dt}\cos\theta \tag{3-110}$$

上式左端 ds/dt 即为晶粒生长的平均线速率 R，dx/dt 即为焊接速度 v，于是有

$$R = v\cos\theta \tag{3-111}$$

由式（3-111）可知，晶粒生长的平均速率，在一定的焊接速度下主要决定于 $\cos\theta$ 的值，而 $\cos\theta$ 值又取决于焊接工艺参数和被焊金属的热物理性质。

为获得焊接工艺参数与 θ 角之间的关系，假定熔池为半个椭球体，如图 3-81 所示，这样便可推导出如下方程式：

在厚大焊件的表面快速堆焊时，有

$$\cos\theta = \left[1 + A\frac{Pv}{a\lambda\theta_m}\left(\frac{k_y^2 + k_z^2}{1 - k_y^2 - k_z^2}\right)\right]^{-\frac{1}{2}} \tag{3-112}$$

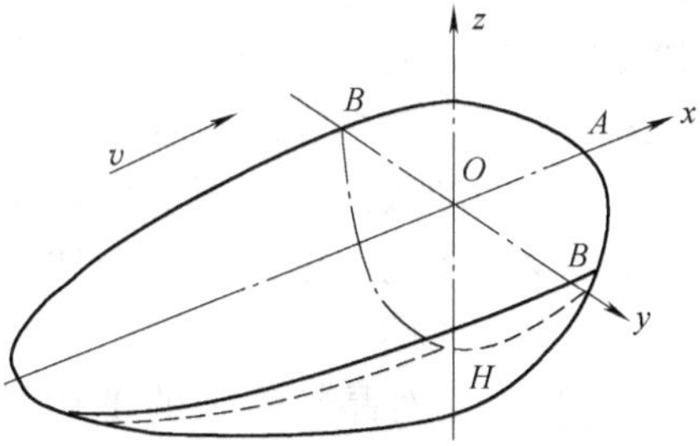

图 3-81 熔池的形状

式中，A 为常数，$A = 0.043217$；P 为热源的有效功率（$J \cdot s^{-1}$）；v 为焊接速度（$cm \cdot s^{-1}$）；a 为热扩散率（$cm^2 \cdot s^{-1}$）；λ 为热导率（$W \cdot (cm \cdot ℃)^{-1}$）；$\theta_m$ 为被焊金属的熔点（℃）；$k_y = y/OB$（图 3-81），y 为熔池中某点的 y 坐标，OB 为椭圆的短半轴；$k_z = z/OH$，z 为熔池中某点的 z 坐标，OH 为熔池的熔深半轴。

如果是在薄板上自动堆焊时，则有

$$\cos\theta = \left[1 + A\left(\frac{P}{h\lambda\theta_m}\right)^2\left(\frac{k_y^2}{1 - k_y^2}\right)\right]^{-\frac{1}{2}} \tag{3-113}$$

式中，h 为薄板厚度（cm）。

由式（3-110）、式（3-111）和式（3-112）可以看出以下几点：

（1）晶粒生长的平均线速率是变化的。由式（3-113）可见，当 $y = OB$ 时，$k_y = 1$，则 $\cos\theta = 0$，$\theta = 90°$，$R = 0$。这说明在熔合区晶粒开始生长的瞬时，生长的方向垂直于熔合线，晶粒生长的平均线速率等于零。

当 $y=0$ 时，$\cos\theta=1$，$\theta=0°$，$R=v$。这说明当晶粒生长到与 x 轴相接触时，晶粒生长方向与 x 方向一致，生长的平均线速度等于焊接速度。

可见，在晶粒生长过程中，当 $y=OB\sim0$ 时，$\theta=90\sim0°$，$R=0\sim v$。显然，晶粒的生长方向和平均线速度都是变化的：在熔合线上生长速率最小，在焊缝中心最大。

（2）焊接工艺参数对晶粒生长方向和平均线速率都有影响。由式（3-112）可以看出，当焊接速度大时，θ 角也大。当焊接速度大到极限情况时，晶粒的主轴方向将垂直于焊缝的中心线，如图 3-82a 所示；相反，当焊速较小时，晶粒主轴的生长方向是弯曲的，如图 3-82b 所示。

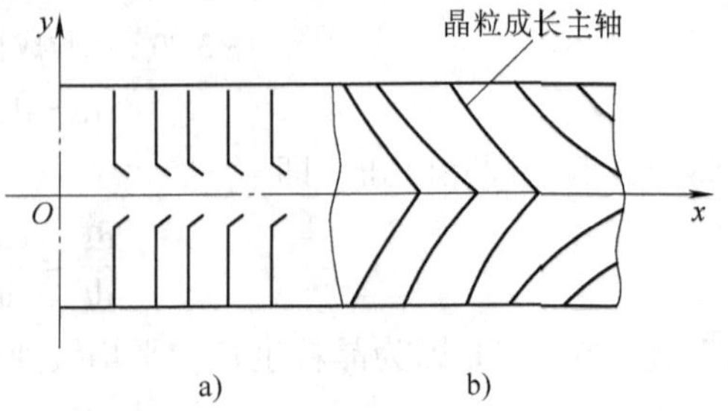

图 3-82　焊速对晶粒生长方向的影响
a）焊接速度大　b）焊接速度小

如焊速过大，晶粒主轴垂直于焊缝中心时，在焊缝中心由于低熔点杂质积聚，会形成脆弱的结合面，尤其当焊缝的深宽比（焊缝熔深与焊缝上表面宽度之比）较大时，在焊缝中心易出现纵向裂纹。因此，在焊接奥氏体钢和铝合金时，不宜采用过大的焊速。

焊接速度对晶粒生长的平均线速率的影响见图 3-83。当焊速较小时（$v=0.1\text{cm/s}$），凝固速率 R 的增长率较小；当焊速增大时（$v=1.0\text{cm/s}$），凝固速率 R 的增长率较大。

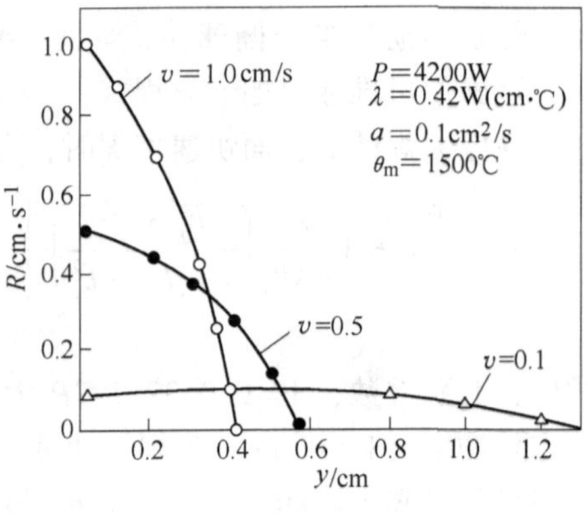

图 3-83　焊接速度 v 对晶粒生长平均线速率 R 的影响

实际上，由于凝固过程中要析出结晶潜热，晶粒生长的线速率将围绕平均线速率作波浪式变化，如图 3-84 所示。在熔合线附近开始结晶时，晶粒生长线速率的波动幅度较大，以后逐渐呈阻尼式减弱，最后趋向平均线速率。

3.8.2　焊缝组织

1. 焊接条件下的结晶形态　由于熔池中的化学成分和温度梯度存在着不均匀性，由此引起的成分过冷度也是不均匀的，故在同一焊缝中，会出现不同的结晶形态，如图 3-85 所示。

熔池刚结晶时，熔池中心温度还很高，而在熔化边界处母材的温度较低，因

此温度梯度 G 较大，同时此处的结晶速率 R 又小，故成分过冷几乎不存在，所以平面晶得到发展。随着晶粒向熔池内部生长，温度逐渐下降，而它的周围又是刚凝固的金属，因而温度梯度 G 变小，到焊缝中心时，结晶速率 R 增至最大，故 $G/\sqrt{R}$ 很小，在焊缝中心可能出现等轴晶。

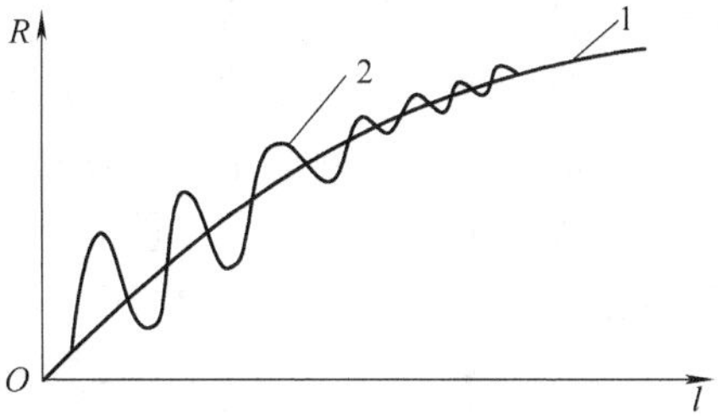

图 3-84　沿晶粒主轴长度 l 晶粒生长线速率 R 的变化

1—晶粒生长平均线速率　2—晶粒生长线速率

但在实际焊缝中，由于被焊金属的成分、板厚和接头形式不同，不一定具有上述的全部结晶形态。例如在纯度为 99.99% 以上的纯铝焊缝中，熔合线附近是平面晶，焊缝中心为胞状晶，如图 3-86a 所示。而纯度较低的99.6%的铝焊缝中，就出现了胞状树枝晶（图3-86b），在焊

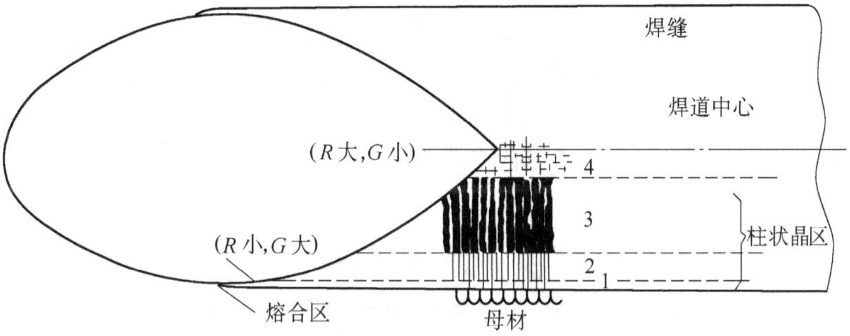

图 3-85　焊缝中结晶形态的变化

1—平面晶　2—胞状晶　3—树枝柱状晶　4—等轴晶

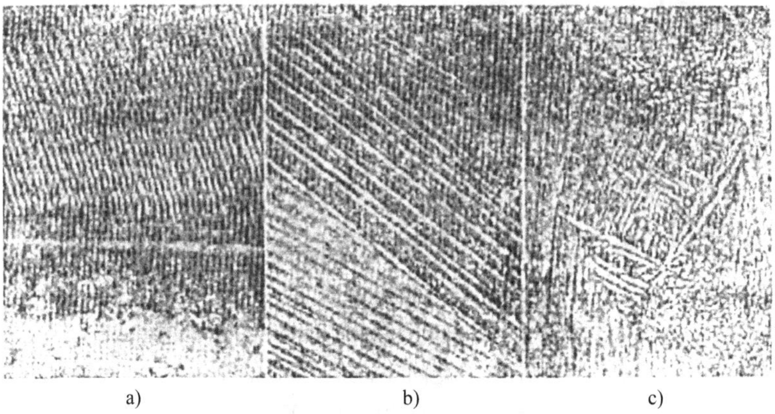

a)　　b)　　c)

图 3-86　薄板铝（1mm）TIG 点焊焊缝组织

a）平面晶—胞状晶　b）胞状树枝晶　c）等轴晶

缝中心甚至出现了等轴晶（图 3-86c）。

此外，焊接工艺参数对焊缝结晶形态也有影响。例如，当焊接速度增大时，熔池中心的温度梯度会下降，使熔池中心的成分过冷度加大。因此，快速焊接时，在焊缝中心往往出现大量的等轴晶（图 3-87c）；而低速焊接时，在熔合线附近出现胞状树枝晶，在焊缝中心部位出现较细的胞状树枝晶（图 3-87a、b）。

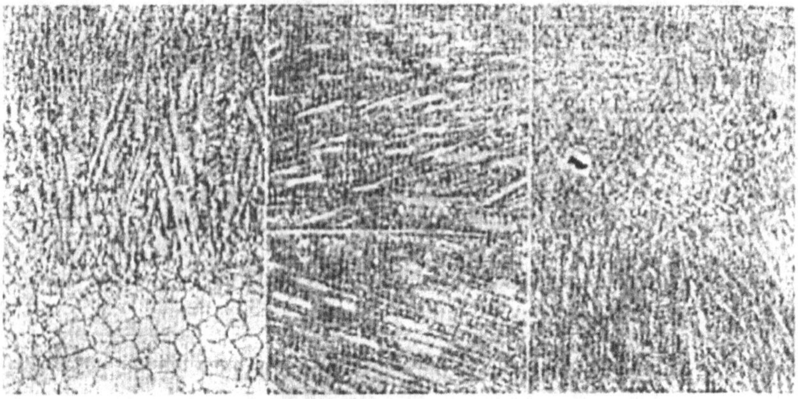

a)　　b)　　c)

图 3-87　蒙耐尔板 TIG 焊缝的凝固组织

a）低速焊（16cm/min）熔合区的胞状树枝晶

b）低速焊（16cm/min）焊缝中心较细的胞状树枝晶

c）高速焊（64cm/min）焊缝中心的等轴晶

当焊接速度一定时，不同焊接电流对焊缝结晶形态的影响如图 3-88 所示。焊接电流较小时（150A），得到胞状组织；电流增大到 300A，得到胞状树枝晶；电流继续增大到 450A，则得到粗大的胞状树枝晶组织。

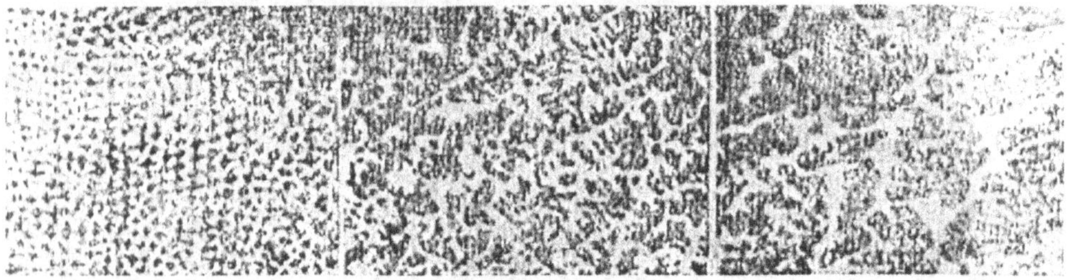

a)　　b)　　c)

图 3-88　不同焊接电流对低合金钢（HY80）焊缝凝固组织（横断面）的影响（焊速 50cm/min）

a）150A　b）300A　c）450A

2. 结晶形态对焊缝性能的影响　粗大的柱状晶会降低焊缝金属的强度和韧性。图 3-89 显示了低碳钢碱性焊条焊接的焊缝中晶粒粗细对冲击韧性的影响。

稳定型奥氏体钢（如25-20型）焊缝中粗大的柱状晶是造成热裂纹的原因之一，同时对抗晶间腐蚀也不利。

3. 焊缝凝固组织的改善 焊接时，改善凝固组织，防止粗晶的主要措施有：

（1）变质处理。焊接时，通过焊接材料向熔池中加入一些能细化晶粒的合金元素，如钼、钒、铌、锆、铝、硼、氮、稀土等，可使焊缝晶粒细化，提高强度、韧性及抗裂性能。

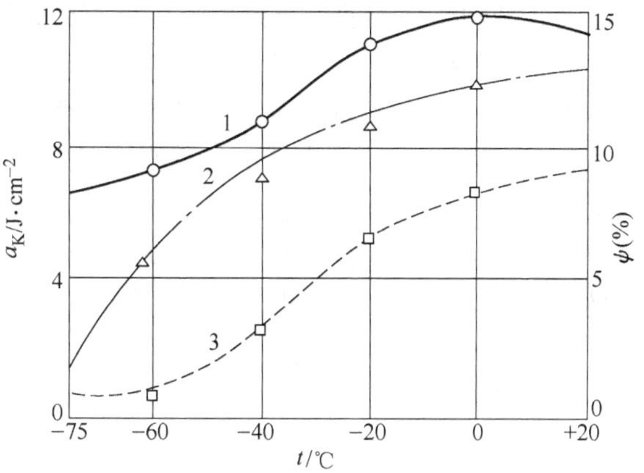

图3-89 焊缝晶粒粗细对冲击韧度的影响

1—细晶粒 2—粗晶粒 3—粗大柱状晶

（2）振动凝固。振动的方式主要有低频机械振动、高频超声振动和电磁振动等。通过振动可以振碎生长的晶粒，达到细化晶粒的目的。

3.9 液态金属在特殊条件下的凝固成形

3.9.1 快速凝固

快速凝固是指在比常规冷却速度快得多的条件下，合金以极快的冷却速度（如10^4~10^9℃/s）急冷或深过冷，从液态转变为固态的过程。在快速凝固条件下，材料的微观组织发生了很多变化，如形成亚稳相、晶粒细化，甚至形成非晶相。

1. 快速凝固的基本原理 快速凝固技术可以分为急冷凝固技术和深过冷凝固技术两大类。

（1）急冷凝固技术。是提高合金在凝固过程中的冷却速度。从热传输的基本原理可以知道，一个相对于环境放热的系统的冷速取决于该系统在单位时间内产生的热量和传出系统的热量。因此对于金属凝固而言，提高系统的冷速必须要求：第一，减少单位时间内金属凝固时产生的熔化潜热；第二，提高凝固过程中的传热速度，如设法减少同一时刻凝固熔体的体积，提高熔体的散热表面积，减小熔体界面冷却介质的热阻，提高界面的热传导能力等。

（2）深过冷凝固技术。其核心是通过各种手段提高熔体的过冷度，以达到熔体进行均质形核的凝固条件，同时减少熔体内非均质形核的衬底，如熔体内部的杂质和铸型界面。因此，将熔体弥散成很小的熔滴，使熔体的体积减小，从而使熔滴中非均质形核的衬底减少，产生接近均质形核的条件。在熔体凝固过程中不用容器或将熔体与容器壁隔离，也可以造成接近均质形核的条件。

2. 快速凝固技术　快速凝固技术根据熔体分离和冷却方式的不同分为模冷技术、雾化技术和表面熔化与沉积技术三类。

(1) 模冷技术。模冷技术的主要特点是首先把熔体分离成连续或不连续的、截面尺寸很小的熔体流，然后使熔体流与旋转（或固定）的、导热良好的冷模迅速接触而冷却凝固。模冷技术分为“枪”法、双活塞法、熔体旋转法、平面流铸造法、电子束急冷淬火法、熔体提取法和急冷模法等。

(2) 雾化技术。雾化技术的主要特点是使熔体在离心力、机械力或高速流体冲击力等外力的作用下分散成尺寸极小的雾状熔滴，并使其在与流体或冷模接触中迅速冷却凝固。

把熔体分离成极小雾滴的雾化方法有许多种。根据这些方法的不同，雾化技术主要包括双流雾化、离心雾化和机械雾化三类。除了根据快速凝固本身的要求，粉末的平均直径应尽可能小，以便得到尽可能高的凝固冷速外，按照凝固成形工艺的要求，当粉末的尺寸分布较宽、形状接近球状、表面没有氧化时，固结成形加工的效果较好。

(3) 表面熔化与沉积技术。表面熔化与沉积技术的主要特点是用高密度能束扫描工件表面使其表面熔化，或者把熔滴喷射到工件或基底的表面，然后通过熔体或熔滴向工件或基底内部迅速传热而冷却凝固沉积。

表面熔化与沉积技术，是使待加工的材料或半成形、已成形的工件表面层处于快速凝固状态，因此这一技术特别适用于要求表层具有比内部更高的硬度、耐磨性、耐蚀性等特性的工件，此外还可以用于修补表面已磨损的工件。

表面熔化与沉积技术主要用激光束、电子束或等离子束等高密度能束作为热源，经聚焦后迅速逐行扫描工件表面，使工件表层熔化，熔化层厚度一般为10~1000μm。表面喷涂沉积法应用较多的是等离子体喷涂沉积法。此法主要使用高温等离子体火焰熔化合金、陶瓷或非金属氧化物粉末，然后喷射到已加工成形或半成形的工件表面，熔滴迅速冷凝沉积成与基体结合牢固而致密的喷涂层。

3. 快速凝固晶态合金的一般特点　快速凝固合金从微观结构上可以分为晶态合金、非晶态合金和准晶态合金三大类。其中快速凝固晶态合金作为结构材料在工程上已得到广泛应用，因此，下面主要介绍晶态合金的微观组织结构和性能的主要特点。

(1) 微观组织结构特点。与一般铸态合金相比，快速凝固合金的微观组织结构发生了许多变化，如微观组织细化、成分均匀化、缺陷密度增加、形成新的亚稳相等。

快速凝固合金的微观组织一般随离冷却介质距离的增加或者离初始形核位置距离的增加，依次为等轴晶、胞晶或柱状晶、树枝晶。由于冷却速度很大，成核率极高，因此晶粒细小且均匀，一般为 1μm 左右，且在固液界面前沿出现非平衡溶质分配或溶质捕获现象，使成分不均匀分布或偏析的范围明显减小。

快速凝固合金中的空位、位错等缺陷的密度比一般铸态合金的高得多。这是由于液态合金中空位形成能比固态合金的空位形成能小得多，所以液态合金中的空位浓度比固态合金高得多，快速凝固时大部分空位来不及析出而留在固态合金中。此外，晶体在快速长大过程中也容易形成空位，从而使快速凝固合金中的空位浓度增高。

(2) 主要性能特点。快速凝固合金一般具有优异的力学性能和物理性能，这在生产中已得到证明。

快速凝固合金由于微观组织结构的尺寸与一般铸态合金相比明显细化和均匀，所以具有很好的晶界强化与韧化、微畴强化与韧化等作用；而成分均匀、偏析减小，不仅提高合金元素的使用效率，还避免了一些会降低合金性能的有害相的产生，消除了微观裂纹萌生的隐患，改善了合金的强度、延展性和韧性；固溶度的扩大，过饱和固溶体的形成不仅起到很好的固溶强化作用，也为第二相的析出、弥散强化提供了条件；位错密度的提高增加了位错强化作用。此外，快速凝固过程中形成的亚稳相也能起到很好的强化和韧化作用。所以快速凝固合金在硬度、强度、韧性、耐磨、耐腐蚀等室温力学性能和某些高温力学性能方面均比一般铸态合金更优异。

快速凝固合金的组织结构特点，还决定了其具有常规铸态合金不具有的独特的物理性能。如快速凝固过程中形成的一些亚稳相具有较高的超导转变温度。快速凝固合金的成分偏析减小对提高合金的磁学性能十分有利，而且有些在快速凝固中形成的亚稳相还具有很高的矫顽力等特性。如 Fe-Si 合金具有良好的软磁性能和冷加工性能，可以直接加工成变压器的芯片。

3.9.2 定向凝固

定向凝固又称为定向结晶，是控制合金凝固中晶体生长的方法，用于制备单晶、柱状晶和自生复合材料。

1. 定向凝固方法　金属熔体在凝固过程中，为了达到单一方向生长成为柱状晶的目的，必须满足以下两个条件：一是凝固过程中固液界面保持平面，在界面前沿保持足够高的温度梯度，并且使此温度梯度与柱状晶的生长速率的比值足够大；二是未凝固的液体具有足够大的过热度，绝对避免型壁形核，以防在型壁上形成的晶体脱落而形成等轴晶或等轴晶核心。围绕这两个原则，产生了不同的定向凝固方法。

(1) 发热保温材料法。发热保温材料法定向凝固原理如图 3-90 所示。这是最原始的定向凝固方法。金属熔体内的温度梯度较小，单向传热条件不易保证，凝固一旦开始便无法对其凝固过程进行控制。但是，这种方法具有工艺简单、成本低的特点，所以适用于小型的定向凝固实验与生产。

（2）功率降低法。这种方法发展于 20 世纪 60 年代，原理如图 3-91 所示。通过调整上下感应圈的工作状态，在金属熔体内形成自上而下的温度梯度。这种方法在凝固过程中金属熔体内的温度梯度 G_L 不断减小，柱状晶在高度上的粗化比较严重，设备复杂，不易控制，适用于高度在 120mm 以下的定向凝固铸件。

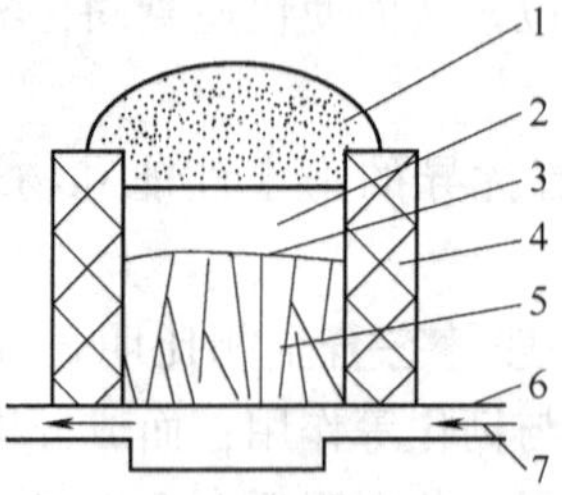

图 3-90　发热保温材料法定向凝固原理

1—发热剂　2—金属熔体　3—固液界面　4—结晶器　5—铸锭　6—水冷铜板　7—冷却水

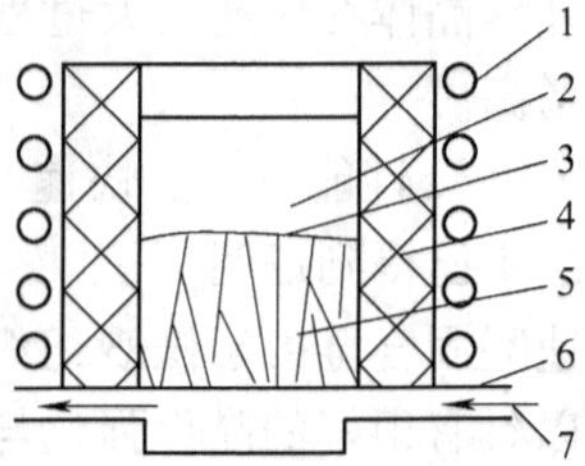

图 3-91　功率降低法凝固原理

1—感应圈　2—金属熔体　3—固液界面　4—结晶器　5—铸锭　6—水冷铜板　7—冷却水

（3）快速定向凝固法。如图 3-92 所示，在加热与冷却装置之间由绝热板隔开，固液界面始终靠近冷却区，使固液界面前沿金属熔体所受激冷强度基本不变，可以获得致密均匀的柱状晶组织。这种方法容易控制，已成为最常用的方法之一。

（4）液态金属冷却法。这种方法与快速定向凝固法基本相同，差别在于冷却介质为低熔点的液态金属，所以冷却强度大而均匀，但设备复杂操作麻烦。

（5）电渣重熔法。此法为 Johnson 等人根据电渣重熔原理与特点提出的。利用此法可以获得较高的温度梯度，同时可以达到对金属或合金进行精炼的目的。但此法尚未广泛应用。

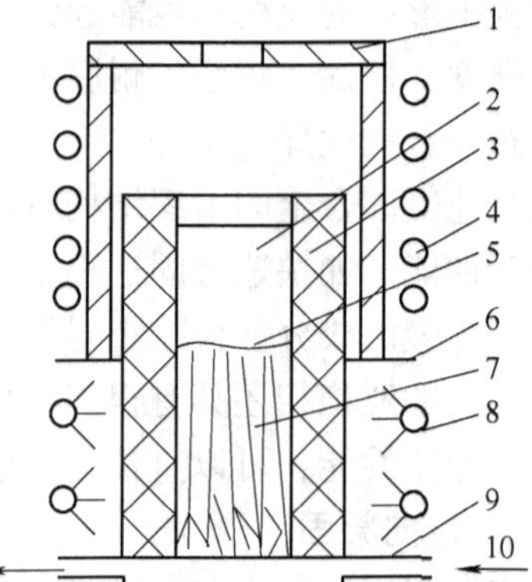

图 3-92　快速定向凝固法原理图

1—保温罩　2—金属熔体　3—结晶器　4—感应圈　5—固液界面　6—绝热板　7—铸锭　8—冷却装置　9—水冷铜板　10—冷却水

2. 定向凝固合金的组织与性能

（1）组织。一般纯金属定向凝固后为单一的柱状晶，而合金定向凝固后的组织为柱状树枝晶。定向凝固工艺参数不同时，柱状晶主干及其二次枝晶臂间距明显不同。总体上看，随着离激冷底板距离的增加，一次枝晶臂变粗，二次枝晶发达，枝晶臂间距变大。在远离激冷底板的上部，如果冷却不当，会出现等轴晶。其组织形态主要受凝固过程中 G_L/R 的影响。

（2）偏析。合金在凝固过程中，如果冷却速度小，枝晶干与枝晶间易形成溶质元素的偏析。偏析主要受到冷却速度、合金成分、固液界面性质的影响。减小或消除偏析的有效办法是增大冷却速度。

（3）性能。金属或合金定向凝固后，由于由柱状晶组成，消除或减少了垂直于应力主轴的横向晶界，所以其性能会呈现各向异性。在柱状晶主干方向上，具有优异的力学性能和高温性能，特别是持久性能。由于晶界数量相对较少，所以其耐蚀性能及抗氧化性能较高。用定向凝固方法获得的在高温下使用的燃气轮机和涡轮机叶片，对航空工业的发展起到了至关重要的作用。

思考与练习

1. 简述金属凝固与材料成形的关系。
2. 金属的熔化是从哪里开始的？
3. 何为晶界粘性流动？
4. 简述金属的熔化状态。
5. 固态→液态时，原子的结合键是否完全被破坏？
6. 何为“近程有序”、“远程无序”的结构？
7. 理想纯金属液态结构在熔点以上不高的温度范围内有何特点？
8. 实际金属合金液态结构与理想纯金属液态结构有何不同？
9. 简述液态金属粘滞性的本质及其影响因数。
10. 简述粘度对材料成形过程各个环节的影响。
11. 根据 Stokes 公式计算钢液中非金属夹杂物 MnO 的上浮速度。已知钢液温度 1500℃，$\eta=0.0049\text{Pa}\cdot\text{S}$，$\rho_{液}=7500\text{kg/m}^3$，$\rho_{MnO}=5400\text{kg/m}^3$，MnO 呈球形，其半径 $r=0.1\text{mm}$。
12. 简述液态金属的表面张力的实质及其影响因数。
13. 简述界面现象对液态成形过程的影响。
14. 液态金属流动性与充型能力有何异同？如何提高液态金属的充型能力？
15. 简述过冷度与液态金属凝固的关系。
16. 用动力学理论阐述液态金属完成凝固的过程。
17. 简述均质形核与异质形核的区别。
18. 什么条件下晶体以平面方式生长？什么条件下晶体以树枝晶方式生长？
19. 简述晶体微观长大方式和长大速率。
20. 为什么要研究液态金属凝固过程中的溶质再分配？它受哪些因素影响？
21. 液态金属凝固过程中的对流分为哪几种类型？它对材质有何影响？
22. 简析 Cu-Sn 铸件表面出现“锡汗”的反偏析现象。
23. 什么是成分过冷？形成成分过冷必须具备什么条件？
24. 在普通工业条件下，铸锭的凝固速率 $R=2.5\times10^3\text{cm/s}$，$D_L\approx10^{-5}\text{cm}^2/\text{s}$，$G_L<3\sim5℃/$

cm，$|m_L|>1$，令 $\rho_S=\rho_L$，试分别求出某合金 $C_0=10\%$、1%、0.01%（质量百分数）以及 $k_0=0.4$ 与 0.1 时确保固-液界面平面生长所必须的 G_L 值。根据计算结果能得出什么结论？

25. 何为外生生长？何为内生生长？各在什么条件下进行？

26. 为什么非共晶成分的合金往往能获得 100%的共晶组织？

27. Al-Cu 相图的主要参数为 $C_E=w_{Cu}33\%$，$C_{sm}=w_{Cu}5.65\%$，$T_m=660℃$，$T_E=548℃$。用 Al-1%Cu 合金浇注一细长圆棒试样，使其从左至右单向凝固，冷却速度足以保持固-液界面为平界面，当固相无 Cu 的扩散，液相中 Cu 充分混合时，求：

（1）凝固 10%时，固-液界面的 C_S^* 和 C_L^*。

（2）共晶体所占比例。

（3）画出沿试棒长度方向 Cu 的分布曲线图，并表明各特征值。

28. 何谓复合材料？有何特点？

29. 金属基复合材料有哪些种类？如何形成？

30. 铸件典型宏观凝固组织由哪几部分组成？它们的形成机理如何？

31. 试分析溶质再分配对游离晶的产生及晶粒细化的作用。

32. 试述焊接熔池的凝固特点及其形核与生长规律。

33. 简述焊接熔池凝固线速率的变化规律及焊接速度对其产生的影响。

34. 产生焊缝中心纵向裂纹的原因是什么？应如何避免？

35. 简述焊缝组织的结晶形态特点及其对性能的影响，如何改善？

36. 何谓快速凝固？其基本原理是什么？

37. 快速凝固技术有哪些？各有何特点？

38. 定向凝固技术有哪些方法？

参 考 文 献

1 周尧和，胡壮麒，介万奇. 凝固技术. 北京：机械工业出版社，1998

2 安阁英. 铸件形成理论. 北京：机械工业出版社，1992

3 ［日本］大野笃美. 金属凝固学. 唐彦斌，张正德译. 北京：机械工业出版社，1983

4 胡汉起. 金属凝固. 北京：冶金工业出版社，1985

5 胡汉起. 金属凝固原理. 北京：机械工业出版社，1991

6 陆文华，李隆盛，黄良余. 铸造合金及熔炼. 北京：机械工业出版社，1996

7 潘金生，仝健民，田民波. 材料科学基础. 北京：清华大学出版社，1998

8 除金德，张建勋，杨秉俭. 材料成形工程. 西安：西安交通大学出版社，2000

9 陈平昌，朱六妹，李赞. 材料成形原理. 北京：机械工业出版社，2001

10 林柏年. 铸造流变学. 哈尔滨：哈尔滨工业大学出版社，1991

11 周振丰，张文钺. 焊接冶金与金属焊接性. 北京：机械工业出版社，1992

第 4 章　材料成形过程中的化学冶金

在材料成形过程中，处于高温下的液态金属与其中的气体、熔渣也会发生一系列冶金反应，如合金元素的氧化与还原，气体的溶解与析出，有害杂质的去除，合金元素的渗入等。这种在高温下，液体金属与各种物质之间互相作用的过程称为液相化学冶金过程。液相化学冶金过程对成形金属的成分、性能、质量以及成形工艺性能都有很大影响。研究与掌握在各种工艺条件下，这种冶金反应与金属成分、性能之间的关系及其变化规律，对于合理设计材料、正确控制成形质量具有重要意义。

4.1　材料成形过程中化学冶金的特点

由于材料成形方法不同，工艺条件差异很大，发生的化学冶金反应的特点也就不同。铸造与焊接过程发生冶金反应的机理相同，但由于反应设备、工艺条件及材料不同，它们又有各自的反应特点。

1. 铸造时化学冶金的特点　铸造是一个对金属熔炼加工的过程，在特定的熔炼炉中进行，所用材料主要是矿石、焦炭、废钢铁等，经设计成分、装料、熔化期、氧化期、还原期提炼金属，并浇注入铸型中，冷却成形。金属在浇注、凝固、冷却过程中与铸型发生热的、机械的、物理化学的相互作用。与一般冶金相比，铸造化学冶金过程受铸型影响较大。

（1）金属和铸型的热作用。金属液浇入铸型后，液体金属与铸型之间会发生剧烈的热交换，高温的液态金属向铸型进行热传导，使铸型温度升高，导致铸型体积膨胀，型内水分分解和扩散。浇注后铸型表面层的温度迅速接近液体金属的温度，其热作用比较剧烈。图 4-1 是干砂型受热后不同点的温度变化曲线。图 4-2 是湿砂型的变化曲线。可见砂型类型不同，温度分布曲线不同，干砂型表面层的温度比湿砂型高，湿砂型的热容量比干砂型大 1.5～2 倍。砂质铸型热导率比金属型低，受热后不能迅速地把热量从型腔表面层传递给里层，表层与里层之间存在着很大的温度差。金属和铸型的传热过程非常复杂，是一个不稳定的导热过程，它影响着金属与铸型之间的物理化学反应。

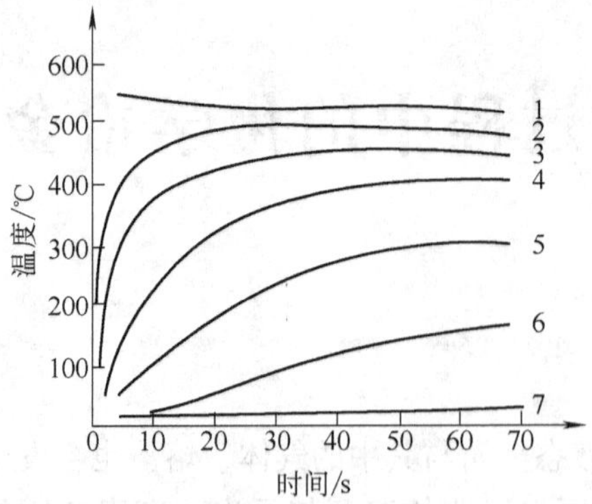

图 4-1　干砂型浇注后不同点的温度变化曲线
1—型面　2—2.7mm　3—6.5mm　4—13.3mm
5—25.2mm　6—50.8mm　7—101.6mm

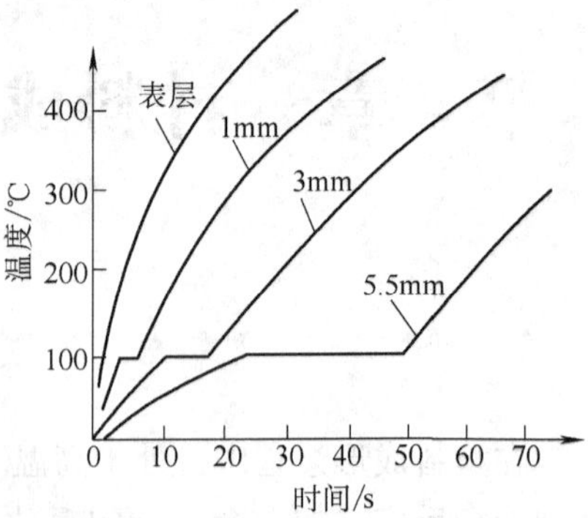

图 4-2　湿砂型浇注后的温度变化曲线

湿砂型在浇注时，砂型表面层中的水分受热蒸发变成水蒸气，并通过砂粒间的孔隙向砂型内层迁移，进而凝聚成水。另外急热时砂粒间孔隙中的水在压力差和表面张力的作用下也由高温处向低温处移动，在湿砂型中出现四个区域（图4-3）。第Ⅰ区域——干燥区。该区的温度高于100℃，水分蒸发产生大量气体，气体可能侵入液体金属中，产生侵入性气孔缺陷。第Ⅱ区域——水分饱和凝聚区。它是铸型中温度为100℃的区域，其中的水分有可能侵入液体金属中。第Ⅲ区域——水分不饱和凝聚区。它是铸型中温度为100℃至室温的区域。第Ⅳ区域——未受影响区。该区域未受液体金属热作用的影响。

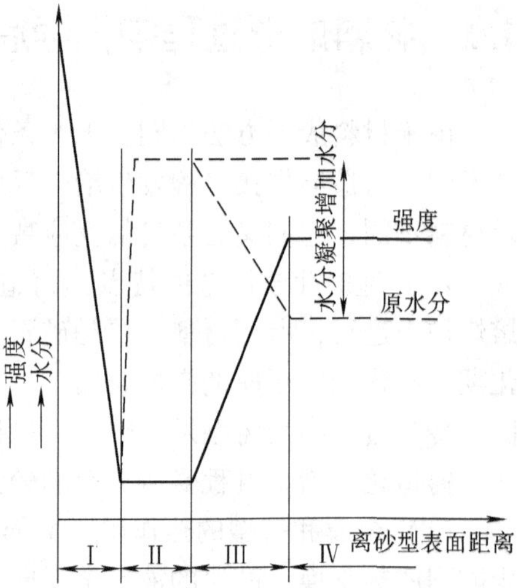

图 4-3　浇注后湿砂型中某瞬间水分分布示意图
Ⅰ—完全烘干区（温度高于100℃）
Ⅱ—水分饱和凝聚区（温度稳定在100℃）
Ⅲ—水分不饱和凝聚区（温度在100℃以下）
Ⅳ—未受影响区（温度为室温）

砂型在加热时发生膨胀，膨胀量与砂粒材料的膨胀系数与特性、粘结剂、加入物的性质及加入量、砂型的紧实度、加热温度、加热速度、膨胀条件等因素有关。如果热膨胀值超过了砂型的临界热应变，砂型表面将破裂，引起夹砂。

（2）金属和铸型的机械作用。金属浇注时，铸型受到金属液的冲刷和冲击，承受金属液的静压力和动压力，铸件在凝固冷却收缩时受到铸型的阻碍而产生内应力。金属液沿着铸型表面流动时对铸型表面有摩擦力，如摩擦力超出砂型表面层砂粒间在浇注温度下的粘结力，砂粒将被冲下，造成铸件表面局部粗糙、冲砂、砂眼等缺陷。金属液对铸型表面的冲刷作用，主要取决于金属的浇注温度、铸型的表面强度和高温强度。在液体金属的静压力和动压力的作用下，会产生型壁移动、盖箱抬起、砂芯漂浮等，从而使铸件产生胀砂、多肉等缺陷。如果产生的浮力过大、砂芯会发生变形和破坏，使铸件偏心以至报废。

（3）金属与铸型表面的物理化学作用。这些作用包括铸型中的气体侵入金属液中；金属液从铸型吸收气体；金属液渗入砂粒间空隙；金属液与铸型材料或铸型中气体发生化学作用生成新的化合物等。因金属液与铸型的物理化学作用，有可能使铸件产生气孔、粘砂等缺陷。但也可以利用铸型表面涂料中的合金元素，使铸件表面合金化而提高铸件表面质量。

铸件的某些缺陷，如砂眼、夹砂、粘砂、裂纹、夹杂和侵入气孔等是在高温控制不当条件下相互作用形成的。在高温下，发生的化学冶金反应有金属的氧化、合金元素的还原及扩散、气体的溶入与逸出、脱磷、脱碳、脱氧、脱硫等系列反应。发生冶金反应可以在液态金属与铸型的界面、液态金属内部、渣与液态金属界面、气体与液态金属界面进行。

铸件成形时，液态金属的比表面较小，而冶金反应时间较长，可以充分进行物理化学反应。因此，可按物理化学反应平衡方程式进行定量计算，依据使用要求进行铸件的成分设计，保证元素含量。

2. 焊接化学冶金过程的特点　焊接化学冶金过程是金属在焊接条件下再熔炼的过程。熔化焊时，填充材料熔化形成液态熔滴和熔化的母材一起形成特定形状尺寸的液态金属熔池，在其中发生着一系列反应，主要有水分蒸发和分解、气体的溶解与分解、金属的氧化和还原，以及脱 S、P、掺合金等。这些反应，最终影响焊接质量。

焊接冶金反应的主要特点有：

（1）不同的焊接方法对焊接区金属采用不同的方式进行保护。如气体保护，其代表性的焊接方法有 CO_2 气体保护焊和氩弧焊；渣保护，如埋弧焊；气-渣联合保护，如焊条电弧焊；真空保护，如真空电子束焊；自保护是在不加保护气氛，只在焊接材料中加入强脱氧和脱氮元素，在焊接冶金过程中完成自脱氧和脱氮作用。

（2）焊接冶金反应是在保护条件下分区域连续进行的。以焊条电弧焊为例，焊接冶金反应分为三个冶金反应区：即药皮反应区、熔滴反应区、熔池反应区。各反应区的特点不同，如图 4-4 所示。

1）药皮反应区。在电弧高温作用下，从焊条药皮中某种物质开始发生分解

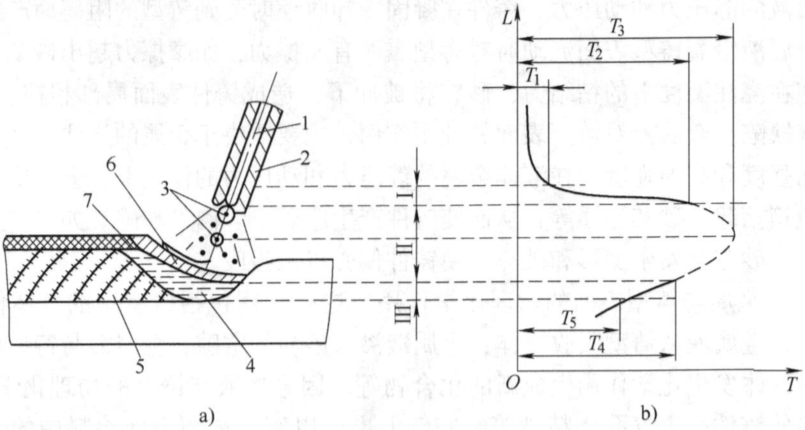

图 4-4　焊条电弧焊冶金反应区及温度分布

a）焊接区纵剖示意图　b）温度分布

1—焊芯　2—药皮　3—熔滴　4—熔池　5—焊缝　6—熔渣　7—凝固的渣壳

Ⅰ—药皮反应区　Ⅱ—熔滴反应区　Ⅲ—熔池反应区

到药皮熔化之前称为药皮反应区。该区主要发生了吸附水蒸发、结晶水、有机物、碳酸盐的分解反应。分解产物为水蒸气、CO_2、O_2 和侵入空气中的 N_2 气。产生的氧化性气体与固态药皮中的脱氧剂锰铁或硅铁反应，起到先期脱氧的作用，因此，该区也称为先期脱氧区。

2）熔滴反应区。它是指焊条焊芯和药皮发生熔化形成熔滴，并穿过弧柱空间再过渡到熔池前的这段区域。作为填充金属的焊条（焊丝）金属，熔化后呈不规则的熔滴脱离焊条端部向母材转移或过渡。焊条药皮或焊剂熔化后形成熔渣（造渣）包覆于熔滴表面并与液态金属发生冶金反应。熔滴过渡现象按形态分类，主要有颗粒过渡、短路过渡、射流过渡及渣壁过渡等形式。如果过渡的熔滴直径接近或超过焊丝直径时，即呈粗大颗粒状，称为粗颗粒过渡；如果熔滴呈细小颗粒，其直径小于焊丝直径，称为细颗粒过渡。当颗粒非常细小，并以喷射状态快速穿越电弧空间时，称为喷射过渡。当电弧长度较短时，熔滴可将焊条（焊丝）与母材金属桥接短路，这种情况称为短路过渡。熔滴沿焊剂熔渣内壁或焊条药皮套筒内壁滑落的情况，则称为渣壁过渡。各种过渡形式如图 4-5 所示。熔滴存在时间和比表面积不同，反应程度有很大差异。

3）熔池反应区。熔滴进入熔池直到熔池凝固，这个区域称为熔池反应区。

（3）焊接冶金反应具有超高温的特征，有利于冶金反应激烈进行。一般炼钢时的反应温度达 1600℃，而焊接区的弧柱空间温度可达 5000～8000℃（等离子弧可达 30000℃）。钢焊条熔滴金属的温度平均达 2100～2200℃（最高可接近钢的沸点）。焊条端部的温度高低与焊条材料成分有关，并且因电流极性的不同而有一定差别。如图4-6所示，在正常焊接电流范围内，直流反接（DCRP），即焊条接正极，熔滴温度平均达2400℃。

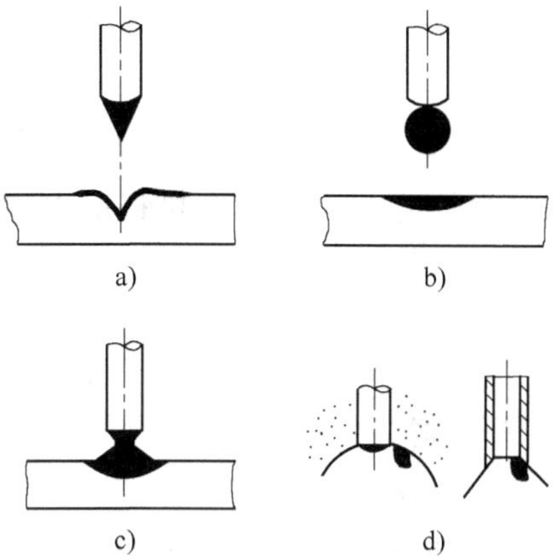

图4-5　熔滴过渡形式

a）射流过渡　b）颗粒过渡

c）短路过渡　d）渣壁过渡

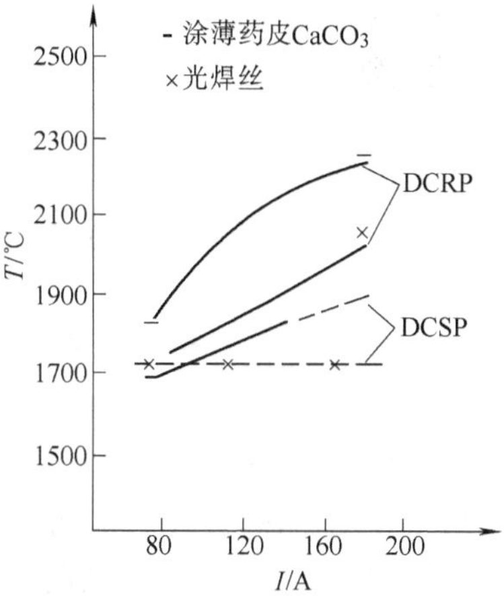

图4-6　钢焊条熔滴温度

DCRP—直流反接　DCSP—直流正接

熔池平均温度很高，处于过热状态，但不如熔滴温度高。钢的熔池温度高达1600~2000℃，平均可达1770±100℃。与熔融金属相接触的熔渣也处于过热状态，钢焊接熔渣的温度可高达1600℃左右，比熔渣熔点要过热400~600℃。

（4）焊接时存在着很大的冶金反应界面，并处于液态运动状态，有利于冶金反应的进行。熔滴比表面积可达10^3~$10^4cm^2/kg$。焊接熔池可看成半椭球体，其比表面一般为（3~13）×$10^2cm^2/kg$，利于冶金反应的进行。另外，熔滴和熔池在各种机械力、液态金属密度差和表面张力等作用下进行激烈的搅拌运动。图4-7是焊接熔池中的液态金属运动的纵剖面和俯视图。熔池的运动可使气体和夹杂外逸，焊缝成分均匀化，有利于提高焊接质量。

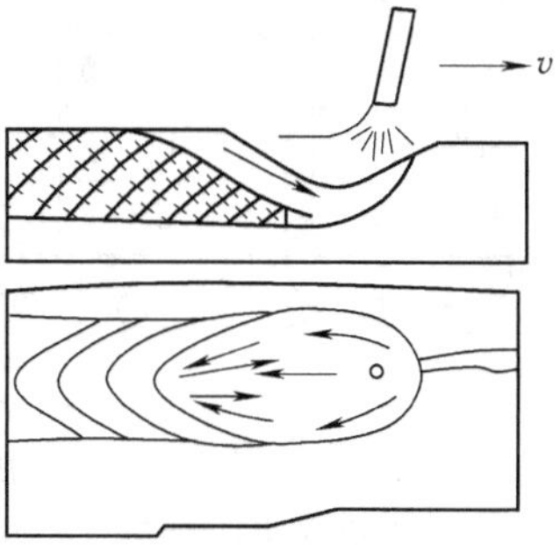

图4-7　焊接熔池中液态金属运动的纵剖面和俯视图

（5）焊接冶金反应过程时间短，不利于焊接冶金反应达到平衡状态。焊条电弧焊时，熔滴在焊条端停留的时间一般不超过1s，而熔池在液态存在的时间通常也不过十几秒到几十秒。因此，气体、熔渣、金属三个界面的反应时间短，且反应复杂，温度差异较大，很难达到平衡。

（6）焊接化学冶金反应受到焊接工艺的影响。当焊接方法或焊接工艺参数改变时，必然引起冶金反应的条件变化。

在熔焊条件下，除了不加填充材料完成焊接之外，焊缝金属均由母材和填充金属构成。其构成比例取决于焊接工艺条件。局部熔化的母材金属在焊缝金属中所占的比例常用“熔合比”θ表示。即

$$\theta = \frac{A_p}{A_p + A_d} \tag{4-1}$$

式中，A_p 为焊缝截面中母材所占的面积；A_d 为焊缝截面中填充材料所占的面积。

熔合比 θ 的变化直接影响焊缝的化学成分。

熔合比与焊接方法、焊接工艺参数、接头尺寸形状、接口形状、焊道数目以及母材热物理性质有关。图 4-8 为接头及坡口形式对熔合比的影响。

表 4-1 为不同焊接工艺条件下的熔合比 θ 的数值。当堆焊金属的合金成分主要来自填充金属时，局部熔化了的母材对焊缝成分的作用可以认为是稀释。因此，熔合比又常称为稀释率。假设焊接时没有损失，焊缝金属中某元素的含量计算方法为

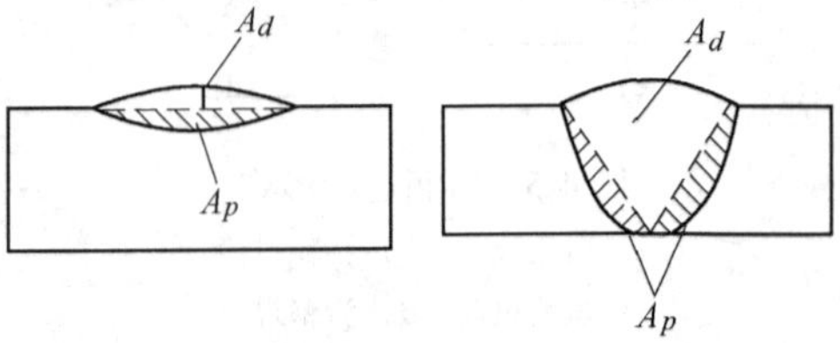

图 4-8　焊缝截面中接头形式与 θ 的关系

$$C_0 = \theta C_b + (1 - \theta) C_e \tag{4-2}$$

式中，C_0 为元素在焊缝金属中的含量；C_b 为元素在母材中的含量；C_e 为元素在焊条中的含量。

表 4-1　不同焊接方法和接头形式对熔合比的影响

焊接方法	焊条电弧焊						埋弧焊
接头形式	不开坡口对接	V 形坡口对接			角接或搭接		对接
板厚/mm	2~14	4	6	10~20	2~4	5~20	10~30
熔合比 θ	0.4~0.6	0.25~0.5	0.2~0.4	0.2~0.3	0.3~0.4	0.2~0.3	0.45~0.75

考虑焊接时的损失，实际焊缝金属中该元素的含量 C_w 为

$$C_w = \theta C_b + (1 - \theta) C_d \tag{4-3}$$

式中，C_d 为熔敷金属（真正过渡到焊缝中的填充金属）中元素的实际含量。

对于埋弧焊而言，还可通过改变参与冶金反应的熔渣与熔融金属的相对数量来影响焊缝的化学组成。对于药皮焊条或药芯焊丝本身，熔化时形成的熔渣与熔融金属，其相对数量的变化很小。主要取决于药皮重量系数 K_b。药皮重量系数 K_b 是指单位长度焊条中药皮与焊芯所占的质量比。采用焊剂进行埋弧焊时，熔化形成的熔渣数量则受焊接工艺参数的影响。把每熔化 1g 焊丝同时所形成的熔

渣数量（g）称作“渣熔率”，以 K_f 表示，它表示参与冶金反应的熔渣与熔融金属的相对含量关系。焊接工艺参数对 K_f 的影响如图 4-9 所示，焊接电流增加时，K_f 减少（图 a）；焊接电压增加时 K_f 增加（图 b）。可见，埋弧焊时，焊接参数变化所导致渣熔率变化会直接影响焊缝的成分变化，采用粘结焊剂或低温烧结焊剂，通过焊剂渗合金时应注意焊缝成分受焊接参数的影响。目前，还可以采用人工智能的焊接工艺评定专家系统，评定不同材料不同焊接方法及工艺对焊缝成分的影响。

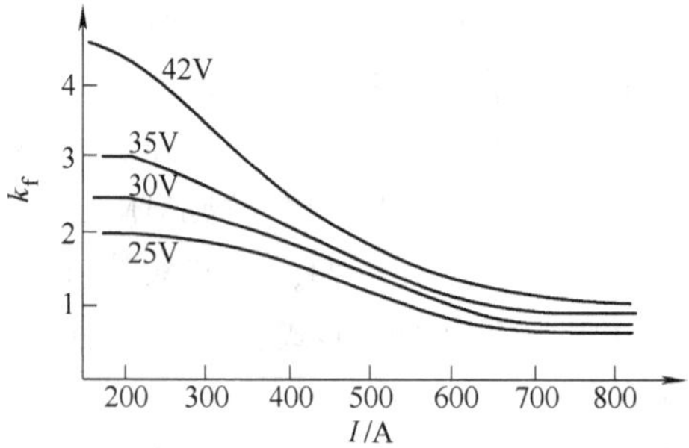

a)

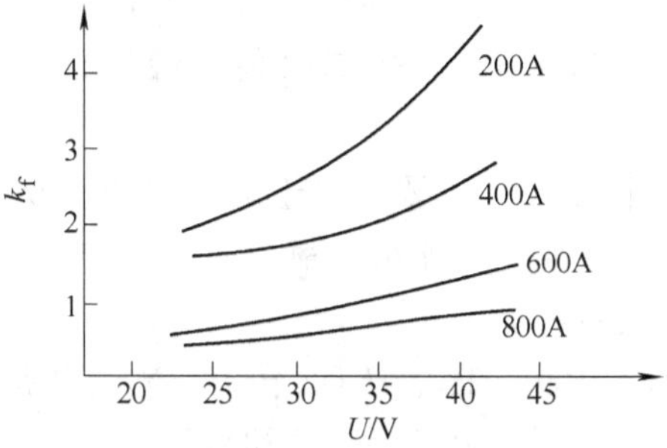

b)

图 4-9　埋弧焊时焊接参数对渣熔率 K_f 的影响

（药芯焊丝 3Cr2W8+HJ431）

a）焊接电流的影响　b）焊接电压的影响

4.2　气体对金属的作用

4.2.1　气体的来源及存在形式

气体的来源依成形方法不同有所不同。

1. 焊接过程中气体的来源　焊接过程中气体的来源有以下几个方面：①来源于焊接材料，一般焊条药皮、粘结焊剂和焊丝药芯中都含有造气剂，这些造气剂在加热时发生分解或燃烧，析出大量气体；②焊接区周围的气体，如空气、保护气体中的水分、保护气体；③材料表面吸附的气体，焊丝和母材表面上的油、锈等杂质，焊条表面吸附水等；④金属和熔渣的蒸发产生的金属气体。这些气体产生时，主要发生的冶金反应为：

（1）有机物的分解和燃烧。药皮加热超过200～250℃时，其中若含有机物如木粉、淀粉、纤维素等，它们就会发生分解。有机物均为碳氢化合物，如纤维素的化学式为（$C_6H_{10}O_5$）n，由纤维素处理所得的羧甲基纤维素化学式为[$C_6H_7O_2(OH)_2COONa$]。有机物加热分解的结果主要形成CO_2及H_2。

（2）除水反应生成气体。当药皮加热超过100℃时，药皮表面所吸附的水分开始蒸发。当药皮加热至150～400℃后，药皮组成物所含结晶水和化合水也逐步分解。吸附的水分易于蒸发，焊条使用前进行低温烘干（如150℃），即可除去药皮水分。结晶水是化合物晶体组成的一部分，但它并不改变晶体原子结合性质，除去这类水分比较困难。而化合水是化合物晶体的一部分，它既可改变化合物性能，又可改变其原子结合性质。例如，铝硅酸盐（长石、高岭土等）的水化物，其结构复杂，水分主要是以OH形式存在，也有以H_2O的形式存在，需要在很高的温度下才能去除。

（3）碳酸盐的分解。碳酸盐主要是一些高价氧化物的矿物，最常见的是大理石、菱苦土、白云石等，其次是赤铁矿（Fe_2O_3）、褐铁矿（Fe_3O_4）及锰矿（MnO_2）等。把药皮加热到350～550℃就会使碳酸盐分解产生CO_2气体，起到保护作用。

2. 铸造过程中的气体来源　主要来自于炉料中的水分、有机物、氢氧化物、氮等；炉气及出炉时周围气氛中的水分、氧、氮等；炉衬及熔炼用具表面吸附的水分；熔炼时使用的氧化剂等。

气体成分主要为CO、CO_2、H_2、$H_2O_{气}$、O_2、N_2、金属及熔渣蒸气。这些气体中，对质量影响较大的主要是氮气、氢气和氧气。

4.2.2　气体在液态金属中的溶解

气体对金属的作用是通过富集在液态金属周围，向液态金属表面运动，吸附在表面后分解成原子、离子、氧化物等形式，溶解在液态金属中，并通过扩散进入液态金属内部。下面，以钢铁材料为主体来了解其溶解机构。

1. 氮在金属中的溶解　氮主要是来源于焊接区周围的空气。金属与氮的作用有两种情况：一种是即不能熔解氮又不形成氮化物的金属，如Cu、Ni等，这类金属焊接时可用氮作为保护气体；另一种是与氮发生作用的金属，如Fe、Ti、Mn、Si、Cr，它们能溶解氮，又能形成氮化物，这种情况下就要防止焊缝金属的氮化。

图4-10是空气在不同温度下的分解情况，可见，温度在1000K左右其主要形式是以氮气、氧气和NO为主。在焊接高温下，氮的溶解方式为以下几种：

以氮原子形式溶于液态金属为主，氮分子在高温下发生分解：

$$N_2 = 2N - 711.4\text{kJ/mol}$$

氮的溶解度大小遵守平方根定律：

$$S_N = K_{N_2}\sqrt{p_{N_2}}$$

式中　K_{N_2}为氮溶解反应的平衡常数，取决于温度和金属的种类；p_{N_2}为气相中分子氮的分压。

在焊接条件下，金属（Fe）发生强烈的蒸发，当 $p_{N_2}+p_{Fe}=101\text{kPa}$ 时

$$\lg S_N = \frac{-1050}{T} - 0.815 + \frac{1}{2}\lg(1-p_{Fe})$$

由上式可做出图 4-11。可见，温度升高，氮的溶解度增加；当温度超过铁的熔点，氮的溶解度急剧增大。

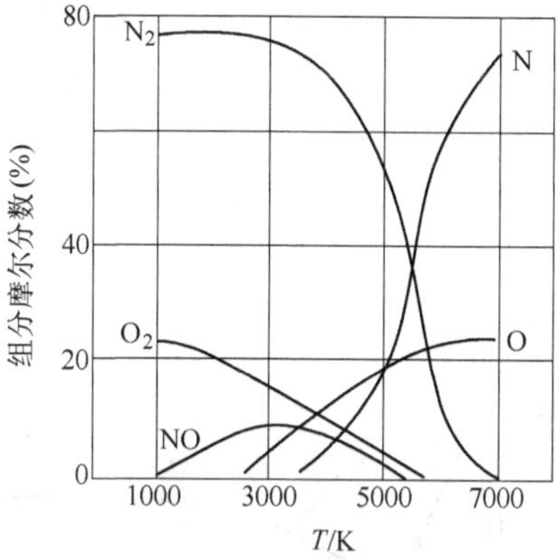

图 4-10　空气分解所形成的气体平衡组分

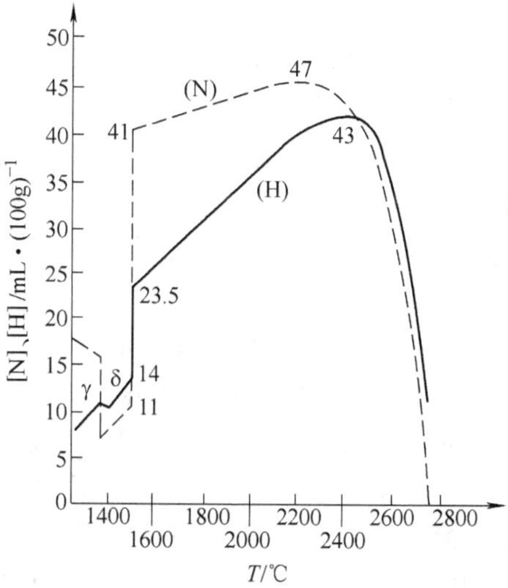

图 4-11　氮与氢在液态铁中的溶解度

当气相中存在氮和氧气时，会发生如下反应：

$$O + N_2 \rightarrow NO + N \qquad O_2 + N \rightarrow NO + O$$

生成的 NO 会溶入金属。

当电离度高时，氮原子在阴极压降区由于受到高速电子碰撞，可发生电离：

$$N + \vec{e} = N^+ + e$$

氮离子在电场作用下奔向阴极并溶入金属中。

氮的溶解机构是很复杂的，在不同条件下，有时以一种形式溶解，有时几种形式同时存在，在氧化性介质中还会以 NO_2、NO^-、NO、N^+、N 等形式溶入。

氮主要是来自于空气，不同的焊接方法焊接低碳钢时，焊缝含氮量见表 4-

2。可见，对于焊条电弧焊，不同的焊条药皮类型，焊缝含氮量不同；不同的焊接方法焊缝含氮量也不同。

表 4-2　不同焊接方法焊接低碳钢时焊缝的含氮量（质量分数）

焊接方法		[N]（%）	焊接方法	[N]（%）
焊条电弧焊	光焊丝电弧焊	0.08~0.228	埋弧焊	0.002~0.007
	纤维素焊条	0.013	CO_2 保护焊	0.008~0.015
	钛型焊条	0.015	气焊	0.015~0.020
	钛铁矿型焊条	0.014	熔化极氩弧焊	0.0068
	低氢型焊条	0.010	药芯合金焊丝自保护焊	0.015~0.04

2. 氢的溶解　氢主要来源于焊条药皮、焊剂、焊丝药芯中水分，以及焊件表面杂质（锈、油）、空气中水分。依据氢与金属的作用，可把金属分为两大类：第一类是能形成稳定氢化物的金属，如 Zr、Ti、V、Ta、Nb 等。这类金属温度升高时氢的溶解度下降。因此，这类金属焊接时要防止固态吸收大量氢。第二类不形成稳定氢化物的金属，如 Al、Fe、Ni、Ce、Cr、Mo 等。氢在这些金属中的溶解是吸热反应，温度升高，氢的溶解度增大，这类金属焊接时，要防止高温下溶氢。这里以第二类金属为例，加以说明。

在高温时，水蒸气发生分解，其气相组成如图 4-12 所示。当电弧温度达到 4000K 时，水蒸气分解为原子氢、原子氧。焊接方法不同，氢向金属中溶解的途径不同。气体保护焊时，氢通过气液界面以原子或质子形式溶入液态金属中。

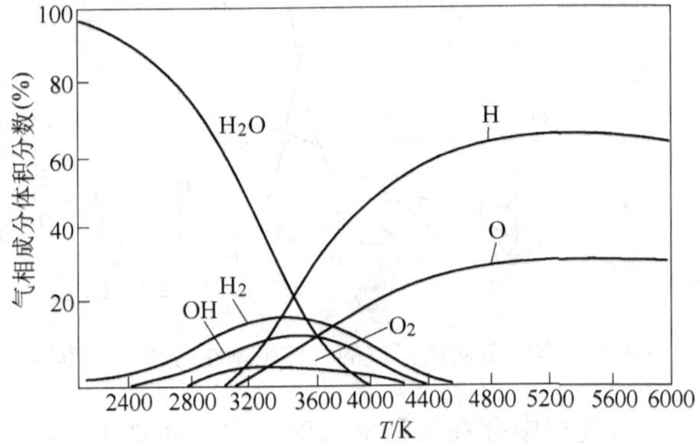

图 4-12　水蒸气的分解（$p_{H_2O}=101.3$kPa）

$$H_2 \Leftrightarrow H + H^+ + e$$

氢以气相向金属过渡时，其溶解度取决于气相中氢和水蒸气的分压。溶解度符合平方根定律：

$$S_H = K_{H_2}\sqrt{p_{H_2}}$$

对于液态纯铁，氢的溶解度与温度的关系为

$$\lg S_H = -\frac{1730}{T} + 2.362 + \frac{1}{2}\lg(1 - p_{Fe})$$

由图 4-11 可看出，氢的溶解度与温度成正比。氢的溶解度还与金属的晶格类型有关，在面心立方的奥氏体中氢的溶解度大于在体心立方的铁素体中。

对于电渣焊和电渣熔炼时，氢是通过熔渣与液态金属界面进入液态金属中的。焊条电弧焊和埋弧焊时，氢会通过气相与熔渣及液态金属界面进入。

氢和水蒸气能溶解于熔渣，且大部分以 OH^- 离子状态存在。

在含自由氧离子的渣中存在着如下反应：

$$H_2O_{气}+O^{2-}=2\ (OH)^-$$

$$(Fe^{2+})\ +2\ (OH)^-=\ [Fe]_{液}+2\ [O]\ +2\ [H]$$

$$2\ (OH)^-\Leftrightarrow\ (O^{2-})\ +\ [O]\ +2\ [H]$$

$$[Fe]\ +2\ (OH)^-\Leftrightarrow\ (Fe^{2+})\ +2\ (O^{2-})\ +2\ [H]$$

在不含自由氧离子的渣中：

$$H_2O_{气}+\ (Si_mO_n^{q-})\ \Leftrightarrow 2\ (OH)^-+\ (Si_mO_{n-1}^{(q+2)-})$$

当焊接弧柱空间电离度高时，在电场作用下，$H \rightarrow H^+ + e$。当焊接工件接正时（DCSP），H^+将向阴极运动，即向熔滴运动，有利于溶于高温的熔滴中；当反接（DCRP）时，H^+将向阴极运动，即向熔池运动，这时熔池温度低，溶解量小，如图 4-13 所示。

氢在铁液中的溶解度，还受合金元素的影响，如 Ti、Zr、Nb 的加入，会使氢的溶解度增加；Mn、Ni、Cr、Mo 的影响不大；C、Si、Al 会使氢的溶解度下降。

氢在焊缝中以 H、H^+形式存在，由于其原子和离子半径很小，可以在金属晶格中自由扩散，这种氢称为扩散氢。还有一部分扩散氢聚集到金属晶格缺陷、显微裂纹、夹杂物边缘的空隙中，由原子氢结合成分子氢，不能自由扩散，称之为剩余氢。焊后，随着放置时间增长，焊缝中的扩散氢含量下降，剩余氢有所增加，总的氢量是下降的，如图 4-14 所示。

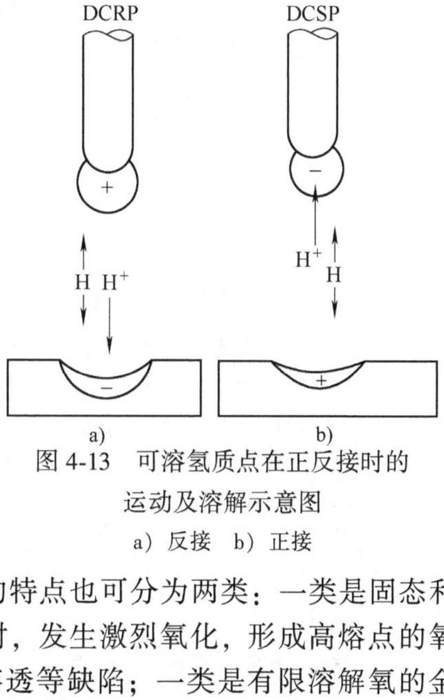

图 4-13　可溶氢质点在正反接时的运动及溶解示意图

a) 反接　b) 正接

3. 氧在金属中的溶解　氧与金属作用的特点也可分为两类：一类是固态和液态都不溶解氧的金属，如 Mg 和 Al 焊接时，发生激烈氧化，形成高熔点的氧化物颗粒，浮在熔池上，易造成夹杂和未熔透等缺陷；一类是有限溶解氧的金属，如 Fe、Ni、Ce、Ti 等，高温下与氧发生反应，生成的氧化物溶解于相应的金属中。下面主要介绍氧在钢铁中的溶解作用。

氧在焊接电弧作用下，会发生分解反应

$$O_2=2O-569.6kJ/mol$$

氧在电弧中主要以原子状态存在。在液态铁中，氧以原子状态溶入，溶解度也符合平方根定律：

$$S_o = K_{O_2}\sqrt{p_{O_2}}$$

其最大溶解度与温度的关系为

$$\lg\ [O]_{max} = -\frac{6320}{T} + 2.734$$

氧还会以 FeO 和其他氧化物形式存在于液态金属中，造成夹杂。

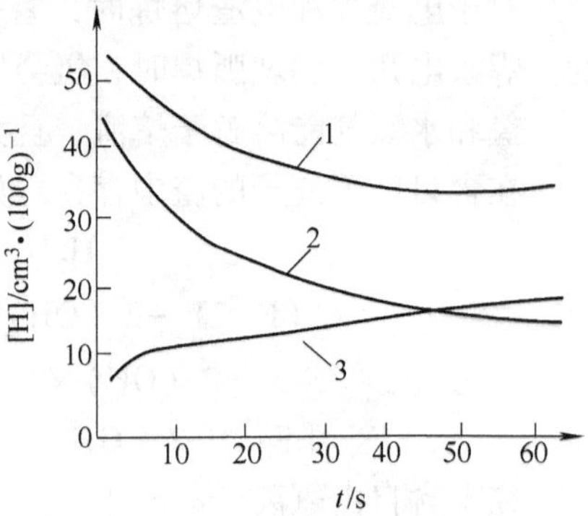

图 4-14　焊缝中含氢量与放置时间的关系
1—总氢量　2—扩散氢　3—剩余氢

金属被氧化与否，可用金属氧化物的分解压判断。若金属氧化物的分解压为 p_{O_2}，系统中氧的分解压为 $\{p_{O_2}\}$，则：

$\{p_{O_2}\} > p_{O_2}$　金属被氧化

$\{p_{O_2}\} = p_{O_2}$　处于平衡状态

$\{p_{O_2}\} < p_{O_2}$　金属被还原

在焊接过程中，自由氧、CO_2、水蒸气以及它们的混合气体都会氧化金属。

$$[Fe] + \frac{1}{2}O_2 = FeO + 26.97kJ/mol$$

$$[Fe] + O = FeO + 515.76kJ/mol$$

$$CO_2 + [Fe] = [FeO] + CO$$

$$H_2O + [Fe] = [FeO] + H_2$$

从上述分析我们可以推断，焊缝中各种气体的含量与焊接方法和被焊材料有关，见表 4-3。可见，氩气保护下焊接，焊缝的含氧、氮量最小；CO_2 气保护焊时含氢量最少；埋弧焊时，三种气体的含量均高。

表 4-3　不同焊接方法焊缝气体含量（质量分数）（Cr18Ni12M$_0$3Ti）

焊接方法	[N]	[O]	[H]
埋弧焊	0.0069	0.0083	0.00054
CO_2 气保焊	0.0150	0.0214	0.00027
Ar 弧焊	0.0018	0.0017	0.00045

4.2.3　气体对焊接质量的影响

各种气体对焊接质量的影响不同。

1. 氮对质量的影响　氮对焊接质量的影响，主要体现在以下几个方面：

（1）时效脆化。室温下，氮在 α-Fe 中的溶解度很小，仅为 0.001%。少量氮的溶入可显著提高钢的强度和硬度，而对钢的塑性无明显影响；但当氮的含量较高时，它会以过饱和的形式存在于固溶体中。钢中溶解的过饱和氮是不稳定的，随着时间延长，它会以针状氮化物 Fe_4N 的形式析出，分布于晶界或晶内，使钢的塑性和韧性，尤其是低温韧性急剧降低，导致钢变脆。这种现象称为时效脆化。

（2）气孔。液态金属在高温时溶解大量的氮，凝固时，氮的溶解度突然下降，当氮的析出速度小于金属结晶速度时则产生气孔。

但是氮可作为合金元素加入钢中，如 15MnVN 钢中的 N 与 V 形成稳定的 VN，可抑制时效脆化，经过正火或调质处理，VN 以细小颗粒弥散分布，可以提高钢的强度而不降低塑性和韧性。

2. 氢对质量的影响　氢对焊接质量的影响主要是造成氢脆、白点、气孔、冷裂纹等缺陷。

（1）氢脆。在室温附近，氢溶解在金属晶格中引起钢的塑性严重下降，这种现象称为氢脆。

（2）白点。当钢中的含氢量较高且冷却较快时，析出的氢原子来不及扩散逸出，易聚集在钢内的显微缺陷处（如晶界、亚晶界和显微空隙等），形成氢分子，产生局部高压。如果此时钢中还存在组织应力或热应力，则在它们的共同作用下，可能会产生微裂纹，即所谓的“白点”。之所以称为白点，是因为沿此钢坯的纵向断口呈表面光滑的圆形或椭圆形的银色白斑，而横向截面上呈发丝状裂纹。含合金元素 Cr、Ni、Mo 较高的合金钢对白点最敏感。

焊缝金属组织属于不平衡组织，晶格缺陷多，更易产生白点。

（3）气孔。液态金属在高温下吸收溶解了大量的氢，金属冷却时氢的溶解度突然下降，当金属的结晶速度大于氢的外逸速度时，就会在金属内部产生气孔。

（4）冷裂纹。它是金属在焊后或低温情况下产生的裂纹。这种裂纹具有延迟特征。氢是引起裂纹的主要原因之一，因此该裂纹又称氢致裂纹或称氢助裂纹。

3. 氧对金属质量的影响

（1）力学性能下降。随着含氧量的增加，金属的强度、塑性、韧性都明显下降，特别是冲击韧度急剧下降。

（2）物理化学性能变差。主要是指导电性、导磁性、抗腐蚀性下降。

（3）使合金元素烧损。

（4）产生一氧化碳气孔使焊接工艺性能变差。如 CO 存在会造成熔池沸腾，产生飞溅，还会引起电弧不稳。

4.2.4　气体的控制措施

由于各种气体来源不同，溶解机构不同，控制措施也有所不同。

1. 氮气的控制　由于氮的主要来源是焊接区周围的空气，因此加强焊接区的保护是控制氮侵入的直接而有效的措施。如焊接时，采用气-渣保护、渣保护、气体保护、真空等。焊接工艺参数中影响较大的是焊接电压、焊接电流。电弧电压加大，焊缝金属含氮量增加；增加电流，焊缝含氮量下降。焊接电源种类和极性也影响含氮量，直流正接时，焊缝含氮量增加；反接时，焊缝含氮量减少。增加焊丝直径，可使焊缝含氮量降低。

焊接材料中不同合金元素对焊缝含氮量影响较大，如焊缝中的含碳量增加，产生 CO 气体，可减少氮的分压，降低焊缝中氮的溶解度；增加含锰量，也会使焊缝中含氮量降低。利用合金元素与氮的作用程度不同，可进行脱氮。

合金元素与 N 的亲和力顺序如下：

$$\text{强}\xrightarrow{\text{Zr-Ti-Ce-Al-Nb-Ta-V-B-Cr-Fe}}\text{弱}$$

其中，Zr、Ti、Ce 对氮亲和力大，可形成稳定的氮化物，而这些氮化物不溶于液态钢中，有脱氮作用。

铸造时，限制树脂砂中树脂的含氮量；铸钢件应采用无氮树脂做型芯；增加烘芯时间等也可减少铸件中含氮量。

2. 氢的控制　氢主要来源于焊接材料，可通过焊前的严格清理及进行冶金处理来控制。

（1）限制焊接材料的含氢量，使用前烘干。如一般酸性焊条，烘干温度在150~250℃之间，碱性焊条烘干温度在350~450℃之间，保温2h。

（2）严格清理工件及焊丝，去除工件表面的锈、氧化皮、油污和吸附水分。

（3）冶金处理。OH 和 HF 气体在高温时比较稳定，又不溶于液态铁液中，通过调整焊接材料成分，增加 OH 和 HF 气体分压，从而降低氢气分压，可减少氢在液态金属中的溶解度。

1）在药皮或焊剂中加入 SiO_2 和 CaF_2 去氢。对于酸性焊条或焊剂，可以通过下列反应去氢：

$$2CaF_2+3SiO_2=2CaSiO_3+SiF_4$$

$$SiF_4+3H=SiF+3HF$$

$$SiF_4+2H_2O_{\text{气}}=SiO_2+4HF$$

在碱性焊条药皮中，SiO_2 加入量少，CaF_2 较多，它可以通过下列反应去氢：

$$CaF_2+2H=Ca_{\text{气}}+2HF$$

$$CaF_2+H_2O_{\text{气}}=CaO_{\text{气}}+2HF$$

研究表明，水玻璃发生分解，形成的 NaOH 或 KOH 与 CaF_2 发生反应，生成 NaF 或 KF。NaF 或 KF 与水蒸气和碳酸盐类分解产生的 CO_2 发生反应，产生 HF 气体，减小了氢的分压。其反应式如下：

$$Na_2O\cdot nSiO_2+mH_2O=2NaOH+nSiO_2+(m-1)H_2O$$

$$2NaOH+CaF_2=2NaF+Ca(OH)_2$$

$$2KOH+CaF_2=2KF+Ca(OH)_2$$

$$2NaF+H_2O+CO_2=Na_2CO_3+2HF$$

生成的 NaF 和 KF 与 HF 发生反应：

$$NaF+HF=NaHF_2$$

$$KF+HF=KHF_2$$

生成的氟化氢钠和氟化氢钾气体，进入焊接烟尘，达到去氢的目的。

2）适当增加焊接材料的氧化性。在碱性焊条中，焊接时大理石分解产生大量的具有氧化性的 CO_2 气体，具有去氢的作用。CO_2 气保焊焊缝金属含氢量很低，这主要是通过 CO_2 气体与氢和水蒸气作用去氢的结果。氩弧焊焊接 Ni、Cu 和 Al 等合金时，在氩气中加入氧化性气体可减少氢气孔。酸性焊条中加入氧化性比较强的物质，也可以除氢。主要去氢反应如下：

$$CO_2+H=CO+OH$$

$$O+H=OH$$

$$O_2+2H=2OH$$

3）加碲、硒和稀土元素进行脱氢处理。碲、硒和稀土元素都是强氢化物形成元素，虽然加入量很小，但可利用这些微量元素与氢作用，降低含氢量。

（4）调整工艺参数和工艺过程。调整焊接时的工艺参数，可适当控制焊缝中的含氢量。如减小焊接电流可使熔滴吸氢量降低；加大焊接电压有利于氢外逸，减少焊缝含氢量。直流反接也可降低焊缝中的含氢量。

另外，在铸造时，选择合适的浇注方式，延长液态金属的保温时间等，均可减少铸件中的含氢量。

（5）脱氢处理。可利用氢的高度扩散性能，在焊后及时对接头进行脱氢处理，促使氢外逸。

3. 氧的控制措施　在正常焊接条件下，氧的主要来源不是空气，而是焊条药皮、焊剂、保护气体、工件和焊丝表面的铁锈、氧化膜及吸附的水分等。控制氧的措施：一是“防”，二是脱氧。

（1）纯化焊接材料。焊接某些要求比较高的合金钢、合金、活性金属时，应尽量不用或少用含氧的焊接材料，杜绝氧的来源。如采用高纯度的惰性气体作保护气体，采用低氧或无氧焊条、焊剂，或在真空中焊接。具体采用什么措施合适，要根据被焊材料的性质、技术要求和工厂具体条件而定。

（2）控制焊接工艺条件。焊缝中的含氧量与焊接工艺条件有密切关系。提高电弧电压，会使空气易于侵入电弧，并增加氧与熔滴接触的时间，所以会使焊缝含氧量增加。因此，为了减少焊缝含氧量，应采用短弧焊接。此外，焊接电流的种类、极性以及熔滴过渡特性等也有一定的影响。

（3）脱氧。用冶金方法脱氧是实际生产中行之有效的方法。这方面的内容将在后面 4.3.3 中叙及。

4.3 熔渣与金属的反应

在焊接或熔炼过程中，焊条药皮、焊剂或固体熔渣材料在高温下熔化，并通过冶金反应而生成的低熔点化合物及复杂化合物，称为熔渣。

4.3.1 焊接熔渣

4.3.1.1 熔渣的作用及分类

1. 熔渣的作用　在焊接过程中，熔渣具有如下作用：

（1）机械保护作用。熔渣覆盖在熔滴和熔池表面，隔离空气，防止氧和氮等有害气体侵入，熔渣凝固所形成的渣壳覆盖在焊缝上，防止焊缝金属受空气的作用。

（2）冶金处理作用。通过熔渣与液态金属发生物理化学冶金作用，去除有害元素 S、P、O、N、H 等；另外，还可以通过熔渣渗入合金元素，达到合金化的目的，改善焊缝金属的成分和性能。

（3）改善焊接工艺性能。熔渣中加入适当物质，使引弧性能变好，电弧稳定，焊缝成形好，飞溅小，脱渣性好，保证良好的工艺性能。

2. 熔渣的成分和分类　熔渣由氧化物、氯化物、氟化物、硼酸盐类组成，是多种化学组成的复杂体系。焊接熔渣由焊条药皮或焊剂，经过焊接冶金过程形成的与药皮或焊剂成分不同的物质。熔渣从成分上可分为三类：

（1）氧化物型熔渣。如 TiO_2-CaO-SiO_2、FeO-MnO-SiO_2、MnO-SiO_2 等，渣系氧化性强。

（2）盐-氧化物型熔渣。如 CaO-CaF_2-SiO_2、CaF_2-CaO-Al_2O_3-SiO_2 等，熔渣的氧化性较小。

（3）盐型熔渣。如 CaF_2-NaF、CaF_2-$BaCl_2$-NaF 等，该类渣氧化性最小。熔渣是一个复杂的体系，为研究方便，忽略一些作用小的熔渣成分，用含量多和影响大的成分所组成的渣系作为研究对象。表 4-4 列出一些焊条和焊剂的熔渣成分。

表 4-4　焊接熔渣化学成分举例

焊条和焊剂类型	熔渣化学成分（质量分数）（%）										熔渣碱度		熔渣类型
	SiO_2	TiO_2	Al_2O_3	FeO	MnO	CaO	MgO	Na_2O	K_2O	CaF_2	B_1	B_2	
钛铁矿型	29.2	14.0	1.1	15.6	26.5	8.7	1.3	1.4	1.1	—	0.88	-0.1	氧化物型
钛　型	23.4	37.7	10.0	6.9	11.7	3.7	0.5	2.2	2.9	—	0.43	-2.0	氧化物型
钛钙型	25.1	30.2	3.5	9.5	13.7	8.8	5.2	1.7	2.3	—	0.76	-0.9	氧化物型
纤维素型	34.7	17.5	5.5	11.9	14.4	2.1	5.8	3.8	4.3	—	0.60	-1.3	氧化物型
氧化铁型	40.4	1.3	4.5	22.7	19.3	1.3	4.6	1.8	1.5	—	0.60	-0.7	氧化物型
低氢型	24.1	7.0	1.5	4.0	3.5	35.8	—	0.8	0.8	20.3	1.86	+0.9	盐-氧化物型
HJ430	38.5	—	1.3	4.7	43.0	1.7	0.45	—	—	6.0	0.62	-0.33	氧化物型
HJ250	22.0		23.0		10.0	6.0	17.0			30.0	30.0	+0.49	

4.3.1.2 熔渣的结构理论

由于不同的药皮或焊剂的组成，造成熔渣的化学成分和性质差异很大。熔渣的结构和化学性质可用分子理论和离子理论来论述。

1. 分子理论　熔渣的分子理论是以对凝固熔渣进行相分析和化学分析的结果为依据的。分子理论的要点如下：

(1) 液态熔渣由自由氧化物及其复合物的分子组成，自由氧化物如 FeO、MnO 等；复合物如 $MnO \cdot SiO_2$、$(MnO)_2 \cdot SiO_2$ 等。

(2) 氧化物之间成盐反应服从质量作用定律，如

$$CaO+SiO_2 \Leftrightarrow CaO \cdot SiO_2$$

(3) 只有自由氧化物才能与金属作用，如

$$(FeO) + [Mn] = (MnO) + [Fe]$$

$$(FeO) + [C] = [Fe] + CO\uparrow$$

(4) 各氧化物之间的化学亲和力，可近似地用生成复合物时的热效应来衡量。放热量越多，氧化物之间的亲和力越大，成盐能力越大，复合盐越稳定。例如：

$$FeO+SiO_2 = FeO \cdot SiO_2 + 5900\times4.18\ (kJ)$$

$$2CaO+SiO_2 = (CaO)_2 \cdot SiO_2 + 28400\times4.18\ (kJ)$$

根据放热多少可知 $(CaO)_2 \cdot SiO_2$ 比 $FeO \cdot SiO_2$ 更稳定。

分子理论可简明地、定性地解释熔渣与金属之间的冶金反应，但不能解释一些重要现象，如熔渣的导电性等。这说明分子理论与熔渣的实际结构有一定差异。

2. 离子理论　依据熔渣电化学性质提出，其要点如下：

(1) 熔渣是由简单和复杂的离子组成的中性溶液，负电性大的元素以阴离子形式存在，如 F^-、O^{2-} 等；负电性小的元素以阳离子形式存在，如 K^+、Na^+、Ca^{2+}、Fe^{2+} 等。碱性渣中 SiO_2 少，氧以自由氧离子 O^{2-} 形式存在；酸性渣中 SiO_2 多，氧以形式复杂的离子团 SiO_4^{4-}、$Si_3O_9^{6-}$ 等形式存在。

(2) 离子的分布、聚集和相互作用取决于它的综合矩。离子综合矩可表示为

$$综合矩 = \frac{z}{r}$$

式中，z 为离子电荷（静电单位）；r 为离子半径（10^{-1}nm）。

离子综合矩越大，静电场越强，与其他离子的作用力越大。温度升高时，r 增大，综合矩减小。表 4-5 给出了 0℃时各种离子的综合矩。

表中 Si^{4+} 综合矩最大为 47，负离子 O^{2-} 综合矩最大 7.3，二者可结合成 SiO_4^{4-} 或更复杂的离子团。

(3) 液态熔渣与金属之间相互作用的过程是原子与离子交换电荷的过程，如

表 4-5 各种离子的综合矩（0℃）

离 子	离子半径 /nm	综合矩×10^{-2} /静电单位·cm^{-1}	离 子	离子半径 /nm	综合矩×10^{-2} /静电单位·cm^{-1}
K^+	0.133	3.61	Ti^{4+}	0.068	28.2
Na^+	0.095	5.05	Al^{3+}	0.050	28.8
Ca^{2+}	0.106	9.0	Si^{4+}	0.041	47.0
Mn^{2+}	0.091	10.6	F^-	0.133	3.6
Fe^{2+}	0.083	11.6	PO_4^{3-}	0.276	5.2
Mg^{2+}	0.078	12.9	S^{2-}	0.174	5.6
Mn^{3+}	0.070	20.6	SiO_4^{4-}	0.279	6.9
Fe^{3+}	0.067	21.5	O^{2-}	0.132	7.3

$$(Si^{4+}) + 2[Fe] = 2(Fe^{2+}) + [Si]$$

由于离子交换电荷和运动，形成电流，与实际熔渣结构相近；但该理论目前尚缺乏系统的热力学资料，在实际中应用较多的仍是分子理论。

4.3.1.3 熔渣的性质

钢用焊接熔渣中的氧化物，按其呈现的酸性或碱性性质可分为酸性氧化物或碱性氧化物，介于两者之间的为两性氧化物或中性氧化物。

酸性氧化物包括 SiO_2、TiO_2、ZrO_2 等；

碱性氧化物包括 CaO、MgO、MnO、FeO、Na_2O 等；

两性氧化物有 Al_2O_3、Fe_2O_3 等。

依据熔渣碱度，结构钢焊条分为酸性焊条和碱性焊条。碱性焊条由于限制了熔敷金属中的含氢量，又称低氢型焊条。对于焊剂和焊丝药芯所形成的熔渣，也可按碱度区分为酸性的或碱性的两大类。另外，熔渣的表面张力、熔点、粘度等也是熔渣重要的物理性质。

1. 熔渣的碱度　熔渣的碱度是熔渣重要的化学性质，直接影响着熔渣与液态金属的化学反应和熔渣的物理化学性质。依据分子理论，碱度的定义为

$$B_1 = \frac{\sum (R_2O + RO)}{\sum RO_2} \tag{4-4}$$

式中，R_2O 为一价碱性氧化物；RO 为二价碱性氧化物；RO_2 为酸性氧化物。

碱度的倒数为酸度。从理论上讲，当 $B_1>1$ 时为碱性渣，但由于式（4-4）未考虑各氧化物酸性和碱性的强弱程度，也未考虑碱性氧化物与酸性氧化物的成盐情况，实际经验表明，当 $B_1>1.3$ 时，熔渣才是碱性的。国际焊接学会（IIW）推荐的 Tuliani 等人于 1966 年提出的碱度表达式 B_1 得到了广泛的应用，其式为

$$B_1 = \frac{CaO + MgO + K_2O + Na_2O + 0.5(MnO + FeO) + CaF_2}{SiO_2 + 0.5(TiO_2 + ZrO_2 + Al_2O_3)} \tag{4-5}$$

式中，各氧化物均以该氧化物的质量分数计算。

离子理论把熔渣中自由氧离子的浓度（或氧离子的活度）定义为熔渣的碱度。其式为

$$B_2 = \sum_{i-1}^{n} \alpha_i M_i \tag{4-6}$$

式中，α_i 为第 i 种氧化物的碱度系数；M_i 为第 i 种氧化物的摩尔分数。

一般，$B_2>0$，为碱性熔渣

$B_2<0$，为酸性熔渣

表 4-6 列出部分酸性和碱性氧化物碱度系数和相对分子质量。依据碱度，把熔渣分为碱性渣和酸性渣两大类，它们的冶金性能、工艺性能差异很大，直接影响焊缝金属的化学成分、组织结构和力学性能。

表 4-6　氧化物的 α 值及相对分子质量

分　类	氧　化　物	α 值	相对分子质量
碱　性	K_2O	9.0	94.2
	Na_2O	8.5	62
	CaO	6.05	56
	MnO	4.8	71
	MgO	4.0	40.3
	FeO	3.4	72
酸　性	SiO_2	-6.31	60
	TiO_2	-4.97	80
	ZrO_2	-0.2	123
	Al_2O_3	-0.2	102
	Fe_2O_3	0	159.7

2. 焊接熔渣的粘度　焊接熔渣的粘度对焊接工艺性能和化学冶金过程有很大的影响，是焊接熔渣的重要物理性质之一。

熔渣的粘度取决于渣的结构，熔渣结构越复杂，离子的尺寸越大，熔渣质点移动就越困难，渣的粘度也就越大。

（1）熔渣成分对粘度的影响。在熔渣中加入能促使形成粗大阴离子的物质，可使粘度增大；加入阻碍形成粗大阴离子的物质，可降低熔渣的粘度。由于 Si—O 易结合形成大尺寸的阴离子，故在酸性渣中加入 SiO_2 会迅速提高熔渣的粘度；若加入能产生 O^{2-} 的碱性氧化物（如 CaO、MgO、MnO、FeO 等），可破坏 Si—O 离子键，使阴离子尺寸变小，因而可降低粘度。TiO_2 对酸性渣的粘度有与碱性氧化物相似的影响。在碱性渣中含有大量高熔点的碱性氧化物（CaO），则会出现未熔化的固体质点，使渣的流动阻力增大，使熔渣的粘度升高。加入 SiO_2，可与 CaO 形成低熔点的硅酸盐，使渣的粘度下降。另外，碱性渣中加入 CaF_2，既能促进 CaO 的熔化，产生的 F^- 又能破坏 Si—O 键，使阴离子尺寸变小，因此，

在碱性渣和酸性渣中都可起到降低粘度的作用。

由此可知，为降低酸性渣的粘度，应适当添加碱性氧化物；为降低碱性渣的粘度，应适当添加酸性氧化物。

（2）温度对熔渣粘度的影响。熔渣粘度 η 是温度的函数，温度升高，η 减小；温度降低，η 增大。在熔渣组成一定时，粘度主要随温度而变化，但变化特性却因熔渣组成不同而异。几种实用焊条熔渣粘度变化特性如图 4-15 所示。一般，粘度随温度变化的特性可区分为两类：长渣与短渣。温度下降时，粘度急剧

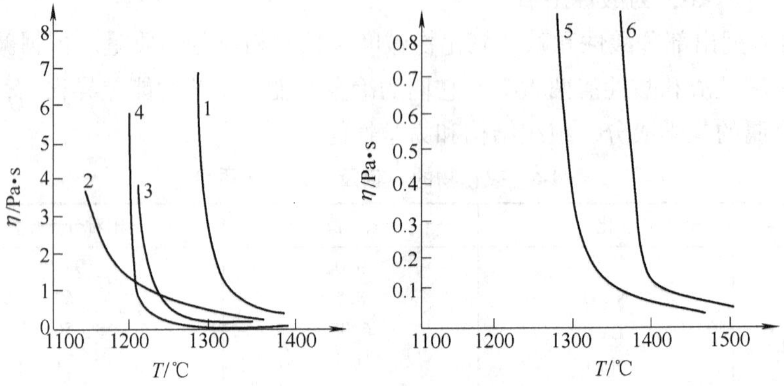

图 4-15　不同焊条渣系 η 与温度的关系

1—J421　2—J424　3—J423　4—J427　5—J507　6—J422

增长的熔渣，称为短渣，即在小的温度变化范围 ΔT_2，就可使粘度提高一定值 $\Delta\eta$ 的熔渣。温度下降时，粘度增长缓慢的熔渣，称为长渣，即在大的温度变化范围 ΔT_1 才可使粘度升高一定值 $\Delta\eta$ 的熔渣，如图 4-16 所示。

熔渣粘度变化特性对各种位置焊接影响较大。一般，立焊或仰焊时希望用短渣，平焊和平角焊时，可允许采用长渣。

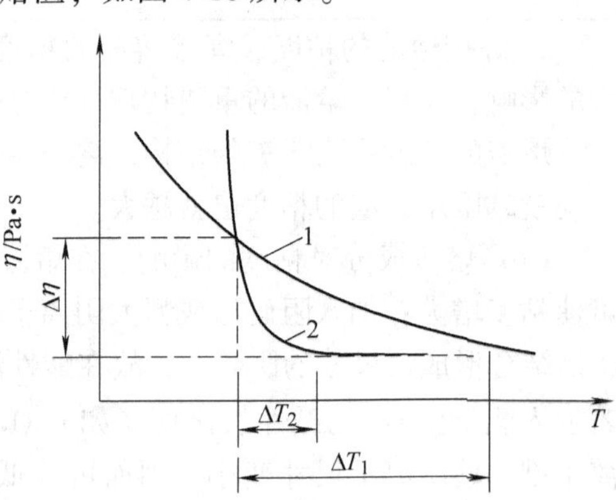

图 4-16　温度和粘度的变化

1—长渣　2—短渣

3. 熔渣的表面张力　熔渣表面张力对于焊缝成形、脱渣性及熔滴过渡影响较大。熔渣表面张力主要是指气相与熔渣之间、熔渣与液态金属之间的界面张力。熔渣与气相间的界面张力主要决定于熔渣组元质点间化学键的性质和温度。键能越大，表面张力越大。金属键能最大，故其表面张力也最大；具有离子键的物质键能较大，如 FeO，MnO、CaO、MgO 等，其表面张

力也较大；具有极性键的物质键能较小，如 TiO_2、SiO_2、P_2O_5、B_2O_3 等，其表面张力也小。

在熔渣中加入酸性氧化物 TiO_2、SiO_2、P_2O_5、B_2O_3，可使表面张力减小；在熔渣中加入碱性氧化物如 MnO、CaO、MgO 等，可提高熔渣的表面张力。不同类型的熔渣中添加各种氧化物对其表面张力的影响如图 4-17 所示。

一般，温度升高，由于质点间的作用力减弱，表面张力降低。

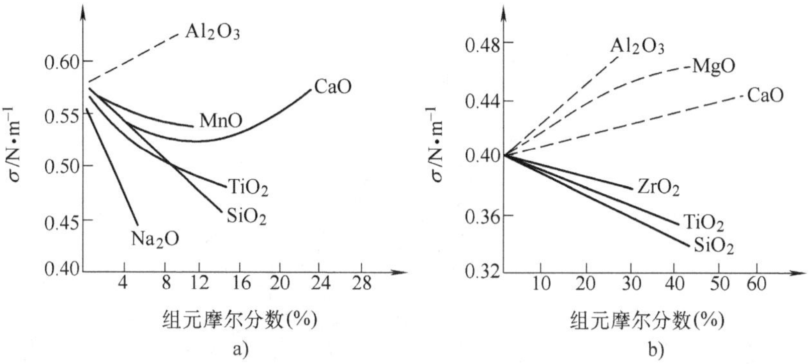

图 4-17　熔渣成分对表面张力的影响

a）FeO 基熔渣　b）CaF 基熔渣

4. 焊接熔渣的熔点　液态的熔渣在冷却时开始凝固的温度称为熔渣的熔点。焊接熔渣的熔点对焊接工艺性能和焊接质量有很大的影响。当熔渣的熔点过高时，会由于比熔池金属过早开始凝固而不能均匀覆盖于熔池金属表面，导致保护效果下降，焊缝成形变差。若熔渣的熔点过低，熔池金属开始凝固时熔渣仍处于稀流状态，就无法保证焊缝表面的成形且容易流淌。焊接钢时，熔渣的熔点应在 1150～1350℃范围内。

例如：CaO-SiO_2-CaF_2 是典型的碱性焊条的渣系，如图 4-18 所示，由 $CaO\cdot SiO_2$（熔点为 1540℃）和 $2CaO\cdot SiO_2$（熔点为 2065℃）处开始，增加 CaF_2，会出现一块低熔点区，最低达到 1150℃。通过合理调配三者成分，可获得合理的熔点范围。

5. 焊接熔渣的导电性　焊接熔渣的导电性对焊接工艺性能的影响很大，它直接影响着焊接电弧的引弧性和稳定性。固态熔渣是不导电的，但液态熔渣具有导电性。其导电性取决于熔渣的成分和温度。一般碱性氧化物（如 CaO、BaO、MgO）可增加熔渣的电导率，而酸性氧化物（如 SiO_2、Al_2O_3）可降低电导率。温度升高会使渣中离子的尺寸变小，活动能力增强，故使熔渣的电导率增大。

4.3.2　活性熔渣对金属的氧化

从分子理论可知，以自由氧化物形式存在的熔渣称为活性熔渣，这种熔渣会使液态金属氧化。它们主要是通过扩散氧化和置换氧化进行的。

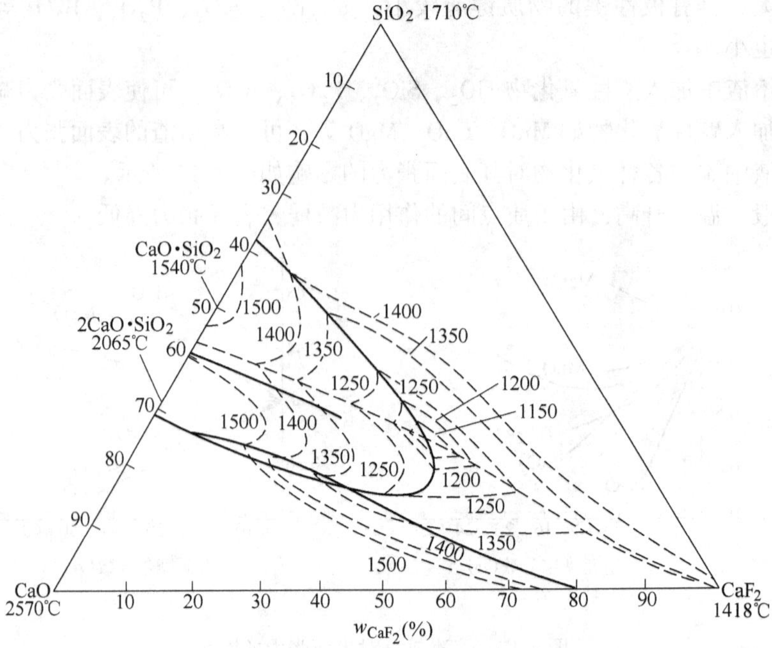

图 4-18 $CaO-SiO_2-CaF_2$ 渣系平衡图

（1）扩散氧化。FeO 是一种既能溶解于熔渣又能溶解于液态铁的氧化物，在一定的温度下，它在两相中的含量符合分配定律，即

$$L=\frac{(FeO)}{[FeO]}$$

式中，(FeO) 为存在于渣中的 FeO；[FeO] 为存在于液态金属中的 FeO；L 为分配常数，它与温度和熔渣的性质有关。

根据分配定律，在一定温度下，增加溶渣中的 FeO 含量，FeO 就会向熔池金属中扩散，使焊缝增氧。

在 SiO_2 饱和溶液中

$$\lg L=\frac{4906}{T}-1.877$$

在 CaO 饱和溶液中

$$\lg L=\frac{5014}{T}-1.980$$

在同样温度下，FeO 在碱性渣中的分配常数小于在酸性渣中的，这表明 FeO 在碱性渣中比在酸性渣中更容易向焊缝金属中扩散。用熔渣的分子理论来解释，是由于在碱性渣中 SiO_2、TiO_2 等酸性氧化物较少，FeO 的活度大，故易向金属中扩散，使焊缝增氧。而在酸性渣中，SiO_2、TiO_2 等酸性氧化物多，FeO 与其形成复合物（如 $FeO \cdot SiO_2$）而减小了活度，故不易向焊缝金属中扩散。

（2）置换氧化。这是液态金属增氧的一个重要途径，它主要是由熔渣中一些易分解的氧化物与液态金属发生置换反应，使铁氧化。例如：

$$(SiO_2)+2[Fe] \Leftrightarrow [Si]+2(FeO)$$

$$K_{Si}=\frac{[Si](FeO)^2}{(SiO_2)}$$

$$\lg K_{Si}=\frac{-13460}{T}+6.04$$

$$(MnO)+[Fe] \Leftrightarrow [Mn]+(FeO)$$

$$K_{Mn}=\frac{[Mn](FeO)}{(MnO)}$$

$$\lg K_{Mn}=\frac{-6600}{T}+3.16$$

SiO_2、MnO 与铁的反应属于吸热反应，升高温度可使平衡常数 K 增大，促进反应向右进行。熔滴阶段，不但发生了铁氧化，还发生了渗锰、渗硅反应。若液态金属中含 Mn 量较多时，易发生渗 Si 反应；反之，Si 含量较多时，易发生渗 Mn 反应。

若存在其他与氧亲和力更大的元素，如 Ti、Al 等，则更会发生渗 Si 和 Mn 反应。如：

$$2(MnO)+[Ti]=2[Mn]+(TiO_2)$$

$$3(SiO_2)+4[Al]=3[Si]+2(Al_2O_3)$$

4.3.3 焊缝金属的脱氧

焊接时脱氧是一种冶金处理措施，它是通过在焊丝、焊剂或焊条药皮中加入某种对氧亲和力较大的元素，使其夺取气相或氧化物中的氧，从而减少了焊缝金属氧化及焊缝含氧量。用于脱氧的元素及合金称为脱氧剂。要求脱氧剂与氧亲和力强，不溶于液态金属中，且密度也要小于液态金属，能上浮到渣中。例如，在熔滴阶段，温度为 1800~2400℃，元素按对氧亲和力增大次序排列如下：

Ni→Cu→W→Mo→Fe→Cr→Nb→Mn→V→Si→B→Ti→Mg→C→Al→Ce

常用的脱氧剂有锰铁、硅铁、钛铁等。

焊缝金属脱氧可分为先期脱氧、沉淀脱氧和扩散脱氧。其中，脱氧反应以沉淀脱氧为主。

1. 沉淀脱氧

（1）碳的脱氧反应。碳在高温下对氧的亲和力很大，当液态金属中有一定浓度的碳时，也可起沉淀脱氧作用。但碳脱氧时，产生 CO 气体不溶于液态金属中，易造成爆炸，使电弧不稳，因此，碳不能单独作为脱氧剂。其反应为

$$[C] + [FeO] = [Fe] + CO\uparrow$$

$$\lg K = \lg\frac{p_{CO}}{[C][O]} = -\frac{6272}{T} + 6.99$$

（2）锰的脱氧反应。锰是常用的一种脱氧剂，它的脱氧反应如下：

$$[Mn] + [FeO] = [Fe] + (MnO)$$

$$K = \frac{a_{MnO}}{a_{Mn}a_{FeO}} = \frac{\gamma_{MnO}(MnO)}{a_{Mn}a_{FeO}}$$

式中，a_{MnO}为渣中 MnO 的活度；γ_{MnO}为渣中 MnO 的活度系数；a_{Mn}为金属中锰的活度；a_{FeO}为金属中 FeO 的活度。

当锰量加入很少时，为了计算方便，可以用下式计算金属液中［FeO］的百分含量，即

$$[\%FeO] = \frac{\gamma_{MnO}(MnO)}{K[\%Mn]}$$

脱氧效果与熔渣的性质有很大关系，一般酸性焊条多用锰作为脱氧剂，而碱性焊条则不单独用锰作为脱氧剂。

（3）硅的脱氧反应。硅对氧的亲和力比锰还大，它的脱氧反应为

$$[Si] + 2[FeO] = 2[Fe] + (SiO_2)$$

为了计算方便，可以用下式计算金属液中［FeO］的含量，即

$$[\%FeO] = \sqrt{\frac{\gamma_{SiO_2}(SiO_2)}{K[\%Si]}}$$

显然，要提高硅在焊接时的脱氧效果，除了应增加 Si 在液态金属中的含量，还应通过提高熔渣的碱度来减小反应物 SiO_2 的活度，似乎碱性渣时用硅脱氧效果好。但因硅脱氧后生成的 SiO_2 熔点高、粘度大，易在焊缝中形成夹杂，故碱性渣实际上也不单独用硅脱氧。

（4）硅锰联合脱氧。硅和锰都可以脱氧，而且脱氧产物能结合成熔点较低、密度不大的复合物进入熔渣。因此，按适当比例把硅和锰加入金属中进行联合脱氧，可以得到较好的脱氧效果。

硅锰联合脱氧的效果与［Mn］/［Si］比值有很大关系。实践证明，当［Mn］/［Si］=3~7 时，脱氧效果较好，如图 4-19 所示。

还可以用与氧亲和力更强的元素，如 Al 作为脱氧剂，但加入量要少，防止产生 Al_2O_3 夹杂。

2. 扩散脱氧　利用氧化物能溶解于熔渣的特性，通过扩散使它自熔池金属进入熔渣，从而降低焊缝含氧量的过程，叫做扩散脱氧。只有既能溶解于液态金属又能溶解于熔渣的氧化物，才可进行扩散脱氧，焊接时的 FeO 就符合这一条件。

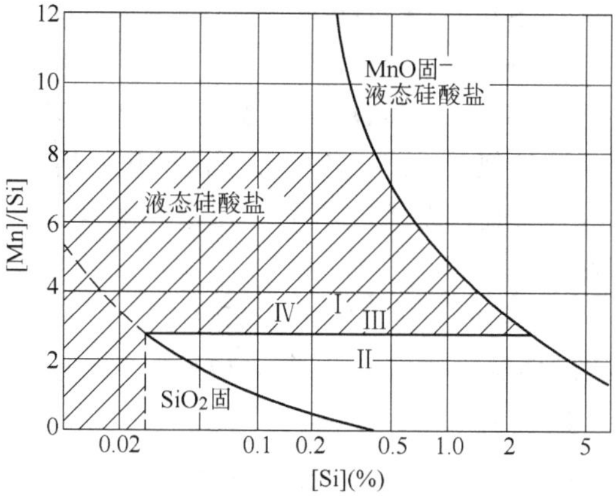

图 4-19　脱氧产物形态与［Mn］/［Si］的关系

$$[FeO] \rightarrow (FeO)$$

扩散脱氧取决于温度，在高温时，易发生金属氧化，低温时才能进行扩散脱氧，扩散脱氧多发生在焊接熔池尾部。另外，还取决于 FeO 在熔渣中的活度，酸性渣有利于扩散脱氧，而碱性渣扩散脱氧能力就比较差。

4.3.4　硫和磷的控制

硫和磷是有害的元素，不但使材料的力学性能下降，还会产生裂纹等缺陷。硫、磷在钢中存在形式为 FeS、Fe_2P、Fe_3P。

1. 限制硫和磷在原材料中的含量　许多原材料如锰矿、赤铁矿、钛铁矿及锰铁等都含有一定数量的硫和磷，它们在熔炼和焊接过程中可通过冶金反应将部分硫和磷过渡到金属中去。所以，应严格限制硫和磷在原材料中的含量。当含量较高时，应预先采取处理措施，使之降到要求的范围内。

2. 冶金方法脱硫、脱磷

（1）脱硫

1）利用对硫亲和力比铁大的元素进行脱硫。锰与硫的亲和力比铁大，是熔炼和焊接化学冶金中常用的脱硫剂，其脱硫反应为

$$[FeS] + [Mn] = (MnS) + [Fe]$$

$$\lg K = \frac{8220}{T} - 1.86$$

反应产物 MnS 由于不溶于液态金属，大部分都进入溶渣。锰的脱硫反应属于放热反应，温度降低平衡常数增大，说明只有在温度较低的熔池尾部才有利于脱硫反应的进行。然而，熔池尾部的冷却很快，反应时间很短，并不利于脱硫反应的充分进行，所以只有增加锰在熔池中的含量才有可能取得较好的脱硫效果。

2）利用熔渣中的碱性氧化物，如 MnO、CaO、MgO 等进行脱硫，其反应为

$$[FeS] + (MnO) = (MnS) + (FeO)$$
$$[FeS] + (CaO) = (CaS) + (FeO)$$
$$[FeS] + (MgO) = (MgS) + (FeO)$$

反应生成物 CaS 和 MgS 类似于 MnS，不溶于钢液而进入熔渣。

（2）脱磷。冶金方法脱磷需通过两个过程才能实现：首先利用活性氧化物将钢液中的 P 氧化成 P_2O_5，即

$$2[Fe_3P] + 5(FeO) \Leftrightarrow P_2O_5 + 11[Fe]$$

然后，再利用渣中的碱性氧化物与 P_2O_5 复合成稳定的磷酸盐并进入渣中，即

$$P_2O_5 + 3(CaO) \Leftrightarrow ((CaO)_3 \cdot P_2O_5)$$
$$P_2O_5 + 4(CaO) \Leftrightarrow ((CaO)_4 \cdot P_2O_5)$$

（3）熔渣碱度对脱硫、脱磷的影响。根据质量作用定律可知，增加反应物的浓度或减少生成物的浓度，都可促进反应的进行。因此，增加 MnO、CaO 及 MgO 或减少 FeO 在渣中的含量，有利于脱硫；同理，增加渣中 CaO 和 FeO 的含量，有利于脱磷。

4.4 液态金属与铸型界面的反应

1. 水分蒸发与金属的氧化　浇注过程中，金属与铸型之间的相互热作用，使铸型材料中的吸附水、结晶水、碳酸盐、有机物等发生分解，产生大量的气体，如水蒸气、氢气、氮气等。

$$mMe + nH_2O \rightarrow Me_mO_n + nH_2$$

式中，Me 为代表能和水蒸气反应的所有金属。

反应结果使金属氧化，形成氧化膜或金属氧化物夹杂。产生的氢气，一部分从铸型表面逸出，一部分向金属表面扩散，在固液界面前沿形成氢的过饱和区，产生气泡核残留在液态金属中，最终成长为气孔。

2. 碳酸盐及有机物的分解及金属氧化　应用石灰石型砂时，在高温下碳酸盐发生分解

$$CaCO_3 \rightarrow CaO + CO_2\uparrow$$
$$CO_2 + Fe \rightarrow FeO + CO\uparrow$$

反应结果使金属氧化，并生成 CO 气体产生气孔，气孔内有白色的 CaO 和 FeO 的残渣，称之为渣气孔。

树脂砂中的尿素、乌洛托品等，在高温下发生分解生成 NH_3，然后，再继续发生分解产生氮气和氢气，一部分溶解在液态金属中，凝固时生成皮下氮气孔和氢气孔。另外，还有烷烃发生分解：

$$CH_4 \rightarrow C + 2H_2$$

$$C_nH_{2n+2} \rightarrow nC + (n+1)\ H_2$$

结果在铸型表面富集固体碳，并产生氢气孔。

3. 碳的燃烧及氧化　铸铁中的碳与铁液表面的熔渣，在高温下发生以下化学反应：

$$(FeO) + [C] \rightarrow Fe + CO$$

铸型表面的碳与熔渣反应，使铁还原，即

$$(FeO) + C\ (\text{石墨}) \rightarrow Fe + CO$$

另外，铸型表面的石墨还会与周围气体，如氧气和水蒸气发生以下反应：

$$2C + O_2 \rightarrow 2CO$$

$$C + H_2O \rightarrow CO + H_2$$

$$C + 2H_2O \rightarrow CO_2 + 2H_2$$

进而，CO 又会氧化成 CO_2 气体，使金属氧化。

在铸型与金属周围，经反应富集的气体有 H_2O、H_2、CO、CO_2、N_2、CH_4，在一定的温度下发生如下反应：

$$CO_2 + H_2 \rightarrow CO + H_2O$$

平衡时

$$K = \frac{p_{CO}p_{H_2O}}{p_{CO_2}p_{H_2}}$$

式中，K 为平衡常数；p_{CO}、p_{CO_2}、p_{H_2}、p_{H_2O}分别为界面各气相的分压。

在不同铸型内浇注，铸型内各气相组成和含量是由温度、浇注时间、不同的造型材料等因素决定的。有机物铸型浇注后，有机物分解，消耗氧气，分解产物中氢气增多，并在铸型表面残留一定的碳；在湿型中，含氢量最高；在无机物铸型中含 O_2、CO_2 量高，易使铸造金属氧化。

4. 镁元素的燃烧　镁的化学性质很活泼，在常温下就能与氧反应，而液态的镁及其合金更易发生氧化甚至燃烧，即

$$2Mg + O_2 = 2MgO + Q$$

$$Mg + H_2O = MgO + H_2 + Q$$

$$3Mg + N_2 = Mg_3N_2 + Q$$

反应的结果，生成氧化镁、镁的氮化物、氢气，同时放出了大量的热量，使反应界面上的温度迅速提高，又加剧镁的燃烧。这种现象常发生在镁合金浇注时，含镁量高的铝合金浇注时有时也会出现燃烧现象。

镁合金铸件在燃烧后，铸件表面有分散的或成群的孔穴，还有连续的黑色或

灰色的氧化皱纹，并带有氧化镁粉末的白色斑点，称为茵状瘤疤。燃烧常发生在铸件受热温度高、保护剂烧损比较严重的部位。燃烧出现的部位附近易出现疏松缺陷。

防止燃烧的措施主要是隔绝镁与空气、H_2O 和 N_2 的接触。在实际生产中常采取在型砂中加入必要的防燃物质，一般是加入 3%~4%的烷基磺酸钠，并加入 1.5%~3.5%的硼酸。型砂、芯砂必须干净，不得混入煤屑和草根等有机物。镁合金液中加入少量的铍（0.001%~0.002%），可减少镁合金的燃烧倾向。在浇注时，适当降低浇注温度，缩短浇注时间均有利于防止燃烧的发生。

4.5 合金化处理

在铸造和焊接过程中，液态金属中的合金元素由于氧化和蒸发等原因造成损失。为了使金属的成分、组织和性能符合预定的要求，就必须根据损失的情况向液态金属中添加一些合金元素。另外，通过合金化还可提高工件的质量或工件的表面性能。例如，通过合金化向焊缝中过渡适量的锰，可消除因硫引起的热裂纹；过渡微量的钛、硼等元素，可细化晶粒而提高焊缝金属的塑性及韧性；在工件的表面上过渡一层含 Cr、Mo、W、Mn 等合金元素的堆焊层，可提高工件表面的耐磨、耐热和耐蚀等性能。

合金化的方式有许多种。在焊接中广泛采用的是通过填充金属（焊芯、焊丝、带材等）、焊条药皮或焊剂、合金粉末等，使焊缝金属（或堆焊金属）合金化。在其他成形方法中，可以把合金元素加在炉料中，或直接加入液态金属中。由于合金元素的化学性质差异较大，加入方式和加入时间也各有不同。

1. 合金过渡系数　为了反映加入合金元素的利用率高低，引入合金过渡系数的概念。合金元素的过渡系数 η 是指合金元素进入到液态金属中而获得的实际含量与其原始加入量之比。焊接时合金过渡系数为

$$\eta = \frac{C_d}{C_e}$$

式中，C_d 为某元素在熔敷金属中的含量；C_e 为某元素的原始加入量。

若为焊条电弧焊，还要考虑药皮重量系数 K_b 的影响，即

$$C_e = C_{cw} + K_b C_{co}$$

式中，C_{cw} 为合金元素在焊芯中的含量；C_{co} 为合金元素在药皮中的含量。

则

$$\eta = \frac{C_d}{C_{cw} + K_b C_{co}}$$

式中 C_e 可理解为加入在焊条中某元素的原始含量，它是由焊芯中的含量 C_{cw}

和药皮中的加入量 C_{co} 两项组成，并受药皮重量系数 K_b 影响。若知道合金过渡系数及有关数据，可求出熔敷金属中某元素的含量，或已知熔敷金属中的需要量，可计算出焊接材料中的加入量。目前，已经采用焊条熔敷金属化学成分微机辅助预测、多元回归分析等先进方法对焊条成分过渡进行建模计算。

2. 影响过渡系数的因素

（1）合金元素的物理化学性质。它主要指合金元素对氧的亲和力大小及沸点高低。合金元素对氧的亲和力越大，越易氧化而损失掉，过渡系数也就越小。合金元素的沸点越低，在高温下因蒸发造成的损失越大，因而其过渡系数越小。如锰的沸点仅 2027℃，在焊接的高温下极易蒸发，故它的过渡系数较小。

（2）合金元素的含量。提高合金元素在焊条药皮或焊剂中的含量，会同时产生两个不同的效果：一方面，会使药皮或焊剂中其他成分（包括氧化剂）的含量相对减少，因而减弱了药皮或焊剂的氧化性，而使合金过渡系数提高；另一方面，会使合金元素在渣中的残留损失增加，使药皮或焊剂的保护效果下降，而使合金过渡系数减少。因此，应综合考虑适当的加入量。

（3）合金元素的粒度　合金元素的氧化损失取决于其比表面积，即取决于其粒度。粒度越小，比表面积越大，与氧作用的机会越多，损失就越大。因而适当提高合金元素的粒度，可减少其因氧化造成的损失；但粒度不宜过大，否则会因其不易熔化而使残留损失增大，过渡系数反而减小。

（4）药皮或焊剂的成分。增加高价氧化物和碳酸盐在药皮或焊剂中的含量，不仅使气相的氧化性增大，而且也使熔渣的氧化性增大，从而使合金元素的氧化损失增大，过渡系数必然减小。

（5）熔渣碱度。当合金元素的氧化物与熔渣酸碱性的性质一致时，有利于合金元素的过渡，使过渡系数提高；性质相反时，则降低过渡系数。

（6）药皮或焊剂的相对数量及焊接工艺。试验表明，在合金元素含量不变的情况下，合金过渡系数随药皮或焊剂的相对数量的增多而减小。因为药皮或焊剂的相对数量增多，会使合金元素往金属中过渡所需要通过的路程增加，因而增大了氧化损失及残留损失。

埋弧焊时，焊接规范对合金过渡系数的影响也很大。反极性焊接时的过渡系数比正极性时小，这是因为反极性时的 K_f 比正极性时大。在同样的 K_f 值下，焊丝直径越小，合金过渡系数也越小，这是因为焊丝直径小，熔池存在时间短的缘故。

此外，合金过渡系数还与焊接方法有关。焊接方法的氧化性越小，合金过渡系数越大。

4.6 固态金属在加热过程中的物理、化学变化

金属的热塑性加工，如热锻、热轧和热挤压等，成形前一般要加热到很高温度，有的甚至达到1000~1200℃的高温，以提高金属的塑性，降低变形抗力。在这样的温度下，金属的物理性质、化学性质和力学性质都要发生很大变化。这些变化都会对塑性成形过程和成形质量产生重要影响。有些变化在前面的章节中已经有了详细论述，本节只介绍加热时钢的氧化与脱碳。

1. 氧化

（1）氧化过程及其实质。钢在高温加热时，其表层中的铁和炉气中的氧化性气体如O_2、CO_2、H_2O等会发生化学反应，使钢表层变成氧化铁（或称氧化皮）。氧化过程的主要反应如下：

$$2Fe+O_2 \leftrightarrows 2FeO$$

$$6FeO+O_2 \leftrightarrows 2Fe_3O_4$$

$$4Fe_3O_4+O_2 \leftrightarrows 6Fe_2O_3$$

$$Fe+CO_2 \leftrightarrows FeO+CO$$

$$Fe+H_2O \leftrightarrows FeO+H_2$$

氧化过程的实质是个扩散过程，即炉气中的氧以原子状态吸附到钢的表面层，然后向里扩散，而钢表层中的铁则以离子态由内部向表面扩散，两者相遇便发生反应生成氧化铁。由于这个过程是由表及里逐渐减弱的，所以生成的氧化皮由三层不同的氧化铁组成：最表层为含氧较高的Fe_2O_3，中层为含氧次之的Fe_3O_4，里层为含氧较低的FeO，如图4-20所示。

（2）影响氧化的因素。钢在加热时影响氧化的因素有：

1）钢的化学成分。当钢中含有Cr、Ni、Al、Mo等合金元素时，它们在钢表面能形成致密的氧化物薄膜，阻止氧化性气体向内扩散，而且其膨胀系数与钢差不多一样，可以牢固地吸附在钢的表面而不脱落，从而起到保护作用。如钢中w_{Cr}、w_{Ni}大于13%~20%时，几乎不发生氧化。当钢中的含碳量w_C>0.3%时，表面生成的CO可以削弱氧化扩散过程，减缓氧化皮的生成。

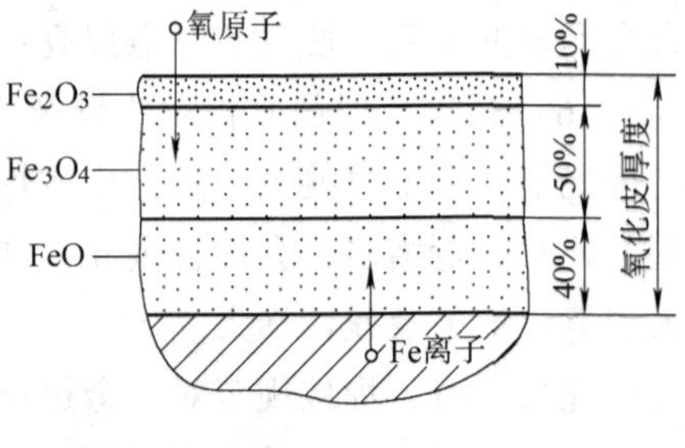

图4-20 氧化层的组成及形成示意图

2）炉气性质。不同的加热炉，其炉内气氛的化学性质也不同。火焰加热炉

炉气的性质取决于空气的供给量。空气过多时，炉气呈氧化性，促使氧化皮的形成；相反，若空气不足时，炉气则呈还原性，氧化很少或不氧化。

3）加热温度。在一般情况下，加热温度低于570~600℃时，几乎不产生氧化；而当加热温度超过900~950℃时，氧化将急剧增加。

4）加热时间。加热时间越长，越有利于氧化扩散过程的进行，因此生成的氧化皮越厚，尤其是在高温下加热时间的影响会更大。

（3）防止氧化的措施。氧化引起的危害不可忽视。它会造成钢的烧损，降低锻件表面质量和尺寸精度，降低模具使用寿命，加速炉底的腐蚀破坏，因此，应尽量减少和避免。在加热工艺上可采取如下措施：

1）快速加热。在不至于引起过大热应力、保证锻件质量的前提下，采用快速加热可以缩短加热时间，尤其是缩短高温停留时间，有利于减少氧化。加热的方法可采用电感应加热和接触加热等方法。

2）控制炉气性质。在保证燃料完全燃烧的前提下，尽可能减少空气过剩量，并注意减少燃料中的水分。

3）采用介质保护加热。此法是利用各种保护介质将钢表面与氧化性炉气隔离，以减少氧化。所用保护介质有气体保护介质（如惰性气体、石油液化气等）、液体保护介质（如玻璃熔体、熔盐等）和固体保护介质（如玻璃粉、珐琅粉、金属镀膜等）。

2. 脱碳

（1）脱碳过程。钢在加热时，表层中的碳和炉气中的氧化性气体如 O_2、CO_2、H_2O 等，以及还原性气体如 H_2 发生化学反应，使钢表层中的含碳量下降的现象称为脱碳。其化学反应式如下：

$$2Fe_3C+O_2 \leftrightarrows 6Fe+2CO$$

$$Fe_3C+2H_2 \leftrightarrows 3Fe_3+CH_4$$

$$Fe_3C+H_2O \leftrightarrows 3Fe+CO+H_2$$

$$Fe_3C+CO_2 \leftrightarrows 3Fe+2CO$$

和氧化一样，脱碳也是扩散作用的结果。一方面炉气中的氧或氢向钢内扩散，另一方面钢中的碳向外扩散，这样使钢的表面形成含碳量低的脱碳层。从整个过程来看，脱碳和氧化是一个争氧的过程，只有在氧化作用相对较弱的情况下，或者说在脱碳速度超过氧化速度的情况下才能形成较深的脱碳层。

（2）影响因素。影响脱碳的因素与氧化的一样，主要有：

1）钢的化学成分。钢的含碳量越高，脱碳倾向越大；钢中的W、Al等合金元素能增加钢的脱碳倾向，而Cr、Mn等则能阻止脱碳。

2）炉气成分。炉气中脱碳能力最强的成分是 H_2O（汽），其次是 CO_2 和 O_2，再次是 H_2，而 CO 的含量增加可减少脱碳。

3）加热温度。钢在氧化性气氛中加热时，既产生氧化也产生脱碳。加热温度在 700～1000℃时，由于钢表面的氧化皮阻碍扩散，脱碳要比氧化慢。随着加热温度的提高，氧化速度加快，脱碳速度也加快，但此时氧化皮已丧失保护作用。因此，当达到某一高温时，脱碳就比氧化更剧烈。例如，GCr15 在 1000～1200℃时，会产生强烈的脱碳现象。

4）加热时间。加热时间越长，脱碳层就越厚，但两者不成正比关系。当脱碳层达到一定厚度以后，脱碳速度将逐渐减慢。例如高速钢在 1000℃加热 0.5h，脱碳层厚度约为 0.4mm，加热 4h 增至 1.0mm，加热 12h 则为 1.2mm。

（3）脱碳的危害及防止措施。脱碳使钢表层的含碳量降低，从而降低钢表面的硬度、强度和耐磨性。对于高碳工具钢、轴承钢、高速钢及弹簧钢等，脱碳更是一种严重的缺陷。但如果脱碳层的厚度小于机加工余量，则没有什么危害。因此在精密锻造时，锻前加热应避免脱碳。至于防止措施，与防止氧化的措施基本相同。

思考与练习

1. 焊接冶金反应与炼钢相比其特点是什么？
2. 焊接区内气体的来源是什么？
3. 金属与铸型有哪些相互作用？由于相互作用的结果会出现哪些伴生现象？从而又可能出现哪些铸造缺陷？
4. 试述氮、氢和氧对焊接质量的影响？
5. 脱氧和合金元素过渡有何区别和联系？如何选择脱氧剂和合金剂？
6. 碱性焊条和酸性焊条各应选择什么合金元素作为脱氧剂？
7. 焊缝金属如何脱硫、磷？碱性渣和酸性渣脱硫、磷效果如何？
8. 影响合金过渡系数的因素有哪些？
9. 综合分析熔渣中 CaF_2 在焊接冶金反应过程中所起的作用？
10. 在碱性和酸性渣中，扩散氧化和扩散脱氧的效果有何不同？
11. 钢在加热时的氧化和脱碳有何危害？如何克服？

参考文献

1 张文钺．焊接冶金学（基本原理）．北京：机械工业出版社，1999
2 陈伯蠡．焊接冶金学．北京：清华大学出版社，1991
3 陈祝年．焊接工程师手册．北京：机械工业出版社，2002
4 芮树祥．焊接工艺学．哈尔滨：哈尔滨工程大学出版社，1998
5 曲卫涛．铸造工艺学．西安：西北工业大学出版社，1994

6　胡汉起．金属凝固．北京：冶金工业出版社，1985

7　Потапов П. П. ир. Свароивочпое проиозство1984，(11)：4

8　唐伯钢等．采用重稀土降低金属扩散氢的研究．冶金部建筑研究总院院刊，1987(6)：6~10

9　杜则明等．微量元素对于焊缝成分、组织及夹杂物的影响．第八届全国焊接学会论文集，北京，1997

10　康龙．手工焊条熔敷金属化学成分微机辅助预测．焊接学报，1998，19(1)：1~7

11　陈金德等．材料成形工程．西安：西安交通大学出版社，2000

第 5 章　金属塑性变形的物理基础

5.1　金属塑性变形的机理及特点

5.1.1　概述

塑性变形所用的金属材料绝大部分是多晶体，其变形过程较单晶体要复杂得多，这主要是与多晶体的结构特点有关。

多晶体是由许多结晶方向不同的晶粒组成，每个晶粒可看成是一个单晶体，相邻晶粒彼此位向不同，但晶体结构相同，化学组成也基本一样。就每个晶粒来说，其内部的结晶学取向并不严格一致，而是有亚结构存在，即每个晶粒又是由一些更小的亚晶粒组成。

晶粒之间存在厚度相当小的晶界。晶界的结构与相邻两晶粒之间的位向差有关，一般可分为小角度晶界和大角度晶界。小角度晶界由位错组成，最简单的情况是由刃型位错垂直堆叠而构成的倾斜晶界。实际上多晶体金属通常都是大角度晶界，其晶界结构很难用位错模型来描述，可以笼统地把它看成是原子排列混乱的区域，并在该区域内存在着较多的空位、位错及杂质等。正因为如此，晶界表现出许多不同于晶粒内部的性质，如室温时晶界的强度和硬度高于晶内，而高温时则相反；晶界中原子的扩散速度比晶内原子快得多；晶界的熔点低于晶内；晶界容易被腐蚀等。

金属在塑性变形时，形状和尺寸的不可逆变化是通过原子的定向位移来实现的。因此，塑性变形时所施加的力和能，应足以克服势垒，使大量的原子群能多次地、定向地从一个平衡位置移动到另一个平衡位置，由此产生宏观的塑性变形。根据原子群移动所发生的条件和方式不同，具有不同的变形机理。

塑性变形的主要机理有以下五种：①滑移；②孪生；③不对称变向；④扩散蠕变；⑤晶界滑移。第一种是最重要的变形方式；第二种通常在低温高速下才起作用，这种变形机理对于对称性较低的密排六方金属来说尤为重要；第三种通常是变形协调机理；第四、第五种一般是高温下起作用的变形机理。

5.1.2　塑性变形机理

1. 滑移　所谓滑移是指晶体（此处可理解为单晶体或多晶体中的一个晶粒）在力的作用下，晶体的一部分沿一定的晶面和晶向相对于晶体的另一部分发生相对移动或切变。这些晶面和晶向分别称为滑移面和滑移方向。滑移的结果使大量原子逐步地从一个稳定位置移到另一个稳定位置，产生宏观的塑性变形。

一般地说，滑移总是沿着原子密度最大的晶面和晶向发生。因为原子密度最大的晶面，原子间距小，原子间结合力强，而其晶面间的距离较大，晶面与晶面之间的结合力较弱，滑移阻力当然也较小。在图5-1所示的晶格中，显然*AA*面最易成为滑移面；而沿*BB*面则难以滑移。同理可以解释，沿原子排列最密集的方向滑移阻力最小，最容易成为滑移方向。通常每一种晶胞可能存在几个滑移面，而每一个滑移面又同时存在几个滑移方向。一个滑移面和其上的一个滑移方向，构成一个滑移系。表5-1列出一些金属晶体的主要滑移面、滑移方向和滑移系。

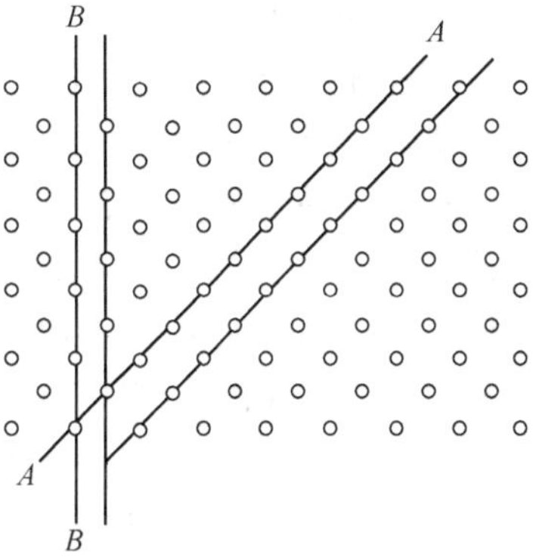

图5-1　滑移面示意图

表5-1　金属的主要滑移面、滑移方向和滑移系

晶格	体心立方晶格		面心立方晶格		密排立方晶格	
滑移面	{110}×6	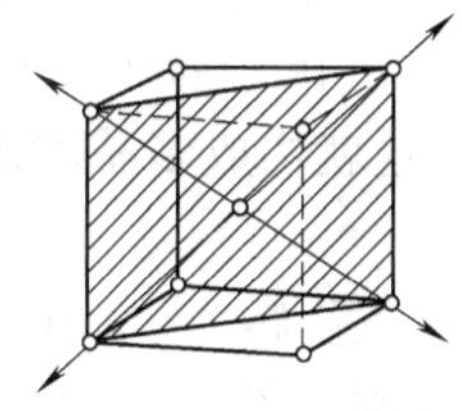	{111}×4	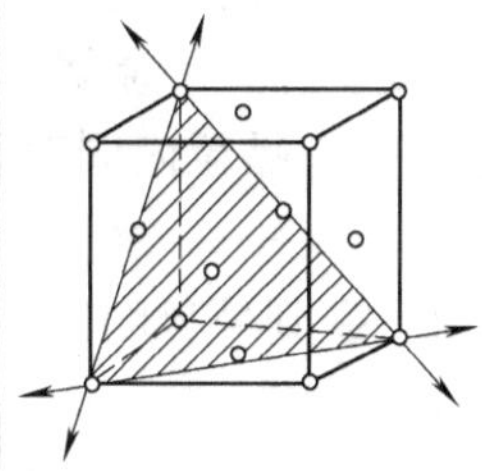	{0001}×1	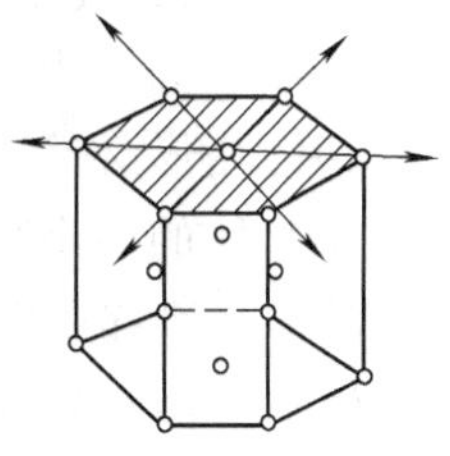
滑移方向	<111>×2		<110>×3		<11$\bar{2}$0>×3	
滑移系	6×2=12		4×3=12		1×3=3	
金属	α-Fe，Cr，W，V，Mo		Al，Cu，Ag，Ni，γ-Fe		Mg，Zn，Cd，α-Ti	

滑移系多的金属要比滑移系少的金属变形协调性好，塑性高，如面心立方金属比密排六方金属的塑性好。至于体心立方金属和面心立方金属，虽然同样具有12个滑移系，后者塑性却明显优于前者。这是因为就金属的塑性变形能力来说，滑移方向的作用大于滑移面的作用，体心立方金属每个晶胞滑移面上的滑移方向只有两个，而面心立方金属却为三个，因此后者的塑性变形能力更好。

滑移面对温度具有敏感性。温度升高时，原子热振动的振幅加大，促使原子密度次大的晶面也参与滑移。例如铝高温变形时，除{111}滑移面外，还会增

加新的滑移面 {001}。正因为高温下可出现新的滑移系，所以金属的塑性也相应地提高。

滑移系的存在只说明金属晶体产生滑移的可能性。要使滑移能够发生，需要沿滑移面的滑移方向上作用有一定大小的切应力，称为临界切应力。临界切应力的大小，取决于金属的类型、纯度、晶体结构的完整性、变形温度、应变速率和预先变形程度等因素。

当晶体受力时，由于各个滑移系相对于外力的空间位向不同，其上所作用的切应力分量的大小也必然不同。现设某一晶体作用有由拉力 F 引起的拉伸应力 σ，其滑移面的法线方向与拉伸轴的夹角为 ϕ，面上的滑移方向与拉伸轴的夹角为 λ（图 5-2），通过简单的静力学分析可知，在此滑移方向上的切应力分量为

$$\tau=\sigma\cos\phi\cos\lambda \tag{5-1}$$

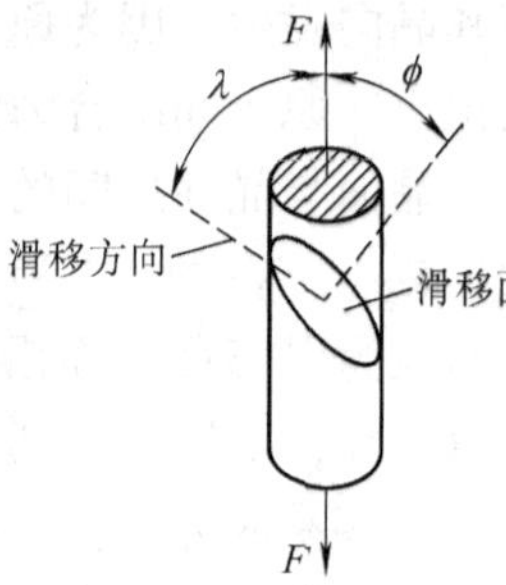

图 5-2　晶体滑移时的应力分析

令 $\mu=\cos\phi\cos\lambda$，称为取向因子。由式（5-1）可见，当 σ 为定值时，滑移系上所受的切应力分量取决于取向因子。若 $\phi=\lambda=45°$，则 $\mu=\mu_{max}=0.5$，$\tau=\tau_{max}=\sigma/2$。这意味着该滑移系处于最佳取向，其上的切应力分量最有利于优先达到临界值而发生滑移。而当 $\phi=90°$、$\lambda=0°$，或 $\phi=0°$、$\lambda=90°$时，$\mu=\tau=0$，此时无论 σ 多大，滑移的驱动力恒等于零，处于此取向的滑移系不能发生滑移。通常把 $\mu=0.5$ 或接近于 0.5 的取向称为软取向；而把 μ 为零或接近于零的取向称为硬取向。由此可以联想到，在金属多晶体中，由于各个晶粒的位向不同，塑性变形必然不可能在所有晶粒内同时发生，这就构成多晶体塑性变形不同于单晶体的一个特点。

晶体在滑移过程中，由于受到外界的约束作用会发生转动。就单晶体拉伸变形来说，滑移面会力图向拉力方向转动，而滑移方向则力图向最大切应力分量方向转动。同样，对于多晶体的晶内变形，晶粒在被拉长的同时，其滑移面和滑移方向也会朝一定方向转动，这种转动由于晶界和相邻晶粒的影响，情况会比较复杂。转动的结果使原来任意取向的各个晶粒，逐渐调整其方位而趋于一致。

1934 年 G. I. 泰勒等人把位错概念引入晶体中，并把它和滑移变形联系起来，使人们对滑移过程的物理本质有了明确的认识。滑移过程不是沿着滑移面上所有原子同时产生刚性的相对滑动，而是在其局部区域首先产生滑移，并逐步扩大，直至最后整个滑移面上都完成滑移。此局部区域所以首先产生滑移，是因为该处存在位错，内能较高而处于较不稳定状态。虽然整个滑移面上作用的应力水平相当低，但在此局部区域的应力却可能已大到足以引起晶体的滑移。当一个位错沿滑移面移过后，便使晶体产生一个原子间距大小的相对位移。由于晶体产生

一个滑移带的位移量需要上千个位错的移动，且当位错移至晶体表面产生一个原子间距的位移后，位错便消失，这样，为使塑性变形能不断进行，就必须有大量新的位错出现，这就是在位错理论中所说的位错增殖。因此可以认为，晶体的滑移过程，实质上就是位错的移动和增殖的过程。图 5-3 和图 5-4 分别给出刃型位错和螺型位错运动造成晶体滑移变形的示意图。

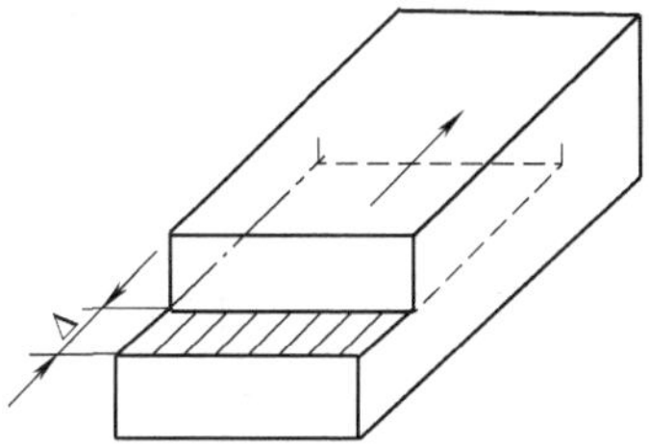

图 5-3　刃型位错运动造成晶体滑移变形示意图

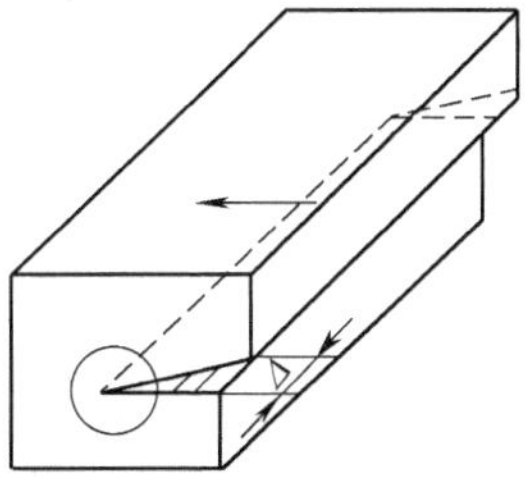

图 5-4　螺型位错运动造成晶体滑移变形示意图

由于滑移是通过晶体中位错在切应力作用下逐步移动来实现的，因此根据位错运动方式的不同，可将滑移变形分为单滑移、多滑移和交滑移几种，如图 5-5 所示。一般金属在塑性变形的开始阶段，仅有一组滑移系开动，这种滑移称为单滑移。由于位错的不断移动和增殖，大量的位错沿着滑移面不断移出晶体表面，形成滑移量为 Δ 的滑移台阶（图 5-5a）。随着变形的进行，晶体发生转动，当晶体转动到有两个或几个滑移系相对于外力轴线的取向因子相同时，这几个滑移系的切应力分量都达到临界切应力值，它们的位错源便同时开动，产生在多个滑移系上的滑移，滑移后在晶体表面所看到的是两组或多组交叉的滑移线（图 5-5b）。对于螺型位错，由于它具有一定的灵活性，当滑移受阻时可离开原滑移面而沿另一晶面继续移动。此时位错线的柏氏矢量不变，所以在另一晶面上滑移时仍保持原来的滑移方向和大小。例如，体心立方金属的变形，可在<111>方向上的任一个晶面（如｛110｝、｛112｝、｛113｝等）产生滑移。因此滑移后在晶体表面上所看到的滑移线，就不再是单滑移时的直线，而是呈折线或波纹线（图 5-5c）。交滑移与许多因素有关，通常是变形温度越高、变形量越大，交滑移越显著。

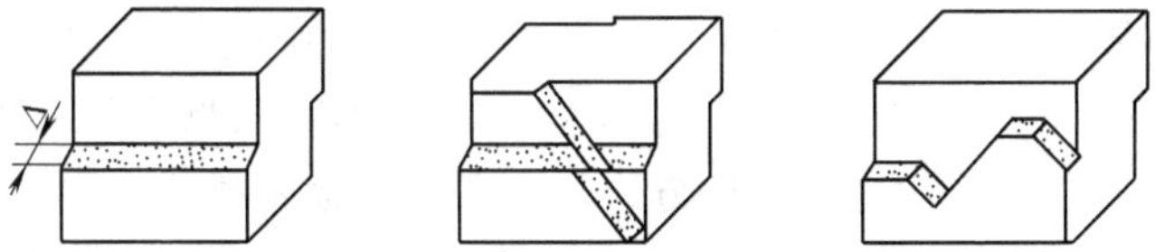

a)　　b)　　c)

图 5-5　滑移线形态示意图
a）单滑移线　b）多滑移线　c）交滑移线

2. 孪生　孪生是晶体在切应力作用下晶体的一部分沿着一定的晶面（称为孪生面）和一定的晶向（称为孪生方向）发生均匀切变。孪生变形后，晶体的变形部分与未变形部分构成了镜面对称关系，镜面两侧晶体的相对位向发生了改变。这种在变形过程中产生的孪生变形部分称为“形变孪晶”，以区别于在退火过程中产生的孪晶。

下面以面心立方金属为例，说明孪生变形时原子的迁移情况（图 5-6）。

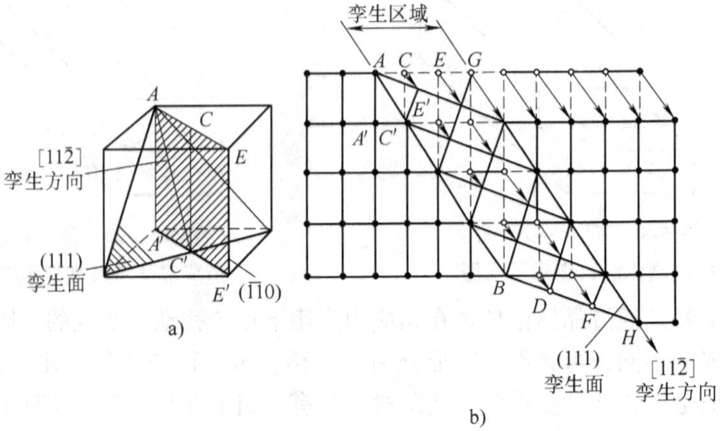

图 5-6　面心立方晶体孪生变形示意图

a）孪生面和孪生方向　b）孪生变形时原子的移动

面心立方金属的孪生面为（111）面，孪生方向为［11$\bar{2}$］晶向。当晶体在切应力作用下发生孪生变形时，晶体的一部分（图 5-6b 中的 *AGHB*）相对于另一部分作均匀切变。每层（111）晶面都相对于其相邻晶面沿［11$\bar{2}$］方向移动一个小于原子间距的距离，每层的总切变量和它与孪生面 *AB* 的距离成正比。经过上述变形后，形变孪晶与未变形部分（母体）以孪生面为分界面，构成了镜面对称的位向关系，但不改变晶体的点阵类型。

金属晶体究竟以何种方式进行塑性变形，取决于哪种方式变形所需的切应力为低。在常温下，大多数体心立方金属滑移的临界切应力小于孪生的临界切应力，所以滑移是优先的变形方式，只有在很低的温度下，由于孪生的临界切应力低于滑移的临界切应力，这时孪生才能发生。对于面心立方金属，孪生的临界切应力远比滑移的大，因此一般不发生孪生变形，但在极低温度（4~78K）或高速冲击载荷下，也不排除这种变形方式。再者，当金属滑移变形剧烈进行并受到阻碍时，往往在高度应力集中处会诱发孪生变形。孪生变形后由于变形部分位向改变，可能变得有利于滑移，于是晶体又开始滑移，二者交替地进行。至于密排六方金属，由于滑移系少，滑移变形难以进行，所以这类金属主要靠孪生方式变形。

孪生与滑移相似，也是通过位错运动来实现的。但是产生孪生的位错，其柏氏矢量要小于一个原子间距，这种位错叫做部分位错，所以孪生是由部分位错横扫孪生面而进行的。直观来看，自孪生面起向上，每层原子都各需一个部分位错来进行切变，即当一个部分位错横扫孪生面后，紧接着就要有另一个部分位错横扫第二层晶面，而后是横扫第三层晶面，以下依次类推，其示意图如图 5-7。

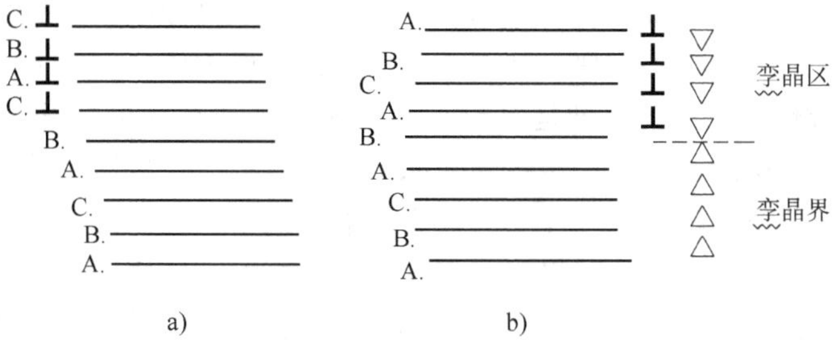

图 5-7　面心立方金属部分位错横扫孪生面

a）变形前　b）变形后

3. 不对称变向　孪生变形点阵的再取向是有规律的，变形后晶体与未变形部分晶体以孪生面为对称面。当变形条件既不利于滑移又不利于孪生时，晶体点阵则以非对称的方向变向，称为不对称变向。变形部分相对未变形部分的取向是无规律的，并不成对称关系。这种变形方式在金属中常见的有扭折带和形变带。

1）扭折带的形成对塑性变形有协调和促进作用（图 5-8）。图 5-8a 所示为由于孪生变形而使试样两端产生相对位移；图 5-8b 所示为受试验条件的约束，试样两端面保持原始状态，不能自由移动，此时则会产生扭折带以适应变形条件的约束。这时晶体取向的过渡往往依赖于在孪晶的一侧或两侧的扭折变形方式来实现。孪生和扭折都能使晶体取向与原来取向不同，有可能使该区处于软取向，从而促进滑移，进一步激发塑性变形。

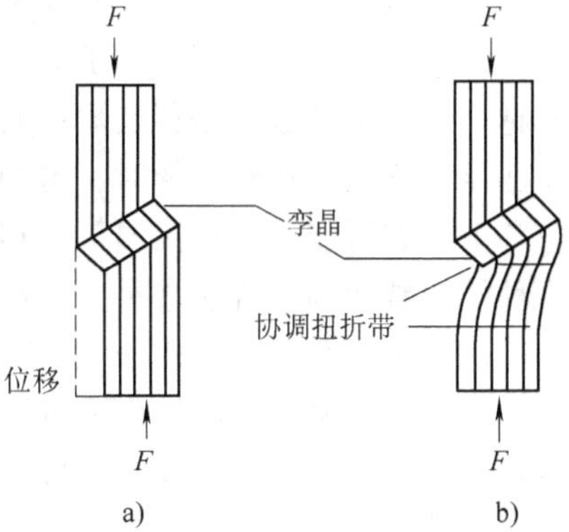

图 5-8　伴随形变孪晶的形成而产生的协调扭折带示意图

a）孪生的作用使试样端部趋于产生相对位移

b）协调扭折带的形成

2）形变带是在变形晶体的某些微区中，其点阵相对原来点阵发生转动而形成的。带中的取向转动不同于扭折带，取向不是突变而是渐变的，其转动程度取决于变形量。变形期间由于晶界的阻碍容易在一个晶内引起取向的不同，故多晶体试样形成形变带的倾向大。目前，已在面心立方和体心立方金属中观察到形变带，如 α-Fe、黄铜、铝、钨、银等金属中均可看到，但在密排立方金属中尚未见到。

需要指出，上述各种变形机理往往不是单独进行，而是联合发生作用的。特别是在复杂受力状态下的多晶体中，由于变形的不均匀性和协调性，各个晶粒内部的应力状态复杂，更容易导致多种变形机理同时出现。

4. 其他变形机理　当金属的变形温度较低时，起控制作用的变形机理主要是滑移和孪生。然而随着变形温度的提高，其他变形机理就显得越来越重要，并且在一定条件下，对材料的变形起着支配作用，这里主要介绍以下两种：

(1) 扩散蠕变。这种机理是原子非同步地连续地在应力场和热激活的作用下，发生定向迁移的过程。它包括间隙原子和大的置换式溶质原子从晶体的受压缩部位向宽松部位迁移；空位和小的置换式溶质原子从晶体的宽松部位向压缩部位迁移。大量原子的定向迁移将引起宏观的塑性变形，其切应力取决于变形速度和静水压力。在受力状态下，由温度作用产生的这种变形机理，又称为热塑性。它在多晶体的晶界进行得尤其激烈。这是因为，晶界原子的排列很不规则，畸变相当严重。尤其当相对温度提高至 $0.5T_m$（T_m 为绝对熔化温度）以上时，原子的活动能力显著增大，所以原子沿晶界具有异常高的扩散速度。此时变形金属在力的作用下，就使得空位由受拉的晶界迁移至受压的晶界，原子则向相反方向移动，从而导致晶粒和变形体的伸长。

扩散蠕变即使在低应力诱导下也会随时间的延续而不断地发生，只不过进行的速度缓慢些。温度越高、晶粒越细和应变速率越低，扩散蠕变所起的作用就越大。这是因为温度越高，原子的动能和扩散能力就越大；晶粒越细，则意味着晶界越多和原子扩散的路程越短；而应变速率越低，表明有充足的时间进行扩散。在回复温度以下塑性变形时，这种变形机理所起的作用不明显，只在很低的应变速率下才有可能；而在高温下的塑性变形，特别是在超塑性变形和等温锻造中，这种扩散蠕变则起着非常重要的作用。

(2) 晶界滑移。以晶界为界，两边晶粒发生滑动的现象称为晶界滑移。多晶体材料在高温下的塑性变形可以通过晶界滑移来进行。热塑性变形时，由于晶界强度低于晶内，使得晶界滑移易于进行；又由于扩散作用的增强，及时消除了晶界滑移所引起的破坏。因此，与冷变形相比晶界滑移的变形量要大得多。此外，降低应变速率和减小晶粒尺寸，有利于增大晶界滑移量；三向压应力的作用会通过“塑性粘焊”机理及时修复高温晶界滑移所产生的裂缝，故能产生较大的晶界变形。

5.1.3　塑性变形的特点

由于组成多晶体的各个晶粒位向不同，塑性变形不是在所有晶粒内同时发生，而是首先在些位向有利、滑移系上的切应力分量已优先达到临界值的晶粒内进行。对于周围位向不利的晶粒，由于滑移系上的切应力分量尚未达到临界值，所以还不能发生塑性变形。此时已经开始变形的晶粒，其滑移面上的位错源虽然已经开动，但位错尚无法移出这个晶粒，仅局限在其内部运动，这样就使符号相反的位错在滑移面两端接近晶界的区域塞积起来，如图 5-9 所示。位错塞积群会产生很强的应力场，并越过晶界作用到相邻的晶粒上，使其得到一个附加的应力。随着外加应力和附加应力的逐渐增大，最终使位向不利的相邻晶粒（如图 5-9 中的 *B*、*C* 晶粒）中的某些取向因子较小的滑移系的位错源也开动起来，从而发生相应的滑移。而晶粒 *B*、*C* 的滑移会使位错塞积群前端的应力松弛，促使晶粒 *A* 的位错源继续开动，进而位错移出晶粒，发生形状的改变，并与晶粒 *B* 和 *C* 的滑移以某种关系连接起来。这就意味着越来越多的晶粒参与塑性变形，塑性变形量也越来越大。

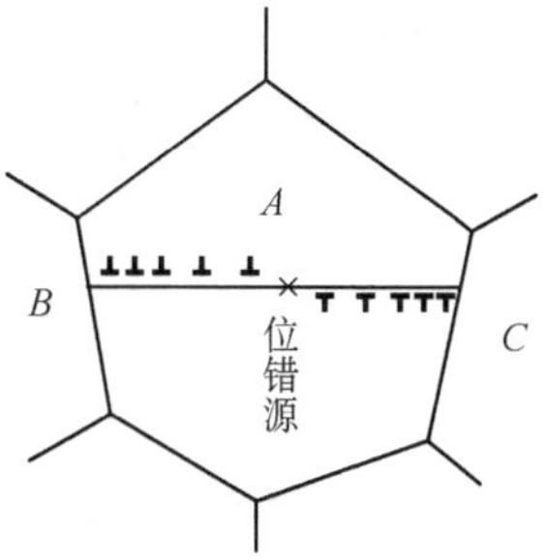

图 5-9　多晶体滑移示意图

由于多晶体中的每个晶粒都是处于其他晶粒的包围之中，它们的变形不是孤立和任意的，而是需要相互协调配合，否则无法保持晶粒之间的连续性。故此，要求每个晶粒进行多系滑移，即除了在取向有利的滑移系中进行滑移外，还要求其他取向并非很有利的滑移系也参与滑移。只有这样，才能保证其形状作相应的改变时与相邻晶粒的变形相协调。理论上的推算表明，为保证变形的连续性，每个晶粒至少要求有五个独立的滑移系启动。所谓“独立”，可理解为每一个这样的滑移系所引起的晶粒变形效果不能由其他滑移系获得。

多晶体变形的另一特点是变形的不均匀性。宏观变形的不均匀性是由于外部条件所造成的，微观与亚微观变形的不均匀性则是由多晶体的结构特点所决定的。前面已提到，软取向的晶粒首先发生滑移变形，而硬取向的晶粒继之变形，尽管它们的变形要相互协调，但最终必然表现出各个晶粒变形量的不同。另外，由于晶界的存在，考虑到晶界的结构、性能不同于晶内的特点，其变形不如晶内容易。且由于晶界处于不同位向晶粒的中间区域，要维持变形的连续性，晶界势必要起折中调和作用，也就是说，晶界一方面要抑制那些易于变形的晶粒的变形，另一方面又要促进那些不利于变形的晶粒进行变形。所有这些，最终也必然表现出晶内与晶界之间变形的不均匀性。

综上所述，多晶体塑性变形的特点：①是各晶粒变形的不同时性；②是各晶粒变形的相互协调性；③是晶粒与晶粒之间、晶粒内部与晶界附近区域之间变形的不均匀性。

5.1.4　合金的塑性变形

工程上使用的金属大多数是合金，合金的相结构有两大类，即固溶体（如钢中的铁素体、铜锌合金中的 α 相等）和化合物（如钢中的 Fe_3C、铜锌合金中的β相等)。常见的合金组织有两种：一种是单相固溶体合金；另一种是两相或多相合金。它们的塑性变形特点各不相同，下面分别进行讨论。

1. 单相固溶体合金的塑性变形　单相固溶体合金与多晶体纯金属相比，在组织上无甚差异，其变形机理与多晶体纯金属相同，也是滑移和孪生，变形时也同样会受到相邻晶粒的影响。不同的是单相固溶体晶体中有异类原子存在，这种异类原子（即溶质原子）无论是以置换还是间隙方式溶入基体金属，都会对金属的变形行为产生影响，表现为变形抗力和加工硬化率有所提高，塑性有所下降。这种现象称为固溶强化，它是由于溶质原子阻碍金属中的位错运动所致。

金属中的位错使位错区域的点阵结构产生畸变，产生了位错应变能，而固溶体中的溶质原子却能减小这种畸变，结果使位错应变能降低，并使位错比原来的更稳定。如果溶质原子大于基体相原子（即溶剂原子)，那么溶质原子倾向于置换位错区域晶格伸长部分的溶剂原子，如图 5-10a 所示；反之，如果溶质原子小于基体相原子，则溶质原子倾向于置换位错区域晶格受压缩部分的溶剂原子(图 5-10b)，或力图占据位错区域晶格伸长部分溶剂原子间的间隙中（图 5-10c)。

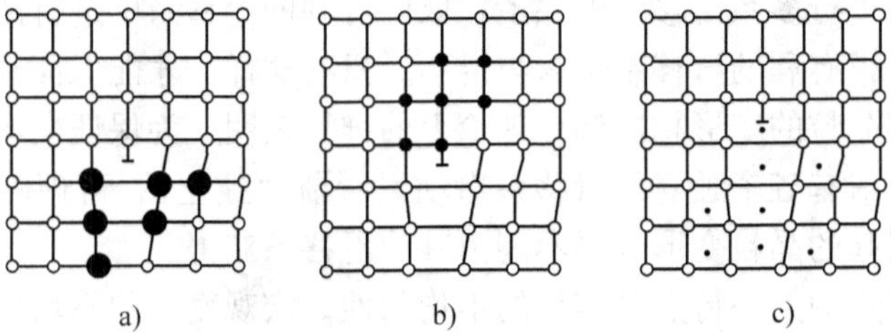

图 5-10　溶质气团对位错的“钉扎”

a)、b) 置换固溶体时　c) 间隙固溶体时

溶质原子在位错区域的这种分布，通常称为“溶质气团”或“柯氏气团”，它们都会使位错能降低，位错比没有“气团”时更加稳定，也就是说对位错起“钉扎”作用。这时，要使位错脱离“溶质气团”而移动，势必要增大作用在位错上的力，从材料性能上即表现为具有更高的屈服强度。

深拉深用的低碳钢拉伸时，其真实应力-应变曲线常表现为如图 5-11 所示的形式。在曲线上有明显的上屈服点 A 和下屈服点 B，随后有应力平台区 BC，在此区域内变形继续进行，而应力却保持不变或作微小波动，此称为屈服效应。试样经屈服拉伸后，由于加工硬化，应力又随应变继续上升，其进程与一般塑性金属材料的真实应力-应变曲线相同。

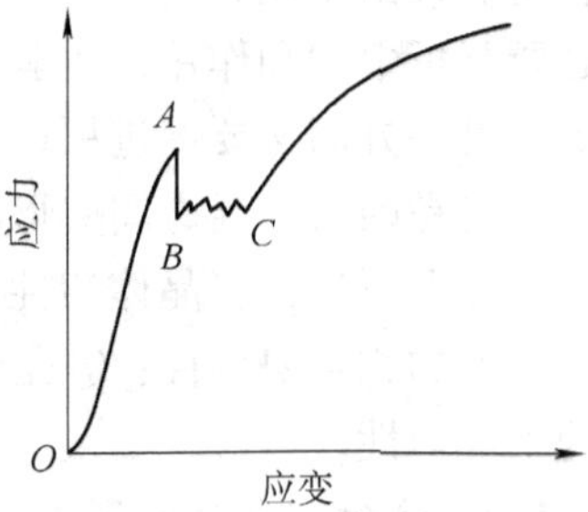

图 5-11　低碳钢的屈服效应示意图

屈服效应在金属外观上的反映，就是当金属变形量恰好处于屈服延伸范围时，金属表面会出现粗糙不平、变形不均的痕迹，称为吕德斯带。它是一种外观表面缺陷。若使用屈服效应显著的低碳钢薄板来加工复杂拉深件时，由于各处变形不均匀，在变形量正好是处于屈服延伸区的地方，就会出现吕德斯带而使零件外观不良。为了防止吕德斯带的产生，可在薄板拉深前进行一道微量冷轧工序（一般为1%～2%的压下量），以使被溶质碳原子钉扎的位错大部分脱钉，随后再进行冲压加工。但如果被预轧制变形的钢板，长期放置后再进行冲压加工，吕德斯带又会重新出现。另一种防止方法是在钢中加入少量钛、铝等强碳化物、氮化物形成元素，它们与碳、氮稳定结合，减少碳、氮对位错的钉扎作用，从而消除屈服效应。

2. 多相合金的塑性变形　单相固溶体合金的强化程度是有限的，因此实际使用的合金材料大多是两相或多相合金，通过合金中存在的第二相或更多的相，使合金得到进一步的强化。多相合金与单相固溶体合金不同之处，是除基体相外，尚有其他相（统称第二相）存在。但由于第二相的数量、形状、大小和分布的不同，以及第二相的变形特性和它与基体相（体积分数约高于70%的相）间的结合状况的不同，使得多相合金的塑性变形更为复杂。但从变形机理来说，仍然是滑移和孪生。

5.2　金属塑性加工中组织和性能变化的基本规律

5.2.1　冷塑性变形时金属组织和性能的变化

从金属学的角度讲，金属在再结晶温度以下的变形称为冷塑性变形。由于变形时的温度较低，不可能同时发生再结晶，金属的组织和性能将发生较大的变化。

1. 组织的变化

（1）晶粒形状的变化。金属经冷加工变形后，其晶粒形状发生变化，变化趋势大体与金属宏观变形一致。例如，轧制变形时，原来等轴的晶粒沿延伸变形方向伸长。若变形程度很大，则晶粒呈现为一片如纤维状的条纹，称为纤维组织。当金属中有夹杂物或第二相质点时，则它们会沿变形方向拉长成细带状（对塑性杂质而言）或粉碎成链状（对脆性杂质而言），这时在光学显微镜下很难分辨出晶粒和杂质。

（2）晶粒内产生亚结构。金属的塑性变形主要是借位错运动而进行的。在塑性变形过程中，晶体内的位错不断增殖，经很大的冷变形后，位错密度可从原先退火状态的10^6～$10^7 cm^{-2}$增加到10^{11}～$10^{12} cm^{-2}$。由于位错运动及位错交互作用的结果，金属变形后的位错分布是不均匀的。它们先是比较纷乱地纠缠成群，形成“位错缠结”，如果变形量增大，就形成胞状亚结构。这时变形的晶粒是由许多称为“胞”的小单元组成。随着变形量进一步增大，胞的数量会增多，尺寸减小，胞壁的位错更加稠密，胞间的取向差也增大。当经过很大的冷轧或冷拉拔变形后，不但胞的尺寸很小，而且其形状还会随着晶粒外形的改变而变化，形成排列甚密的呈长条状的“形变胞”。

（3）晶粒位向改变（变形织构）。多晶体塑性变形时伴随有晶粒的转动，尽管这种转动不像单晶体的转动那样自由。当变形量很大时，多晶体中原为任意取向的各个晶粒，会逐渐调整其取向而彼此趋于一致。这种由于塑性变形的结果而使晶粒具有择优取向的组织，称为“变形织构”。金属或合金经冷挤压、拉拔、轧制和锻造后，都可能产生变形织构。不同的塑性加工方式，会出现不同类型的织构。通常，将变形织构分为丝织构和板织构两种。

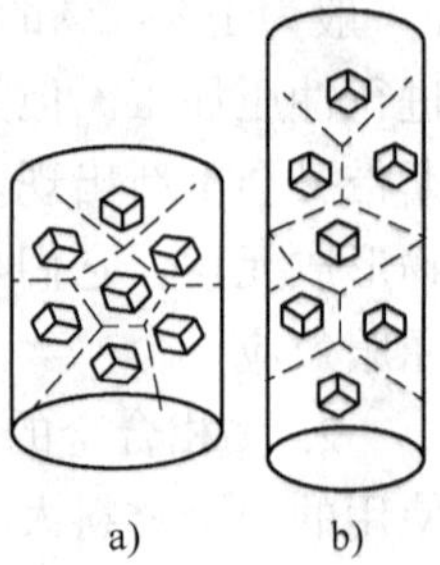

图 5-12　丝织构示意图
a）拉拔前　b）拉拔后

1）丝织构在拉拔和挤压中形成。这种加工都是轴对称变形，其主应变为两向压缩、一向拉伸，变形后各个晶粒都有一个共同的晶向与最大主应变方向趋于平行，如图 5-12 所示。丝织构以此晶向表示，体心立方金属的丝织构为［110］，面心立方金属的丝织构为［100］和［111］。

2）板织构是在轧制或宽展很小的矩形件镦粗时形成的。其特征是各个晶粒的某一晶向趋向于与轧制方向平行，而某一晶面趋向于与轧制平面平行，如图 5-13 所示。板织构以其晶面和晶向共同表示，体心立方金属的板织构为（100）［011］；面心立方金属的板织构依层错能的高低不同而不同，层错能低的面心立方金属的板织构为（110）［112］。织构不是描述晶粒的形状，而是描述多晶体中晶粒取向的特征。由于变形织构的形成，金属的性能将显示出各向异性，且经退火后织构和各向异性仍然存在。例如，深拉深用的板材，在拉深后壁厚不均，沿口不齐，会出现所谓“制耳（或凸耳）”现象，从而影响工件的质量和材料利用率。

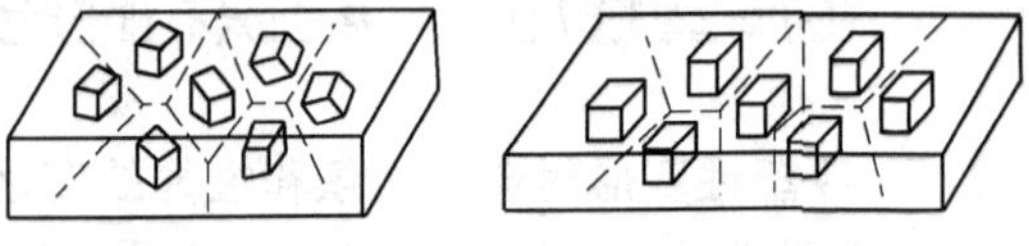

图 5-13　板织构示意图
a）轧制前　b）轧制后

2. 性能的变化　由于塑性变形使金属内部组织发生变化，因而金属的性能也发生相应的改变。其中变化最显著的是金属的力学性能，即随着变形程度的增加，金属的强度、硬度增加，而塑性、韧性降低，这种现象称为“加工硬化”。

加工硬化的成因，普遍认为是与位错的交互作用有关，即随着塑性变形的进行，位错密度不断增加，位错反应和相互交割加剧，结果产生固定割阶、位错缠结等障碍，以致形成胞状亚结构，使位错难以越过这些障碍而被限制在一定范围内运动。这样，要使金属继续变形就需要不断增加外力，才能克服位错间强大的交互作用力。由此可以理解，滑移系较多的金属，滑移可以同时或交替地在几个滑移面上进行，位错间的交互作用就较强，所以加工硬化速率必然会增大。故此，立方晶系的加工硬化速率较之密排六方晶系的金属大；又层错能低的金属，其扩展位错宽，不易发生交滑移，位错的可动性和滑移的灵便性差，因而其加工硬化速率比层错能高的金属大。

金属加工硬化现象，可用真实应力-应变曲线来描述，该曲线越陡，斜率越大，表明金属的加工硬化率越大。

加工硬化是金属塑性变形时的一个重要特性，也是强化金属的重要途径。如自行车链条的链片是用16Mn钢带冲裁制成，该钢带先经五道冷轧，厚度由3.5mm减至1.2mm，由于加工硬化，材料的硬度、抗拉强度及链条的负荷能力都可成倍地提高。对于不能用热处理方法强化的材料，借助冷塑性变形来提高其力学性能就显得更为重要。如发电机中护环的变形强化即是一例。加工硬化有时能改善板料成形性能，例如，在以拉伸变形为主的内孔翻边、胀形、局部成形等变形工序中，加工硬化率高的板材，能使变形均匀，减小局部变薄和增大成形极限。

当然，加工硬化对金属塑性成形也有不利的一面。它使金属的塑性下降，变形抗力升高，继续变形越来越困难，特别是对于高硬化速率金属的多道工序成形更是如此。因此，有时需要增加中间再结晶退火工序来消除加工硬化，使成形加工得以继续进行下去，但同时也降低了生产率，增加了生产成本。

5.2.2　热塑性变形时金属组织和性能的变化

按照金属学的观点，金属在再结晶温度以上的变形称为热塑性变形。实际生产中，为了保证再结晶过程的顺利进行和操作上的需要，其变形温度通常远比再结晶温度高。由于热塑性变形的同时伴随有动态回复和动态再结晶，变形后还可能发生静态回复、静态再结晶和亚动态再结晶，所以变形后金属的组织和性能会发生如下的变化。

1. 改善晶粒组织　对于铸态金属，粗大的树枝状晶粒经塑性变形及再结晶过程而变成等轴（细）晶粒组织；对于经轧制、锻造或挤压的钢坯或型材，在以后的热加工中通过塑性变形与再结晶过程，其晶粒组织一般也可得到改善。

锻件的晶粒大小直接取决于热塑性变形时的动态回复和动态再结晶的组织状态，以及随后的三种静态软化机理（静态回复、静态再结晶和亚动态再结晶）的作用，特别是其中的静态再结晶和亚动态再结晶。而所有这些，又都与金属的性质、变形温度、应变速率和变形程度，以及变形后的冷却速度等因素有密切关系，情况比较复杂。

2. 锻合内部缺陷　铸态金属中的疏松、空隙和微裂纹等缺陷经热塑性变形后被压实，从而提高了金属的致密度。通过对 2.2t 重的 40 号钢锭的拔长试验证明，原始铸造状态时的密度 $\rho=7.819\mathrm{g/cm^3}$，当锻造比（即拔长前后毛坯的横截面积比）为 1.5 时，$\rho=7.824\mathrm{g/cm^3}$；当锻造比增至 10 时，$\rho=7.826\mathrm{g/cm^3}$；锻造比再增加时，密度不再提高。

内部缺陷的锻合效果，与变形温度、变形程度、三向压应力状态及缺陷表面的粗糙度等因素有关。宏观缺陷的锻合通常经历两个阶段：首先是缺陷区发生塑性变形，使空隙变形、两壁靠合，此为闭合阶段；然后在三向压应力作用下，加上高温条件，使空隙两壁金属焊合成一体，此为焊合阶段。如果没有足够大的变形程度，不能实现空隙的闭合，虽有三向压应力的作用也很难达到宏观缺陷的焊合。对于微观缺陷，只要有足够大的三向压应力，就能实现锻合。

3. 破碎并改善碳化物和非金属夹杂物在钢中的分布　对于高速钢、高铬钢、高碳工具钢等，其内部含有大量的碳化物。这些碳化物有的呈粗大的鱼骨状，有的呈网状包围在晶粒的周围。通过锻造或轧制，可使这些碳化物被打碎且均匀分布，从而改善了它们对金属基体的削弱作用，并使由这类钢锻制的工件在以后的热处理时硬度分布均匀，提高了工件的使用性能和寿命。

钢锭内部通常还存在各种非金属夹杂物，破坏了基体金属的连续性。含有夹杂物的零件在使用过程中容易引起应力集中，促使裂纹的产生，因而是有害的。许多大型锻件的报废，往往就是由夹杂物引起的。通过合理的锻造，可使这些夹杂物变形或破碎，加之高温下的扩散溶解作用，使其较均匀地分布在钢中。

4. 形成纤维组织　在热塑性变形过程中，随着变形程度的增大，钢锭内部粗大的树枝状晶粒逐渐沿主变形方向伸长，与此同时，晶间富集的杂质和非金属夹杂物的走向也逐渐与主变形方向一致，其中脆性夹杂物（如氧化物、氮化物和部分硅酸盐等）被破碎呈链状分布；而塑性夹杂物（如硫化物和多数硅酸盐等）则被拉长呈条带状、线状或薄片状，于是在磨面腐蚀的试样上便可以看到顺主变形方向上一条条断断续续的细线，称为“流线”。具有流线的组织就称为“纤维组织”。形成纤维组织的内因是金属中存在杂质或非金属夹杂物，外因是变形沿某一方向达到一定的程度。变形程度越大，纤维组织越明显。

需要指出，在热塑性加工中由于再结晶的结果，被拉长的晶粒变成细小的等轴晶，而纤维组织却很稳定地保留下来直至室温。因此，这种纤维组织与冷变形时由于晶粒被拉长而形成的纤维组织是有所不同的。

纤维组织的形成，使金属的力学性能呈现各向异性。沿流线方向较之垂直于流线方向具有较高的力学性能，其塑性、韧性指标远比垂直于纤维方向的要高。原因在于前者试样经受拉伸时，在流线处所产生的显微空隙不易于扩大和贯穿到试样的整个横截面上；而在后者情况下显微空隙的排列和纤维方向趋于一致，因此容易导致试样的断裂。还要指出，在零件工作表面，如果纤维（流线）露头，则对零件的疲劳强度很不利。因为纤维露头的地方本身就是一个微观缺陷，在重复和交变载荷作用下容易造成应力集中，形成疲劳源使零件破坏。再者，纤维露头的地方，有大量杂质裸露在外，且原子排列紊乱，易受腐蚀，使得零件抗蚀性能变差。

为此，在制定热成形工艺时，应根据零件的服役条件，正确控制金属的变形流动和流线在锻件中的分布。

对于受力比较简单的零件，如立柱、曲轴等，在锻造时应尽量避免切断纤维，控制流线分布与零件几何外形相符，并使流线方向与最大拉应力方向一致。大型曲轴的全纤维锻造即为其中的一个实例。

对于容易疲劳剥损的零件，如轴承套圈、热锻模、搓丝板等，应尽量使流线与工作表面平行。轴承套圈的精密辗扩就是其中的一个实例，套圈上的沟槽用辗扩成形，使纤维的走向基本上与沟槽面相平行；若用切削方法加工沟槽，则该部位的纤维就会被切断而露头。

对于受力比较复杂的零件，如发电机的主轴及锤头等，因为各个方向的性能都有要求，不希望锻件具有明显的流线分布。这类锻件多采用镦粗与拔长相结合的方法成形，镦粗的变形程度与拔长的变形程度合理组合，并使总锻比达到最佳值。

5. 改善偏析　由于热变形的破碎枝晶和加速扩散作用，在一定程度上能改善锻造组织的偏析。其中，枝晶偏析（或显微偏析）改善较大，区域性偏析改善不明显。

5.3　金属在塑性加工过程中的塑性行为

5.3.1　金属的塑性和塑性指标

1. 塑性的基本概念　金属在压力加工过程中所显示出的塑性是变形金属的重要工艺性能。所谓塑性，是指金属在外力作用下，能稳定地发生永久变形而不破坏其完整性的能力。

塑性是金属和合金的一种重要状态属性。金属塑性的大小与其化学成分、组织结构等因素有关，同时当外部的变形条件（如变形温度、变形速度和应力状态等）变化时，金属的塑性也将发生变化。

注意，不要把塑性与柔软性混淆起来。柔软性是指金属变形抗力的大小，反映金属的软硬程度，而塑性是指金属的形变能力，用出现断裂前的变形程度的大小来衡量。因此，不能认为塑性高的金属，其柔软性一定也好，或者相反。例如，室温下的铅，其塑性高，同时柔软性也好，变形抗力低；室温下的奥氏体不锈钢，其塑性很好，但其柔软性并不好，即具有很大的变形抗力；过烧的金属，其柔软性很好，但塑性却很低，甚至完全失去塑性变形的能力。

2. 塑性指标及其测量方法　为了衡量金属材料塑性的好坏，需要有一种数量上的指标，称为塑性指标。塑性指标是以材料开始破坏时的塑性变形量来表示，它可借助于各种试验方法来测定。常用的试验方法有拉伸试验、压缩试验和扭转试验等。

（1）拉伸试验。在材料试验机上进行，拉伸速度通常在10mm/s以下，对应的应变速率为$10^{-1}\sim10^{-3}s^{-1}$，相当于一般液压机的速度范畴。也有在高速试验机上进行的，拉伸速度约为3.8~4.5m/s，相当于锻锤变形速度的下限。在拉伸试验中可以确定两个塑性指标—伸长率δ（%）和断面收缩率ψ（%），即

$$\delta=\frac{l_k-l_0}{l_0}\times100\% \tag{5-2}$$

$$\psi=\frac{A_0-A_k}{A_0}\times100\% \tag{5-3}$$

式中，l_0为拉伸试样原始标距长度；l_k为拉伸试样断裂后标距间的长度；A_0为拉伸试样原始截面积；A_k为拉伸试样断裂处的截面积。

这两个指标越高，说明材料塑性越好。试样拉伸时，在颈缩出现以前，材料承受单向拉应力；颈缩出现以后，颈缩处承受三向拉应力。可见，上述两个指标反映了材料在单向拉应力均匀变形阶段和三向拉应力局部变形阶段的塑性总和。伸长率的大小与试样原始标距长度l_0有关，标准试样的标距长度有$l_0=10d$和$l_0=5d$（d为试样原始直径）两种；而断面收缩率与试样原始标距长度无关。因此，在塑性材料中，用ψ（%）作为塑性指标更为合理。

（2）镦粗试验。将圆柱体试样在压力机或落锤上进行镦粗，试样的高度H_0一般为直径D_0的1.5倍（例如$H_0=30$mm，$D_0=20$mm），用试样侧表面出现第一条裂纹时的压缩程度ε_c作为塑性指标，即

$$\varepsilon_c=\frac{H_0-H_k}{H_0}\times100\% \tag{5-4}$$

式中，H_k为镦粗试样侧表面出现第一条裂纹时的高度。

镦粗时由于接触摩擦的影响，试样会出现鼓形，内部处于三向压应力状态，而侧表面出现切向拉应力，这种应力状态与自由锻、冷镦等塑性成形过程相近。试验资料表明，同一金属在一定的变形温度和变形速度条件下进行镦粗时，可能得出不同的指标，这是由于接触表面上的外摩擦条件、散热条件和试样的原始尺寸不完全相同所致。因此，为使所得结果能进行比较，对镦粗试验必须制定相应的规程，注明进行试验的具体条件。

（3）扭转试验。在专门的扭转试验机上进行，材料的塑性指标用试样断裂前的扭转角或扭转圈数表示。由于扭转的应力状态接近于零静水压力，且试样沿其整个长度上的塑性变形均匀，不像拉伸试验时出现颈缩和镦粗试验时出现鼓形，从而排除了变形不均匀的影响。这对塑性理论的研究无疑是很重要的。

模拟实际塑性加工过程的实验方法有多种。例如，在偏心轧辊间轧制矩形断面的长条毛坯（图 5-14），测出侧表面首先出现裂纹处的压下率 $\Delta H/H_0$（ΔH 为侧表面首先出现裂纹处的压下量，H_0 为试样轧前原始高度），以此表征金属轧制过程的塑性指标。

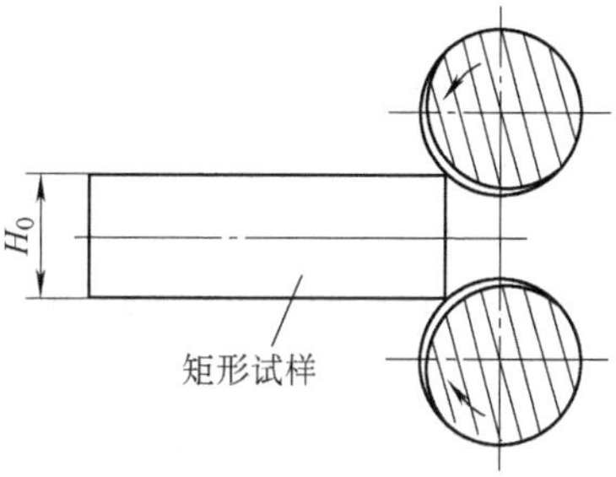

图 5-14　偏心轧辊轧制矩形试样示意图

至于板料成形性能的模拟实验方法，则有胀形试验、扩孔试验、拉深试验、弯曲试验和拉深-胀形复合试验等，可以获得评价各相关成形工序板料成形性能的指标。限于篇幅，下面仅介绍胀形试验。常用的胀形试验为杯突试验，如图 5-15 所示。试验时，将试样置于凹模与压边圈之间夹紧，球状冲头向上运动使试样胀成凸包，直到凸包产生裂纹为止，测出此时的凸包高度 *IE*，记为杯突试验值。由于试验过程中，试样外轮廓不收缩，板料胀出部分承受两向拉应力，其应力状态和变形特点与冲压工序中的胀形、局部成形等相同，因此，该 *IE* 值即可作为这类成形工序的成形性能指标。

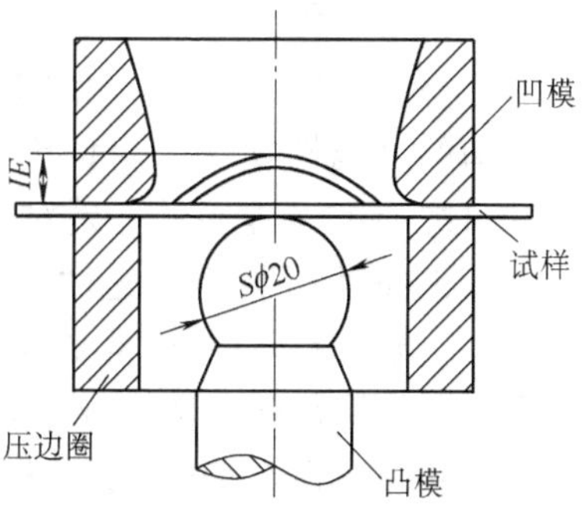

图 5-15　杯突试验

需要指出，各种试验方法都是相对于特定的受力状况和变形条件而言的，由此测定的塑性指标（或成形性能指标）仅具有相对的和比较的意义。它们只是说明，在某种受力状况和变形条件下，哪种金属的塑性高，哪种金属的塑性低；或者对于同一种金属，在哪种变形条件下塑性高，而在哪种变形条件下塑性低。尽管如此，塑性指标对于正确选择变形温度、变形速度规范和变形量，都有着重要的参考价值。

在实际中为了确定合理的热加工温度范围和应采取的变形程度，通常把所测得的塑性指标用温度函数形式表示，也就是绘制出塑性指标与变形温度的关系曲线图，并称之为塑性图。在塑性图中常用的塑性指标有 δ（伸长率）、ψ（断面收缩率）、α_k（冲击韧度）、n（硬化指数）、ε（变形程度）等。此外，有时还给出 σ_b（抗拉强度）随温度的变化曲线作为参考。

5.3.2 金属的化学成分及组织对塑性的影响

1. 化学成分的影响　化学元素种类繁多，在金属材料中的含量及相对比例又各不相同，其对塑性的影响错综复杂，要逐一描述很困难。下面仅以钢（包括碳钢和合金钢）为主要对象，作简单介绍。

在碳钢中 Fe 和 C 是基本元素；在合金钢中除了 Fe 和 C 外，还包含有合金元素，常见的合金元素有 Si、Mn、Cr、Ni、W、Mo、V、Co、Ti 等。此外，由于矿石、冶炼和加工方面的原因，在各类钢中还可能含有一些杂质元素如 P、S、N、H、O 等。

（1）碳和杂质元素的影响

1）碳。碳对碳钢性能的影响最大。在碳钢中碳的含量越高，钢的塑性越差，热加工温度范围越窄。实践证明，w_c<1.4%的铸钢，可以很好地经受锻造和轧制；当 w_c>1.4%时，由于析出自由渗碳体和莱氏体，使塑性下降。从铁碳平衡相图中可以看出，具有 w_c 为 1.4%~1.7%的碳钢在很窄的温度范围内形成固溶体；而当 w_c>1.7%时，其塑性将由钢中的渗碳体和莱氏体的影响程度而定。对于含碳量很高的铸铁，只有在特殊条件下才能进行塑性加工。

2）磷。磷严重地影响钢的冷变形能力，并随着含磷量的升高而加剧，即出现所谓的冷脆性现象。当钢中的 w_p>0.1%时，这种现象就特别明显，当 w_p>0.3%时，钢已完全变脆。磷对钢的热变形能力影响不大。对碳钢而言，当 w_p 为1%~1.5%时仍不降低其塑性，这是因为磷易溶于铁的晶格中所致。

3）硫。硫在铁中的溶解度甚微。硫在钢中以 FeS、MnS 等硫化物夹质的形式存在。如果在钢中含有合金元素时，还会形成镍、钼及其他合金元素的硫化物。这些硫化物除 NiS 外，一般具有较高的熔点温度；但当组成共晶体时，熔点就降得很低（例如 FeS 的熔点为 1190℃，而 Fe-FeS 共晶体的熔点为 985℃）。这些硫化物及其共晶体通常分布于晶界中，当温度达到其熔点时它们就会熔化，而钢的锻造温度范围约为 800~1220℃，因此会导致钢热变形时的开裂，这种现象称为热脆性。

从金属塑性的角度看，呈网状包围晶粒形式的硫化物的危害最大，例如铁的硫化物与铁形成网状形式的易熔共晶体包围在初始晶粒的周围就是这样。形成网来包围初始晶粒的硫化物还有硫与镍形成的化合物，这种化合物的熔点比硫与铁及其他金属形成的化合物还要低。

如果在钢中的含硫量低于在铁中的溶解度就不可能沿晶界形成硫的共晶体，这时钢就不会出现热脆性。如果在钢中的含硫量较多，钢的热脆性是否产生还与含锰量有关。当 Mn/S>3 时不出现热脆性现象。锰所以能提高钢的塑性是因为硫与锰所形成的化合物是以粒状形式分布在晶内。硫对金属塑性的影响不仅与其含量有关，而且也与其分布形式有关。当硫化物呈球状时，可使塑性有所提高。

4）氧。氧与硫类似，也会使钢出现热脆性现象。氧在金属中存在的主要形式是 FeO、Al_2O_3、SiO_2 等氧化物。许多氧化物的熔点高于轧制或锻造前的加热温度，但也有不少氧化物和共晶体的熔点在加热温度范围内或更低。因此，这些熔点较低且分布在晶界上的共晶体，由于其软化或熔化使晶间联系削弱，使物体在热变形时出现热脆性。

T. G. 诺里斯在其试验研究的基础上提出了如下的热脆性判别式：

$$k=\frac{\mathrm{Mn}+0.048}{\mathrm{S}+0.13\mathrm{O}_2} \tag{5-5}$$

式中 Mn、S、O_2 是指在钢中的质量分数值。当 k 值大于 6.6 时，不出现热脆性；等于或小于 3.3 时，通常出现热脆性；k 为 3.3~6.6 值时，是否出现热脆性，与浇注后的加热方式有关。

5）氮。氮在钢中除少量固溶外以氮化物形式存在。当氮化物的质量分数较少（0.002%~0.015%）时，对钢的塑性无明显的影响；但随着氮化物质量分数的增加，钢的塑性将降低，导致钢变脆。由于氮在 α-Fe 中的溶解度在高温和低温时相差很大，当含氮量较高的钢从高温快冷至低温时，α-Fe 被过饱和，随后在室温或稍高温度下氮会逐渐以 Fe_4N 形式析出，使钢的塑性、韧性大为降低，这种现象称为时效脆性，若在 300℃左右加工时，则会出现所谓“兰脆”现象。

6）氢。氢以离子或原子形式溶入固态钢中，形成间隙固溶体，其溶解度随温度的降低而减小。氢是钢中的有害元素，表现在两个方面：一是氢溶入钢中，使钢的塑性、韧性下降，造成所谓“氢脆”；另一是当含氢量较高的钢锭锻、轧后较快冷却时，从固溶体中析出的氢原子来不及向钢坯表面扩散逸出而聚集在钢内的显微缺陷处（如晶界、亚晶界和显微空隙等），形成氢分子，产生局部高压，如果此时钢中还存在组织应力或热应力，则在它们的共同作用下，可能产生微裂纹，即所谓“白点”。之所以称为白点，是因为沿此钢坯的纵向断口呈表面光滑的圆形或椭圆形的银色白斑，而横向截面上呈发丝状裂纹。白点多处于离锻件表面较深的部位。

白点对钢材的强度影响不太大，但会显著降低钢的塑性和韧性。由于它在金属中造成高度的应力集中，因而会导致工件在淬火时的开裂和使用过程中的突然断裂。因此，在大型锻件的技术条件中明确规定，一旦发现白点，锻件必须报废。

（2）合金元素对钢塑性的影响

1）硅。纯硅不能进行塑性变形。当在钢和合金中的硅以固溶体形式存在时，它对该金属的塑性影响不大。例如，在变压器钢中，当 w_{Si} 为 3%时仍然有高的可轧制性能。含硅量过高时钢的塑性下降。当钢中的硅以硅化物（如 SiO_2）存在时，因在变形温度条件下不溶解，使钢的塑性下降。

2）锰。奥氏体锰钢，由于低的导热性和大的膨胀系数，使之具有高的加热速度敏感性。对于大断面的高锰钢来讲，若加热速度过快，可能使之产生内裂。锰钢的过热敏感性强，对其加热制度应进行严格控制。当在钢中含有较多的硫和氧时，锰还会消除或减轻硫和氧的有害作用，使钢的塑性提高。

3）镍。纯镍具有高塑性。镍可提高纯铁体的强度和塑性，能减缓钢在加热时晶粒的长大。当在碳钢和低合金钢中 $w_{Ni}<5\%$时，可改善钢在热变形时的塑性。镍可与硫形成硫化物以薄膜形式存在于晶粒的边界上，因此在含镍的钢中提高硫的含量会引起钢的热脆性现象。

4）铬。工业用的纯铬为脆性材料。铬为铁素体形成元素，在一系列的奥氏体合金中含有一定量的铬时会产生铁素体的过剩相，使钢的塑性下降。铁素体的高铬合金于再结晶时具有很大的晶粒长大倾向性，因此，为得到所需的组织必须严格控制加工温度范围。在钢中加入铬时可使其导热性下降，因此为避免在加热时出现裂纹，应在较低的温度下进行缓慢而均匀的加热，特别对导热能力低、膨胀系数大的高铬钢（如 Cr25、Cr28）加热时更应注意。

5）钨、钼、钒。这些元素会与钢中的碳形成硬而脆的碳化物，极为稳定，为使其溶于基体中需要更高的加热温度和足够的加热时间，导致钢的强度提高，而塑性下降。

在高速钢中加入钨，主要目的是形成 Fe_2W_2C 型碳化物，提高其热硬性。钼在钢中的作用与钨相似。在高速钢中钨和钼可以互相代替（1%的钼可以代替2%的钨）。钼同镍一样，可与硫形成硫化物。此硫化物的共晶体以网状形式分布于晶界，呈热脆性现象。含钼量增多时，不论于室温还是高温都会使钢的塑性下降。钼非常容易氧化，钼钢在热加工变形时，会从钢的表面逸出浅蓝色白烟。这种白烟就是钼的氧化物 MoO_3。

钒在钢中可使晶粒细化。在高温条件下进行再结晶时它可阻止晶粒长大。在结构钢中加入钒可以使其强度升高，对塑性的影响不大。但当钒的含量超出在 γ 铁中的溶解极限时，会使钢的塑性下降。

2. 金属组织的影响　一定化学成分的钢，由于组织状态的不同，其塑性亦有很大的差别。

（1）相组成的影响。单相组织（纯金属或固溶体）比多相组织塑性好。多相组织由于各相性能不同，变形难易程度不同，导致变形和内应力的不均匀分布，因而塑性降低。例如，碳钢在高温时为奥氏体单相组织，故塑性好，而在800℃左右时转变为奥氏体和铁素体两相组织，塑性就明显降低。因此，对于有固态相变的金属来说，在单相区内进行成形加工显然是有利的。

工程上使用的金属材料多为两相组织。根据第二相的性质、形状、大小、数量和分布状态的不同，其对塑性的影响程度也不同。若两个相的变形性能相近，则金属的塑性近似介于两相之间。若两个相的性能差别很大，譬如一相为塑性相，而另一相为脆性相，则变形主要在塑性相内进行，脆性相对变形起阻碍作用；此时，其变形能力难以发挥，变形时易在晶界处产生应力集中，导致裂纹的早期产生，使金属的塑性大为降低。如果脆性相呈片状或层状分布于晶粒内部，则对塑性变形的影响不大，特别是当脆性相数量较少时，如此分布的脆性相几乎不影响基体金属的连续性，它可随基体相的变形而“流动”，不会造成明显的应力集中，因而对塑性的不利影响很小。

（2）晶粒度的影响。细晶组织比粗晶组织具有更好的塑性，因为在一定的体积内细晶粒金属的晶粒数目必然比粗晶粒金属的多，塑性变形时位向有利于滑移的晶粒也较多，故变形能够较均匀地分布到各个晶粒。另外，从每个晶粒的应变分布来看，细晶粒时晶界的影响能遍及整个晶粒，故晶粒中部的应变和靠近晶界处的应变的差异就较小。总之，细晶粒金属的变形不均匀性和由于不均匀性所引起的应力集中均较小，故开裂的机会也少，断裂前可承受的塑性变形量就大。

（3）铸造组织的影响。铸造组织由于具有粗大的柱状晶粒和偏析、夹杂、气泡、疏松等缺陷，故使金属塑性降低。为保证塑性加工的顺利进行和获得优质的锻件，有必要采用先进的冶炼浇注方法来提高铸锭的质量，这在大型自由锻件生产中尤为重要。另外，钢锭变形前的高温均匀化扩散退火，也是有效的措施。锻造时，应创造良好的变形力学条件，打碎粗大的柱状晶粒，并使变形尽可能均匀，以获得细晶组织，使金属的塑性提高。

5.3.3　变形温度对金属塑性的影响

变形温度对金属的塑性有重大的影响，生产中由于变形温度控制不当而造成工件开裂是不乏其例的。确定最佳变形温度范围是制定工艺规范的主要内容之一，特别是对于高强度、低塑性材料以及新钢种的塑性加工尤为重要。

就大多数金属而言，总的趋势是随着温度的升高，塑性增加，但是这种增加并非简单的线性上升。在加热过程的某些温度区间，往往由于相态或晶粒边界状态的变化而出现脆性区，使金属的塑性降低。在一般情况下，温度由 0K 上升到熔点时，可能出现几个脆性区，包括低温、中温和高温脆性区等。脆性区产生的原因是多方面的。此外，在塑性与温度的关系曲线上，低塑性区的数目也不一定是三个，应视具体的金属而定。下面以碳钢为例，说明温度对塑性的影响（图 5-16）。

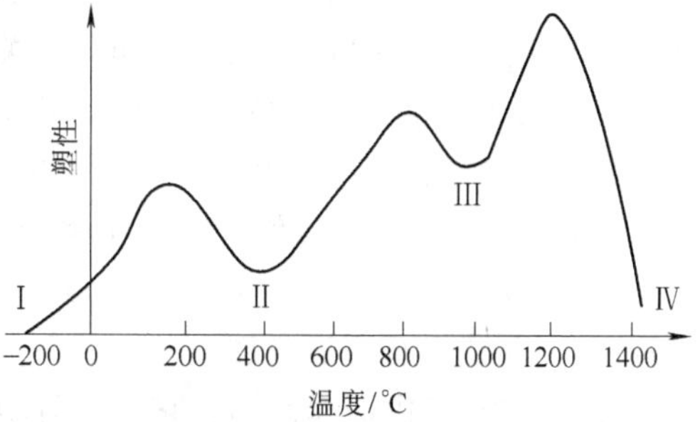

图 5-16　变形温度对碳钢塑性的影响示意图

在超低温度（区域Ⅰ）时，金属的塑性极低，在 −200℃ 时塑性几乎完全丧失。这可能是原子热振动能力极低所致，也可能与晶界组成物的脆化有关。随着温度的升高，塑性增加，但在 200~400℃ 温度范围内（区域Ⅱ）出现相反情况，塑性有很大的降低，其原因说法不一。通常认为是氮化物、氧化物以沉淀形式在晶界、滑移面析出所致，类似于时效硬化。此温度区间称为蓝脆区（断口呈蓝色）。然后，塑性又继续随温度的升高而增加，直至 800~950℃ 时，再一次出现塑性稍有下降的相反情形（区域Ⅲ）。这和珠光体转变为奥氏体，形成铁素体和奥氏体两相共存有关，也可能还与晶界处存在的 FeS-FeO 低熔共晶体（熔点为 910℃）有关。此温度区间称为热脆区。过了热脆区，塑性又继续增加，一般当温度超过 1250℃ 后，由于发生过热、过烧（晶粒粗大化，继而晶界出现氧化物和低熔点物质的局部熔化等），塑性又会急剧下降，此温度区称为高温脆区（区域Ⅳ）。

塑性加工时，应该力图避开上述各种脆区。例如，钢的温加工，不能在蓝脆温度范围内进行；钢的热加工，不能进入高温脆区；至于热脆区，由于此时的塑性水平已相当高，为了锻造操作上的方便，有时可不必避开。

由于金属和合金的种类繁多，温度变化所引起的物理-化学状态的变化各不相同，所以温度对各种金属和合金塑性的影响规律并不一致。概括起来可以有八种类型，如图 5-17 所示（图中所示的可锻性是综合考虑塑性和抗力两方面的指标）。由图可见，随着温度的升高，一方面金属的塑性和可锻性提高，另一方面由于晶粒的粗大化，以及金属内化合物、析出物或第二相的存在和变化等原因，而出现塑性不随温度升高而增加的各种情况。

温度升高使塑性增加的原因，归纳起来有以下几个方面：

1）发生回复或再结晶。回复使金属得到一定程度的软化，再结晶则完全消除了加工硬化效应，因而使金属的塑性提高。

2）原子动能增加，使位错活动性提高，滑移系增多，从而改善了晶粒之间变形的协调性。例如，面心立方的铝，在室温时的滑移面为（111），当温度升高到 400℃ 时，除了（111）面外，（100）面也参与滑移，因此塑性增加，故在 450~550℃ 的温度范围内铝的塑性最好；从 600℃ 开始，铝的塑性急剧下降，这除了过热外，还与（111）面停止作用有关。

3）金属的组织、结构发生变化，可能由多相组织转变为单相组织，也可能由对塑性不利的晶格转变为对塑性有利的晶格。例如，碳钢在 950~1250℃ 温度范围内塑性最好，这与碳钢此时处于单相奥氏体组织有密切关系；又如，钛在室温时呈密集六方排列，塑性低，当温度高于 882℃ 时转变为体心立方晶格（称为 β-Ti），因而塑性有明显增加。

4）扩散蠕变机理起作用，它不仅对塑性变形直接作贡献，还对变形起协调作用，因此使金属塑性增加，特别是高温低速条件下细晶组织金属的塑性变形，其发挥的作用就更大。

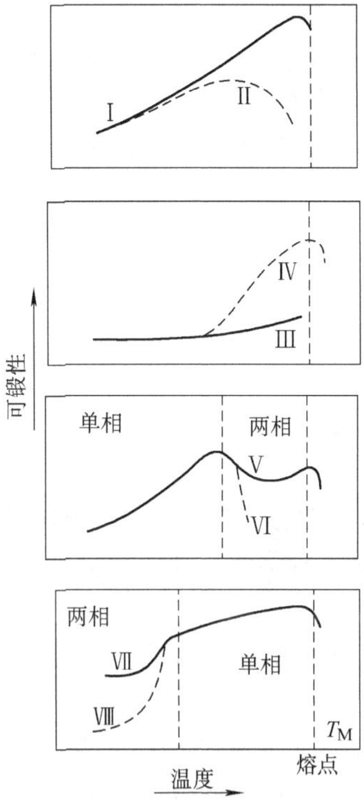

Ⅰ—纯金属和单相合金，包括铝合金、钽合金、铌合金

Ⅱ—纯金属和单相合金（晶粒长大敏感），包括铍、镁合金、钨合金、β钛合金

Ⅲ—含有形成非固溶性化合物元素的合金，包括高硫钢、含硒不锈钢

Ⅳ—含有形成固溶性化合物元素的合金，包括含氧化物的钼合金、含有可溶性碳化物和氮化物的不锈钢

Ⅴ—加热时形成塑性第二相的合金，包括高铬不锈钢

Ⅵ—加热时形成低熔点第二相合金，包括含硫的铁、含锌的镁合金

Ⅶ—冷却时形成塑性第二相的合金，包括碳钢和低合金钢、α-β钛合金和α钛合金

Ⅷ—冷却时形成脆性第二相的合金，包括高温合金、沉淀硬化不锈钢

图5-17 各种合金系的典型可锻性曲线

5）晶间滑移作用增强。随着温度的升高，晶界切变抗力显著降低，晶间滑移易于进行；又由于扩散作用的加强能及时消除了晶间滑移所引起的微裂纹，使晶间滑移量增大；此外，晶间滑移的结果，能松弛相邻晶粒间由于不均匀变形所引起的应力集中。

5.3.4 应变速率对金属塑性的影响

应变速率是指单位时间内的应变，也称为变形速度，与设备的工作速度有关。现有各种塑性成形设备间的工作速度差别很大，水压机约为1~10cm/s，机械压力机约为30~100cm/s，通用锻锤约为500~900cm/s。设备的工作速度不同，工件的应变速率必然也不同。

1. 热效应与温度效应　从能量观点看，塑性变形时金属所吸收的能量绝大部分转化为热能，这种现象称为热效应。塑性变形的热能，除一部分散失到周围介质中外，其余的使变形体温度升高，这种由于塑性变形所产生的热量而使变形体温度升高的现象，称为温度效应。显然，温度效应与下列因素有关：

（1）变形温度。温度越高，变形抗力及单位体积变形功就越小，转化为热的那一部分能量当然也越少，而且高温下热量往往容易散失，所以，热变形时的温度效应就较小；反之，冷变形时的温度效应较大。例如，在机械压力机下进行钢的冷挤压，工件的表面温度有时会高达 220~300℃。

（2）应变速率。应变速率越大，变形抗力及单位体积变形功就越大，转化为热的那一部分能量当然也越大；另外，由于变形时间越短，热量的散失也越少，因此，温度效应也越大。生产中，常常可见这种现象：在空气锤下快速连击，毛坯的温度不仅不会降低，反而升高。

（3）变形程度。变形程度越大，所作的单位体积变形功也越大，转化为热的能量必然就越多，因而温度效应就越大。

此外，变形体与周围介质的温差及接触表面的导热情况等，对温度效应也有影响。

2. 应变速率对塑性的影响机理　应变速率通过以下几种方式对塑性产生影响：

1）增加应变速率会使金属的真实应力升高，而应变速率对金属的断裂抗力影响极小，因此，随着应变速率的增加，金属就会较早地达到断裂阶段，也即金属塑性降低。

2）增加应变速率使金属没有足够的时间进行回复和再结晶，因而软化过程不充分而导致塑性降低。

3）增加应变速率会使温度效应增大，使金属的温度升高；而温度的升高，又可以促进变形过程中位错的重新调整，有利于异号位错的合并和位错密度的降低；若为热变形，还可以促进回复和再结晶，促进微裂纹的修复等，所有这些均有利于金属塑性的提高。

综上所述，应变速率的增加，有使金属塑性增加和降低的双重性，共同作用决定了金属塑性的最终变化。总的说来，热变形时应变速率对金属塑性的影响较之冷变形的要大。需要指出，在分析应变速率对金属塑性的影响时，不应该脱离变形温度的因素，而应将变形温度、应变速率两者联系起来考虑。

3. 应变速率对塑性的影响的一些基本结论

（1）应变速率对塑性影响的一般趋势可用图 5-18 来描述。在较低的应变速率范围（图中的 *ab* 段）内，提高应变速率时，由于温度效应所引起的塑性增加小于加工硬化效应等引起的塑性降低，所以最终表现为塑性的降低；当应变速率较大时（图中的 *bc* 段），由于温度效应更为显著，使得塑性基本上不再随应变速率的增加而降低；当应变速率更大时（图中的 *cd* 段），则由于温度效应更大，超过了因加工硬化

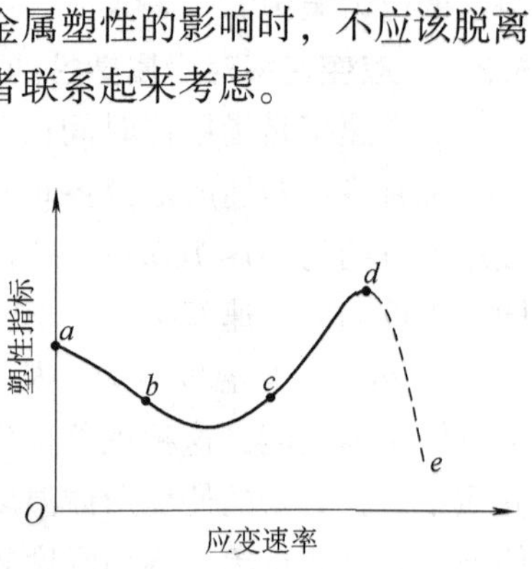

图 5-18　应变速率对塑性的影响示意图

效应引起的塑性降低，因而最终使得塑性回升；当应变速率过大时（图中的 *de* 虚线段），由于温度效应过大，以致实际变形温度由塑性区进入高温脆区，则金属的塑性又急剧下降。

（2）对于具有韧脆性转变的金属，如果应变速率增加，温度效应作用加强而使金属由塑性区进入脆性区，则金属的塑性降低；反之，如果温度效应作用恰好使金属由脆性区进入塑性区，则对提高金属的塑性有利。例如，前述碳钢在 200～400℃内为蓝脆区，若在此温度范围内提高应变速率，则由于温度效应而脱离蓝脆区，时效硬化来不及充分完成，塑性就不会下降。

（3）从工艺性能的角度看，提高应变速率会在以下几个方面起有利作用：

1）降低摩擦因数，从而降低金属的流动阻力，改善金属的充填性及变形的不均匀性。

2）减少热成形时的热量损失，从而减少毛坯温度的下降和温度分布的不均匀性，这对于工件形状复杂（如具有薄壁、高筋等）且材料的锻造温度范围又较窄的生产场合是有利的。因为，从模锻的充填过程来看，型腔的最复杂部分总是在模锻的最后阶段才充填，而这时金属的温度又总是较低，对充填不利。如果采用高速成形（例如高速锤上模锻，其打击速度 $v = 12 \sim 18\mathrm{m/s}$），则由于变形时间短，热量来不及散失，加之温度效应大，毛坯温度不仅不会降低，还可能略有提高，使金属始终保持良好的流动性，而这正好迎合了型腔复杂部分充填的需要。

3）出现所谓的“惯性流动效应”，从而改善金属的充填性，这对于像薄辐板类齿轮、叶片等复杂工件的模锻成形是有利的。

（4）在非常高的应变速率（如爆炸成形、电液成形、电磁成形等）情况下，金属的流变行为可能发生更为复杂的变化，其机理还不太清楚。但试验研究显示，在极高的应变速率下（爆炸成形压力波的速度约为 1200～7000m/s，电液成形时约为 6000m/s，电磁成形时约为 3000～6000m/s），材料的塑性变形能力大为提高；同时零件成形时贴模速度很高，传力介质多为液体或气体，因而零件的精度高，表面质量好。故这类高应变速率、高能率的成形方法，被认为是用于塑性差的难成形材料成形加工的较理想的工艺方法。

5.3.5　变形力学条件对金属塑性的影响

塑性成形时，金属的受力和变形情况千变万化，反映在其内部质点上的应力状态和应变状态必然也不同。因此，研究变形力学条件对金属塑性的影响，实质上就是研究应力状态和应变状态对金属塑性的影响。

1. 应力状态的影响　为了定性地分析物体变形区的应力状态，通常在各有关部位上取一立方单元体，应力状态就用作用于该单元体上的主应力来描述，即所谓主应力图。一般，主应力图只表示出作用主应力的个数、正、负，并不表明作用主应力的大小。可能的主应力图有九种，即三向应力状态的四种，二向应力状态的三种，单向应力状态的两种，如图 5-19 所示。

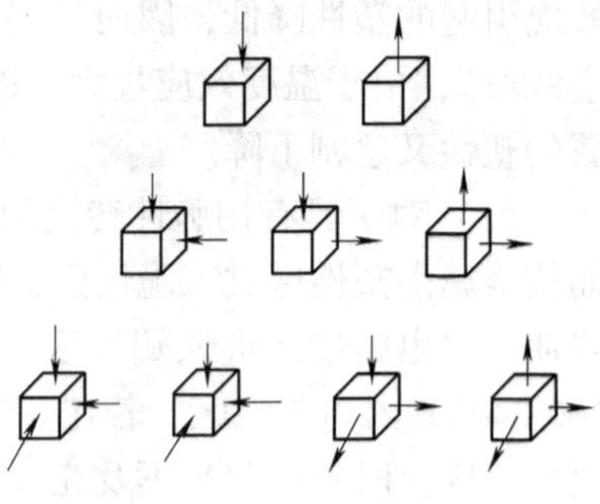

图 5-19　九种主应力图

具有不同主应力图的塑性变形方式所表现出的塑性也不同。例如，人们从长期的实践中知道，单向压缩可达到的变形程度比单向拉伸的大得多；三向压应力状态的挤压工艺比二向压缩一向拉伸的拉拔工艺能发挥更大的塑性；同样是具有三向压应力的镦粗工艺，但它所具有的塑性不如挤压变形的大，等等。最能清楚显示应力状态对塑性影响的则是卡尔曼的大理石和红砂石实验。卡尔曼将圆柱形大理石和红砂石试样置于特制仪器中进行压缩，如图 5-20 所示。该仪器除了轴向加压外，还可以对试样施加侧向压力（用甘油注入仪器的试验腔室内）。试验表明，在只有轴向压力作用下大理石和红砂石均显示完全脆性；而在轴向和侧向压力同时作用下却表现出一定的塑性，侧向压力越大，变形所需的轴向压力和材料的塑性也越高。

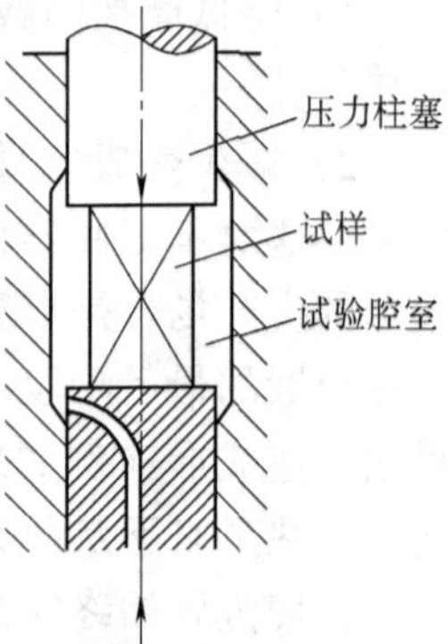

图 5-20　卡尔曼实验装置示意图

上述情况说明，变形体的受力情况，即质点的应力状态不同时，材料所表现出的塑性行为也大不相同。实际上，应力状态对塑性起作用的是其应力球张量部分，它反映了质点三向均等受压（或受拉）的程度。应力球张量的每个分量称为平均应力，当质点三向均匀受压时，其平均应力也称为静水压力。由上述所列举的种种现象可以知道，当静水压力越大，即在主应力状态下压应力个数越多、数值越大时，金属的塑性越好；反之，拉应力个数越多、数值越大，即静水压力越小时，则金属的塑性越差。

在塑性加工中，人们通过改变应力状态来提高金属的塑性，以保证生产的顺利进行，并促进工艺的发展。例如，在平砧上拔长合金钢时，容易在坯料心部产生裂纹（图 5-21）；改用 V 形砧后，由于工具侧向压力的作用，减小了坯料心部的拉应力，从而可避免裂纹的产生（图 5-22）。

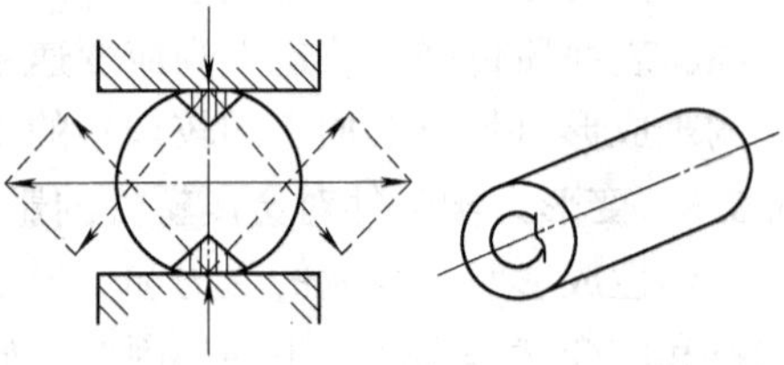

a)　　b)

图 5-21　平砧上拔长合金钢时圆断面坯料的受力情况
a）坯料受力　b）坯料产生的裂纹

某些有色合金和耐热合金，由于塑性差需要采用挤压工艺进行开坯或成形，但即使是这样，有时仍不能避免毛坯挤出端的开裂，为此可采用加反向压力的挤压（图 5-23）或包套挤压（图 5-24）等工艺，来进一步提高静水压力，以防止裂纹的产生。在板料冲裁和棒料切断工序中，由于剪裂纹的产生而降低剪切面的质量。若对毛坯（或剪切区）施加强大的压应力，则可提高金属的塑性，抑制剪裂纹的产生，使塑性剪切变形能够延续到剪切的全过程，从而获得光滑的剪切面。具有强力齿圈压板的精密冲裁（图 5-25）和施加轴向压力的棒料精密剪切（图 5-26）就是依据这个原理。

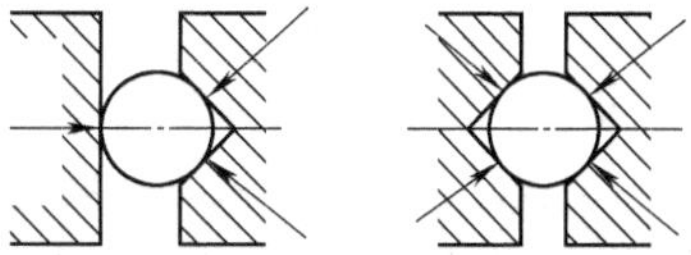

图 5-22　V 形砧拔长圆断面坯料受力情况

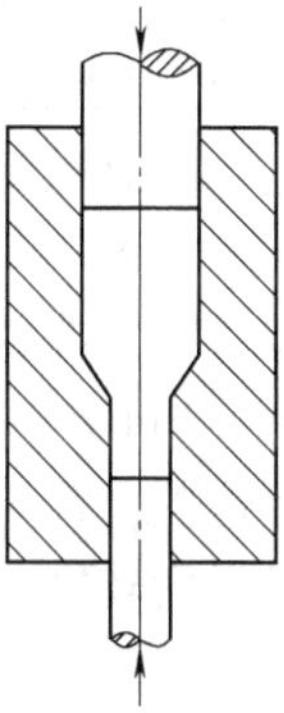

图 5-23　加反向压力挤压

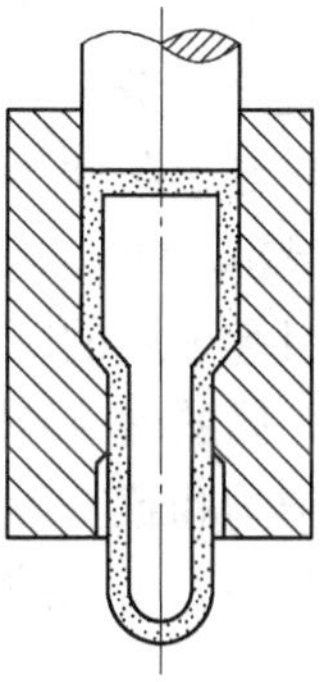

图 5-24　包套挤压

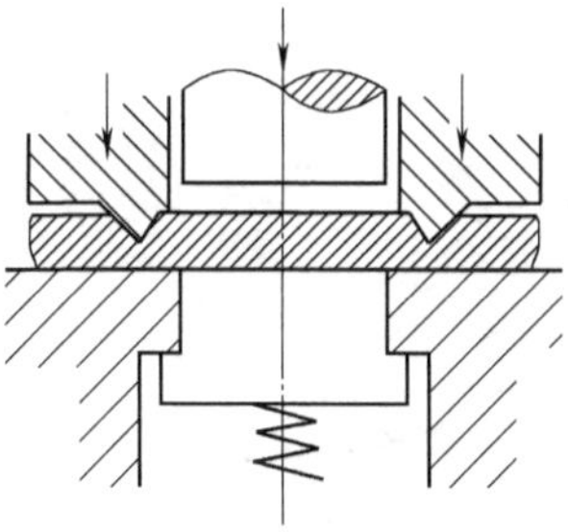

图 5-25　精密冲裁

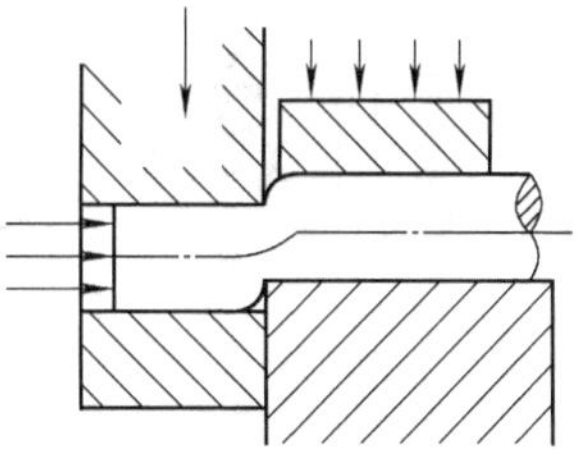

图 5-26　轴向加压剪切

2. 应变状态的影响　关于应变状态对金属塑性的影响，一般可用主应变图来说明。因为压应变有利于塑性的发挥，而拉应变则对塑性不利。因此，在三向主应变状态图中，两向压缩一向拉伸的为最好，一向压缩一向拉伸为次之，而一向压缩两向拉伸的为最差。这是因为金属（特别是铸锭）中不可避免地存在着气孔、夹杂物等缺陷，这些缺陷在一向压缩两向拉伸主应变条件下有可能向两个方向扩展而变为面缺陷；反之，在两向压缩一向拉伸主应变条件下，则可收缩成线缺陷，使其对塑性的危害性减小。

此外，应变状态的分布对金属的塑性也有很大的影响。若变形体内的应变状态均匀分布时，则可避免出现不均匀变形，使金属的塑性提高。

综合应力状态和应变状态对塑性的影响可知，具有三向压缩主应力图和两向压缩一向拉伸主应变图的塑性加工方法，最有利于发挥金属的塑性，挤压或加反向压力挤压、闭式模锻工艺等即属于此。

5.3.6 其他因素对金属塑性的影响

1. 不连续变形的影响　前面讨论的都是在一次连续变形条件下可能产生的最大变形程度问题。实践表明，在不连续变形（或多次分散变形）的情况下，金属的塑性亦能得到提高，特别是低塑性金属热变形时更为明显。

图 5-27 给出 Cr13 钢不连续扭转时的试验数据。由图可见，当每次扭转的转数越少（即变形的分散程度越大）时，材料断裂前所能获得的总扭转数就越多。

不连续热变形条件下使金属塑性提高的原因主要有：在分散变形中，每次所给予的变形量都较小，远低于金属的塑性极限，所以在金属内所产生的应力也较小，不足以引起金属的断裂；同时，在各次变形的间歇时间内能更充分地进行软化过程，使金属的塑性在一定程度上得到恢复；此外，经过分散变形的铸态金属，其组织结构和致密程度可一次次地得到改善。所有这些，都为后续的分散变形创造有利条件，累积的结果使断裂前所获得的总变形程度较之一次性连续变形时大大提高。

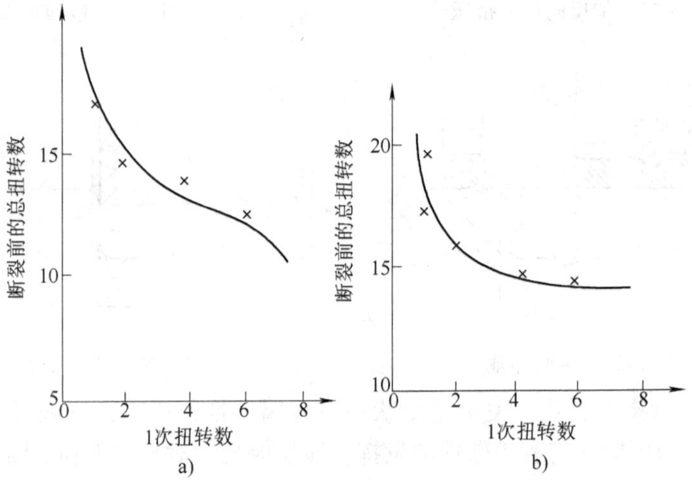

图 5-27　Cr13 钢不连续扭转的试验结果

a）$T=850℃$，$\dot{\varepsilon}=5.2s^{-1}$　b）$T=1100℃$，$\dot{\varepsilon}=5.2s^{-1}$

对于容易过热、过烧的钢和合金，在高温时采用分散小变形（如锻造这类钢锭开始时轻打）亦有利于防止锻裂。从铸态 CrNi77TiAl 合金的塑性图（图 5-28）中可以看出，虽然一次连续变形和多次分散变形时塑性最好的温度都在

1100℃左右，但稍高于此温度时，一次连续变形情况下的塑性急剧下降，而多次分散变形时塑性的降低比较缓慢。出现这种现象的原因除一次连续大变形产生较大的应力外，主要还由于一次连续变形功转化的热量多，以致使钢锭的局部温度升高到过热、过烧温度所致；相反，多次分散小变形时产生的应力小，热效应和温度效应也小。这样，在相同的试验温度下，多次分散小变形时金属的实际温度就不易达到过热过烧的温度。

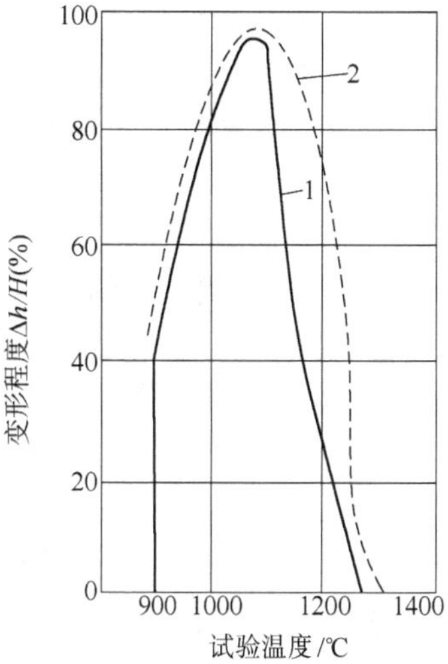

图 5-28　铸态 CrNi77TiAl 合金的塑性图

1—一次连续变形　2—多次分散变形

2. 尺寸（体积）因素的影响　实践表明，变形体的尺寸（体积）会影响金属的塑性。尺寸越大，塑性越低，但当变形体的尺寸（体积）达到某一临界值时，塑性将不再随体积的增大而降低。尺寸因素与塑性之间的这种关系，可大致用图 5-29 所示。

在研究尺寸因素对金属塑性的影响时，应从两方面考虑：

（1）组织因素的影响。变形体尺寸越大，其化学成分和组织就越不均匀，且内部缺陷也越多，因而导致金属塑性的降低。对于锭料来说，这种塑性的降低就更为显著。

（2）表面因素的影响。表面因素可用物体的表面积（或接触表面积）与体积之比来表示。大变形体比几何形状相似的小变形体具有较小的相对接触表面积，上述比值也较小，因而由外摩擦引起的三向压应力状态就较弱，这会导致塑性有所降低。因此，当用小试样或小锭料所获得的试验结果和数据用于生产实际时，应考虑尺寸因素对塑性的影响。

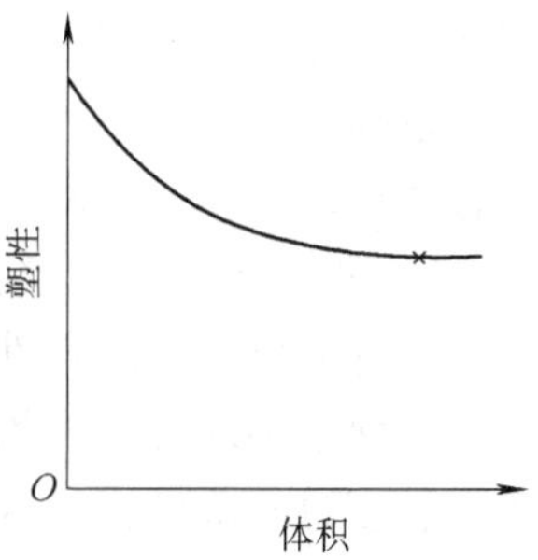

图 5-29　变形体体积对塑性的影响

顺便指出，尺寸因素对金属的变形抗力也有类似的影响，大试样比小试样具有较低的变形抗力。

3. 周围介质的影响　周围介质对金属塑性的影响有以下几个方面：

（1）在金属表面层形成脆性相。大多数金属和合金在高温下易受周围气氛的侵入，这种侵入一般是通过氧化、溶解及扩散等方式进行的。例如，镍及其合金在煤气炉中加热时，由于炉内气氛含有硫，硫会扩散到金属中与镍形成低熔点共晶体（$Ni+Ni_3S_2$），其熔点为 645℃，主要分布于晶界处，造成镍及其合金的热脆性，锻轧时容易开裂。

(2) 使金属表层腐蚀。例如，黄铜在加热和退火中，由于锌优先受腐蚀溶解，使物体表面形成一层海绵状（多孔）的纯铜而破坏。

(3) 在金属表面上形成吸附润滑层。该层在塑性加工中起润滑作用，使金属的塑性升高。

5.3.7 提高金属塑性的基本途径

归纳前面所述，提高金属塑性的基本途径有以下几个方面：

1. 提高材料成分和组织的均匀性　合金铸锭的化学成分和组织通常很不均匀，若在变形前进行高温均匀化扩散退火，则能起到均匀化的作用，从而提高塑性。例如，镁合金 MB5（w_{Al}为 5.5%~7.0%）在 400℃温度下进行高温均匀化处理 10h，在压力机上的压缩变形程度可达 75%以上；但若不进行高温均匀化处理，容许的变形程度仅为 45%左右。对于高合金钢锭，根据成分的不同，可在 1050~1150℃甚至更高一些的温度范围内长时间保温，同样可获得良好的效果。由于高温均匀化处理生产周期长、耗费大，所以可用适当延长锻造加热时出炉保温时间来代替，其不足之处是生产率降低，且应注意晶粒粗大。

2. 合理选择变形温度和应变速率　合金钢的始锻温度通常比同含碳量的碳钢低，而终锻温度则较高。其始、终锻温度范围一般仅 100~200℃。若加热温度选择过高，则易使晶界处的低熔点物质熔化，而且对有些奥氏体钢会形成 δ 相，对有些铁素体钢其晶粒有过分长大的危险（因铁素体再结晶温度低，再结晶速度大）。而变形温度选择过低时，则会使再结晶不能充分进行，加工硬化严重。这一切都会导致金属塑性的降低，引起锻造时的开裂。因此必须合理选择变形温度，并保证毛坯温度的均匀分布，注意避免局部区域因与工具接触时间过长而使实际温度过分降低，或因热效应显著而使温度过分升高。对于具有速度敏感性的材料，要注意合理选择变形速度。例如，镁合金 MB5 适于在压力机上塑性成形，如果需要在锤上模锻时，最好开始以轻击进行，随着模膛的充满，再逐渐增加每次的变形程度。

3. 选择三向受压较强的变形方式　挤压变形时的挤压件塑性一般高于开式模锻，而开式模锻件又比自由锻有利于塑性的发挥。在锻造低塑性材料时，可采用一些能增强三向压应力状态的措施，以防止锻件的开裂。

4. 减小变形的不均匀性　不均匀变形会引起附加应力，促使裂纹产生，而使塑性降低。合理的操作规范、良好的润滑、合适的工具和模具形状等都能减小变形的不均匀性。例如，选择合适的拔长比，可以避免毛坯心部锻不透而引起横向裂纹的产生；镦粗时采用铆锻、叠锻，或在接触表面上施加良好的润滑等，都有利于减小毛坯的鼓形和防止表面纵向裂纹的产生；选择合理的挤压凹模入口角和拉拔模的锥角，也都可使金属具有更好的塑性流动条件。

5.4　金属的超塑性变形

5.4.1　基本概念

塑性是金属和合金的一种重要状态属性。若综合考虑变形时金属的内外部影响因素（如化学成分、显微组织及转变能力、变形温度和应变速率等），使其处于特定的条件下，则金属会表现出所谓的超塑性变形状态。

工程用的金属材料，对于黑色金属其室温下的伸长率 δ 一般不超过40%，对于有色金属也不超过60%，即使在高温状态下也难以达到100%。一般来说，如果材料的伸长率超过100%，便可称为超塑性。

与一般的塑性变形相比，超塑性效应表现出以下的特点：

1）大伸长率，甚至高达百分之几千。

2）无颈缩，拉伸时试样截面均匀缩小。

3）低流动应力，几乎对于所有合金，其流动应力仅为每平方毫米几个到几十牛顿（例如，Zn-22Al合金只有2MPa，GCr15只有30MPa），且非常敏感地依赖于应变速率。

4）易成形。

超塑性变形状态的主要优越性在于它能极大地发挥材料塑性潜力和大大降低变形抗力，无加工硬化，具有极好的流动性和充填性，从而有利于复杂金属零件的精确成形。这对于钛合金、铝合金、镁合金、合金钢和高温合金等较难成形金属材料的成形，尤其具有重要意义。

5.4.2　超塑性的种类

根据超塑性产生的机理，超塑性可分为细晶超塑性和相变超塑性两大类。

（1）细晶超塑性。它是在一定的恒温、一定的应变速率和晶粒度条件下所表现出的超塑性。具体来说，材料的晶粒度必须超细化和等轴化，并在成形期间保持稳定，晶粒度要求小于10μm，越小越好；变形温度 $T \geqslant 0.5T_m$，一般为 $0.5 \sim 0.7T_m$；应变速率在 $10^{-1} \sim 10^{-4}$/s 范围内。由于这种超塑性是在金属经过必要的组织结构准备后，又是在特定的恒温条件下出现的，故又称为结构超塑性或恒温超塑性。

（2）相变超塑性。这类超塑性又称为动态超塑性。它不要求金属具有超细晶粒组织，但要求具有相变或同素异构转变。在一定的外力作用下，使金属或合金在相变温度附近反复加热和冷却，经过一定的循环次数后，就可以获得很大的伸长率。

由于对相变超塑性研究还不够，对其规律尚无统一认识，因此，在本课程中仅对细晶超塑性的特征作进一步论述。

5.4.3 细晶超塑性的力学特征

1. 流动应力　在超塑性材料中，流动应力（真实应力）特别敏感于应变速率。用对数坐标表示的流动应力与应变速率的关系曲线呈“S”形。描述这种特征的方程为

$$S = K\dot{\varepsilon}^{m} \tag{5-6}$$

式中，S 为真实应力；K 为决定于试验条件的材料常数；$\dot{\varepsilon}$ 为真实应变速率；m 为应变速率敏感性指数。

由此，应变速率敏感性指数可定义为

$$m = \frac{\mathrm{d}\ln S}{\mathrm{d}\ln\dot{\varepsilon}} \tag{5-7}$$

即 m 为流动应力-应变速率关系曲线上任何特定应变速率的斜率。

2. 应变速率敏感性指数的物理意义　应变速率敏感性指数 m 是材料超塑性的一个重要参数，它表征金属材料抵抗颈缩的能力，高的 m 值使抵抗颈缩的能力增加。对于普通金属，$m = 0.02 \sim 0.2$；对于超塑性金属，$m = 0.3 \sim 1.0$；m 值越大，伸长率就越大。

从物理意义上说，m 值大时，流动应力会随着应变速率 $\dot{\varepsilon}$ 的增大而急剧增大。如试样某处有局部缩小，则该处的应变速率增大，继续变形所需的应力也随之剧增，这就阻止了该处断面的继续减小，促使变形向别处发展而趋于均匀，最终获得了更大的伸长率。由此可见，m 值反映了材料抵抗局部收缩或产生均匀拉伸变形的能力。

但也必须指出，许多试验结果表明，材料的伸长率并不总是由 m 值惟一确定的，试样几何尺寸和晶粒大小对伸长率也有影响。因此，尽管 m 值可作为衡量超塑性的一个很重要的指标，但如果综合考虑 m 值、伸长率 δ 和断面收缩率 ψ 等诸项指标，则会更全面、合理些。

5.4.4 影响细晶超塑性的主要因素

1. 应变速率的影响　细晶超塑性具有高度的应变速率敏感性，应变速率的变化对流动应力和 m 值的影响很显著，只有控制在 $\dot{\varepsilon} = 10^{-4} \sim 10^{-1}/\mathrm{s}$ 范围内，才能获得超塑性。

2. 变形温度的影响　变形温度对超塑性的影响非常明显，当低于或超过某一温度范围时就不会出现超塑性现象。超塑性变形温度大约在 $0.5T_{\mathrm{m}}$，但对于不同的金属和合金会有所不同。

3. 组织的影响　为了获得超塑性，除了选择适当的应变速率和变形温度外，还要求金属具有超细、等轴、双相及稳定的晶粒。之所以要求双相，是因为第二相能阻止母相晶粒的长大，而母相也能阻止第二相的长大；所谓稳定，是指在变形过程中晶粒长大的速度缓慢，以便在保持细晶的条件下有充分的热变形持续时

间。又由于在超塑性变形过程中，晶界的滑动和扩散起着很重要的作用，所以要求晶粒细小、等轴，以便有数量多且短且平坦的晶界。对于大多数合金，一般认为直径大于 10μm 的晶粒组织难于实现超塑性。

5.4.5　超塑性变形时显微组织的变化

试验研究结果表明，超塑性变形时晶粒虽有不同程度的长大，但晶粒的等轴性基本上保持不变，在正常微细晶粒超塑性显微组织中，在 500%的应变下晶粒尺寸可能增加 50%或 100%。

在最佳超塑性应变速率范围内不形成亚结构，也未发现有晶内位错或仅有个别位错，在试样抛光表面上不出现滑移线，说明没有位错运动。但如果提高应变速率，则位错数量会增加，个别地方（如晶界处）还会看到位错的塞积。如果应变速率更高时，则会形成亚结构。

有显著的晶界滑移痕迹，在许多情况下晶界或相界处形成空洞。当材料在超塑性变形过程中形成大面积空洞时，其相互连接将导致材料的最终断裂。

5.4.6　超塑性变形时力学性能的变化

1）超塑性变形后，由于合金仍保持均匀细小的等轴晶组织，不存在织构，所以不产生各向异性，且具有较高的抗应力腐蚀性能。

2）超塑性成形时，由于变形温度稳定，变形速度缓慢，所以零件内部不存在弹性畸变能，变形后没有残余应力。

3）有些合金（如，Zn-Al 共析合金）超塑性变形后，在一定的条件下进行压缩试验，发现其硬度随压缩率的增加而降低，即存在所谓加工软化现象。

4）高铬高镍超塑性不锈钢超塑成形后，形成微细的双相混合组织，显示出很高的抗疲劳强度。

5.4.7　超塑性变形机理

超塑性变形机理比常规塑性变形机理更为复杂，它包括晶界的滑移和晶粒的转动、扩散蠕变、位错运动、在特殊情况下的再结晶等，不可能是单一的变形机理，而是几个机理的综合作用；而且，在不同情况下有不同的机理起着主导作用。

由阿希贝（Ashby）和弗拉尔（Verrall）提出的晶界滑移和扩散蠕变联合机理（简称 A-V 机理），被认为能较好地解释超塑性变形过程。该理论认为，在晶界滑移的同时伴随有扩散蠕变，对晶界滑移起调节作用的不是晶内位错的运动，而是原子的扩散迁移。

图 5-30 示出 A-V 机理的模型。一组晶粒在拉应力作用下，由于晶界滑移和原子扩散（包括晶内扩散和晶界扩散），一方面使晶粒由起始状态演变成图中所示的中间状态，从而使晶界面积和系统的自由能增加；另一方面，随着中间状态向最终状态的转变，晶界面积逐渐减小。这样，外部给予的能量消耗在晶界面积的

变化过程中，结果导致横向晶粒相互靠近、接触，纵向晶粒彼此分离、拉开，而所有晶粒仍保持等轴状原样，只是发生了“转动”换位。

以上讨论的只是一个平面模型的情况，所得沿应力方向上的拉伸变形量当然有限。但事实上，这种伴随扩散蠕变的晶间滑移是发生在三维空间内沿垂直于拉伸轴的所有方向上的相邻晶粒，都会发生同样的过程（图 5-31），结果就可获得很大的整体伸长变形，也只有这样，才能使试样的圆形断面在变形后仍为圆形。

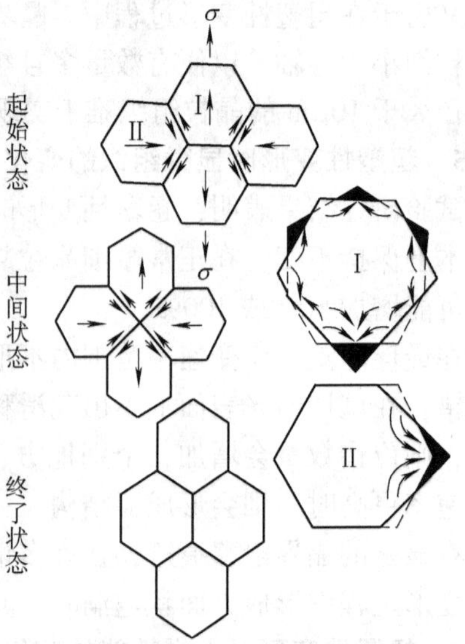

图 5-30　晶界滑移和扩散蠕变联合机理模型

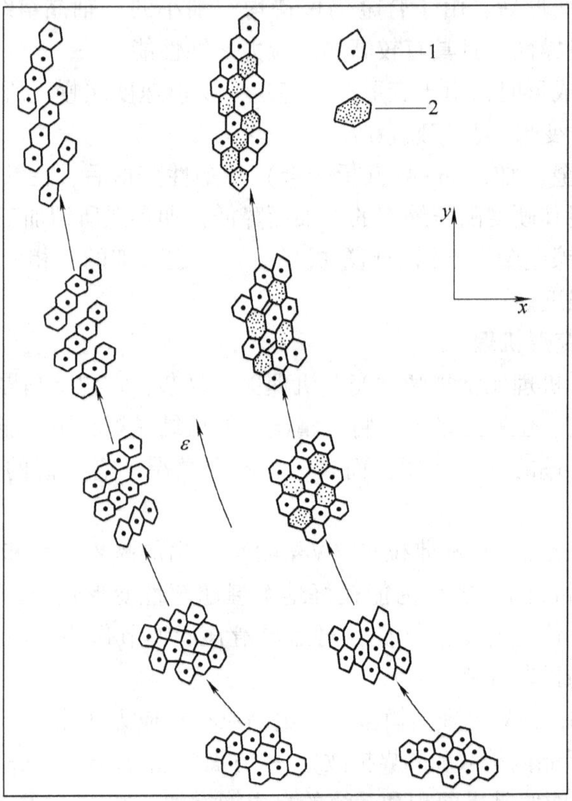

图 5-31　晶粒移动的立体模型

1—xy 平面内原有晶粒　2—从 Z 方向两相邻层移来的晶粒

顺便指出，在其他的有关超塑性变形机理的理论中，也都普遍认为晶界滑移起着主要作用。至于晶界滑移的本质目前有两种假设：一种认为，在超塑性条件下，晶界结构是非晶体状态，因此晶界滑移是一种非晶体的粘性流动；另一种则认为，晶界滑移是晶界位错的运动。因为对晶界的试验观测相当困难，因此尚不能给予何种假设以证实。

5.5 金属塑性成形中的外摩擦

在塑性成形中，被加工金属（工件）与工、模具之间都有着相对运动或相对运动的趋势，因而在接触表面间便产生了阻止其切向运动的阻力，称为外摩擦（晶界面上或晶内滑移面上产生的摩擦，称为内摩擦）。在金属塑性成形中，工件与工、模具接触面上的外摩擦是不可避免的，以下就简称为摩擦。如何减小或合理利用这种摩擦，是工艺设计时必须认真考虑的一个技术问题，有时甚至是工艺成败的关键。

5.5.1 金属塑性成形中摩擦的特点

与机械传动中的摩擦相比，塑性成形中的摩擦有如下特点：

（1）这是一种伴随着金属的塑性变形而产生的摩擦。在塑性成形中，在工件的接触面上各质点的相对速度不相同，有的流动快，有的流动慢，还有的粘着不动，因而在接触面上各点的摩擦也不一样；而机械传动中的摩擦，则是发生在两个摩擦体表面均处于弹性变形状态情况下的。

（2）这是一种在高压下的摩擦。在塑性成形过程中，接触面上的单位压力很高，一般在500MPa左右，而钢零件冷挤压时可高达2500MPa，比之重载荷下的轴承工作压力20~40MPa要大得多，使得原先涂在工件表面上的润滑剂容易被挤出，降低了润滑效果。

（3）实际接触面积大。在一般机械传动过程中，由于接触面凹凸不平，因而实际接触面积比名义接触面积小得多；而在塑性成形过程中，由于发生塑性变形，接触面上凸起部分被压平，因而实际接触面积接近名义接触面积，这使得摩擦力增大。

（4）不断有新的摩擦表面产生。随着变形程度的增加，新的摩擦表面不断增加，摩擦也随之变化。由于在新的接触表面上无氧化皮等，工、模具与变形金属之间直接接触，从而产生附着力（也称粘合力），使摩擦力增大。因此，要不断给新的接触表面添加润滑剂，这给润滑带来困难。

（5）在许多情况下，这又是一种在高温下进行的摩擦。例如，热锻时温度通常在1000℃以上，导致工件的表面产生氧化皮、模具材料软化、润滑剂分解而使性能变坏等一系列问题。

从上述可以看出，在塑性成形过程中的摩擦与润滑问题比一般机械传动中的摩擦要复杂得多。

5.5.2 摩擦对塑性成形过程的影响

在某些情况下，摩擦对塑性成形会起到有益的作用，可以利用摩擦阻力来控制金属的流动方向。例如，开式模锻时可利用飞边桥部的摩擦阻力来保证金属充填模腔；轧制时，轧辊与坯料间要有足够的摩擦力才能使坯料咬入；薄板拉深时，增加凸缘处的摩擦阻力可避免工件起皱等。但在通常情况下，摩擦对塑性成形是十分有害的，主要表现为：

（1）由于工件在接触面上的质点受到摩擦阻力的作用而流动困难，从而导致工件塑性变形不均匀，产生附加应力，当附加拉应力的数值超过材料的强度极限时，可能会造成开裂；另外，还会造成变形物体形状的歪扭，形成残余应力等。

（2）为了塑性成形所需的能量和成形力，需用大吨位设备来完成塑性成形过程。

（3）加剧模具的磨损，降低了模具的使用寿命。

（4）使工件脱模困难，影响了制件的表面质量。

为了减少摩擦对塑性成形带来的种种有害影响，常采用润滑，即在工具和变形金属的接触面上涂敷润滑剂。这样，使金属塑性成形技术更复杂化。

5.5.3 塑性成形中摩擦的分类及机理

1. 塑性成形中摩擦的分类　金属在塑性成形时，根据坯料与工具的接触表面之间的润滑状态的不同，可以把摩擦分为三种类型，即干摩擦、边界摩擦和流体摩擦，由此还可以派生出混合型摩擦。

（1）干摩擦。当变形金属与工具之间的接触表面上不存在任何外来的介质，即直接接触时所产生的摩擦称为干摩擦（图 5-32a）。其实，这种绝对理想的干摩擦在实际生产中是不存在的。这是由于金属在塑性成形过程中，其表面总会产生氧化膜或吸附一些气体、灰尘等其他介质。通常所说的干摩擦是指不加任何润滑剂的摩擦。

（2）边界摩擦。当坯料与工、模具表面间存在润滑剂时，随着表面接触面上压力增加，坯料表面的“峰顶”被压平一部分，将润滑剂挤到“峰谷”被封存在里面（图 5-32b），在被压平的峰顶与工、模具表面之间，或者保留了很薄的一层润滑膜，或者这层膜被挤掉出现了粘模现象。这种摩擦状态称为边界摩擦（或称边界润滑）。大多数塑性成形中的摩擦均属于边界摩擦。

（3）流体摩擦。当坯料与工、模具表面之间完全被润滑剂隔开，接触面相互运动的阻力只和润滑剂的性质（粘度）和相对速度梯度有关，而与接触面的表面状态无关，这种摩擦称为流体摩擦（或称流体润滑）（图 5-32c）。

在实际生产中，上述三种摩擦不是截然分开的，虽然在塑性加工中多半属于边界摩擦，但有时会出现所谓的混合摩擦状态，如边界摩擦与干摩擦混合的半干摩擦；边界摩擦与局部流体摩擦混合的半流体摩擦。

2. 摩擦机理　塑性成形过程中摩擦的性质是复杂的，目前关于摩擦产生的原因（即摩擦机理）有三种学说。

（1）表面凹凸学说。此学说认为摩擦是由于接触面上的凹凸形状引起的。因为所有经过机械加工的表面并非绝对平坦光滑的，都有不同程度的微观凸峰（微凸体）和凹谷。当凹凸不平的两个表面相互接触时，在压力的作用下一个表面的“凸峰”可能会插入另一个表面的“凹谷”，产生机械咬合。要使接触面间相互咬合的微凸体发生相对运动，就必须给予一定的能量，才能使微凸体彼此越过相对接触面上的高峰，这就是所需克服的摩擦力。依据这一观点，实践中通常用降低工、模具表面粗糙度或涂抹润滑剂的方法，以起到减小摩擦因数的作用。对于普通粗糙度的表面来说，这种观点已得到实践的验证。

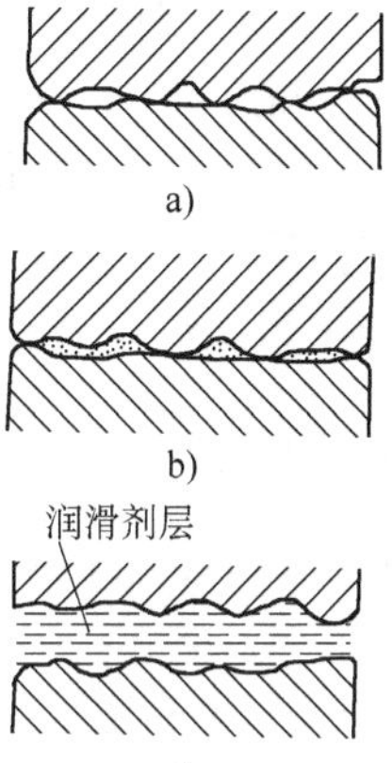

图 5-32　摩擦分类示意图

a）干摩擦

b）边界摩擦

c）流体摩擦

（2）分子吸附学说。当两个接触表面非常光滑时，摩擦力不但不降低，反而会提高，这一现象无法用凹凸学说来解释，这就产生了分子吸附学说。该学说认为，摩擦产生的原因是由于接触表面上分子之间相互吸引的结果。物体表面越光滑，实际接触面积就越大，分子亲和力就越强，则摩擦力也就越大。

（3）粘着理论。这一理论认为，当两个表面接触时，接触面上某些接触点处压力很大，以致发生粘接或焊合，当两表面产生相对运动时，粘接点被切断而产生相对滑动。这个剪切力就是摩擦力。

现代摩擦理论认为，摩擦力不仅包含有剪切接触面机械咬合所产生的阻力，而且包含有真实接触表面分子吸附作用所产生的粘合力及切断粘接点所需要克服的阻力。对于流体摩擦来说，摩擦力主要表现为润滑剂层之间的流动阻力。

5.5.4　描述接触表面上摩擦切应力的数学表达式

对于金属塑性成形中的摩擦进行定量描述，是塑性成形力学中最不成熟的理论问题之一。目前，人们大都采用以下两种近似方法（或称摩擦条件）来描述塑性成形中的摩擦切应力。

1. 库仑摩擦条件　不考虑接触面上的粘合现象，认为摩擦符合库仑定律，认为接触面上的摩擦切应力 τ_f 为

$$\tau_f=\mu\sigma_n \tag{5-8}$$

式中　σ_n 为作用在质点上的法向应力；μ 为库仑摩擦因数（简称摩擦因数）。

库仑摩擦条件通常用来分析金属的冷变形，例如板料冲压、冷挤压等。

摩擦因数μ应根据实验来确定。从式（5-8）可以看出，应用库仑摩擦条件时，除了要知道摩擦因数之外，还要知道法向应力在接触面上的分布情况。

式（5-8）在使用中应注意，摩擦切应力τ_f不能随σ_n的增大而无限地增大。因为当$\tau_f=\tau_{max}=K$（被加工金属的抗剪屈服强度）时，被加工金属的接触表面要产生塑性流动，此时σ_n的极限值为被加工金属的拉伸屈服强度S（真实应力）。K与S之间应满足一定关系，根据屈服准则，$K=\left(\frac{1}{2}\sim\frac{1}{\sqrt{3}}\right)S$，由此并根据式（5-8）可确定摩擦因数$\mu$的极限为

$$\mu=0.5\sim0.577 \tag{5-9}$$

2. 常摩擦力条件　这一条件认为，接触面上的摩擦切应力τ_f与被加工金属的抗剪屈服强度K成正比，即

$$\tau_f=mK=\mu' S \tag{5-10}$$

式中，m为摩擦因子，取值范围为$0\leqslant m\leqslant 1$；$\mu'=\frac{m}{\sqrt{3}}$，称为修正的摩擦因子。

若$m=1$，即$\tau_f=\tau_{max}=K$，这称为最大摩擦力条件。在热塑性成形时，常采用最大摩擦力条件；在用上限法或有限元法分析塑性成形过程时，一般采用常摩擦力条件，因为采用这一条件，事先不需要知道接触面上的法向应力分布情况，因而比较方便。

5.5.5　影响摩擦因数的主要因素

塑性成形中的摩擦因数通常是指接触面上的平均摩擦因数。影响摩擦因数的因素很多，其主要因素分述如下。

（1）金属的种类和化学成分。金属的种类和化学成分对摩擦影响很大。由于金属表面的硬度、强度、吸附性、原子扩散能力、导热性、氧化速度、氧化膜的性质，以及与工、模具金属分子之间的相互结合力等都与化学成分有关，因此不同种类的金属及不同化学成分的同一类金属，摩擦因数是不同的。粘附性较强的金属通常具有较大的摩擦因数，如铅、铝、锌等。一般来说，材料的硬度、强度越高，摩擦因数就越小，因而凡是能够提高材料的硬度、强度的化学成分都可以使摩擦因数减小。对于黑色金属，随着含碳量的增加，摩擦因数有所降低。

（2）工、模具的表面状态。一般来说，工、模具表面越光滑，即表面凹凸不平程度越轻，机械咬合效应就越弱，因而摩擦因数越小。若接触表面都非常光滑，分子吸附作用增强，反而会引起摩擦因数增加，但这种情况在塑性成形中并不常见。工、模具表面粗糙度在各个方向不同时，则各方向的摩擦因数亦不相同。实验证明，沿着加工方向的摩擦因数比垂直加工方向的摩擦因数约小20%。

（3）接触面上的单位压力。单位压力较小时，表面分子吸附作用不明显，摩擦因数保持不变，与法向应力无关。当单位压力增大到一定数值后，接触表面

的氧化膜被破坏，润滑剂被挤掉，这不但增加了真实接触面积，而且使坯料和工具接触面间分子吸附作用增强，从而使摩擦因数随单位压力的增大而上升，当上升到一定程度后又趋于稳定。

（4）变形温度。变形温度对摩擦因数的影响很复杂，因为变形温度变化时，材料的强度、硬度及接触面上氧化膜的性能都会发生变化。一般认为，变形温度较低时，摩擦因数随变形温度升高而增大，到某一温度达到最大值后，随变形温度继续升高而降低。这是因为变形温度较低时，金属坯料的强度、硬度较大，氧化膜较薄，所以摩擦因数较小。随着变形温度的升高，金属坯料的强度、硬度降低，氧化膜增厚，而且接触表面间分子吸附能力也增强；同时，高温使润滑剂性能变坏，因而摩擦因数增大。到某一温度摩擦因数达到最大值后，随变形温度继续升高时氧化皮变软或者脱离金属基体表面，在金属坯料与工具之间形成一个隔离层，起到润滑作用，所以摩擦因数又反而下降。

（5）变形速度。许多实验结果表明，摩擦因数随变形速度增加而有所下降。例如，锤上镦粗时的摩擦因数要比同样条件下压力机上镦粗时小20%~25%。

5.5.6　塑性成形中的润滑

润滑是减少摩擦对塑性成形过程不良影响的最有效措施。润滑的目的是降低接触面间的摩擦力，提高模具寿命（减少磨损、冷却模具）和产品质量（提高内部组织均匀性），降低变形抗力，提高金属充满模腔的能力等。为了实现上述目的，必须选用合适的润滑剂。

1. 塑性成形中对润滑剂的要求　塑性成形中使用的润滑剂一般应符合下述要求：

（1）应有良好的耐压性能。由于塑性成形在高压下进行，因此要求润滑剂在高压作用下仍能吸附在接触表面上，保持良好的润滑状态。

（2）应有良好的耐热性。热加工用的润滑剂在使用时不分解、不失效。

（3）应有冷却模具的作用。为了降低模具的温度，避免模具过热，提高模具寿命，要求润滑剂有冷却作用。

（4）应无腐蚀作用。润滑剂不应对金属坯料和模具有腐蚀作用。

（5）应无毒。润滑剂应对人体无毒、无害，不污染环境。

（6）应使用、清理方便，并考虑其来源丰富，价格便宜等因素。

2. 塑性成形中常用的润滑剂　用于塑性成形的润滑剂分为液体润滑剂和固体润滑剂两大类。

（1）液体润滑剂。这类润滑剂主要包括各种矿物油、植物油、动物油、乳液和有机化合物液体等。由于动植物油（猪油、牛油、鲸油、蓖麻油、棕榈油等）中含有脂肪酸，与金属能起化学作用，附着力强，润滑性能好；但由于其化学性能不稳定，因而长期储存易变质。常用的矿物油是全系统损耗油（机油），它的化学性能好，价格便宜，来源充足；但形成稳定润滑膜的能力较差，着火点低。机油常与其他固体润滑剂配合使用，主要用于冷成形。乳液是由矿物油、乳化剂、石蜡、肥皂和水组成的水包油或者油包水的乳状稳定混合物，它除了具有润滑作用外，还对模具有较强的冷却作用。有机化合物液体如乙醇、十八醇等，具有游离的极性分子，与金属的结合力强，使用效果好。它们还经常作为一种活性剂与其他润滑剂配合使用，以提高润滑效果。

（2）固体润滑剂

1）石墨。石墨具有六方晶系的层状结构，由于同一层的原子间距比层与层间的原子间距要小很多，所以同层原子间的结合力比层与层间的结合力大，因而层与层之间容易滑移。当石墨作为润滑剂处于工具与金属坯料之间时，金属坯料与工具接触面间所表现的摩擦实质上是石墨层与层之间的内摩擦，这种内摩擦力比金属坯料与工具直接接触时的摩擦力要小得多，从而起到润滑作用。石墨还具有良好的导热性和稳定性，它在540℃以上才开始氧化，因而常用作热锻、温挤的润滑剂。石墨的摩擦因数随单位压力的增大而有所增大。此外，石墨吸附气体以后，其摩擦因数会减小。一般μ值在0.05~0.19之间。

2）二硫化钼。二硫化钼和石墨一样，具有六方晶系的层状结构，其润滑原理与石墨相同，所以摩擦因数也较小，一般在0.12~0.15范围内。二硫化钼开始氧化的温度为400℃左右，比石墨低，因而在较高温度下使用时润滑效果不如石墨。

石墨和二硫化钼是目前塑性成形中最常用的固体润滑剂，使用时可制成水剂或油剂，其比例大致是1∶1。为了防止石墨、二硫化钼氧化，提高其高温下的润滑性能，常加入三氧化二硼，常用着火点较高的变压器油或炮油作为油剂。

3）玻璃。由于润滑油高温时要烧失，其中石墨、二硫化钼在高温时要氧化，因此在高温塑性成形时，常用玻璃作为润滑剂，它具有以下特点：

a. 玻璃在加热过程中没有明显的熔点，随着温度升高它逐渐软化，直至成为液态。液态玻璃包在坯料表面上，使坯料不与模具直接接触，从而起到润滑作用。同时，由于玻璃的导热性差，因而坯料的温降减少，模具可避免过热，这都有利于塑性成形。

b. 玻璃熔化后的粘度随温度的升高而降低，不同成分的玻璃有不同的粘度-温度特性，因此可根据塑性成形的温度和所需的粘度选择合适的玻璃成分。

c. 玻璃的使用温度范围很广，在450~2200℃范围内都可采用玻璃作为润滑剂。

d. 玻璃不与金属起化学作用，而且化学稳定性很好，使用时可以粉状、薄片状或网状单独使用，也可与其他润滑剂混合使用，有着良好的润滑效果。

玻璃润滑剂的摩擦因数很小，一般在0.04~0.06之间。

4）珐琅。珐琅是涂在金属表面上作为防腐蚀及装饰用的普通搪瓷，它以粉末、含水悬浊液及酒精悬浊液的形式使用。工件变形后，可用酸洗、碱洗或其他一些专门的方法除掉制品表面上的珐琅。

5）无机盐类。无机盐类是天然的或者合成的结晶物质。在塑性成形中常用的无机盐润滑剂有盐酸盐、磷酸盐、硝酸盐等。

此外，皂类、蜡类等有机盐和硬脂酸钠、硬脂酸锌及一般肥皂也常用来作润滑剂。固体润滑剂的使用状态可以是粉末，但多数是制成糊剂或悬浮液。

3. 润滑剂中的添加剂　为了提高润滑剂的润滑、减摩、防腐等性能，需要在润滑剂中加入少量的活性物质，这种活性物质总称为添加剂。

润滑剂中的添加剂，一般应易溶于机油，热稳定性好，且应具有良好的物理和化学性能。常用的添加剂有油性剂、极压剂、抗磨剂和防锈剂等。

1）油性剂是天然脂、醇、脂肪酸等物质。这些物质都含有羧类的活性基，由于它和金属表面的物理吸附作用在金属表面形成润滑膜，起润滑和减摩作用。润滑剂中加入油性剂以后，可使摩擦因数减小。但油性剂形成的润滑膜只能在温度不高、压力较低的条件下起润滑作用，当温度较高或压力增大时，油膜容易被破坏。这时，在润滑剂中须加入极压剂。

2）极压剂是一种含硫、磷、氯的有机化合物，如氯化石蜡、硫化烯烃等。在高温、高压下，极压剂发生分解，分解后的产物与金属表面起化学反应，生成熔点低、吸附性强、具有片状结构的氯化铁和硫化铁等薄膜，在较高压力和较高温度下仍然起润滑作用。

3）抗磨剂常用的有硫化棉子油、硫化鲸鱼油等。这些物质可以分解出自由基，与金属表面起化学反应生成抗腐蚀、减磨损的润滑油膜。

4）防锈剂常用的有石油磺酸钡，当它加入润滑剂后在金属表面形成吸附膜，起隔水、防锈作用。

润滑剂中加入适当的添加剂后，可使摩擦因数降低，变形程度提高，金属粘模现象减少，使产品表面质量得到改善，因此目前广泛采用有添加剂的润滑剂。

塑性成形用润滑剂中常用的添加剂及其添加量可参考表 4-2。

4. 塑性成形时的润滑方法　在金属塑性成形中，人们正逐渐采用压缩空气喷溅方法施加润滑剂。此法涂层均匀，便于机械化、自动化，劳动条件和润滑效果都较好。此外，还可以结合加工的具体情况，采用以下方法：

（1）流体润滑。这种方法常用于线材拉拔，如图 5-33 所示，在模具入口处加一个套管，套管与坯料之间的间隙很小，并充满润滑液体。当坯料从套管中高速通过时，如模具的锥角合适且表面光洁，坯料就可把润滑剂带入模具内，金属坯料与模具之间就可得到流体润滑膜。

表 5-2 润滑剂中常用的添加剂及其添加量

种　类	作　用	化合物名称	添加量
1. 油性剂	形成油膜，减少摩擦	长链脂肪酸、油酸	0.1%~1%
2. 极压剂	防止接触表面粘合	有机硫化物、氯化物	5%~10%
3. 抗磨剂	形成保护膜，防止磨损	磷脂酸	5%~10%
4. 防锈剂	防止润滑剂生锈	羧酸、酒精	0.1%~1%
5. 乳化剂	使油乳化，稳定乳液	硫酸、磷脂酸	~3%
6. 流动点下降剂	防止低温时油中石蜡固化	氯化石蜡	0.1%~1%
7. 粘度剂	提高润滑油粘度	聚甲基丙烯酸等聚合物	2%~10%

（2）表面磷化-皂化处理。冷挤压钢制零件时，接触面上的压力往往高达2000~2500MPa，在这样高的压力下即使在润滑剂中加入添加剂，润滑剂还是会遭到破坏或者被挤掉，而失去润滑作用。因此，必须将坯料表面进行磷化处理，即在坯料表面上用化学方法制成一层磷酸盐或草酸盐薄膜，这种磷化膜是由细小片状的无机盐结晶组成的，呈多孔状态，对润滑剂有吸附作用。磷化膜的厚度在10~20μm之间，它与金属表面结合很牢，而且有一定的塑性，在挤压时能与钢一起变形。磷化处理后的坯料必须进行润滑处理，常用的有硬脂酸钠、肥皂等，故又称为皂化处理。

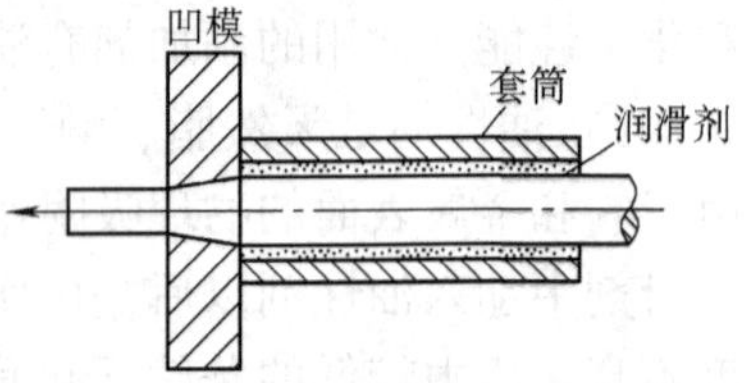

图 5-33 强制润滑拉拔示意图

磷化-皂化处理方法出现之后，大大推动了钢的冷挤压工艺的发展。但磷化-皂化工序繁杂，因此人们正在研究新的润滑方法。

（3）表面镀软金属。当加工变形抗力高的金属时，变形力大，一般的润滑剂很容易从接触表面挤出，使摩擦因数增大，变形困难，甚至不能进行。在这种情况下，可在坯料表面电镀一薄层软金属，如铜或锌。这层镀层与坯料金属结合好，且镀层软金属变形抗力很低，延伸性好，在变形过程中可将坯料金属与工、模具隔开，起润滑剂的作用。这种方法的缺点是成本高。

思考与练习

1. 简述滑移和孪生两种塑性变形机理的主要区别。
2. 试分析多晶体塑性变形的特点。
3. 试分析晶粒大小对金属塑性的影响。
4. 什么是扩散蠕变？为什么在高温和低速条件下这种塑性变形机理所起的作用更大？
5. 什么是加工硬化？产生加工硬化的原因是什么？加工硬化对塑性加工生产有何利弊？
6. 什么是塑性？什么是塑性指标？为什么说塑性指标只具有相对意义？

7. 举例说明杂质元素和合金元素对钢塑性的影响。
8. 试分析单相与多相、细晶与粗晶组织、铸造组织与锻造组织对金属塑性的影响。
9. 变形温度对金属塑性影响的基本规律是什么？
10. 什么是热效应和温度效应？冷变形和热变形时应变速率对金属塑性的影响有何不同？
11. 试结合生产实例说明应力状态对金属塑性的影响。
12. 提高金属塑性的基本途径有哪些？
13. 什么是细晶超塑性？什么是相变超塑性？
14. 与常规的塑性变形相比，超塑性变形具有哪些主要特征？
15. 塑性变形力学方程 $S=K\dot{\varepsilon}^m$ 中，m 的物理意义是什么？
16. 什么是晶界滑移和扩散蠕变联合机理（A-V 机理）？
17. 塑性成形中的摩擦有哪些特点？简述摩擦对塑性成形的不利影响。
18. 塑性成形中的摩擦分哪几类？
19. 在计算金属塑性成形中的摩擦切应力时，常用的摩擦条件有哪几种？
20. 简述影响摩擦因数的主要因素。
21. 塑性成形中对润滑剂有何要求？常用的润滑剂有哪些？

参考文献

1　汪大年主编. 金属塑性成形原理（第2版）. 北京：机械工业出版社. 1986
2　俞汉清，陈金德编. 金属塑性成形原理. 北京：机械工业出版社. 2002
3　陈平昌，朱六妹，李赞主编. 材料成形原理. 北京：机械工业出版社. 2001
4　王占学主编. 塑性加工金属学. 北京：冶金工业出版社，1991
5　王祖唐，关廷栋，肖景容等编著. 金属塑性成形理论. 北京：机械工业出版社，1989

第 6 章　塑性成形力学基础

塑性成形是指利用材料的可塑性（即产生一定量的永久变形并不破坏的能力）而获得所需形状与尺寸工件的一种成形方法。通常所见的锻造、冲压、挤压、拉拔、轧制等很多成形方法都属于塑性成形的范畴。塑性成形具有节省材料、零件的使用寿命长、生产率高等优点，在工业生产中得到广泛应用。

塑性成形时的应力与应变不再满足胡克定律，由应力不能简单地判断出应变量的大小。因此，塑性成形力学主要研究在大塑性变形情况下塑性体的应力应变及载荷计算方法，是分析各种塑性成形工艺的变形规律、变形力及产生质量问题的力学基础。在进行具体受力分析时应注意：①要注意区分推与拉，加推力与拉力时的变形有很大的差别；②要注意同一变形体不同的部位摩擦力的方向不同且存在极值；③要注意约束力的多方面性。

6.1　应力分析

6.1.1　基本概念

一般作用在坯料上面的外力有两种：一种是作用在坯料表面上的外力（如成形力、摩擦力等），叫表面力；另一种是作用在坯料的每个质量点上的力（如重力、磁力或惯性能力等），叫体积力。在大多数塑性成形中，体积力相对表面力很小，在分析计算中可以忽略不计。

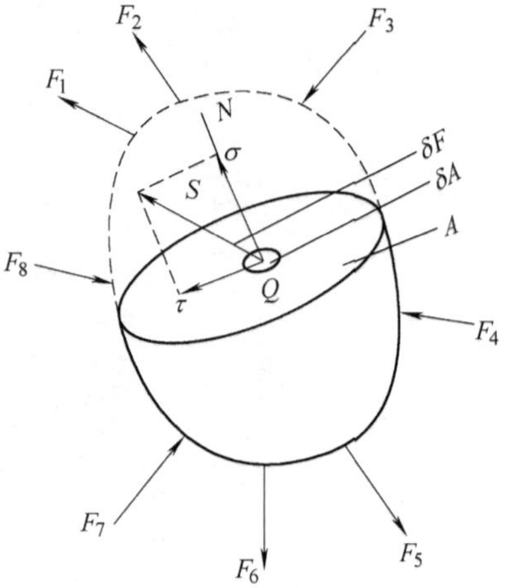

图 6-1　变形体受到的外力、内力和应力示意图

设变形物体为均匀的连续体，在外力作用下，变形体内各质点之间所产生的相互作用的力，称为内力，单位面积上的内力，称为应力。如图 6-1 中，变形体所受外力为 F_1，F_2，$\cdots F_n$ 并处于某瞬间的平衡状态，在其内部某截面为 A 的平面上，取一很小面积 δA，它围

绕着其上的 Q 点作用在 δA 上的内力合力为 δF，则将 Q 点的全应力定义为：

$$S = \lim_{\delta A \to 0} \frac{\delta F}{\delta A} = \frac{dF}{dA} \tag{6-1}$$

显然，Q 点的全应力大小和方向与 A 截面的法线方向 N 有关，即对于一 Q 点的不同法线方向，作用着不同大小和方向的全应力 S 值。全应力 S 在法线方向的分量称为正应力分量，在与 A 截面平行方向的分量称为切应力分量。

设在直角坐标系中有一受任意力系作用的物体，物体内有一受应力作用的任意点 Q，围绕 Q 点切取一矩形六面体为单元体，其棱边分别平行于三根坐标轴。任意点 Q 的应力状态可以用单元体的三个互相垂直微分坐标平面上的三个正应力分量和六个切应力分量共九个应力分量来表示。如图6-2所示，三个微分平面用各自的法线方向命名，$ABCD$ 叫 x 面，$CDEF$ 叫 y 面；$BCFG$ 叫 z 面，应力分量的第一个角标表示该应力分量的作用面，第二个角标则表示它的作用方向。两个下角标相同的是正应力分量，两个下角标不同的是切应力分量。如：σ_{xx} 表示作用在 x 平面上平行于 x 轴的正应力分量（简写为 σ_x）；τ_{xy} 表示作用在 x 平面上平行于 y 轴的切应力分量。将九个应力分量表示如下：

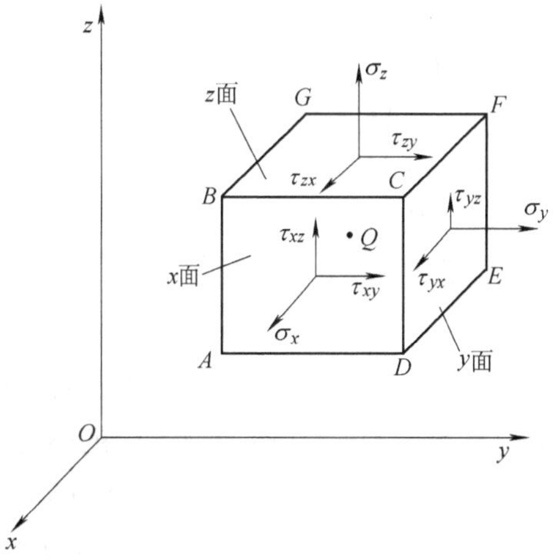

图6-2　单元体表面上的应力分量

σ_x　τ_{xy}　τ_{xz}——作用在 x 平面上

τ_{yx}　σ_y　τ_{yz}——作用在 y 平面上

τ_{zx}　τ_{zy}　σ_z——作用在 z 平面上

作用方向为 z

作用方向为 y

作用方向为 x

应力分量的符号规定如下：微分平面外法线方向与坐标轴正向相同时，若作用在其上的应力分量的方向与坐标轴的正向相同者为正，相反者为负；若微分平面外法线方向与坐标轴正向相反时，作用在其上的应力分量的方向与坐标轴的正向相反者为正，相同者为负。例如图6-2所示的九个应力分量皆为正。

由于单元体处于静力平衡状态，绕其各轴的合力矩等于零，所以

$$\tau_{xy} = \tau_{yx} \qquad \tau_{yz} = \tau_{zy} \qquad \tau_{xz} = \tau_{zx} \tag{6-2}$$

式（6-2）称为切应力互等定理。它表明切应力总是成对出现的。因此，一点的应力状态的九个分量中，有六个独立分量。

6.1.2 斜切面上的应力

如图6-3，过 Q 点的任意斜面为 ABC，其法线方向为 QN。设 QN 与三个坐标轴夹角的方向余弦分别为 l、m、n。斜面 ABC 的面积为 $\mathrm{d}A$，三个微分坐标面 BOC、AOC 和 AOB 的面积分别为 $\mathrm{d}A_x$、$\mathrm{d}A_y$ 和 $\mathrm{d}A_z$。由几何关系可得：

$$\mathrm{d}A_x = l\mathrm{d}A \qquad \mathrm{d}A_y = m\mathrm{d}A$$

$$\mathrm{d}A_z = n\mathrm{d}A$$

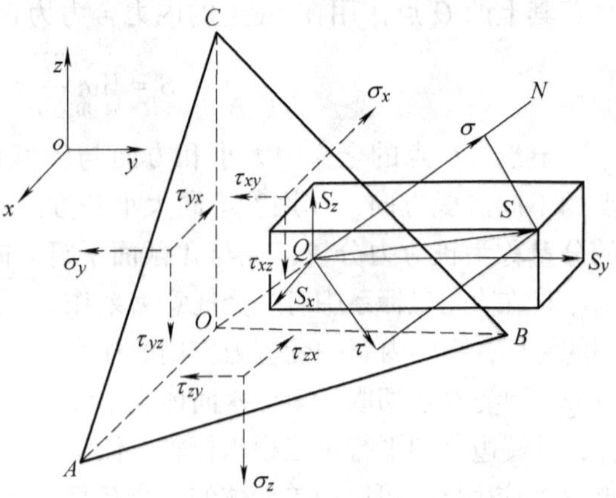

图6-3 斜切微分面上的应力

设 ABC 面上的全应力为 S，它在三个坐标轴方向的分量分别为 S_x、S_y、S_z。列 x 方向的静力平衡方程，有

$$\sum F_x = S_x\mathrm{d}A - \sigma_x l\mathrm{d}A - \tau_{yx}m\mathrm{d}A - \tau_{zx}n\mathrm{d}A = 0$$

整理上式，并分别列 y 和 z 方向的静力平衡方程，得：

$$\left.\begin{aligned} S_x &= \sigma_x l + \tau_{yx}m + \tau_{zx}n \\ S_y &= \tau_{xy}l + \sigma_y m + \tau_{zy}n \\ S_z &= \tau_{xz}l + \tau_{yz}m + \sigma_z n \end{aligned}\right\} \tag{6-3}$$

因在任意斜切面 ABC 上的全应力 S 为

$$S^2 = S_x^2 + S_y^2 + S_z^2 \tag{6-4}$$

求出 S_x、S_y、S_z 在法线方向上的投影之和，得正应力

$$\sigma = S_x l + S_y m + S_z n$$

将式（6-3）代入上式，得

$$\sigma = \sigma_x l^2 + \sigma_y m^2 + \sigma_z n^2 + 2(\tau_{xy}lm + \tau_{yz}mn + \tau_{zx}nl) \tag{6-5}$$

由于　　$S^2 = \sigma^2 + \tau^2$

所以，斜切面上的切应力为

$$\tau^2 = S^2 - \sigma^2 \tag{6-6}$$

由式（6-4）、式（6-5）及式（6-6）可见，任意斜面上的全应力、正应力及切应力都可用六个独立应力分量表示，这些分量对于确定任意斜面上的应力是缺一不可的。

6.1.3 主应力

当微分斜面 ABC 所处的方位不同时，其方向余弦也不同，该面上全应力 S 的大小和方向亦不同。可以证明，必有一斜切面（设其方向余弦为 l、m、n），其上只有正应力，而切应力为零，即 $\sigma = S$，$\tau = 0$。则此正应力称为主应力，该

面的法向 QN 称为主轴方向，该斜切面称为主平面。主应力 σ 在三个坐标轴上的分量分别为

$$S_x = \sigma l \qquad S_y = \sigma m \qquad S_z = \sigma n$$

由式（6-3）知：

$$\begin{cases} S_x = \sigma l = \sigma_x l + \tau_{yx} m + \tau_{zx} n \\ S_y = \sigma m = \tau_{xy} l + \sigma_y m + \tau_{zy} n \\ S_z = \sigma n = \tau_{xz} l + \tau_{yz} m + \sigma_z n \end{cases}$$

整理得：

$$\begin{cases} (\sigma_x - \sigma) l + \tau_{yx} m + \tau_{zx} n = 0 \\ \tau_{xy} l + (\sigma_y - \sigma) m + \tau_{zy} n = 0 \\ \tau_{xz} l + \tau_{yz} m + (\sigma_z - \sigma) n = 0 \end{cases} \tag{6-7}$$

式（6-7）是关于 l、m、n 的线性齐次方程组。由于它们不能同时为零，根据方程组理论，方程组的判别式恒等于零，则

$$\begin{vmatrix} \sigma_x - \sigma & \tau_{yx} & \tau_{zx} \\ \tau_{xy} & \sigma_y - \sigma & \tau_{zy} \\ \tau_{xz} & \tau_{yz} & \sigma_2 - \sigma \end{vmatrix} \equiv 0 \tag{6-8}$$

展开式（6-8），并经整理后得

$$\sigma^3 - (\sigma_x + \sigma_y + \sigma_z)\sigma^2 + [\sigma_x\sigma_y + \sigma_y\sigma_z + \sigma_z\sigma_x - (\tau_{xy}^2 + \tau_{yz}^2 + \tau_{zx}^2)]\sigma - [\sigma_x\sigma_y\sigma_z + 2\tau_{xy}\tau_{yz}\tau_{zx} - (\sigma_x\tau_{yz}^2 + \sigma_y\tau_{zx}^2 + \sigma_z\tau_{xy}^2)] = 0 \tag{6-9}$$

令

$$\left.\begin{aligned} I_1 &= \sigma_x + \sigma_y + \sigma_z \\ I_2 &= -(\sigma_x\sigma_y + \sigma_y\sigma_z + \sigma_z\sigma_x) + \tau_{xy}^2 + \tau_{yz}^2 + \tau_{zx}^2 \\ I_3 &= \sigma_x\sigma_y\sigma_z + 2\tau_{xy}\tau_{yz}\tau_{zx} - (\sigma_x\tau_{yz}^2 + \sigma_y\tau_{zx}^2 + \sigma_z\tau_{xy}^2) \end{aligned}\right\} \tag{6-10}$$

代入式（6-9），得

$$\sigma^3 - I_1\sigma^2 - I_2\sigma - I_3 = 0 \tag{6-11}$$

式（6-11）是以主应力为未知数的一元三次方程式，称为应力状态的特征方程。此方程式可求得三个主应力分量 σ_1、σ_2 和 σ_3，并且这三个主应力分量均为实数根。主应力分量的作用方向可由式（6-7）与关系式 $l^2+m^2+n^2=1$ 联立求得。

如果取三个主方向为坐标轴，即用主轴 1、2、3 代替任意坐标轴 x、y、z，那么在主轴系统中任意斜切面上的全应力 S、正应力 σ 和切应力 τ，将由式（6-3）、式（6-4）、式（6-5）变成如下的形式：

$$\left.\begin{aligned} S^2 &= \sigma_1^2 l^2 + \sigma_2^2 m^2 + \sigma_3^2 n^2 \\ \sigma &= \sigma_1 l^2 + \sigma_2 m^2 + \sigma_3 n^2 \\ \tau^2 &= \sigma_1^2 l^2 + \sigma_2^2 m^2 + \sigma_3^2 n^2 - (\sigma_1 l^2 + \sigma_2 m^2 + \sigma_3 n^2)^2 \end{aligned}\right\} \tag{6-12}$$

例：作用在某点的应力分量分别为 $\sigma_x=\sigma_y=20\times10^7\text{Pa}$，$\tau_{xy}=\tau_{yx}=10\times10^7\text{Pa}$，$\sigma_z=0$，$\tau_{xz}=\tau_{zx}=\tau_{yz}=\tau_{zy}=0$，试求主应力分量大小和方向。

解：（1）求主应力分量的大小

$$I_1=\sigma_x+\sigma_y+\sigma_z=(20+20)\times10^7\text{Pa}=40\times10^7\text{Pa}$$

$$I_2=-(\sigma_x\sigma_y+\sigma_y\sigma_z+\sigma_z\sigma_x)+\tau_{xy}^2+\tau_{yz}^2+\tau_{zx}^2$$
$$=-400\times10^7\text{Pa}+100\times10^7\text{Pa}=-300\times10^7\text{Pa}$$

$$I_3=\sigma_x\sigma_y\sigma_z+2\tau_{xy}\tau_{yz}\tau_{zx}-(\sigma_x\tau_{yz}^2+\sigma_y\tau_{xz}^2+\sigma_z\tau_{xy}^2)=0$$

将 I_1、I_2 和 I_3 之值代入方程式（6-11），得

$$\sigma^3-40\sigma^2+300\sigma=0$$

解得　$\sigma_1=30\times10^7\text{Pa}$　　$\sigma_2=10\times10^7\text{Pa}$　　$\sigma_3=0$

（2）求三个主应力分量的作用方向

解：求主应力 $\sigma_1=30\times10^7\text{Pa}$ 这个微分面的方向。

将各应力分量 σ_x、σ_y、σ_z、τ_{xy}、τ_{yx}、τ_{yz}、τ_{zy}、τ_{zx}、τ_{xz} 代入式（6-7），并联立关系式 $l^2+m^2+n^2=1$，经化简后得

$$\begin{cases}-10l+10m=0\\ n=0\\ l^2+m^2+n^2=1\end{cases}$$

解方程组得

$$\begin{cases}l_1=\pm\dfrac{\sqrt{2}}{2}\\ m_1=\pm\dfrac{\sqrt{2}}{2}\\ n_1=0\end{cases}$$

同理，可求得 σ_2 和 σ_3 所作用的微分平面的方向分别为：

$$\begin{cases}l_2=\pm\dfrac{\sqrt{2}}{2}\\ m_2=\pm\dfrac{\sqrt{2}}{2}\\ n_2=0\end{cases}\qquad\begin{cases}l_3=0\\ m_3=0\\ n_3=\pm1\end{cases}$$

6.1.4　应力张量

当选取不同坐标系时，点的应力状态虽然没有改变，但是表示该点应力状态的九个应力分量将随着发生变化，并且这一变化呈线性关系。因此，点的应力状态是一个二阶张量，叫做应力张量，用符号 $\boldsymbol{\sigma}_{ij}(i,\ j=x,\ y,\ z)$ 来表示。使角标 i，j 分别依次等于 x、y、z，即可得到九个应力分量。例如 $i=x$，$j=x$，可得正应

力分量 σ_x；$i=x$，$j=y$ 则得切应力分量 τ_{xy}。应力张量可写成：

$$\boldsymbol{\sigma}_{ij}=\begin{Bmatrix}\sigma_x & \tau_{xy} & \tau_{xz}\\ \tau_{yx} & \sigma_y & \tau_{yz}\\ \tau_{zx} & \tau_{zy} & \sigma_z\end{Bmatrix} \tag{6-13}$$

在主轴系统，应力张量的表达形式为

$$\boldsymbol{\sigma}_{ij}=\begin{Bmatrix}\sigma_1 & 0 & 0\\ 0 & \sigma_2 & 0\\ 0 & 0 & \sigma_3\end{Bmatrix} \tag{6-14}$$

由于切应力互等，可发现式（6-13）和式（6-14）矩阵中主对角线的两边是对称的，这种张量叫做对称张量。

6.1.4.1　应力张量不变量

由式（6-9）可知，主应力分量具有唯一解。在不同坐标轴系统中各应力分量的数值虽不同，但是方程式的系数是不变的量。由于这些系数是由应力张量组成，故称这些系数为应力张量不变量。

在式（6-10）中，I_1 称为应力张量第一不变量（又称线性不变量），I_2 称为应力张量第二不变量（又称平方不变量），I_3 称为应力张量第三不变量（又称立方不变量）。

应力张量不变量具有十分重要的意义，它标志着应力状态与坐标轴系统的选择无关。利用三个不变量可以判定两个张量是不同的应力状态，还是同一应力状态在不同坐标系统下的表达形式。

例题 1：已知二个应力张量

$$\boldsymbol{\sigma}_{ij}(a)=\begin{Bmatrix}40 & 0 & 0\\ 0 & 20 & 0\\ 0 & 0 & 0\end{Bmatrix},\quad \boldsymbol{\sigma}_{ij}(b)=\begin{Bmatrix}30 & 10 & 0\\ 10 & 30 & 0\\ 0 & 0 & 0\end{Bmatrix},$$

试判别它们是否属于同一应力状态？

解：分别写出二个应力张量的三个不变量

$$\left.\begin{aligned}I_{1(a)}&=40+20=60\\ I_{2(a)}&=-40\times 20=-800\\ I_{3(a)}&=0\end{aligned}\right\}\quad \left.\begin{aligned}I_{1(b)}&=30+30=60\\ I_{2(b)}&=-(30\times 30)+10^2=-800\\ I_{3(b)}&=0\end{aligned}\right\}$$

由于这两个应力张量的三个不变量分别都相等，所以它们属于同一应力状态。

例题 2：已知应力张量 $\boldsymbol{\sigma}_{ij}(a)=\begin{Bmatrix}70 & 5 & 0\\ 5 & 30 & 0\\ 0 & 0 & 0\end{Bmatrix}$ 和 $\boldsymbol{\sigma}_{ij}(b)=\begin{Bmatrix}60 & 5 & 0\\ 5 & 40 & 0\\ 0 & 0 & 0\end{Bmatrix}$，

试判别它们的应力状态是否相同？

解：分别写出二个应力张量的三个不变量

$$\left.\begin{aligned}I_{1(a)}&=70+30=100\\I_{2(a)}&=-(70\times30)+5^2=-2075\\I_{3(a)}&=0\end{aligned}\right\}\qquad\left.\begin{aligned}I_{1(b)}&=60+40=100\\I_{2(b)}&=-(60\times40)+5^2=-2375\\I_{3(b)}&=0\end{aligned}\right\}$$

由于这二个应力张量的三个不变量不是分别相等，所以它们的应力状态是不相同的。

6.1.4.2　应力球张量和应力偏张量

设：

$$\sigma_m=\frac{1}{3}(\sigma_x+\sigma_y+\sigma_z)=\frac{1}{3}(\sigma_1+\sigma_2+\sigma_3)\tag{6-15}$$

σ_m 叫做平均应力，是与所取坐标轴无关的不变量，对于一个确定的应力状态，它是单值的。于是，三个正应力分量可写成如下形式

$$\left.\begin{aligned}\sigma_x&=(\sigma_x-\sigma_m)+\sigma_m=\sigma'_x+\sigma_m\\\sigma_y&=(\sigma_y-\sigma_m)+\sigma_m=\sigma'_y+\sigma_m\\\sigma_z&=(\sigma_z-\sigma_m)+\sigma_m=\sigma'_z+\sigma_m\end{aligned}\right\}\tag{6-16}$$

代入式（6-13），则有

$$\boldsymbol{\sigma}_{ij}=\begin{Bmatrix}\sigma'_x+\sigma_m & \tau_{xy} & \tau_{xz}\\ \tau_{yx} & \sigma'_y+\sigma_m & \tau_{yz}\\ \tau_{zx} & \tau_{zy} & \sigma'_z+\sigma_m\end{Bmatrix}=$$

$$\begin{Bmatrix}\sigma'_x & \tau_{xy} & \tau_{xz}\\ \tau_{yx} & \sigma'_y & \tau_{yz}\\ \tau_{zx} & \tau_{zy} & \sigma'_z\end{Bmatrix}+\begin{Bmatrix}\sigma_m & 0 & 0\\ 0 & \sigma_m & 0\\ 0 & 0 & \sigma_m\end{Bmatrix}\tag{6-17}$$

用张量符号可将式（6-17）写成

$$\boldsymbol{\sigma}_{ij}=\boldsymbol{\sigma}'_{ij}+\delta_{ij}\sigma_m\tag{6-18}$$

式（6-18）中，δ_{ij}称为克氏符号。当 $i=j$ 时，$\delta_{ij}=1$；当 $i\neq j$ 时，$\delta_{ij}=0$。例如 $\delta_{xx}=1$，$\delta_{xy}=0$ 等。使用克氏符号可将角标不同的元素去掉。

式（6-18）中等号右边的第二个张量 $\delta_{ij}\sigma_m$ 表示一种球应力状态，故称为应力球张量。在球应力状态下，任何方向都是主应力方向，而各主应力分量 σ_m 都相同，所以 σ_m 又称为静液应力。同时，由于球应力状态在任何斜切面上都没有切应力，所以它不能使物体产生形状变形或塑性变形，而只能产生体积变化。但实验表明，应力球张量的代数值减小，可以提高材料的塑性变形能力。

式（6-18）中，张量 $\boldsymbol{\sigma}'_{ik}$ 叫做应力偏张量。它是由原应力张量减去球张量后得到的，即

$$\boldsymbol{\sigma}'_{ij}=\boldsymbol{\sigma}_{ij}-\delta_{ij}\sigma_m$$

由于 $\boldsymbol{\sigma}'_{ij}$ 保留了原应力张量中的全部切应力分量而不包含各向等应力成分，所以它只能使物体产生形状变化，而不产生体积变化。材料的塑性变形也主要与应力偏张量有关。

应力偏张量也有与应力张量表示方式相同的三个不变量，用 J_1、J_2、及 J_3 表示。

$$\left.\begin{aligned} J_1 &= \sigma'_x+\sigma'_y+\sigma'_z=(\sigma_x-\sigma_m)+(\sigma_y-\sigma_m)+(\sigma_z-\sigma_m)=0 \\ J_2 &= -(\sigma'_x\sigma'_y+\sigma'_y\sigma'_z+\sigma'_z\sigma'_x)+\tau_{xy}^2+\tau_{yz}^2+\tau_{zx}^2 \\ &= \frac{1}{6}[(\sigma_x-\sigma_y)^2+(\sigma_y-\sigma_z)^2+(\sigma_z-\sigma_x)^2]+\tau_{xy}^2+\tau_{yz}^2+\tau_{zx}^2 \\ J_3 &= \begin{vmatrix} \sigma'_x & \tau_{xy} & \tau_{xz} \\ \tau_{yx} & \sigma'_y & \tau_{yz} \\ \tau_{zx} & \tau_{zy} & \sigma'_z \end{vmatrix} \end{aligned}\right\} \tag{6-19}$$

在主轴系统下：

$$\left.\begin{aligned} J_1 &= 0 \\ J_2 &= \frac{1}{6}[(\sigma_1-\sigma_2)^2+(\sigma_2-\sigma_3)^2+(\sigma_3-\sigma_1)^2] \\ J_3 &= \sigma'_1\sigma'_2\sigma'_3 \end{aligned}\right\} \tag{6-20}$$

6.1.5　应力莫尔圆

在主轴系统中，与三个主轴交角方向余弦值分别为 l、m、n 的斜切面上的正应力、切应力以及方向余弦之间有如下关系：

$$\sigma=\sigma_1 l^2+\sigma_2 m^2+\sigma_3 n^2$$

$$\tau^2+\sigma^2=\sigma_1^2 l^2+\sigma_2^2 m^2+\sigma_3^2 n^2$$

$$l^2+m^2+n^2=1$$

利用以上关系进行数学处理之后可得：

$$\left.\begin{aligned} \left(\sigma-\frac{\sigma_2+\sigma_3}{2}\right)^2+\tau^2 &= \left(\frac{\sigma_2-\sigma_3}{2}\right)^2+l^2(\sigma_1-\sigma_2)(\sigma_1-\sigma_3) \\ \left(\sigma-\frac{\sigma_3+\sigma_1}{2}\right)^2+\tau^2 &= \left(\frac{\sigma_3-\sigma_1}{2}\right)^2+m^2(\sigma_2-\sigma_1)(\sigma_2-\sigma_3) \\ \left(\sigma-\frac{\sigma_1+\sigma_2}{2}\right)^2+\tau^2 &= \left(\frac{\sigma_1-\sigma_2}{2}\right)^2+n^2(\sigma_3-\sigma_1)(\sigma_3-\sigma_2) \end{aligned}\right\} \tag{6-21}$$

式（6-21）为 σ-τ 直角坐标中三个圆的表达式。圆心坐标分别为 $\left(\frac{\sigma_2+\sigma_3}{2}, 0\right)$、$\left(\frac{\sigma_1+\sigma_3}{2}, 0\right)$、$\left(\frac{\sigma_1+\sigma_2}{2}, 0\right)$，圆的半径分别为式（6-21）中等号右边的平方根。

对于一特定的斜截面，对应着一组特定的方向余弦值 l、m、n。它所在平面的位置和其上的应力（σ、τ）可由式（6-21）所表示的三个圆的交点 P 的坐标确定（图 6-4）。

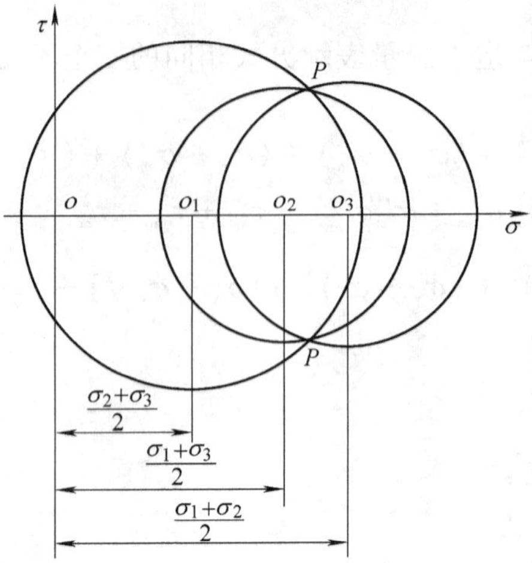

图 6-4　l、m、n 分别为定值时 σ-τ 的变化规律

设 $\sigma_1>\sigma_2>\sigma_3$，且 l、m、n 分别为零时，三个圆组成两个较小的外接圆并与最大圆内切的几何图形，该图形称为应力摩尔圆（图 6-5）。可以证明，任一斜截面上的应力（σ、τ）必在图 6-5 中的阴影部分，并可由应力摩尔圆来确定。

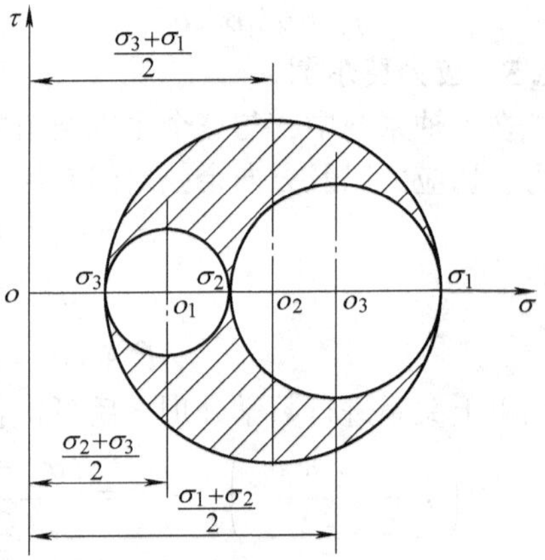

图 6-5　应力莫尔圆

6.1.6　过受应力作用点的典型平面

过受应力作用点的某些平面具有特殊性质，称这些平面为典型平面。典型平面有主平面、主切平面和八面体平面。它们的位置及其上面的应力大小均可从应力莫尔圆上求出（图 6-6）。

1. 主平面　图 6-6 中，A、B、C 三点分别代表三个主平面，在这三个主平面上只有正应力，没有切应力。正应力 σ_1、σ_2 和 σ_3 为主应力，它们在空间的位置及其上的主应力如图 6-7 所示。

2. 主切平面　图 6-6 中的 D、E、F、G、H、I 六个点分别代表六个主切平面（其中 F、G 两点代表两个最大主切平面）。它们所在的空间位置如图 6-8 所示。这六个主切平面上的应力大小为

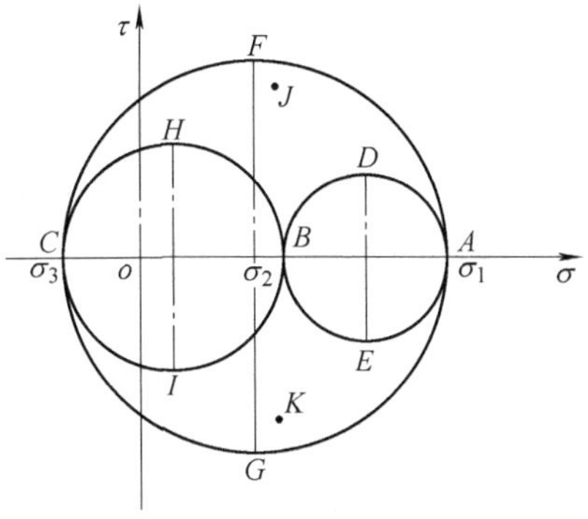

图 6-6　应力莫尔圆及典型平面

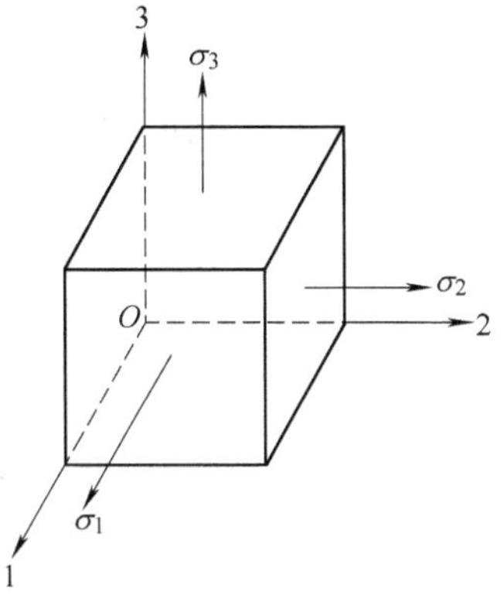

图 6-7　主平面及其上的主应力

$$
\left.\begin{aligned}
\tau_{12} &= \pm\frac{1}{2}(\sigma_1 - \sigma_2) & \sigma_{12} &= \frac{1}{2}(\sigma_1 + \sigma_2) \\
\tau_{23} &= \pm\frac{1}{2}(\sigma_2 - \sigma_3) & \sigma_{23} &= \frac{1}{2}(\sigma_2 + \sigma_3) \\
\tau_{31} &= \pm\frac{1}{2}(\sigma_3 - \sigma_1) & \sigma_{31} &= \frac{1}{2}(\sigma_3 + \sigma_1)
\end{aligned}\right\} \tag{6-22}
$$

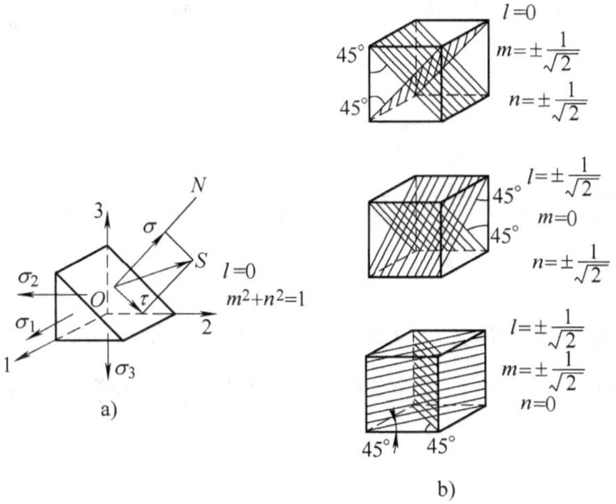

图 6-8　主切平面在空间的位置

a）应力分析　b）主切平面空间位置

即：主切平面上的切应力等于相应两主应力之差的一半，其上的正应力等于相应两主应力之和的一半。

3. 八面体平面　在主应力坐标系统中，有四对与三主轴等倾斜（$|l| = |m| = |n|$）的平面，组成一个正八面体，其空间位置如图 6-9 所示。其上的应

力为

$$
\left.\begin{aligned}
\sigma_8 &= \sigma_1 l^2 + \sigma_2 m^2 + \sigma_3 n^2 = \frac{1}{3}(\sigma_1 + \sigma_2 + \sigma_3) = \frac{I_1}{3} = \sigma_m \\
\tau_8 &= \pm \frac{1}{3}\sqrt{(\sigma_1 - \sigma_2)^2 + (\sigma_2 - \sigma_3)^2 + (\sigma_3 - \sigma_1)^2} = \pm \sqrt{\frac{2}{3}J_2}
\end{aligned}\right\} \quad (6\text{-}23)
$$

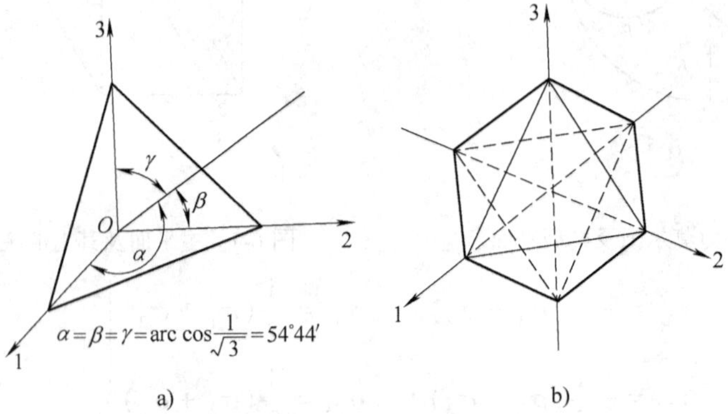

图 6-9　八面体平面在空间的位置

a）八面体平面　b）正八面体

σ_8、τ_8 分别表示八面体平面上的正应力和切应力。在任意坐标系统中，其值为

$$
\left.\begin{aligned}
\sigma_8 &= \frac{1}{3}(\sigma_x + \sigma_y + \sigma_z) \\
\tau_8 &= \pm \frac{1}{3}\sqrt{(\sigma_x - \sigma_y)^2 + (\sigma_y - \sigma_z)^2 + (\sigma_z - \sigma_x)^2 + 6(\tau_{xy}^2 + \tau_{yz}^2 + \tau_{zx}^2)}
\end{aligned}\right\}
$$

(6-24)

将八面体平面上的切应力 τ_8 取绝对值，并乘以 $3/\sqrt{2}$ 所得的参量仍是一个不变量，称为“等效应力”，也称广义应力和应力强度，用符号 $\overline{\sigma}$ 表示。其表达式为

$$
\begin{aligned}
\overline{\sigma} &= \frac{3}{\sqrt{2}}\tau_8 = \sqrt{3J_2} \\
&= \sqrt{\frac{1}{2}[(\sigma_x - \sigma_y)^2 + (\sigma_y - \sigma_z)^2 + (\sigma_z - \sigma_x)^2 + 6(\tau_{xy}^2 + \tau_{yz}^2 + \tau_{zx}^2)]}
\end{aligned}
$$

(6-25)

等效应力 $\overline{\sigma}$ 不是某个特定平面上的应力，但是它和塑性变形的关系是很密切的。由上所述，典型平面有三个主平面、六个主切平面和四个八面体平面，共十三个平面。

6.1.7　应力平衡微分方程

在直角坐标系统中，设变形物体（质点均匀连续体）内有一受应力作用的质点 Q，其坐标为 x，y，z。以 Q 为顶点切取一个边长为 $\mathrm{d}x$、$\mathrm{d}y$、$\mathrm{d}z$ 的微分平行六面体，其六面体另一顶点 Q' 的坐标即为 $x+\mathrm{d}x$、$y+\mathrm{d}y$、$z+\mathrm{d}z$。由于坐标的微量变化，各个应力分量也将产生微量的变化。

在一般情况下，均可认为应力分量是坐标的连续函数，而且有连续的一阶偏导数，各面上的应力分量如图 6-10。

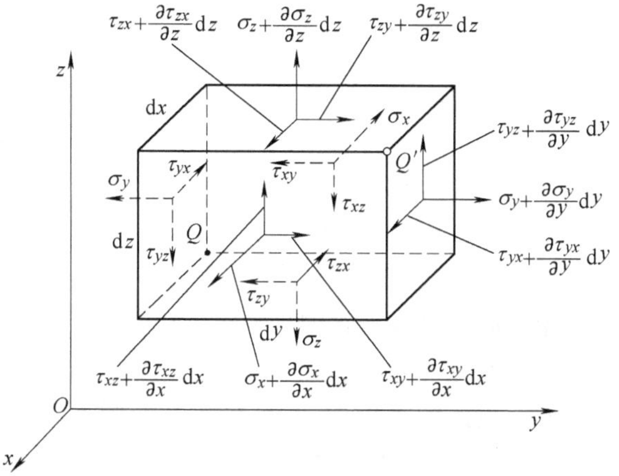

图 6-10　单元体六个面上的应力分量

设图 6-10 所示的单元体处于静力平衡状态，且不考虑体积力，则由 x 方向的平衡条件 $\sum p_x = 0$，有

$$\left(\sigma_x + \frac{\partial\sigma_x}{\partial x}\mathrm{d}x\right)\mathrm{d}y\mathrm{d}z + \left(\tau_{yx} + \frac{\partial\tau_{yx}}{\partial y}\mathrm{d}y\right)\mathrm{d}x\mathrm{d}z + \left(\tau_{zx} + \frac{\partial\tau_{zx}}{\partial z}\mathrm{d}z\right)\mathrm{d}x\mathrm{d}y -$$

$$\sigma_x\mathrm{d}y\mathrm{d}z - \tau_{yx}\mathrm{d}z\mathrm{d}x - \tau_{zx}\mathrm{d}x\mathrm{d}y = 0$$

整理上式，并分别取 y 方向和 z 方向的平衡，于是可得质点的应力平衡微分方程组为

$$\left.\begin{aligned}\frac{\partial\sigma_x}{\partial x} + \frac{\partial\tau_{yx}}{\partial y} + \frac{\partial\tau_{zx}}{\partial z} = 0\\ \frac{\partial\tau_{xy}}{\partial x} + \frac{\partial\sigma_y}{\partial y} + \frac{\partial\tau_{zy}}{\partial z} = 0\\ \frac{\partial\tau_{xz}}{\partial x} + \frac{\partial\tau_{yz}}{\partial y} + \frac{\partial\sigma_z}{\partial z} = 0\end{aligned}\right\} \tag{6-26}$$

简记为

$$\frac{\partial\sigma_{ij}}{\partial x_i}=0 \tag{6-27}$$

在式（6-26）所列的应力平衡微分方程组中，共有六个未知的应力分量，是超静定的，需要补充方程才能求解。

考虑转矩的平衡，还可以证明式（6-2）所示切应力互等定理。

6.1.8　平面应力与平面应变状态

6.1.8.1　平面应力状态

所谓平面应力状态是指两个方向有应力分量，另一个方向所有应力分量为零的应力状态。

设某平面应力在 z 方向的应力分量为零，则其应力张量为：

$$\boldsymbol{\sigma}_{ij} = \begin{bmatrix} \sigma_x & \tau_{yx} \\ \tau_{xy} & \sigma_y \end{bmatrix}$$

其应力莫尔圆方程为

$$\left(\sigma - \frac{\sigma_x + \sigma_y}{2}\right)^2 + \tau^2 = \left(\frac{\sigma_x - \sigma_y}{2}\right)^2 + \tau_{xy}^2 \tag{6-28}$$

在主轴系统下：

$$\left(\sigma - \frac{\sigma_1 + \sigma_2}{2}\right)^2 + \tau^2 = \left(\frac{\sigma_1 - \sigma_2}{2}\right)^2 \tag{6-29}$$

在一般情况下，必须先求出主应力才能作出莫尔圆，但式（6-28）是用 σ_x、σ_y、τ_{xy} 等分量表示的，可以直接用它们作出莫尔圆，而且还可以通过莫尔圆求主应力、主方向等所需要的参数。如图 6-11 所示，在 σ-τ 坐标平面上作出 $L(\sigma_x, \tau_{xy})$ 及 $M(\sigma_y, \tau_{yx})$ 两点，连接 LM 交 σ 轴于 σ_3 点，以 σ_3 为圆心，$\sigma_3 L$ 或 $\sigma_3 M$ 为半径作圆，即为应力莫尔圆。

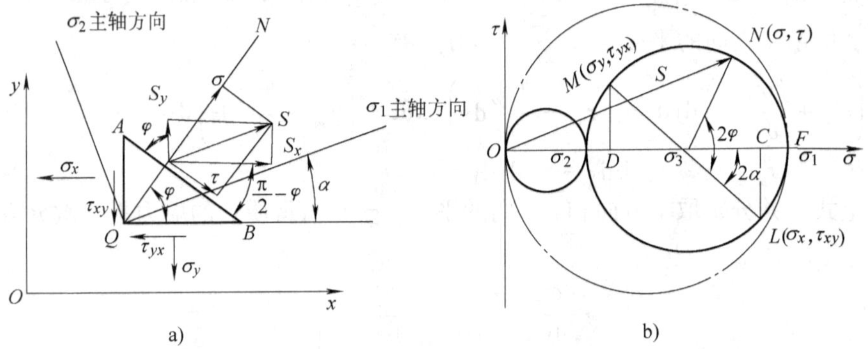

图 6-11　平面应力下的应力摩尔圆

a）应力分析　b）σ-τ 坐标平面

由应力莫尔圆中 $\sigma_3 L$ 与 σ 轴的夹角为 2α，说明主平面与 x 轴之间的物理夹角为 α。由几何关系可求得：

$$\left.\begin{aligned} &\alpha = \frac{1}{2}\tan^{-1}\frac{-2\tau_{xy}}{\sigma_x - \sigma_y} \\ &\left.\begin{matrix}\sigma_1 \\ \sigma_2\end{matrix}\right\} = \frac{\sigma_x + \sigma_y}{2} \pm \sqrt{\left(\frac{\sigma_x - \sigma_y}{2}\right)^2 + \tau_{xy}^2} \\ &\tau_{12} = \pm R = \pm\sqrt{\left(\frac{\sigma_x - \sigma_y}{2}\right)^2 + \tau_{xy}^2} \end{aligned}\right\} \tag{6-30}$$

6.1.8.2　平面应变状态

平面应变状态是指只能引起两个方向变形的应力状态，它一般是三向应力状

态。不变形方向上的正应力为另外两个正应力之和的一半，即平均正应力，切应力为零。其应力张量为

$$\boldsymbol{\sigma}_{\sigma j}=\begin{bmatrix}\sigma_x & \tau_{xy} & 0\\ \tau_{yx} & \sigma_y & 0\\ 0 & 0 & \dfrac{\sigma_x+\sigma_y}{2}\end{bmatrix}$$

这时，根据其应力莫尔圆（图 6-12）可求出主应力分量与任意分量之间的关系为

$$\left.\begin{aligned}\left.\begin{matrix}\sigma_x\\ \sigma_y\end{matrix}\right\}&=\frac{\sigma_1+\sigma_3}{2}\pm\frac{\sigma_1-\sigma_3}{2}\cos2\alpha\\ &=\sigma_2\pm\tau_{31}\cos2\alpha=\sigma_m\pm\tau_{31}\cos2\alpha\\ \tau_{xy}&=\frac{\sigma_1-\sigma_3}{2}\sin2\alpha=\tau_{31}\sin2\alpha\end{aligned}\right\}\tag{6-31}$$

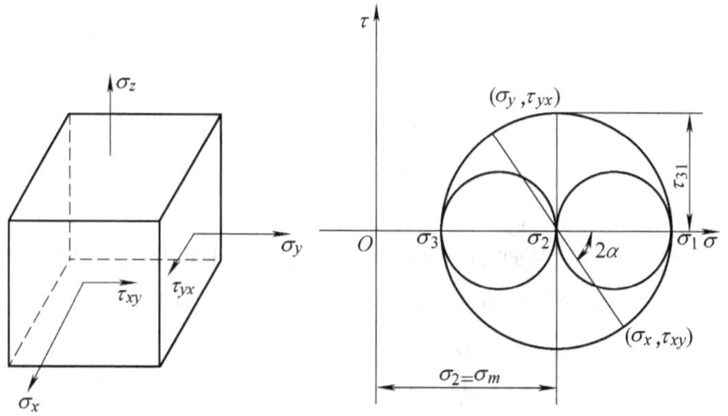

图 6-12　平面应变状态及其应力莫尔圆

6.1.8.3　平衡微分方程

在平面应力与平面应变状态条件下，设所有应力分量与 z 轴无关，则其平衡微分方程为

$$\left.\begin{aligned}\frac{\partial\sigma_x}{\partial x}+\frac{\partial\tau_{yx}}{\partial y}=0\\ \frac{\partial\tau_{xy}}{\partial x}+\frac{\partial\sigma_y}{\partial y}=0\end{aligned}\right\}\tag{6-32}$$

6.1.9　轴对称应力状态

当物体的几何形状约束及受力情况都对称于某一轴时，则其应力状态称为轴对称应力状态，如圆柱体的镦粗、冲孔、挤压、拉拔等工艺都是轴对称应力状态的实例。处于轴对称应力状态时，回转体的每个子午面都始终保持平面，而且各

子午面之间的夹角始终不变。

由于变形体是回转体，所以采用圆柱坐标或球坐标更为方便。图6-13是圆柱坐标系中单元体上的应力分量。

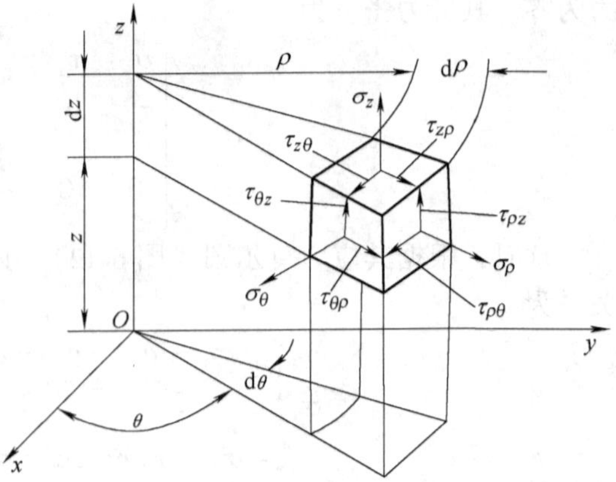

图 6-13 圆柱坐标系中单元体上的应力分量

轴对称应力状态时，由于子午面（也即 θ 面）在变形过程中始终不会扭曲，所以，在 θ 面上没有切应力，即 $\tau_{\rho\theta}=\tau_{\theta z}=0$，$\sigma_\theta$ 永远是主应力，其应力张量为

$$\boldsymbol{\sigma}_{ij}=\begin{Bmatrix}\sigma_\rho & 0 & \tau_{\rho z}\\ 0 & \sigma_\theta & 0\\ \tau_{z\rho} & 0 & \sigma_z\end{Bmatrix} \tag{6-33}$$

同时，各应力分量均与 θ 无关，对 θ 的偏导数都为零。所以，用圆柱坐标时的微分方程为

$$\begin{cases}\dfrac{\partial\sigma_\rho}{\partial\rho}+\dfrac{\partial\tau_{z\rho}}{\partial z}+\dfrac{\sigma_\rho-\sigma_\theta}{\rho}=0\\[2mm] \dfrac{\partial\tau_{\rho z}}{\partial\rho}+\dfrac{\partial\sigma_z}{\partial z}+\dfrac{\tau_{\rho z}}{\rho}=0\end{cases} \tag{6-34}$$

工程问题中有时不仅是轴对称问题，而且还有平面问题，即所有应力分量与 Z 轴无关，这时的偏微分方程可以变为常微分方程，即

$$\frac{\mathrm{d}\sigma_\rho}{\mathrm{d}\rho}-\frac{\sigma_\rho-\sigma_\theta}{\rho}=0 \tag{6-35}$$

球坐标时的单元体及应力状态如图6-14所示，其应力分量为 σ_ρ、σ_θ、σ_φ、$\tau_{\rho\theta}$、$\tau_{\theta\varphi}$、$\tau_{\varphi\rho}$。一般的平衡微分方程为

$$\left.\begin{aligned}&\frac{\partial\sigma_\rho}{\partial\rho}+\frac{1}{\rho\sin\varphi}\frac{\partial\tau_{\theta\rho}}{\partial\theta}+\frac{1}{\rho}\frac{\partial\tau_{\varphi\rho}}{\partial\varphi}+\frac{1}{\rho}(2\sigma_\rho-\sigma_\theta-\sigma_\varphi+\tau_{\varphi\rho}\cot\varphi)=0\\ &\frac{\partial\tau_{\rho\theta}}{\partial\rho}+\frac{1}{\rho\sin\varphi}\frac{\partial\sigma_\theta}{\partial\theta}+\frac{1}{\rho}\frac{\partial\tau_{\varphi\theta}}{\partial\varphi}+\frac{1}{\rho}(3\tau_{\rho\theta}+2\tau_{\varphi\theta}\cot\varphi)=0\\ &\frac{\partial\tau_{\rho\varphi}}{\partial\rho}+\frac{1}{\rho\sin\varphi}\frac{\partial\tau_{\theta\varphi}}{\partial\theta}+\frac{1}{\rho}\frac{\partial\sigma_\varphi}{\partial\varphi}+\frac{1}{\rho}[(\sigma_\varphi-\sigma_\theta)\cot\varphi+3\tau_{\rho\varphi}]=0\end{aligned}\right\} \tag{6-36}$$

轴对称应力状态时，$\tau_{\theta\rho}=\tau_{\theta\varphi}=0$，各应力分量对 θ 的偏导数为零，故用球坐标时其平衡微分方程为

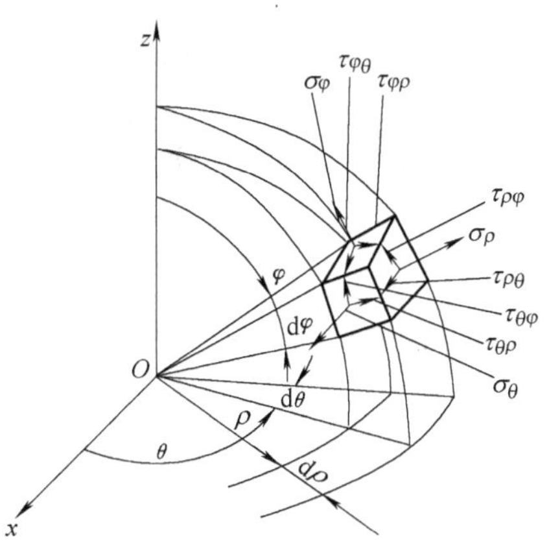

图 6-14　球坐标系中单元体上的应力分量

$$\left.\begin{aligned}\frac{\partial\sigma_\rho}{\partial\rho}+\frac{1}{\rho}\frac{\partial\tau_{\varphi\rho}}{\partial\varphi}+\frac{1}{\rho}(2\sigma_\rho-\sigma_\theta-\sigma_\varphi+\tau_{\rho\varphi}\cot\varphi)=0\\ \frac{\partial\tau_{\rho\varphi}}{\partial\rho}+\frac{1}{\rho}\frac{\partial\sigma_\varphi}{\partial\varphi}+\frac{1}{\rho}[(\sigma_\varphi-\sigma_\theta)\cot\varphi+3\tau_{\rho\varphi}]=0\end{aligned}\right\}\tag{6-37}$$

6.2　应变状态分析

6.2.1　应变和主应变图

6.2.1.1　线长应变的表示方法

线长变形通常采用绝对变形、相对应变和真实应变（对数应变）三种。

用变形前后某一方向上的尺寸变化量表示的变形称为绝对变形，如图 6-15 中，三个方向的绝对变形表示为：

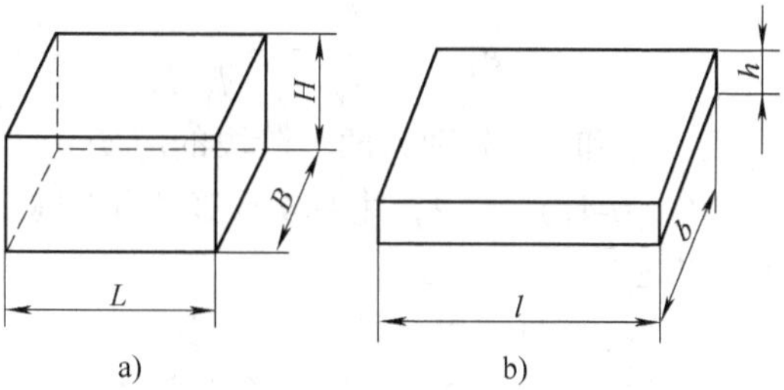

图 6-15　平行六面体变形前后的尺寸

a）变形前　b）变形后

$$\left.\begin{aligned}&\text{压下量}\quad \Delta h=h-H\\&\text{展宽量}\quad \Delta b=b-B\\&\text{伸长量}\quad \Delta l=l-L\end{aligned}\right\}\tag{6-38}$$

相对应变是用绝对变形量与工件原始尺寸之比来表示的，则图 6-15 中三个主轴方向的相对主应变为

$$\left.\begin{aligned}\delta_1 &= \frac{l-L}{L}\times 100\% \\ \delta_2 &= \frac{b-B}{B}\times 100\% \\ \delta_3 &= \frac{h-H}{H}\times 100\%\end{aligned}\right\} \tag{6-39}$$

真实应变又称对数应变，用变形前后尺寸之比的自然对数表示：

$$\left.\begin{aligned}\varepsilon_1 &= \ln\frac{l}{L} \\ \varepsilon_2 &= \ln\frac{b}{B} \\ \varepsilon_3 &= \ln\frac{h}{H}\end{aligned}\right\} \tag{6-40}$$

式中，ε_1、ε_2、ε_3 分别为三个主轴方向的真实应变。

6.2.1.2 真实应变的特性

将真实应变 ε 进行级数展开后与相对应变进行比较，可见，当应变量很小时，如 δ 小于 10%时，真实应变与相对应变比较接近；但当变形量大时，两者的差别也增大。

真实应变 ε 具有可加性，而相对应变 δ 无可加性。如工件的长度由 l_1 经由 l_2 变到 l_3，采用真实应变表示时总应变为

$$\varepsilon_1 = \ln\frac{l_3}{l_1} = \ln\frac{l_2}{l_1}\frac{l_3}{l_2} = \ln\frac{l_2}{l_1} + \ln\frac{l_3}{l_2} = \varepsilon'_1 + \varepsilon''_1 \tag{6-41}$$

式中，ε'_1 和 ε''_1 分别为两个阶段的应变。

式（6-41）证明，用真实应变表示的总应变量等于各阶段应变量之和，即具有可加性。

真实应变具有可比性。如图 6-16 所示，假定 1 轴方向无变形，在 3 轴方向伸长一倍或缩短 1/2，按体积不变条件两者最后的尺寸和形状完全一样，所产生的变形一样，加工硬化程度也会一样。l_1 伸长一倍时的真实应变为

$$\varepsilon_l = \ln\frac{2l_1}{l_1} = \ln 2$$

l_1 缩短 1/2 时的真实应变为

$$\varepsilon_l = \ln\frac{0.5l_1}{l_1} = \ln\frac{1}{2} = -\ln 2$$

可见，这两种情况的变形量是相同的，只是正负号不同。正号表示伸长变形，负号表示压缩变形。可以证明，若用相对应变表示这两种状况下的变形量则是不可比的。

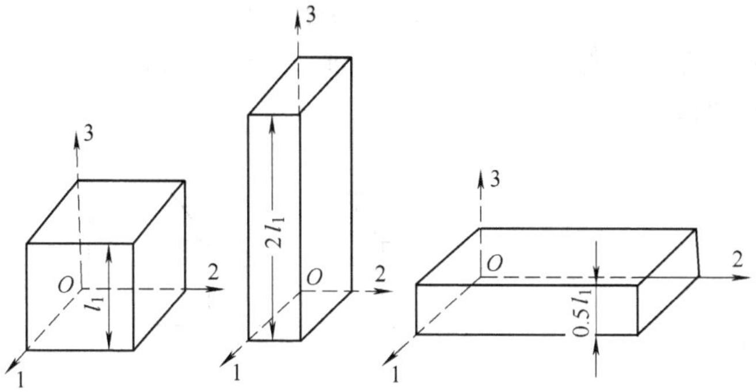

图6-16　拉伸和压缩应变

塑性加工变形中，如果忽略金属密度的变化，可以认为变形前后体积不变。如图6-15所示的平行六面体，变形前体积为HBL，变形后为hbl，则

$$\frac{l}{L}\cdot\frac{b}{B}\cdot\frac{h}{H}=1$$

等号两端取对数，并利用式（6-40）可得：

$$\varepsilon_1+\varepsilon_2+\varepsilon_3=0 \tag{6-42}$$

因此，在体积不变条件下，三个坐标方向的塑性变形之和为零。

真实应变虽有上述的优点，但在工程计算上由于必须查找自然对数，显然稍微麻烦些。所以，除了要求计算精度较高时采用真实应变外，通常采用相对应变。

6.2.1.3　剪切应变

变形体除产生线应变外，还会产生剪切应变，简称切应变。切应变定义为互相垂直的两条线变形后产生的角度变化。

如图6-17所示，单元体的AB与AD线变形前呈$\frac{\pi}{2}$角，变形后为φ角，则定义工程切应变为

$$\varphi_{xy}=\frac{\pi}{2}-\varphi \tag{6-43}$$

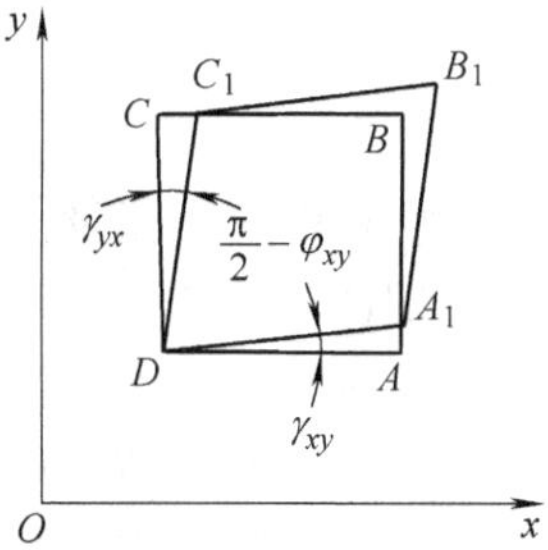

图6-17　切应变表示方法

将切应变定义为

$$\gamma_{xy}=\gamma_{yx}=\frac{1}{2}\varphi_{xy} \tag{6-44}$$

6.2.1.4　主应变图

为了定性地说明变形区某一小部分或整个变形区的变形情况，常常采用主应变图来表示。所谓主应变图，就是在微元体上用箭头表示三个主变形是否存在及尺寸变化趋势（例如，伸长时箭头外指，缩短时箭头内指）的简图，它不表示

变形量的大小。如保持变形物体变形前后的体积不变条件，可能的主应变图有三种。即：一向压缩两向伸长变形（图 6-18a）；一向伸长一向压缩（图 6-18b）；两向压缩一向伸长变形（图 6-18c）。

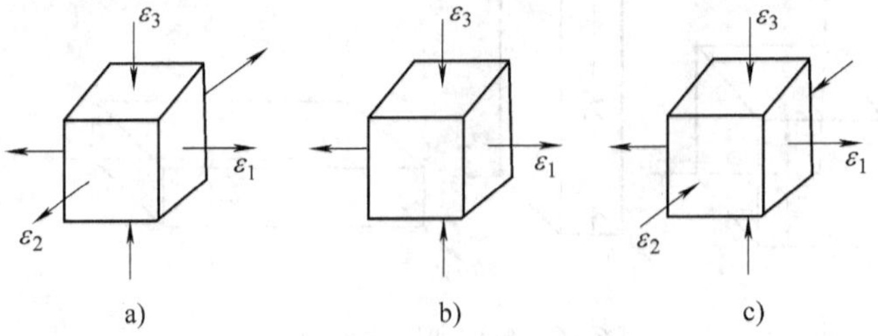

图 6-18　主应变图

虽然应变是由于应力的作用而产生的，但主应力图和主应变图符号可能会不一致，这是由于主应力图中各主应力分量包括只引起弹性变形的应力球张量所致。

主应力图和主应变图统称变形力学图，从中可反映一定塑性加工中受应力作用和变形情况的大致概貌，并可定性地看出塑性加工中所需变形力的大小等。

6.2.2　质点的应变状态

与考察一点的应力状态一样来考察一点的应变状态，则一点的应变状态用张量表示为

$$\boldsymbol{\varepsilon}_{ij} = \begin{Bmatrix} \varepsilon_x & \gamma_{xy} & \gamma_{xz} \\ \gamma_{yx} & \varepsilon_y & \gamma_{yz} \\ \gamma_{zx} & \gamma_{zy} & \varepsilon_z \end{Bmatrix} \tag{6-45}$$

质点的应变张量与应力张量一样，也是一个对称二阶张量，也具有应力张量的一切性质。

通过某一质点，存在有三个互相垂直的应变方向（主轴），在主方向上的线元没有角度的偏转，只有线应变，该线应变就叫主应变，一般用 ε_1、ε_2 和 ε_3 表示。如取主应变方向为坐标轴方向，则应变张量就简化为

$$\boldsymbol{\varepsilon}_{ij} = \begin{Bmatrix} \varepsilon_1 & 0 & 0 \\ 0 & \varepsilon_2 & 0 \\ 0 & 0 & \varepsilon_3 \end{Bmatrix} \tag{6-46}$$

主应变可由应变张量的特征方程求得

$$\varepsilon^3 - I'_1\varepsilon^2 - I'_2\varepsilon - I'_3 = 0 \tag{6-47}$$

式中，I'_1、I'_2、I'_3 就是应变张量的第一、第二和第三不变量。它们的值为：

$$\left.\begin{aligned}I'_1&=\varepsilon_x+\varepsilon_y+\varepsilon_z=\varepsilon_1+\varepsilon_2+\varepsilon_3\\I'_2&=-(\varepsilon_x\varepsilon_y+\varepsilon_y\varepsilon_z+\varepsilon_x\varepsilon_z)+(\gamma_{xy}^2+\gamma_{yz}^2+\gamma_{zx}^2)\\&=-(\varepsilon_1\varepsilon_2+\varepsilon_2\varepsilon_3+\varepsilon_3\varepsilon_1)\\I'_3&=\varepsilon_x\varepsilon_y\varepsilon_z+2\gamma_{xy}\gamma_{yz}\gamma_{zx}-(\varepsilon_x\gamma_{yz}^2+\varepsilon_y\gamma_{zx}^2+\varepsilon_z\gamma_{xy}^2)=\varepsilon_1\varepsilon_2\varepsilon_3\end{aligned}\right\}\tag{6-48}$$

知道了三个主应变，在与应变主轴方向成±45°角的方向上存在的三对相互垂直的线元，它们的切应变有极值，叫做主切应变，其大小为

$$\left.\begin{aligned}\gamma_{12}&=\pm\frac{1}{2}(\varepsilon_1-\varepsilon_2)\\\gamma_{23}&=\pm\frac{1}{2}(\varepsilon_2-\varepsilon_3)\\\gamma_{31}&=\pm\frac{1}{2}(\varepsilon_3-\varepsilon_1)\end{aligned}\right\}\tag{6-49}$$

如 $\varepsilon_1\geqslant\varepsilon_2\geqslant\varepsilon_3$，则最大切应变为

$$\gamma_{\max}=\pm\frac{1}{2}(\varepsilon_1-\varepsilon_3)\tag{6-50}$$

设三个线应变的平均值为 ε_m，即

$$\varepsilon_m=\frac{1}{3}(\varepsilon_x+\varepsilon_y+\varepsilon_z)=\frac{1}{3}(\varepsilon_1+\varepsilon_2+\varepsilon_3)=\frac{1}{3}I'_1$$

则应变张量可以分解成两个张量：

$$\begin{aligned}\boldsymbol{\varepsilon}_{ij}&=\begin{Bmatrix}(\varepsilon_x-\varepsilon_m)&\gamma_{xy}&\gamma_{xz}\\\gamma_{yx}&(\varepsilon_y-\varepsilon_m)&\gamma_{yz}\\\gamma_{zx}&\gamma_{zy}&(\varepsilon_z-\varepsilon_m)\end{Bmatrix}+\begin{Bmatrix}\varepsilon_m&0&0\\0&\varepsilon_m&0\\0&0&\varepsilon_m\end{Bmatrix}\\&=\varepsilon'_{ij}+\delta_{ij}\varepsilon_m\end{aligned}\tag{6-51}$$

前者 ε'_{ij} 为应变偏张量，表示单元体的形状变化；后者 $\delta_{ij}\varepsilon_m$ 为应变球张量，表示体积变化。应注意，塑性变形时体积不变，$\varepsilon_m=0$，所以应变偏张量就是应变张量。

如果以应变主轴为坐标轴，同样可作出八面体，而八面体平面法线方向线元的应变叫做八面体应变，即

$$\varepsilon_8=\frac{1}{3}(\varepsilon_1+\varepsilon_2+\varepsilon_3)=\varepsilon_m\tag{6-52}$$

显然，塑性变形时 ε_8 等于零。

八面体切应变

$$\begin{aligned}\gamma_8&=\pm\frac{1}{3}\sqrt{(\varepsilon_x-\varepsilon_y)^2+(\varepsilon_y-\varepsilon_z)^2+(\varepsilon_z-\varepsilon_x)^2+6(\gamma_{xy}^2+\gamma_{yz}^2+\gamma_{zx}^2)}\\&=\pm\frac{1}{3}\sqrt{(\varepsilon_1-\varepsilon_2)^2+(\varepsilon_2-\varepsilon_3)^2+(\varepsilon_3-\varepsilon_1)^2}\end{aligned}\tag{6-53}$$

将八面体切应变 γ_8 乘以系数$\sqrt{2}$，所得之参量 $\bar{\varepsilon}$ 叫做等效应变，也称广义应变或应变强度，即

$$\bar{\varepsilon} = \sqrt{2}\gamma_8 = \frac{\sqrt{2}}{3}\sqrt{(\varepsilon_x - \varepsilon_y)^2 + (\varepsilon_y - \varepsilon_z)^2 + (\varepsilon_z - \varepsilon_x)^2 + 6(\gamma_{xy}^2 + \gamma_{yz}^2 + \gamma_{zx}^2)}$$

$$= \frac{\sqrt{2}}{3}\sqrt{(\varepsilon_1 - \varepsilon_2)^2 + (\varepsilon_2 - \varepsilon_3)^2 + (\varepsilon_3 - \varepsilon_1)^2} \tag{6-54}$$

单向应力状态时，其主应变为 ε_1，$\varepsilon_2=\varepsilon_3$。因为塑性变形时，$\varepsilon_1+\varepsilon_2+\varepsilon_3=0$，故有：

$$\varepsilon_2 = \varepsilon_3 = -\frac{1}{2}\varepsilon_1$$

代入式（6-54），得

$$\bar{\varepsilon} = \frac{\sqrt{2}}{3}\sqrt{\left(\frac{3}{2}\varepsilon_1\right)^2 + \left(-\frac{3}{2}\varepsilon_1\right)^2} = \varepsilon_1$$

如果知道三个主应变分量 ε_1、ε_2、ε_3，便可画出三向应变莫尔圆，如图 6-19 所示。该圆的横轴为 ε，纵轴为 γ，且纵轴 γ 总是位于大圆中，且 $o\varepsilon_1+o\varepsilon_2+o\varepsilon_3=0$，这是由塑性变形时体积不变条件决定的。

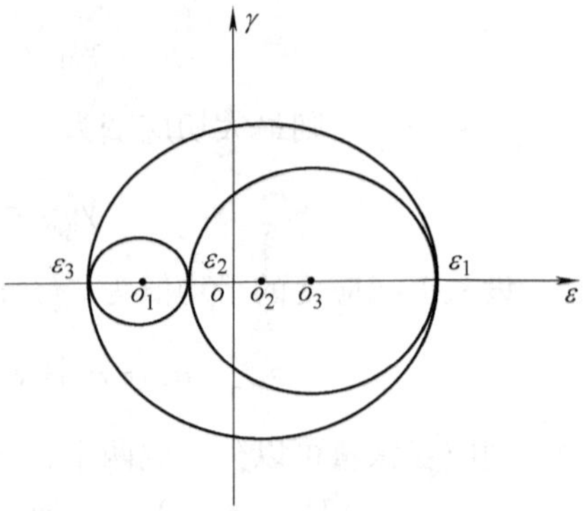

图 6-19　三向应变摩尔圆

6.2.3　应变与位移的关系方程

过变形体内任意质点作单元体，其棱边分别为 dx、dy 和 dz。由于变形的结果，此单元体棱边的长度及棱边间的夹角都将发生改变。如图 6-20 所示，取单元体的一个面（例如 xoy 面），应变时 P 点移至 P_1 点。其位移分量分别为 u 和 v。u 和 v 都是坐标的连续函数，即 $u=f(x, y, z)$；$v=f(x, y, z)$。当位移增量很小时，可近似认为 u 和 v 的增量与它们的全微分相等，即 $\Delta u\approx \mathrm{d}u$；$\Delta v\approx \mathrm{d}v$，此时

$$\mathrm{d}u = \frac{\partial u}{\partial x}\mathrm{d}x + \frac{\partial u}{\partial y}\mathrm{d}y + \frac{\partial u}{\partial z}\mathrm{d}z \tag{a}$$

$$\mathrm{d}v = \frac{\partial v}{\partial x}\mathrm{d}x + \frac{\partial v}{\partial y}\mathrm{d}y + \frac{\partial v}{\partial z}\mathrm{d}z \tag{b}$$

在 xoy 面上，对于平行 x 轴的线元 PA，因 $\mathrm{d}y=0$，$\mathrm{d}z=0$，由（a）式则得

$$\mathrm{d}u = \frac{\partial u}{\partial x}\mathrm{d}x$$

也就是说，如果 P 点由于应变移动了一个 u，则 A 点由于线段 dx 的应变而移动了 $u+\mathrm{d}u=u+\frac{\partial u}{\partial x}\mathrm{d}x$，或 PA（$PA=\mathrm{d}x$）的绝对伸长为 $\mathrm{d}u=\frac{\partial u}{\partial x}\mathrm{d}x$，所以棱边 PA 的相对应变为

$$\varepsilon_x=\frac{\mathrm{d}u}{\mathrm{d}x}=\frac{\partial u}{\partial x}$$

同理，可推出直角坐标系中应变分量与位移分量的关系为

$$\left.\begin{aligned}
\varepsilon_x&=\frac{\partial u}{\partial x} & \gamma_{yz}&=\gamma_{zy}=\frac{1}{2}\left(\frac{\partial v}{\partial z}+\frac{\partial w}{\partial y}\right)\\
\varepsilon_y&=\frac{\partial v}{\partial y} & \gamma_{xz}&=\gamma_{zx}=\frac{1}{2}\left(\frac{\partial w}{\partial x}+\frac{\partial u}{\partial z}\right)\\
\varepsilon_z&=\frac{\partial w}{\partial z} & \gamma_{xy}&=\gamma_{yx}=\frac{1}{2}\left(\frac{\partial u}{\partial y}+\frac{\partial v}{\partial x}\right)
\end{aligned}\right\}\tag{6-55}$$

这就是小变形时位移分量和应变分量的关系，又称为小变形几何方程。如果物体中的位移场已知，则可由几何方程求得应变场。

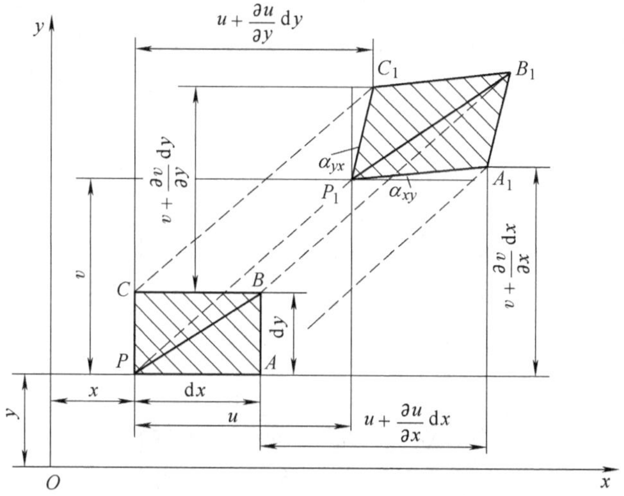

图 6-20　位于单元体 xoy 面中图形 $PABC$ 的应变情况

在圆柱坐标系中，轴对称状态时的线应变和切应变与位移的关系式如下

$$\left.\begin{aligned}
\varepsilon_\rho&=\frac{\partial u_\rho}{\partial \rho} \quad \gamma_{\rho z}=\frac{\partial u_z}{\partial \rho}+\frac{\partial u_\rho}{\partial z}\\
\varepsilon_\theta&=\frac{u_\rho}{\rho}\\
\varepsilon_z&=\frac{\partial u_z}{\partial z}
\end{aligned}\right\}\tag{6-56}$$

式中，u_ρ、u_z 分别为圆柱坐标系中相应的二个位移分量；ε_ρ、ε_θ、ε_z、$\gamma_{\rho z}$分别为相应的应变分量。

6.2.4　应变的连续方程

由几何方程式（6-55）可知，六个应变分量取决于三个位移分量 u、v、w 对 x、y、z 的偏导数，所以六个应变分量必须是相关的函数，才能保证物体中的

所有单元体在变形之后仍然可以连续地组合起来，这种关系就叫做应变的连续方程或协调方程。可以证明，连续方程共有六个式子，可分成两组。

将式（6-55）中 ε_x 对 y 求两次偏导数；将 ε_y 对 x 求两次偏导数，得

$$\frac{\partial^2 \varepsilon_x}{\partial y^2} = \frac{\partial^2}{\partial x \partial y}\left(\frac{\partial u}{\partial y}\right)$$

$$\frac{\partial^2 \varepsilon_y}{\partial x^2} = \frac{\partial^2}{\partial x \partial y}\left(\frac{\partial \nu}{\partial x}\right)$$

将上列两式相加，得

$$\frac{\partial^2 \varepsilon_x}{\partial y^2} + \frac{\partial^2 \varepsilon_y}{\partial x^2} = \frac{\partial^2}{\partial x \partial y}\left(\frac{\partial u}{\partial y} + \frac{\partial \nu}{\partial x}\right) = 2\frac{\partial^2 \gamma_{xy}}{\partial x \partial y}$$

用同样的方法还可以得到其他两个式子，连同上式共三个等式。

将式（6-55）中的 ε_x 对 y 及 z、ε_y 对 x 及 z、ε_z 对 x 及 y 求偏导，将 γ_{xy}、γ_{yz}、γ_{zx} 分别对 z、x、y 求偏导，经推导可得一组应变连续方程组：

$$\left.\begin{aligned}
\frac{\partial^2 \gamma_{xy}}{\partial x \partial y} &= \frac{1}{2}\left(\frac{\partial^2 \varepsilon_x}{\partial y^2} + \frac{\partial^2 \varepsilon_y}{\partial x^2}\right) \\
\frac{\partial^2 \gamma_{yz}}{\partial y \partial z} &= \frac{1}{2}\left(\frac{\partial^2 \varepsilon_y}{\partial z^2} + \frac{\partial^2 \varepsilon_z}{\partial y^2}\right) \\
\frac{\partial^2 \gamma_{zx}}{\partial x \partial z} &= \frac{1}{2}\left(\frac{\partial^2 \varepsilon_z}{\partial x^2} + \frac{\partial^2 \varepsilon_x}{\partial z^2}\right) \\
\frac{\partial}{\partial x}\left(\frac{\partial \gamma_{zx}}{\partial y} + \frac{\partial \gamma_{xy}}{\partial z} - \frac{\partial \gamma_{yz}}{\partial x}\right) &= \frac{\partial^2 \varepsilon_x}{\partial y \partial z} \\
\frac{\partial}{\partial y}\left(\frac{\partial \gamma_{xy}}{\partial z} + \frac{\partial \gamma_{yz}}{\partial x} - \frac{\partial \gamma_{zx}}{\partial y}\right) &= \frac{\partial^2 \varepsilon_y}{\partial z \partial x} \\
\frac{\partial}{\partial z}\left(\frac{\partial \gamma_{yz}}{\partial x} + \frac{\partial \gamma_{zx}}{\partial y} - \frac{\partial \gamma_{xy}}{\partial z}\right) &= \frac{\partial^2 \varepsilon_z}{\partial x \partial y}
\end{aligned}\right\} \tag{6-57}$$

上式即为应变连续方程。该式表明，在每个坐标内，两个线应变分量一经确定，则切应变分量也即确定。同时，在空间内三个切应变分量一经确定，则正应变分量也即确定。

6. 2. 5 应变增量和应变速率张量

所谓应变增量，就是变形过程中某一微小阶段中的应变。

设在变形过程中的某一瞬时，物体各点的位移速度分量为 $\dot{u}_i$，在随后的一个无限小的时间间隔 $\mathrm{d}t$ 之内，体内各点位移增量的分量为

$$\mathrm{d}u_i = \dot{u}_i \mathrm{d}t$$

产生位移增量之后，变形体内各质点就有相应的无限小应变增量。应变增量与位移增量之间的关系，也即几何方程，在形式上与应变的几何方程相同。将应

变几何方程中的 u_i 改写成 du_i，即可求得应变增量的各个分量，一般用符号 $d\varepsilon_{ij}$ 表示，于是，一点的应变增量也是二阶对称张量，即

$$d\varepsilon_{ij}=\begin{Bmatrix} d\varepsilon_x & d\gamma_{xy} & d\gamma_{xz} \\ d\gamma_{yx} & d\varepsilon_y & d\gamma_{yz} \\ d\gamma_{zx} & d\gamma_{zy} & d\varepsilon_z \end{Bmatrix} \tag{6-58}$$

应变增量张量和应变张量一样，具有三个主方向、三个主应变增量 $d\varepsilon_1$、$d\varepsilon_2$、$d\varepsilon_3$，三个不变量、三对主切应变增量、偏张量、球张量和等效应变增量等。它们的定义和表达式的形式都与应变张量一样，只要用 $d\varepsilon_{ij}$代替 ε_{ij}就可以了。

在时间增量里的应变增量叫做应变速率分量，一般以 $\dot{\varepsilon}_{ij}$表示。一点的应变速率也是二阶对称张量，可表示为

$$\dot{\varepsilon}_{ij}=\begin{Bmatrix} \dot{\varepsilon}_x & \dot{\gamma}_{xy} & \dot{\gamma}_{xz} \\ \dot{\gamma}_{yx} & \dot{\varepsilon}_y & \dot{\gamma}_{yz} \\ \dot{\gamma}_{zx} & \dot{\gamma}_{zy} & \dot{\varepsilon}_z \end{Bmatrix} \tag{6-59}$$

应变速率可以表示变形的快慢，即变形速度，单位是 1/s。应指出，应变速率实际上反映了物体内各质点位移速度的差别，它取决于变形工具的运动速度和变形物体的形状尺寸，所以单向工具速度和质点速度并不能表示变形速度。

应变速率张量和应变增量张量的性质很相近，它们都可描述物体变形过程中任意瞬时的变形情况。在塑性成形理论中，如果不考虑变形速度对材料性能及外摩擦的影响，或者这种影响另行考虑，那么用应变增量和应变速率进行计算的结果是完全一样的。

6.3 屈服准则

屈服准则又称塑性条件或屈服条件，它是描述不同应力状态下变形体内某点进入塑性状态并使塑性状态继续进行所必须遵守的条件。

由单向拉伸试验可知，随着外力的增加材料内的应力也随着增加。当应力的数值等于屈服点 σ_s 时开始产生塑性变形，$\sigma=\sigma_s$ 就是单向应力状态下的屈服准则，是判断材料是否达到塑性状态的依据。

对于任意应力状态需要有六个应力分量或三个主应力分量来描述。要判断材料是否进入塑性状态，很显然，一方面和这些应力分量有关，另一方面应与一定温度、应变量及应变速率下材料的力学性能有关。假定这公共的函数称为“屈服函数”存在，可以表达成如下形式：

$$f(\sigma_x, \sigma_y, \sigma_z, \tau_{xy}, \tau_{yz}, \tau_{zx}) = C$$

式中，C 为与材料力学性能有关的常数。

对于各向同性材料，由于坐标选择与屈服准则无关，故可用主应力来表示屈服函数如下：

$$f(\sigma_1, \sigma_2, \sigma_3) = C \tag{6-60}$$

也可用应力张量不变量，应力偏张量或应力偏张量不变量 J_2、J_3 表示。

常用的屈服准则主要是米塞斯屈服准则和屈雷斯加屈服准则。

6.3.1 米塞斯屈服准则

米塞斯屈服准则简称能量屈服准则，其核心内容是表达在塑性状态下等效应力总是等于流动应力，即

$$\bar{\sigma} = \frac{1}{\sqrt{2}}\sqrt{(\sigma_1 - \sigma_2)^2 + (\sigma_2 - \sigma_3)^2 + (\sigma_3 - \sigma_1)^2} = \sigma_s \tag{6-61}$$

式（6-61）不仅可以作为确定变形体内某点是否进入塑性状态的依据，还可以作为塑性变形能否继续进行的依据。该式可以改写为以下形式：

$$(\sigma_1 - \sigma_2)^2 + (\sigma_2 - \sigma_3)^2 + (\sigma_3 - \sigma_1)^2 = 2\sigma_s^2 \tag{6-62}$$

即塑性变形时，主应力之差的平方和等于流动应力平方的 2 倍。

米塞斯屈服准则还可以用以下形式表达：

$$J_2 = \frac{1}{3}\sigma_s^2 \tag{6-63}$$

$$\tau_8 = \frac{\sqrt{2}}{3}\sigma_s \tag{6-64}$$

除上述物理意义外，米塞斯屈服准则之所以称为能量准则，是因为它也反映了把单位体积形状变化能（畸变能）作为材料是否进入塑性状态的依据。

6.3.2 屈雷斯加屈服准则

屈雷斯加屈服准则认为：当最大剪力达到某极值 K 时材料发生屈服，所以该准则又称最大切应力准则，其表达式为

$$\tau_{max} = K \tag{6-65}$$

若规定 $\sigma_1 \geqslant \sigma_2 \geqslant \sigma_3$ 时，上式可以写成

$$\sigma_1 - \sigma_3 = 2K \tag{6-66}$$

K 值可由简单拉伸来确定。对于简单拉伸，$\sigma_2 = \sigma_3 = 0$，$\tau_{max} = \dfrac{\sigma_1}{2}$，于是有

$$K = \frac{\sigma_s}{2} \tag{6-67}$$

6.3.3 米塞斯准则及屈雷斯加准则的几何图形

屈服函数式（6-60）在应力空间的几何图形称为屈服表面。假如被描述应力

状态的点处在屈服表面上，则该点开始屈服。对各向同性的理想塑性材料，屈服表面是连续的，它不随塑性流动而变化。但是，工程金属在低于再结晶温度下变形时，会发生应变强化。因此，在这种情况下，对不同的塑性变形阶段，需要用到不同的后继屈服表面。

先考察各向同性的理想塑性金属用于两向应力状态或平面应力状态的米塞斯和屈雷斯加屈服准则。假如 $\sigma_3=0$，将其代入由主应力表示的米塞斯屈服准则方程式（6-62）中可得：

$$2\sigma_1^2 - 2\sigma_1\sigma_2 + 2\sigma_2^2 = 2\sigma_s^2$$

因此

$$\sigma_1^2 - \sigma_1\sigma_2 + \sigma_2^2 = \sigma_s^2$$

或写成无量纲形式

$$\left(\frac{\sigma_1}{\sigma_s}\right)^2 - \left(\frac{\sigma_1}{\sigma_s}\right)\left(\frac{\sigma_2}{\sigma_s}\right) + \left(\frac{\sigma_2}{\sigma_s}\right)^2 = 1$$

上式为 σ_1-σ_2 平面的椭圆方程，叫做米塞斯椭圆。

若用屈雷斯加屈服准则可以断定，当下述六个条件中的任何一个得到满足，则发生屈服。

$$\begin{cases}\sigma_1 - \sigma_2 = \pm\sigma_s \\ \sigma_2 - \sigma_3 = \pm\sigma_s \\ \sigma_3 - \sigma_1 = \pm\sigma_s\end{cases} \tag{6-68}$$

将此屈服准则在平面应力状态的 σ_1-σ_2 平面内绘制时，可得到屈雷斯加六边形。图 6-21 中两曲线，即米塞斯椭圆和屈雷斯加六边形，都叫做屈服轨迹。

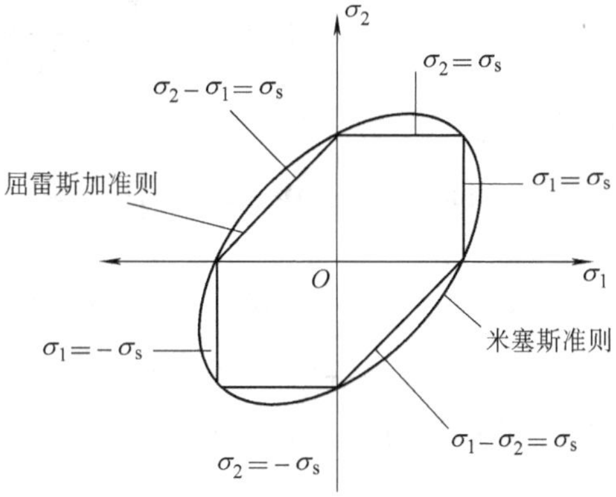

图 6-21　平面应力状态下的屈服准则图形

对于三向应力状态需要用主应力空间描述。在图 6-22 中表示出三个互相垂直的坐标轴（σ_1，σ_2，σ_3），该空间叫做主应力空间。如果物体内某点的主应力是（σ_1，σ_2，σ_3），则这个应力状态可由应力空间中的应力矢量 ***OP*** 表示，***P*** 点的坐标是（σ_1，σ_2，σ_3）。

因此，这个应力状态可以写成三个矢量的和。***OA***$=\sigma_1$，***OB***$=\sigma_2$ 及 ***OC***$=\sigma_3$，于是有

$$|OP| = \sqrt{\sigma_1^2 + \sigma_2^2 + \sigma_3^2} \quad (6\text{-}69)$$

现考察一个过原点并与三个主应力轴等倾斜的轴线 OE，它的方向余弦是 $l=m=n=\frac{1}{\sqrt{3}}$，OE 轴与三个主应力轴间的等倾角是 $\arccos\frac{1}{\sqrt{3}}=54°44'$。对于这个轴上的每一点，其应力状态为

$$\sigma_1 = \sigma_2 = \sigma_3 = \sigma_m$$

这等同于静液应力状态，此时偏应力等于零。

垂直于 OE 的任意平面的方程式为

$$\sigma_1 + \sigma_2 + \sigma_3 = \sqrt{3}d \quad (6\text{-}70)$$

式中，d 为沿 OE 从原点到平面的距离。

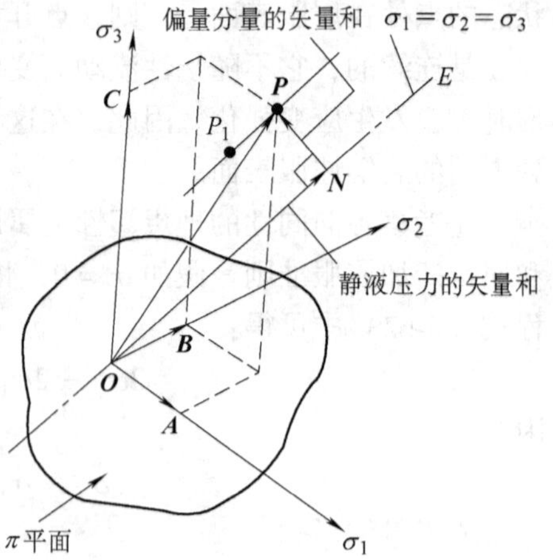

图 6-22 主应力空间内应力状态的描述

因此，静液应力或应力张量的球分量随着从原点到平面的距离的增加而线性增加。对于过原点的平面，静液应力是零，即 $\sigma_1+\sigma_2+\sigma_3=0$，这个平面叫 π 平面。

任一应力状态，例如图 6-22 中由 $\boldsymbol{OP}$ 矢量确定的应力状态，可以分解为两个分量，即沿 OE 方向的 $\boldsymbol{ON}$ 和平行于 π 平面的分量 $\boldsymbol{NP}$，它代表 τ_8。

$$|\boldsymbol{ON}| = \frac{\sigma_1}{\sqrt{3}} + \frac{\sigma_2}{\sqrt{3}} + \frac{\sigma_3}{\sqrt{3}} = \frac{\sigma_1 + \sigma_2 + \sigma_3}{\sqrt{3}} = \sqrt{3}\sigma_m \quad (6\text{-}71)$$

而且

$$|\boldsymbol{PN}|^2 = |\boldsymbol{OP}|^2 - |\boldsymbol{ON}|^2 = (\sigma_1^2 + \sigma_2^2 + \sigma_3^2) - \frac{(\sigma_1 + \sigma_2 + \sigma_3)^2}{3}$$

$$= \frac{1}{3}[(\sigma_1 - \sigma_2)^2 + (\sigma_2 - \sigma_3)^2 + (\sigma_3 - \sigma_1)^2]$$

$$= \sigma'^2_1 + \sigma'^2_2 + \sigma'^2_3 = 2J_2 \quad (6\text{-}72)$$

由式（6-63）可知，塑性变形时

$$|\boldsymbol{PN}|^2 = 2J_2 = \frac{2}{3}\sigma_s^2$$

所以

$$|\boldsymbol{PN}| = \sqrt{\frac{2}{3}}\sigma_s \quad (6\text{-}73)$$

如果所考察的是 P_1 点所确定的另一应力状态，P_1 在过 P 而平行于 OE 的直线上，则矢量 $\boldsymbol{OP}_1$ 在 π 平面上的投影和矢量 $\boldsymbol{OP}$ 在其上的投影是相同的。对应

于 P_1 点及 P 点的两个应力状态具有相同的应力偏量，仅仅其静液应力不同。因而，过 P 点且平行于 OE 的直线上的所有点至 OE 线有相同的距离，若 P 点屈服则 P_1 点也屈服。实际上满足式（6-73）的动点轨迹为与 OE 线等距离的圆柱面，平行于 OE 线的 P_1P 线为圆柱的母线。圆柱的半径等于 $\sqrt{\frac{2}{3}}\sigma_s$，圆柱轴线与三坐标轴等倾斜。

对于屈雷斯加准则，式（6-69）在主应力空间代表三对互相平行的平面。例如，$\sigma_1-\sigma_2=\pm\sigma_s$ 平面平行于 σ_3 轴，同理，$\sigma_2-\sigma_3=\pm\sigma_s$ 平行于 σ_1 轴，$\sigma_3-\sigma_1=\pm\sigma_s$ 平行于 σ_2 轴，而 σ_1、σ_2 及 σ_3 在 π 平面的投影呈 120°分布，于是得屈雷斯加屈服准则在 π 平面上的图形为一正六边形，内接于米塞斯圆，如图 6-23 所示。

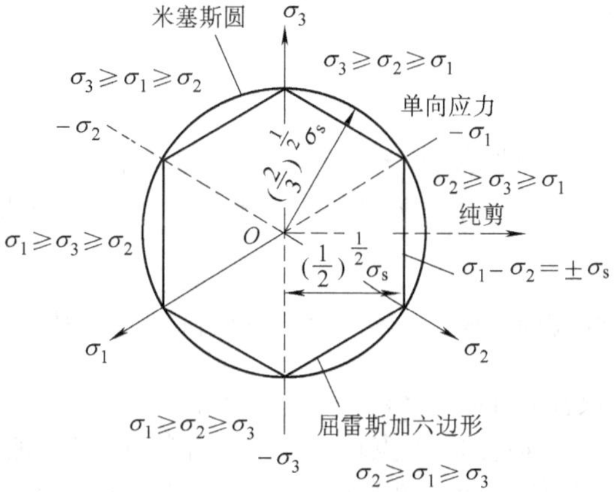

图 6-23　π 平面上屈服准则的图形

在主应力空间中屈雷斯加屈服表面是一正六棱柱，它内接于米塞斯圆柱，如图 6-24。由图可见这两个屈服面实际上是相差不多的，它们反映了如下概念：

1）屈服面内为弹性区。

2）屈服面上为塑性区。

3）当物体承受三向等拉或三向等压应力状态时，如图 6-22 中 OE 线，不管其绝对值多大，都不可能发生塑性变形。

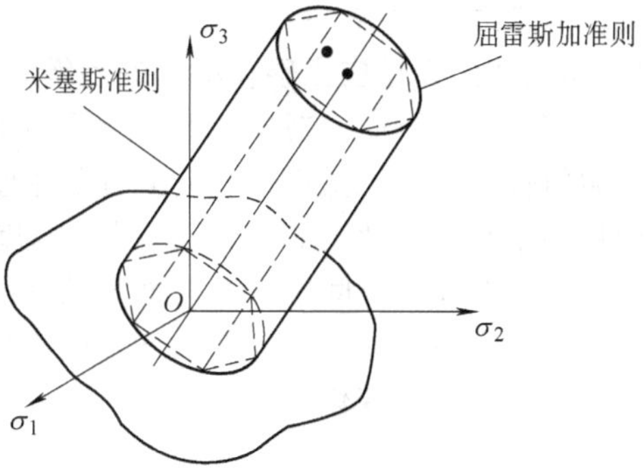

图 6-24　主应力空间中的屈服表面

实验证明，一般韧性金属材料（如铜、镍、铝、中碳钢、铝合金、铜合金等）与米塞斯条件符合较好。然而，罗斯（Ross）和爱欣格（Eichinger）做了一系列钢管试验，发现有些情况下试验点偏向于屈雷斯加准则。如退火软钢的上屈服点，与屈雷斯加准则符合得更好些；

但对镁合金，因金相组织不稳定等因素，适应哪个准则未做定论。因此符合哪一个准则要看具体材料性质。总的说来，多数金属符合米塞斯准则。

当应力的次序预知时，屈雷斯加屈服函数为线性的，使用起来很方便，在工程设计中常常采用。并用修正系数来考虑中间主应力的影响，或作为米塞斯条件的近似。在介绍实验资料时曾经导出方程式，即米塞斯条件可以写成

$$\sigma_1 - \sigma_3 = \frac{2}{\sqrt{3+\mu_\sigma^2}}\sigma_s$$

或表达为

$$\sigma_1 - \sigma_3 = \beta\sigma_s \tag{6-74}$$

式中，$\beta = \dfrac{2}{\sqrt{3+\mu_\sigma^2}}$称中间主应力影响系数，其中 μ_σ 为罗代应力参数，$\mu_\sigma = \sigma_2 - \dfrac{(\sigma_1+\sigma_3)}{2}\Big/\dfrac{(\sigma_1-\sigma_3)}{2}$。

式（6-74）与屈雷斯加条件 $\sigma_1-\sigma_3=\sigma_s$ 在形式上仅差一个系数 β。在应用中，当应力状态确定时，β 为一常量，这时根据应力状态所得 μ_σ 值加以修正即可。

在单向受压或受拉时，$\beta=1$，两个准则重合；在纯剪时，$\beta=\dfrac{2}{\sqrt{3}}\approx 1.154$，两者差别最大。故系数 β 在 1~1.154 范围内，其平均值为 1.077，总的来讲相差不太大。在一般情况下，物体内各点应力状态不同，β 的数值只能凭经验由 1~1.154 之间选取。如果应力状态仅在某一有限段内，选取的 β 值则有可能使误差不超过 1%或 2%，说明 β 取得适当，误差就很小。在板料冲压中，为了简化计算，通常取 $\beta=1.1$。

6.3.4 各向同性应变硬化材料的后继屈服表面与固体现实应力空间

当在应力空间中考虑屈服表面和屈雷斯加或米塞斯屈服准则的 π 平面内的屈服轨迹时，如果材料是各向同性理想塑性材料，则表面保持不变，屈服后应力保持为常数。因此，如果发生屈服，对米塞斯屈服准则，在 π 平面内的屈服轨迹是圆，在应力空间中屈服表面是圆柱面。但是，对于应变硬化材料，继续塑性流动的应力应随着塑性应变的增加而增加，如果应变超过初始屈服时的应变，屈服表面就会产生变化。

如果初始屈服应力用 σ_{s0}表示，则在 π 平面内的初始屈服轨迹是半径为 $\sqrt{\dfrac{2}{3}}\sigma_{s0}$的圆。如果在超过初始屈服条件后继续变形，这时所需应力设为 σ_s，则卸载后再加载，在应力达到 σ_{s0}之前是不发生屈服的。假设进一步塑性变形并不引起材料的各向异性，则屈服轨迹仍是圆，其半径为 $\sqrt{\dfrac{2}{3}}\sigma_s$，后继屈服轨迹包围了

初始屈服轨迹，两者是同轴的。因此，至少在初始屈服的那点上，屈服表面一定沿某种途径向外运动。如果材料应变硬化时保持各向同性，则圆形屈服轨迹就随着应力及应变的进程而胀大。根据屈雷斯加准则，对各向同性应变硬化材料的屈服轨迹表现在 π 平面上是同一族同心六边形。两个屈服准则的后继屈服轨迹如图 6-25 所示。

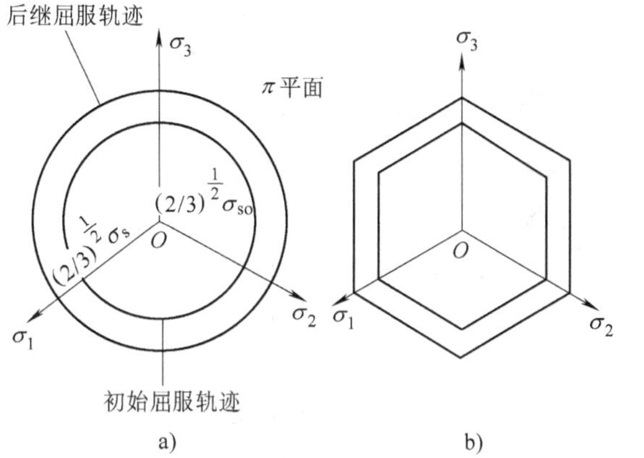

图 6-25　各向同性应变硬化材料在 π 平面上的后继屈服轨迹

a）米塞斯屈服准则　b）屈雷斯加屈服准则

对应变硬化材料，屈服函数可由下式确定：

$$\Phi_{(\sigma_{ij})} = \sigma_s \tag{6-75}$$

式中，σ_s 为瞬时屈服点，它随塑性应变的增大而增大。

若 $\mathrm{d}\Phi = \dfrac{\partial \Phi}{\partial \sigma_{ij}}\mathrm{d}\sigma_{ij} > 0$，说明是加载过程，表示应力状态是由初始屈服表面向外运动并发生塑性流动。

若 $\mathrm{d}\Phi = 0$，这就相当于应力分量改变，而应力状态点在初始屈服表面上移动，对应变硬化材料是指不发生塑性流动，这种情况通常称为中性变载。

若 $\mathrm{d}\Phi < 0$，是指应力状态从初始屈服表面向内运动，发生弹性卸载。

当 $\Phi < \sigma_s$ 时，表示弹性应力状态。

对理想塑性材料，$\Phi = \sigma_s$，$\mathrm{d}\Phi = 0$ 是指塑性流动，而 $\mathrm{d}\Phi > 0$ 的情况是不可能的。

众所周知，对于工程材料，其抗拉强度是有限的，在拉应力作用下所能承受的塑性变形也是小于在压应力作用下所能达到的数值。刘叔仪先生将恒温断裂条件引入后指明固体的现实应力空间犹如一个钟罩盖在米塞斯圆柱上，该钟罩代表断裂面，钟罩与柱面间为塑性变形区，圆柱面为初始屈服曲面，柱内为弹性区。由图 6-26 可以看出，对于三向压应力状态，随着流体静压力的增加，可以承受很大的塑性变形而不致断裂。

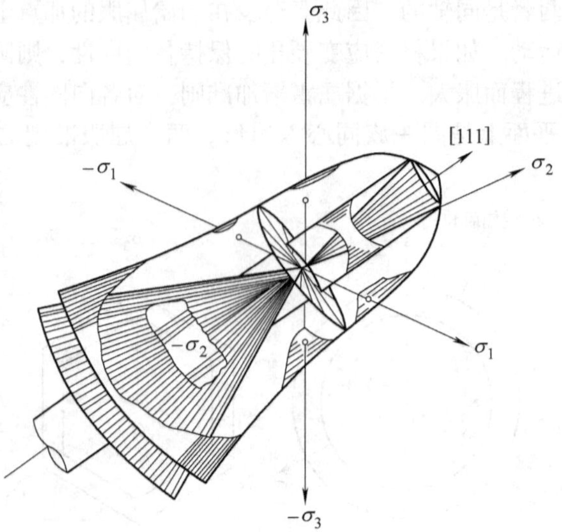

图 6-26　受力物体现实应力空间

6.4　塑性变形时的应力应变关系

在塑性加工中，变形状态与所处的应力状态间有着必然的内在联系。工程中常用的应力与应变的关系理论主要有增量理论和全量理论。

增量理论所建立的应力应变关系是以应变增量为基础的，这类理论又称为流动理论；全量理论所建立的应力应变关系都是以应变全量为基础的，这类理论又称形变理论。

6.4.1　增量理论

对于理想塑性材料，即使在单向应力状态下，应变也是不能由应力所单值决定的，如图 6-27 所示。对于不同的应变值 ε_1、ε_2，可以有同一应力 σ。即使对于硬化材料在复杂应力状态下，应变也不能像弹性问题那样单值地由应力决定，而是依赖于加载过程，即与所达到的应力状态的加载过程有关。例如图 6-28 中所示，设内圆代表初始屈服条件，外圆为某一后继屈服轨迹。首先单向拉伸至 E，再卸载到 A 点，然后扭转，材料受到切应力 τ 作用，此时切应力由 A 点的零值增至后继屈服

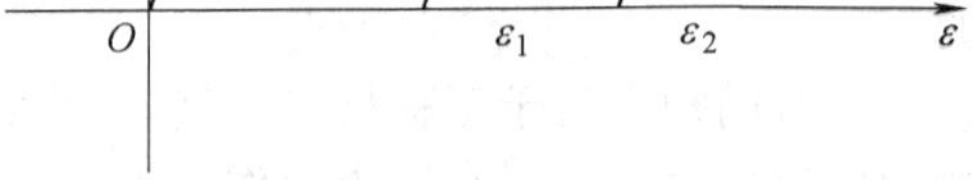

图 6-27　理想塑性材料应力应变的非单值

轨迹上的 B 点。其次，若选择另一条加载路径，材料先扭转受到切应力 τ，达到后继屈服轨迹上的 D 点，再沿 DGB 达到 B 点，如图 6-28 所示。在这种情况下，虽然最终应力状态相同，但应变是不相同的。所以一般地说，如果加载途径不确定，只从最终的应力状态无法反求总的应变。

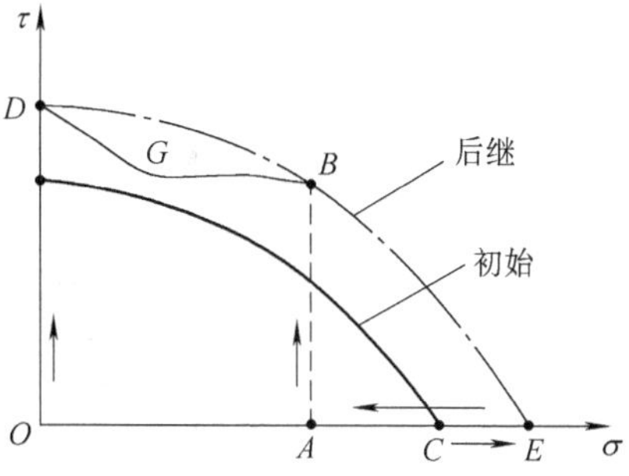

图 6-28　两种不同的加载途径

增量理论都是基于每一瞬时的应变增量与当时的应力状态有关。列维—米塞斯（Levy-Mises）方程是一种常用的表达式。

列维与米塞斯分别提出了塑性变形时应变增量 $d\varepsilon_{ij}$ 与相应的应力偏量成比例的假定，即

$$\frac{d\varepsilon_x}{\sigma'_x}=\frac{d\varepsilon_y}{\sigma'_y}=\frac{d\varepsilon_z}{\sigma'_z}=\frac{d\gamma_{xy}}{\tau_{xy}}=\frac{d\gamma_{yz}}{\tau_{yz}}=\frac{d\gamma_{zx}}{\tau_{zx}}=d\lambda \tag{6-76}$$

或

$$d\varepsilon_{ij}=\boldsymbol{\sigma}'_{ij}d\lambda \tag{6-77}$$

式中，$d\lambda$ 为正的瞬时常数；$\boldsymbol{\sigma}'_{ij}$ 为应力偏张量，σ'_x，σ'_y，…为其分量。

因为这个方程包括的是全应变增量而不是局限于塑性应变增量部分，所以严格地说，它们仅适用于理想刚塑性材料，即全应变增量中的弹性分量为零，而应变增量与塑性应变增量是一致的。

张量表达式（6-77）反映了如下概念：

1）塑性应变增量与应力偏量主轴复合，即塑性应变量与应力的主轴方向重合。

2）塑性应变偏量的分量与应力偏量的分量成比例。

由此得出，应力莫尔圆及应变增量莫尔圆是相似的，如图 6-29 所示。现说明 $d\lambda$ 的求法。对于理想塑性材料，按米塞斯屈服准则将有

$$(\sigma_1-\sigma_2)^2+(\sigma_2-\sigma_3)^2+(\sigma_3-\sigma_1)^2=2\sigma_s^2$$

及

$$J_2=\frac{1}{2}(\sigma'^2_x+\sigma'^2_y+\sigma'^2_z)+\tau^2_{xy}+\tau^2_{yz}+\tau^2_{zx}=\frac{\sigma_s^2}{3}$$

将式（6-76）两两相减代入米塞斯屈服方程，得

$$\bar{\sigma}=\frac{1}{\sqrt{2}d\lambda}[(d\varepsilon_1-d\varepsilon_2)^2+(d\varepsilon_2-d\varepsilon_3)^2+(d\varepsilon_3-d\varepsilon_1)^2]^{\frac{1}{2}}$$

令

$$d\bar{\varepsilon}=\frac{\sqrt{2}}{3}[(d\varepsilon_1-d\varepsilon_2)^2+(d\varepsilon_2-d\varepsilon_3)^2+(d\varepsilon_3-d\varepsilon_1)^2]^{\frac{1}{2}}$$

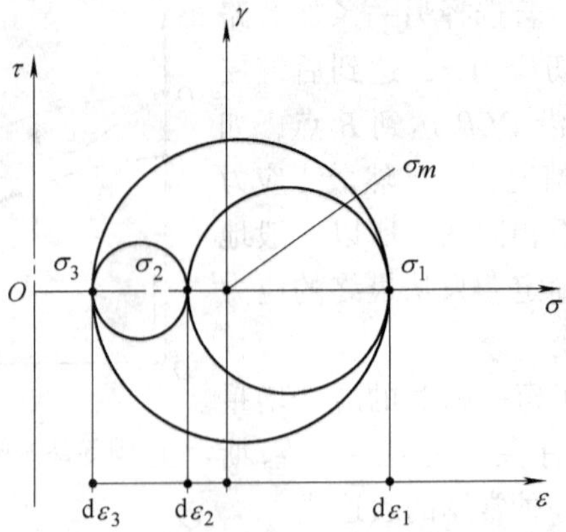

图 6-29　应力莫尔圆与应变增量莫尔圆

称其为“等效塑性应变增量”。

将 $\mathrm{d}\bar{\varepsilon}$ 代入上述 $\bar{\sigma}$ 的表达式中，得

$$\bar{\sigma}=\frac{3\mathrm{d}\bar{\varepsilon}}{2\mathrm{d}\lambda}$$

而

$$\bar{\sigma}=\sigma_{s}$$

所以有

$$\mathrm{d}\lambda=\frac{3\mathrm{d}\bar{\varepsilon}}{2\bar{\sigma}}=\frac{3\mathrm{d}\bar{\varepsilon}}{2\sigma_{s}} \tag{6-78}$$

由于本理论中将弹性应变部分忽略不计，则总应变增量等于塑性应变增量。综合起来有：

$$\left.\begin{aligned}
\mathrm{d}\varepsilon_{x}&=\frac{3\mathrm{d}\bar{\varepsilon}_{i}}{2\sigma_{s}}\sigma'_{x}\\
\mathrm{d}\varepsilon_{y}&=\frac{3\mathrm{d}\bar{\varepsilon}_{i}}{2\sigma_{s}}\sigma'_{y}\\
\mathrm{d}\varepsilon_{z}&=\frac{3\mathrm{d}\bar{\varepsilon}_{i}}{2\sigma_{s}}\sigma'_{z}\\
\mathrm{d}\gamma_{xy}&=\frac{3\mathrm{d}\bar{\varepsilon}_{i}}{2\sigma_{s}}\tau_{xy}\\
\mathrm{d}\gamma_{yz}&=\frac{3\mathrm{d}\bar{\varepsilon}_{i}}{2\sigma_{s}}\tau_{yz}\\
\mathrm{d}\gamma_{zx}&=\frac{3\mathrm{d}\bar{\varepsilon}_{i}}{2\sigma_{s}}\tau_{zx}
\end{aligned}\right\} \tag{6-79}$$

上式中只有五个独立方程，线应变增量间还应满足以下关系式

$$d\varepsilon_x + d\varepsilon_y + d\varepsilon_z = 0$$

$$d\bar{\varepsilon} = \frac{\sqrt{2}}{3}[(d\varepsilon_x - d\varepsilon_y)^2 + (d\varepsilon_y - d\varepsilon_z)^2 + (d\varepsilon_z - d\varepsilon_x)^2 + 6(d\gamma_{xz}^2 + d\gamma_{yz}^2 + d\gamma_{zx}^2)]^{\frac{1}{2}}$$

由列维—米塞斯方程可见：

1）已知应变增量分量且对于特定材料（σ_s 可知），可以求得应力偏量分量或正应力之差（$\sigma_1-\sigma_2$）、（$\sigma_2-\sigma_3$）、（$\sigma_3-\sigma_1$），但一般不能求出 σ_1、σ_2 及 σ_3，因为这时平均应力不知道。

2）已知应力分量能求得应力偏量，能求得应变增量的比值，但不能求得应变增量的数值，原因是对于理想塑性材料，应变分量的增量与应力分量之间无单值关系（即使求得也往往有很多解）。

3）若两正应力相等，则由于应力偏量分量相同，相应地应变增量也相同；反之亦然。

4）若某一方向的应变增量为零，则该方向的正应力应等于平均应力 σ_m；在平面应变时，若有 $\sigma_1>\sigma_2>\sigma_3$，以及沿 σ_2 的应变增量为零，则有 $\sigma_2=\sigma_m=\frac{\sigma_1+\sigma_3}{2}$。

在列维—米塞斯方程式的基础上，普朗特—路埃斯又提出了考虑弹性变形部分的增量理论。其形式与列维—米塞斯方程一样，只是在公式中包含了弹性变形部分。

弹性应变部分表达式为

$$d\varepsilon_{ij}^e = \frac{1}{2G}d\sigma'_{ij}$$

即

$$\begin{cases} d\varepsilon_x^e = \dfrac{1}{2G}d\sigma'_x \\ d\varepsilon_y^e = \dfrac{1}{2G}d\sigma'_y \\ d\varepsilon_z^e = \dfrac{1}{2G}d\sigma'_z \\ d\gamma_{xy}^e = \dfrac{1}{2G}d\tau_{xy} \\ d\gamma_{yz}^e = \dfrac{1}{2G}d\tau_{yz} \\ d\gamma_{zx}^e = \dfrac{1}{2G}d\tau_{zx} \end{cases}$$

塑性应变部分表达式为：

$$d\varepsilon_{ij}^{p} = d\lambda \sigma_{ij}$$

则得到应变分量的总增量表达式为：

$$\left.\begin{aligned} d\varepsilon_x &= \frac{1}{2G}d\sigma'_x + d\lambda\sigma'_x \\ d\varepsilon_y &= \frac{1}{2G}d\sigma'_y + d\lambda\sigma'_y \\ d\varepsilon_z &= \frac{1}{2G}d\sigma'_z + d\lambda\sigma'_z \\ d\gamma_{xy} &= \frac{1}{2G}d\tau_{xy} + d\lambda\tau_{xy} \\ d\gamma_{yz} &= \frac{1}{2G}d\tau_{yz} + d\lambda\tau_{yz} \\ d\gamma_{zx} &= \frac{1}{2G}d\tau_{zx} + d\lambda\tau_{zx} \end{aligned}\right\} \tag{6-80}$$

$d\lambda$ 仍可由式（6-78）确定。

普朗特—路埃期理论与列维—米塞斯理论的差别就在于前者考虑了弹性变形而后者不考虑弹性变形，实质上后者是前者的特殊情况。后者仅适应于大应变，而无法求解弹性回跳及残余应力场问题；前者主要用于小应变及求解弹性回跳及残余应力问题。

整个变形过程可由各瞬时段的变形积累而得，因此增量理论能表达加载过程的历史对变形的影响，能反映出复杂的加载情况。

6.4.2 全量理论

增量理论虽然比较严密，但在实际上解题颇为不便，因为实际上往往是对应变全量感兴趣，而仅知道每一时刻的应变增量要积分到应变全量并非易事，所以很少能得到解析解。在计算机日益普及的时代，虽然解题相对容易一些，但一般也是只能得到数值解。

1924 年亨盖根据应力偏量与塑性应变偏量分量（不含弹性部分）应相似且同轴的假设，提出用下式表达应力与应变的关系：

$$\frac{\varepsilon_x^p}{\sigma'_x} = \frac{\varepsilon_y^p}{\sigma'_y} = \frac{\varepsilon_z^p}{\sigma'_z} = \frac{\gamma_{xy}^p}{\tau_{xy}} = \frac{\gamma_{yz}^p}{\tau_{yz}} = \frac{\gamma_{zx}^p}{\tau_{zx}} = \psi \tag{6-81}$$

利用此公式时，若需要解析弹性应变分量则仍按弹性力学计算。

亨盖指出，对于一些实际问题，可以近似选择泊松比 $\mu = 1/2$，即认为体积不可压缩，这时上式中的应变分量，即可认为是全部应变分量，角标 p 可以省去，因而有：

$$\begin{cases}\varepsilon_x = \psi\sigma'_x \\ \varepsilon_y = \psi\sigma'_y \\ \varepsilon_z = \psi\sigma'_z \\ \gamma_{xy} = \psi\tau_{xy} \\ \gamma_{yz} = \psi\tau_{yz} \\ \gamma_{zx} = \psi\tau_{zx}\end{cases} \tag{6-82}$$

应该指出，上式中的应变已不像列维—米塞斯应力应变关系中以增量形式出现，在亨盖应力应变关系式中应变是全量而不是增量，比例常数 ψ 为：

$$\psi = 3\bar{\varepsilon}/(2\sigma_s) \tag{6-83}$$

1937 年那达依提出另一种全量理论，其主要特点为：

考虑材料是强化材料，而不是亨盖考虑的理想塑性材料，强化规律用八面体切应力及八面体切应变之间的关系来描述

$$\tau_8 = f(\gamma_8) \tag{6-84}$$

考虑是大应变情况，应变以对数应变形式表示，不考虑弹性变形；

当主应变的方向和比例保持不变且初始应变等于零时，应变全量与应力偏量的各分量之间存在以下关系：

$$\varepsilon_{ij} = \frac{1}{2}\frac{\overline{\gamma_8}}{\tau_8}\sigma'_{ij}$$

1943 年伊留申将形变理论整理得更完整，并明确地提出了形变理论所适用的范围和比例变形时所必须满足的条件：

1）外载荷按比例增加，变形体处于主动变形的过程中，不出现中途卸载的情况。

2）体积是不可压缩的，泊松比 $\mu = 1/2$。

3）材料的应力应变曲线具有幂强化的形式。

4）满足小弹塑性变形的各项条件，塑性变形和弹性变形属于同一量级。

也就是说，在满足了以上几个条件后，用形变理论（即全量理论）所计算出的结果将是正确的。在上述几个条件中，外载荷按比例增加是必要条件。取 $\mu = 1/2$ 对简化计算具有重要意义，而不同的 μ 值对最后计算结果影响很小。幂强化的物理关系可以避免区分弹性区和塑性区，并可以通过选择材料常数逼近实际强化曲线。伊留申的应力应变关系可以用下式表示：

$$\sigma'_{ij} = 2G'\varepsilon_{ij} \tag{6-85}$$

式中，$G' = E'/[2(1+\mu)] = E'/3 = \bar{\sigma}/(3\bar{\varepsilon})$。

E'被称为塑性模数，与弹性模数不同，它不仅与材料有关，也与变形程度有关，所以每一个值仅对塑性变形过程中的某一瞬时有效，其数值为等效应力 $\bar{\sigma}$

与等效应变 $\bar{\varepsilon}$ 之比。

对于主坐标系统，式（6-85）可以表示为

$$\begin{cases} \sigma'_1 = \dfrac{2}{3}\dfrac{\bar{\sigma}}{\bar{\varepsilon}}\varepsilon_1 \\ \sigma'_2 = \dfrac{2}{3}\dfrac{\bar{\sigma}}{\bar{\varepsilon}}\varepsilon_2 \\ \sigma'_3 = \dfrac{2}{3}\dfrac{\bar{\sigma}}{\bar{\varepsilon}}\varepsilon_3 \end{cases} \tag{6-86}$$

也可写成以下形式：

$$\frac{\sigma_1 - \sigma_2}{\varepsilon_1 - \varepsilon_2} = \frac{\sigma_2 - \sigma_3}{\varepsilon_2 - \varepsilon_3} = \frac{\sigma_3 - \sigma_1}{\varepsilon_3 - \varepsilon_1} = \frac{2\bar{\sigma}}{3\bar{\varepsilon}} \tag{6-87}$$

也就是说，按全量应变理论，主应力的差值与主应变的差值是成比例的，因此应力莫尔圆与应变莫尔圆一定相似。因为上式中分子代表应力莫尔圆中三个圆的直径，分母代表相应的三个应变莫尔圆的直径。

在塑性加工过程分析时，由于全量理论能够比增量理论运算更方便些，实际上并不严格限于比例加载。例如波波夫在缩口、翻边分析时运用全量理论得出与实验相符合的结果。王仁认为“平板的塑性失稳过程中各应力分量的比例有很大变化，分明不是简单加载，而实验结果却和全量关系所得的结果比较符合，而和用等向强化的增量关系计算的结果却相差得多。这个矛盾促使人们从最根本的途径上去考虑塑性应力-应变关系。”

还有很多学者都提出了全量关系不但适用于简单加载，而且当加载历史在偏离简单加载的一个相当大的距离内变化时也是适用的。这就使人们增强了使用全量理论解决问题的信心，也解释了为什么很多实验结果即使在非简单加载情况下也接近于用全量关系计算的结果。

6.4.3 应力应变顺序对应规律及其应用

增量理论及全是理论都能直接给出应力偏量与应变增量或全量之间的定量关系，但是物体内的应力分布通常是很难定量了解的，即使知道了还要求出偏量进而求应变全量（按形变理论），计算是相当繁杂的；如果按增量理论计算还需对已求出的应变增量进行积分，其繁杂就可想而知了。另一方面，从工程角度来看，对于一些繁杂的问题，那怕是能给出定性结果也很可贵，具体的定量问题可以从实验中进一步探索（由于如摩擦条件等数学模型还未给出，要精确计算也很难办到）。若利用应力应变顺序对应规律，可以方便地解决许多工程问题。

塑性变形时，当应力顺序 $\sigma_1>\sigma_2>\sigma_3$ 不变，且应变主轴方向不变时，则主应变的顺序与主应力顺序相对应，即 $\varepsilon_1>\varepsilon_2>\varepsilon_3$（$\varepsilon_1>0$，$\varepsilon_3<0$）。当中间应力 $\sigma_2>\sigma_m$ 和 $\sigma_2\leqslant\sigma_m$ 时，则相应地有 $\varepsilon_2>0$ 和 $\varepsilon_2\leqslant0$。

这个规律的前一部分是“顺序关系”，后一部分是“中间关系”。其实质是将增量理论的定量描述变为一个定性判断。它虽然不能给出各方向应变全量的定量结果，但可以说明应力在一定范围内变化时各方向的应变全量的相对大小，进而可以推断出尺寸的相对变化。

在应力顺序始终保持不变的情况下，例如 $\sigma_1>\sigma_2>\sigma_3$，则偏应力分量的顺序也是不变的，即

$$(\sigma_1-\sigma_m)>(\sigma_2-\sigma_m)>(\sigma_3-\sigma_m) \tag{6-88}$$

列维—米塞斯应力应变方程式（6-76）对于主应力条件可以写成如下形式：

$$\frac{\mathrm{d}\varepsilon_1}{\sigma_1-\sigma_m}=\frac{\mathrm{d}\varepsilon_2}{\sigma_2-\sigma_m}=\frac{\mathrm{d}\varepsilon_3}{\sigma_3-\sigma_m}=\mathrm{d}\lambda \tag{6-89}$$

从而有

$$\mathrm{d}\varepsilon_1>\mathrm{d}\varepsilon_2>\mathrm{d}\varepsilon_3 \tag{6-90}$$

同理，对全过程有：

$$\varepsilon_1>\varepsilon_2>\varepsilon_3 \tag{6-91}$$

因为

$$\varepsilon_1+\varepsilon_2+\varepsilon_3=0$$

因此，ε_1 一定大于零，ε_3 一定小于零。

至于沿中间主应力 σ_2 方向的应变 ε_2 的符号需根据 σ_2 的相对大小来定，在变形过程的几个阶段中，ε_2 可按下式计算：

$$\varepsilon_2=(\sigma_2-\sigma_m)\big|_{t_1}\mathrm{d}\lambda_1+(\sigma_2-\sigma_m)\big|_{t_2}\mathrm{d}\lambda_2+\cdots,\ (\sigma_2-\sigma_m)\big|_{t_n}\mathrm{d}\lambda_n$$

式中，t_1，$t_2\cdots$，t_n 为变形过程中的各个变形阶段。

若变形过程中保持 $\sigma_2>\frac{\sigma_1+\sigma_3}{2}$，即 $\sigma_2>\sigma_m$，由于 $\mathrm{d}\lambda_1>0$，$\mathrm{d}\lambda_2>0$，…，$\mathrm{d}\lambda_n>0$，则上式右端恒大于零，即 $\varepsilon_2>0$。

同理可证，当 $\sigma_2<\frac{\sigma_1+\sigma_3}{2}$时，$\varepsilon_2<0$。

当 $\sigma_2=\frac{\sigma_1+\sigma_3}{2}$时，$\varepsilon_2=0$

应当强调以上证明是根据增量理论导出的全量应变定性表达式。

进一步分析可看出，中间关系$\frac{\sigma_1+\sigma_3}{2}$对应变类型起关键作用，是决定变形类型的依据。

所谓应变类型，实际上就是伸长类应变（$\varepsilon_1>0$，$\varepsilon_2<0$，$\varepsilon_3<0$）、平面应变（$\varepsilon_1>0$，$\varepsilon_2=0$，$\varepsilon_3<0$）及压缩类应变（$\varepsilon_1>0$，$\varepsilon_2>0$，$\varepsilon_3<0$）三种应变。

当 $\sigma_2=\frac{\sigma_1+\sigma_3}{2}$时，$\varepsilon_2=0$，应变为平面应变。

当 $\sigma_2-\sigma_m>0$ 时，即 $\sigma_2>\frac{\sigma_1+\sigma_3}{2}$，$\varepsilon_2>0$，应变状态为 $\varepsilon_1>0$，$\varepsilon_2>0$，$\varepsilon_3<0$，属于压缩类变形。

当 $\sigma_2-\sigma_m<0$ 时，即 $\sigma_2<\dfrac{\sigma_1+\sigma_3}{2}$，$\varepsilon_2<0$，应变状态为 $\varepsilon_1>0$，$\varepsilon_2<0$，$\varepsilon_3<0$，属于伸长类变形。

用罗德系数及应力莫尔圆也很容易说明中间主应力的影响，例如 σ_2 在 σ_1 到 $\dfrac{\sigma_1+\sigma_3}{2}$ 范围内变化，即相对接近于 σ_1（图 6-30），这时将有 $0\leqslant\mu_\sigma\leqslant1$，则不管 σ_2 的数值如何，它仅影响应变增量的比例关系，并不改变应变类型为压缩类型的性质。或者 σ_2 在 σ_3 到 $\dfrac{\sigma_1+\sigma_3}{2}$ 范围内变化，即相对接近于 σ_3（图 6-31），这时 $-1\leqslant\mu_\sigma\leqslant0$，则不管 σ_2 的数值如何，它仅影响应变增量的比例，并不改变应变为伸长类的性质。因此，在同类应变状态下的积累并不改变应变的性质。

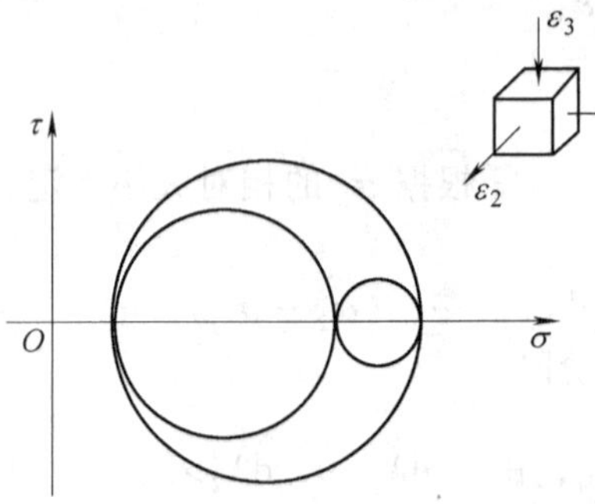

图 6-30　中间主应力接近 σ_1 时产生压缩类应变

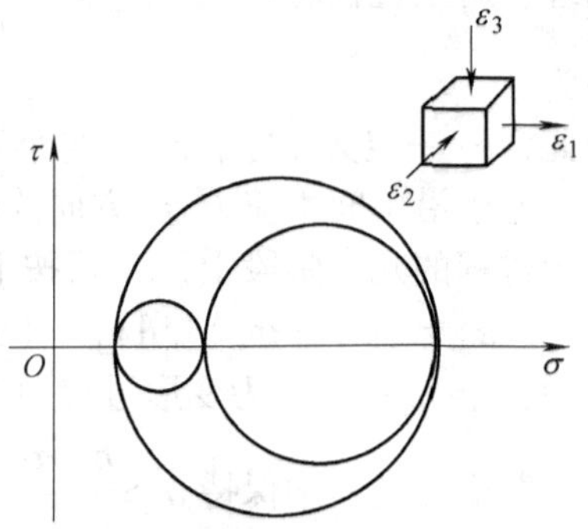

图 6-31　中间主应力接近 σ_3 时产生伸长类应变

像形变理论本应严格用于比例加载条件而实际上可以放宽使用范围一样，应力应变顺序对应规律作为一种定性描述有其推论的前提，即：

1）主应力顺序不变。

2）主应变方向不变。

但在实际应用时也可以适当地放宽，其检验标准就是实验数据。反过来说，如果离开前提太远，应用出入很大也是很自然的，这属于运用不当。如板料冲压中拉深、缩口、胀形、扩口及薄管成形工序，可满足以上两个条件，所以能应用该规律分析应变及应力问题；对于三向应力，在做适当简化以后也可以用该规律进行分析。顺序对应规律的应用，主要是由应力顺序来判断应变顺序以及尺寸变化趋势，或由应变顺序来判断应力顺序。

6.5　真实应力-应变曲线

金属在单向应力状态（单向拉伸应力状态或单向压缩应力状态）下单位面

积上的变形力称为真实应力或流动应力，通常用 S 表示。真实应力的数值等于试样瞬时横截面上的实际应力，它是金属塑性加工变形抗力的指标。真实应力-应变曲线即为金属在单向应力状态下真实应力与变形程度（应变）之间的关系曲线，它反映了金属塑性变形时的加工硬化情况，因此也称为硬化曲线。

6.5.1 拉伸试验确定的真实应力-应变曲线

1. 标称应力-应变曲线　室温下的静拉伸试验是用标准圆柱形试样在万能材料试验机上以小于 $10^{-3}/s$ 的应变速率下进行的。图 6-32a 是由退火低碳钢拉伸试验确定的标称应力-应变曲线。前已述及，标称应力（也称为名义应力或条件应力）σ 及相对伸长 δ 为

$$\sigma = \frac{F}{A_0}, \qquad \delta = \frac{\Delta l}{l_0}$$

在标称应力-应变曲线上有三个特征点，将拉伸变形过程分为三个阶段：弹性变形、均匀塑性变形和局部塑性变形。

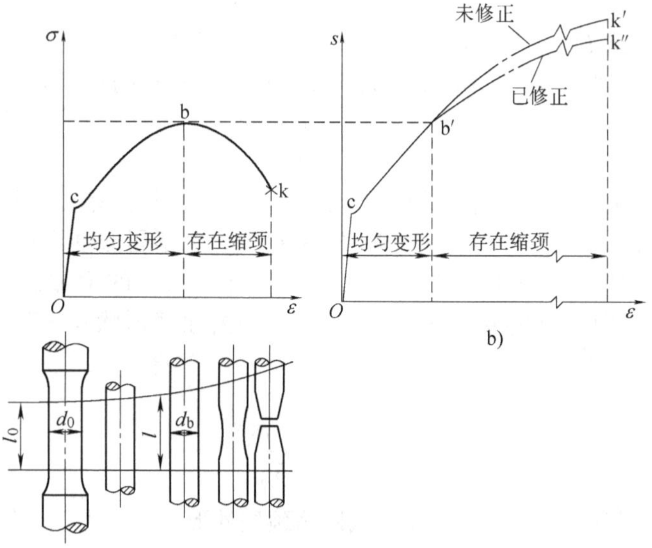

图 6-32　拉伸试验确定的应力-应变曲线

a）标称应力-应变曲线　b）真实应力-应变曲线

（1）屈服点 c。它是弹性变形与均匀塑性变形的分界点，在该点曲线上出现一个屈服平台，对应的应力称为屈服点（初始屈服应力），用 σ_s 表示。对于没有明显屈服点的金属材料，规定用对应于试样残余应变 $\varepsilon=0.2\%$时的应力作为材料的屈服强度，用 $\sigma_{0.2}$表示。

（2）缩颈（塑性失稳）点 b。它是均匀塑性变形与局部塑性变形的分界点，

是曲线上出现的最高点，这时拉伸载荷达到最大值 F_{max}，该点的应力称为抗拉强度，用 σ_b 表示。在 b 点之前试样呈均匀拉长，到达 b 点时试样开始出现缩颈，变形集中发生在试样的某个局部，拉伸载荷开始下降。

（3）断裂点 k。试样发生断裂，是单向拉伸塑性变形的终止点。

标称应力-应变曲线（σ-ε 曲线）在屈服点 c 之后到缩颈点 b 之前，随着拉伸变形过程的进行，继续变形的应力要增加，即后继屈服应力随变形程度的增加而增加，表明材料发生了加工硬化。但在 b 点之后，曲线反而下降，这是由于试样的某个局部出现了缩颈，虽然拉伸载荷有所下降，但试样横截面面积也在急剧下降，所以标称应力 σ 并不能反映单向拉伸时试样横截面上的实际应力。标称应力-应变曲线也不能真实地反映材料在塑性变形阶段的力学特征。

2. 真实应力-应变曲线　真实应力-应变曲线（图 6-32b）通常采用拉伸试验来确定，它是研究材料的流动应力、塑性行为、应力-应变关系，以及求解塑性成形问题所不可缺少的基本试验资料。

标准圆柱形试样在材料试验机上拉伸，记录下各瞬时的变形力 F 及与之相对应的试样直径 d（横截面积 A）。在试样出现缩颈之前，材料处于单向拉伸应力状态，瞬时变形力 F 与瞬时横截面积 A 之比即为材料的真实应力，即

$$S = \frac{F}{A}$$

当试样出现缩颈后，缩颈处截面上的应力状态发生了变化，从单向均布拉伸应力变为三向不均布拉伸应力，如图 6-33 所示。根据屈服准则可知，此时所记录的变形力必然比单向应力状态下的变形力有一额外的增加，称为“形状硬化”。要获得单向应力状态下的真实应力，必须去除“形状硬化”的影响，可采用如下的修正公式。

$$S = \frac{F}{A\left(1 + \dfrac{d}{8\rho}\right)}$$

式中，d 为试样缩颈处的直径；ρ 为试样缩颈处外形的曲率半径（图 6-33）。

关于拉伸试样的变形程度（应变），有下列三种表示方法：

1）相对伸长 $\delta = \dfrac{\Delta l}{l_0} = \dfrac{l_1 - l_0}{l_0}$，式中 l_0 和 l_1 分别为试样原始标距长度和拉伸后的瞬时标距长度。

2）相对断面收缩 $\psi = \dfrac{\Delta A}{A_0} = \dfrac{A_0 - A_1}{A_0}$，式中 A_0 和 A_1 分别为试样原始断面积和拉伸后的瞬时最小断面积。

3）对数应变 $\varepsilon = \displaystyle\int_{l_0}^{l_1} \frac{\mathrm{d}l}{l} = \ln \frac{l_1}{l_0}$。

在出现缩颈之前的均匀拉伸阶段，有 $A_0l_0=A_1l_1$，故对数应变亦可写成 $\varepsilon=\ln\frac{A_0}{A_1}$，但出现缩颈之后，显然 $A_0l_0\neq A_1l_1$，因此，$\ln\frac{A_0}{A_1}\neq\ln\frac{l_1}{l_0}$。

在这三种应变中，对数应变是由试样瞬时变形程度积分求得，它具有可加性、可比性，能真实地反映试样的变形程度，故又称为真实应变。

在出现缩颈之前的均匀拉伸阶段，因为有 $A_0l_0=A_1l_1$，由此可推导出三种应变之间的关系如下：

$$\delta=\frac{\psi}{1-\psi};\ \psi=\frac{\delta}{1+\delta}$$

$$\varepsilon=\ln\frac{l_1}{l_0}=\ln\frac{l_0+\Delta l}{l_0}=\ln(1+\delta)$$

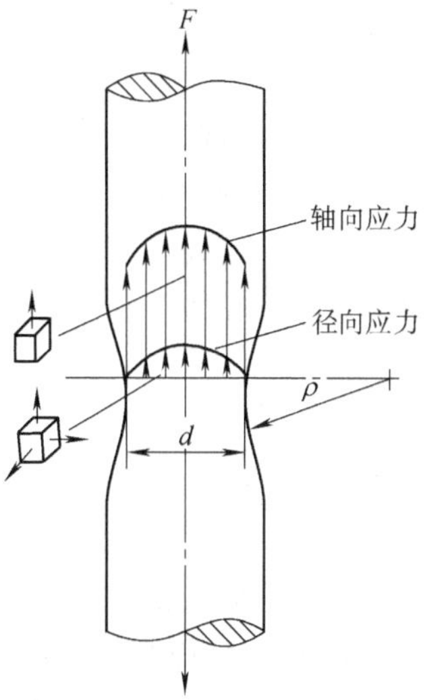

图 6-33　缩颈处截面上的应力分布

真实应力 S 与标称应力 σ 亦有　$S=\frac{F}{A_1}=\frac{Fl_1}{A_0l_0}=\sigma e^{\varepsilon}$

因为 $e^{\varepsilon}=\frac{l_1}{l_0}\geqslant 1$，所以　$S\geqslant\sigma$。

根据拉伸试验所得的数据，以真实应力 S 为纵坐标，以应变为横坐标，即可绘出三类真实应力-应变曲线：第一类为 S-δ 曲线；第二类为 S-ψ 曲线；第三类为 S-ε 曲线。由于前述原因，第三类真实应力-应变曲线更具有普遍意义，应用最为广泛。图 6-32b 即为第三类真实应力-应变曲线，图中的 b′k′段为未修正的真实应力（包含形状硬化）-应变曲线；b′k″段为已修正的真实应力（去除形状硬化）-应变曲线。

图 6-34 为几种金属材料在室温下拉伸试验所得的真实应力-应变曲线。

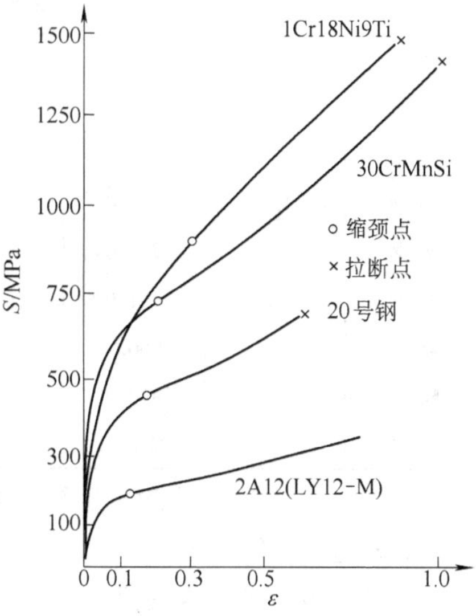

图 6-34　几种金属材料在室温下的真实应力-应变曲线

6.5.2　真实应力-应变曲线的近似数学表达式

试验所得的真实应力-应变曲线一般都不是简单的函数关系。在解决实际塑性成形问题时，为了便于计算，需要将试验所得的真实应力-应变曲线用某一数学表达式来近似描述。大多数金属工程材料在室温下加工都有硬化现象，其真实

应力-应变曲线近似于抛物线形状，可以相当精确地用幂次式表达为

$$S = B\varepsilon^n$$

式中，B 为与材料有关的常数；n 为硬化指数。

为了使理论曲线能较好地拟合实际曲线，必须合理地确定 B 和 n 值。根据理论曲线必须通过实际曲线的失稳对应点（缩颈临界点），以及两条曲线在失稳对应点斜率相等的条件，可以导出

$$B = \frac{S_b}{\varepsilon_b^{\varepsilon_b}};\ n = \varepsilon_b$$

式中，S_b，ε_b 为实际（试验）曲线失稳对应点的真实应力和对数应变。

$$S_b = \sigma_b(1 + \delta_b),\ \varepsilon_b = \ln(1 + \delta_b)$$

因此只要求得材料的抗拉强度 σ_b 及对应的相对伸长 δ_b，即可用上述幂次式绘出真实应力-应变理论曲线。

硬化指数 n 表征材料在变形过程中的加工硬化速率，并反映材料在拉伸时抗局部变形（失稳）的能力。n 值大的材料，其均匀拉伸变形的能力也大。

关于各种金属材料的 B、n 值已有不少实验资料，表 6-1 列出了一些材料的 B、n 值。

表 6-1　一些金属材料 20℃时的 B、n 值

金属名称、牌号	应变速率 $/S^{-1}$	B/MPa	n	金属名称、牌号	应变速率 $/S^{-1}$	B/MPa	n
工业纯铁		608.0	0.25	15Cr	慢	793.7	0.18
15 钢	1.6	784.0	0.10	40Cr	慢	861.9	0.15
20 钢	慢	745.0	0.20	T1		452.0	0.328
35 钢	慢	901.0	0.17	1050A		154.0	0.204
45 钢	1.5	950.0	0.14	1Cr18Ni9Ti	慢	1451.0	0.60
50 钢		970.0	0.16	5CrNiMo	慢	1172.7	0.128
60 钢	1.5	1087.2	0.12				

真实应力-应变曲线除了用幂次式表达外，还可以用其他的简化形式及相应的数学表达式近似表示。

6.5.3　变形温度和应变速率对真实应力-应变曲线的影响

1. 变形温度对真实应力-应变曲线的影响　随着变形温度升高，真实应力 S 和加工硬化速率均降低。当变形温度升高到材料发生再结晶时，真实应力-应变曲线趋于一水平线（图 6-35c）。其主要原因是：随着变形温度升高，发生回复或再结晶，可部分或全部消除加工硬化效应；原子的热运动加剧，动能增大，原子间结合力减弱，使临界切应力降低；材料的显微组织发生变化，可能由多相组

织转变为单相组织；晶界性质发生变化，使晶界滑移易于发生，并减小晶界对晶内变形的阻碍作用；扩散蠕变作用加强等。

2. 应变速率对真实应力-应变曲线的影响　随着应变速率增加，真实应力 S 也增加，但增加的程度与变形温度有关。冷变形时增加的程度小，热变形时增加的程度大，如图 6-35 所示。

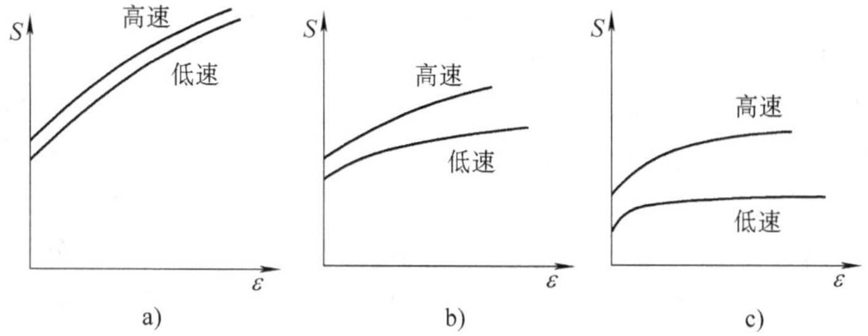

图 6-35　不同温度下应变速率对真实应力-应变曲线的影响

a）冷变形　b）温变形　c）热变形

出现这种现象的主要原因是：一方面随着应变速率的增加，位错运动速度加快，使临界切应力增加；若变形在较高温度下进行，由于来不及进行回复或再结晶，没有足够的时间发展软化过程。另一方面，随着应变速率的增加，温度效应也增加，这导致了真实应力的降低。由于冷变形时的温度效应要比热变形时来得大，所以冷变形时真实应力的降低也比热变形时更显著。上述两方面因素相互作用的结果，造成了随着应变速率增加，真实应力也增加，且冷变形时增加的程度小于热变形。

6.6　主应力法

6.6.1　主应力法的基本原理

主应力法的实质是将应力平衡微分方程和屈服方程联立求解。它是一种比较简单的分析接触面上正应力分布并求解变形力的方法。主应力法解题的基本原理可以归纳如下：

（1）将问题简化为平面问题或对轴称问题。对于形状复杂的变形体，可以根据金属的流动情况，将其划分为若干形状简单的部分，每一部分分别按平面问题或轴对称问题求解，最后“拼合”起来，即得到整个问题的解。

（2）切取基元体，建立基元体的平衡微分方程。根据金属的流动方向，沿变形体整个截面切取一个包含接触面的基元体。切面上的正应力假定为主应力，且与一个坐标轴无关，为均匀分布。这样在建立基元体的平衡微分方程时，不仅方程数目减少为一个，而且得到的是常微分方程，大大降低了计算难度。因此，主应力法又形象地称为“切块法”或“板块法”。

（3）列出基元体的屈服方程。假定基元体各坐标平面上的正应力为主应力，忽略各坐标平面上的切应力（包括摩擦切应力）对屈服方程的影响，列出基元体的屈服方程。

将简化的平衡微分方程和屈服方程联立求解，利用边界条件确定积分常数，求得接触面上的应力分布，进而求得变形力。由于上述基本原理是以假设基元体上作用着均匀分布的主应力为基础的，故而称为“主应力法”。

主应力法求解变形力的数学运算比较简单，所得的数学表达式可以分析有关参数（如摩擦因数、变形体的几何尺寸、变形程度等）对变形力的影响。因此，尽管目前已有更先进的求解变形力的方法，而主应力法仍是计算变形力的一种主要方法。但是，主应力法只能求出接触面上的应力分布情况，而不能分析变形体内的应力分布，因为所作的假设已使变形体内的应力分布在一个坐标方向上平均化了。

6.6.2 主应力法的应用实例

1. 平砧间长矩形板镦粗（图 6-36a）

设长矩形板长度为 l，宽度为 a，高度为 h，其中 $l>>a$。接触面上摩擦切应力 $\tau=mK$。

（1）将问题简化为平面变形问题。因长矩形板长度 l 远远大于宽度 a，镦粗时板料在长度方向的变形 $\varepsilon=\dfrac{\Delta l}{l}\to 0$，故而可以忽略长度方向变形，将问题简化为平面变形问题。

（2）切取基元体，建立基元体的平衡微分方程。在变形体内切取包括接触面在内的长为 l，宽为 $\mathrm{d}x$，高为 h 的基元体（图 6-36a 中阴影部分）。在与 x 方向垂直的左右两切面上作用有正应力 σ_x 和 $\sigma_x+\mathrm{d}\sigma_x$，上下接触面上作用正应力 σ_y 和摩擦切应力 τ。在 x 方向建立基元体的静力平衡微分方程如下：

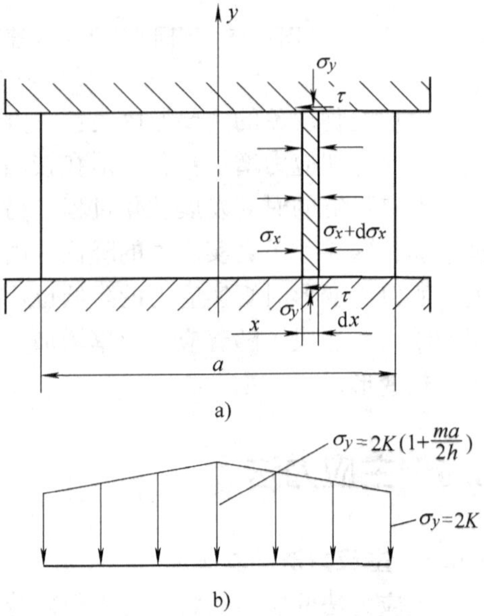

图 6-36 平砧间长矩形板镦粗及接触面上正应力 σ_y 的分布

a）切取基元体 b）接触面上的正应力分布

$$\sigma_x hl-(\sigma_x+\mathrm{d}\sigma_x)hl-2\tau l\mathrm{d}x=0$$

化简得

$$\mathrm{d}\sigma_x=-\frac{2\tau}{h}\mathrm{d}x \tag{6-92}$$

式中的应力分量代表其绝对值。

（3）列出基元体的屈服方程。根据平面变形的米塞斯屈服准则得

$$(\sigma_x - \sigma_y)^2 + 4\tau_{xy}^2 = (2K)^2 = \left(\frac{2}{\sqrt{3}}\sigma_s\right)^2$$

设 σ_x 和 σ_y 为主应力，故 $\tau_{xy}=0$。又因为 y 方向为主加载方向，σ_x 和 σ_y 均为压应力，$|\sigma_y|>|\sigma_x|$，上述屈服方程简化为：

$$\sigma_y - \sigma_x = 2K = \frac{2}{\sqrt{3}}\sigma_s$$

对上式两边微分，得

$$d\sigma_y = d\sigma_x \tag{6-93}$$

（4）将简化的平衡微分方程式（6-92）和式（6-93）联立求解，得

$$d\sigma_y = -\frac{2\tau}{h}dx \tag{6-94}$$

积分，得

$$\sigma_y = -\frac{2\tau}{h}x + C$$

（5）利用边界条件确定积分常数 C，建立接触面上正应力分布方程。当 $x=\frac{a}{2}$，处于自由边界上，$\sigma_x=0$，根据屈服方程，$\sigma_y=2K=\frac{2}{\sqrt{3}}\sigma_s$，得积分常数 $C=2K+\frac{a\tau}{h}$。则接触面上正应力分布方程为

$$\sigma_y = 2K + \frac{2\tau}{h}\left(\frac{a}{2} - x\right) = 2K\left[1 + \frac{m}{h}\left(\frac{a}{2} - x\right)\right] \tag{6-95}$$

（6）求接触面上的正应力

镦粗中心，$x=0$ 处，

$$\sigma_y = 2K\left(1 + \frac{ma}{2h}\right)$$

边缘，$x=\frac{a}{2}$处，

$$\sigma_y = 2K$$

接触面上正应力分布如图 6-36b 所示。

（7）求变形力 F

$$F = \int_F \sigma_y dA = 2l\int_0^{\frac{a}{2}}\left[2K\left[1 + \frac{m}{h}\left(\frac{a}{2} - x\right)\right]\right]dx$$

$$= 2Kla\left(1 + \frac{ma}{4h}\right) = \frac{2}{\sqrt{3}}la\sigma_s\left(1 + \frac{ma}{4h}\right) \tag{6-96}$$

（8）求单位变形力

$$p = \frac{F}{la} = 2K\left(1 + \frac{ma}{4h}\right) = \frac{2}{\sqrt{3}}\sigma_s\left(1 + \frac{ma}{4h}\right) \tag{6-97}$$

2. 平砧间圆柱体镦粗（图 6-37）　设圆柱体直径为 d，高度为 h，接触面上摩擦切应力 $\tau=mK$。

（1）将问题简化为轴对称问题。假设圆柱体为均匀镦粗，则可简化为轴对

称问题。

（2）切取基元体，建立基元体的平衡微分方程。沿整个坯料高度方向在半径 r 处截取一厚度为 $\mathrm{d}r$，圆心角为 $\mathrm{d}\theta$ 的基元体，如图 6-37a 中阴影所示。基元体沿高度方向上作用着均布的径向压应力 σ_r 和 $\sigma_r+\mathrm{d}\sigma_r$ 及切向压应力 σ_θ，接触面上作用有压应力 σ_z 和摩擦切应力 τ。由于是轴对称问题，$\tau_{r\theta}=\tau_{z\theta}=0$，所以 σ_r、σ_θ 和 σ_z 均为主应力。沿径向建立基元体的静力平衡方程：

$$\sigma_r hr\mathrm{d}\theta-(\sigma_r+\mathrm{d}\sigma_r)(r+\mathrm{d}r)h\mathrm{d}\theta$$
$$+2h\sigma_\theta\sin\frac{\mathrm{d}\theta}{2}\mathrm{d}r-2\tau r\mathrm{d}\theta\mathrm{d}r=0$$

因 $\mathrm{d}\theta$ 是一极微小量，故 $\sin\frac{\mathrm{d}\theta}{2}\approx\frac{\mathrm{d}\theta}{2}$，整理并略去高阶微量，得

$$-rh\mathrm{d}\sigma_r-\sigma_r h\mathrm{d}r-2\tau r\mathrm{d}r+\sigma_\theta h\mathrm{d}r=0$$

已设圆柱体为均匀镦粗，则 $\sigma_r=\sigma_\theta$，代入上式得

$$\mathrm{d}\sigma_r=-\frac{2\tau}{h}\mathrm{d}r \tag{6-98}$$

式中的应力分量代表其绝对值。

（3）列出基元体的屈服方程。对轴对称问题，$\sigma_r=\sigma_\theta$，两个屈服准则相同。z 方向为主加载方向，$|\sigma_z|>|\sigma_r|$，按绝对值列出的屈服方程为

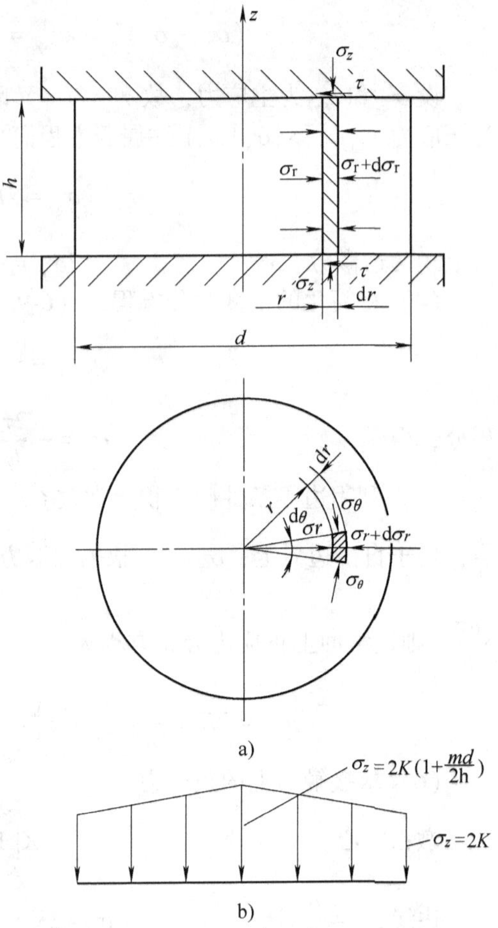

图 6-37 平砧间圆柱体镦粗及接触面上正应力 σ_z 的分布

a）切取基元体 b）接触面上的正应力分布

$$\sigma_z-\sigma_r=2K=\sigma_s$$
$$\mathrm{d}\sigma_z=\mathrm{d}\sigma_r \tag{6-99}$$

（4）将简化的平衡微分方程式（6-98）和方程式（6-99）联立求解，得

$$\mathrm{d}\sigma_z=-\frac{2\tau}{h}\mathrm{d}r \tag{6-100}$$

积分得

$$\sigma_z=-\frac{2\tau}{h}r+C$$

（5）利用边界条件确定积分常数 C，并建立按触面上正应力分布方程。当 r

$=\frac{d}{2}$，处于自由边界上，$\sigma_r=0$，根据屈服方程，$\sigma_z=2K=\sigma_s$，则得积分常数

$$C = 2K + \frac{\tau}{h}d$$

接触面上正应力为

$$\sigma_z = 2K + \frac{2\tau}{h}\left(\frac{d}{2} - r\right) = 2K\left[1 + \frac{m}{h}\left(\frac{d}{2} - r\right)\right] \tag{6-101}$$

（6）求接触面上正应力

镦粗中心，$r=0$ 处，　　$\sigma_z=2K\left(1+\frac{md}{2h}\right)$

边缘，$r=\frac{d}{2}$处，　　$\sigma_z=2K$

接触面上正应力分布如图 6-37b 所示。

（7）求变形力 F

$$\begin{aligned} F &= \int_F \sigma_z \mathrm{d}A = 2\pi\int_0^{\frac{d}{2}}\left[2K\left[1 + \frac{m}{h}\left(\frac{d}{2} - r\right)\right]\right]r\mathrm{d}r \\ &= \frac{\pi}{4}d^2 2K\left(1 + \frac{md}{6h}\right) = \frac{\pi}{4}d^2\sigma_s\left(1 + \frac{md}{6h}\right) \end{aligned} \tag{6-102}$$

（8）单位变形力 p

$$p = \frac{F}{A} = 2K\left(1 + \frac{md}{6h}\right) = \sigma_s\left(1 + \frac{md}{6h}\right) \tag{6-103}$$

从以上分析可看出：

1）接触面上的正应力呈不均匀分布。中心最大，边缘最小，其间按线性规律变化。这是因为假设了接触面上的摩擦切应力为常数 $\tau=mK$。如果改变摩擦条件，则接触面上正应力的分布规律也将随之改变。

2）变形力 F 和单位变形力 p 除了与金属材料的性质 σ_s 有关外，还与摩擦条件 m 及变形体的几何参数 a/h（或 d/h）有关。m 值大，摩擦严重，则 F 和 p 值也大。m 不变时，a/h（或 d/h）值大，则 F 和 p 值也大。这说明当塑性变形体或变形区的相对厚度很小时，其变形力和单位变形力（变形抗力）会变得很大。

6.7　滑移线法

6.7.1　塑性平面应变状态下的应力状态及滑移线的基本概念

滑移线法是针对理想刚塑性材料在平面应变条件下建立起来的一种求解方法。所谓理想刚塑性材料，是指塑性变形时不包含有弹性变形，且不产生加工硬化的材料。实际上，处于热变形或硬化率不高的材料的冷变形可简化为理想刚塑性材料。

当变形体处于塑性平面应变状态时，沿某一个坐标轴（设为 z 轴）的应变分

量为零，塑性流动仅发生在与该轴垂直的坐标平面（设为 xOy 平面）内，此面称为塑性流动平面。此时塑性变形体内任一点的应力状态（图 6-38a）可以用塑性流动平面 xOy 内的平面应力单元体来表示，如图 6-38b 所示。塑性变形体（或变形区）内任一点的两个相互正交的最大切应力面与塑性流动平面相垂直，最大切应力的值为

$$\tau_{max}=\tau_{13}=\frac{1}{2}(\sigma_1-\sigma_3)=K$$

最大切应力面上的正应力 σ_{13} 恰好等于平均应力 σ_m 或中间主应力 σ_2，即

$$\sigma_{13}=\sigma_m=\sigma_2=\frac{1}{2}(\sigma_1+\sigma_3)=\frac{1}{2}(\sigma_x+\sigma_y)$$

其应力莫尔圆如图 6-38c 所示，应力莫尔圆大圆的圆心为（σ_m，0），其半径为 $R=\sqrt{\left(\frac{\sigma_x-\sigma_y}{2}\right)^2+\tau_{xy}^2}=K$。由应力莫尔圆可知

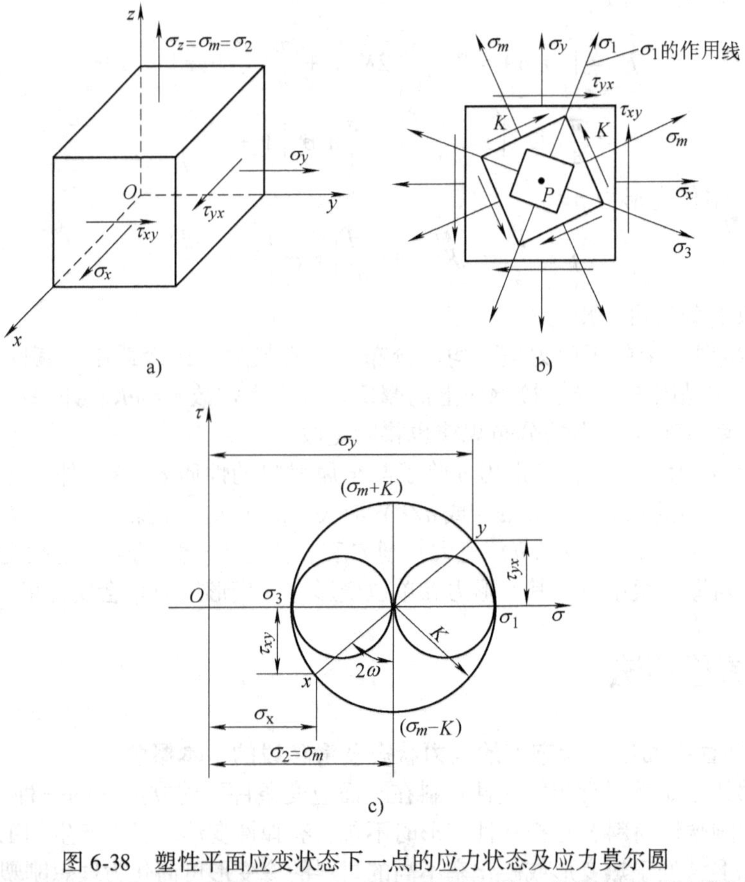

图 6-38 塑性平面应变状态下一点的应力状态及应力莫尔圆

a）变形体内任一点的应力状态 b）流动平面 xoy 内的平面应力单元体 c）应力莫尔圆

$$\left.\begin{aligned}\sigma_1 = \sigma_m + K \quad & \sigma_x = \sigma_m - K\sin2\omega \\ \sigma_2 = \sigma_m \quad & \sigma_y = \sigma_m + K\sin2\omega \\ \sigma_3 = \sigma_m - K \quad & \tau_{xy} = K\cos2\omega\end{aligned}\right\} \tag{6-104}$$

式中，ω 为滑移线的方向角。

由式（6-104）可得

$$\tan2\omega = -\frac{\sigma_x - \sigma_y}{2\tau_{xy}} \tag{6-105}$$

式（6-104）表示塑性流动平面内一点的应力分量与该点滑移线方向角 ω 的函数关系式，可以证明，该应力分量满足屈服准则。

当变形体处于塑性平面应变状态时，塑性流动平面内每一点都能找到一对正交的最大切应力方向。将无限邻近的最大切应力方向连接起来，则可得到两族相互正交的最大切应力方向的轨迹线，即称为滑移线（图 6-39）。其中一族称为 α 族，另一族称为 β 族。滑移线布满于塑性区，形成滑移线场。

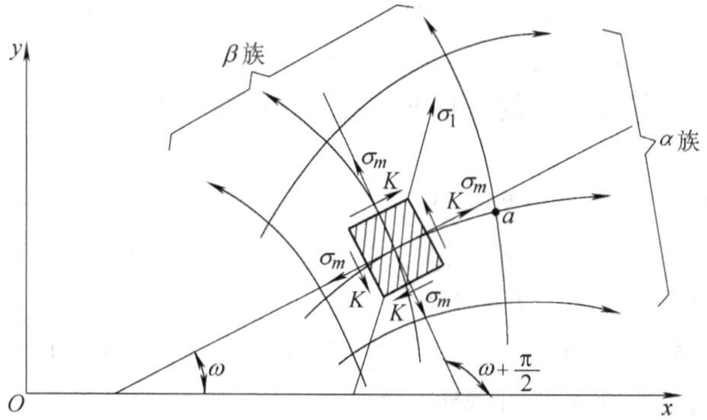

图 6-39 滑移线与滑移线场

为了区别两族滑移线，通常采用下述规则：若 α 与 β 线形成一右手坐标系，则代数值最大的主应力 σ_1 的作用线位于第一与第三象限。显然，此时 α 线两旁的最大切应力组成顺时针转向，而 β 线两旁的最大切应力组成逆时针转向。α 线的切线方向与 ox 轴的夹角称为滑移线的方向角 ω，并规定以 ox 轴为起始线，逆时针旋转形成的 ω 角为正，顺时针旋转形成的 ω 角为负。按此规定，图 6-39 中的 ω 角为正值。

6.7.2 汉基（H. Hencky）应力方程

理想刚塑性材料处于塑性平面应变时，塑性区各点的应力状态不同，其实质只是平均应力 σ_m 不同。各点的应力分量可由 σ_m 和 K 来表示，而最大切应力 K 为材料常数。因此，只要找到沿滑移线上 σ_m 的变化规律，即可求得整个变形体（或变形区）的应力分布。

汉基应力方程给出滑移线上各点平均应力与滑移线方向角的关系，略去推导过程，直接写出其关系式如下：

$$\left.\begin{aligned}\sigma_m - 2K\omega &= \xi(\beta) \quad (\text{沿 }\alpha\text{ 线})\\ \sigma_m + 2K\omega &= \eta(\alpha) \quad (\text{沿 }\beta\text{ 线})\end{aligned}\right\} \tag{6-106}$$

当沿 α 族（或 β 族）中的同一条滑移线移动时，任意函数 ξ（或 η）为常数，只有从一条滑移线转到同族的另一条滑移线时 ξ（或 η）值才改变。

现设在一条滑移线上有 a、b 两点（图 6-40），若滑移线为 α 线，则由式（6-106）中第一式得

$$\sigma_{ma} - 2K\omega_a = \sigma_{mb} - 2K\omega_b$$

即

$$\sigma_{ma} - \sigma_{mb} = 2K(\omega_a - \omega_b)$$

若滑移线为 β 线，则由式（6-106）中第二式得

$$\sigma_{ma} - \sigma_{mb} = -2K(\omega_a - \omega_b)$$

两式合写为

$$\sigma_{ma} - \sigma_{mb} = \pm 2K(\omega_a - \omega_b) \tag{6-107}$$

式中，σ_{ma}、σ_{mb} 为滑移线上 a、b 两点的平均应力；ω_a、ω_b 为 a、b 两点滑移线的方向角；± 为 α 线取正号，β 线取负号。

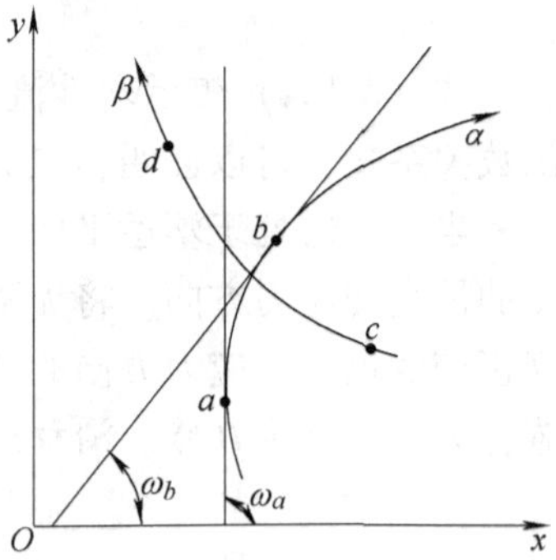

图 6-40　沿滑移线方向角的变化

汉基应力方程揭示了滑移线上平均应力的变化（$\sigma_{ma}-\sigma_{mb}$）与滑移线转角（$\omega_a-\omega_b$）的关系，即揭示了滑移线上平均应力的变化规律。

由式（6-107）可得出以下几点结论：

1）若滑移线场已经确定，且已知一条滑移线上任一点的平均应力，则该滑移线场中各点的应力状态均可确定。

2）若滑移线为直线，则该滑移线上各点的应力状态相同。

3）若滑移线场的某一区域内两族滑移线均为直线，则该区域内各点的应力状态相同，称为均匀应力场。

6.7.3　滑移线场的建立

用滑移线法求解塑性成形问题时，首先需要建立变形体（或变形区）的滑移线场，这通常是一个相当复杂的工作，有时甚至需要配合专门的实验才能确定。建立滑移线场有两种方法，分析推理法（简化图解法）和数值解析法。在求解实际问题时，整个塑性变形区的滑移线场往往是由各个部分的滑移线场组合而成的。分析推理法是根据塑性变性区的金属流动情况、边界条件、应力状态、滑移线的特性逐一分区确定滑移线场，然后将各分区的滑移线场组合起来构成整个塑性变形区的滑移线场。掌握典型的应力边界条件和应力状态下的滑移线场，将有助于建立类似的滑移线场。

1. 塑性区的应力边界条件　应力边界条件就是滑移线伸展至塑性区边界时

应满足的受力条件。塑性加工中常见的应力边界条件有以下四种类型。

（1）不受力的自由表面。自由表面上一点的应力状态可存在两种情况：

1）$\sigma_1=2K$，$\sigma_3=0$　（图 6-41a）。

2）$\sigma_1=0$，$\sigma_3=-2K$　（图 6-41b）。

由于自由表面上 $\tau_{xy}=0$，所以

$$\cos 2\omega=0，\ \omega=\pm\frac{\pi}{4}$$

这说明两族滑移线与自由表面相交成$\pm\frac{\pi}{4}$，如图 6-41 所示。

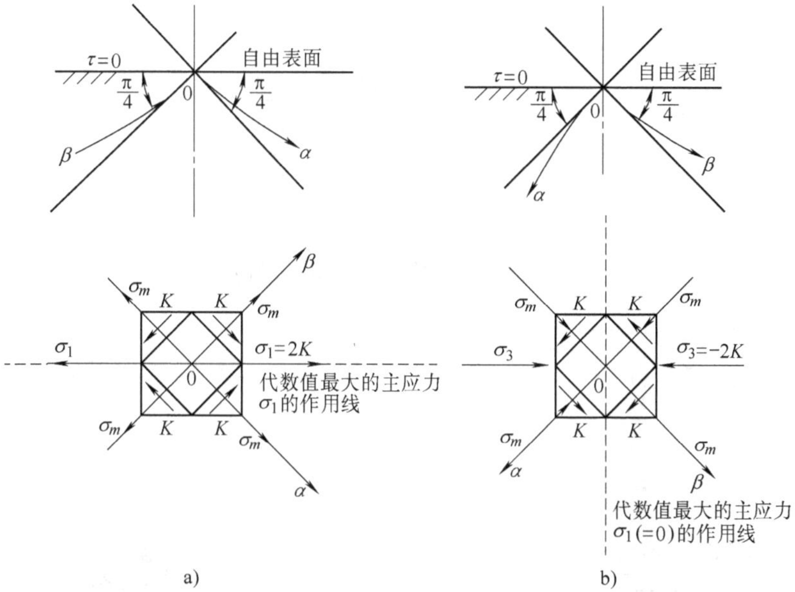

图 6-41　自由表面处的滑移线

a）$\sigma_1=2K$，$\sigma_3=0$　b）$\sigma_1=0$，$\sigma_3=-2K$

（2）无摩擦的接触表面。由于接触表面上无摩擦，即 $\tau_{xy}=0$，则与不受力的自由表面情况一样，$\omega=\pm\frac{\pi}{4}$，两族滑移线与接触表面相交成$\pm\frac{\pi}{4}$，如图 6-42 所示。

（3）摩擦切应力达到最大值 K 的接触表面。由于接触表面上 $\tau_{xy}=\pm K$，则 $\cos 2\omega=\pm 1$，$\omega=0$ 或 $\omega=\pm\frac{\pi}{2}$，这说明一族滑移线与接触表面相切，另一族滑移线则与之正交，如图 6-43 所示。

（4）摩擦切应力为某一中间值的接触表面。接触表面上的摩擦切应力 $0<\tau_{xy}<K$，

$$\cos 2\omega=\frac{\tau_{xy}}{K},\ \omega=\pm\frac{1}{2}\arccos\frac{\tau_{xy}}{K}$$

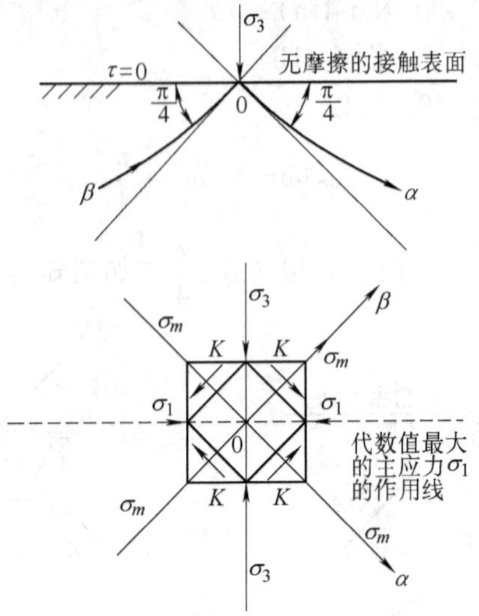

图 6-42　无摩擦接触表面处的滑移线

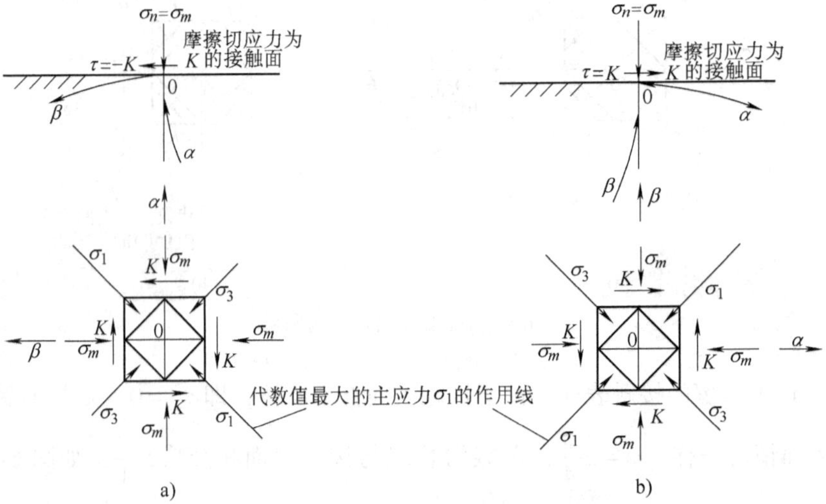

图 6-43　摩擦切应力为 K 的接触表面处的滑移线

a）$\tau=-K$　b）$\tau=K$

将 τ_{xy} 的数值代入上式可求得 ω 的两个解。但它的正确解应根据 σ_x、σ_y 的代数值并利用应力莫尔圆来确定。确定 ω 后，即可确定 α 线和 β 线，如图 6-44 所示。

2. 常见的滑移线场类型

（1）直线滑移线场。这是由两族正交直线构成的滑移线场，如图 6-45 所示。它对应的应力场称为均匀应力场。

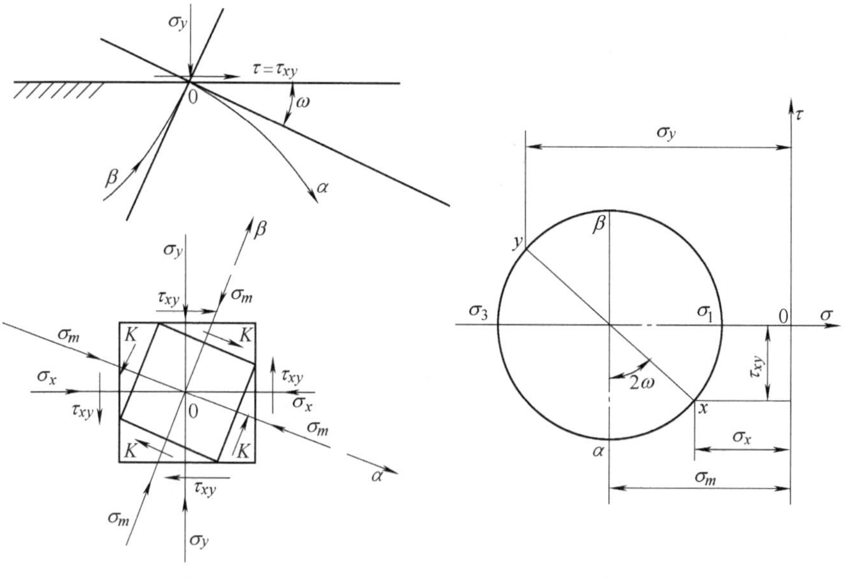

a)　　b)

图 6-44　摩擦切应力为某一中间值的接触表面处的滑移线

a）滑移线　b）应力莫尔圆

（2）简单滑移线场。这是由一族直线和另一族与之正交的曲线构成的滑移线场，如图 6-46 所示。它对应的应力场称为简单应力场。

（3）直线滑移线场与简单滑移线场的组合。根据滑移线场的特性，与直线滑移线场相邻的区域，其滑移线场只能是简单滑移线场，如图 6-47 所示。

（4）由两族正交的光滑曲线构成的滑移线场。属于这一类的主要有：

1）当圆弧边界为自由表面或其上作用有均布的法向应力时，其滑移线场为正交的对数螺旋线场（图 6-48a）。

2）粗糙平行刚性板间压缩时，相当于接触面上摩擦切应力达到最大值 K 的那一段，其滑移线场为正交的圆摆线场（图 6-48b）。

3）两个等半径圆弧所构成的滑移线场，也称为有心扇形场（图 6-48c）。

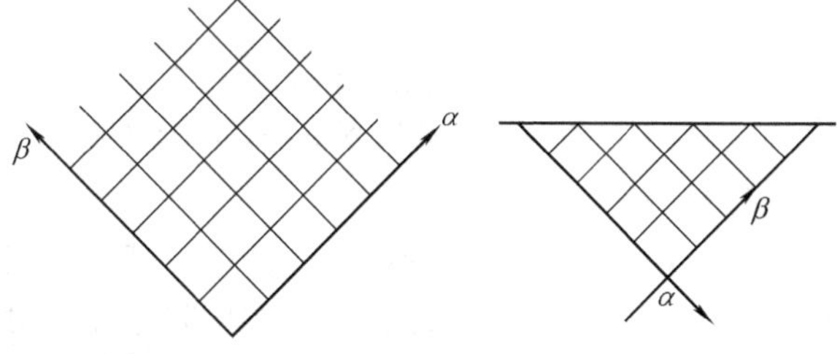

图 6-45　直线滑移线场

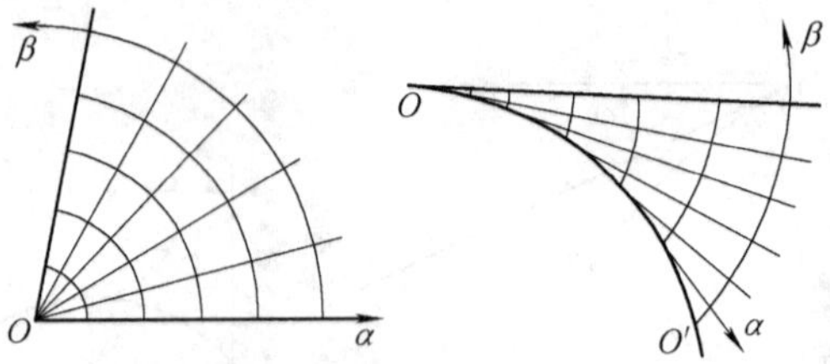

图 6-46　简单滑移线场

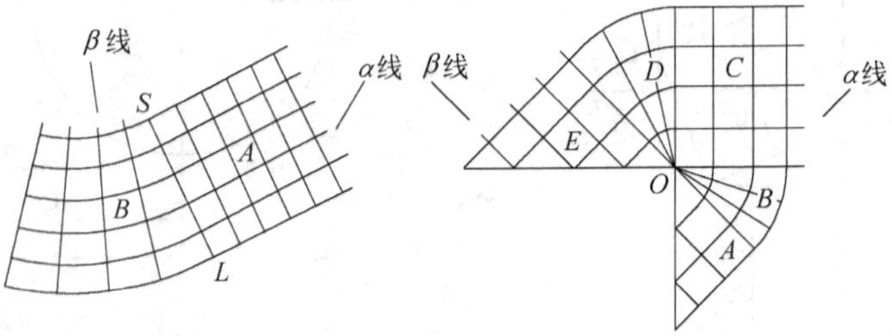

图 6-47　直线滑移线场与简单滑移线场的组合

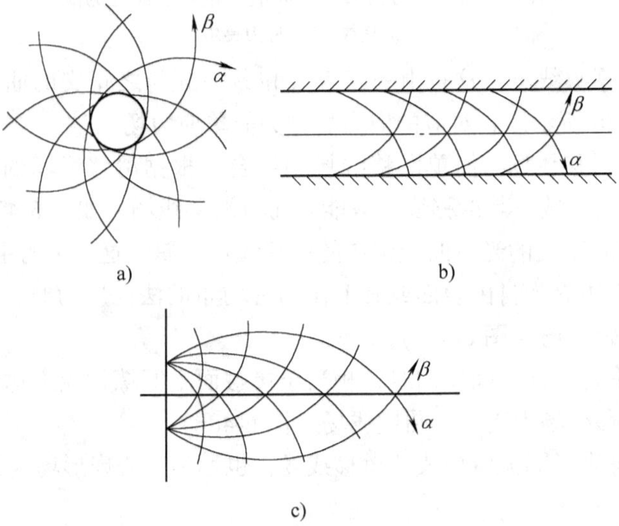

图 6-48　两族正交曲线构成的滑移线场

a）对数螺线场　b）正交圆摆线场　c）有心扇形场

6.7.4　滑移线法的应用举例

应用滑移线理论求解刚塑性体平面变形问题，可归结为根据应力边界条件求解滑移线场及其应力状态。就是针对具体的塑性成形问题建立滑移线场，然后利用滑移线的某些特性求解与成形有关的问题，如确定变形体内的应力分布、计算变形力、分析金属的流动和变形等。

1. 求平面冲头压入半无限高坯料时的单位流动压力（图 6-49）　设平面冲头长 L，宽 $2b$（$L \gg 2b$），冲头与坯料的接触面上光滑无摩擦。锻造时剁刀或压铁在大钢坯上的压入与此情况相似。由于冲头长度远大于宽度，因此变形可视为平面塑性应变状态。由实验得知塑性区将首先在 A 点和 B 点形成，随着载荷的增加，塑性区逐步扩展，直至 AB 边界整个进入塑性状态时，冲头才开始压入。

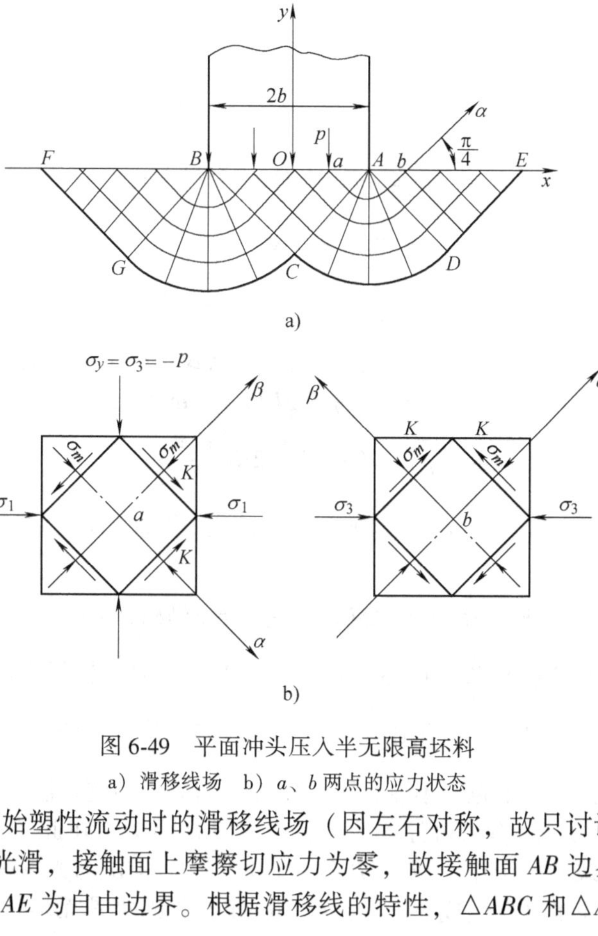

图 6-49　平面冲头压入半无限高坯料

a）滑移线场　b）a、b 两点的应力状态

先来确定初始塑性流动时的滑移线场（因左右对称，故只讨论右半边的情况）。冲头底面光滑，接触面上摩擦切应力为零，故接触面 AB 边界上仅作用有均布的主应力，AE 为自由边界。根据滑移线的特性，$\triangle ABC$ 和 $\triangle AED$ 区域的滑移线应是与边界成 $\pm\frac{\pi}{4}$ 交角的直线。处于 $\triangle ABC$ 与 $\triangle AED$ 之间过渡区的滑移线场，若认为是以 AC 为一族，以 AD 为另一族的正交直线滑移线场，则说明整个 $BECD$ 区域为均匀应力区，这显然与实际情况不符。因为 $\triangle ABC$ 区域直接受冲头的压缩作用，而 $\triangle AED$ 区域没有直接受到冲头的压缩作用，这两个区域的应力状态不可能相同。既然如此，过渡区的滑移线场只能是以 AC 和 AD 为一族，以同心圆弧为另一族的滑移线场。这样，三个区域的滑移线场就衔接起来了。A 点

是应力状态突然改变的点，称为奇点。

要求出接触面上单位流动压力 p，需求出接触面上任一点的平均应力 σ_m。

任意取一条滑移线 ab，使其 a 点处于接触面上，b 点处于已知应力状态的自由表面上。a、b 两点的应力状态如图 6-49b 所示。根据判断滑移线的规则，可确定滑移线 ab 为 α 线。

在 b 点：$\omega_b=\frac{\pi}{4}$，$\sigma_1=\sigma_y=0$；根据屈服准则 $\sigma_1-\sigma_3=2K$，得

$$\sigma_3=\sigma_x=-2K$$

$$\sigma_{mb}=\frac{1}{2}(\sigma_1+\sigma_3)=-K$$

在 a 点：$\omega_a=-\frac{\pi}{4}$，$\sigma_3=\sigma_y=-p$，根据屈服准则 $\sigma_1-\sigma_3=2K$，得

$$\sigma_1=\sigma_x=2K-p$$

$$\sigma_{ma}=\frac{1}{2}(\sigma_1+\sigma_3)=K-p$$

因 a、b 两点处于同一条 α 滑移线上，根据式（6-107），有

$$\sigma_{ma}-\sigma_{mb}=2K(\omega_a-\omega_b)$$

即

$$(K-p)-(-K)=2K\left(-\frac{\pi}{4}-\frac{\pi}{4}\right)$$

解得

$$p=2K\left(1+\frac{\pi}{2}\right)=K(2+\pi)=5.14K$$

总变形力

$$F=2Lbp=4LbK\left(1+\frac{\pi}{2}\right)=2LbK(2+\pi)$$

2. 求平底模正挤压长矩形坯料时的单位流动压力　挤压模高 H，宽 L（$L\gg H$），凹模出口处高为 h，挤压比$\frac{H}{h}=2$，如图 6-50 所示。狭长矩形截面坯料在这种模具中的正挤压，因宽度不变，可看作为平面应变问题。假设挤压模内壁光滑无摩擦，即$\mu=0$；凹模出口处无摩擦，也无其他阻力。在此条件下，滑移线场为对称于中心线的两个中心场 AOB 和 $A'OB'$。AB、$A'B'$与光滑模壁成 45°，AO、$A'O$ 也分别与对称中心线成 45°角。$\triangle ABC$ 和$\triangle A'B'C'$是无塑性变形的刚性区，即“死区”。由于滑移线场是对称场，故分析上半部即可。

由于凹模出口处无阻力，因而可认为挤压力 P 全部作用于两个死角区的边界 AB 和 $A'B'$上。根据滑移线的基本性质可知，在中心场中沿半径线上各点的应力相同（奇点 A、A'除外）。所以求 AB 线上各点的应力，只需求出 B 点的应力即可。

由上述挤出端的应力边界条件可知，O 点处的应力为

$$\sigma_1=(\sigma_x)_O=0$$

根据屈服准则：　$\sigma_1-\sigma_3=2K$，得 $\sigma_3=(\sigma_y)_O=-2K$

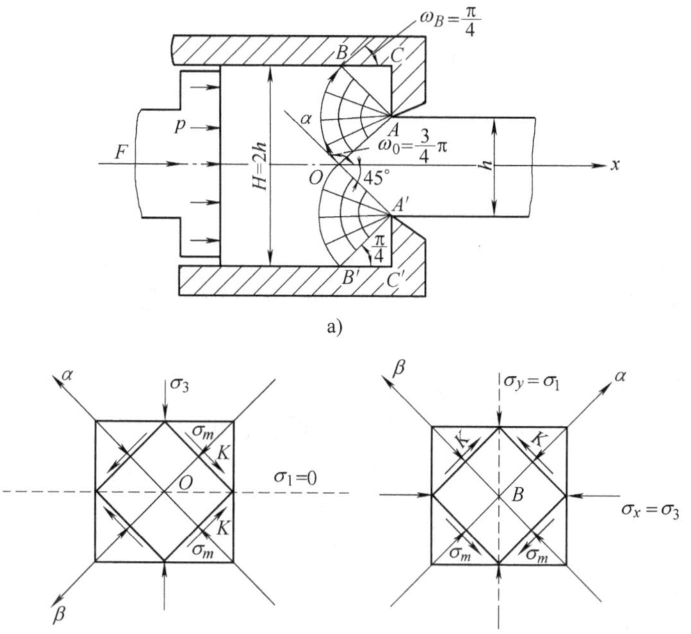

图 6-50　平底模挤压长矩形坯料

a）滑移线场　b）O、B 两点的应力状态

平均应力
$$(\sigma_m)_O=\frac{1}{2}(\sigma_1+\sigma_3)=-K$$

因为 $(\sigma_x)_O=0$，按照确定 α 线和 β 线的规则，可知沿圆弧方向为 α 线，半径 AO 为 β 线。沿圆弧 OB（α 线）有

$$\omega_O=\frac{3}{4}\pi;\qquad \omega_B=\frac{\pi}{4}$$

根据式（6-107），有

$$(\sigma_m)_O-(\sigma_m)_B=2K(\omega_O-\omega_B)$$

即
$$(-K)-(\sigma_m)_B=2K\left(\frac{3\pi}{4}-\frac{\pi}{4}\right)$$

得
$$(\sigma_m)_B=-K(1+\pi)$$

根据式（6-104）即可求出 B 点的应力分量为

$$(\sigma_x)_B=(\sigma_m)_B-K\sin 2\omega_B=-K(2+\pi)$$
$$(\sigma_y)_B=(\sigma_m)_B+K\sin 2\omega_B=-K\pi$$
$$(\tau_{xy})_B=K\cos 2\omega_B=0$$

因此，所需挤压力 F 可由以下积分求得（以压力为正）

$$F=2L\int_0^{\frac{h}{2}}(\sigma_x)_B\mathrm{d}y=K(2+\pi)hL$$

单位变形力 $$p=\frac{F}{HL}=K\left(1+\frac{\pi}{2}\right)=2.57K$$

6.8 上限法

上限法是求解塑性成形载荷的一种近似方法。用上限法所求得的成形载荷，总是大于或等于真实载荷，故称为“上限”法。由于上限解一般总大于真实载荷，若将其应用于工程，则数值总留有裕度，作为设计数据比较安全。因此，上限法在工程中得到广泛应用。

6.8.1 虚功原理和最大散逸功原理

1. 虚功原理 虚功原理也称虚位移原理，它是上限法的力学基础。虚功原理可表述如下：若一作用有外力的变形体处于平衡状态，而在任何方向给予变形体一个微小虚位移（可能位移），则这时外力在虚位移上所做的虚功必等于变形体内应力在虚应变上所做的虚功（虚应变能）。

设变形体的体积为 V，表面积为 S，作用的外力为 T_i（图 6-51），当给以微小的位移增量 $\mathrm{d}u_i$ 时，变形体中相应的应力场 σ_{ij} 引起一应变增量为 $\mathrm{d}\varepsilon_{ij}$，于是虚功原理即可表达成下式

$$\int_S T_i\mathrm{d}u_i\mathrm{d}S=\int_V\sigma_{ij}\mathrm{d}\varepsilon_{ij}\mathrm{d}V \tag{6-108}$$

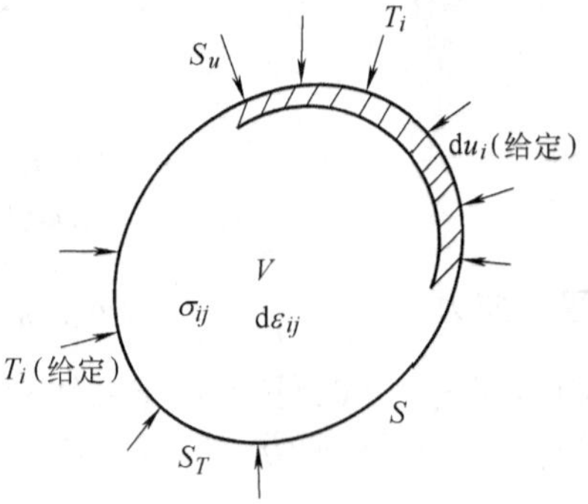

图 6-51 变形体的外力、应力、位移增量、应变增量

上式左边部分表示变形体上外力系所作的虚功（增量），右边部分表示变形体的虚应变能（增量）。式（6-108）就称为虚功方程或基本能量方程（证明从略）。

需要指出，式（6-108）是针对变形体中位移增量场处处连续的情况，而实际上在刚塑性变形体中也可能存在位移不连续面。位移不连续面上消耗的功增量为

$$\int_{S_D}\tau\left|\mathrm{d}v^*\right|\mathrm{d}S_D \tag{6-109}$$

式中，$\mathrm{d}v^*$ 为切向位移不连续面 S_D 上的切向位移增量不连续量，又 $\tau=K$，于是在这种情况下，前述的虚功方程应改写为

$$\int_S T_i\mathrm{d}u_i\mathrm{d}S=\int_V\sigma_{ij}\mathrm{d}\varepsilon_{ij}\mathrm{d}V+\int_{S_D}K\left|\mathrm{d}v^*\right|\mathrm{d}S_D \tag{6-110}$$

2. 最大散逸功原理 最大散逸功原理可表述如下：对于一定的应变增量场而言，在所有满足屈服准则的应力场中，与该应变增量场符合应力应变关系的应力场所作的塑性功最大。

现设有一刚塑性变形体，其体积为 V，内部的应变增量场为 $d\varepsilon_{ij}^*$（不论是真实的，还是动可容（运动许可）的），满足屈服准则且与该应变增量场符合应力应变关系的应力场为 σ_{ij}^*。另有一应力场 σ_{ij}，虽然满足屈服准则，但与 $d\varepsilon_{ij}^*$ 不一定符合应力应变关系。则根据最大散逸功原理可得

$$\int_V \sigma_{ij}^* d\varepsilon_{ij}^* dV \geqslant \int_V \sigma_{ij} d\varepsilon_{ij}^* dV \tag{6-111}$$

6.8.2　上限法原理

1. 真实速度（位移）场和动可容速度（位移）场　刚塑性变形体在给定的速度场和应力边界下，存在着唯一的真实速度场。该真实速度场不仅满足下列三个条件：①符合速度（位移）边界条件；②变形体保持连续，不产生重叠和拉开；③保持体积不变。而且，由该速度场按应力应变关系导出的应力场，应满足平衡微分方程、应力边界条件和不违背屈服准则。对应于真实速度场的载荷必然是真实载荷，它也是惟一的。但是对于实际的塑性成形过程，要求解满足上述全部条件的真实速度场，无疑是很困难的。

如果有一速度场，它只满足上述①、②、③条件，至于由该速度场导出的应力场能否满足平衡微分方程、应力边界条件等则不加限制。这种速度场就称为动可容速度场。动可容速度场所应满足的条件，较之真实速度场大大放宽，因而较容易建立。自然，动可容速度场可有无数个，其中有一个正是真实速度场。也就是说，真实速度场必然是动可容的，而动可容速度场不一定是而且一般不是真实速度场。

上限法正是从动可容速度场出发，求解变形功率和变形力的方法。

2. 上限法原理概述　由与任意虚设的动可容速度场 $\dot{u}_i^*$ 相对应的表面力 T_i^* 在位移面上所作的功率，总是大于（或等于）真实表面力 T_i 在真实速度场 u_i 情况下所作的功率。证明如下：

设有一刚塑性变形体，体积为 V，表面积为 S，受表面力 T_i 作用，整体处于塑性状态。表面分成位移面 S_u 和力面 S_T 两部分，位移面 S_u 上的真实速度场 $\dot{u}_i$ 给定，力面 S_T 上的表面力 T_i 给定。今设变形体有一假想的动可容速度场 $\dot{u}_i^*$，它满足位移面 S_u 上的边界条件，即在 S_u 上 $\dot{u}_i^* = \dot{u}_i$（图 6-52）。与此 $\dot{u}_i^*$ 对应的应力场为 σ_{ij}^*、应变速率场为 ε_{ij}^*。此外，还假设变形体内有一个或若干个速度间断面 S_D^*，面上的切向速度间断值为 $\dot{v}_i^*$。

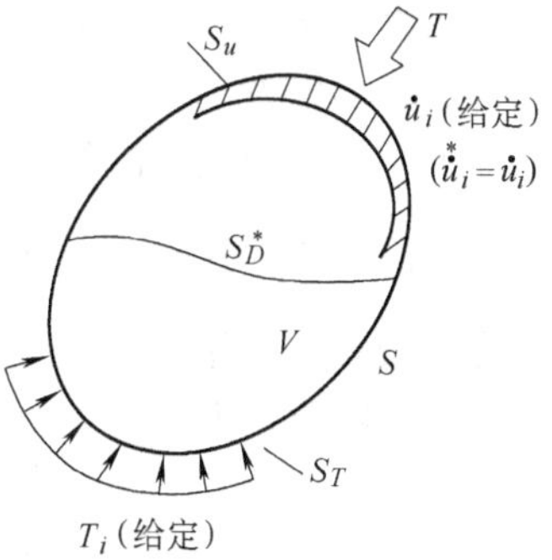

图 6-52　给定动可容速度场的变形体

于是，将虚功方程用于真实应力场 σ_{ij} 和动可容速度场 $\dot{u}_i^*$（参考式 6-110），可得

$$\int_S T_i \dot{u}_i^* \mathrm{d}S = \int_V \sigma_{ij} \varepsilon_{ij}^* \mathrm{d}V + \Sigma \int_{S_D^*} K \left| \dot{v}_i^* \right| \mathrm{d}S_D^* \tag{6-112}$$

因为在 S_u 上，$\dot{u}_i^* = \dot{u}_i$，故上式又可写成

$$\int_{S_u} T_i \dot{u}_i \mathrm{d}S + \int_{S_T} T_i \dot{u}_i^* \mathrm{d}S = \int_V \sigma_{ij} \varepsilon_{ij}^* \mathrm{d}V + \Sigma \int_{S_D^*} K \left| \dot{v}_i^* \right| \mathrm{d}S_D^* \tag{6-113}$$

又根据最大散逸功原理可知

$$\int_V \sigma_{ij}^* \dot{\varepsilon}_{ij}^* \mathrm{d}V \geqslant \int_V \sigma_{ij} \dot{\varepsilon}_{ij}^* \mathrm{d}V$$

则式（6-112）最后可写成

$$\int_{S_u} T_i \dot{u}_i \mathrm{d}S \leqslant \int_V \sigma_{ij}^* \varepsilon_{ij}^* \mathrm{d}V + \Sigma \int_{S_D^*} K \left| \dot{v}_i^* \right| \mathrm{d}S_D^* - \int_{S_T} T_i \dot{u}_i^* \mathrm{d}S \tag{6-114}$$

式中，不等号左边项为位移面 S_u 上真实表面力 T_i 在给定速度 $\dot{u}_i$ 下所作的功率；不等号右边第一项为假想的动可容速度场 $\dot{u}_i^*$ 条件下消耗的虚变形功率；右边第二项为速度间断面 S_D^* 上所消耗的虚剪切功率；右边第三项为力面 S_T 上给定表面力 T_i 在 $\dot{u}_i^*$ 上所作的虚功率。只要动可容速度场 $\dot{u}_i^*$ 设定，不等号右边的三项虚功率即可求得。而根据虚功原理可知，它们的总和即为位移面 S_u 上与动可容速度场 $\dot{u}_i^*$ 相对应的表面力 T_i^* 所作的功率。式（6-114）表明，它总是大于或等于真实表面力 T_i 所作的功率，即

$$\int_{S_u} T_i \dot{u}_i \mathrm{d}S \leqslant \int_{S_u} T_i^* \dot{u}_i^* \mathrm{d}S = \int_{S_u} T_i^* \dot{u}_i \mathrm{d}S,$$

这就是上限法原理。

6.8.3 上限法在平面应变问题中的应用

用上限法求解平面应变问题时，由于作了较大程度的简化，因而方法比较简洁，运算也较方便。

平面应变问题中的塑性变形，可以视为由若干个刚性块通过速度间断面的相对剪切而形成。这样式（6-114）中右边第一项就变为零，即 $\int_V \sigma_{ij}^* \varepsilon_{ij}^* \mathrm{d}V = 0$。又若 S_T 为自由表面，即 $T_i = 0$，则式（6-114）中右边第三项也为零。因此，式（6-114）就简化为

$$\int_{S_u} T_i \dot{u}_i \mathrm{d}S \leqslant \Sigma \int_{S_D^*} K \left| \dot{v}_i^* \right| \mathrm{d}S_D^* \tag{6-115}$$

应用上式即可方便地求得上限载荷。

下面以光滑平面冲头压入半无限体为例，求解上限载荷（图 6-53）。

这个问题在滑移线场理论中讨论过，按滑移线场理论，其单位流动压力为 $p = 5.14K$。

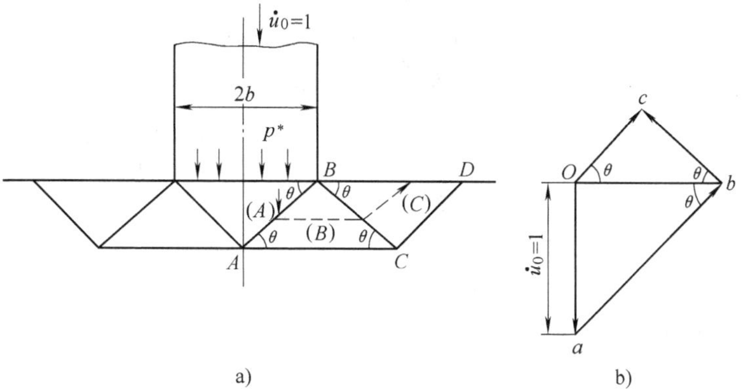

图 6-53　光滑平面冲头压入半无限体的上限法解

a）分块模式　b）速度图

现在用上限法来求解。首先要设计一个动可容速度场，即将变形区划分成若干个刚性块。参考滑移线场，可将变形区划分成若干个三角形刚性块。当冲头压入坯料时，冲头下面的金属向下运动，并推挤附近金属向两侧移动，而使冲头两侧边的金属向上隆起。根据这种流动特点，将变形区设计成由五个三角形刚性块组成，如图 6-53a 所示，变形状态用这五个刚性块的相互滑动来代表。为求刚性块之间的相对移动速度，作速度图如图 6-53b 所示（因为对称，只分析右半部分）。其中 Oa 为△（A）下移速度，即 $Oa=\dot{u}_o=1$，ab 为△（A）和△（B）的相对移动速度，Ob 为△（B）向右移动速度，bc 为△（B）和△（C）的相对移动速度，Oc 为△（C）向上斜移的速度。这些速度值分别为

$$Oa=\dot{u}_o=1;\ ab=\frac{1}{\sin\theta};\ Ob=\cot\theta;\ bc=Oc=\frac{\cot\theta}{2\cos\theta}=\frac{1}{2\sin\theta}$$

如此设计的变形模式，虽然与真实的流动情况不完全一致，但却是动可容的。因为它既满足速度边界条件，又满足体积不变条件。

又从图 6-53a 中，可计算出各三角形刚性块的边长分别为

$$AB=BC=CD=\frac{b}{\cos\theta};\ AC=2b$$

将这些参数代入式（6-115）的右边项，得

$$\Sigma\int_{S_D{}^*}K\left|\dot{v}_i{}^*\right|\mathrm{d}S_D{}^*=2K(AB\times ab+AC\times Ob+BC\times bc+CD\times Oc)$$

$$=2K\times 2b\left(\frac{1+\cos^2\theta}{\sin\theta\cos\theta}\right)$$

又根据虚功方程，上述虚剪切功率应等于外载荷 F^* 所作的功率，即

$$F^*\dot{u}_0=F^*=2K\times 2b\left(\frac{1+\cos^2\theta}{\sin\theta\cos\theta}\right)$$

由此可求得单位流动压力

$$p^{*}=\frac{F^{*}}{2b}=2K\left(\frac{1+\cos^{2}\theta}{\sin\theta\cos\theta}\right)$$

显然 p^{*} 与 θ 有关，而最小的 p^{*} 应为最优的上限解。故令 $\frac{\mathrm{d}p^{*}}{\mathrm{d}\theta}=0$，得 $\theta=54.75°$，相应的 $p^{*}=2.83\times2K=5.66K$。而滑移线场理论求得的 $p=2.57\times2K=5.14K$，可见求得的 p^{*} 为上限解。这也说明，对于每一种变形模式，尽管可求得其最优解——最小极值，但它并不一定就是精确解。若选择几种变形模式，分别求得其最小极值，再从中取量小值，则它与精确值就更为接近了。

6.9 有限元法简介

有限元法是对塑性成形过程进行数值模拟的最有效方法。它可以比较精确地求解变形体内部的各种场变量，如速度（位移）场、应变场和应力场等，从而为工艺分析提供科学依据。当给出一定的条件和判据后，则可进一步对成形过程进行优化和控制。因此，它在塑性成形中的应用日益广泛。

有限元法的基本思想是：

1）将变形体看成是有限数目单元体的集合，单元之间只在指定节点处铰接，再无任何关连，通过这些节点传递单元之间的相互作用。如此离散的变形体，即为实际变形体的计算模型。

2）分片近似，即对每一个单元选择一个由相关节点量确定的函数来近似描述其场变量（如速度或位移），并依据一定的原理建立各物理量之间的关系式。

3）将各个单元所建立的关系式加以集成，得到一个与有限个节点相关的总体方程。解此总体方程，即可求得有限个节点的未知量（一般为速度或位移），进而求得整个问题的近似解，如应力、应变、应变速率等。

所以，有限元法的实质，就是将具有无限个自由度的连续体，简化成只有有限个自由度的单元集合体，并用一个较简单问题的解去逼近复杂问题的解。这些解的集合，即构成了该所求量在整个求解域上的近似分布。无疑，随着离散单元数目的增加，其解也就越逼近于真实情况。

分析塑性成形过程的有限元法，主要有弹塑性有限元法、刚弹塑性有限元法和刚粘塑性有限元法。对于体积成形过程，刚塑性有限元法应用尤为广泛。详细内容请参阅有关资料。

思考与练习

1. 已知某受应力作用点的三个主应力分量分别为 σ_1、σ_2、σ_3，试推导任意斜面上的应力。

2. 已知表示某点应力状态的应力分量 $\sigma_x=30$，$\sigma_y=40$，$\tau_{xy}=\tau_{yx}=10\sqrt{2}$，$\sigma_z=\tau_{xz}=\tau_{zx}=\tau_{zy}=$

0，试求主应力和主应力方向。

3. 已知某三个应力张量 $\boldsymbol{\sigma}_{ija}=\begin{bmatrix}6&0&0\\0&12&0\\0&0&0\end{bmatrix}$，$\boldsymbol{\sigma}_{ijb}=\begin{bmatrix}9&3&0\\3&9&0\\0&0&0\end{bmatrix}$，

$\boldsymbol{\sigma}_{ijc}=\begin{bmatrix}9-\dfrac{3\sqrt{3}}{2}&\dfrac{3}{2}&0\\\dfrac{3}{2}&9+\dfrac{3\sqrt{3}}{2}&0\\0&0&0\end{bmatrix}$，试判别它们是否属于同一应力状态？

4. 已知某应力张量 $\boldsymbol{\sigma}_{ij}=\begin{bmatrix}\sigma_1&0&0\\0&\sigma_2&0\\0&0&0\end{bmatrix}$，试用作图法求与三主轴等倾斜（$l=m=n$）平面上的应力。

5. 已知某受应力作用点的应力张量 $\sigma_{ij}=\begin{bmatrix}35&0&5\sqrt{3}\\0&30&0\\5\sqrt{3}&0&25\end{bmatrix}$，试求该点的主切应力，最大主切应力、八面体应力和应力强度。

6. 已知应力分量 $\sigma_x=-6xy^2+C_1x^3$，$\sigma_y=-\dfrac{3}{2}C_2xy^2$，$\tau_{xy}=-C_2y^3-C_3x^2y$，其他应力分量为零，试求系数 C_1、C_2 和 C_3。

7. 已知位移分量 $u=\dfrac{z^2+\mu\ (x^2-y^2)}{2a}$，$\gamma=\dfrac{\mu xy}{a}$，$\omega=-\dfrac{xz}{a}$，式中 a 是常数，试求应变分量，并指出在 xoy 坐标面内是否满足应变的连续方程。

8. 试确定以下两种应变状态能否存在：①$\varepsilon_x=k\ (x^2+y^2)$，$\varepsilon_y=ky^2$，$\varepsilon_z=0$，$\gamma_{xy}=2kxy$，$\gamma_{yz}=0$，$\gamma_{zx}=0$；②$\varepsilon_x=axy^2$，$\varepsilon_y=ax^2y$，$\varepsilon_z=axy$，$\gamma_{xy}=0$，$\gamma_{yz}=az^2+by$，$\gamma_{zx}=ax^2+by^2$（上式中 k、a、b 均为常数）。

9. 在平面应力状态下，试比较屈雷斯加和密塞斯两个屈服准则的同异之处，并指出产生区别的原因。

10. 在主应力空间，于屈服圆柱表面的同一母线上两点应力状态如下：a 点：$\sigma_1=\dfrac{2}{3}\sigma_s$，$\sigma_2=\dfrac{5}{8}\sigma_s$，$\sigma_3=\dfrac{5}{24}\sigma_s$；$b$ 点：$\sigma_1=\dfrac{11}{12}\sigma_s$，$\sigma_2=\dfrac{7}{8}\sigma_s$，$\sigma_3=\dfrac{11}{24}\sigma_s$。试画出 a、b 两点的应力莫尔圆，并说明他们之间的关系。

11. 在平面应力状态（$\sigma_2=0$）条件下，试比较米塞斯和屈雷斯加两个屈服准则最大差别之处，并指出对应的应力状态。

12. 试证明应变为零方向上的正应力为另两个平面上正应力之和之半。

13. 已知两端封闭的薄壁圆筒，半径为 r，厚度为 t，承受内压应力 p 及轴向拉应力 σ 的作用，试求此时圆管的屈服条件。

14. 已知半径为50mm，厚为3mm的薄壁圆筒，承受轴向拉伸和扭转联合作用，设加载过

程中保持 $\tau_{\rho\theta}/\sigma_z=1$，而材料拉伸屈服强度为 40MPa，试求此圆管屈服时的轴向载荷 F 和扭矩 M。

15. 真实应力-应变曲线与标称应力-应变曲线有何不同？

16. 用拉伸试验绘制真实应力-应变曲线时，当试样出现缩颈后为什么要进行“形状硬化”修正？

17. 主应力法的基本原理和求解要点是什么？

18. 一圆柱体的侧表面作用有均布压应力 σ_0（图 6-54），试用主应力法求镦粗变形力 F 和单位变形力 p（设接触面上摩擦切应力 $\tau=mK$）。

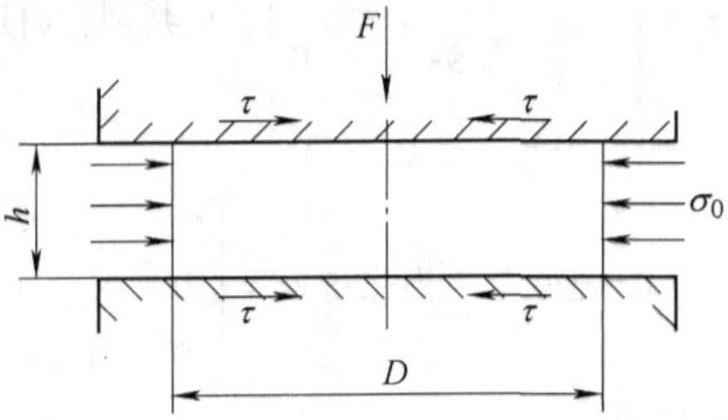

图　6-54

19. 实测和理论推导都证明，圆柱体镦粗时接触表面中心处压应力 σ_z 最大，边缘处最小，而且 m 或 d/h 越大，则中心处的 σ_z 也越大，试从物理概念出发解释此现象。

20. 什么是滑移线？什么是滑移线场？

21. 判断滑移线族性的规则是什么？

22. 滑移线场有哪些典型的应力边界条件？

23. 已知某合金钢在高温下发生平面塑性变形时是理想刚塑性体，$K=60\text{MPa}$。某一瞬间该变形体内某点的应力状态为：$\sigma_x=-120\text{MPa}$，$\sigma_y=-60\text{MPa}$，$\sigma_z=-90\text{MPa}$，$\tau_{xy}=52\text{MPa}$，$\tau_{yz}=\tau_{zx}=0$。试画出该点的应力单元体；确定该点滑移线的方向角，并画出该点的滑移线。

24. 已知某理想刚塑性体发生平面塑性变形，$K=60\text{MPa}$。其滑移线场如图 6-55 所示，α 族为直线族，β 族为一族同心圆，C 点的平均应力 $\sigma_{mc}=-90\text{MPa}$。试确定 C、B、D 三点的应力状态（σ_x、σ_y、σ_z、σ_1、σ_2、σ_3），并画出 D 点的应力单元体。

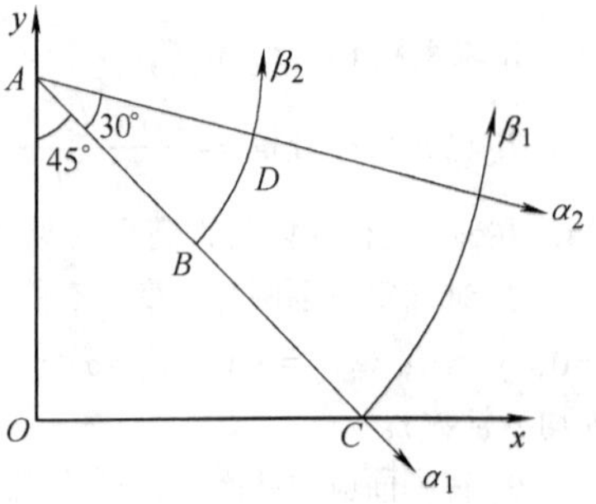

图　6-55

25. 试用滑移线法求光滑平冲头压入两边为斜面的半无限高坯料时的变形力 F（图 6-56）。设冲头宽度为 $2b$，长为 l，且 $l\gg 2b$。

26. 试用滑移线法求光滑平冲头压入开有深槽的半无限高坯料时的单位流动压力 p（图 6-57）。设冲头宽度为 $2b$，长为 l，且 $l\gg 2b$。

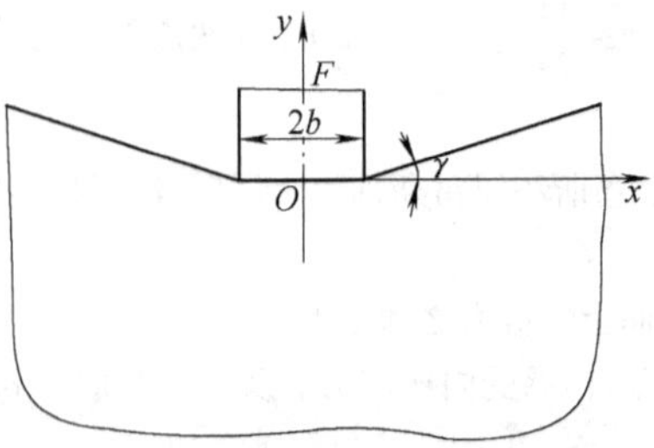

图　6-56

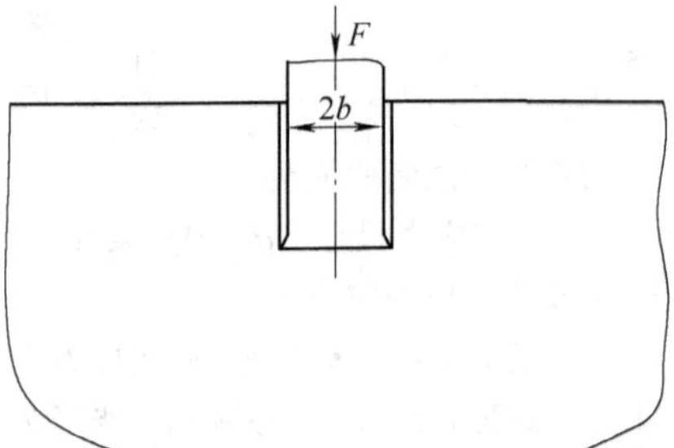

图　6-57

参 考 文 献

1　王仲仁等．弹性与塑性力学基础．哈尔滨：哈尔滨工业大学出版社，1997
2　汪大年．金属塑性成形原理（第二版）．北京：机械工业出版社，1986
3　万胜狄．金属塑性成形原理．北京：机械工业出版社，1995
4　俞汉清，陈金德．金属塑性成形原理．北京：机械工业出版社，1999
5　陈金德．材料成形工程．西安：西安交通大学出版社，2000
6　王仲仁等．塑性成形力学．哈尔滨：哈尔滨工业大学出版社，1989

第 7 章　成形缺陷与质量控制

成形件中的缺陷多种多样，大大小小有几十上百种。由于内容所限，本章只涉及由物理、化学冶金及力学原因引起的一些常见缺陷，如残余应力及变形、裂纹、气孔、夹杂、缩孔、缩松、偏析、折叠和起皱等。

7.1　应力与变形

在没有外力作用的情况下，平衡于物体内部的应力称内应力，在不至引起混淆的情况下，常简称为应力。

应力的种类很多。按成形方法不同，可分为焊接应力、铸造应力、锻压应力等；按产生应力的原因，可分为热应力、相变应力和机械应力等；按应力存在的时间不同，可分为暂时应力和残余应力；按应力的影响范围，又可分为宏观应力或微观应力。

应力在成形过程中几乎是无处不在，十分普遍。应力的存在对成形件的承载能力、耐腐蚀能力和尺寸稳定性等都有重大影响。它会引起成形件的变形和开裂，造成构件的报废甚至酿成严重事故。因此，了解应力的产生和存在规律，对减小或消除应力，控制变形，防止开裂，提高产品质量和工作可靠性都具有重要意义。

7.1.1　铸造应力及变形

铸造应力是在液态成形过程中产生并残留于铸件中的内应力，它包括热应力、相变应力和机械应力。其中，热应力的影响最大，所以下面主要研究热应力。

7.1.1.1　铸造应力的形成机理

1. 热应力的形成机理　图 7-1a 是一纯金属应力框铸件，由中间的粗杆Ⅰ、两边的细杆Ⅱ和两端的横梁Ⅲ组成。为了方便起见，设横梁Ⅲ为刚体（冷却凝固最早），不发生任何变形，并将杆Ⅰ和杆Ⅱ连接成一个整体；杆Ⅰ和杆Ⅱ的原始长度皆为 L_0 并都从浇注温度 T_L 开始冷却（图 7-1b）；α 为材料的线胀系数，不随温度变化；T_y 为液相线温度，$T_Ⅰ$ 和 $T_Ⅱ$ 分别为杆Ⅰ和杆Ⅱ的冷却曲线。由图可见，在 $t_0 \sim t_2$ 期间，细杆Ⅱ比粗杆Ⅰ冷却快，而在 $t_2 \sim t_4$ 期间，细杆Ⅱ比粗杆

Ⅰ冷却慢。

在 t_0 时刻之后，t_1 时刻之前，杆Ⅱ已经凝固，杆Ⅰ还处于液态，没有强度。尽管杆Ⅱ发生收缩，但不会受到杆Ⅰ的牵制，内应力为零（图7-1d）。

在 t_1 时刻，杆Ⅰ也已凝固。此时两杆的温差为 ΔT_H（图7-1c），收缩量之差 ΔL_1 应为

$$\Delta L_1 = \Delta L_{\text{II}} - \Delta L_{\text{I}} = \alpha L_0[(T_y - T'_{\text{II}}) - (T_y - T'_{\text{I}})] = \alpha L_0 \Delta T_H$$

式中，ΔL_{I} 和 ΔL_{II} 分别为 t_1 时刻杆Ⅰ和杆Ⅱ的收缩量。此时，两杆之间虽然存在收缩量之差 ΔL_1，但由于杆Ⅰ处于刚刚凝固后的高温软塑性状态，强度几乎等于零，所以两者之间仍没有产生内应力。但杆Ⅰ却被杆Ⅱ塑性压缩了，压缩量正是 ΔL_1，这是一个微小量。

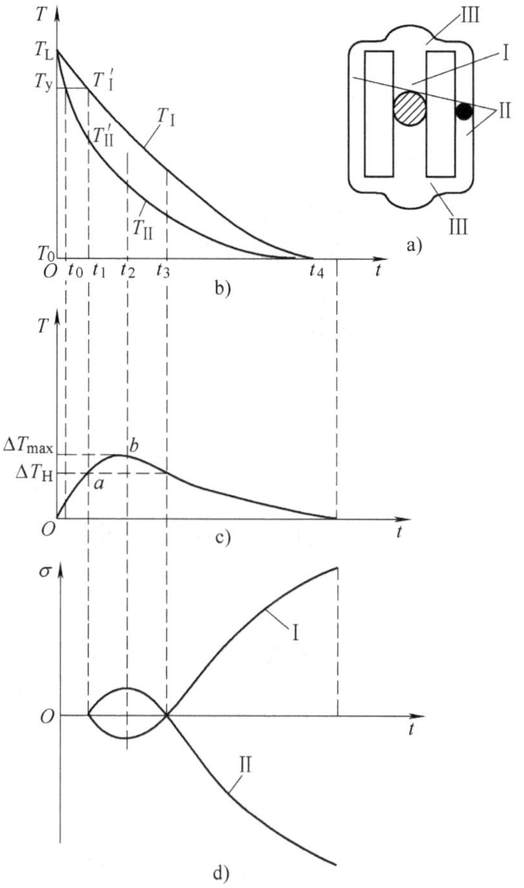

图7-1 应力框铸件热应力发展过程示意图

a）应力框铸件 b）冷却曲线

c）温差变化图 d）应力变化图

在 $t_1 \sim t_2$ 期间，杆Ⅰ随温度的降低强度逐渐升高而进入弹性状态。由于杆Ⅱ的冷速仍然高于杆Ⅰ，因此在杆Ⅰ与杆Ⅱ之间逐渐产生内应力，杆Ⅱ受拉，杆Ⅰ受压。到 t_2 时刻，两杆的温差达到最大值 ΔT_{max} 按 ΔL_1 的计算方法知，它们之间的收缩量之差 ΔL_2 应为

$$\Delta L_2 = \alpha L_0 \Delta T_{max}$$

此时内应力也达到最大值。

在 $t_2 \sim t_3$ 期间，杆Ⅰ的冷速逐渐快于杆Ⅱ，两杆之间的温差逐渐减小，内应力也逐渐减小。到时刻 t_3，两杆的温差又回到 ΔT_H，它们之间的收缩量之差也应回到 ΔL_{I}。由于杆Ⅰ在前面已经被塑性压缩缩短了 ΔL_1，所以此时两杆的绝对长度恰恰相等，它们之间的内应力又回到零。

在 $t_3 \sim t_4$ 期间，杆Ⅱ已降到较低的温度，杆Ⅰ的温度仍然较高，并继续以快于杆Ⅱ的冷速下降。在此期间，杆Ⅰ的收缩量逐渐大于杆Ⅱ，并在杆Ⅰ中逐渐建立起拉应力，而在杆Ⅱ中建立起压应力。随着温度的降低，两杆之间的内应力越

来越大，到时刻 t_4，温度降至室温 T_0，杆Ⅰ应比杆Ⅱ多收缩 ΔL_1，也就是说杆Ⅰ应比杆Ⅱ短一个当初的塑性压缩量 ΔL_1。但因两杆是被横梁Ⅲ刚性地联系在一起的，杆Ⅰ不可能自由收缩到应有的长度，只好在拉应力的作用下弹性伸长一点，设为 Δl_1，杆Ⅱ在压应力的作用下弹性压缩一点，设为 Δl_2。显然，

$$|\Delta l_1| + |\Delta l_2| = \Delta L_1$$

此时内应力达到最大值（图 7-1d）。

2. 影响热应力大小的因素　上述铸件冷却到室温后，内应力达到最大值，杆Ⅰ受拉应力，杆Ⅱ受压应力，拉、压应力互相平衡。设杆Ⅰ的横截面积为 A_{I}，其中的应力值为 σ_{I}，杆Ⅱ横截面积为 A_{II}，其中的应力值为 σ_{II}，于是有

$$\sigma_{\text{I}} A_{\text{I}} = 2\sigma_{\text{II}} A_{\text{II}}$$

则

$$\frac{\sigma_{\text{I}}}{\sigma_{\text{II}}} = \frac{2A_{\text{II}}}{A_{\text{I}}} \tag{7-1}$$

设合金的弹性模量为 E，杆Ⅰ在拉应力作用下产生的应变为 ε_{I}，杆Ⅱ在压应力作用下产生的应变为 $-\varepsilon_{\text{II}}$，根据胡克定律有

$$\sigma_{\text{I}} = E\varepsilon_{\text{I}} \tag{7-2}$$

$$\sigma_{\text{II}} = E\varepsilon_{\text{II}} \tag{7-3}$$

将式（7-2）和式（7-3）代入式（7-1）得

$$\frac{\varepsilon_{\text{I}}}{\varepsilon_{\text{II}}} = \frac{2A_{\text{II}}}{A_{\text{I}}}$$

经变换得

$$\frac{\varepsilon_{\text{I}}}{\varepsilon_{\text{I}} + \varepsilon_{\text{II}}} = \frac{2A_{\text{II}}}{A_{\text{I}} + 2A_{\text{II}}} \tag{7-4}$$

因为

$$\varepsilon_{\text{I}} = \Delta l_1 / L_0,\quad \varepsilon_{\text{II}} = \Delta l_2 / L_0$$

所以

$$\varepsilon_{\text{I}} - (-\varepsilon_{\text{II}}) = \varepsilon_{\text{I}} + \varepsilon_{\text{II}} = \frac{\alpha L_0 \Delta T_{\text{H}}}{L_0} = \alpha \Delta T_{\text{H}} \tag{7-5}$$

将式（7-5）代入式（7-4）得

$$\varepsilon_{\text{I}} = \frac{2A_{\text{II}}}{A_{\text{I}} + 2A_{\text{II}}} \alpha \Delta T_{\text{H}} \tag{7-6}$$

同法可得

$$\varepsilon_{\text{II}} = \frac{A_{\text{I}}}{A_{\text{I}} + 2A_{\text{II}}} \alpha \Delta T_{\text{H}} \tag{7-7}$$

将式（7-6）和式（7-7）分别代入式（7-2）和式（7-3），得杆Ⅰ和杆Ⅱ中的残余应力表达式为

$$\sigma_{\text{I}} = E \frac{2A_{\text{II}}}{A_{\text{I}} + 2A_{\text{II}}} \alpha \Delta T_{\text{H}} \text{（拉应力）} \tag{7-8}$$

$$\sigma_{\text{II}} = E \frac{A_{\text{I}}}{A_{\text{I}} + 2A_{\text{II}}} \alpha \Delta T_{\text{H}} \text{（压应力）} \tag{7-9}$$

由式（7-8）和式（7-9）可知，影响铸造热应力的因素有：在金属性质方面，弹性模量 E，线胀系数 α 及热导率 λ（影响温差 ΔT_H）越大，产生的热应力就越大；在铸型性质方面，铸型的冷却能力越强，铸件内外的温差就越大，热应力就越大；在浇注条件方面，提高浇注温度可使铸型的温度相应提高，从而降低铸型的激冷能力，减小铸件内部的温度梯度，降低热应力；在铸件结构方面，壁厚差别越大，温差 ΔT_H 也越大，引起的热应力也越大。

3. 相变应力　有些铸件在冷却过程中，材料会发生固态相变。如果相变前后两相的比体积不同，如碳钢在进行 $\delta \rightarrow \gamma$ 转变时，比体积减小，体积收缩；共析转变和马氏体转变时，比体积增大，体积膨胀。如果相关部位的相变不是同时发生，互相之间就会发生干涉而产生相变应力。相变应力的产生机理可仿照热应力的产生机理进行分析。

4. 机械应力　机械应力是铸件冷却到弹性状态后，由于收缩受到外部的机械阻碍而产生的。造成机械阻碍的原因可能是由于铸型和型芯的退让性差或铸件受到箱带、芯骨以及铸件自身结构如加强筋、飞边和浇冒系统的阻挡等所致。

机械应力可能是拉应力、压应力或切应力。铸件在落砂、清理后，机械阻碍被消除，应力一般也随之消失，因而机械应力属于暂时应力。但是，如果机械应力产生的暂时值很大，或者与其他应力叠加后很大，同样可能造成铸件变形及开裂。

7.1.1.2　铸造应力的控制

在一般铸件的凝固和冷却过程中，存在着程度不同的铸造应力。由于铸造应力是变形和裂纹的根源，因此减小和消除铸造应力是十分必要的。

1. 减小铸造应力的措施和途径　减小铸造应力的主要措施是针对铸件的结构特点，在制定铸造工艺时，尽可能地减小铸件在冷却过程中各部分的温差，提高铸型和型芯的退让性，减小铸件收缩时的机械阻碍。具体措施如下：

（1）合金方面。在满足工作条件的前提下，尽量选择弹性模量和线胀系数小的材料作为铸件材料。

（2）铸件结构。改进铸件结构，使铸件壁厚尽量均匀，厚薄壁连接处要平滑过渡，减小和分散热节，避免产生较大的应力和应力集中。

（3）铸型方面。采用蓄热系数大的型砂，或将铸件厚壁部位的砂层减薄，或在浇注前预热铸型。在熔模铸造中，为了减小铸造应力、裂纹等缺陷，常在浇注前把型壳预热到 600~900℃。为了提高铸型和型芯的退让性，应减小型砂的紧实度，或在型砂中加入适量的木屑、焦炭等。采用细面砂的涂料，可以减小铸型表面的摩擦力。

（4）工艺方面。为了使铸件在冷却过程中温度分布均匀，可在铸件的厚实部位放置冷铁，也可对铸件的特别厚大部分进行强制冷却，即在铸件冷却过程中向事先埋设在铸型中的冷却器吹入压缩空气或水气混合物，以加快厚大部位的冷却速度；内浇道和冒口的位置要有利于铸件各部分温度的均匀分布，同时还要考虑减小收缩阻力；铸件的打箱时间不能过早，尤其采用水爆清砂时，水爆温度不能过高。但对于形状复杂的铸件，为了减小铸型和型芯的阻力，又不能打箱过迟。

2. 消除铸造应力的方法

（1）自然时效。将存在残余应力的铸件存放在露天环境中数月至半年以上，让应力自然消失的过程称为自然时效。

存在内应力的铸件中，晶格必然发生畸变，畸变晶格上的原子势能较高，处于不稳定状态。铸件在长期的存放期间，由于气候变化引起温度不断交替变化，铸件经过反复的热胀冷缩变形，原子有足够的条件和时间发生能量交换，原子的能量逐步趋于均衡，晶格畸变得以恢复，内应力便逐步松弛以至消除。这种方法简单而且费用低，但时间长、效率低，在近代生产中已较少采用。

（2）人工时效。将铸件缓慢加热到塑性转变温度 T_k 以上，相变温度 T_{cr} 以下（对于铸铁，加热温度为 650~700℃），较长时间保温，然后缓慢冷却以消除残余应力的热处理方法称为人工时效。

在确定人工时效的规范时，应注意缓慢加热和缓慢冷却两个要点，因为加热速度或冷却速度过快，都将产生附加应力，与残余热应力叠加后可能使铸件开裂。在实际生产中，为了提高生产率，铸件经过缓慢加热和必要的保温之后，各部分温度趋于均匀并处在塑性状态时快冷。当接近 T_k 时缓冷，使各部分几乎同时到达 T_k，然后再缓冷一段时间后快冷。这样的热处理规范可以缩短生产周期。

（3）共振时效。利用激振器的激振作用使铸件发生共振，从而消除铸件残余应力的方法称为共振法。共振过程中的交变应力与残余应力的共同作用，使铸件产生局部屈服及塑性变形，从而使残余应力松弛，消失。共振法的显著优点是时间短，费用低，能耗少，而且操作简便，无污染，铸件表面不产生氧化皮，不损害铸件尺寸精度。据介绍，该方法对箱、框类铸件效果显著，但对盘类和厚大铸件效果较差，尚需进一步完善。

7.1.1.3 铸件变形及其防治措施

1. 铸件的变形　铸件中若有内应力存在，必然会引起铸件的变形，严重时甚至开裂。图 7-2 是几种铸件变形的例子。

图 7-2a 是 T 字梁在热应力作用下的变形情况。由于上部厚实部位的拉应力力图使铸件缩短，下部薄壁为压应力力图使铸件伸长，结果使铸件弯曲。图 7-2b 所示为镁合金雷达罩铸件，由于浇注系统收缩及内浇道引入位置的影响，使 α、β 两个张角变大。图 7-2c 是壁厚均匀的槽形铸件，由于充型先后的影响，下部先冷，上部后冷，最终出现与 T 字梁类似的应力和变形。图 7-2d 是熔模精铸法生产的半球壳形铸钢件，由于浇口棒粗大，最后冷却时的收缩使铸件变形成半

椭球形，其短轴方向与浇口棒方向一致。

壁厚均匀的大平板铸件，其边角部位比中心部位冷却快，产生压应力，中心部位为拉应力。如果平板上下表面冷却速度也不同，平板将发生挠曲变形，中心部分向冷却较快的下表面凸出。

由于铸件的变形，可能造成尺寸误差。为保证合格的尺寸而增加加工余量，又会增加铸件的重量和切削加工成本。铸件变形如果超差而又不能校正时就得报废。

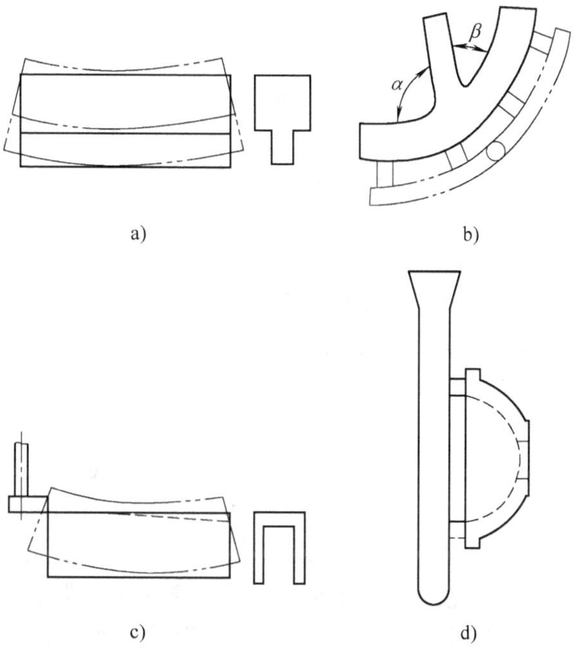

图 7-2　铸件的变形

a）T 字梁　b）雷达罩　c）槽形件　d）半球壳形铸钢件

2. 防止与消除变形的措施　如前所述，铸件变形的主要原因是铸造应力，因此，减小和消除铸造应力的方法都能有效防止铸件变形。

在生产实践中，还可以根据具体情况采用一些专门的工艺措施。

（1）反变形法。在掌握了铸件变形规律的情况下，可设计并制造出与铸件变形量相等而方向相反的模样或芯盒，以抵消铸件的变形，如图 7-2a 的 T 形梁模型可做成向上凸起形状。

（2）设置防变形的拉筋。针对铸造应力集中的情况及变形趋势，设置拉筋。它可以增强铸件的刚性，减小或防止变形。图 7-2b 为雷达罩，在 α、β 两角对面各设一拉筋，将伸出的臂连接起来，即能防止变形。拉筋可在热处理后去除。图 7-3 中立板两侧就是设置的防变形拉筋。

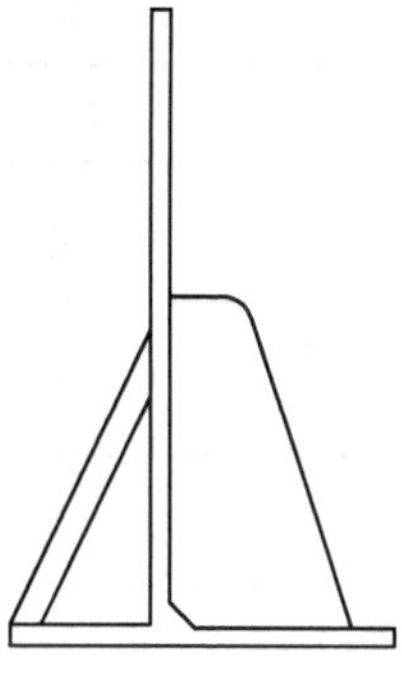
图 7-3　中立板两侧拉筋

（3）对于容易变形的重要铸件，可采用早打箱并立即入炉缓冷的方法。

（4）用浇注系统调整铸件的温度场。图 7-2d 的球壳铸件，若改用成环形横浇道，内浇道增加成三个并均布，即可减小变形。

已经产生变形的铸件，如果材料的塑性好，可以用机械方法进行校正，例如有色金属铸件；但变形量过大或材料塑性差，则校正困难。校正应在技术文件许可的范围内进行。

7.1.2 焊接应力及变形

7.1.2.1 焊接应力的形成

焊接过程是一个极不均匀的局部加热过程，它会造成焊件内部的不均匀膨胀和收缩。因此，从原理上讲，焊接引起的应力与变形与前面所讲的铸造应力与变形规律是完全一致的。但是，焊接应力与变形有其特殊的复杂性。

1. 焊接应力与变形的特殊性

（1）焊接时的温度变化范围大　在热源中心，最高温度可以达到材料的沸点，离开热源部位温度则急剧下降，因此温度梯度非常大。

（2）由于焊接时加热温度高且变化范围大，金属材料的热物理性质和力学性能均随温度变化很大。

（3）焊件上局部温度会超过相变温度，引起局部相变。相变不仅引起相变应力，还会引起许多物理和力学参量的变化。

2. 焊接应力与变形的形成机理　前已叙及，焊接过程中只有焊缝及近缝区金属被加热到很高温度。为了方便起见，假定焊缝及近缝区的那部分金属（图7-4中的Ⅰ区）在焊接过程中所受的热作用相同，而且只考虑纵向（沿焊缝方向）的变形情况。可想而知，这部分金属因受热应该发生纵向膨胀，如图7-4a所示。但因为它和两侧温度较低的金属（图7-4中的Ⅱ区）是连为一体的，不可能自由膨胀。在两侧金属的牵制作用下，它就会发生一定的塑性压缩Δl，其实

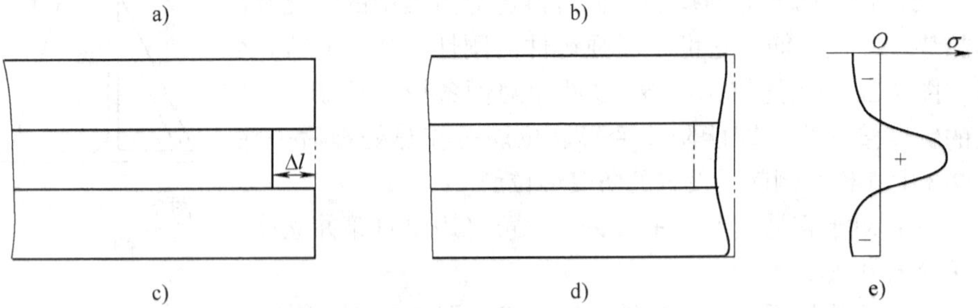

图7-4　焊接应力与变形产生原理示意图

a）Ⅰ区自由膨胀　b）Ⅰ区被塑性压缩Δl　c）Ⅰ区自由收缩　d）Ⅰ区实际收缩情况　e）应力分布

际情况如图7-4b中实线所示。

焊后，焊件要冷却到室温。因为Ⅰ区金属在前面的焊接过程中已经发生了不可恢复的压缩塑性变形，若能自由收缩，它应该收缩到如图 7-4c 所示的位置，但这是不可能的，它同样会受到Ⅱ区金属的牵制。结果它就要产生一定量的弹性拉伸，两侧金属则产生一定量的弹性压缩，以维持它们的整体性。由于在横向（垂直于焊缝方向）温度分布是连续的，其实际变形情况如图 7-4d 中实线所示。纵向应力的分布（沿焊件的宽度方向）情况如图 7-4e 所示。

图 7-5 为平板堆焊过程中的温度变化和由此而引起的应力变化示意图，焊接电弧已移动到 *O* 点，如图 7-5a 所示，图 7-5b 为不同截面上的温度分布。在焊接电弧前的 *A-A* 截面上，焊接引起的温度变化几乎等于零。在通过焊接电弧的 *B-B* 截面上，温度变化非常剧烈，温度分布很不均匀。在离开焊接电弧一定距离的 *C-C* 截面上，温度由于热传导作用而降低，分布趋于均匀；而在 *D-D* 截面上，温度已降至室温。

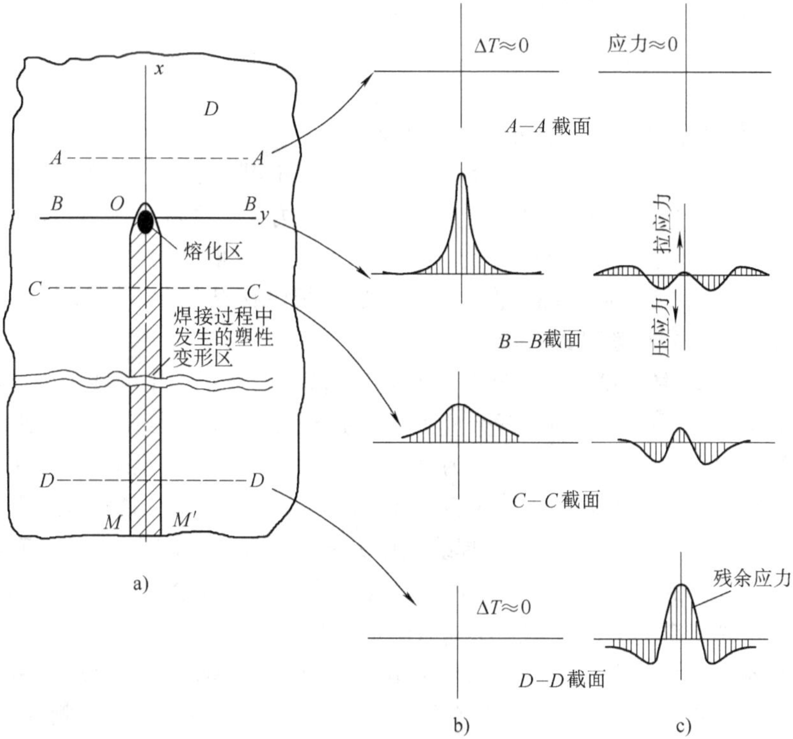

图 7-5　焊接过程中温度和应力变化示意图

a）焊缝及热源位置　b）焊件上的温度变化　c）焊件上的纵向应力

图 7-5c 为不同截面上的纵向应力分布。在 *A-A* 截面上，因焊接热作用还没

有达到，热应力几乎等于零。*B-B* 截面上，因为熔化金属的强度为零，所以位于电弧下的区域内应力接近于零。在离电弧不远的区域内，因其膨胀受到周围温度较低的金属的约束，故产生压应力。因为这个区域的温度较高而金属的屈服强度较低，故应力值较低。在离电弧较远的金属中产生拉应力，该应力与近缝区的压应力相平衡，并使近缝区产生压缩塑性变形。在 *C-C* 截面上，焊缝及近缝区金属已经冷却，要发生收缩，则在近缝区产生拉应力，而在远离近缝区内产生压应力。在 *D-D* 截面内，温度已降至室温，近缝区的拉应力达到最高值，而远离近缝区的金属中，压应力也达到最大值。

在上述分析中，没有考虑相变对应力的影响。对于低碳钢，其相变温度在600℃以上，在这样高的温度金属已处于塑性状态，相变应力不会影响内应力平衡，故对最终残余应力不产生影响；而对于相变温度低于塑性温度的材料，如合金钢，相变对焊接残余应力的影响是不能忽略的。

焊件中的应力和变形是互相关联的。如果在焊接过程中，焊件能比较自由地膨胀和收缩，焊后，其变形较大而应力较小；反之，如果焊件自身刚度较大或处于外力的约束下而不能自由地膨胀和收缩，则焊后焊件中的残余应力较大而变形较小。

7.1.2.2 典型焊件中的残余应力及其分布

焊接残余应力可以通过理论分析、数值计算和实际测量等手段加以确定。习惯上称平行于焊缝轴线方向的应力为纵向残余应力 σ_x，垂直于焊缝轴线的应力为横向残余应力 σ_y，厚度方向的残余应力为 σ_z。在一般情况下，焊接结构中的残余应力状态是三维的，在板厚 $h<20$mm 的薄板焊接结构中，可以忽略板厚应力，这样，应力分布就可以看成是二维的。

1. 对接接头中的残余应力分布　图 7-6 为薄板对接接头中的残余应力典型分布。图 7-6b 表示在 *y-y* 截面上残余应力 σ_x 的分布，其特点是在焊缝附近区域产生高值拉应力，在焊缝中心拉应力为最大值 σ_{max}，并向两侧急剧减小，在等于焊缝金属宽度的几倍距离处变成压应力。在低碳钢焊接结构中，通常 σ_{max} 等于焊缝金属的屈服点 σ_s。图 7-6c 表示沿焊缝长度方向上横向残余应力 σ_y 的分布，在接头中部存在较低的拉应力，在接头两端为压应力。横向残余应力形成的原因主要有两方面：受拘束的纵向收缩和不同时的横向收缩。

（1）纵向收缩引起的横向残余应力 σ_y'。如图 7-7 所示，设想一个由两块平板条对接起来的构件从中间焊缝处分开，则两块板条都相当于在一侧焊有焊缝，由于焊缝的纵向收缩使板发生弯曲，如图 7-7b 所示。若使两板恢复到原来位置，必须在两端施加压力，而在中部施加拉力。由此可以推知，在板的两端必然产生压应力，而在板的中部产生拉应力，如图 7-7c 所示。

（2）不同时的横向收缩引起的横向残余应力 σ_y''。一条焊缝不是一下子就能

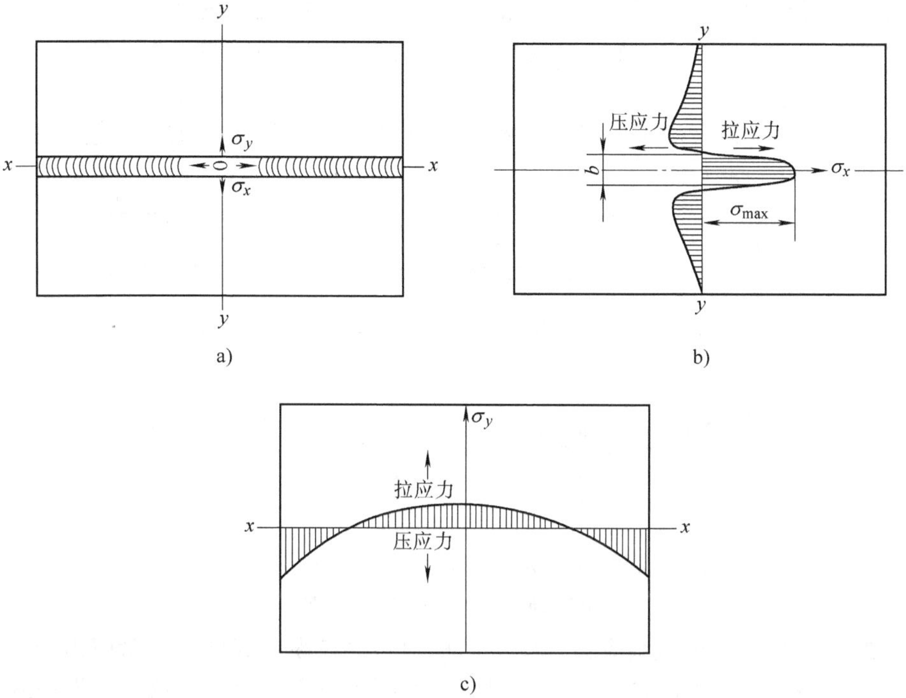

图 7-6　薄板对接焊缝残余应力的典型分布

a）焊件　b）纵向应力分布　c）横向应力分布

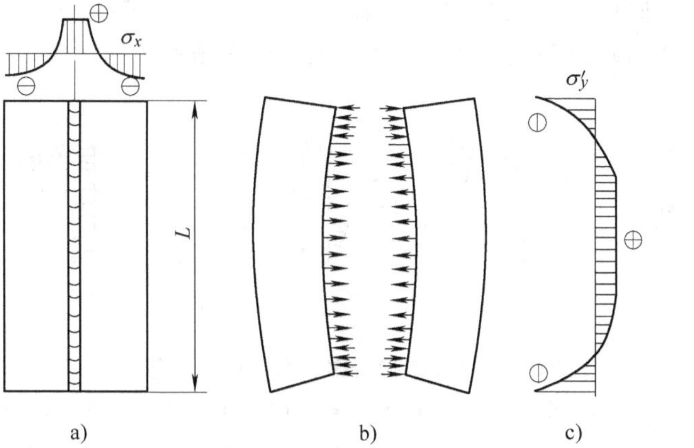

图 7-7　纵向应力引起的横向应力 $\sigma_y{}'$

a）焊件内的纵向应力分布　b）横向应力产生机理示意图　c）横向应力分布

焊成的，先焊部分先冷却，后焊部分后冷却，先冷部分必然限制后冷部分的横向收缩，这种限制与反限制就产生了 $\sigma_y{}''$。例如，把一条焊缝从中间分为两段，当从中间向两端焊接时（图 7-8a），中间部分先焊先收缩，两端部分后焊后收缩，两端部分的横向收缩势必受到中间部分的限制。因此 σ_y''是中间部分为压应力，而两端为拉应力。相反，如果从两端向中间焊，则中心部为拉应力，两端为压应力（图 7-8b）

其实，上述两方面是同时存在的，所以焊件中最终的横向应力是这两者之和，即 $\sigma_y=\sigma_y'+\sigma_y''$。

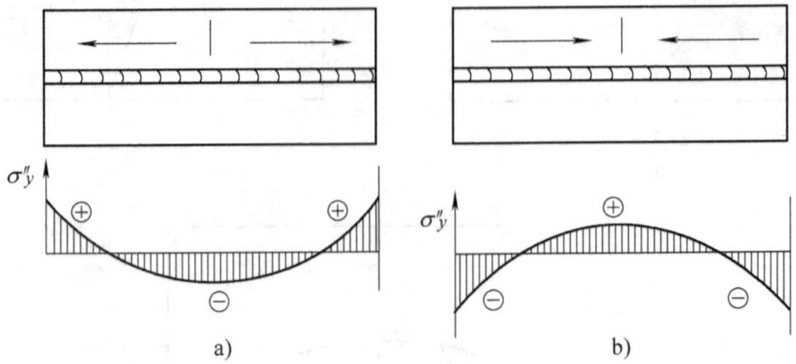

图 7-8 焊接方向和焊接顺序对横向残余应力 σ_y''的影响

a）由中间向两端焊 b）两端向中间焊

2. 厚板结构中的残余应力 厚板结构中除存在纵向和横向残余应力外，还存在有板厚方向的残余应力 σ_z。研究结果表明，三个方向的残余应力沿厚度方向的分布极不均匀，并受焊接工艺方法的影响很大。图 7-9 为低碳钢厚板多层焊接头中的应力分布。可见，上下表面存在较大的 σ_x 和 σ_y，特别在下表面，σ_y 超过了材料的屈服点 σ_s，这是因为多层焊时，每焊一层都会在焊缝下部产生一次角变形，从而引起拉伸塑性变形，多次变形的结果使金属产生了应变硬化，引起应力不断上升。

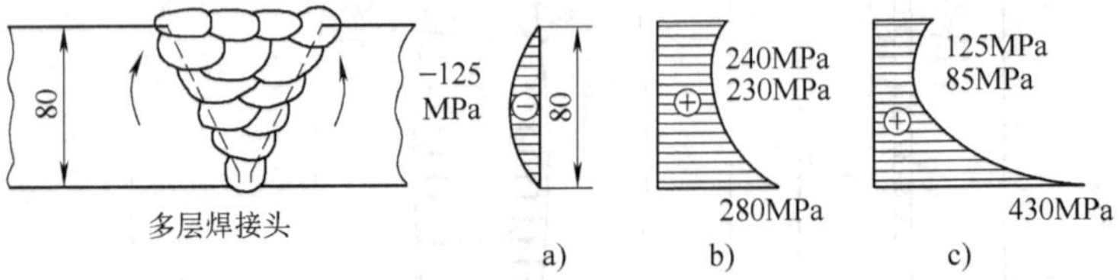

图 7-9 低碳钢厚板多层焊接头中的应力分布

a）σ_z 在厚度上的分布 b）σ_x 在厚度上的分布 c）σ_y 在厚度上的分布

3. 封闭焊缝 封闭焊缝常见于管接头和修补镶块类接头。图 7-10a 表示将一块圆板焊补到有圆孔的大板上。焊后由于内板的收缩受到周围外板的拘束，便产生高值残余应力，如图 7-10b 所示。图中 σ_r 为径向应力，σ_θ 为切向应力。它们在焊缝区内都为高值拉应力，最大切向应力大于最大径向应力。在内板上，σ_r 和 σ_θ 均为拉应力，而且数值相等。应力值的大小与圆形焊缝的直径有关，在其他条件相同的情况下，直径越小，拘束度越大，残余应力也就越大。

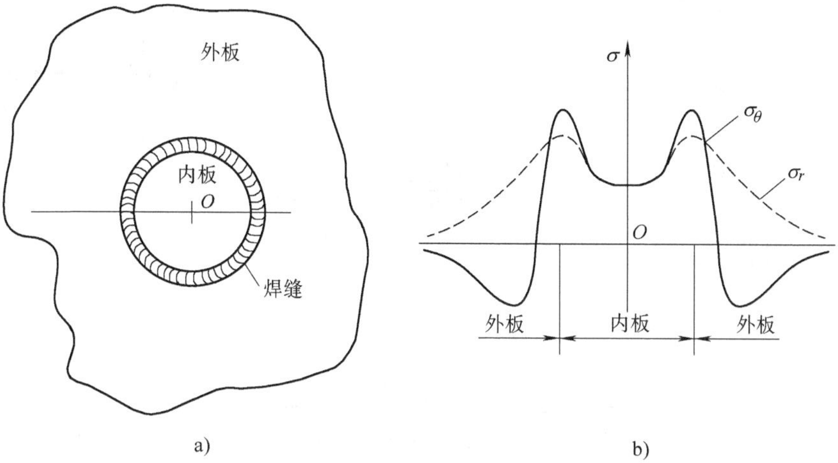

图 7-10　封闭焊缝内的残余应力

a）镶块封闭焊缝　b）残余应力分布

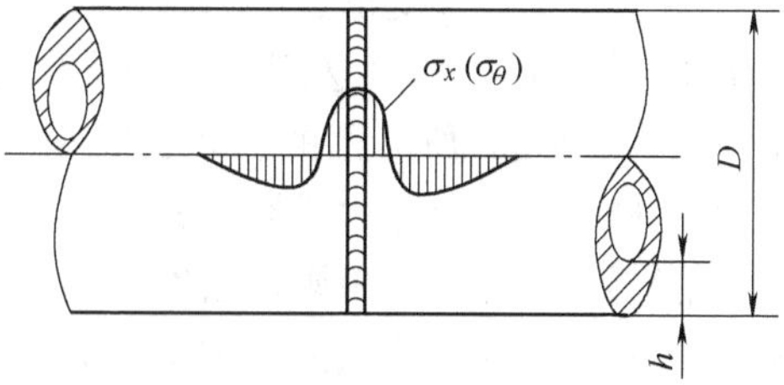

图 7-11　圆筒环焊缝的纵向（切向）残余应力分布

图 7-11 为管接头环形焊缝引起的纵向应力，即切向残余应力 σ_θ 的分布情况。焊缝的周向收缩对圆筒产生切应力 σ_θ。σ_θ 的大小与圆筒的直径、板厚及焊接工艺有关。试验证明，当圆筒的直径与板厚之比较大时，σ_θ 的值与平板对焊接头中的纵向残余应力 σ_x 相似，对于低碳钢，σ_θ 可达到 σ_s；当圆筒的直径与板厚之比较小时，σ_θ 有所降低，降低的程度与圆筒的直径有关，直径越小，降低越多。

4. 焊接型材　常常用焊接的方法制造型材，如“T”形梁、“工”字梁，方形柱等。图 7-12 表示几种焊接型材中残余应力的典型分布。图 7-12a 是焊接 T 字梁内产生的残余应力。在远离柱端的横截面上靠近焊接区内，存在平行于轴线的高值残余拉应力。下图表示在 x-x 截面内与轴线平行的残余应力分布，在翼板内靠近焊缝区为拉应力，在远离焊缝区为压应力。在腹板上缘的拉应力是由纵向收缩造成的纵向弯曲变形引起的。图 7-12b、c 分别表示工字梁和方形柱内残余应力的分布。可见，在靠近焊缝区，平行于轴线的残余应力为拉应力，远离焊缝区的应力为压应力。

7.1.2.3　焊接残余应力对结构性能的影响

1. 对静载强度的影响　设一焊接结构，其残余应力 σ_x 的分布如图 7-13a 中

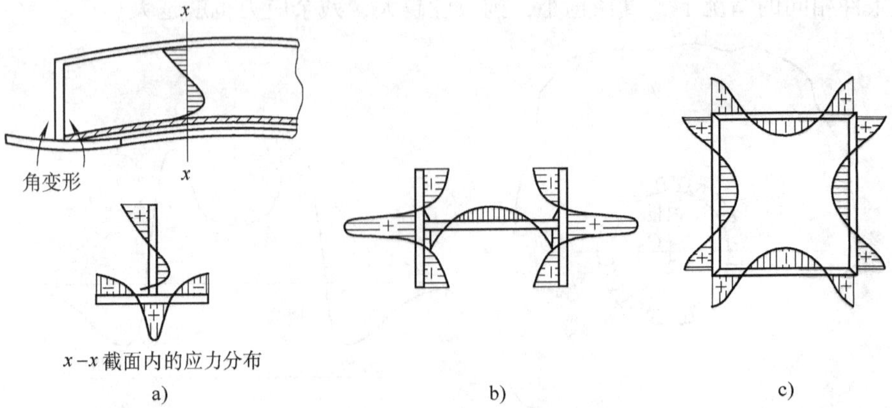

图 7-12　几种焊接型材中的典型残余应力分布

a）T 形梁内的应力分布　b）工字梁内的应力分布　c）方形柱内的应力分布

的曲线 *cdefg* 所示。构件在外力的作用下产生拉应力 σ。σ 和 σ_x 的叠加就会使焊件中的应力重新分布。如果是塑性材料，当中间部位的应力叠加后超过材料的 σ_s，就会发生塑性变形，应力将不再增加。如果外加应力上升，待整个截面的应力都达到 σ_s 时，构件达到最大的承载能力。由分析可知，这时 *abhi* 所包围的面积等于 *abcdefghi* 所包围的面积，它和没有残余应力时的承载能力相同。因此对于塑性材料，残余应力不影响其承载能力。但是，由于进入屈服后的那部分区域已不能再承受外力，否则就会发生塑性变形，这样就降低了结构的刚度。而对于脆性材料，只要任一点的应力达到材料的 σ_b，就会发生破坏。可见残余应力会降低脆性材料的承载能力，如图 7-13b 所示。

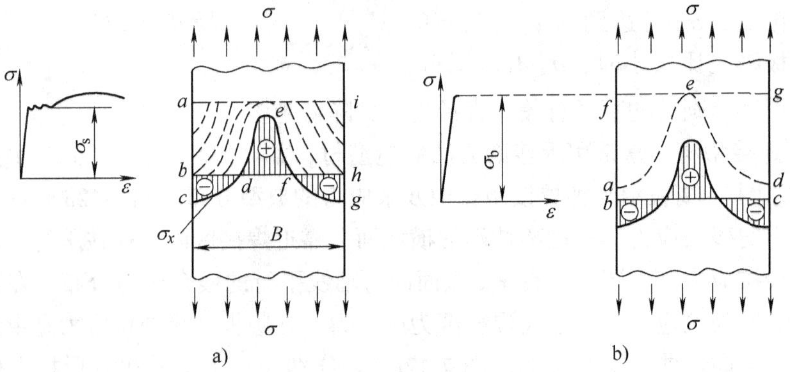

图 7-13　载荷作用下构件中的应力变化

a）塑性好的材料　b）脆性材料

2. 对机械加工精度的影响　内应力自行平衡的构件，在机加工的同时就破坏了原来的应力平衡，内应力会重新分布而导致变形，这样就会使在夹紧力作用下达到加工精度的构件在卸除夹紧力以后降低精度。图 7-14 为焊接工字梁，它在机加工完成后松开压板，将会由于内应力的重新分布而产生向下凹的挠曲变形。

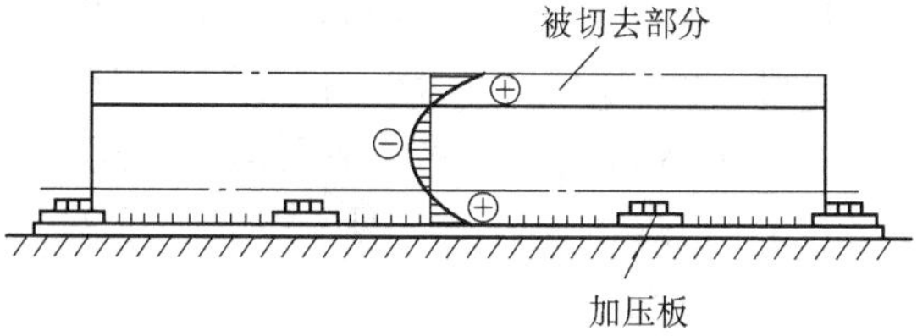

图 7-14 残余应力影响机加工精度示意图

3. 对压杆稳定性的影响

承受压力的长杆，存在一个稳定性的问题，其设计依据不是屈服强度，也不是抗拉强度，而是失稳临界载荷。失稳临界载荷与受压杆件的长度、截面积和惯性矩有关。如果降低了承载面积，就意味着降低了压杆的稳定性。图 7-15 为工字形受压杆件的受力情况。图中，沿杆件长度方向的残余应力用 σ_z 表示，外力引起的压应力用 σ_p 表示。σ_p 使残余拉应力减小，压应力增大。当存在残余压应力区域的 $\sigma_p+\sigma_z=\sigma_s$ 时，该区域就失去了承载能力，这样就降低了压杆的承载面积，从而降低了压杆的稳定性。

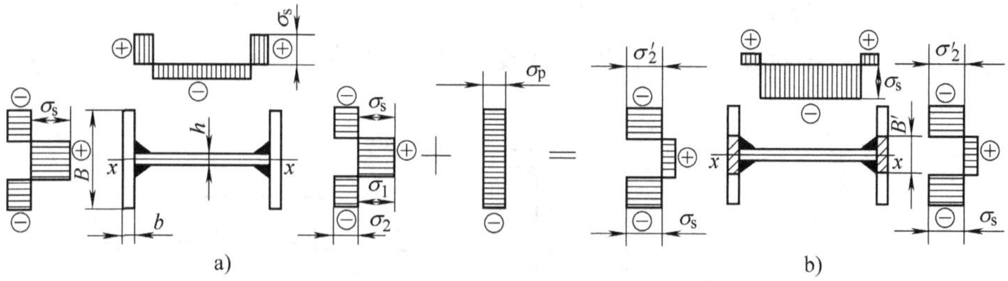

图 7-15 焊接工字形杆件受压时的应力分布

a）施加外载前 b）施加外载后

4. 对疲劳强度的影响 一般来说，残余压应力提高构件的疲劳强度，而残余拉应力降低疲劳强度。在应力循环特征系数 r（$r=\sigma_{min}/\sigma_{max}$）越低的情况下，残余拉应力越大，疲劳强度降低越多；当构件中存在应力集中时，残余应力会增加应力集中的程度，而使疲劳强度降低。

5. 对抗裂性能的影响 焊接残余应力对塑性断裂的影响不大，因为在断裂前有塑性变形，残余应力可以得到释放。但对脆性断裂的影响较大，尤其在韧脆转变温度以下，它会增加材料脆性断裂的倾向，使焊接结构发生低应力破坏。

7.1.2.4 焊接残余应力的控制

控制焊接残余应力可以从焊接结构设计和焊接工艺措施两方面考虑。

（1）合理布置和设计焊缝。焊缝布置要尽量对称、分散，避免密集和交叉；在满足使用要求的前提下，尽量减少结构的刚度，减小焊缝长度和横截面积。

（2）采用合理的焊接顺序和方向。焊接应力与变形是互相关联的，变形越大，则应力越小。因此在安排焊接顺序和方向时，应尽可能地使焊件能自由收缩，尽可能地使焊接变形能对称进行，以减小附加应力。

图 7-16 为带盖板的双工字钢构件，其合理的焊接顺序应该是先焊盖板的对接焊缝 1，再焊盖板与工字钢连接角焊缝 2。这样可以使焊缝 1 能比较自由地收缩，从而减小焊缝 1 中产生的应力。

对接如图 7-17 所示的工字梁时，应预先留出一段翼缘角焊缝 3 不焊，先焊受力最大的翼缘对接焊缝 1，然后焊接腹板对接焊缝 2，最后焊接翼缘与腹板连接角焊缝 3。这样可以使翼缘焊缝承受压应力，而腹板焊缝承受拉应力。角焊缝 3 留在最后焊接，则可使腹板有一定的收缩余地，同时也可以在焊接翼缘对接焊缝 1 时采用反变形法，防止产生角变形。

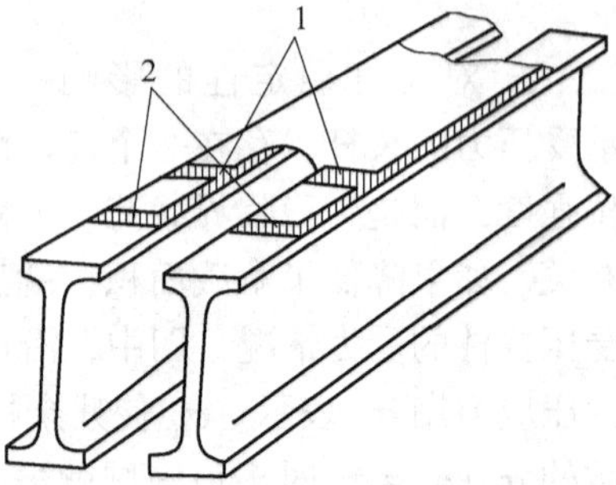

图 7-16　带盖板双工字钢构件的焊接顺序

用小板拼接大板时，应先焊错开的短焊缝，再焊直通长焊缝，如图 7-18 所示，这样可使短焊缝有自由收缩的余地，以降低残余应力的峰值。

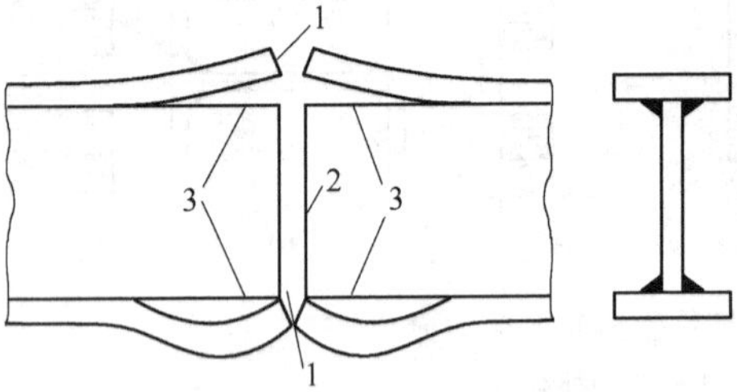

图 7-17　工字梁对接接头的焊接顺序

1—翼缘对接焊缝

2—腹板对接焊缝　3—翼缘角焊缝

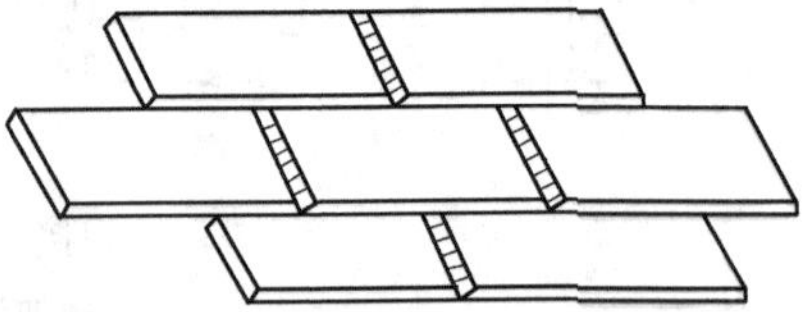

图 7-18　小板拼大板的焊接顺序

（3）用反变形法降低刚度。在焊接封闭焊缝和其他刚度较大、自由度较小的焊缝时，采用反变形法可以增加焊缝的自由度，减小刚度从而降低残余应力，如图 7-19 所示。

（4）焊件整体或局部预热。焊前预热工件，无疑可以均匀焊件上的温度场，减小温差，降低残余应力。对于不能整体预热的大型工件，可以局部预热。如图 7-20a 所示的大带轮或齿轮，某一轮辐断裂，需要焊修。为了减小残余应力，可预热需要焊修的轮辐两侧的轮缘，以增加轮辐焊修时的膨胀自由度，焊后一起冷却下来。图 7-20b 所示为轮缘断裂，焊修时，预热断口两侧的轮辐，同样可以收到降低残余应力的良好效果。

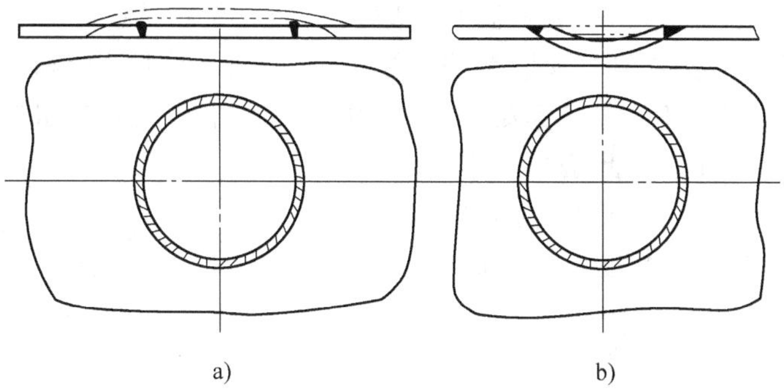

图 7-19　用反变形法降低刚度

a）没有反变形　b）有反变形

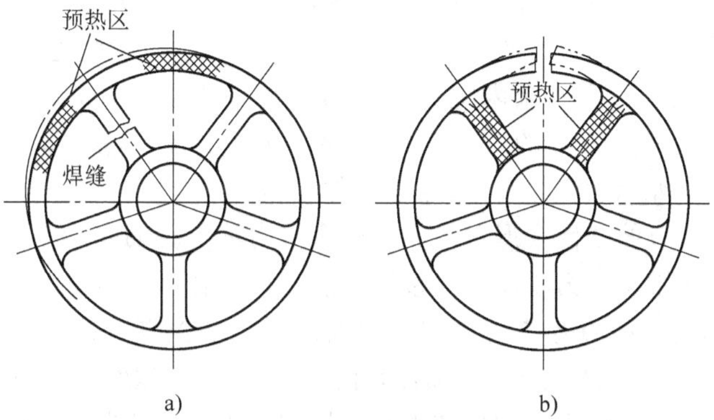

图 7-20　局部预热焊修轮辐、轮缘断口

a）焊修轮辐断口　b）焊修轮缘断口

（5）锤击或碾压焊缝。焊后对焊缝区进行快速轻轻锤击或碾压，可以使焊缝区产生一定的延伸塑性变形，这样可以抵消焊接时在焊缝区产生的压缩塑性变形，以达到缓解应力的目的。

7.1.2.5　焊后消除残余应力的方法

（1）整体高温回火处理。对于小型结构件，焊后可整体加热到一定温度，保温一段时间后缓慢冷却，以消除焊接残余应力。其效果主要取决于加热温度、应力状态和保温时间。对于同一种材料，加热温度越高，保温时间越长，应力消除越彻底。如低碳钢结构，焊后加热温度为 600~650℃，保温时间按每毫米板厚 4~5min（但不得低于 1h）计算，然后在空气中或随炉缓冷，可以消除 80%~90%的残余应力。值得注意的是，对于焊前为调质处理或淬火加低、中温回火处理的钢，焊后回火的温度不得超过原回火温度，通常至少要低 50℃，否则会造成结构材料的整体性能变化。

（2）局部高温回火处理。对于结构简单、焊缝少的大型焊件，不可能也没有必要进行整体回火处理，可以进行局部高温回火处理。此法是对焊缝周围的局部区域进行加热处理，其效果不如整体处理。它只能降低应力峰值，而不能消除残余应力。此法只能用于简单结构而不能用于复杂结构，因为局部加热有产生反作用内应力的危险。

（3）温差拉伸法。此法的基本原理是：利用在焊缝两侧进行加热而产生的局部膨胀，促使焊缝区产生拉伸塑性变形，从而达到消除残余应力的目的。具体做法如图 7-21 所示。用一对宽 100～150mm，中心距为 120～270mm 的氧乙炔焰加热焊缝两侧区域表面，达到 200℃ 左右，在火焰后一定距离喷水冷却。此法简便易行，可以消除 50%～70% 的残余应力，因此在生产中得到了实际应用。

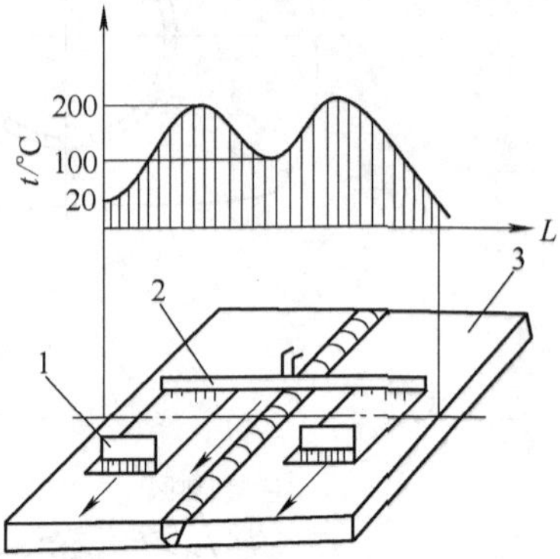

图 7-21 温差拉伸法
1—氧乙炔焰 2—喷水管 3—焊件

（4）过载法。对有残余内应力的结构进行加载，使焊缝区产生一定的拉伸塑性变形，从而抵消部分压缩塑性变形，以降低或消除内应力。加载越大，拉伸塑性变形量越大，残余应力消除越彻底。

此法特别适用于压力容器类焊接结构。它可以在水压试验时同时实现。

（5）振动法。利用变速马达与增幅器组成的激振器，使构件发生共振，经过一段时间（一般为 10～30min）后即可收到减小或消除残余应力的效果。

振动法消除残余应力的理论依据是：施加于工件上的振动能量促使晶格原子重新排列，消除了残余应力引起的晶格畸变，从而达到消除残余应力的目的。

此法与加热法相比，成本要低得多，因为它不需要昂贵的设备（如加热炉），而且处理时间也比较短。

据最新报道，采用脉冲磁处理法也能消除残余应力。

7.1.2.6 焊接变形及其防治措施

焊接变形指的是由焊接残余应力引起的残存于焊接结构中的变形。它的存在会影响焊接结构的使用性能，克服或矫正它会增加生产成本。因此了解和掌握它的形成和变化规律具有重要意义。

1. 焊接变形的分类

（1）基本变形。通常表现为收缩变形，它是由焊接区的残余拉应力引起的，包括沿焊缝方向的纵向收缩变形和垂直于焊缝方向的横向收缩变形，如图 7-22 所示。

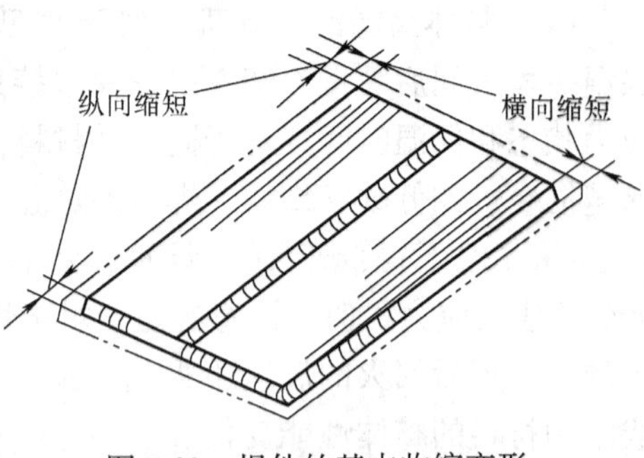

图 7-22 焊件的基本收缩变形

（2）派生变形。常见的有以下几种：

1）角变形。如图 7-23 所示，构件平面在焊后围绕焊缝轴线发生了角位移。这是由焊缝引起的横向收缩在板厚方向的分布不均匀（即焊缝正面收缩大，背面收缩小）所致。

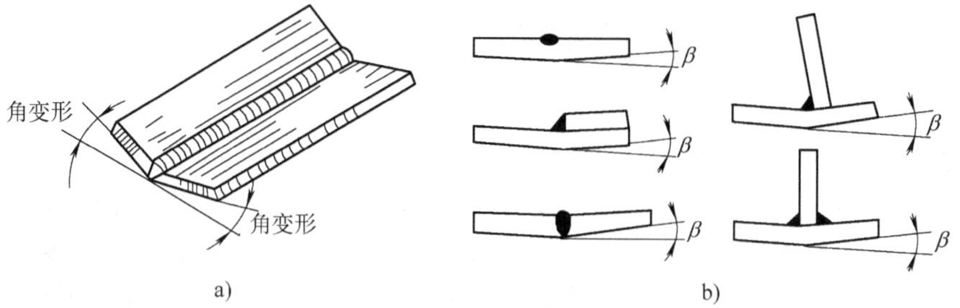

图 7-23　焊件的角变形

a）示意图　b）类型图

2）弯曲变形。它是指焊件在焊后发生的弯曲变形或挠曲变形，如图 7-24 所示。产生弯曲变形的根本原因是焊缝的位置偏离焊接结构的截面重心线或不对称于焊接结构。

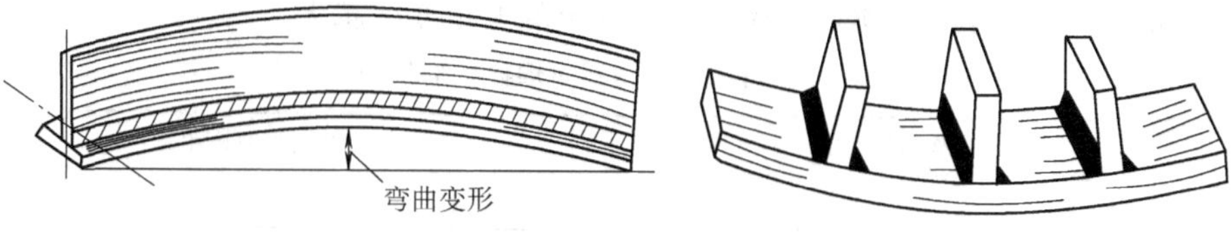

图 7-24　焊件的弯曲变形

a）侧弯曲　b）挠曲

3）扭曲变形。主要发生在长度与宽度（高度）之比较大的焊接构件上，如 T 形梁、工字梁或箱形梁中。这些构件上一般都有较长的纵向角焊缝，由于拼装不当或焊接顺序和方向不正确，使焊缝的角变形沿长度方向不均匀而引起的像拧麻花一样的变形，如图 7-25 所示。

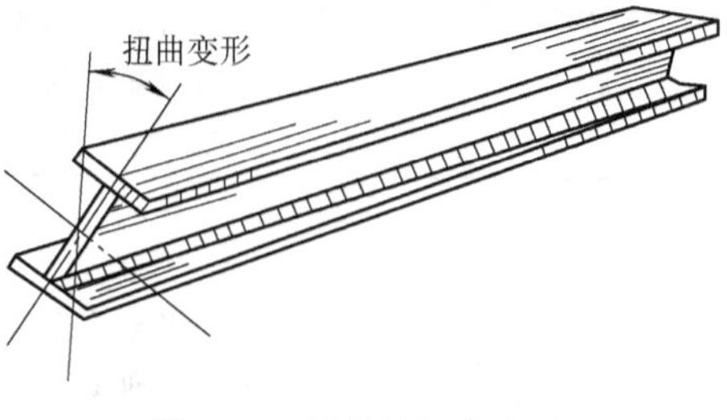

图 7-25　焊件的扭曲变形

4）波浪变形。这种变形像水中波浪那样凸凹不平，如图 7-26 所示。在大面积平板拼接后容易产生这样的变形，如船体甲板、大型油罐、气罐的底板等。其实质是，薄平板焊后因局部压应力超过其失稳临界应力而产生的失稳变形。

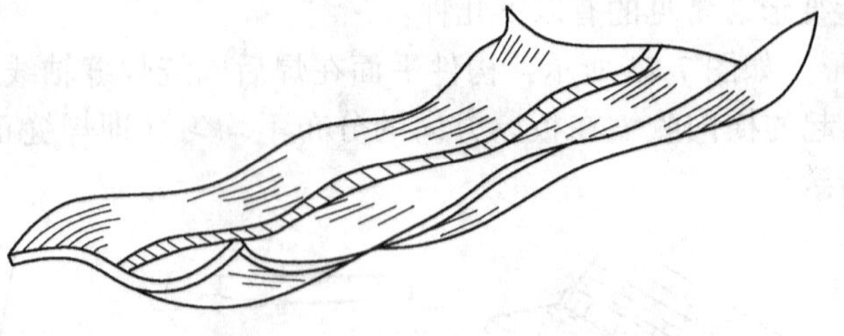

图 7-26　薄板焊件的波浪变形

2. 影响焊接变形的因素

（1）焊接量的影响。焊接变形是焊缝金属收缩引起的，因此焊接量是影响焊接变形的主要因素之一。减少焊接量就可以减少焊接变形。在保证强度要求的前提下，尽量减小焊缝的尺寸，或在厚板焊接时采用 X 形坡口代替 V 形坡口等，都可以达到减小焊接量，从而达到减小焊接变形的目的。

（2）焊缝位置的影响。焊缝在焊接结构中的位置不仅会影响焊接变形的大小，还会影响变形的方向。表 7-1 列出了不同焊缝位置对焊接变形的影响。可见，当焊缝对结构的截面重心线呈对称布置或位于截面重心线上时，焊后主要引起纵向和横向收缩变形；反之，不仅产生收缩变形，还要产生角变形、弯曲变形等派生变形。焊缝偏离重心线越远，产生的派生变形越大。

表 7-1　焊缝布置对焊接变形的影响

焊缝对称布置		焊缝不对称布置	
图　例	说　明	图　例	说　明
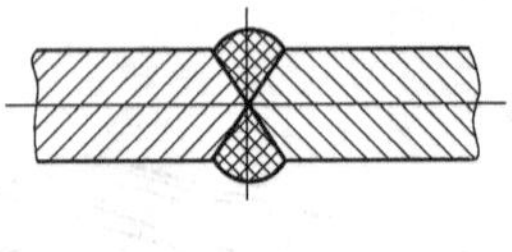	X 形坡口，焊缝对结构截面重心线对称布置。焊后主要引起结构纵向和横向的收缩	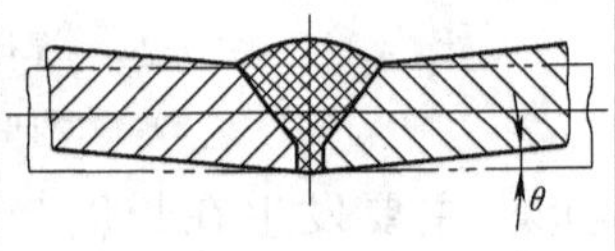	Y 形坡口，焊缝重心偏向结构截面重心线上侧。焊后不但有纵向和横向收缩，还有角变形
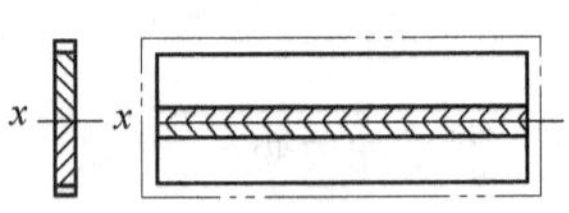	焊缝位于结构截面重心线上。焊后主要引起结构纵向和横向收缩	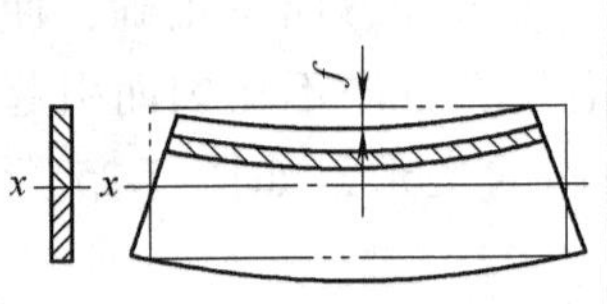	两块宽度不等的钢板拼接，焊缝位于结构截面重心线（$x-x$ 轴）的上侧，不对称。焊后由焊缝纵向收缩引起弯曲变形

（续）

焊缝对称布置		焊缝不对称布置	
图 例	说 明	图 例	说 明
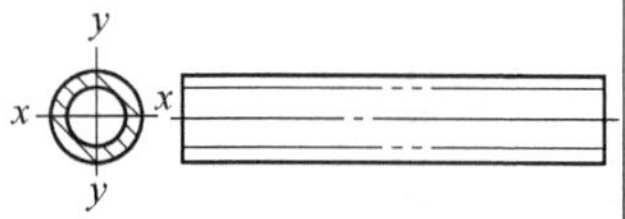	两片半圆型钢对接成圆筒，焊缝对称布置。焊后主要产生纵向收缩和圆周长度减小	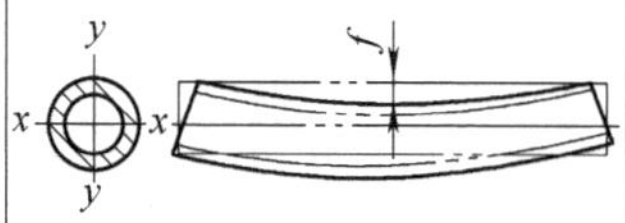	钢板卷圆对接，焊缝在截面上对 $x-x$ 轴不对称，位于上侧。焊后由于焊缝纵向收缩引起弯曲变形
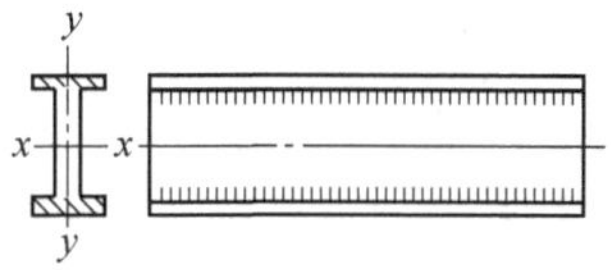	工字梁焊缝对 $x-x$ 轴和 $y-y$ 轴均对称布置。焊后主要产生纵向收缩	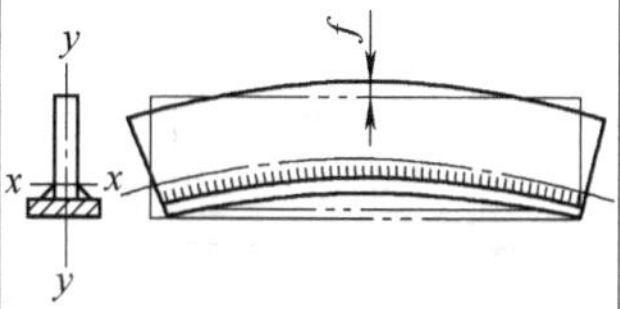	T 型梁，焊缝对 $x-x$ 轴不对称布置，位于 y 轴下侧。焊后由于焊缝纵向收缩引起弯曲变形
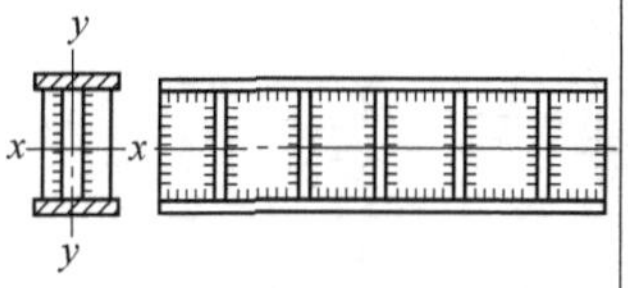	四条纵焊缝和所有肋板焊缝对 $x-x$ 轴和 $y-y$ 轴都对称。焊后四条焊缝纵向收缩和所有肋板焊缝横向收缩共同作用，主要引起整个工字梁的纵向收缩	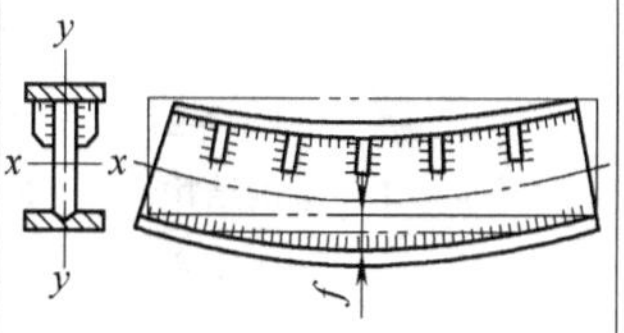	主要焊缝对 $y-y$ 轴对称布置，但肋板焊缝都集中在 $x-x$ 轴的上侧，布置不对称。焊后肋板焊缝横向收缩引起整个工字梁弯曲变形

注：表中关于焊缝对称布置的说明中，忽略了焊接顺序的影响。实际生产中由于焊接顺序不同，除产生纵向和横向收缩外，还会引起少量弯曲变形。

（3）结构刚度对焊接变形的影响。结构的刚度是结构变形抗力的度量指标。刚度大的焊接结构焊后变形小；反之亦然。一般来说，短而粗的结构刚度较大，焊后变形较小；细而长的结构抗弯刚度小，焊后容易产生弯曲变形。

（4）装配和焊接顺序的影响。焊接结构的装焊过程通常采用两种方式，即边装边焊和整装后焊。结构的装焊方式不同，焊接时的刚度也不相同，因而必然影响到最终焊接变形的大小。对于结构截面对称、焊缝布置也对称的简单结构，采用整装后焊的方式比较合适，这对减小焊接变形是有利的，如图 7-27 所示。对于截面形状和焊缝布置不对称的焊接结构，宜采用边装边焊的方式。如图 7-28 所示结构，应先整体拼焊由板 2、3、4、5 构成的方柱，后焊板 1。对于复杂的珩架结构，应分片装焊，然后总装，这样，在分片装焊后发生的变形容易矫正。

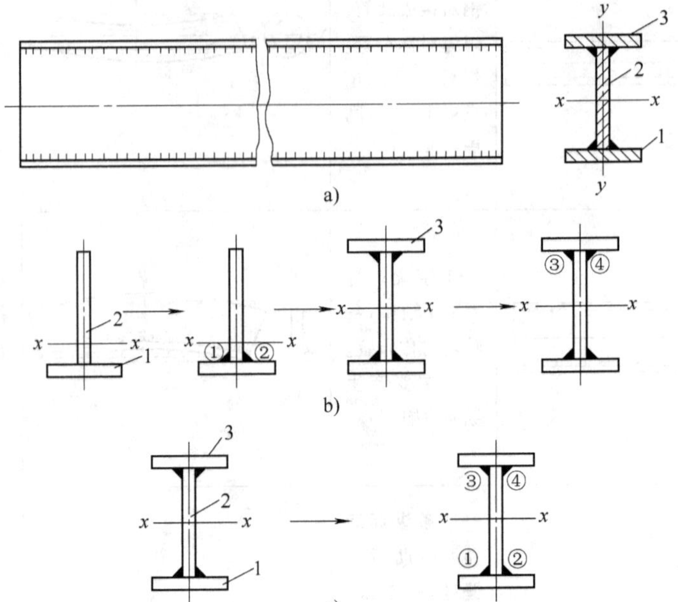

图 7-27　工字梁的装焊顺序

a）工字梁的结构形式　b）边装边焊　c）整装后焊

1—下盖板　2—腹板　3—上盖板

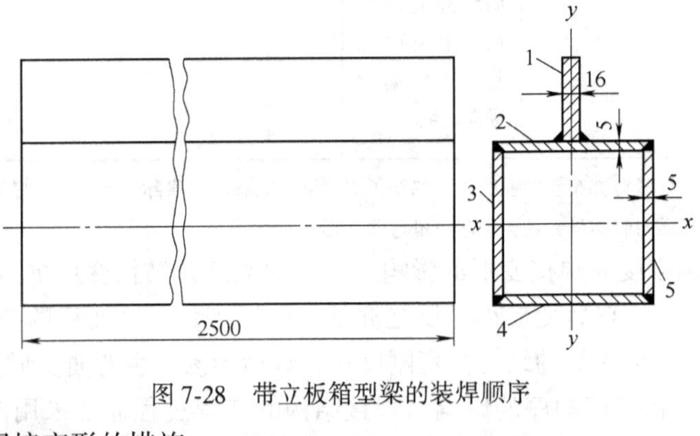

图 7-28　带立板箱型梁的装焊顺序

3. 控制焊接变形的措施

焊接变形是由焊接应力引起的，因此，大体上说，凡是能够减小焊接应力的措施都能减小焊接变形。此外，还可以采取如下措施：

（1）反变形法。这种方法是根据计算或经验预知焊件焊后变形的方向和大小，在备料时对焊件进行方向相反而大小相当的反变形，如图 7-29、图 7-30 所示。在生产实践中，这是一种常用的行之有效的控制焊接变形的工艺方法。

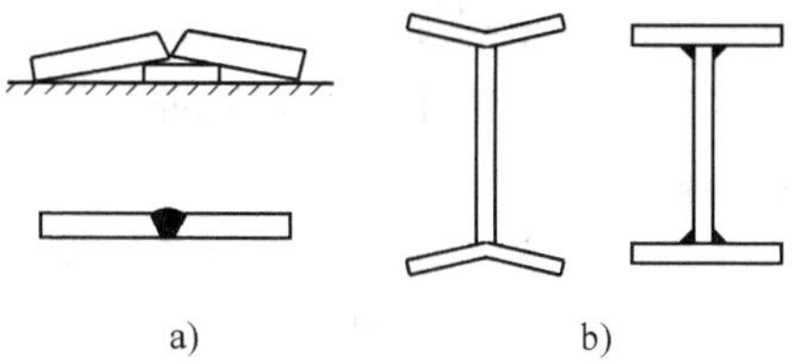

图 7-29　反变形法
a）平板对接　b）工字梁拼焊

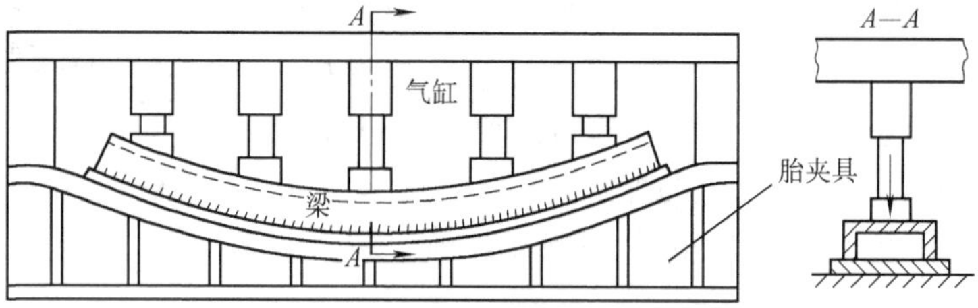

图 7-30　梁、柱结构使用夹具预先反变形

（2）刚性固定法。此法是在焊接时，将焊件用夹具夹紧固定在工作台或胎具上，以增加焊件的刚度或约束力来减小变形。图 7-31、图 7-32 为几种刚性固定法的示意图。

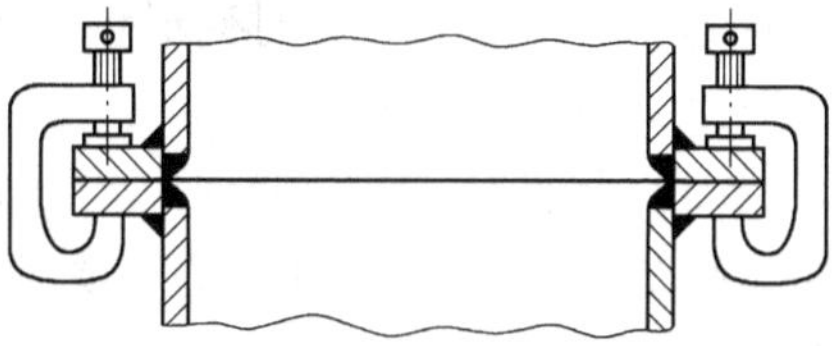

图 7-31　刚性固定法焊接管件法兰

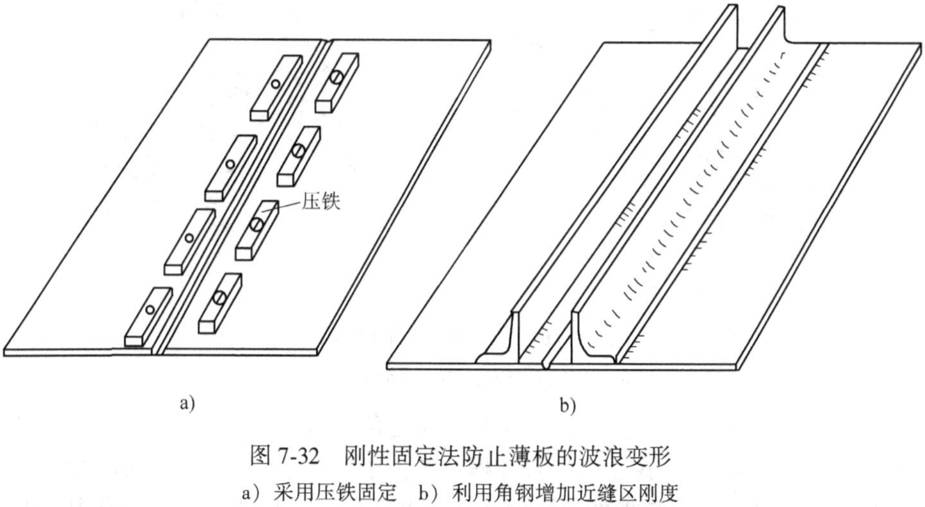

图 7-32　刚性固定法防止薄板的波浪变形
a）采用压铁固定　b）利用角钢增加近缝区刚度

（3）合理选择焊接方法和焊接工艺参数。选用焊接热输入较低的焊接方法，

可有效地减小焊接变形。如用细丝 CO_2 气体保护焊焊接薄板的变形就比用气焊和焊条电弧焊的小得多。脉冲钨极氩弧焊、激光焊和电子束焊的能量密度高，焊接热输入小，变形很小。

当焊接方法确定后，可通过调节焊接工艺参数来控制焊接变形。在保证焊透和焊缝无缺陷的前提下，减小焊接热输入可以减小变形。图 7-33 为不对称细长杆件，焊缝 1、2 到中性轴的距离 e 大于焊缝 3、4 到中性轴的距离 e'。若采用相同的工艺参数焊接，上下焊缝产生的弯曲变形不能相互抵消，焊后一定会出现下挠弯曲变形。如果将焊缝 1、2 适当分层焊接，每层采用较小的热输入，则完全有可能使向上和向下的弯曲变形抵消，得到平直的焊件。

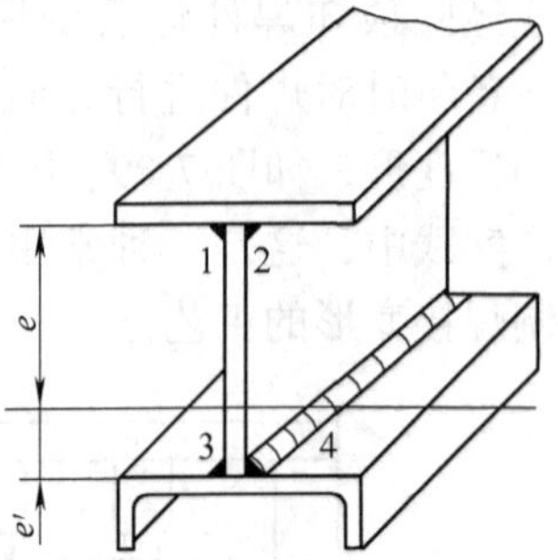

图 7-33　不对称细长杆件的焊接

（4）选择合理的装配和焊接顺序。前已叙及，不再赘述。

4. 矫正焊接变形的方法　尽管焊接变形可以采取上述措施减小和控制，但有时仍然难以克服，有时变形量甚至会超过允许值。对于超差的焊接变形，可以采取以下矫正方法消除。

（1）机械矫正法。这是利用外力使构件产生塑性变形来矫正焊接变形的方法。图 7-34 为用压力机或千斤顶对工字梁焊后产生的弯曲变形进行矫正的示意图。

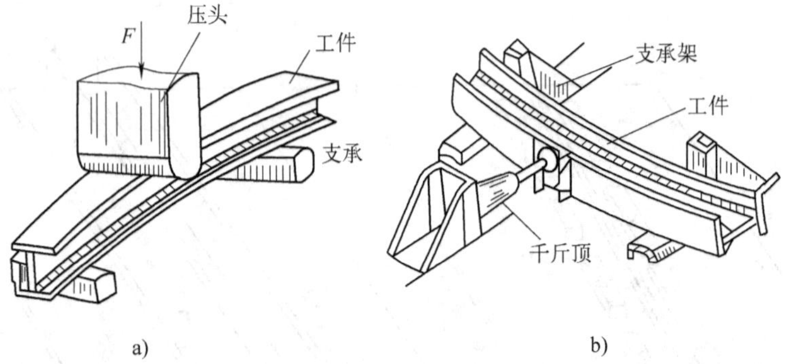

图 7-34　工字梁焊后机械矫形

a）用压力机矫正　b）用千斤顶矫正

（2）火焰矫正法。以火焰为热源对构件上存在压应力的部位进行局部加热，如图 7-35 所示，使构件在受热膨胀过程中产生压缩塑性变形，冷却后发生收缩，以此抵消构件原有残余变形的方法称为火焰矫正法。这种矫正方法的原理与热应力的形成原理是一样的，故可戏称为“以毒攻毒”法。加热热源常采用氧乙炔焰。对于结构钢，加热温度一般控制在 600~800℃之间。

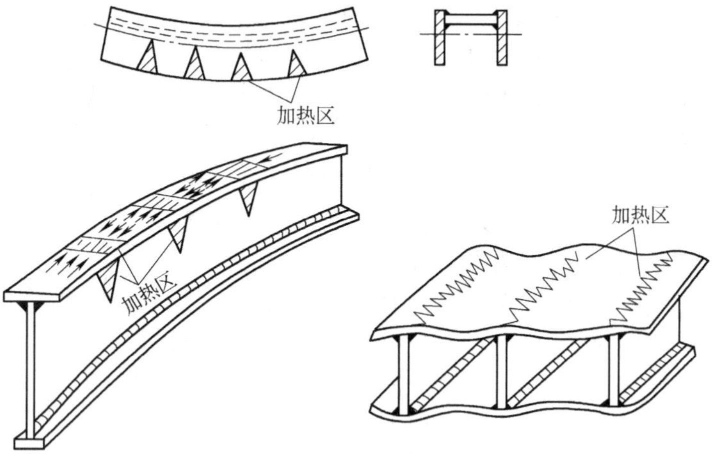

图 7-35　火焰矫形举例

图 7-36 为用火焰矫正薄板失稳变形的例子。注意加热部位在凸起的上表面，加热点为分散的点状。对于很薄的板，加热时在厚度方向几乎无温差，可能造成更大的变形，如图 7-36a 所示。这种情况下，可以采用多孔压板压住焊件，通过小孔对焊件加热，提高矫正效果，如图 7-36b 所示。

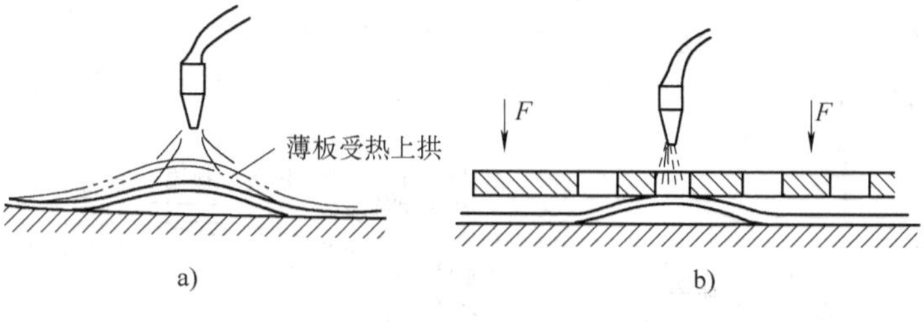

图 7-36　火焰矫正薄板变形

7.1.3　塑性成形时的内应力

1. 成形前加热时的内应力　对于热塑性成形，如热锻、热轧、热挤压等，坯料都比较厚实，在加热过程中，由于表层温度高于心部温度，使表、里膨胀不一致而产生热应力或温度应力。图 7-37 示出了坯料断面温差及由此产生的温度应力的分布情况。由图可见，坯料表层的温度应力为轴向和径向两向压应力（σ_x 和 σ_r）状态；而心部为三向拉应力（σ_x、σ_r 和 σ_θ）状态，中心三向应力的幅值都最大。坯料内的温度应力是随温度的变化而变化的。一般认为，当坯料处于低温加热阶段（对于钢约低于 550℃）时，才有注意温度应力的必要，因为它们有引起坯料心部开裂的危险。当温度高于一定值以后，材料进入高塑性、低应力状态，通过塑性变形，应力会自行松弛。

温度应力的大小与坯料的断面温差有关，而断面温差又取决于材料的导热性、断面尺寸和加热速度。如果材料的导热性差，坯料的断面尺寸大，加热速度又快，则其断面温差就大，温度应力也大。因此，在加热导热性差的高合金钢和断面尺寸大的大型坯料时，低温阶段必须缓慢加热，否则，会因温度应力过大而造成坯料的心部开裂。对于大型坯料，为了缩短工期，提高效率，可以采取图 7-38 所示的加热工艺曲线。

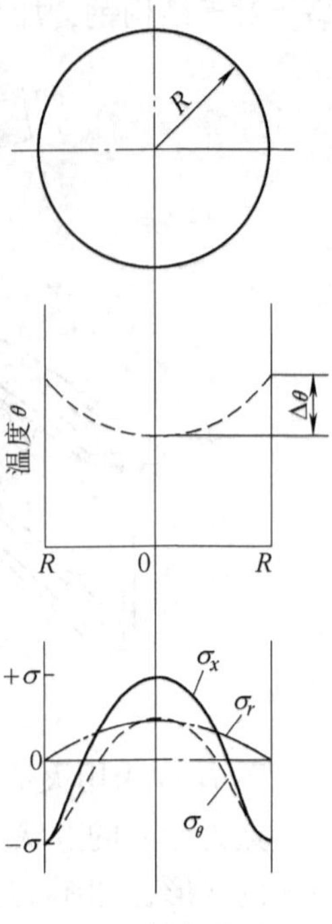

图 7-37　坯料加热时的温度及应力分布

具有固态相变的材料在加热时还会产生相变（组织）应力；但由于材料发生相变的温度一般较高，此时材料已处于塑性软化状态，所以尽管有相变应力产生也不足为虑。

2. 成形过程中产生的内应力　在一般情况下，无论热塑性变形还是冷塑性变形，坯料各部分在同一时刻的变形是不均匀的。影响这种不均匀性的因素有：接触面上的外摩擦、变形体或变形区的几何参数、工模具与变形体轮廓形状的不一致、变形体内温度分布的不均匀以及不变形区（刚端）的阻碍等。由于坯料是一个连续的整体，各部分互相牵连，互相制约，不可能自由变形。因此各部分变形的不均匀性就会产生内应力。这种内应力称为附加应力。

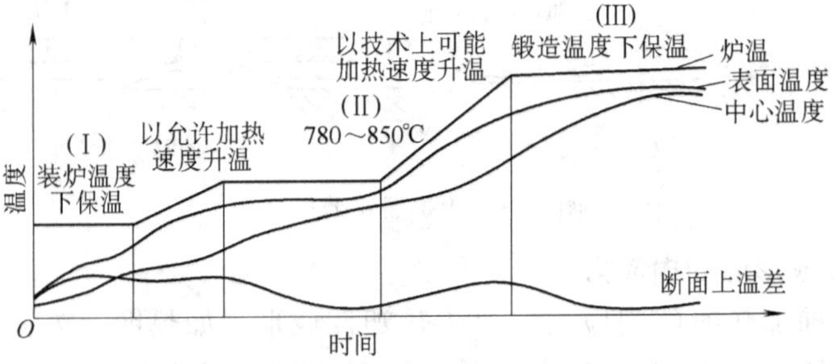

图 7-38　大型钢锭的加热曲线

图 7-39 为凸形轧辊轧制矩形断面条坯时出现附加应力的情况。图中，坯料边缘部分 a 因压下量小而延伸较小，中间部分 b 因压下量大而力图有较大的延伸，但又受到 a 部的制约，于是在 a 部产生附加拉应力，而在 b 部产生附加压应力。变形不均匀性是塑性成形中的普遍现象，出现附加应力在所难免。不均匀变形在成形加工完成后依然存在，所产生的附加应力不会随着外加变形力的取消而消失，它会保留在成形件内成为残余应力。

在成形过程中产生的附加应力过大时，会造成坯料和工件的开裂。如镦粗时，不均匀的变形会在锻件侧表面产生附加切向拉应力，导致锻件表面出现纵向开裂，如图 7-40a 所示。拔长时若送进量较小，压下量太大，就会在坯料心部产生附加轴向拉应力，导致心部的横向裂纹，如图 7-40b 所示。

为了避免附加应力带来的开裂问题，要注意控制每次变形量的大小，正确设计工模具和变形工序，加强润滑，减小工模具与坯料之间的外摩擦，尽量减小不均匀变形。

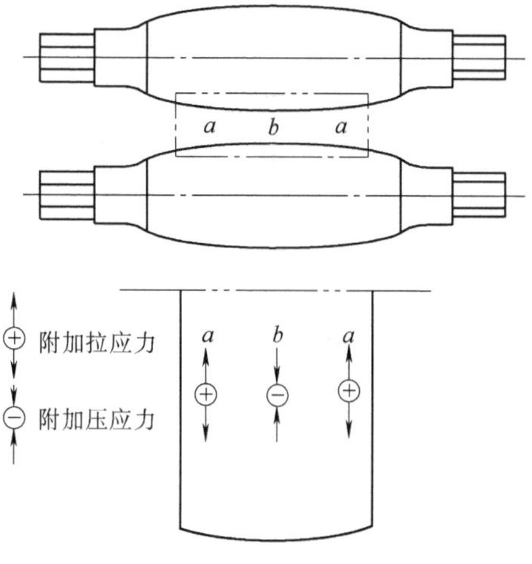

图 7-39　凸形轧辊轧制矩形断面条坯的情形

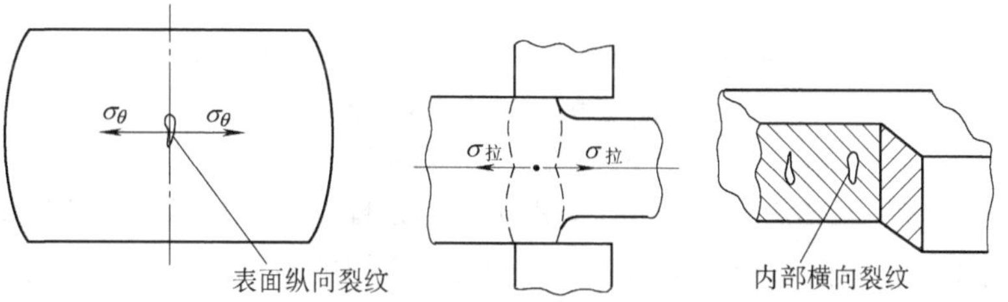

a)　　b)

图 7-40　变形不均匀引起裂纹示意图

a）圆柱体镦粗　b）小送进量拔长

3. 成形后冷却时的内应力　热塑性成形件在成形后的冷却过程中也会产生内应力。它包括温度应力和组织应力，可能还有不均匀变形产生的残余附加应力。因为在冷却后期成形件的温度低，塑性差，所以冷却时的内应力比加热时的内应力危险性更大。

冷却时的温度应力和组织应力的形成原因与加热时的相同。冷却时，成形件的表层先冷，心部后冷，所以冷却到室温后，温度应力的方向一般是表层受压而心部受拉，如图 7-41a 所示。但对于形变抗力大难变形的材料，在高温冷却阶段，后冷的心部没有产生塑性压缩，所以冷却到室温后仍然是表层受拉而心部受压，如图 7-41b 所示，只是应力幅值有所降低而已。

在冷却过程中产生的组织应力是值得关注的，对于合金钢或大型锻件尤应注意。合金钢锻件在冷却过程中可能发生马氏体转变，体积会有较大膨胀。由于表、里相变时间不一致，表层在先而心部在后，表层金属发生相变时，体积膨胀，受到心部金属的限制，出现表层受压而心部受拉的应力状态。由于心部尚处

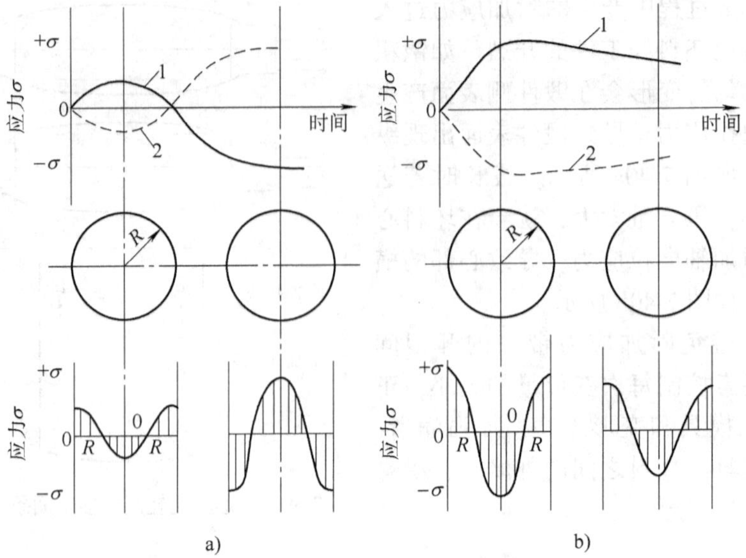

图 7-41　锻件冷却过程中温度应力（轴向）的变化和分布示意图

a）软钢锻件　b）硬钢锻件

1—表层应力　2—心部应力

于高温塑性状态，所受拉应力会使之产生拉伸塑性变形。正是这个拉伸塑性变形使得随后发生相变而体积膨胀的心部受到表层金属的限制，于是在表层留下拉应力，而在自身内留下压应力。对于硬钢材料，这个表层的组织拉应力与表层的温度拉应力叠加起来，就有可能导致工件表面裂纹，如图 7-42 所示。

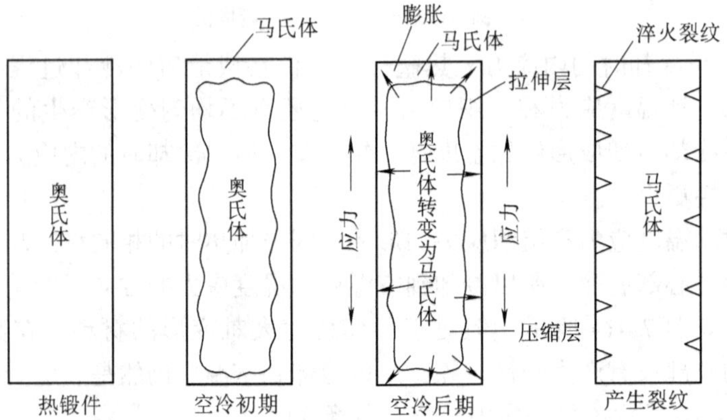

图 7-42　具有马氏体转变的钢锻件空冷时内应力引起表面裂纹示意图

为了减小变形后冷却过程中产生的内应力，最直接有效的方法是锻后缓冷，如坑冷或炉冷。对于某些锻件，为了避免缓冷带来的网状脆性硫化物沿晶界析出，可先空冷而后缓冷。

残留于成形件中的残余应力会降低工件的耐蚀性能和抗疲劳性能，与外加载荷叠加会降低工件的承载能力，机加工后会引起加工精度的丧失，因此应加以消除。消除应力的方法有热处理法和机械处理法。热处理法包括完全退火和去应力退火。机械处理法包括振动和喷丸处理。对于棒材和管材可采用多辊校直的方法。

7.2　裂纹

裂纹是材料成形过程中出现的主要缺陷之一。成形件中产生裂纹轻者需要返修，浪费人力、物力、时间，重者造成成形件报废，更严重者酿成事故，造成不堪设想的后果。因此，裂纹问题一直是人们特别关注的问题。成形件中的裂纹按材料成形方法分类，有铸造裂纹、焊接裂纹和锻造裂纹；按裂纹的形成机理分为热裂纹、冷裂纹和应力腐蚀裂纹。

7.2.1　热裂纹

材料在高温下或在凝固（结晶）过程中形成的裂纹称为热裂纹。

1. 热裂纹的形貌特征　热裂纹一般都是在低熔点杂质富集的晶界产生并沿晶界扩展的，其外观曲折，裂口较宽，带有分叉，表面有较重的氧化色，有时可以观察到树枝晶形貌。铸件中的热裂纹常产生于两壁相交的拐角处、截面厚度突变处及铸件最后凝固处（图 7-43a）；焊接热裂纹常产生于焊缝中心纵向截面内或柱状晶晶界（图 7-43b）。还有一种焊缝液化裂纹，常发生在多层焊的层间过热区及焊缝凹陷处（图 7-43c）。锻件在热成形过程中也可能出现因“过烧”引起的开裂。所谓过烧是指锻件在加热过程中，因加热温度过高，已接近材料的熔点，此时，不仅晶粒粗大，而且氧化性气体渗入晶界，形成易熔共晶氧化物，甚至使晶界发生局部熔化，破坏了晶粒间的结合，在锻造力的作用下，使锻件表面形成网络状的裂纹——龟裂，或破碎成块，导致坯料报废。

2. 热裂纹的形成机理　关于热裂纹的形成机理，目前有两种理论，即强度理论和液膜理论。液膜理论认为，合金的热裂倾向与合金在凝固末期存在于晶粒间的液膜性质及其分布有关。合金冷却至固相线附近时，晶粒周围还有少量未凝固的低熔点液体，构成液膜。若此时合金收缩受到阻碍而形成的拉应力或切应力主要集中在液膜上，当应力足够大时，就会使液膜破裂形成晶间裂纹，即热裂纹。

焊缝液化裂纹是由于固态金属中存在于晶界的低熔点共晶物或多层焊层间的低熔点化合物，在焊接热循环作用下重新熔化而形成液膜，并在拉应力作用下破裂而形成的。

需要指出的是，焊接时在焊缝区或近缝区，当温度稍低于固相线时，还会产

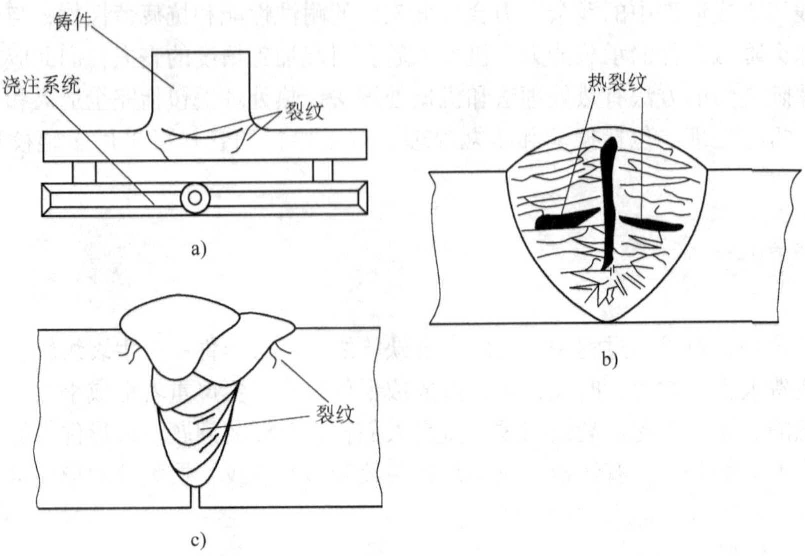

图 7-43 热裂纹产生部位示意图

a）铸件中的热裂纹 b）焊缝中的结晶裂纹 c）焊缝液化裂纹

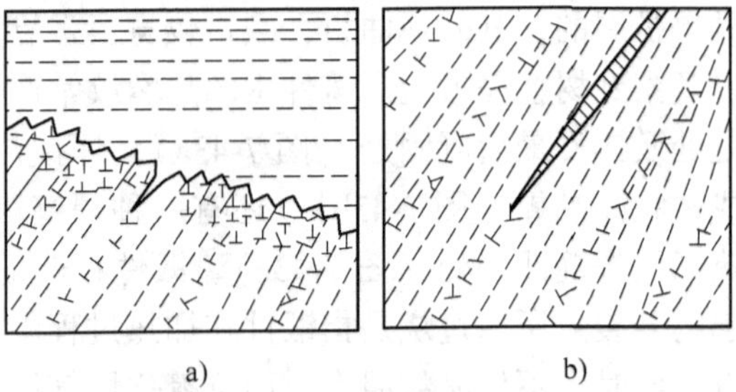

图 7-44 多边化裂纹形成过程示意图

a）合金中的位错 b）位错攀移形成微裂纹

生一种所谓的多边化裂纹。其形成原因是：合金中存在的大量位错、空穴在一定的温度和应力作用下发生攀移，形成位错壁，即多边化边界。在这些边界可能形成微观裂纹，并延伸到凝固前沿，如图7-44a所示。这时，在毛细现象作用下，可以从尚未凝固的熔池中向微裂纹渗入表面活性物质，使微裂纹进一步扩展而形成多边化裂纹，如图7-44b所示。

3. 防止热裂纹的措施 防止热裂纹可从冶金和工艺两方面考虑。

（1）冶金方面。要严格控制和减少合金或焊缝中硫、磷等有害杂质及其他夹杂物的含量，细化晶粒，以减少晶粒间低熔点液膜的量和液膜厚度。

（2）工艺方面。主要是采取措施减小合金凝固时的拉应力，如在铸造时，使用溃散性好的型砂和芯砂，改善铸型和型芯的退让性，避免过长或截面积过大的横浇道，减少铸件披缝；合理设计浇、冒系统和设置冷铁，减小铸件各部分的温差，建立同时凝固的条件；还可以通过改进铸件结构设计，减小和消除热节和应力集中（图 7-45）；在易产生热裂的部位设置防裂筋（图 7-46）。在焊接时，合理安排焊接顺序，尽量使大多数焊缝在较小的刚度和拘束力的条件下焊接；还可以适当增加焊接热输入或提高预热温度，以减小焊缝金属中的拉应力。

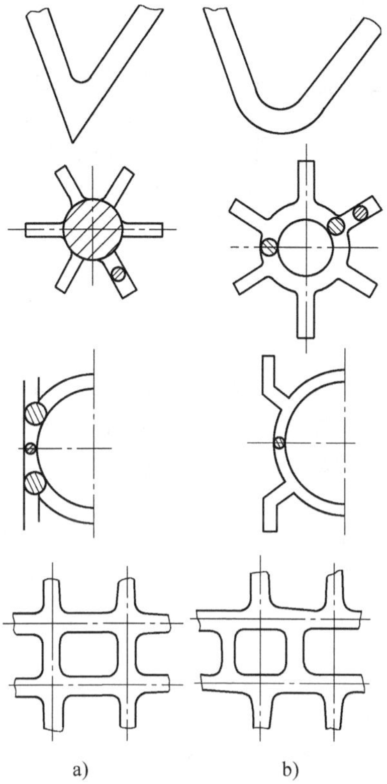

图 7-45　改进铸件结构以防热裂
a）不合理　b）合理

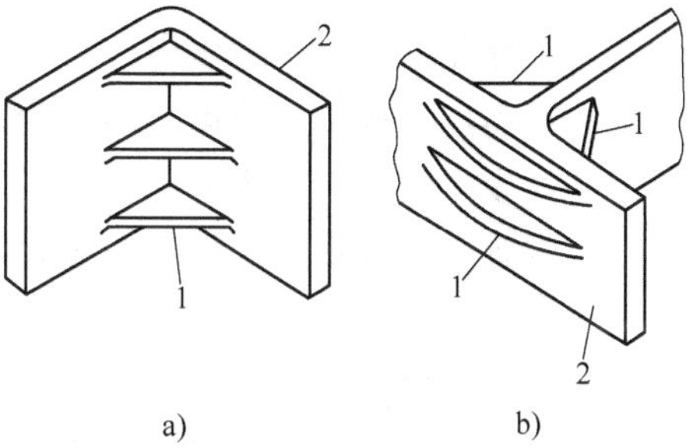

图 7-46　用防裂筋防止热裂
a）角结构　b）T 形结构
1—防裂筋　2—铸件壁

7. 2. 2　冷裂纹

冷裂纹常发生于铸件或焊件中受拉应力的部位。其形成温度较低，有的在成形件冷却到室温后产生，有的在经过一段时间的运行后才产生，即具有延迟性。历史上，由成形件，尤其是由钢制焊接结构中的冷裂纹引起的破坏事故是不乏其例的，它会造成焊接桥梁突然坍塌，舰艇拦腰折断，高压容器瞬间爆裂，其危害性不言而喻。因此，下面主要介绍焊接冷裂纹。

1. 冷裂纹的形貌特征　冷裂纹的外形呈连续直线状或平滑曲线状，穿晶或（和）沿晶发展，裂口较细较长，如图 7-47 所示，断口有金属光泽或带轻微氧化色。

图 7-48 是 ZG35CrMn 齿轮毛坯铸件中的冷裂纹。因齿轮的轮缘和轮辐比轮毂薄，冷却较快，比轮毂先收缩，并对轮毂施加压应力，使轮毂产生压缩塑性变形。当冷却到较低的温度以后，轮毂的进一步收缩将受到先已冷却的轮缘的阻

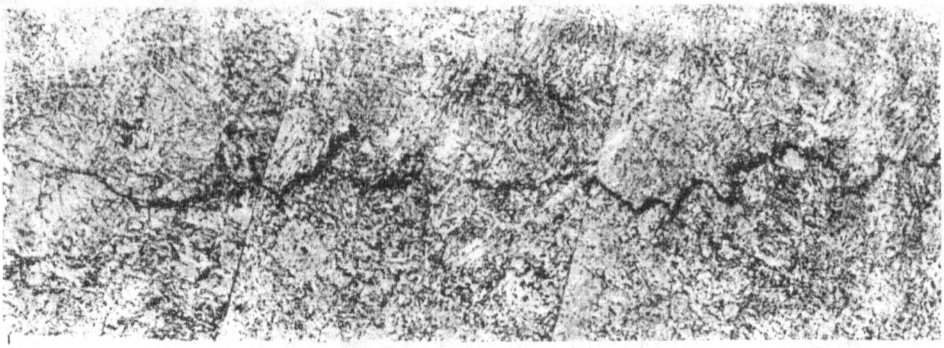

图 7-47　焊接冷裂纹形貌

碍，于是就在轮辐中产生拉应力，形成裂纹。

焊接冷裂纹按部位主要可分为三种：即焊道下裂纹、焊趾裂纹和焊根裂纹。焊道下裂纹发生在靠近焊道的热影响区内；焊趾裂纹发生在应力集中的焊缝与母材交界的焊趾处；焊根裂纹发生在应力集中的焊缝根部，如图 7-49 所示。

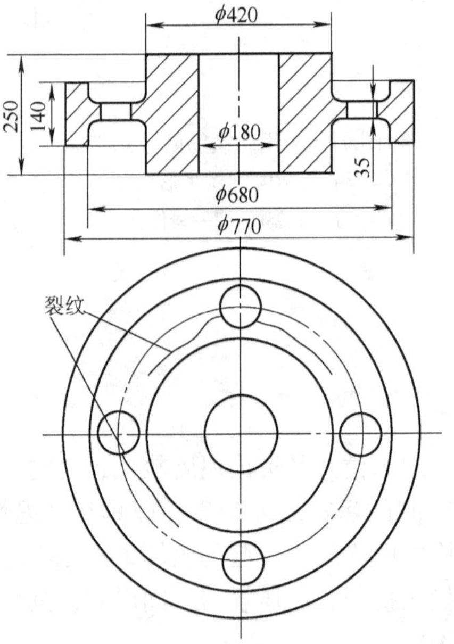

图 7-48　齿轮铸造毛坯中的冷裂纹

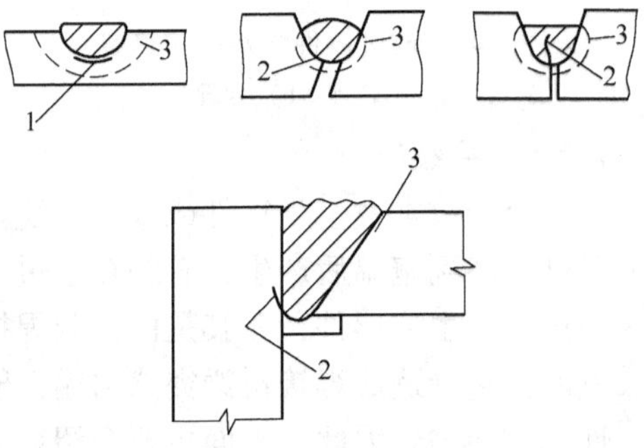

图 7-49　焊接冷裂纹发生部位示意图

1—焊道下裂纹

2—焊根裂纹　3—焊趾裂纹

2. 冷裂纹的影响因素　冷裂纹的产生有三大影响因素：钢的淬硬倾向；钢中的扩散氢及杂质含量；残余应力的状态与大小。

（1）钢的淬硬倾向的影响。钢中碳含量与合金元素的含量越高，钢的淬硬性越强，在焊后冷却过程中越易形成硬脆组织，如马氏体，降低结构的抗裂能力。为了估计钢的淬硬倾向和焊接性，国际焊接学会（IIW）推荐的碳当量公式和日本 JIS 标准规定的碳当量公式如下

$$\mathrm{CE\ (IIW)} = \mathrm{C}+\frac{\mathrm{Mn}}{6}+\frac{\mathrm{Cr+Mo+V}}{5}+\frac{\mathrm{Ni+Cu}}{15}\ (\%) \tag{7-10}$$

$$C_{eq}\ (\mathrm{JIS}) = \mathrm{C}+\frac{\mathrm{Mn}}{6}+\frac{\mathrm{Si}}{24}+\frac{\mathrm{Cr}}{5}+\frac{\mathrm{Mo}}{4}+\frac{\mathrm{Ni}}{40}+\frac{\mathrm{V}}{14}\ (\%) \tag{7-11}$$

式中，各元素符号均代表该元素的质量分数。式（7-10）主要适合于中高强度的非调质低合金钢（$\sigma_b = 400 \sim 700\mathrm{MPa}$），式（7-11）主要适用于调质低合金高强钢（$\sigma_b = 500 \sim 1000\mathrm{MPa}$）。

根据碳当量，把钢的焊接性大致分为三等：当钢的 $C_{eq}<0.4\%$时，其焊接性好，即淬硬倾向小，不易产生冷裂纹；当 $0.4 \leqslant C_{eq} \leqslant 0.6$ 时，钢的焊接性较差；当 $C_{eq}>0.6$ 时，钢的焊接性差，冷裂倾向很大。由此可见，低碳钢和低碳低合金钢的焊接性好，中碳调质钢及低合金高强钢的焊接性较差，而高碳钢、铸铁及合金工具钢的焊接性更差。

（2）扩散氢的影响。大量研究证明，氢是引起高强钢焊接时产生冷裂纹的主要因素之一。高强钢焊接接头中的含氢量越高，则裂纹的倾向越大。由氢引起的冷裂纹还具有延迟的特性。因此，许多文献把这种裂纹又称为“氢致裂纹”或“延迟裂纹”。

（3）残余应力的影响。焊接接头中的残余应力及焊接过程中产生的拘束应力也是导致焊接冷裂纹的重要因素之一。残余应力和拘束应力越大，应力状态越复杂，应力集中敏感性越强，发生冷裂纹的倾向就越大。

为了综合反映上述三大因素对钢焊接冷裂纹的影响，日本学者又推荐了钢的冷裂纹敏感指数，用以评价钢的焊接性。钢的冷裂纹敏感指数 P_c 和 P_w 的计算公式如下：

$$P_c = P_{cw}+\frac{[\mathrm{H}]}{60}+\frac{\delta}{600}$$

$$P_w = P_{cw}+\frac{[\mathrm{H}]}{60}+\frac{R}{40000}$$

$$P_{cw} = \mathrm{C}+\frac{\mathrm{Si}}{30}+\frac{\mathrm{Mn+Cu+Cr}}{20}+\frac{\mathrm{Ni}}{60}+\frac{\mathrm{Mo}}{15}+\frac{\mathrm{V}}{10}+5\mathrm{B}$$

式中，[H] 为扩散氢含量（mL/100g）；δ 为钢板的板厚（mm）；R 为拘束度（N/mm · mm）为

$$R=\frac{P}{l\lambda_b}=\frac{P}{lh}\frac{hL}{L\lambda_b}=\sigma\frac{1}{\varepsilon}\frac{h}{L}=\frac{Eh}{L}$$

式中，P 为焊接接头对外加拘束的反作用力（N）；λ_b 为母材的伸长量（mm）；E 为母材金属的弹性模量（MPa）；L 为拘束距离（mm）；h 为板厚（mm）；l 为焊缝长度（mm）；σ 为拘束应力（MPa）；ε 为拘束应变。

3. 克服冷裂纹的措施　克服冷裂纹的总体原则是：尽可能降低内应力，控制氢的来源和改善组织。具体可以从以下三个方面采取措施。

（1）冶金措施。在保证使用要求的前提下，尽量选用焊接性好的结构材料，如低碳钢、低合金钢和微合金高强钢等；选用低氢的焊接方法，如 CO_2 气保护焊和氩弧焊；选用优质低氢的焊接材料，如低氢焊条和低氢焊剂；严格控制氢的来源，焊前严格清理焊道、焊丝上的油污、铁锈和其他脏物，烘干焊条和焊剂；适当加入少量能细化晶粒的元素，如钼、钒、硼、碲、稀土等，提高焊缝的韧性；此外，若采用塑性和韧性好的奥氏体焊条（如镍基焊条），焊接某些淬硬倾向较大的低合金高强钢和脆性大的铸铁，也能较好地避免冷裂纹。

（2）工艺措施。其主要目的是降低焊接时的拘束应力和焊后残余应力，改善焊后组织，提高焊接接头的抗裂能力。因此前面介绍的降低焊接残余应力的措施在这里都适用。一般采取的措施是正确选择焊接参数，适当增大焊接热输入以延长焊后冷却时间 $t_{8/5}$ 或 $t_{8/3}$；正确确定装焊方案和施焊顺序，减小焊接时的拘束应力；或采取分段焊、跳焊、分层焊等方式获得均匀焊接温度场；焊前预热，焊后缓冷，以及焊后及时热处理等；减小或消除焊接应力，改善焊后组织；还可以采用锤击焊缝表面、跟踪回火等措施缓解应力。

7.2.3　应力腐蚀裂纹

金属材料在腐蚀性介质和拉应力共同作用下所产生的延迟性裂纹称为应力腐蚀裂纹。应力腐蚀裂纹已成为石油、化工、冶金、电力及海洋开发等工业部门中焊接结构的最突出问题。如石油管道由于硫化氢引起的应力腐蚀破坏曾造成重大经济损失和环境污染。在石油化工工业中，工作在腐蚀介质中的化工设备使用不到 2~3 年就发生了应力腐蚀破坏。

1. 应力腐蚀裂纹的形貌特征　应力腐蚀裂纹从外观上看常呈龟裂形式，断断续续，无明显的均匀腐蚀痕迹。从横断面来看，犹如枯干树木的根须，由表面向纵深方向发展。裂口深宽比大，细长而带有分支是其典型的特点（图 7-50）；从断口来看，仍保持金属光泽，为典型脆性断口。

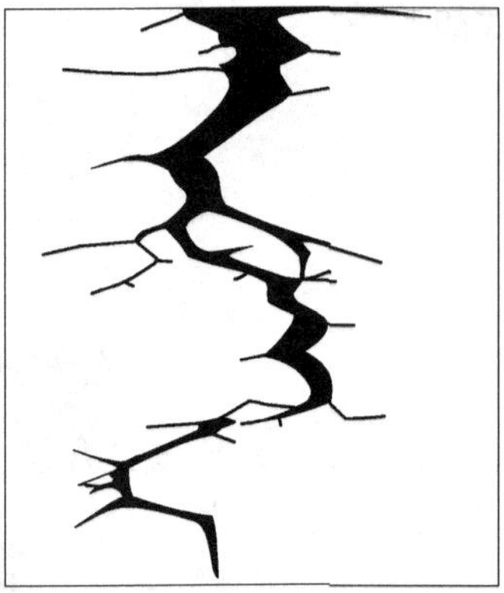

图 7-50　应力腐蚀裂纹形貌

2. 应力腐蚀裂纹的形成条件　应力腐蚀开裂必须具备三个条件，即合金、介质和拉应力。它是机械破坏和电化学腐蚀共同作用的结果。并非任何合金在任何腐蚀介质中都会产生应力腐蚀开裂，只有在一定的材质与介质相匹配的情况下才会产生应力腐蚀开裂，见表7-2。纯金属不产生应力腐蚀裂纹，凡是合金，即使含有微量元素的合金，在特定的腐蚀环境中都有一定的应力腐蚀开裂倾向。一般来说，当介质的腐蚀性较弱，呈中性或弱酸性（pH=6~7），金属表面膜不能稳定存在时，易产生应力腐蚀开裂。介质的腐蚀性强，易产生全面的均匀性腐蚀，反而不易产生应力腐蚀开裂。拉应力的存在是产生应力腐蚀开裂的关键原因，它使材料表面产生塑性变形，导致合金表面膜破坏，成为腐蚀裂纹的起源地。

表7-2 最易产生应力腐蚀开裂的合金与介质匹配

材 料	腐 蚀 介 质
低碳钢	NaOH水溶液（沸腾），硝酸盐水溶液，海水等
低合金钢	NaOH+Na_2CO_3水溶液（沸腾），HNO_3水溶液（沸腾），H_2S水溶液，H_2SO_4水溶液，HCN水溶液，NH_4Cl水溶液，海洋气氛，海水，液氮等
奥氏体不锈钢	氯化物水溶液，海洋气氛，海水，H_2SO_4，氯化物水溶液，H_2S水溶液，水蒸气，NaOH水溶液（高温），$H_2SO_4+CuSO_4$水溶液，Na_2CO_3+0.1%NaCl，高温水，NaCl+H_2O_2水溶液等
铁素体不锈钢	高温高压水，H_2S水溶液，NH_3水溶液，海水，海洋气氛，高温碱溶液，NaOH+H_2S水溶液等
沉淀强化不锈钢	海洋气氛，H_2S水溶液等
黄铜	NH_3，NH_3+CO_2，水蒸气等
铝合金	氯化物，海洋气氛，NaCl，H_2O_2水溶液等
镁合金	海洋气氛，工业大气等
钛合金	HNO_3，HF等
镍合金	HF，氟硅酸，NaOH等

3. 应力腐蚀裂纹的预防措施

（1）合理设计。首先是要根据腐蚀介质环境合理选择耐腐蚀的结构材料，如不锈钢。选材必须要有足够的实验数据，不能只看材料牌号，也不能单纯考虑强度级别，因同一强度等级，合金系统不同，抗应力腐蚀开裂的程度不同。其次，结构和接头的设计要最大限度地减少应力集中和高应力区。

（2）精心制造

1）合理选择焊接材料。了解产品结构的工作环境，熟悉介质的腐蚀特性，选择合适的焊接材料，使焊缝化学成分及组织与母材尽量一致。

2）合理制定装焊工艺。要注意减小部件在成形加工和装焊过程中产生的残余应力，避免强制组装，防止组装时所造成的伤痕，不要随意打弧，以免引起工件表面烧伤。

3）合理制定焊接工艺。基本出发点是保证焊缝成形良好，不产生任何造成应力集中或点蚀的缺陷。保证焊缝金属与母材的化学成分匹配良好，接头组织均匀，不产生硬化组织（如 M），同时防止晶粒粗化。

4）焊后消除应力处理。焊后对焊接结构进行整体或局部回火处理，消除残余应力。这是防止产生应力腐蚀裂纹的重要环节。但必须通过试验确定最佳回火参数，如奥氏体不锈钢在 550℃以上处理时，可以比较有效地排出应力腐蚀开裂倾向，见表 7-3。

表 7-3　氢化脱硫装置的硫化物应力腐蚀开裂试验

钢　种	钢种弯曲成形加工后的热处理温度/℃（2h）							
	未处理	350	400	450	500	550	650	850
1Cr18Ni8	x	x	x	x	x	o	o	o
1Cr18Ni9Ti	x	x	o	o	o	o	o	o

注：x 裂纹，o 无裂纹。

（3）严格生产管理。如严格控制介质中的杂质，对介质进行适当处理，如加缓蚀剂或进行中和处理；对结构进行表面处理，如刷涂层、加衬里，与介质隔离，或采用电化学防腐法，如钝化法、阳极保护等。还要注意监控分析和定时检查，发现问题及时修补。

7.2.4　消除应力裂纹

1. 消除应力裂纹的概念及其特征　某些焊接接头在一定温度范围再次加热（如焊后消除应力热处理、回火处理以及高温工作等）而产生的裂纹称为消除应力裂纹，又俗称再热裂纹。消除应力裂纹主要发生在热影响区的粗晶区，止裂于细晶区。裂纹大体沿熔合线发展，不一定连续。对于奥氏体不锈钢和一些高温合金，产生消除应力裂纹的敏感温度范围约在 700~900℃之间；对于沉淀强化的低合金钢约在 500~700℃之间。低于或高于这个温度范围加热都不易出现消除应力裂纹。具有沉淀强化作用的调质钢和含有 Cr、Mo、V 等能形成碳化物沉淀相的耐热钢接头易出现消除应力裂纹。

2. 消除应力裂纹的影响因素及防治措施

（1）化学成分。化学成分对消除应力裂纹的影响随钢种和合金不同而异。一般含有 V、Cr、Mo、Nb、Ti 等碳化物形成元素的钢种均有消除应力裂纹倾向，其中 V 的影响最大。合金中的杂质（特别是 Sb）在晶界偏聚会使晶界弱化，增大消除应力裂纹倾向。因此，为了防止消除应力裂纹，要正确选用材料，尽量避免使用消除应力裂纹敏感材料，要严格控制焊接接头的杂质，如 Sb、P、S 的含量。

（2）晶粒尺寸。一般来说，钢的晶粒越大，晶间开裂所需的应力越小，越容易产生消除应力裂纹。因此，焊接时要严格控制焊接热循环，降低热影响区的晶粒尺寸。

（3）焊接接头的缺口效应。缺口位于粗晶区和有余高又有咬边的情况易导致产生消除应力裂纹。因此在实际施工中，要尽量避免产生咬边和未焊透等缺陷，消除应力集中源。

（4）焊接材料。选用低强度的焊接材料，适当降低位于消除应力裂纹温度敏感区的焊缝金属强度，提高其塑性变形能力，有利于减小消除应力裂纹倾向。在实际生产中，常采用在焊缝表层用低强度塑性焊条盖面或堆焊隔离层来克服消除应力裂纹。

7.2.5　塑性成形裂纹

在金属塑性加工中，由于材料的性质、应力状态、变形程度等原因，常会在金属表面或内部出现裂纹（裂缝、断裂），因而造成工件的报废。

塑性加工中常见的裂纹有：

（1）镦粗时产生的裂纹。镦粗时坯料轴向受压应力作用，在与轴线成 45°角方向作用有最大切应力。故塑性差的材料镦粗时常易产生近 45°角方向的斜裂（图 7-51a）。即使塑性好的材料，当镦粗变形量过大时，由于附加拉应力的作用也会产生纵裂（图 7-51b）。

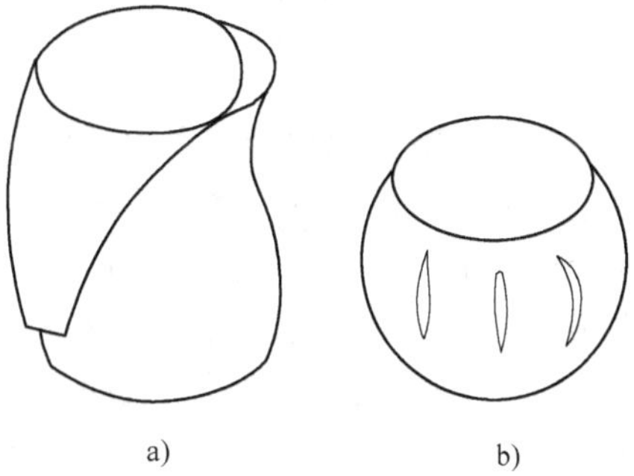

图 7-51　镦粗时产生的裂纹示意图

a）斜裂　b）纵裂

（2）拔长时产生的裂纹。矩形截面坯料拔长时产生的横向裂纹如图 7-52a 所示。这种裂纹多发生在送进量 l 相对于坯料高度 h 较小的情况下（$l<0.5h$）。这时变形区为双鼓形，中间部分锻不透，且受上、下两部分金属强制延伸而产生的附加拉应力作用（图 7-52b），易引起锻件内部产生横向裂纹。

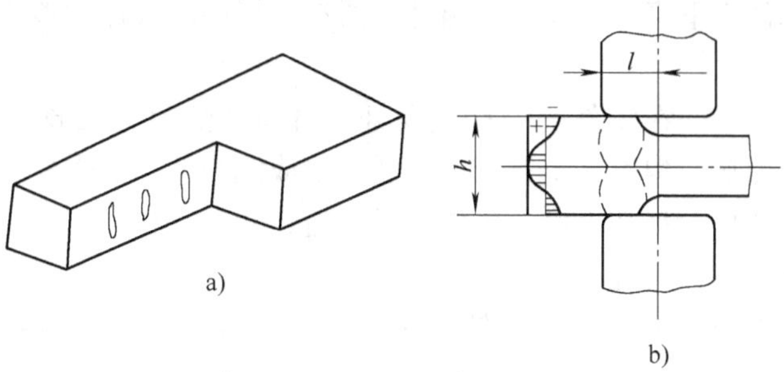

图 7-52　矩形截面坯料拔长时产生的横向裂纹和附加应力情况

a）横向裂纹　b）附加应力

(3) 挤压时产生的裂纹。棒料挤压时，由于受模口摩擦阻力影响，表层金属流得慢，中间金属流得快，表层金属受拉，中间金属受压，在棒料表层易引起横裂（图7-53）。

为使塑性加工顺利进行，以获得合格的工件，就要尽量防止裂纹的产生。为此，一方面要求原材料具有尽可能少的原始缺陷；另一方面应注意选择三向压应力状态，选择和控制合适的变形温度和速度，并力图使变形均匀，减小附加应力。这样就会既有利于锻合材料的原始缺陷，又能及时“修复”由于塑性变形而引起的显微破坏。

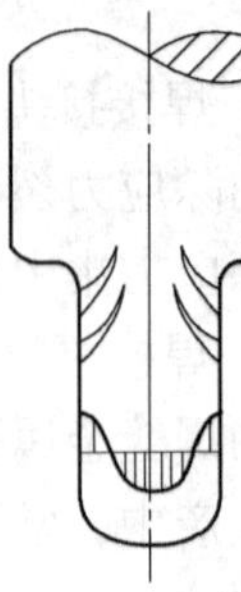

图7-53　棒料挤压时的横向裂纹和附加应力情况

7.3　气孔与夹杂

金属在液态成形和焊接成形过程中，高温下溶于金属液中的氢气和氮气以及冶金反应产生的各种气体在随后的冷却凝固过程中若来不及析出，便会残留在固体金属中形成气孔；冶金反应产生的各种非金属化合物若来不及排出，便会形成夹杂。金属中的气孔和夹杂不仅会减少工件的有效承载面积，同时还会在其周围引起应力集中，成为材料断裂的裂纹源而显著降低工件的强度和韧性。在金属凝固过程中析出气体产生的反压力，还会阻碍金属液的补缩而造成微观缩松，降低金属件的致密性。

7.3.1　气孔

7.3.1.1　气孔的分类

金属中的气孔可以分为两类：

1. 析出性气孔　金属液在冷却和凝固过程中，由于气体在金属液中的溶解度随温度的降低而下降，由此而析出并残留在金属中的气体所形成的气孔称为析出性气孔。

析出性气孔一般在铸件的最后凝固处、冒口及热节附近较多，其分布较密集，形状呈圆球形、裂纹多角形、断续裂纹状或混合型；在焊件表面和断面呈圆喇叭口形和团球形。气孔内壁一般较光滑，呈轻微氧化色彩。形成析出性气孔的气体主要有氧、氮、氢等。

2. 反应性气孔　在金属液与铸型之间、金属液与熔渣之间或金属液内部发生化学冶金反应产生的气体所形成的气孔，称为反应性气孔。

在金属液与铸型间的反应性气孔通常分布在金属件表皮下1~3mm处，称为皮下气孔，形状呈球状、梨状。形成皮下气孔的气体主要是氢气、氮气和一氧化碳等。

金属液内部化学冶金反应产生的气孔呈梨状或团球状，分布均匀。

7.3.1.2 气孔的形成机理

1. 析出性气孔 金属液溶解气体是一个可逆的过程。温度降低时，溶解在金属液中的气体处于过饱和状态，气体可能向金属液表面扩散而脱离吸附状态（蒸发）。但在实际生产条件下，因冷却速度较快，气体以这种形式析出会受到很大限制，一般都是以气泡或与其他元素形成化合物的形式存在于金属液中或排除于金属液外。

在金属液凝固过程中，液相中的气体可以看作一个物相，气体溶质的再分配可以看成是在有限扩散，无对流、无搅拌的状况下进行的，固相中的气体扩散可以忽略不计。这样固液界面前沿液相中的溶质分布 C_L 可以应用下式来描述，即

$$C_L=C_0\left[1+\frac{1-k_0}{k_0}\exp\left(-\frac{Rx}{D_L}\right)\right] \tag{7-12}$$

式中，C_0 为金属液中气体的原始浓度；k_0 为气体溶质平衡分配系数；D_L 为气体在金属液中的扩散系数（mm^2/s）；R 为凝固速率（mm/s）；x 为离液固界面处的距离（mm）。

在金属凝固时，按照式（7-12）的规律，气体在液相中的浓度分布如图 7-54 所示。

初始析出的固相中的气体浓度为 k_0C_0，在凝固前沿 $x=0$ 处，液相中气体浓度达到最大 C_0/k_0。假设液相中气体的浓度超过其在液态金属中的饱和气体浓度 S_L 时，才析出气泡，则产生的过饱和浓度 Δx 区可由式（7-12）求出：

$$\Delta x=\frac{D_L}{R}\ln\frac{1-k_0}{k_0\left(\frac{S_L}{C_0}-1\right)} \tag{7-13}$$

析出气泡还决定于 Δx 存在时间 Δt 的长短。Δt 越长，则越有利于气泡形成，由式（7-13）可得

$$\Delta t=\frac{\Delta x}{R}=\frac{D_L}{R^2}\ln\frac{1-k_0}{k_0\left(\frac{S_L}{C_0}-1\right)} \tag{7-14}$$

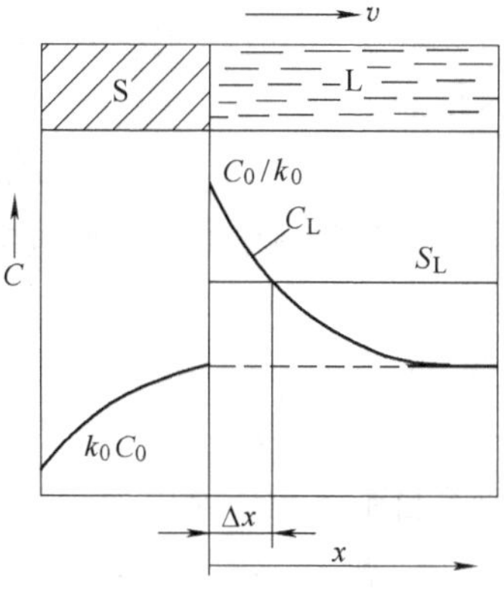

图 7-54 金属凝固时气体在固相及液相中的浓度分布

由以上分析可以看出，当合金成分一定时，凝固速度 R、平衡分配系数 k_0、扩散系数 D_L、气体的原始含量 C_0 等影响金属液中气体浓度的分布。

溶于液态金属中过饱和气体能形成气泡的条件是：

1）气泡内各种气体分压的总和（气体总压力）大于作用于气泡的外压力，即

$$p_{气}>p_a+\rho gh+\frac{2\sigma}{r} \tag{7-15}$$

式中，$p_{气}$ 为气体总压力；p_a 为大气压力；ρ 为液体金属密度；h 为气泡以上的液体金属的高度；σ 为液体金属的表面张力；r 为气泡半径。

2）溶解在金属液中的某种气体析出的分压力应大于该气体在气泡中的分压力，这样该气体才能自动向气泡内扩散而使气泡不断长大。要满足这一条件，主要依靠金属液温度的下降。

3）必须有大于临界尺寸并稳定存在的气泡核心，由于金属液中有大量的非金属夹杂物，在熔炼、炉前处理、浇注过程中形成或卷入的气泡以及型壁等都可能成为气泡非自发形核核心的基底。

非自发形核的气泡形成后，溶于金属液中的气体由于压差作用必将自动地向气泡内扩散。当气泡长大到一定临界尺寸时，就会脱离基底表面而上浮。如果金属液温度降低速度过快，导致气泡上浮困难或金属液表面已经凝固，它就会留在金属中形成气孔。

2. 反应性气孔

1）皮下气孔的形成。皮下气孔与铁液-铸型界面处的化学反应有关。在高温铁液的作用下，铸型中的水分被蒸发，粘土中的结晶水分解，产生大量的水蒸气。铁液中的 Fe、C、Si、Mn、Mg、Al 等元素都会与水蒸气发生作用，产生以下反应：

$$m\mathrm{Me}+n\mathrm{H_2O}\longrightarrow \mathrm{Me}_m\mathrm{O}_n+n\mathrm{H_2}\uparrow$$

造型材料中的自由碳（如煤粉等）及有机物会发生燃烧反应，即

$$2\mathrm{C}+\mathrm{O_2}\longrightarrow 2\mathrm{CO}\uparrow$$

或

$$2[\mathrm{C}]+\mathrm{O_2}\longrightarrow 2\mathrm{CO}\uparrow$$

$$2\mathrm{CO}+\mathrm{O_2}\longrightarrow 2\mathrm{CO_2}\uparrow$$

直至自由氧耗尽为止。

经氧化—热分解反应后，在界面处形成了 H_2O、H_2、CO、CO_2 等气相，它们又与铸型表层上残存的固体碳继续相互作用，发生以下反应：

$$\mathrm{CO_2}+\mathrm{H_2}\longrightarrow \mathrm{CO}+\mathrm{H_2O}\uparrow$$

$$[\mathrm{C}]+\mathrm{CO_2}\longrightarrow 2\mathrm{CO}\uparrow$$

$$[\mathrm{C}]+\mathrm{H_2O}\longrightarrow \mathrm{CO}\uparrow+\mathrm{H_2}\uparrow$$

$$[\mathrm{C}]+2\mathrm{H_2O}\longrightarrow \mathrm{CO_2}\uparrow+2\mathrm{H_2}\uparrow$$

铁液中的镁、铁、硫化镁等元素或化合物也会与铸型表面的水分发生以下反

应：

$$(MgS)+H_2O \longrightarrow (MgO)+H_2S\uparrow$$

$$(Fe、Mg)C+H_2O\text{（铸型）} \longrightarrow (Fe、Mg)O+C_2H_2\uparrow$$

$$C_2H_2 \longrightarrow 2[C]+H_2\uparrow$$

$$[Mg]+H_2O \longrightarrow (MgO)+H_2\uparrow$$

在高温下都使上述反应向右进行，使 CO 及 H_2 含量增加并渗入铸件表面而形成反应性皮下气孔。在一定温度下，铸型内各气相成分达到热力学平衡。

此外，在含氮树脂砂中常出现以氮气为主的皮下气孔，这是由于树脂分解产生的氮溶解在金属液中，在凝固时析出所致。

2）金属液内反应生成气孔。这类气孔包括金属液与熔渣之间和金属液内部元素之间相互作用形成的气孔。

在熔炼过程中熔渣未排除而残留在金属液中，或在浇注过程中产生的二次氧化渣中 Si、Al、Mn、Mg、Ca 含量较高，由此，形成的 Al_2O_3、CaO、MgO、SiO_2、MnO 等可为气泡的异质形核提供结晶衬底而生成气孔。这类气孔的明显特征是气孔与熔渣依附存在。

在温度大于 1530℃时，会发生反应：

$$(SiO_2)+2[C] \longrightarrow [Si]+2CO\uparrow$$

在温度大于 1400℃时，会发生反应：

$$(MnO)+[C] \longrightarrow [Mn]+2CO\uparrow$$

在温度大于 720℃时，会发生反应：

$$(FeO)+[C] \longrightarrow [Fe]+CO\uparrow$$

以上三个反应均会形成 CO 气体，导致铁液中 CO 气体过饱和，产生过大的析出压力，因而加剧了气孔的形成。

金属液中的碳、氢、氧等元素相遇时，会反应生成碳氧、碳氢、氢氧等反应气孔。

$$[C]+[O] \longrightarrow CO\uparrow$$

$$[O]+2[H] \longrightarrow H_2O\uparrow$$

$$[C]+4[H] \longrightarrow CH_4\uparrow$$

7.3.1.3　影响气孔的因素及防治措施

1. 影响析出性气孔的主要因素　影响析出性气孔的主要因素有：

1）合金液的原始气体含量。C_0 越大，在凝固前沿越容易产生气体富集，则越容易形成析出性气孔。

2）合金成分。它不但影响合金原始气体的含量 C_0，还决定合金的收缩量及结晶温度范围，收缩量大和结晶温度范围宽，则易形成析出性气孔。

3）气体性质。氢气比氮气、氧气易析出且扩散速度快，因此氢气易形成析出性气孔。

4）外界压力。外界压力越小，气体越容易析出而形成气孔。

5）铸件的凝固方式。铸件以逐层方式凝固，则合金中的气体在凝固结束前处于大气压力和金属静压头作用下，溶解在合金液中的气体容易析出，即使产生气泡也易于上浮排出，并且产生的气孔多集中在冒口和热节部位；若铸件以体积方式凝固，当枝晶形成骨架，将液体封闭，由于气体溶质再分配产生的气体富集而形成的析出性气孔，将沿铸件截面均匀分布。

2. 防止析出性气孔的措施

1）减少合金液中原始气体含量 C_0。防止析出性气孔最根本的办法是减少金属液中的吸气量，如废钢应经清理滚筒除锈；焦炭、铁料不应在露天堆放；炉衬、浇注工具必须充分烘干；孕育剂应烘烤后加入；控制型砂和芯砂中的水分，限制有机粘结剂的用量；控制熔炼温度，勿使金属液温度太高，并加表面覆盖剂，减少吸气；采用真空熔炼等。

2）除气处理。对已经进入合金液中的气体，可采用浮游除气、真空除气、氧化除气、冷凝除气等方法将合金液中的气体排除。

3）阻止气体析出。采用提高铸件冷却速度和提高金属凝固时的外压力，阻止气体的析出，如采用压力铸造生产铝合金铸件等。

3. 防止皮下气孔的措施

1）采用湿型铸造时，必须严格控制型砂中的水分，其最高质量分数不得超过5.5%。

2）提高浇注温度，特别是对薄壁件，浇注温度不得低于1300℃。

3）球化处理后扒渣，将铁液静置片刻，有利于 MgS 等渣的上浮和排除；浇注前挡渣，以防止更多的 MgS 随铁液进入型腔。

4）提高铸型的透气性，有助于减轻皮下气孔。

5）采用冰晶石粉可有效减轻皮下气孔，因冰晶石粉遇水可发生如下反应：

$$Na_3AlF_6+2H_2O \longrightarrow NaAlO_2+2NaF+4HF$$

由于冰晶石粉与水的作用，就避免了水与铁液中 MgS 的作用。

6）严格控制合金液中氧化性较强的元素，如镁、稀土、铝等的含量，因为它们易与水蒸气发生反应，产生氢气：

$$3H_2O+2Al \longrightarrow Al_2O_3+H_2$$

为此，硅铁中铝的质量分数限制在0.5%~1.0%范围内，如果铝的质量分数大于2%，则易产生氢气孔。

7）在型砂中附加还原性的碳质添加物，可防止皮下气孔的产生。

8）改进浇注系统。

7.3.2　夹杂物

1. 夹杂物的种类　铸铁在熔炼和铸造过程中，各种金属元素与非金属元素发生化学反应而产生各种化合物，以及铁液与外界物质，如与金属炉料表面的砂粒、铁锈、焦炭中的灰分，与炉衬、浇包衬等接触后发生的相互作用，都会产生非金属夹杂物而进入铁液内。常见的非金属夹杂物有：

（1）氧化物。如 FeO、MnO、SiO_2、Al_2O_3 等。

（2）硫化物。如 FeS、MnS、Cu_2S 等。

（3）硅酸盐。成分复杂，是一种玻璃体夹杂物，如 $FeO \cdot SiO_2$、Fe_2SiO_4、Mn_2SiO_4、$FeO \cdot Al_2O_3 \cdot SiO_2$、$nFeO \cdot mMnO \cdot SiO_2$ 等。

夹杂物按其形成的时间可分为初生夹杂物和次生夹杂物及二次氧化夹杂物。初生夹杂物是在金属熔炼及炉前处理过程中产生的；次生夹杂物是在金属凝固过程中产生的；在浇注过程中因二次氧化产生的夹杂物，称为二次氧化夹杂物。

夹杂物的形状有球状、多面体、不规则形状、条状、板状等。

2. 夹杂物的形成　铸铁件内存在非金属夹杂物，会大大降低铸件的力学性能，特别是对疲劳性能和韧性的影响更为严重。铁液中含有悬浮状难熔的固体夹杂物，还会显著降低其流动性。

从溶解有非金属元素的铁液中析出非金属夹杂物的多少，决定于铁液的热力学和动力学条件。过程的化学反应方程为：

$$m\,[A] + n\,[B] \longrightarrow A_mB_n$$

式中，A、B 分别表示金属和非金属元素；A_mB_n 为产生的非金属夹杂物相。

平衡常数 K 为：

$$K = \frac{aA_mB_n}{a_A^m a_B^n}$$

式中，a 为相应元素和夹杂物的活度。

在标准状态下，夹杂物的生成自由能 ΔF° 与平衡常数的关系为

$$\Delta F^\circ = -RT\ln K$$

若 $\Delta F^\circ < 0$，该夹杂物即可从液相中析出。析出夹杂物的过程一般是放热反应，所以温度越低、ΔF° 越小，夹杂物越容易形成。

在相同的温度、浓度条件下，优先从金属液中形成的氧化物的顺序是：$Al_2O_3 \rightarrow SiO_2 \rightarrow MnO \rightarrow FeO \rightarrow Cu_2O$ 等。夹杂物的熔点也反映了生成热的高低及元素之间亲和力的大小。熔点越高，生成热越大，即 ΔF° 越小，夹杂物越易生成。

实际上金属液中各元素的含量是不同的，仅从热力学条件来判断是不充分的，还应考虑反应过程的动力学条件。反应速度还决定于参加反应的元素的含量和扩散速度，即反应元素的含量越高、扩散系数越大和温度越高，反应速度

越大。所以从液态金属中形成非金属夹杂物的难易程度，需由反应过程的热力学和动力学条件决定。当非金属元素含量很少时，夹杂物的析出主要取决于动力学条件。

夹杂物从铁液中析出后，因铁液内的对流和各夹杂物本身重力差而产生的上浮或下沉运动，都会使夹杂物之间发生碰撞和聚合。它们碰撞后能否聚合在一起，取决于夹杂物表面的性质、铁液的温度、夹杂物的大小和熔点高低。夹杂物与铁液的表面张力越大，铁液温度越高，夹杂物越小，熔点越低，则越容易聚合成一体。

非同类的夹杂物相碰撞时，将组成更复杂的化合物，如：

$$Al_2O_3+SiO_2 \longrightarrow Al_2O_3 \cdot SiO_2$$

$$FeO+SiO_2 \longrightarrow FeO \cdot SiO_2$$

这些复杂的氧化物或硅酸盐夹杂物，熔点都比简单的氧化物低，因此反应产物可能重新熔化成为液态夹杂物。液态夹杂物碰到固态夹杂物后，会沿固态夹杂物表面溶散，促成两者的反应，或粘附在固态夹杂物周围。

如两种夹杂物碰撞后不发生化学反应，也可以机械地连在一起，组成各种成分不同、分布不均匀、形状不规则的复杂夹杂物。

夹杂物粗化后，再与其他夹杂物相碰撞，这样不断进行下去，使夹杂物不断长大，其成分和形状也变得更复杂。与此同时，铁液中的某些成分也不断向夹杂物扩散和溶解。所以铸铁件中的夹杂物常含有多种元素，如未被清除一般会浮到铸件上部表层，其形状是不规则的。

3. 夹杂物的防止措施　对于初生夹杂物可采取以下途径排除：

（1）加熔剂。在金属液的表面覆盖一层熔剂（通常称为扒渣剂），上浮的夹杂物被吸附而聚集在一起，容易清除。如铝合金精炼时加入氯盐，铸铁熔炼时加入珍珠岩或火山灰等。

（2）过滤法。金属液通过过滤器排除夹杂物，如石墨、镁砖、陶瓷过滤网等。

（3）其他方法。如合金液静置、浮游法净化、真空浇注等。

二次氧化夹杂物的减少和排除与合金液的成分、浇注系统设计等有关。应严格控制合金成分中易氧化元素的含量，并合理设计浇冒口系统，保证浇注过程中液流平稳；同时严格控制铸型中的水分，加入煤粉或采用涂料，形成还原性气氛，以利于二次氧化夹杂物的减少。对于易氧化的合金铸件（如镁合金），可以采用在真空或保护性气氛下浇注。

次生夹杂物是在凝固过程中产生的，与溶质元素的富集有关，因此该夹杂物只能预防而不能清除。采取合理的成分设计，减少溶质的偏析是主要途径。

7.4　缩孔与缩松

铸件在凝固过程中，因液态收缩和凝固收缩，在铸件的热节或最后凝固的部位将出现缩孔和缩松。缩孔的容积大而集中，形状不规则，表面粗糙，可以看见相当发达的树枝晶末梢。缩松细小而分散，常分布在铸件热节轴心处或集中性缩孔的下方。因缩孔（松）减少了铸件受力的有效截面积，并在其附近产生应力集中现象，从而使铸件的力学性能大幅度下降。对承受液压或气压的铸件，往往因缩孔（松）而达不到耐压指标而导致报废。

7.4.1　缩孔与缩松的形成机理

1. 缩孔的形成　假定所浇注的金属在固定温度下凝固，或结晶范围很窄，铸件由表及里逐层凝固，如图 7-55 所示，金属液浇满铸型后，随即发生液态收缩，此时可以从浇注系统得到补缩；当铸件的外表温度降到凝固温度时，表层就凝固成一层硬壳，内浇道凝固后内部的金属液被包围在硬壳中。继续冷却时，硬壳内的金属液因温度下降发生液态收缩和凝固收缩，同时要对逐渐加厚的硬壳层的固态收缩进行补缩，硬壳内的金属液面下降。与此同时，固态硬壳因温度降低将使铸件外表尺寸缩小。如果金属液的液态收缩和凝固收缩造成的体积减小等于固态硬壳尺寸缩小而造成的体积减小，则凝固的外壳仍和金属液紧密接触，不会产生缩孔。但由于金属液的液态收缩和凝固收缩超过硬壳的固态收缩，随着结晶凝固的进行，硬壳不断增厚，待金属液全部凝固后，在铸件最后凝固的部位因无金属液补缩而形成大而集中的孔洞，即缩孔。

综上所述，铸件中产生集中缩孔的原因是铸件由表及里进行逐层凝固，并且合金的液态收缩和凝固收缩之和大于固态收缩值。缩孔往往存在于铸件的最后凝固部位。

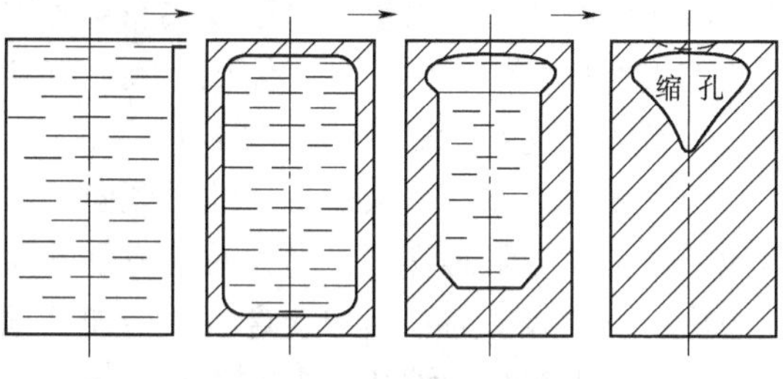

图 7-55　铸件中缩孔形成示意图

2. 缩松的形成　当合金的结晶温度范围较宽时，铸件按照体积（糊状）凝固方式凝固。在这种凝固条件下，当金属液的温度在液相线以上时，随温度的降低仅发生液态收缩，并且能够得到浇注系统的补充。当温度降低到液相线以下时，由于凝固区域较宽，液态金属的过冷度小，形核数量少，晶体总数不多，金属结晶只能依附数量不多的晶核生长，从而容易发展成为树枝晶发达的等轴晶，并且连接在一起。当固相超过 60%（体积分数）时，树枝晶连接成固相骨架，将未凝固的金属液分割成一个个互不相通的小熔池，尽管在此过程中也发生液态收缩、凝固收缩和固态收缩，但由于合金的液态收缩和凝固收缩值之和大于固态收缩值，小熔池中的金属液凝固得不到外来的补缩，最终形成分散性的细小缩孔，即缩松。

显微缩松是伴随着微观气孔的形成而产生的，大多出现在树枝晶晶间和分枝之间，与微观气孔很难区分。但铸件在凝固过程中析出气体时，显微缩松的形成条件与气体的析出压力有关，可用下式表示：

$$p_g+p_s>p_a+\frac{2\sigma}{r}+p_H \tag{7-16}$$

式中，p_g 为某温度下金属中气体的析出压力；p_s 为对显微孔洞的补缩阻力；p_a 为大气压力；σ 为气液界面的表面张力；r 为孔洞半径；p_H 为孔洞上的金属静压头。

由式（7-16）可知，合金的结晶温度范围越宽，树枝晶就越发达，通道越细长，产生显微缩松的可能性就越大。

对于灰铸铁、球墨铸铁和蠕墨铸铁，在凝固过程中还将伴随着石墨的析出而发生体积膨胀，这种体积膨胀可能将凝固前期形成的体积收缩的一部分或全部抵消。球墨铸铁在凝固前期产生的这种体积膨胀尤其明显，如铸型的刚度较差，在石墨化膨胀压力的作用下就会造成型壁向外迁移，使铸件的尺寸增大，体积也相应增加，最终将使铸件内的缩孔总容积增加。这种现象称为“缩前膨胀”。

7.4.2 影响缩孔与缩松的因素及防止措施

1. 影响缩松和缩孔的主要因素

（1）化学成分。对铸铁缩孔、缩松有影响的元素有碳、硅、镁、稀土等。碳和硅影响石墨的析出量，对于亚共晶灰铸铁以及球墨铸铁来说，碳量增加，析出的石墨增加，使石墨化膨胀体积增大，有利于减少缩松和缩孔。对白口铸铁来说，碳量的变化对收缩值的影响不大。

残留镁含量高，增大缩孔、缩松倾向。但对其影响机制看法不同，有的人认为残留镁量高会阻碍补缩，增大对冒口颈的要求；有的人认为残留镁量高会阻碍石墨化；有的人认为，增加镁含量会增加“缩前膨胀”量。

少量稀土有减少缩孔、缩松倾向的作用。有研究表明，不同的稀土元素作用不同，含镧量高、含铈量低的球化合金有最小的收缩倾向。少量的铋有减少大断面球铁缩松的作用；磷有增加缩松的倾向；铬、锰、钒、钛等碳化物形成元素有增加缩孔、缩松的倾向。

（2）孕育的影响。加强孕育可以减小缩孔、缩松的形成倾向。孕育对缩孔、缩孔的影响不是单调变化的。孕育剂的加入有一个最佳量，过少时，会导致孕育不足并出现白口和硬度过高的现象；过多时又未必都能熔化，因此可能造成夹渣，增大铸铁的收缩量，产生缩孔、缩松等缺陷（图 7-56）。

（3）铸型条件。主要是指铸型的刚度和热膨胀性。铸型刚度对缩孔率有较大的影响，铸型刚度提高使缩孔率下降。

（4）铸件模数。铸件模数增加，缩孔率增加。随着模数的增加使液态收缩和膨胀都比较少，但对二次收缩来说，未必如此，因此显微缩松不可避免。

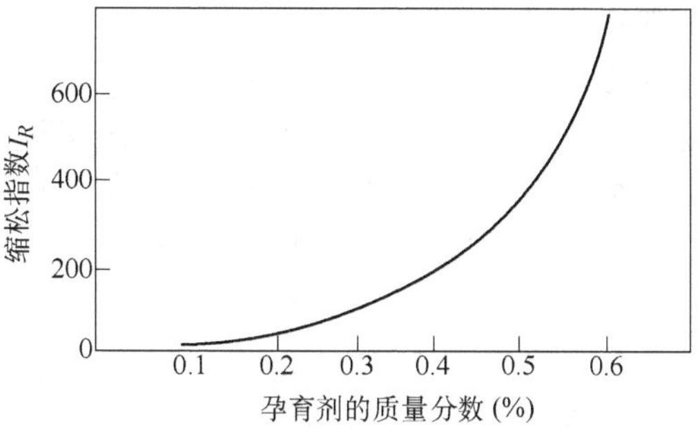

图 7-56　增加孕育剂的效果

（5）铸型种类。在其他条件基本一样的情况下，干型中产生的缩孔较小，而湿型中却产生较大的缩孔，这是由于湿型的刚度较低，型腔膨胀较大所致。

除了上述因素以外，浇注温度、炉料等对铸铁缩孔、缩松的形成也有影响。

2. 缩松和缩孔的防止办法　缩松和缩孔的防止主要从合金液成分、铸型条件、铸造工艺三方面考虑。

（1）铁液的化学成分。主要是碳、硅含量的选择。碳硅含量影响石墨的析出量。对于过共晶铸铁，碳硅含量增加，铸件容易产生石墨飘浮，导致石墨析出量减少，使缩松和缩孔增加；对亚共晶铸铁则相反。

（2）铸型条件。铸型刚度的大小将直接影响铸铁凝固过程中型壁迁移量的大小。球墨铸铁件特别要强调采用较高刚度的铸型。

（3）铸造工艺。要防止铸铁产生缩松和缩孔，应根据铸铁的凝固特点合理设计浇冒系统，对铸件进行补缩。

1）顺序凝固和同时凝固原则。使铸件在凝固过程中建立良好的补缩条件，主要是通过控制铸件的凝固方向，使之符合顺序凝固和同时凝固原则。

铸件的顺序凝固原则是采用各种措施，保证铸件按照远离冒口的部分先凝固，然后是靠近冒口的部分凝固，最后才是冒口本身凝固的次序进行，即在铸件上远离冒口部分与冒口之间建立一个正的温度梯度，如图7-57所示。

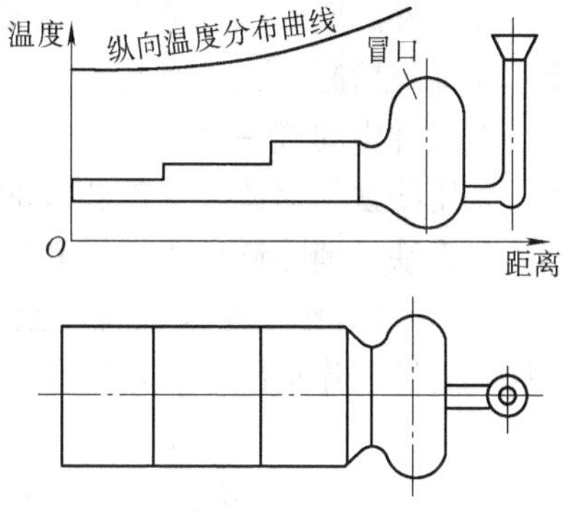

图 7-57　顺序凝固方式示意图

图 7-58 是带冒口的板状铸件，厚度为 δ，金属液从冒口浇入，所以中心线上的温度依次向冒口方向递增。在向着冒口张开的 ϕ 角范围内，金属液都处于液体状态，形成楔形的补缩通道，使冒口中的金属液能够补充到凝固区域。ϕ 角越

大，则越有利于补缩。

因此顺序凝固的实质是采取各种措施，保证铸件在凝固过程中补缩通道的畅通，发挥冒口的补缩作用。

同时凝固原则是采取工艺措施保证铸件各部分之间没有温差或温差尽量小，使铸件各部分同时凝固。即扩张角 ϕ 等于零，没有补缩通道。采用这种凝固原则，铸件不容易产生热裂，不容易产生应力、变形。由于不采用冒口或冒口很小，可节约金属，简化工艺。但在铸件中心区域容易产生缩松。这种凝固原则适用于碳含量高的灰铸铁或结晶温度范围很大的合金，以及壁厚均匀、密闭性要求不高的铸件。

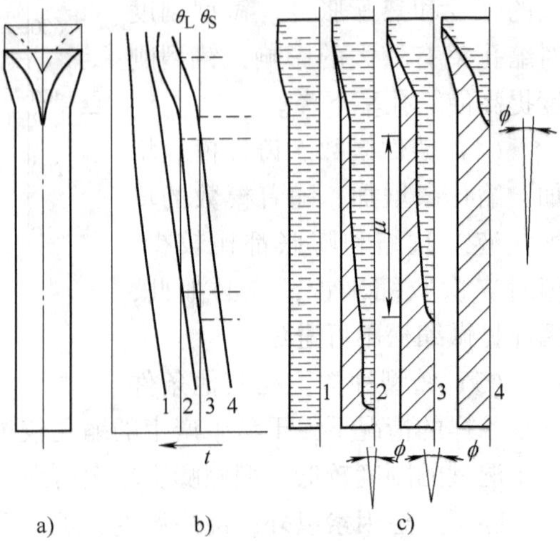

图 7-58 铸件顺序凝固过程

a）代冒口铸件 b）不同时刻铸件中温度分布 c）凝固顺序

2）合理的浇注工艺设计。根据铸件凝固原则，设计浇注系统的引入位置，可以保证铸件凝固原则的实现。调整液态金属的浇注温度和浇注速度，可以加强顺序凝固或同时凝固。用高的浇注温度缓缓浇注，能增加铸件的纵向温差，有利于顺序凝固原则。通过多个内浇道，采用低温快浇和补缩冒口的方法，可以减小铸件的纵向温差，而有利于同时凝固原则。

在铸件的厚壁或热节部位设置冒口，是防止缩孔和缩松的有效措施。冒口设计要保证最后凝固，并有足够的金属液提供补缩。

在铸件中间或一端放置冷铁，造成人为的末端区，可延长冒口的有效补缩距离。采用冷铁加速铸件局部热节的冷却速度，可以实现同时凝固原则。因此设置冒口和冷铁是消除铸件中缩松和缩孔的有效措施。

3）加压补缩。金属液浇注后，封闭浇注系统并对金属液施加一定的压力，增加金属液的流动能力，可以提高金属液的补缩能力，可以消除或减轻显微缩松的程度。

此外，采用悬浮浇注、机械振动、电磁搅拌、离心浇注等方法，对消除显微缩松也有一定效果。

7.5 化学成分不均匀性（偏析）

合金液在凝固过程中，由于存在溶质再分配，在铸件不同截面上或截面上不同部位，甚至晶粒内部都存在化学成分不均匀现象，这种现象称为偏析。偏析分为微观偏析和宏观偏析两大类。

微观偏析是指微小范围内的化学成分不均匀现象，又称为短程偏析，一般在一个晶粒尺寸范围左右。微观偏析按其形式分为胞状偏析、晶内偏析和晶界偏析。

宏观偏析是指铸件各部分之间的化学成分不均匀现象，又称为长程偏析或区域偏析。宏观偏析按其形式分为正偏析、负偏析、V 型偏析和逆 V 型偏析、带状偏析、密度偏析等。

微观偏析的产生对铸件质量有较大的影响，它可使晶粒范围内的物理和化学性能产生差异，影响铸件的力学性能。晶界偏析使得低熔点的共晶富集在晶粒边界，增加铸件的热裂倾向，降低铸件的晶间抗腐蚀能力。

宏观偏析使铸件各部分的力学性能和物理性能产生很大差异，使铸件的抗腐蚀性能下降，影响铸件的使用寿命和工作效果。

然而，偏析也有有益的一面，即通过偏析可以对金属进行净化和提纯。

7.5.1　微观偏析

1. 胞状偏析　在窄成分过冷条件下，固-液界面按照胞状生长方式形成胞状晶。胞状晶是一种亚结构，呈六方形。胞状晶生长方式和界面前的横向扩散使每个胞晶的成分在横向上很不均匀。对于 $k_0<1$ 的合金，胞晶中心部位突出在最前方，溶质含量较低，周边的溶质含量偏高，这种化学成分不均匀现象称为胞状偏析。

2. 晶内偏析　枝晶偏析多产生在具有结晶温度范围并能形成固溶体的合金中。在铸造条件下，因冷却速度快，固相中的溶质还未充分扩散，液体的温度降低，固-液界面向前推进，又结晶出新成分的晶粒外层，致使每个晶粒内部的成分存在差异。这种存在于晶粒内部的成分不均匀性，称为晶内偏析。由于固溶体合金多按照枝晶方式生长，在主干与枝晶间或枝晶与枝晶间存在的成分不均匀现象，也属于晶内偏析，又称为枝晶偏析。

在枝晶偏析区，各组元的分布规律是，使合金熔点升高的组元富集在树枝晶主干和分枝中心，使合金熔点降低的组元富集在分枝的外层和枝晶间。

影响晶内偏析的主要因素有合金的冷却速度、偏析元素的扩散能力和溶质平衡分配系数。冷却速度越大，偏析元素的扩散系数越小，平衡分配系数越小，则晶内偏析越严重；但由于冷却速度增加，晶体来不及长大，固相晶粒细小，则晶内偏析程度可能减轻。因此，冷却速度的影响具有二重性。

在其他条件相同时，k_0 值越小，固液界面的溶质富集越严重，固相和液相中的溶质浓度差越大。因此，可以用（$1-k_0$）来衡量溶质的偏析程度，（$1-k_0$）称为偏析系数。

晶内偏析是不平衡结晶的结果，在热力学上是不稳定的。采用一定的工艺措施，使溶质进行充分的扩散，可以消除晶内偏析，如扩散退火或均匀化退火处理。

3. 晶界偏析　晶界偏析是微观偏析的一种，在铸件凝固过程中，以下两种情况容易产生晶界偏析。

第一种情况：两个晶粒相对生长，互相接近，相遇，如图 7-59 所示。在固-液界面前沿，溶质被排出而产生富集，包括低熔点溶质，凝固后形成晶界偏析。

第二种情况：凝固时，晶粒按柱状晶生长，在平行生长的两个晶粒之间与液相交界的部位会出现凹槽，此处容易产生溶质富集，形成晶界偏析，如图 7-60 所示。

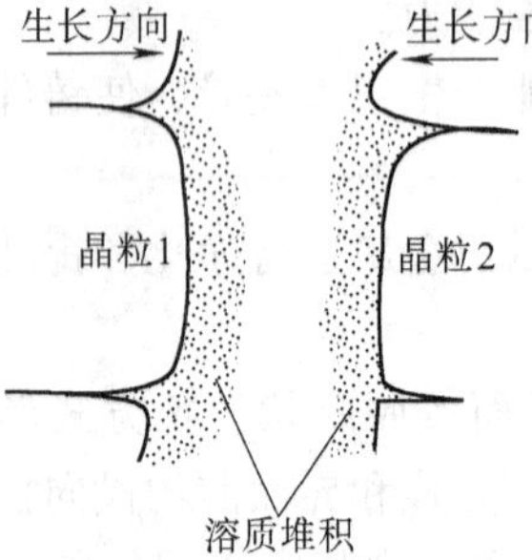

图 7-59　晶界偏析形成示意图

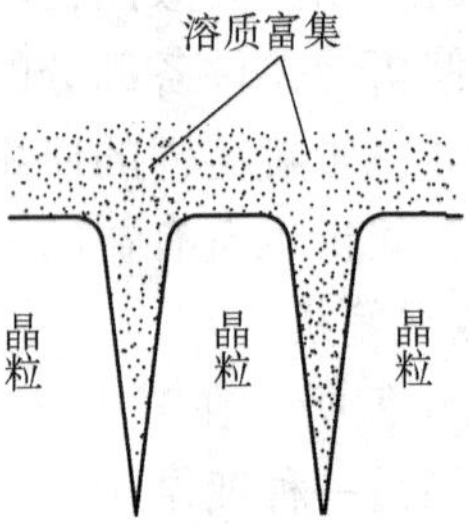

图 7-60　晶粒平行生长形成晶界偏析

晶界偏析的产生伴随着低熔点物质在晶界富集，从而降低铸件的高温性能，使铸件容易产生热裂纹。

晶界偏析的消除和预防可以采用细化晶粒、均匀化退火等措施。

7.5.2　宏观偏析

1. 正偏析　铸件在凝固过程中，由于金属液与铸型接触处散热速度较快，使金属液由表及里形成一个由低到高的温度梯度，铸件表层先凝固。当溶质分配系数 $k_0<1$ 时，在固-液界面前沿的液相中有一部分溶质被排出，随着温度的降低，溶质浓度越来越高；当溶质分配系数 $k_0>1$ 时，则正相反。铸件中这种表层与心部的成分不均匀现象称为正偏析。

在平衡凝固条件下，由于固-液两相中的溶质充分扩散，所以不存在偏析现象。在近平衡凝固条件下，如果固相中无扩散，液相均匀混合，则在固相中形成一个浓度梯度。最先凝固的固相中溶质浓度为 k_0C_0。当固相中的溶质浓度达到最大值后，液相中溶质浓度为 C_E，最后发生共晶凝固，产生较大的偏析。

如果固相中无扩散或扩散不充分，液相为有限扩散时，最先凝固的固相中溶质浓度为 k_0C_0。当固相中的溶质浓度达到 C_0 以后，进入稳定状态，凝固继续进行，最后凝固界面前沿产生很大的溶质富集，形成偏析。

但在实际生产条件下，凝固过程中固相为有限扩散，液相中有对流和不充分扩散，铸件中的溶质分配介于上述两种情况之间。

2. 逆偏析　铸件凝固过程中，当 $k_0<1$ 时，在先凝固的铸件的表面或底部溶质元素较多，而后凝固的中心部分或上部溶质较少，这种与正偏析相反的现象称为逆偏析。Cu-Sn 合金和 Al-Cu 合金是两种经常产生逆偏析的典型合金。铸件产生逆偏析，会明显降低铸件的力学性能、气密性和加工性能。

逆偏析的形成与结晶温度范围、冷却速度、树枝晶的大小及液体凝固时的压力有关。雄谷等人对 Cu-Sn 合金的树枝晶形态与逆偏析的关系进行研究的结果表明，加入细化树枝晶的元素，能够抑制逆偏析的产生，促进正偏析的形成；反之，则促进逆偏析的形成。

图 7-61 表示在用单向凝固法浇注的 Cu-8%Sn 合金铸锭（20×40×90mm）中加入 Ni、Fe、Si、Al、P 等元素与 Sn 的浓度分布之间的关系。从图中可以看出，含 w_{Sn}为 8%的 Cu-Sn 合金产生逆偏析，而加入 w_{Ni}2.0%或 w_{Fe}1.2%~2.0%时，产生正偏析，加入少量 Si、Al、P 时，则产生逆偏析。

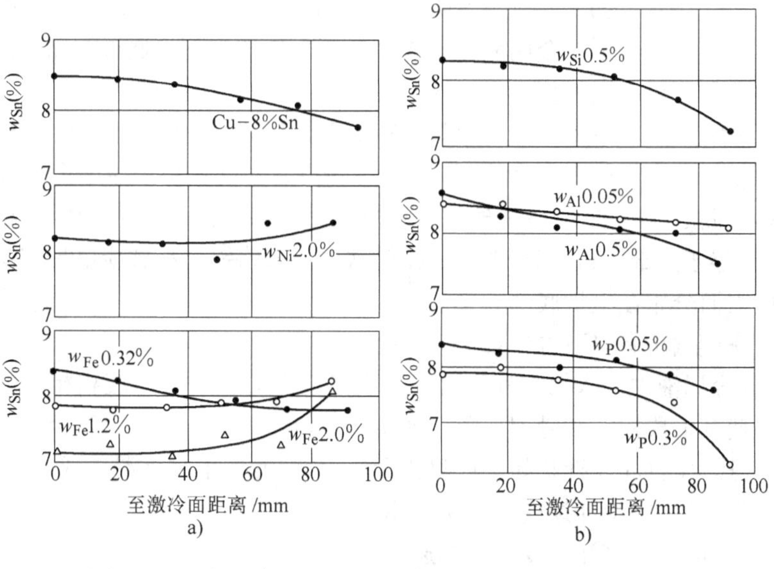

图 7-61　添加元素对 Cu-8%Sn 合金铸锭中 Sn 的分布影响

a）Ni、Fe 元素影响　b）Si、Al、P 元素影响

在合金结晶过程中，当树枝晶较大且较长时，树枝晶形态变得复杂，从固相排出的溶质容易富集在枝晶间的液相中。当铸件中的枝晶骨架收缩时，内部含溶质高的液相会受到挤压而沿着枝晶间隙孔道向激冷面方向流动而形成逆偏析，在 Cu-8%Sn 合金中加入 Si、Al 等元素能增加树枝晶一次分枝的尺寸，从而促进了逆偏析。如果树枝晶短小，树枝晶的形态变得简单，枝晶间溶质富集的液相的容

积减小，同时也不容易形成连续的树枝晶间通道，故不易形成逆偏析。在 Cu-8%Sn 合金中加入 Ni、Fe 等元素能减小树枝晶一次分枝的尺寸，因而抑制了逆偏析形成。但 P 的影响例外，它能细化树枝晶一次分枝的枝长，却促进逆偏析的形成。

通过上述分析得知，铸件中是否出现偏析，以及形成什么类型的偏析与很多因素有关，归纳起来主要有以下几个。

(1) 结晶温度范围。合金的结晶是在一定温度范围内进行的，当结晶温度范围较小时，一般倾向于产生正偏析；结晶温度范围越大，树枝晶越发达，越易产生逆偏析。

(2) 树枝晶的尺寸。树枝晶的尺寸、形态对偏析有明显的影响。如果加入的合金元素能细化树枝晶的一次分枝，则将有助于缓和和防止逆偏析的形成；反之亦然。

(3) 冷却条件。铸件冷却速度缓慢，结晶温度范围宽，则易形成发达的树枝晶，促进逆偏析的产生。

(4) 合金液结晶过程中所受的压力。由于枝晶偏析，枝晶间含有低熔点元素较多，低熔点的合金在金属静压头或大气压力的作用下，通过枝晶间的通道向外补缩，有利于形成逆偏析。

3. 密度偏析（重力偏析）　当液体和固体共存或者互相不混合的液相之间存在着密度差时，将产生密度偏析（重力偏析）。密度偏析产生于金属凝固前或刚刚开始凝固之际。如 Cu-Pb 合金，液相中 Cu 的密度远远小于 Pb 的密度，在凝固前 Cu 浮于上部，Pb 沉于下部。在铸铁中加入铬铁，在感应电炉熔炼后，铬由于密度大而分布在电炉底部。

防止密度偏析有以下方法：

1) 在金属液中加入第三种元素，形成高熔点的、密度与液相相近的树枝状化合物，使其形成树枝状骨架，阻碍初生相沉浮。如在 Pb-Sn-Sb 合金中加入少量 Cu，使其生成 CuSn 针状晶，可阻止含 Sn 较多的初生相上浮，减小偏析。

2) 加快铸件的冷却速度，使初生相来不及沉浮。

3) 尽可能降低浇注温度和浇注速度。

7.5.3　焊缝中的成分偏析

由于熔池在凝固过程中的冷却速度很快，合金元素来不及扩散均匀，也会出现成分偏析现象。偏析的类型有：

1. 显微偏析　和其他合金凝固时的情况一样，焊缝金属在凝固过程中，先凝固的固相中溶质浓度较低，后凝固的固相中溶质浓度较高。

当焊缝凝固呈胞状晶长大时，在胞状晶体的中心溶质浓度最低，而在胞状晶彼此相邻的边界上，溶质的浓度最高。

当焊缝凝固呈树枝状晶长大时，先凝固的树干含溶质的浓度最低，后凝固的树枝含溶质浓度较高，最后凝固部分，即相邻树枝晶之间的晶界上，溶质浓度最高。利用电子探针测定溶质原子在晶界和晶内的分布时，发现在焊缝的晶界、晶内的亚晶界和树枝晶之间都存在着不同程度的显微偏析。图 7-62 所示为含有镍铬的合金结构钢树枝晶内不同部位的镍、铬和锰的分布情况。其中 m 表示树枝干中心，I 表示树枝区域，A 和 M 表示树枝晶的晶界。

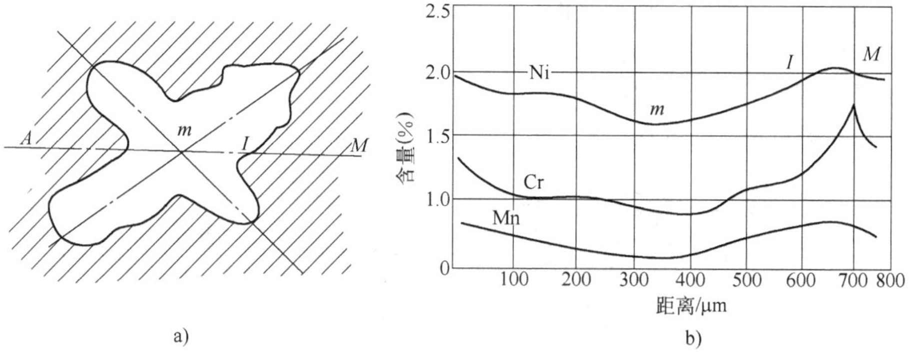

图 7-62　含有 Ni、Cr 的合金钢中的枝晶偏析

a）树枝晶示意　b）偏析图

焊缝中的组织由于结晶形态不同，会有不同的偏析程度。例如低碳钢焊缝（$w_C = 0.19\%$，$w_{Mn} = 0.50\%$），不同结晶形态的晶粒中锰的偏析见表 7-4。从表中可以看出，树枝晶的偏析比胞状晶严重。此外，细晶由于晶界较多，偏析程度相对减小。

表 7-4　不同结晶形态晶粒的偏析

位　　置	w_{Mn}（%）
树枝晶界	0.59
胞状晶界	0.57
胞状晶中心	0.47

2. 区域偏析　焊缝凝固时，由于柱状晶不断长大，向前推移，把溶质和杂质推向熔池的中心部位，最后凝固后，在该部位产生较严重的区域偏析。

焊速较大时，生长的柱状晶最后都在焊缝中心附近相遇，如图 7-63 所示，使溶质和杂质在此处偏聚。在应力作用下，此处可能产生焊缝纵向裂纹。

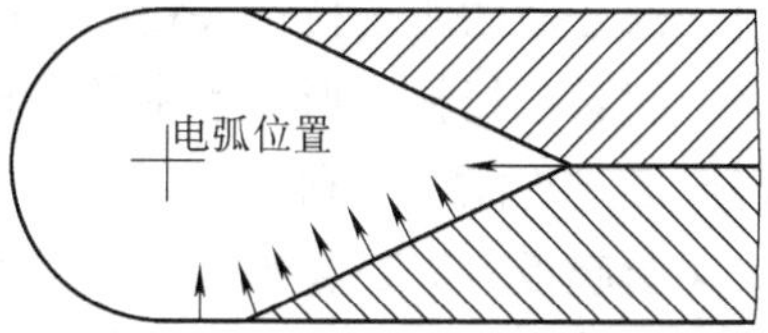

图 7-63　快速焊时柱状晶的生长示意图

3. 层状偏析　熔池凝固时，由于凝固潜热的放出和高温熔滴的过渡呈周期性的变化，使凝固界面的液体金属成分也发生周期性的变化，因而造成所谓的层状偏析，如图 7-64 所示。

层状偏析常集中一些有害的元素，如碳、硫、磷等，因而容易在偏析层出现焊接缺陷。图 7-65 所示为层状偏析造成的气孔。

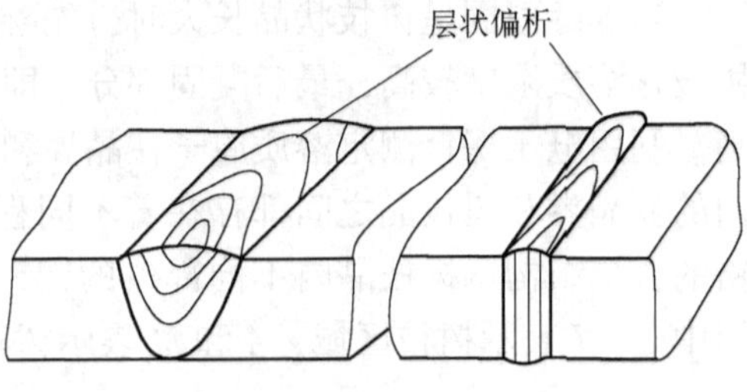

a)　b)

图 7-64　焊缝的层状偏析

a）焊条电弧焊　b）电子束焊

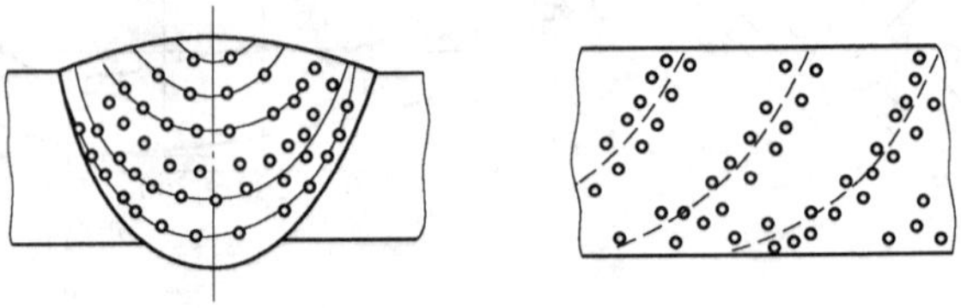

a)　b)

图 7-65　层状偏析与气孔

a）熔池的横断面　b）熔池的纵断面

7.6　机械缺陷

机械缺陷是指材料在成形过程中因成形工艺不合理而造成的缺陷，如起皱、折叠、裂纹等。其特征表现为成形件的外观、尺寸及表面粗糙度等不符合质量要求。

7.6.1　起皱

板料冲压成形时，模具对板料施加外力，在板料内产生复杂的应力状态。由于板厚尺寸与其他两个方向尺寸相比很小，因此厚度方向是不稳定的。当外力在板料平面内引起的压应力使板厚方向达到失稳极限时，板料会产生失稳起皱，皱纹的走向与压应力垂直。这种失稳又称为压缩失稳，以区别于拉伸变形时板料发生局部变薄的所谓拉伸失稳。

起皱是板料成形过程中的一种重要缺陷，它不仅影响成形件的质量，还决定着成形过程能否顺利进行。

引起板料失稳起皱的作用力及产生的相应皱纹的基本形式有四种，如图7-66所示。其中由切应力引起的失稳起皱（图 7-66b），其实质仍然是压应力的作用；而由板料内弯曲应力引起的失稳起皱（图 7-66d），在冲压成形中较少见。故这里主要讨论由压应力引起的失稳起皱（图 7-66a）和由不均匀拉应力引起的失稳起皱（图 7-66c）。

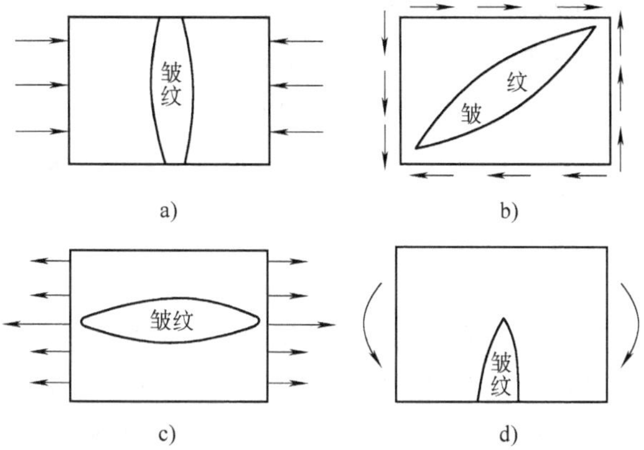

图 7-66　板料失稳起皱的基本形式

a）由压应力引起　b）由切应力引起　c）由不均匀拉应力引起　d）由板内弯曲应力引起

当圆筒形件拉深时，凸缘变形区坯料在径向拉应力 σ_r 和切向压应力 σ_θ 的平面应力状态下变形。当切向压应力 σ_θ 达到失稳临界值时，凸缘变形区坯料将产生失稳起皱（图 7-67）。

通过理论分析可知，圆筒形件拉深时凸缘变形区失稳起皱的临界状态，应该是切向压应力所释放的能量等于起皱所需的能量。由此可导出起皱时的临界切向压应力为

$$\sigma_{\theta cr}=0.46E_0\left(\frac{t}{b}\right)^2$$

$$E_0=\frac{4EF}{(\sqrt{E}+\sqrt{F})^2}$$

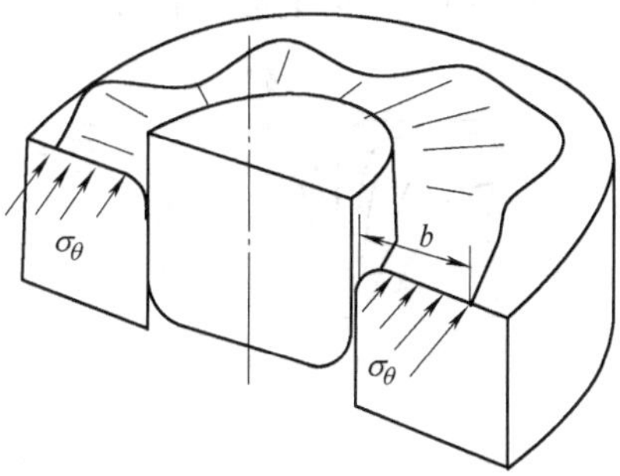

图 7-67　凸缘变形区失稳起皱

式中，E 为材料的弹性模量；F 为材料的硬化模量，即真实应力-应变曲线上对应点的斜率；t 为板料厚度；b 为凸缘变形区宽度。

由此可见，板料的弹性模量 E、硬化模量 F 和相对厚度 $\frac{t}{b}$ 越大，抗失稳起皱的能力也越大。当 $\sigma_\theta<\sigma_{\theta cr}$ 时，意味着凸缘变形区不会发生失稳起皱。

在生产实践中，为了防止拉深时凸缘变形区起皱，通常采用压边圈。通过压边圈的压边力作用来阻止凸缘变形区拱起，从而达到防止起皱的目的。

当板料受不均匀拉应力作用时，在板坯内产生不均匀变形，并可能在与拉应力垂直的方向上产生附加压应力。该附加压应力即为产生起皱的力学原因。拉应

力的不均匀程度越大，附加压应力也越大，产生起皱的可能性就越大，皱纹出现在拉应力最大的部位，其走向与拉伸方向平行（图7-66c）。图7-68为一棱锥台状拉深件拐角处的侧壁上形成皱纹的示意图。由于材料在流入该处时沿切向受到压缩作用，再加上不均匀拉应力引起的附加压应力的作用，因此在该处易产生失稳起皱。

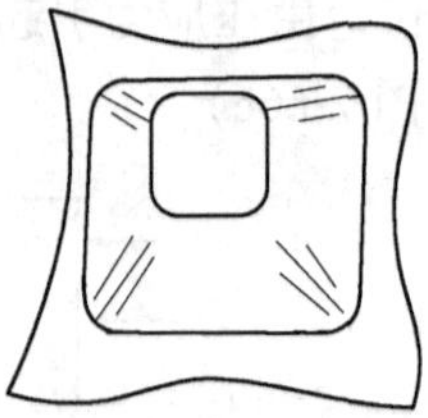

图 7-68　拉应力不均匀引起的失稳起皱

7.6.2　折叠

折叠是金属材料体积成形中的一种常见缺陷，折叠是由于在成形过程中金属的不合理流动，致使已氧化的表层金属汇合在一起而形成的。折叠不仅降低了工件的承载能力，而且折叠处易产生应力集中，成为疲劳源。因此，在技术条件中规定锻件上一般不允许有折叠。锻件上的折叠一般用肉眼即可观察到，对于用肉眼不易查出的折叠，可以用磁粉检查或渗透检查。

1. 折叠特征　锻件上的折叠一般具有下列特征：

1）折叠与其周围金属流线方向一致（图 7-69a）。

2）折叠尾端一般呈小圆角或枝杈形（图 7-69b、c）。

3）折叠两侧有较重的脱碳、氧化现象。

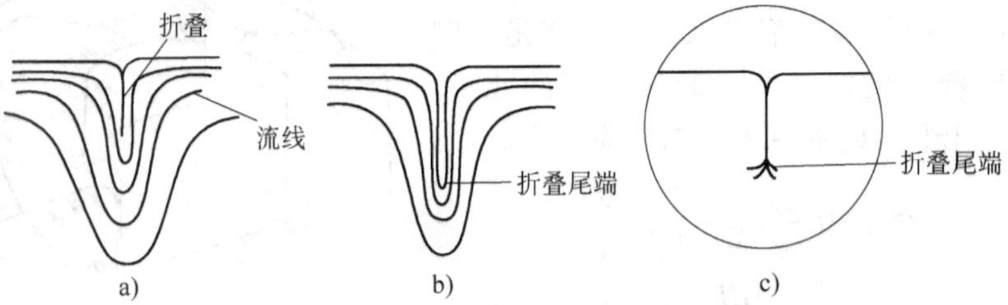

图 7-69　折叠与流线方向一致

a）折叠与流线方向一致　b）折叠尾端呈小圆角　c）折叠尾端呈枝杈

2. 折叠的形成原因及其防止措施　各种体积成形件，特别是模锻件，折叠产生的形式及其位置一般是有规律的。下面针对几种典型情况，分析折叠的形成原因及其防止措施。

（1）工字形断面锻件的折叠。工字形断面锻件折叠的形成过程如图 7-70 所示。锻件成形时，靠近接触面 ab 附近的金属沿着水平方向大量外流，同时带动 ac 和 bd 附近的金属一起外流，使已氧化的表层金属汇合在一起而形成折叠。由此可以看出，只要靠近接触面 ab 附近有金属沿着水平方向外流，且中间部分流出的金属量较大；同时，l/t 较大，肋与腹板拐角处的圆角半径过小，则易产生这种折叠。为避免这种折叠的产生，除需选用足够大的圆角半径外，还应采用预锻工序，以减少终锻时中间部分横向流出的金属量。

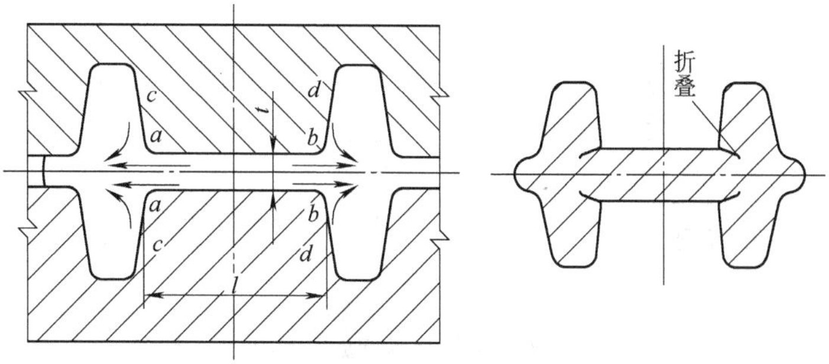

图 7-70　工字形断面锻件折叠的形成过程

环形锻件和齿轮锻件折叠的形成原因及防止措施与工字形锻件类似。

（2）锻件平面图上的汇流折叠。锻件平面图上带有枝芽的锻件、轴线弯曲角度较小（≤90°）的锻件以及锻件宽度突变的部位，在这些锻件拐角的内侧，由于相邻的 *A*、*B* 两个部位的平面变形特性，模锻时这两部位的飞边横向流出、相交，使已氧化的表层金属汇合而形成折叠，如图 7-71 所示。这种折叠开始产生于飞边处，随着模锻变形过程的进行可能深入到锻件内部。

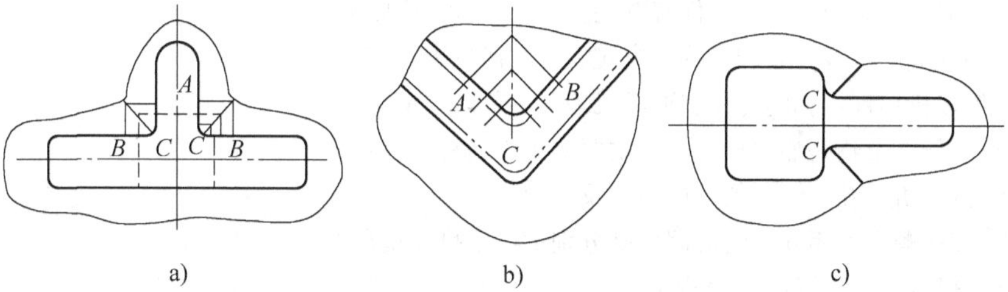

图 7-71　锻件平面图上的汇流折叠

a）枝芽锻件　b）弯轴锻件　c）宽度突变锻件

为了将这种折叠限制在飞边处，防止它进入锻件内部，必须使 *C* 部位先于 *A*、*B* 两个部位形成飞边，并在随后的模锻变形过程中，该部位仍有多余金属由拐角内侧向飞边流出。为此，要求放入终锻模膛的坯料，在相应的拐角内侧应有较大的圆弧形轮廓，并保证 *C* 部位较之 *A*、*B* 两个部位有稍多的多余金属向飞边流出。

（3）由于局部变形使一部分金属压入另一部分金属内形成的折叠。这种形式的折叠在实际生产中是很常见的。例如拔长时，当送进量很小、压下量很大时，上、下两端的金属发生局部表面变形，导致产生折叠（图 7-72）。避免产生这种折叠的措施是加大送进量，使每次送进量与单边压缩量之比大于 1~1.5，即

$\frac{2l}{\Delta h}>1\sim1.5$。

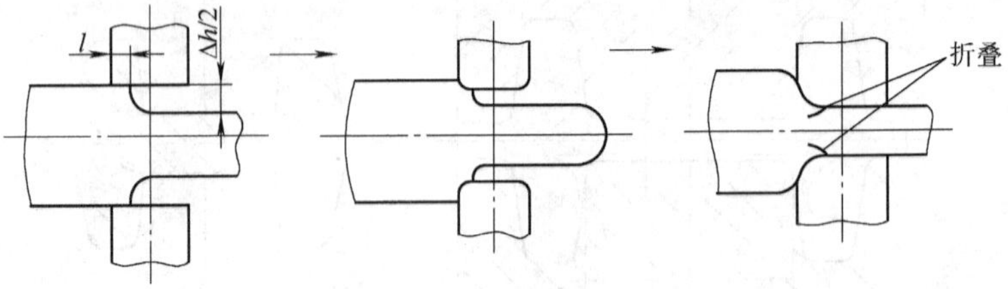

图 7-72 小送进比拔长时折叠的形成过程

思考与练习

1. 简述铸造热应力的产生机理及其影响因素。
2. 试述焊接残余应力的产生机理、分布规律、影响因素及其减小和消除的方法。
3. 试述焊接变形的种类、影响因素、变形规律及其控制措施。
4. 比较各种裂纹的形貌特征、形成原因及防止措施。
5. 为什么低合金高强钢焊接时发生冷裂纹的倾向较大？可采取哪些预防措施？
6. 采用 CO_2 焊接方法有利于降低接头冷裂倾向，其主要原因是什么？
7. 形成应力腐蚀裂纹的条件有哪些？可采取哪些措施克服之？
8. 塑性成形过程中会产生哪些内应力？有何危害？如何控制？
9. 简述析出性气孔的特征、形成机理及主要防止措施。
10. 分析夹杂物是如何形成的？主要防止措施有哪些？
11. 试分析缩孔、缩松的形成条件及差异。
12. 简述顺序凝固和同时凝固原则分别适应于哪些情况？
13. 分析偏析对铸件质量的影响。
14. 微观偏析是如何产生的？怎样防止？
15. 焊缝中的成分偏析有哪些类型？它们是如何形成的？
16. 塑性成形过程中常见的机械缺陷有哪些？形成原因是什么？

参 考 文 献

1 中国机械工程学会焊接学会. 焊接手册第二卷（第 2 版）. 北京：机械工业出版社，2001
2 张文钺. 焊接冶金学（基本原理）. 北京：机械工业出版社，1999
3 陈伯蠡. 金属焊接性基础. 北京：机械工业出版社，1982
4 陈金德等. 材料成形工程. 西安：西安交通大学出版社，2000